高等学校教材

化工设计

黄璐 王保国 编

化学工业出版社

·北京·

《化工设计》为高等学校化学工程专业的专业课教材。主要介绍化工设计的原理和方法，内容包括：化工设计概述；工程项目的可行性研究；工艺流程设计；物料衡算；热量衡算；化工设备的工艺设计；车间布置设计和车间管路设计；概算等化工厂设计的程序和内容。并辅以计算机辅助设计的方法。全书结合设计实例进行介绍，培养学生综合利用所学的理论知识，锻炼学生分析问题和解决问题的能力，是一本理论结合实际的教材。本书作为化工设计课教材，也是毕业设计的实用指导书。从事化工类专业的工程设计人员亦可参考。

图书在版编目(CIP)数据

化工设计/黄璐，王保国编. —北京：化学工业出版社，2001.2 (2024.3重印)
高等学校教材
ISBN 978-7-5025-3131-7

Ⅰ.化… Ⅱ.①黄…②王… Ⅲ.化工过程-设计-高等学校-教材 Ⅳ.TQ02

中国版本图书馆 CIP 数据核字（2000）第 87128 号

责任编辑：徐雅妮　骆文敏
责任校对：李　丽　　　　装帧设计：于　兵

出版发行：化学工业出版社（北京市东城区青年湖南街 13 号　邮政编码 100011）
印　　装：三河市延风印装有限公司
787mm×1092mm　1/16　印张 27　插页 2　字数 668 千字　2024 年 3 月北京第 1 版第 22 次印刷

购书咨询：010-64518888　　　　售后服务：010-64518899
网　　址：http://www.cip.com.cn
凡购买本书，如有缺损质量问题，本社销售中心负责调换。

定　　价：56.00 元

前　　言

作为高校化学工程类各专业的专业课，化工设计课对大多数高校化工类高年级学生来说，无论毕业后是否在设计单位工作，都具有重要的影响。化学工程技术人员在实际工作中会遇到与化工设计基本知识有关的各种问题，在高年级时学习化工设计的基本知识和方法，将有助于他们迅速地适应工作岗位的需要，提高工作质量。学好《化工设计》课对提高综合运用已学过的化工原理、物理化学、化工热力学、反应工程、分离工程、化工工艺学和机械制图等方面知识的能力，以及提高计算能力和解决问题、分析问题的能力，均会起到重要的作用。

编者根据自己在从事化工设计、化工厂技术改造、高校化工设计课教学和指导毕业设计等工作的体会，参考有关资料写成本书，目的在于为高校化工类专业的高年级教学提供一本适应面较广的《化工设计》教材和毕业设计的实用参考书。本书对从事化工工作的工程技术人员也有一定的参考价值。

为了培养学生的计算能力，减少设计中的困难，在物料衡算和热量衡算两章内，编入了较多的例题。例题多选用工业生产的实例，这将有助于学生理论联系实际。

本书除详细叙述传统的化工设计的原理、规定和方法外，并力图反映化工设计技术的新进展和新规定。在第 2 章中，对中国近十几年兴起并被国家规定必须进行的工程项目可行性研究，作了比较详细的介绍；第 11 章主要讨论化工流程模拟以及计算机辅助设计方面的知识。

本书第 1 章至第 10 章由黄璐编写，第 11 章由王保国编写。在编写过程中得到天津大学化工学院柴诚敬教授的热情支持和帮助，在此谨致谢意。

本书承蒙寰球化学工业公司前总工程师伍宏业设计大师审阅，提出了许多宝贵意见和积极建议，帮助编者提高了书稿质量，在此，编者表示衷心感谢。

由于化工设计涉及的知识面很广，而编者的知识和经验有限，书中错误和不妥之处，恳请读者批评指正。

编者

2000 年 2 月

前 言

目　录

1 化工设计综述

1.1 化工设计的重要性及其工作程序

1.1.1 化工设计的重要性

设计是工程建设的灵魂，对工程建设起着主导和决定性作用。全国的设计人员每年要承担和完成三万亿元投资的工程设计，决定着中国工业现代化水平。设计是科研成果转化为现实生产力的桥梁和纽带，工业科研成果只有通过工程化——工程设计，才能转化为现实的工业化生产力。从这个意义上讲，设计工作也同样在科教兴国重任中承担着一份责任。

化工（包括无机、有机和石油化工等领域）设计每年要承担和完成中国化工领域五百亿元投资的工程设计，和起着无数化工科研成果转化为现实化工生产力的桥梁和纽带作用，同样也在一定程度上决定着中国未来化工建设的水平。

设计工作的成品——一部工程设计——是一项集体劳动的结晶，化工设计亦然。化工设计的主体虽是化工工艺人员，但它必须有其他专业人员的配合，才能很好地完成整个化工设计。因而对一个化工工艺设计人员，不但要求其敬业并精通化工工艺，而且要求具备较广泛的其他工程知识，并善于组织各专业共同完成整个化工设计工作。通过化工设计这一课程，开始学习综合运用已学到的各专业知识，无疑是一个重要的开端。

1.1.2 基本建设程序

一个工程项目从设想到建成投产，这一阶段称为基本建设阶段，这个阶段可以分为三个时期：投资决策前时期、投资时期和生产时期。投资决策前时期，主要是作好技术经济分析工作，以选择最佳方案，确保项目建设顺利进行和取得最佳经济效果。这项工作在国外分为机会研究、初步可行性研究、可行性研究、评价和决策等阶段。国内的作法稍有不同，分为项目建议书、可行性研究、评估和决策、编制计划任务书等阶段。投资时期包括谈判和订立合同、设计、施工、试运转等阶段。至于生产时期，当然就是正式投产后进行生产了。

中国现行的基本建设程序可用图 1.1 表示。为了比较，图 1.2 (a) 和图 1.2 (b) 分别给出了美国和前苏联采用的基本建设程序。

上面所述国内、外的基本建设程序，项目的研究开发过程与设计是互相脱节的。美国化工界根据 1996 年美国政府、相关产业和学术部门发表的“2020 年技术设想”进行研究后，对工艺工程提出了几个方面的课题，其中的一项便是关于设计与研究的集成，大意是设计部门在项目的研究开发过程便介入其中，首先开发一个带有物料和能量平衡的流程，一个热力学软件包、研究容器的尺寸和制作一个简单的经济模型。其中虽有不少推测和估算，但可使试验计划能尽快地涉及此工艺的关键技术和经济问题。例如由于共沸物生成分离是否困难？反应器和分离系统是否需要大量投资？能否改变分离手段来减少总体复杂性和分离系统的费用等。研究开发部门与设计者进行对话，寻求问题的答案，再通过专门的试验成果来更新工艺过程模型，同时又可提出进一步试验的课题，这样做可以节约研究与开发的费用 25%～50%，而且节约大量时间。

这种设计与研究相结合的模式，也许会成为今后发展的方向，因为这种模式的优点是显

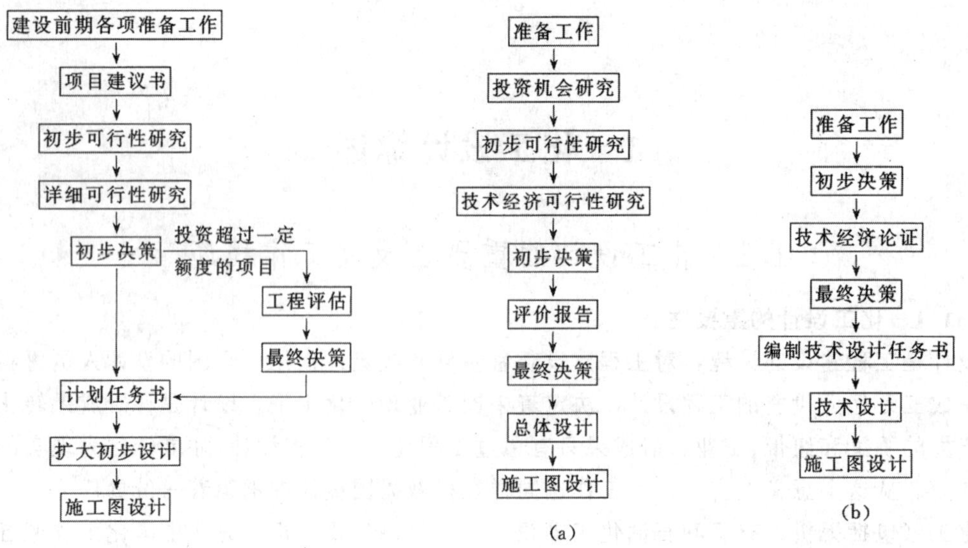

图 1.1　中国现行的基本建设程序

图 1.2　国外的基本建设程序

(a) 美国现行的基本建设程序；(b) 前苏联采用的基本建设程序

而易见的。

1.1.3　项目建议书

根据国民经济和社会发展的长远规划和产品的市场需要，结合矿藏、水利等资源条件和现有生产力分析，在广泛调查、收集资料、踏勘厂址、基本弄清建厂的技术经济条件后，提出具体的项目建议书，向国家推荐项目。项目建议书的主要内容如下。

(1) 项目建设的目的和意义，即项目提出的背景和依据，投资的必要性和意义。

(2) 市场初步预测。

(3) 产品方案和拟建规模。

(4) 工艺技术初步方案（原料路线、生产方法和技术来源）。

(5) 原材料、燃料和动力的供应。

(6) 建厂条件和厂址初步方案。

(7) 公用工程和辅助设施初步方案。

(8) 环境保护。

(9) 工厂组织和劳动定员估算。

(10) 项目实施初步规划。

(11) 投资估算和资金筹措方案。

(12) 经济效益和社会效益的初步评价。

(13) 结论与建议。

项目建议书由各部门、地区、企业提出。目前中国政府规定，总投资在 5000 万元以下，由省（或相当于省一级）政府批准，投资在 2 亿元以上的项目，由国务院批准。批准的项目建议书是正式开展可行性研究、编制计划任务书的依据。当项目投资较大或较复杂时，常要求编制项目的预可行性研究以代替项目建议书，交由业主送呈各级领导部门批准。

项目建议书的内容详见附录 2。

1.1.4 可行性研究

1.1.4.1 概述

工程项目的可行性研究是一项根据国民经济长期发展规划、地区发展规划和行业发展规划的要求，对拟建项目在技术、工程和经济上是否合理可行进行全面分析、系统论证、多方案比较和综合评价，为编制和审批计划任务书提供可靠依据的工作。

根据国家计委计资［1983］116 号文件的规定，可行性研究是建设前期工作的主要内容，是基本建设程序的重要组成部分。

在国外，可行性研究工作开展得较早，20 世纪 30 年代，美国为开发田纳西流域首次采用了可行性研究的方法，以后通过不断充实和完善，至 60 年代已发展成为一种系统的进行投资前研究的科学方法，并为许多国家所广泛采用。

中国在第一个五年计划期间曾对一些重大工程项目进行过技术经济分析，当时，技术经济分析是在项目已经确定，计划任务书已经下达后，在设计阶段进行，并不像今天的可行性研究那样在投资决策前期进行，而且技术经济分析在内容上也不像西方的可行性研究那样详细深入，但由于当时中国的经济情况不十分复杂，所以这种技术经济分析起到了一定的作用，在第一个五年计划期间建设的项目，取得了较好的经济效果，在 1958～1961 年和 1966～1976 年，由于众所周知的政治环境和政策上的原因，完全取消了技术经济分析，项目投资的盲目性较大，上了一些不该上或没有条件上的项目，造成了一定的经济损失。在总结了建国以来工程项目建设的经验和教训后，自 1983 年起，中国已把工程项目的可行性研究正式列入基本建设程序，国家计委发了［1983］116 号文件，把这一规定形成了文件，规定“凡是没有经过可行性研究或可行性研究程度不够的建设项目，不应批准设计任务书”，十几年的实践已表明了工程项目的可行性研究对避免盲目投资、避免和减少建设项目决策失误、对做好建设前期的工作、提高建设投资的综合效益起了很大的作用。

1.1.4.2 国外可行性研究的阶段和相应内容

国外可行性研究一般分为投资机会研究、初步可行性研究、可行性研究、评价和决策四个阶段，是一个由粗到细、由浅入深的研究过程。对一些小型的简单的项目，也可以简化为两步或三步。各阶段的内容简述如下：

(1) 投资机会研究（opportunity study） 投资机会研究的任务是提出工程项目投资方向的建议，即在一个确定的地区和部门内，根据自然资源、市场需求、国家政策、国际贸易等方面的情况，通过调查、预测和分析研究，选择建设项目，寻找最有利的投资机会。投资机会研究只是在众多的投资机会中挑选出有利的投资机会，要以少量的花费迅速地确定有关项目的投资可能性，所以是相当粗略的，主要依靠估算而不是详细计算，因而数据的精确度误差可在±30%。投资机会研究的结果一旦引起了投资者的兴趣就会转入下一步，即进行项目的初步可行性研究。

(2) 初步可行性研究（预可行性研究，prefeasibility study） 初步可行性研究又称预可行性研究，经过投资机会研究认定的大中型项目，通常需作初步可行性研究。这个阶段要解决的问题是还有哪些关键问题需要做辅助研究，以及项目是被否定还是被肯定。如果被肯定，对大多数项目来说应立即着手进行下一步：可行性研究。对一些中小型项目，只需增补一些工作便可做出投资决策。

(3) 可行性研究（feasibility study） 此阶段又称详细可行性研究或最终可行性研究，它是投资决策前期研究的关键阶段。在此阶段，要对工程项目进行技术经济综合分析和多方案论证比较，从技术、经济、金融等方面为项目提供决策依据。此阶段的结果是推荐一个最佳方案或是提出几个可行方案并列举出利弊，由决策者自行作出抉择。当然也可以作出项目“不可行”的结论，但因已通过了机会研究和初步（预）可行性研究，故在此阶段作出不可行结论的较为少见。

1.1.4.3　中国可行性研究报告的内容和深度

中国现行规定的可行性研究报告的内容和深度随项目的性质、规模不同而有所差异。各行业、部门都作了一些具体的规定。化学工业部曾于1987年10月颁发了《化工建设项目可行性研究报告内容和深度的规定》，经过几年试行，总结了经验，根据当前改革开放的新形势和要求，对原来的规定进行了修改和补充，于1992年12月颁发经修改的《化工建设项目可行性研究报告内容和深度的规定》，此文件详见附录1。该文件规定的可行性研究报告的主要内容如下。

1. 总论

(1) 可行性研究编制的依据和原则；

(2) 项目提出的背景（改建、扩建项目和技术改造项目要说明企业现有概况）、投资的必要性和经济意义；

(3) 可行性研究的研究范围和研究的主要过程；

(4) 研究的简要综合结论；

(5) 存在的主要问题和建议。

附：主要技术经济指标表。

2. 市场预测

(1) 国内、外市场情况预测；

(2) 产品价格的分析。

3. 产品方案及生产规模

(1) 产品方案的选择与比较；

(2) 生产规模和各装置的规模确定的原则和理由；

(3) 产品、中间产品和副产品的品种、数量、规格及质量指标。

4. 工艺技术方案

(1) 工艺技术方案的选择；

(2) 工艺流程和消耗定额；

(3) 自动控制方案；

(4) 主要设备的选择；

(5) 标准化，包括工艺设备、管道、分析、仪表、电气等拟采用标准化的情况及对技术引进和进口设备拟采用标准化的说明。

5. 原料、辅助材料及燃料的供应

6. 建厂条件和厂址方案

(1) 建厂条件；

(2) 厂址方案。

7. 公用工程和辅助设施方案

(1) 总图运输；

(2) 给排水；

(3) 供电及电讯；

(4) 供热或热电车间；

(5) 贮运设施及机械化运输；

(6) 厂区外管网；

(7) 采暖通风及空气调节；

(8) 空压站、氮氧站、冷冻站；

(9) 维修（机修、仪修、电修、建修）；

(10) 制袋、制桶；

(11) 中央化验室；

(12) 土建（建筑物、构筑物）；

(13) 生活福利设施。

8. 节能

(1) 能耗指标及分析；

(2) 节能措施综述；

(3) 单项节能工程。

9. 环境保护与劳动安全

(1) 环境保护；

(2) 劳动保护与安全卫生；

(3) 消防。

10. 工厂组织与劳动定员

(1) 工厂体制及组织机构；

(2) 生产班制及定员；

(3) 人员的来源和培训。

11. 项目的实施规划

12. 投资估算和资金筹措

(1) 总投资估算；

(2) 资金筹措。

13. 财务、经济评价及社会效益评价

(1) 产品成本估算；

(2) 财务评价；

(3) 国民经济评价；

(4) 社会效益评价。

14. 结论

(1) 综合评价；

(2) 研究报告的结论。

15. 附件

附件内容如下。

(1) 编制可行性研究报告依据的有关文件（如上级单位对项目建议书的批准文件及业主委托的主要要求等）。

(2) 主要原材料、燃料、动力供应及运输等有关协作单位或有关主管部门签订的意向性协议书或签署的意见。

(3) 储委会正式批准的资源开采储量、品位、成分的审批意见（包括拟用的地下水开采储量）。

(4) 厂址选择、选线报告（新建项目）。

(5) 资金筹措意向协议书或意见书。

(6) 自筹资金应附同级财政部门对资金来源渠道的审查意见。

(7) 环保部门对环境影响预评价报告的审批意见。

(8) 有关主管部门对建厂地址和征用土地的审批或签署的意见。

(9) 其他。

1.1.4.4 中国可行性研究工作的组织实施

在可行性研究工作进行过程中，为了能够进行技术的、经济的、商业的及社会的分析和评价，需要组织技术、经济、管理和市场分析人员等各方面人员共同完成。当项目的资金筹措涉及银行的投资或贷款时，银行也要进行项目评估，银行的评估是从银行作为投资者或贷款者的立场出发，力求客观地、公正地和准确地对拟建工程的可行性进行评估，这样银行可以起到参与投资决策、促进提高投资效益、避免贷款风险的作用。

可行性研究可由主管部门下达计划，或由有关部门和建设单位委托设计单位或咨询机构进行。承担可行性研究工作的设计单位或咨询机构必须是有权威性的，国家各部委、各省市自治区和全国性专业公司要对其业务水平和信誉状况进行资格审查和确认。

承担可行性研究的单位在完成全部工作后，要把项目的可行性研究报告和有关文件提交委托单位。

大、中型建设项目的可行性研究报告，通常由各主管部，各省、市、自治区或全国性工业公司负责主审，报国家计委审批，或由国家计委委托有关单位审查。重大或特殊项目的可行性研究报告则由国家计委会同有关部门主审，报国务院审批。小型项目的可行性研究报告，按隶属关系由各主管部，各省、市、自治区或全国性专业公司负责审批。

1.1.5 计划任务书

在可行性研究的基础上，按照上级审定的建设方案，落实各项建设条件和协作条件，审核技术经济指标，比较和确定厂址，落实建设资金。在以上工作完成后，便可以编写计划任务书，作为整个设计工作的依据。

计划任务书的主要内容如下。

(1) 建设目的和依据。

(2) 建设规模、产品方案、生产方法或工艺原则。

(3) 矿产资源、水文地质和原材料、燃料、动力、供水、运输等协作条件。

(4) 资源综合利用和环境保护，“三废”治理的要求。

(5) 建设地区或地点，占地面积的估算。

(6) 防空、防震的要求。

(7) 建设工期。

(8) 投资控制数。

(9) 劳动定员控制数。

(10) 要求达到的经济效益。

1.1.6 设计阶段

一般按工程的重要性、技术的复杂性并根据计划任务书的规定，可以分为三段设计、两段设计或一段设计。

设计重要的大型企业以及使用比较新和比较复杂的技术时，为了保证设计质量，可以按初步设计、扩大初步设计、施工图设计三个阶段进行。

技术上比较成熟的中小型工厂，按扩大初步设计和施工图设计两个阶段进行。

技术上比较简单、规模小的工厂或个别车间的设计，可直接进行施工图设计，即一段设计。

总之，设计阶段的划分，需按上级的要求、工程的具体情况和工程规模的大小等条件来决定。

兹将初步设计、扩大初步设计和施工图设计扼要叙述于后。

初步设计在批准的可行性研究报告的基础上进行，它应根据计划任务书作出在技术上可能、经济上合理的最符合要求的设计方案。初步设计阶段应编写初步设计说明书，作为此设计阶段的设计成品。

扩大初步设计一般是根据已批准的初步设计，解决初步设计中的主要技术问题，使之进一步明确并具体化。在扩大初步设计阶段编写扩大初步设计说明书及工程概算书。

施工图设计是根据已批准的扩大初步设计进行的，它是进行工程施工的根据，为施工服务。在此设计阶段的设计成品是详细的施工图纸和必要的文字说明书以及工程预算书。

1.2 化工厂整套设计所包含的内容

一个化工厂，除了工艺设计和工艺管道外，还应有房屋，设备基础，上水管道，排水管道，采暖，通风，电动机，灯光照明，电话，仪器仪表……等；另外，设计一个化工厂，还要考虑到它应有一个合理的总平面布置，要考虑原料和产品的运输，还要考虑到设计的技术经济性等。因此，化学工厂是化工工艺技术和非工艺的各种专业技术的综合，化工厂的设计工作是由工艺与非工艺各种项目所组成的统一体，它是工艺设计人员与非工艺设计人员集体劳动的结晶。

化工厂整套设计应包括以下各项内容。

(1) 化工工艺设计；

(2) 总图运输设计；

(3) 土建设计；

(4) 公用工程（供电、供热、供排水、采暖通风）设计；

(5) 自动控制设计；

(6) 机修、电修等辅助车间设计；

(7) 外管设计；

(8) 工程概算与预算。

以上所列各项设计内容，详见本章1.3和1.4两节的叙述。

为了使整个化工厂建设得经济合理，节省投资，除了首先作好先进的化工工艺设计外，化工系统总结多年来的设计经验，提出了在化工厂工程设计中的“四化”原则，可供参考。

·工厂布置一体化，意即各生产厂房及辅助厂房尽可能布置在一起，以节省占地。

·生产装置露天化，意即化工设备尽量布置在露天，既可改善工作条件，防止有害气体积累，又节省投资。

·公用工程社会化，意即水、电、汽供应，铁路进线，机修等尽量利用社会条件，协作进行。

·引进技术国产化，意即在必要引进国外先进技术时，尽量利用国内的人力及物力资源，不仅为了降低投资，更是为了锻炼国内的技术力量，如由国内工程公司总承包或尽量选用国产设备等。

1.3 化工工艺设计

一个化工厂的设计虽包括很多方面的内容，但它的核心内容是化工工艺设计，工艺设计决定了整个设计的概貌。本节介绍化工工艺设计。

1.3.1 化工工艺设计的内容

化工工艺设计包括下面的一些内容。

(1) 原料路线和技术路线的选择；

(2) 工艺流程设计；

(3) 物料计算；

(4) 能量计算；

(5) 工艺设备的设计和选型；

(6) 车间布置设计；

(7) 化工管路设计；

(8) 非工艺设计项目的考虑，即由工艺设计人员提出非工艺设计项目的设计条件；

(9) 编制设计文件：包括编制设计说明书、附图和附表。

上面所述内容是工艺设计各项内容的汇总，实际上在设计的不同阶段，进行的内容并不一定相同，即使同一项内容，其深度也不相同。例如，原料路线和技术路线的选择，在可行性研究阶段已经进行了初步设计阶段只是把它们具体化；又如，物料衡算和热量衡算是在初步设计（或扩大初步设计）阶段进行而化工管路设计是在施工图设计阶段进行的；而流程设计是贯穿了整个设计过程的各个阶段，从前到后逐步深入。

1.3.2 工艺设计的初步设计或扩大初步设计的内容和程序

工艺设计的初步设计或扩大初步设计的内容和程序可用图 1.3 来表示。图右边的双线方框表示该步的设计成品。

1.3.3 工艺施工图设计的内容和程序

工艺施工设计的内容、程序以及此阶段工艺与非工艺设计的相互配合交叉进行的情况可用图 1.4 表现出来。图中双线方框代表施工图设计的设计成品。

1.3.4 初步设计的设计文件

初步设计的设计文件应包括以下两部分内容：设计说明书和说明书的附图、附表。

化工厂（车间）初步设计说明书的内容和编写要求，根据设计的范围（整个工厂、一个车间或一套装置）、规模的大小和主管部门的要求而不同，对炼油、化工厂的初步设计的内容和编写要求，化学工业部曾有文件规定。对于一个装置或一个车间，其初步设计说明书的内容如下。

（一）设计依据

(1) 文件，如计划任务书以及其他批文等；

(2) 技术资料，如中型试验报告、调查报告等。

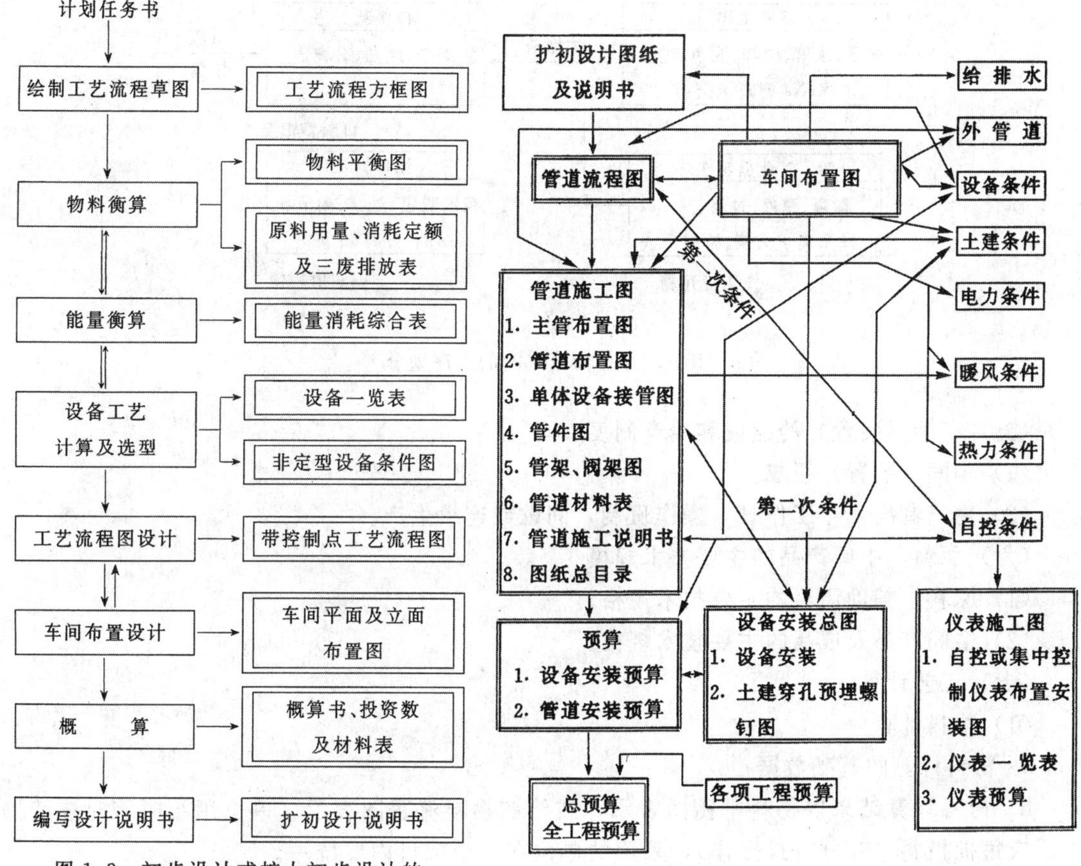

图 1.3　初步设计或扩大初步设计的程序和相应的设计成品

图 1.4　工艺施工图设计的内容和设计成品

（二）设计指导思想和设计原则

（1）指导思想：设计所遵循的具体方针政策和指导思想；

（2）设计原则：包括各专业的设计原则，如工艺路线的选择、设备的选型和材质选用、自控水平等原则。

（三）产品方案

（1）产品名称和性质；

（2）产品的质量规格；

（3）产品规模（t/d 或 t/a）；

（4）副产品数量（t/d 或 t/a）；

（5）产品包装方式。

（四）生产方法和工艺流程

（1）生产方法：扼要说明设计所采用的原料路线和工艺路线；

（2）化学反应方程式：写出方程式、注明化学物质的名称、主要操作条件（温度、催化剂等）；

（3）工艺流程

a. 工艺划分简图，用方块图表示，以葡萄糖车间工序划分为例，如图 1.5 所示；

b. 带控制点工艺流程图和流程简述。

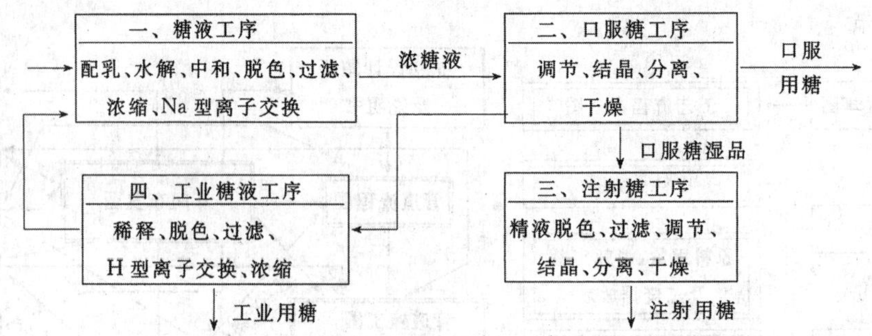

图1.5 葡萄糖车间的工序划分

（五）车间（装置）的组成和生产制度

（1）车间（装置）组成；

（2）生产制度，年工作日，操作班制，间歇或连续生产。

（六）原料、中间产品的主要技术规模

（1）原料、辅助原料的主要技术规格；

（2）中间产品及成品的主要技术规格。

（七）工艺计算

（1）物料计算

a. 物料计算的基础数据；

b. 物料计算结果以物料平衡图表示，或绘制物料流程图表示。单位用小时（对连续操作）或每批投料（对分批式操作），采用的单位在一个项目内要统一。

（2）主要工艺设备的选型、化工计算和材料选择

a. 基础数据来源：包括物料和热量计算数据，主要化工数据等；

b. 主要工艺设备的工艺计算，按流程编号为序进行编写，内容包括下面各项：

（a）承担的工艺任务；

（b）工艺计算：包括操作条件、数据、公式、运算结果、必要的接管尺寸等；

（c）最终结论：包括计算结果的论述、设计选取；

（d）材料选择。

c. 一般工艺设备以表格形式分类表示计算和选择结果。根据工艺特点列表，参看表1.1～表1.6。

表1.1 塔

序号	流程编号	名称	介质	操作温度		塔顶压力（绝压）	回流比	气体负荷/(m^3/h)	液体负荷/(kg/h)
				塔顶	塔底				
1	2	3	4	5	6	7	8	9	10

允许空塔线速	塔径/mm		塔板型式	填料高度/mm		塔板数		塔高/mm
	计算	实际		计算	实际	计算	实际	
11	12	13	14	15	16	17	18	19

表 1.2 反应器

序号	流程编号	名称	数量（台）	型号	操作条件			体积流量/（m^3/h）	装料系数	停留时间/min	容积/m^3	平均温度/℃	热负荷/（J/h）	传热系数/（J/m^2·h·K）	传热面积/m^2		备注
					介质	温度	压力（绝压）								计算	采用	
1	2	3	4	5	6	7	8	9	10	11	12	13	14	15	16	17	18

表 1.3 热交换器

序号	流程编号	名称	介 质		程数	温 度		压力（绝压）	流量/（kg/h）	平均温度/℃	热负荷/（J/h）	传热系数/（J/m^2·h·K）	传热面积/m^2		型式	挡板间距/mm	备注
			管内	管间		进口	出口						计算	采用			
1	2	3	4	5	6	7	8	9	10	11	12	13	14	15	16	17	18

表 1.4 泵类设备表

序号	流程图位号	名称	型号	流量/（m^3/h）	扬程/m（H_2O）	泵压力			吸入高度/m（H_2O）	介 质				原动机型号	电压/V或蒸汽气压（表压）	功率/kW	数量/台	重量/t		密封要求	备注
						入口	出口	压差		名称	温度	密度	粘度					单重	总重		
1	2	3	4	5	6	7	8	9	10	11	12	13	14	15	16	17	18	19	20	21	22

表 1.5 压缩机、风机类设备表

序号	流程图位号	名称	型号	排气量/（m^3/h）	主要气体成分	温度/℃		压力（表压）		防爆或防酸	叶片数及角度	原动机型号	功率/kW	电压/V或蒸汽气压（表压）	安装方位	传动方式	数量/台	重量/t		备注
						入口	出口	入口	出口									单重	总重	
1	2	3	4	5	6	7	8	9	10	11	12	13	14	15	16	17	18	19	20	21

表 1.6 电动机表

序号	流程图位号	名称	型号	技术条件	单位	数量	重量/t		备注
							单重	总重	

（3）工艺用的水、蒸汽、冷冻剂、冷冻盐水用量表，见表 1.7。

表 1.7 水、蒸汽、冷冻剂、冷冻盐水用量表

设备编号	设备名称	规格	单位	小时用量		日用量	备注
				最大	平均		
1	2	3	4	5	6	7	8

(4) 分批式操作的设备要排列工艺操作时间表和动力负荷曲线。

(八) 主要原材料、动力消耗定额及消耗量

表 1.8 是原材料、动力消耗定额及消耗量。

表 1.8 原材料、动力消耗定额及消耗量

序号	名称	规格	单位	每吨产品消耗定额	消耗量		备注
					每日	每年	
1	2 原材料 ⋮ 动力 水 蒸汽 ⋮	3	4	5	6	7	8

(九) 生产控制分析

(1) 包括中间产品、生产过程质量控制的常规分析和三废分析等;

(2) 主要生产控制分析表(表 1.9);

表 1.9 主要生产控制分析表

序号	取样地点	分析项目	分析方法	控制指标	分析次数	备注
1	2	3	4	5	6	7

(3) 分析仪器设备表。

(十) 仪表和自动控制

(1) 控制方案说明,具体表示在工艺流程图上;

(2) 控制测量仪器设备汇总表。

(十一) 技术保安、防火及工业卫生

(1) 工艺物料性质及生产过程的特点;

(2) 技术保安措施;

(3) 消防;

(4) 通风:设计说明及设备材料汇总表。

(十二) 车间布置

(1) 车间布置说明,包括生产部分、辅助生产部分和生活部分的区域划分、生产流向、防毒、防爆的考虑等;

(2) 设备布置的平面图与剖面图。

(十三) 公用工程

(1) 供电

a．设计说明，包括电力、照明、避雷、弱电等；

b．设备、材料汇总表。

（2）供排水

a．供水；

b．排水：包括清下水、生产污水、生活污水、蒸汽冷凝水等；

c．消防用水。

（3）蒸汽：各种蒸汽用量及规格等

（4）冷冻与空压

a．冷冻；

b．空压：分工厂用气和仪表用气；

c．设备、材料汇总表。

（十四）“三废”治理及综合利用

（1）“三废”情况表（见表1.10）

表1.10 “三废”情况表

序号	工序名称	排放量	成分含量	规定排放标准	设计排放标准	备注

（2）处理方法及综合利用途径。

（十五）车间维修

（1）任务、工种和定员；

（2）主要设备一览表。

（十六）土建

（1）设计说明；

（2）车间（装置）建筑物、构筑物表；

（3）建筑平面、立面、剖面图。

（十七）车间装置定员

包括生产工人、分析工、维修工、辅助工、管理人员，见表1.11。

表1.11 车间定员表

序号	职能名称	人员配备班制	人数			备注
			每班	轮休	合计	
	共计					

（十八）概算

（十九）技术经济

（1）投资（表1.12）

表 1.12 投资表

序号	项目	投资/万元	备注
1	工艺设备及安装		
2	工艺管道及安装		
3	土建		
4	供电照明		
5	自控		
6	通风		
7	其他		
	总计		

(2) 产品成本

产品成本的计算数据：

a. 各种原料、中间产品的单价和动力单价依据；

b. 折旧费、工资、维修费、管理费用依据。

产品成本的计算：

a. 原料和动力单耗费用（表 1.13）；

表 1.13 原料和动力单耗费用

名称	单价/(元/t 或元/m^3)	耗量/t 或 m^3	总价	名称	单价/(元/t 或元/m^3)	耗量/t 或 m^3	总价
原料 ⋮				动力 ⋮			
				小计			
小计				合计			

b. 折旧、工资、维修、管理费用及其他费用；

c. 产品工厂成本。

(3) 技术经济指标（表 1.14）

表 1.14 技术经济指标

序号	指标名称	计算单位	设计指标	备注	序号	指标名称	计算单位	设计指标	备注
1	规模(1)产品	t/h			7	产品车间成本	元/t		
	(2)副产品	t/h			8	年运输量			
2	年工作日	d(h)				(1)运进	t		
3	总收率	%				(2)运出	t		
	分阶段收率	%			9	基建材料			
4	车间定员					(1)钢材	t		
	(1)生产人员	人				(2)特殊钢材	t		
	(2)非生产人员	人				(3)木材	t		
5	主要原材料及动力消耗					(4)水泥	t		
	(1)原材料				10	三废排出量			
	(2)动力：电、汽、燃料					(1)废气	m^3/h		
6	建筑及占地面积					(2)废水	m^3/h		
	(1)建筑面积	m^2				(3)废渣	t/h		
	(2)占地面积	m^2			11	车间投资	万元		

（二十）存在问题及建议

附件：

附表 1　工艺设备一览表

附表 2　自控仪表一览表

附表 3　公用工程设备材料表

附图 1　物料流程图

附图 2　带控制点工艺流程图

附图 3　车间布置图（平面图及剖面图）

附图 4　关键设备总图

附图 5　建筑平面、立面、剖面图

1.3.5　工艺施工图设计文件

工艺施工图设计文件包括下列内容：

（一）工艺设计说明

工艺设计说明可根据需要按下列各项内容编写：

（1）工艺修改说明：说明对前段设计的修改变动；

（2）设备安装说明：主要大型设备吊装；建筑预留孔；安装前设备可放位置；

（3）设备的防腐、脱脂、除污的要求和设备外壁的防锈、涂色要求以及试压试漏和清洗要求等；

（4）设备安装需进一步落实的问题；

（5）管路安装说明；

（6）管路的防腐、涂色、脱脂和除污要求及管路的试压、试漏和清洗的要求；

（7）管路安装需统一说明的问题；

（8）施工时应注意的安全问题和应采取的安全措施；

（9）设备和管路安装所采用的标准规范和其他说明事项。

（二）管道仪表流程图

管道仪表流程图要详细地描绘装置的全部生产过程，而且着重表达全部设备的全部管道连接关系，测量、控制及调节的全部手段。管道仪表流程图可参阅第 3 章图 3.3 丙烷、丁烷回收装置管道仪表流程图。

（三）辅助管路系统图

（四）首页图

当设计项目（装置）范围较大，设备布置和管路安装图需分别绘制时则应编制首页图。首页图参阅第 7 章图 7.12。

（五）设备布置图

设备布置图包括平面图与剖面图，其内容应表示出全部工艺设备的安装位置和安装标高，以及建筑物、构筑物、操作台等。参见第 7 章图 7.11。

（六）设备一览表

根据设备订货分类的要求，分别作出定型工艺设备表、非定型工艺设备表、机电设备表等，格式参见表 1.15、表 1.16 和表 1.17。也可以给出一个综合的设备一览表，格式见第 6 章表 6.44。

表 1.15　定型工艺设备表

设计单位名称	工程名称		定型工艺设备表(泵类、压缩机、鼓风机类)	编制		年　月　日	库号	
	设计项目			校对		年　月　日		
	设计阶段			审核		年　月　日	第　页	共　页

序号	流程图位号	名称	型号	流量或排气量/(m^3/h)	扬程/mH_2O	介质		温度/℃		压力			原动机型号	功率kW	电压/V或蒸汽压(表压)	数量	单重/kg	单价/元	备注
						名称	主要成分	入口	出口	单位	入口	出口							

表 1.16　非定型工艺设备表

设计单位名称	工程名称		非定型工艺设备表	编制		年　月　日	库号	
	设计项目			校对		年　月　日		
	设计阶段			审核		年　月　日	第　页	共　页

序号	流程图位号	名称	主要规格	操作条件			材料	面积/m^2或容积/m^3	附件	数量	重量/kg	单价/元	复用或设计	图纸库号	保温		备注
				主要介质	温度	压力/kPa									材料	厚度	

表 1.17　机电设备表

设计单位名称	工程名称		机电设备表	编制		图号	
	设计项目			校对			
	设计阶段			审核		第　页	共　页

序号	流程图位号	名称	型号规格	技术条件	单位	数量	重量/t		价格/元		备注
							单重	总重	单价	总价	

（七）管路布置图

管路布置图包括管路布置平面图和剖视图，其内容应表示出全部管路、管件和阀件及简单的设备轮廓线及建、构筑物外形。

管路布置图可参阅第 8 章图 8.2。

（八）管架和非标准管架图

（九）管架表

（十）综合材料表

综合材料表应按以下三类材料进行编制：

（1）管路安装材料及管架材料；

（2）设备支架材料；

（3）保温防腐材料。

（十一）设备管口方位图

管口方位图应表示出全部设备管口、吊钩、支腿及地脚螺栓的方位，并标注管口编号、管口和管径名称。对塔还要表示出地脚螺栓、吊柱、支爬梯和降液管位置。

设备管口方位图可参阅第 6 章图 6.25。

1.4 整套设计中的全局性问题

在化工厂整套设计进行过程中，需要考虑的问题是很多的，如果考虑不周到，往往会对工程项目的经济状况发生影响，甚至于使建成的工厂无利可图。设计过程中有许多因素，包括厂址的选定，总图布置，公用工程、安全与卫生、土建设计、自动控制、技术经济等，都是十分重要的，它们是整套设计中必须考虑的全局性问题。本章讨论前六项因素，技术经济的内容分散到有关章节叙述。

1.4.1 厂址的选择

厂址的选择是一项十分复杂的工作，必须根据拟建项目的技术经济要求，结合建厂地区的自然地理特征，运输条件、水源和动力供应条件、建筑施工条件以及工人住宅区布置条件等进行多方案的技术经济比较，选择一个能最大限度满足建设和生产经营要求的、建厂费用和经营费用最省的建厂位置。厂址选择的一般要求如下。

（1）厂址应当靠近主要原材料供应地区或产品销售地区。

（2）厂址应有较好的交通运输条件。年运输量超过某个数值时（按国家规定），应铺设专用线并和铁路正线接转。专用线最好不经过桥梁、涵洞，长度应尽量缩短。

（3）必须有充足的水源保证供应，如有温度较低的充足水源则更好，这样可以节省冷却设备，节约投资，水温一般要求在 25～32℃以下。

（4）最好靠近热电站以获得大量蒸汽和电力。

（5）厂址最好选在已有居民的附近地区，离城市不远或靠近已建成投产的其他企业，这样可以利用城市或原有企业的各种设施。

（6）应在居民区的下风向和江河下游，但又不受其他企业的烟气的影响的地方建厂。窝风的盆地不宜建厂，在全年主导风向不明时，应以夏季风向为主。

（7）厂址面积与外形应适应工厂总平面布置，并有发展余地，一般要求平坦，稍能向外倾斜，有一定的坡度，以利雨水排除。

（8）尽量不占或少占农田。

（9）化工厂排出的污水应尽量予以处理后，达到国家规定的排放标准；如化工厂较小，污水排入江河时，江河水的最小流量应能稀释至符合农业、水产、卫生的要求。

（10）有些化工厂有大量的废渣产生，要有适当的洼地堆放或填埋。

（11）厂址应不受洪水淹没，地下水位最好在 4m 以下或低于地下建筑物的深度。

（12）厂址尽量不选在 7 度以上的地震区，9 度以上不能建厂。

（13）化工厂的高层建筑物及地下管道较多，在下沉性Ⅱ级以上大孔性黄土上不宜建厂

(西北、华北地区应注意)。

(14) 地质情况要好,地耐力一般要求在147kPa (1.5kgf/cm²) 以上。若小于98kPa (1.0kgf/cm²)则不宜建厂。

(15) 在具有喀斯特地貌的地区(广西壮族自治区应注意),土崩地段和地下有淤泥或流沙处不宜建厂,已采矿坑上面亦不宜建厂。

(16) 有用矿藏的上部地面一般不宜建厂。

厂址选择工作按拟建项目的隶属关系,由主管部门组织勘察设计单位和所在地的有关部门共同进行。若在城市辖区之内选厂,要征得当地城市规划部门的同意,并应取得协议文件。

厂址选择按它的工作深度,分为规划性选厂和工程性选厂两个阶段。

规划性选厂是厂址选择的第一阶段。目的是选择拟建项目的建设地点(地理位置)。这项工作通常由综合部门或项目的主管部门根据国民经济远景发展的战略要求,结合资源的分布和现有生产力的配置情况以及勘察、测量等技术经济资料,在比较广阔的地域范围内进行选择。并应在初步选定的区域内提出多个可供考虑的建厂地址,作出方案比较,供研究抉择。

工程性选厂是厂址选择的第二阶段。目的是在国家审定的建厂地点,根据比较详细的工程地质、水文地质、勘察测量和经济调查等资料,确定拟建项目的具体建设地段(建设场地)。工程性选厂一般是由拟建项目的主管部门或项目建设单位邀请勘察设计单位及有关部门共同进行。对工业企业在不同场地进行建设的优点、缺点以及建设费用、生产经营费用等进行技术经济比较和综合分析评价,以便选择最佳的建设场地,确定东、西、南、北四至,然后写出选厂报告,绘制草图,按规定程序报上级机关审批。

1.4.2 总图布置

总图布置设计的任务是要总体地解决全厂所有的建筑物和构筑物在平面和竖向上的布置,运输网和地上、地下工程技术管网的布置、行政管理、福利及美化设施的布置等问题,亦即工厂的总体布局。化工厂总体布局主要应该满足三个方面的要求。

(1) 生产要求 总体布局首先要求保证径直和短捷的生产作业线,尽可能避免交叉和迂回,使各种物料的输送距离为最小。同时将水、电、汽耗量大的车间尽量集中,形成负荷中心,并使其与供应来源靠近,使水、电汽输送距离为最小。

工厂总体布局还应使人流和货流的交通路线径直和短捷,避免交叉和重叠。

(2) 安全要求 化工厂具有易燃、易爆、有毒的特点,厂区应充分考虑安全布局,严格遵守防火、卫生等安全规范和标准的有关规定,重点是防止火灾和爆炸的发生,并考虑一旦发生危险时能及时疏散和有效救援。

(3) 发展要求 厂区布置要求有较大的弹性,使其对工厂的发展变化有较大的适应性。也就是说,随着工厂不断的发展变化,厂内的生产布局和安全布局仍然合理。

图1.6是一个化学纤维联合企业的总平面布置图,分析一下这个总平面图,对于体会总平面设计中应考虑的问题是有益的。

① 有短捷的生产作业线 生产石油化工初级原料(乙烯、丙烯、芳烃等)的化工一厂,生产合成纤维单体和化工原料(乙醛、醋酸、丙烯腈等)的化工二厂,腈纶厂,维尼纶厂,涤纶厂集中在一起,物料流顺而短捷。

② 负荷中心靠近供应来源 化工一厂,化工二厂,腈纶厂,维纶厂,涤纶厂,加上邻近的维纶纺丝和涤纶纺丝厂构成了全厂生产中心,它们是水、电、汽、气(氧气、氮气)耗量大的单位,成为全厂的负荷中心。从总平面图可以看出,水、电、汽、气的供应来源(水厂、

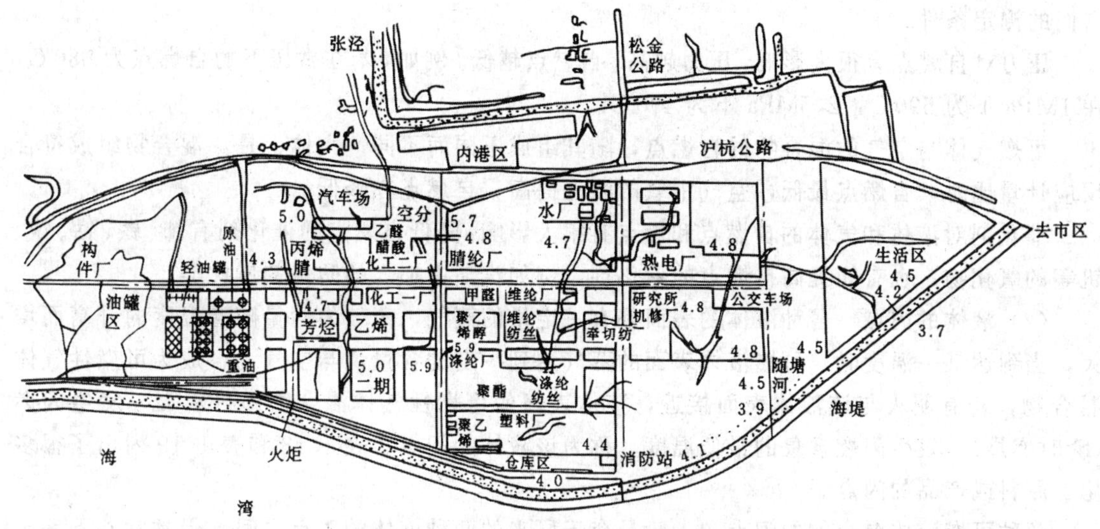

图 1.6　总平面布置图示例

热电厂、空气分离）与上述负荷中心很靠近，减少了介质输送距离和耗损。

③ 满足防火、卫生要求　该地区夏季主导风向是东南风，冬季主导风向是西北风，因此，将生活区布置在东面，然后按污染程度由小到大的顺序自东向西依次布置，即按辅助厂（机修厂、热电厂、水厂）、纺丝厂到化工厂的顺序布置。并且化工装置与生活区有 1.5km 以上的距离，能满足卫生要求。

为了防止火灾和爆炸事故的发生，将各类明火源（如加热炉、乙烯车间的裂解炉以及机修、变电设施等），布置在主导风向的上风侧或平行风侧，而可能散发可燃气体的设备布置在下风侧；油罐集中在油罐区，布置在下风侧或平行风侧，靠近厂内偏远地带。

火炬是一个明火源，在点燃失灵情况下又是一个污染源，它在总图上与生产装置及罐区成平行风侧布置，并保持较大距离。

④ 运输　化工一厂，化工二厂，腈纶厂、涤纶厂、纺丝厂等构成了全厂生产中心，在生产中心以北是内河装卸区，以南是铁路装卸区。需要大量燃料的热电厂靠近内河装卸区，而油罐区和仓库区则靠近南面铁路，这样的布置保证了原料、燃料和产品输送的路线最短。

人员较集中的纺丝厂靠近生活区，减少了人员的流动，方便了生活。

⑤ 发展要求　总图中为近期发展留了适当的余地，使在可预见的将来不致打乱整个生产和安全布局。

如上所述，总平面布置只是确定全厂建筑物、构筑物、铁路、道路、码头和工程管网的坐标，但只确定坐标还不够，还必须确定它们的标高，这就是所谓竖向布置。竖向布置和平面布置是不可分割的两部分内容。竖向布置的目的是利用和改造自然地形使土方工程量为最小，并使厂内雨水能顺利排除。竖向布置的方式有平坡式和台阶式两种。

1.4.3　安全防火与环境保护

化学工业，特别是石油化学工业，由于生产上的特点，火灾、爆炸的危险性以及环境污染的问题甚于其他企业，因此，化工设计中的安全防火和环境保护是必须高度重视的。

1.4.3.1　化工生产中物料的燃、爆性质

(1) 气体和液体的自燃点　表 1.18 和表 1.19 列出了一些气体和液体的自燃点。

同一物质的自燃点随条件的变化而不同。所以在使用文献中自燃点的数据时，必须注意

它们的测定条件。

压力对自燃点有很大影响，压力越高，自燃点越低。例如，苯在常压下的自燃点为680℃、在1MPa下为590℃，2.5MPa下为490℃。

可燃气体与空气的混合物的自燃点，随其组成不同而不同。大体上是，混合物组成符合反应计量比时，自燃点最低，空气中氧的浓度提高，自燃点亦降低。

催化剂对液体和气体的自燃点和燃点有很大影响。降低自燃点的催化剂有铈、铁、钴、镍、钒等的氧化物；也有能提高自燃点的催化剂，例如汽油中加入的防爆剂属此类。

(2) 液体的闪点　各种液体的表面都有一定量的蒸气，蒸气的含量随着温度的升高而增大，当到达某一温度时，可燃液体表面的蒸气达到一定的含量，与空气混合成为可燃性气体混合物，若有明火与该液体表面接近，液体表面的可燃性气体混合物即行着火，发生闪燃(瞬时燃烧)。发生闪燃现象的最低温度，称为该液体的闪点。表1.18和表1.19列出了很多化工原料或产品的闪点。

两种可燃液体混合物的闪点，一般是介于原来的两种液体的闪点之间，但常常并不等于由这两个组分闪点按摩尔分数的加权平均值，通常要比平均值低1～11℃。具有最低沸点或最高沸点的二元混合液体，亦具有最低闪点或最高闪点。

闪点与燃点有关系，易燃液体的燃点约高于闪点1～5℃，闪点愈低，二者相差愈小，所以对于闪点低的易燃液体，由于燃点接近于闪点，在估计这类易燃液体的火灾危险性时可以只考虑闪点而不再考虑其燃点。但可燃液体闪点在100℃以上时，燃点与闪点相差可达30℃或更多。

(3) 可燃气体或可燃液体蒸气的爆炸极限　可燃气体或可燃液体的蒸气与空气组成的混合物，并不是在任何混合比例之下都是可燃或可爆的。浓度低于某一最低极限或高于某一最高极限时，由于火焰不能蔓延，因而不发生燃烧和爆炸，此最低极限称为爆炸下限，最高极限称为爆炸上限。爆炸极限，特别是爆炸下限在防火防爆上具有重要意义。

表1.18和表1.19列出了一些液体蒸气和气体的爆炸极限。

每种物质的爆炸极限并非固定，而随一系列条件变化而变化。混合物的初始温度愈高，则爆炸极限的范围愈大，即下限愈低而上限愈高；混合物压力在0.1MPa以上时，爆炸极限范围随压力增大而扩大（一氧化碳除外），而当压力在0.1MPa以下时，随着初始压力的减小，爆炸极限范围也缩小，当压力降到某一数值时，下限与上限结成一点，压力再降低，混合物即变得不可爆炸。这一最低压力，称为爆炸的临界压力。

表1.18　可燃有机化合物的自燃点、闪点和爆炸极限[1]

闪点范围	物质名称	化学式	自燃点/℃	闪点/℃	爆炸极限/%	
					下限	上限
<28℃	汽油	C_5H_{12}～$C_{12}H_{26}$	415～530	−50	1.3	6.0
	乙烯基乙醚	$CH_2CHOC_2H_5$	201.67	<−45.56	1.7	28
	环氧丙烷	CH_3CHCH_2O	—	−37.22	2.8	37
	异丙胺	$(CH_3)_2CHNH_2$	402	−37.22	2.0	10.4
	甲乙醚	$C_2H_5OCH_3$	190	−37.13	2.0	10.1
	亚硝酸乙酯	C_2H_5ONO	90(爆炸)	−35	3.0	50.0
	甲基二氯硅烷	CH_3SiHCl_2		−32.2	6.0	55.0

[1] 资料引自国家医药管理局上海医药设计院编．化工工艺设计手册．第二版．北京：化学工业出版社，1996。

续表

闪点范围	物质名称	化学式	自燃点/℃	闪点/℃	爆炸极限/%	
					下限	上限
<28℃	异丙基氯	$CH_3CHClCH_3$	593	−32	2.8	10.7
	氯丙烯(烯丙基氯)	CH_2CHCH_2Cl	485	−32	2.90	11.2
	二乙烯醚	$CH_2CHOCHCH_2$	360	−30	1.70	27
	2-甲基呋喃	$OC(CH_3)CHCHCH$		−30		
	丙烯胺(烯丙基胺)	$CH_2CHCH_2NH_2$	374	−28.89	2.2	22
	缩醛(二乙氧基乙烷)	$CH_3CH(OC_2H_5)_2$	230	−20.56	1.65	10.4
	溴乙烷	C_2H_5Br	511.1	<−20	6.7	11.3
	环己烷	$CH_2CH_2CH_2CH_2CH_2CH_2$	245	−20	1.3	8.4
	石油醚		287	<−17.78	1.1	5.9
	1,1-二氯乙烯	CH_2CCl_2	570	−17.78	7.3	16
	乙胺(氨基乙烷)	$C_2H_5NH_2$	385	<−17.78	3.5	14
	甲硫醇	CH_3SH		−17.78	3.9	21.8
	氰化氢(氰氢酸)	HCN	537.78	−17.78	5.6	40
	丁胺	$C_4H_9NH_2$	312	−12.22	1.7	9.80
	乙烯亚胺	$HNCCH_2$	320	−11.11	3.6	46.0
	叔丁胺	$(CH_3)_3CNH_2$	380	−8.89	1.7	8.9
	异氰酸甲酯	CH_3NCO		<−6.67		
	三乙胺	$(C_2H_5)_3N$		−6.67	1.2	8.0
	异己烷	C_6H_{14}	306	−6.67	1.0	7.0
	原油		~350	−6.67~32.22	1.1	6.4
	甲乙酮(丁酮;甲基丙酮)	$CH_3COC_2H_5$	515.6	−5.56	1.8	10.0
	乙硫醚	$(C_2H_5)_2S$		−9.44		
	丙烯酸甲酯	$CH_2CHCOOCH_3$		−2.78	2.8	25
	丙酸甲酯	$CH_3CH_2COOCH_3$	469	−2.22	2.5	13
	丙烯腈	CH_2CHCN	481	−1.11	3.1	17
	乙二醇二甲醚	$CH_3OCH_2CH_2OCH_3$	745	1.11		
	2-甲基丙烯醛	$CH_2C(CH_3)CHO$		1.67		
	乙酰氯	CH_3COCl	390	4.44		
	乙腈(氰甲烷)	CH_3CN	525	5.56	4.4	16
	甲基乙烯基甲酮	$CH_3COCHCH_2$		6.67		
	甲基丙烯酸甲酯	$CH_2C(CH_3)COOCH_3$	421.11	10	1.7	8.2
	硝酸乙酯	$C_2H_5NO_3$	85(爆炸)	10	3.8	*7.5
	叔丁醇	$(CH_3)_3COH$	480	11.11	2.4	8.0
	戊酮(二乙酮)	$C_2H_5COC_2H_5$	450	12.78	1.6	
	1,2-二氯丙烷	$CH_2ClCHClCH_3$	557.22	15.56	3.4	14.5
	丙烯酸乙酯	$CH_2CHCOOC_2H_5$		15.56	1.8	
	醋酸异丁酯	$CH_3COOCH_2CH(CH_3)_2$	423	17.78	2.4	10.5
	甲基丙烯酸乙酯	$CH_2C(CH_3)COOC_2H_5$		20	1.8	
	丙烯醇	CH_2CHCH_2OH	378	21.11	2.5	18
	甲基三氯硅烷	CH_3Cl_3Si		<21.11	7.6	
	N-甲基吗啡啉	$CH_2CH_2OCH_2CH_2NCH_3$		24		
	丁酸乙酯	$CH_3CH_2CH_2COOC_2H_5$	462.78	25.56	1.4	8.9
	丁腈(氰化丙烷)	$CH_3(CH_2)_2CN$	502.22	26.11	1.65	
	乙硫醇	C_2H_5SH	299	26.67	2.8	18.2
	甲基肼	CH_3NHNH_2		<26.67	4	
	异丁醇	$(CH_3)_2CHCH_2OH$	426.6	27.78	1.2	10.9

续表

闪点范围	物质名称	化学式	自燃点/℃	闪点/℃	爆炸极限/% 下限	爆炸极限/% 上限
≥28℃～<60℃	丙基苯(丙苯)	$C_3H_7C_6H_5$	450	30	0.8	6.0
	苯乙烯	$C_6H_5CHCH_2$	490	31.1	1.1	6.1
	β-蒎烯	$C_{10}H_{16}$		32		
	α-蒎烯	$C_{10}H_{16}$	255	32.2		
	丙酸丁酯	$C_2H_5COOC_4H_9$	426.65	32.22		
	正戊醇	$CH_3(CH_2)_4OH$	300	32.78	1.2	10
	松节油	$C_{10}H_{16}$	253.3	35	0.8	
	三聚乙醛	$[OCH(CH_3)]_3$	237.78	35.56	1.3	
	无水肼	NH_2HN_2	270	37.78	4.7	100
	煤油	$C_{10\sim16}$	210	37.78～73.89	0.7	5.0
	2-甲基吡啶	$NCHCHCHCHCCH_3$	537.8	38.89	1.4	8.6
	异戊-2-醇	$(CH_3)_2CHCH(OH)CH_3$	347.2	39.44	1.2	9
	3-甲基吡啶	$NCHCHCHC(CH_3)CH$	500	40	1.4	
	叔戊醇	$(CH_3)_2C(OH)CH_2CH_3$	437.2	40.56	1.2	9
	环氧氯丙烷	$CH_2ClCH—CH_2$ (—O— 环)		40.56	5.23	17.86
	乙酰丙酮	$CH_3COCH_2COCH_3$	340	40.56		
	杂醇油			42	1.2	
	异戊醇	$(CH_3)_2CHCH_2CH_2OH$	350	42.78	1.2	9.0(100℃)
	乳酸乙酯	$CH_3CHOHCOOC_2H_5$	400	46.1	1.55(100℃)	
	对异丙基甲苯	$CH_3C_6H_4CH(CH_3)_2$	436.1	47.22	0.7	5.6
	甲基异戊二烯	C_6H_8	445.5	48.89	1.3	7.6
	4-甲基吡啶	$NCHCHC(CH_3)CHCH$		56.67		
	对二乙苯	$C_6H_4(C_2H_5)_2$	430	56.7	0.8	
	二甲基甲酰胺	$HCON(CH_3)_2$	445	57.78	2.2	15.2(100℃)
≥60℃	氯乙醇	CH_2ClCH_2OH	425	60	4.9	15.9
	糠醛(呋喃甲醛)	$OCHCHCHCCHO$	315.56	60	2.1	19.3
	二异丁基甲酮	$[(CH_3)_2CHCH_2]_2CO$		60	0.8	6.2
	二丙酮醇	$(CH_3)_2C(OH)CH_2COCH_3$	603.3	64.44	1.8	6.9
	氯乙苄	$C_6H_5CH_2Cl$	585	67.22	1.1	
	四氢糠醇	$C_4H_7OCH_2OH$	282	75	1.5	9.7%
	糠醇(呋喃甲醇)	$C_4H_3OCH_2OH$	490.5	75	1.8	16.3%
	乙酸-3-甲氧基乙酯	$CH_3CO_2C_4H_2OCH_3$		76.67	2.3	15
	N,*N*-二甲基乙酰胺	$CH_3CON(CH_3)_2$		77.22	2.0	11.5(740 mmHg)①
	混甲酚	$C_6H_4(OH)CH_3$		81.11	1.35(148.89℃)	
	邻甲苯胺	$C_6H_4(CH_3)NH_2$	482.2	85		
	1,2-丙二醇	$CH_3CHOHCH_2OH$	371.11	98.89	2.6	12.6
	2-苯乙醇	$C_6H_5CH_2CH_2OH$		102.22		
	乙二醇	$HOCH_2CH_2OH$	400.0	111.11	3.2	
	道生(联苯,联苯醚混合物)			115	0.99	3.36
	(邻)苯二甲酸二丁酯	$C_6H_5(CO_2C_4H_9)_2$	402.75	157.22		
	亚麻仁油			192℃		
	三氯乙烯	$CHClCCl_2$	420		12.5	90
	四氯乙烯	CCl_2CCl_2			10.8	54.5(在氧气中)

① 1mmHg＝133.322Pa。

表 1.19 易燃气体的自燃点、闪点和爆炸极限❶

物质名称	化学式	主要组成	自燃点/℃	闪点/℃	爆炸极限/%	
					下限	上限
二硼烷	B_2H_6		38～52	−90	0.9	88
天然气		CH_4 等	550～750		1.1	16.0
1-丁烯	$C_3H_6CH_2$		384	−80	1.6	10.0
异丁烯	$(CH_3)_2CCH_2$		465	−77	1.8	9.6
二甲醚	$(CH_3)_2O$		350	−41.1	3.4	27
硫化氢	H_2S		260		4.0	44
氢	H_2		400		4.1	74.2
煤气		主要为烷烃，烯烃，芳烃，氢，一氧化碳等	648.89		4.5	40
焦炉煤气		CH_4 25.1%，H_2 45.6%，CO 1.1%，N_2 23.1%及 CO_2，O_2 等			5.6	30.4
溴甲烷	CH_3Br		536		10	16
水煤气		*主要为CO 37%～39% H_2 48%～52% （重量比）			12	66
一氧化碳	CO		610		12.5	74.2
氨	NH_3		651		15.7	27.4
发生炉煤气		CO 20%～32%，H_2 0.2%～5%，余为 CH_4，CO_2，N_2 等	700		20.7	73.7
三氟氯乙烯	C_2ClF_3			−27.78	24	40.3
鼓风炉煤气		CO 22%，H_2 3.5%，N_2 61.5%，余为 CO_2 等			35.0	74.0

（4）粉尘的自燃点和爆炸极限

表 1.20 是粉尘的自燃点和爆炸极限。

表 1.20 粉尘的自燃点和爆炸极限❷

序号	粉 尘 名 称	雾状粉尘自燃点/℃	爆炸下限/(g/m³)	粉尘云的引燃温度/℃	爆炸下限/(g/m³)	粉尘平均粒径/μm
1	铝	640	35～40	590	37～50	10～15
2	镁	520	20	470	44～59	5～10
3	锌		雾化物 35	530	212～284	10～15
4	钛	330	45	375	—	—
5	锆	静电放火花自燃	40	锆石 360	92～123	5～10
6	钍		75			
7	铀		60			
8	锰	450	210			
9	锡	630	190			
10	钒	500	220			
11	硅	775	160			
12	铁粉	315	120	430	153～204	100～150
13	铝镁合金(各 50%)	535	50			

❶ 本表资料引自国家医药管理局上海医药设计院编．化工工艺设计手册．第二版．北京：化学工业出版社，1996。

❷ 本表引自国家医药管理局上海医药设计院编．化工工艺设计手册．第二版．北京：化学工业出版社，1996。

续表

序号	粉 尘 名 称	雾状粉尘自燃点/℃	爆炸下限/(g/m^3)	粉尘云的引燃温度/℃	爆炸下限/(g/m^3)	粉尘平均粒径/μm
14	硅铁合金(89%Si)	860	42.5	(45%硅)640		
15	硫磺	190	35	235	—	30～50
16	硫矿粉	13.9～50				
17	红磷			360	48～64	30～50
18	萘		2.5	575	28～38	8～100
19	蒽		5.04	505	29～39	40～50
20	菲		5.04			
21	己二酸	550	35	580	65～90	—
22	邻苯二甲酸酐	895	20.8	605	—	500～1000
23	无水苯二甲酸(粗)	650	15	605	52～71	—
24	苯二甲酸(精)			770	37～50	—
25	无水马来酸(粗)			500	82～113	—
26	二硝基甲酚			340	—	40～60
27	乌洛托品(六亚甲基四胺)	685	15			
28	联苯胺	910	5.2			
29	苯胺盐酸盐		15.1			
30	4-硝基-2-氨基甲苯	650	5.2			
31	对硝基苯替二乙胺	975	31.2			
32	对硝基苯甲酰氯	675	10.4			
33	对氯苯甲酸	850	10.4			
34	对硝基苯甲酸	850	10.4			
35	对甲氧基苯甲酸	830	5.2			
36	季戊四醇	450	30			
37	对酞酸二甲酯		30			
38	顺丁烯二酸酐			500	—	500～1000
39	对苯二酚	515	15.1			
40	四硝基咔唑			395	92～129	—
41	乙酸钠			520	51～70	5～8
42	阿司匹林			405	31～41	60
43	肥皂粉		45	575	—	80～100
44	硬脂酸铝	400	15			
45	硬脂酸锌			315	—	8～15
46	电石			555		<200
47	结晶紫			475	46～70	15～30
48	紫胶		20			
49	仲甲醛		40			
50	氨基吡唑酮	825	10.4			
51	聚乙烯		20	410	26～35	30～50
52	聚氧化乙烯		30			
53	聚苯乙烯	490	15	475	27～37	40～60
54	聚氯乙烯			595	63～86	4～5
55	苯乙烯(70%) 丁二烯(30%) 粉状聚合物			420	27～37	—
56	聚丙烯		20	430	25～35	—
57	聚丙烯腈		25	505	—	5～7
58	聚丙烯酰胺		40			

续表

序号	粉 尘 名 称	雾状粉尘自燃点/℃	爆炸下限/(g/m³)	粉尘云的引燃温度/℃	爆炸下限/(g/m³)	粉尘平均粒径/μm
59	聚甲基丙烯酸甲酯		30			
60	有机玻璃粉	440	20	485	—	—
61	乙烯树脂		40			
62	聚碳酸酯		25			
63	聚氨酯(类)			425	46～63	50～100
64	聚氨基甲酸乙酯泡沫		25			
65	氯乙烯(70%) 苯乙烯(30%) 粉状聚合物			520	44～60	30～40
66	聚乙烯氮戊环酮			465	42～58	10～15
67	聚乙烯醇			450	42～55	5～10
68	聚乙烯四酞			480	52～71	<200
69	尼龙		30			
70	环氧树脂		20			
71	丙烯醇树脂	500	35			
72	香豆酮茚树脂	520	15			
73	木质素树脂	450	40			
74	石炭酸树脂	460	25			
75	聚乙烯醇缩丁醛树脂	390	20			
76	酚醛树脂	460	25	520	36～49	10～20
77	脲醛树脂	450	70			
78	天然树脂			370	38～52	20～30
79	乙酰纤维素		35			
80	醋酸纤维素	320	25			
81	乙基纤维素		25			
82	丙酸纤维	460	25			
83	木纤维	775	25.20			
84	棉纤维	440	50			
85	木质素		40			
86	天然橡胶(硬)		25	硬质橡胶	36～49	20～30
87	合成橡胶(硬)		30	360		
88	赛璐珞	125	4			
89	虫胶(骨胶)	390	15	475	—	20～50
90	樟脑					
91	松香	130	12.6	325	—	50～80
92	玷玔树脂		30	330	30～41	20～50
93	小麦淀粉		25	裸麦粉 415	67～93	30～50
94	小麦粉	470	9.7～60	410	—	20～40
95	小麦谷物粉			420	—	15～30
96	米(种皮)	400	45			
97	筛米粉			420	—	50～100
98	玉米		45			
99	玉米粉		22.7～52			
100	玉米淀粉	380	40	410	—	20～30
101	处理过的淀粉	470	45			
102	磨碎的干玉米芯					
103	玉米糊精		40			

续表

序号	粉尘名称	雾状粉尘自燃点/℃	爆炸下限/(g/m³)	粉尘云的引燃温度/℃	爆炸下限/(g/m³)	粉尘平均粒径/μm
104	糊精粉			400	71～99	20～30
105	马铃薯(土豆)粉		45	430	—	60～80
106	黄豆粉		35～50.4			
107	花生壳粉		85			
108	脆花生	570	85			
109	糖粉		15～19			
110	砂糖粉	350	35	360	77～107	20～40
111	木粉	430	12.6～25			
112	软木粉		30～35	460	44～59	30～40
113	纸浆粉		60			
114	鱼肝油蛋白	520	45			
115	干奶粉		7.6			
116	含糖奶粉			450	83～115	20～30
117	硬蜡			400	26～36	30～50
118	硬沥青	580	20	620		50～150
119	凝汽油剂	450	20			
120	噻吩	540	10			
121	煤粉		35～45			
122	生褐煤			堆高 5mm 厚 260mm	49～68	2～3
123	有烟煤粉	610	35	595	41～57	5～10
124	瓦斯煤粉			580	35～48	5～10
125	焦炭用煤粉			610	33～45	5～10
126	贫煤粉			680	34～45	5～7
127	木炭粉(硬质)			595	39～52	1～2
128	泥煤焦炭粉			615	40～54	1～2
129	煤焦炭粉			＞750	37～50	4～5
130	炭黑			＞600	36～45	10～20
131	石墨			＞750	—	15～25
132	合成 1,2-蒽醌	990	10.4			
133	升华 9,10-蒽醌	885	5.20			
134	1-氯代蒽醌	950	31.20			
135	2-氯代蒽醌	870	10.4			
136	硝基苯二甲酸酐	775	5.20			
137	2-氯-5-氨基苯甲酸	1010	10.40			
138	苯甲酰基苯甲酸	890	5.20			
139	氯苯甲酰苯甲酸	885	5.20			
140	苯磺酸钠	950	10.4			
141	萘酚染料			415	133～184	—
142	青色染料			465		300～500
143	铝(含脂)			400	37～50	10～20
144	钙硅铝合金 8%钙-30%硅-55%铝			465	—	—
145	黄铁矿			555	—	＜90
146	苯二甲酸			650	61～83	80～100
147	软质橡胶			425		80～100
148	绕组沥青			620		50～80
149	煤焦油沥青			580		

续表

序号	粉 尘 名 称	雾状粉尘自燃点/℃	爆炸下限/(g/m³)	粉尘云的引燃温度/℃	爆炸下限/(g/m³)	粉尘平均粒径/μm
150	裸麦谷物粉（未处理）			430		50～100
151	裸麦筛落粉（粉碎品）			415		30～40
152	小麦筛落粉（粉碎品）			410		3～5
153	乌麦、大麦谷物粉			440		50～150
154	布丁粉			395		10～20
155	乳糖			450	83～115	
156	可可子粉（脱脂品）			460		30～40
157	咖啡粉（精制品）			600		40～80
158	啤酒麦芽粉			405		100～500
159	紫苜蓿			480		200～500
160	亚麻粕粉			470		
161	菜种渣粉			465		400～800
162	鱼粉			485		80～100
163	烟草纤维			485		50～100
164	木质纤维			445		40～80
165	椰子粉			450		100～200
166	针叶树（松）粉			440		70～150
167	硬木（丁钠橡胶）粉			420		70～100
168	泥煤粉（堆积）			450		60～90
169	褐煤粉			185		3～7
170	无烟煤粉			>600		100～130
171	褐煤焦炭粉					4～5

1.4.3.2 化工生产的防火防爆

(1) 发生火灾与爆炸的主要原因　发生火灾与爆炸的原因很复杂，一般可归纳为以下几点。

a. 外界的原因，如明火、电火花、静电放电、雷击等。

b. 物质的化学性质，如可燃物质温度达到自燃点，危险物品的相互作用，物料遇热或受光照自行分解等。

c. 生产过程和设备在设计上或管理上的原因，如设计错误，不符合防火或防爆要求；设备缺少适当的安全防护装置，密闭不良引起可燃气体或可燃液体大量外漏；操作时违反安全技术规程；生产用设备以及通风、照明设备失修与使用不当等。

d. 生产场所形成爆炸性气体混合物或粉尘爆炸性混合物，又有火源即发生爆炸，这是比较常见的爆炸发生的原因。

(2) 化工设计中应考虑的防火防爆措施

a. 工艺设计。在工艺设计中需要考虑防火防爆的方面是很多的，在选择工艺操作条件时，对氧化反应，在原料配比上要避免可燃气体或可燃液体蒸气与空气混合物落入爆炸极限范围内，例如邻二甲苯用空气氧化制苯酐的生产中，由于邻二甲苯在空气中的爆炸下限是 $44g/m^3$ 空气（STP），因此，工艺条件规定，每 $1m^3$（STP）空气配入 40g 邻二甲苯，这就可以避开爆炸极限；需要使用溶剂时，在工艺允许的前提下，设计上应尽量选用火灾危险性小的溶剂；使用的热源尽量不用明火，而用蒸汽或熔盐加热；在易燃、易爆车间设置氮气贮罐，用氮气作为事故发生时的安全用气，并设有备用的氮气吹扫管线。

b. 建筑设计。建筑设计必须遵守国家制定的“建筑设计防火规范”。

建筑设计防火防爆可从两个方面解决。一方面是合理的布置厂房的平面和空间，消除爆炸可能产生的因素，缩小爆炸的范围，保证人员的安全疏散。在这一方面，“建筑设计防火规范”有许多具体的规定，设计人员必须严格遵守。另一方面是要从建筑结构和建筑材料上保证建筑物的安全，减轻建筑物在爆炸时所受的损害。例如在建筑布置上，将需要防爆的生产部分与一般生产部分用防爆墙隔开，防止相互影响以保证设备和人员的安全，如图 1.7 所示。防爆车间必需设有足够的安全疏散用门、通道和楼梯，疏散用门一律向外开启。又如，在设计防爆车间的结构时，一般来说，用梁、柱系统的框架结构形式比砖墙承重的结构形式为好，因为在发生爆炸时，填充墙易于推倒，而框架结构不会被推倒，采用框架结构的厂房在一旦发生爆炸事故时，其主要结构不致受到破坏并且易于修复。设计上还必须保证防爆车间有足够的泄压面积，凡窗、天窗、外开的门或易于脱落的轻质屋面结构等均可作为泄压面积。一般要求泄压面积为 $0.05 \sim 0.22m^2/m^3$ 厂房容积，体积超过 $1000m^3$ 时可适当降低，但不应小于 $0.03m^2/m^3$。另外，在设计上应考虑把防爆车间设置于单层厂房内，不宜设置在多层厂房及地下室中，若因工艺生产要求必须设置于多层厂房内时要采取相应措施。

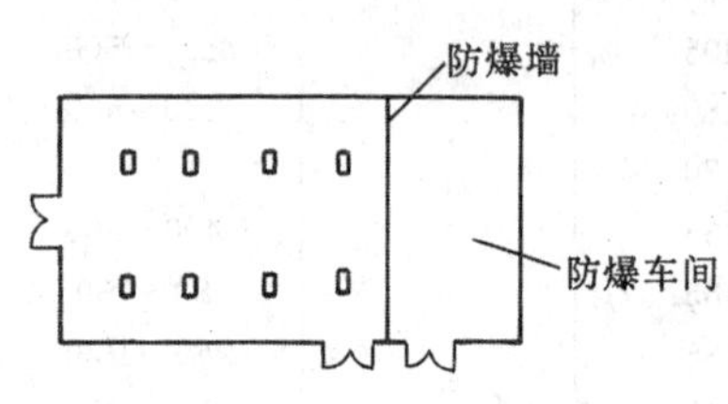

图 1.7 单层厂房防爆墙布置方案

c. 根据所设计的装置的爆炸危险性选用相应等级的电气设备、照明灯具和仪表。所有能产生火花的电器开关等均应与防爆车间隔离。

要防止静电放电现象的发生，在化工车间中，传动带的传动，流体在管路中的流动均能产生静电，因此在金属设备及管道上均应设置可靠的接地。防爆车间应装设避雷针。

d. 从通风上要保证易爆易燃气体和粉尘迅速排除，保证在爆炸极限以外的浓度下操作；设备布置上要避免在车间中形成死角以防止爆炸性气体和粉尘的积累；产生爆炸性物质的设备应有良好的密闭性，使爆炸性物质不致散发或流失到车间中去。

1.4.3.3 防毒与环境保护

(1) 工业毒物与环境污染物　工业毒物有氮、氢、一氧化碳、氰化氢等窒息性毒物，酸蒸气、氯气、氨气等刺激性毒物和芳烃及其衍生物和醇类等麻醉性毒物以及其他气体和挥发性毒物如金属蒸气、砷和锑的有机化合物等。

化学工业中常见的一些主要环境污染物有：汞、氰、砷、酚、芳烃及其衍生物（如苯、甲苯、氯苯等）、饱和烃和不饱和烃及其衍生物（如石油、汽油、氯乙烯、丙烯、丁二烯、卤烃等）、醇（甲醇、丁醇、硫醇等）、二氧化硫、酸、碱……等。它们都能污染环境，损害人体健康。

(2) 设计工作中防毒与环境保护方面的考虑　首先，工艺设计中应尽量选用无毒或低毒的原料路线，对同一产品，如果存在两条或两条以上原料路线的话，在经济上合理，工艺上可行的前提下，应尽量采用无毒或低毒的原料路线。选用催化剂时，在催化剂活性差别不大的前提下，尽量采用无毒或低毒催化剂，例如，许多有机物的合成反应，用非汞型催化剂代替过去的汞催化剂。采用闭环工艺过程也是一种办法，有些原料或中间产物是有毒的，但它们的某些制成品却是无毒的（如聚氯乙烯、聚丙烯腈等），设计上如采用闭环工艺，有毒的原料和中间产物在系统内循环，只有无毒制成品出生产系统，则可大大减少污染。工艺上还应考虑综合利用，把生产过程中产生的副产物加以回收，不仅可以增加经济效益，还可减少污染。

国家根据各种有毒物质的性质，规定了生产操作岗位空气中有毒气体，蒸气和粉尘的最高允许浓度。在生产作业区，空气中的有毒气体、蒸气的最高允许浓度必须符合国家规定的标准如“工业企业设计卫生标准”的规定（见表1.23和表1.24），设计时必须根据国家最新规定的卫生标准进行。

设计中要考虑防止大气污染。工业废气中的污染物有二氧化硫，氮氧化物及各种有机物气体和蒸气以及粉尘、烟雾、雾滴、雾气等。为确保居民的身体健康，应保证居住区大气中有害物质含量不得超过《工业企业设计卫生标准》(TJ36—79）所规定的有害物质最高容许含量，见表1.21。

表1.21　居住区大气中有害物质的最高容许含量（摘自TJ36—79）

序号	物质名称	最高容许含量/(mg/m^3)		序号	物质名称	最高容许含量/(mg/m^3)	
		一次	日平均			一次	日平均
1	一氧化碳	3.00	1.00	19	氟化物（换算成F）	0.02	0.007
2	乙醛	0.01		20	氨	0.20	
3	二甲苯	0.30		21	氧化氮（换算成NO_2）	0.15	
4	二氧化硫	0.50	0.15	22	砷化物（换算成As）		0.003
5	二硫化碳	0.04		23	敌百虫	0.10	
6	五氧化二磷	0.15	0.05	24	酚	0.02	
7	丙烯腈		0.05	25	硫化氢	0.01	
8	丙烯醛	0.10		26	硫酸	0.30	0.10
9	丙酮	0.80		27	硝基苯	0.01	
10	甲基对硫磷（甲基E605）	0.01		28	铅及其无机化合物（换算成Pb）		0.0007
11	甲醇	3.00	1.00				
12	甲醛	0.05		29	氯	0.10	0.03
13	汞		0.0003	30	氯丁二烯	0.10	
14	吡啶	0.08		31	氯化氢	0.05	0.015
15	苯	2.40	0.80	32	铬（六价）	0.0015	
16	苯乙烯	0.01		33	锰及其化合物（换算成MnO_2）		0.01
17	苯胺	0.10	0.03				
18	环氧氯丙烷	0.20		34	飘尘	0.50	0.15

注：1. 一次最高容许含量，指任何一次测定结果的最大容许值。
2. 日平均最高容许含量，指任何一日的平均含量的最大容许值。

设计中还要考虑到防止水质的污染，即防止有毒物质排入地面水或渗入地下水，造成水质的恶化。所以要按照国家规定的“生活饮用水卫生标准（GB5749—85)”、“地面水质量环境标准(GB3838—88)”、“工业三废排放试行标准(GBJ4—73)”、“污水综合排放标准(GB 8978—88)”等国家标准来选择水源和设计污水处理、排放系统。

在工业“三废”排放试行标准（GBJ4—73）中，规定了十三类有害物质的排放标准，见表1.22，凡排放上述有害物质，其排出口处的排放量（或含量）均不得超越此标准规定的值。

1.4.4　公用工程

1.4.4.1　供热

化工厂供热系统的任务是供给车间生产所需的蒸汽，包括加热用的蒸汽和蒸汽透平所需的动力蒸汽。

供热设计包括锅炉房和厂区蒸汽、冷凝水系统的设计。

表 1.22　十三类有害物质的排放标准（摘自 GBJ4—73）

序号	有害物质名称	排放有害物企业	排放标准		
			排气筒高度/m	排放量/(kg/h)	排放含量/(mg/m³)
1	二氧化硫	电站	30	82	
			45	170	
			60	310	
			80	650	
			100	1200	
			120	1700	
			150	2400	
		冶金	30	52	
			45	91	
			60	140	
			80	230	
			100	450	
			120	670	
		化工	30	34	
			45	66	
			60	110	
			80	190	
			100	280	
2	二硫化碳	轻工	20	5.1	
			40	15	
			60	30	
			80	51	
			100	76	
			120	110	
3	硫化氢	化工、轻工	20	1.3	
			40	3.8	
			60	7.6	
			80	13	
			100	19	
			120	27	
4	氟化物(换算成F)	化工	30	1.8	
			50	4.1	
		冶金	120	24	
5	氮氧化物(换算成 NO_2)	化工	20	12	
			40	37	
			60	86	
			80	160	
			100	230	

序号	有害物质名称	排放有害物企业	排放标准		
			排气筒高度/m	排放量/(kg/h)	排放含量/(mg/m³)
6	氯	化工、冶金	20	2.8	
			30	5.1	
			50	12	
		冶金	80	27	
			100	41	
7	氯化氢	化工、冶金	20	1.4	—
			30	2.5	
			50	5.9	
		冶金	80	14	
			100	20	
8	一氧化碳	化工、冶金	30	160	
			60	620	
			100	1700	
9	硫酸(雾)	化工	30～45		260
			60～80		600
10	铅	冶金	100		34
			120		47
11	汞	轻工	20		0.01
			30		0.02
12	铍化物(换算成 Be)		45～80		0.015
13	烟尘及生产性粉尘	电站(煤粉)	30	82	
			45	170	
			60	310	
			80	650	
			100	1200	
			120	1700	
			150	2400	
		工业及采暖锅炉			200
		炼钢电炉			200
		炼钢转炉			
		(小于12t)			200
		(大于12t)			150
		水泥			150
		生产性粉尘			
		(第一类)			100
		(第二类)			150

注：1. 表中未列入的企业，其有害物质的排放量可参照本表类似企业。

2. 表中所列排放量按平原地区，大气为中性状态，点源连续排放制订。对于间断排放者，若每天多次排放，其排放量按表中规定；若每天排放一次而又小于 1 小时，则二氧化硫、烟尘及生产性粉尘、二硫化碳、氟化物、氯、氯化氢、一氧化碳等七类物质的排放量可为表中规定量的三倍。

3. 生产性粉尘系指局部通风除尘后所允许的排放含量，第一类指含 10% 以上的游离二氧化硅或石棉的粉尘、玻璃棉和矿渣棉粉尘、铝化物粉尘等。第二类指含 10% 以下的游离三氧化硅的煤尘及其他粉尘。

供热系统设计应与化工工艺设计密切配合，使供热系统与化工生产装置（例如换热设备，放出大量反应热的反应器等）和动力系统（如发电设备、各种机械、泵等）密切结合，成为工艺——动力装置，这样做的结果，可以大大地降低能耗，甚至可以做到“能量自给”，这方面的内容详见第五章5.11节。

1.4.4.2 供水和排水

在化工企业中，用水量是很大的，它包括了生产用水（工艺用水和冷却用水）、辅助生产用水（清洗设备及清洗工作环境用水）、生活用水和消防用水等，所以供排水设计是化工厂设计中一个不可缺少的组成部分。

(1) 供水的水源　一般的天然水源有地下水（深井水）和地面水（河水、湖水等）。规模比较大的工厂企业，可在河道或湖泊等水源地建立给水基地。当附近无河道、湖泊或水库时可凿深井取水，而规模小的工厂且又靠近城市时，亦可直接使用城市自来水作为水源。

一般来说，地面水经净化即能在生产上使用，而地下水往往含钙、镁盐较多，须经处理才能使用。

设计上在选择水源时，必须充分考虑工厂的生产特点、生产规模和用水量的情况。从基建投资、维护管理费用等方面对各水源进行研究对比，然后做出决定。

(2) 供水系统　根据用水的要求不同，各种用水都有它的单独系统，如生产用水系统、生活用水系统和消防用水系统。目前大多数生活用水和消防用水合并为一个供水系统。

厂内一般为环形供水，它的优点是当任何一段供水管道发生故障时，仍能不断供应各部分用水。

(3) 冷却水的循环使用　在化工厂中，冷却用水占了工业用水的主要部分。由于冷却用水对水质有一定的要求，因此，从水源取来的原水一般都要经过必要的处理如沉淀、混凝和过滤以除去悬浮物，必要时还需经过软化处理以降低硬度才能使用。为了节约水源以及减少水处理的费用，大量使用冷却水的化工厂应该循环使用冷却水，即，把经过换热设备的热下水送入冷却塔或喷水池降温（冷却塔使用较多见），在冷却塔中，热下水自上向下喷淋，空气自下而上与热水逆流接触，一部分水蒸发，使其余的水冷却。水在冷却塔中降温约5～10℃，经水质稳定处理后再用作冷却水，如此不断循环。

冷却水的循环不仅可以节约水源，而且由于循环水水质好和水质稳定，能保证换热设备终年操作而不产生结垢，从而符合大工厂长期连续稳定操作的要求。因此，化工厂冷却水的循环使用是相当普遍的。

(4) 排水　工业企业污水的水源大体上有三个方面：生活污水（来自厕所、浴室、盥洗室及厨房等），生产污水（生产过程中排出的废水）和大气降水（雨水、雪水等）。一般来说，生活污水和大气污水污染的有害程度均小于生产污水。生产污水根据工艺生产的不同有很大变动，化工厂生产污水中往往含有大量的酸、碱、盐和各种有害物质，要经过净化达到国家规定的排放标准才能排入河道，否则将严重影响下游用水单位和农业、渔业等生产，这是国家法律所不允许的，所以，废水处理是化工厂设计中必须认真考虑的重要问题。

污水的排除方法有两类：合流系统和分流系统。在合流系统中是将所有的污水通过一个共同的水管到净化池处理后再引入河道。分流系统是将生活污水和大气污水与生产污水分开排除，或生产污水和生活污水合流而大气污水分流。

1.4.4.3 采暖和通风

(1) 采暖　采暖系统分为局部采暖和集中采暖两类，局部采暖这种形式在化工厂中很少使用，这里仅介绍化工厂中常用的集中采暖形式。

集中采暖包括热水式、蒸汽式、热风式及混合式几种。

热水式和蒸汽式采暖系统是大家所熟知的，这里不再赘述。

热风式采暖系统是把空气经加热器加热到低于 70℃，然后用热风道传送到需要的场所。这种采暖系统用于室内要求通风换气次数多或生产过程不允许采用热水式或蒸汽式采暖的情况，例如有些气体（如乙醚、二硫化碳等低燃点物质的蒸气）和粉尘与热管道或散热器表面接触会自燃，就属于这种情况。热风式采暖的优点是便于局部供热以及便于调节温度，在化工厂中较为常用，一般都与室内通风系统相结合。

混合式采暖系统是在生产过程中要求恒温恒湿情况下采用的，如人造纤维的拉丝车间。为达到恒温恒湿的要求，车间里一面送热风（往往也可能是冷风），同时喷出水汽控制空气湿度，并在自动控制下进行。

(2) 通风　化工生产过程中多数情况下会放出大量的热量，散发出大量的热气、湿气、灰尘、侵蚀性气体以及有毒气体，为了保证正常的劳动卫生条件，通风是必要的。通风同时还起着降温的作用。

通风的方式有自然通风和机械通风两种。自然通风是利用空气的比重差以及空气流动时的压力差来进行自然交换，通过房屋的窗、天窗和通风孔，根据不同的风向，风力，调节窗的启闭方向来达到通风要求；机械通风是在自然通风不能满足车间的通风要求时设置的，使用通风机械进行送风或排风，或送风和排风联合进行。

化工车间内当局部地方产生高温或散发有害气体、粉尘时，可以采用局部通风的方法（包括送风和排风）如图 1.8 所示。

在有有毒气体产生的车间，为了不污染厂房周围的空气，必须通过净化或以有组织的办法（如装设高的排气筒）将污浊空气排送到高空中去，图 1.9 是有组织的进风及排风示意图。

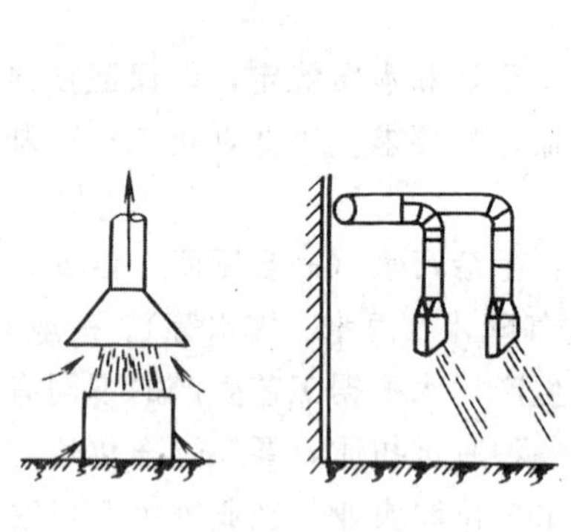

图 1.8　局部通风

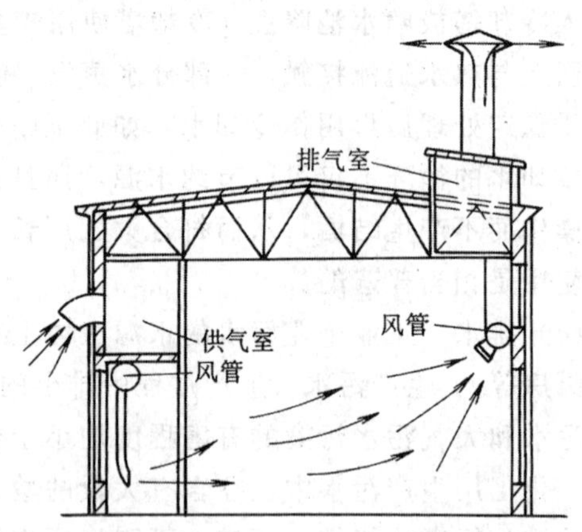

图 1.9　有组织的进风及排风示意图

通风设计应使车间空气中有害物质含量不超过国家标准规定的最高容许含量。在《工业企业设计卫生标准》TJ36—79 中曾对车间空气中有害物质最高容许含量作过规定，表 1.23 就是 TJ36—79 的规定，近年又在 TJ36—79 的基础上作了些修订和增订，见表 1.24。在表 1.23 中，带有符号“*”的表示已另有新规定，所列数据作废，按表 1.24 的新规定执行。

表 1.23 车间空气中有害物质的最高容许含量(TJ36—79)

编号	物质名称	最高容许含量/(mg/m³)	编号	物质名称	最高容许含量/(mg/m³)
	(一)有毒物质		44	升汞	0.1
1	一氧化碳*	30	45	有机汞化合物(皮)	0.005
2	一甲胺	5	46	松节油	300
3	乙醚	500	47	环氧氯丙烷(皮)	1
4	乙腈	3	*48	环氧乙烷	5
5	二甲胺	10	49	环己酮	50
6	二甲苯	100	50	环己醇	50
7	二甲基甲酰胺(皮)	10	51	环己烷	100
8	二甲基二氯硅烷	2	52	苯(皮)	40
9	二氧化硫	15	53	苯及其同系物的一硝基化合物(硝基苯及硝基甲苯等)(皮)	5
10	二氧化硒	0.1			
11	二氯丙醇(皮)	5	54	苯及其同系物的二硝基及三硝基化合物(二硝基苯、三硝基甲苯等)(皮)	1
12	二硫化碳(皮)	10			
13	二异氰酸甲苯酯	0.2	55	苯的硝基及二硝基氯化物(一硝基氯苯、二硝基氯苯等)(皮)	1
14	丁烯	100			
15	丁二烯	100	56	苯胺、甲苯胺、二甲苯胺(皮)	5
16	丁醛	10	57	苯乙烯	40
17	三乙基氯化锡(皮)	0.01		钒及其化合物:	
18	三氧化二砷及五氧化二砷	0.3	*58	五氧化二钒烟	0.1
19	三氧化铬、铬酸盐、重铬酸盐(换算成 CrO_3)	0.05	*59	五氧化二钒粉尘	0.5
			*60	钒铁合金	1
20	三氯氢硅	3	61	苛性碱(换算成 NaOH)	0.5
21	己内酰胺	10	62	氟化氢及氟化物(换算成 F)	1
22	五氧化二磷	1	63	氨	30
23	五氯酚及其钠盐	0.3	64	臭氧	0.3
24	六六六	0.1	65	氧化氮(换算成 NO_2)	5
25	丙体六六六	0.05	66	氧化锌	5
26	丙酮	400	67	氧化镉	0.1
27	丙烯腈(皮)	2	68	砷化氢	0.3
28	丙烯醛	0.3		铅及其化合物:	
29	丙烯醇(皮)	2	69	铅烟	0.03
30	甲苯	100	70	铅尘	0.05
31	甲醛	3	71	四乙基铅(皮)	0.005
32	光气	0.5	72	硫化铅	0.5
	有机磷化合物:		73	铍及其化合物	0.001
33	内吸磷(E059)(皮)	0.02	74	钼(可溶性化合物)	4
34	对硫磷(E605)(皮)	0.05	75	钼(不溶性化合物)	6
35	甲拌磷(3911)(皮)	0.01	76	黄磷	0.03
36	马拉硫磷(4049)(皮)	2	77	酚(皮)	5
37	甲基内吸磷(甲基 E059)(皮)	0.2	78	萘烷、四氢化萘	100
38	甲基对硫磷(甲基 E605)(皮)	0.1	79	氰化氢及氢氰酸盐(换算成 HCN)(皮)	0.3
39	乐戈(乐果)(皮)	1	80	联苯-联苯醚	7
*40	敌百虫(皮)	1	81	硫化氢	10
41	敌敌畏(皮)	0.3	82	硫酸及三氧化硫	2
42	吡啶	4	83	锆及其化合物	5
	汞及其化合物:		84	锰及其化合物(换算成 MnO_2)	0.2
43	金属汞	0.01	85	氯	1

续表

编号	物质名称	最高容许含量/(mg/m³)	编号	物质名称	最高容许含量/(mg/m³)
86	氯化氢及盐酸	15	104	醋酸丁酯	300
87	氯苯	50	105	醋酸戊酯	100
88	氯萘及氯联苯(皮)	1		醇:	
	氯化烃:		106	甲醇	50
*90	二氯乙烷	25	107	丙醇	200
91	三氯乙烯	30	108	丁醇	200
92	四氯化碳(皮)	25	109	戊醇	100
93	氯乙烯	30	110	糠醛	10
94	氯丁二烯(皮)	2	111	磷化氢	0.3
95	溴甲烷(皮)	1		(二)生产性粉尘	
96	碘甲烷(皮)	1	*1	含有10%以上游离二氧化硅的粉尘(石英、石英岩等)	2
*97	溶剂汽油	350			
98	滴滴涕	0.3	2	石棉粉尘及含有10%以上石棉的粉尘	2
99	羰基镍	0.001	3	含有10%以下游离二氧化硅的滑石粉尘	4
100	钨及碳化钨	6	4	含有10%以下游离二氧化硅的水泥粉尘	6
	醋酸酯:		5	含有10%以下游离二氧化硅的煤尘	10
101	醋酸甲酯	100	*6	铝、氧化铝、铝合金粉尘	4
102	醋酸乙酯	300	7	玻璃棉和矿渣棉粉尘	5
103	醋酸丙酯	300	8	烟草及茶叶粉尘	3
			9	其他粉尘	10

注:1. 表中最高容许含量,是工人工作地点空气中有害物质所不应超过的数值。工作地点系指工人为观察和管理生产过程而经常或定时停留的地点,如生产操作在车间内许多不同地点进行,则整个车间均算为工作地点。

2. 有(皮)标记者为除经呼吸道吸收外,尚易经皮肤吸收的有毒物质。

3. 工人在车间内停留的时间短暂,经采取措施仍不能达到表中规定的含量时,可与省、市、自治区卫生主管部门协商解决。其中一氧化碳的最高容许含量在作业时间短暂时可予放宽:作业时间1h以内,一氧化碳浓度可达到50mg/m³;0.5h以内可达到100mg/m³;15~20min可达到200mg/m³。在上述条件下反复作业时,两次作业之间须间隔2h以上。

4. 生产性粉尘中,含有80%以上游离二氧化硅的生产性粉尘,不宜超过1mg/m³。其他粉尘系指游离二氧化硅含量在10%以下,不含有毒物质的矿物性和动植物性粉尘。

5. 本表所列各项有毒物质的检验方法,应按现行的《车间空气监测检验方法》执行。

6. 本表摘自《工业企业设计卫生标准》(TJ 36—79)。

7. 编号前带有符号"*"的,表示已另有新标准规定(表中数据作废),参见表1.24。

表1.24　车间空气中有害物质的最高容许含量——修订与增订部分

编号	物质名称	原标准(TJ 36—79)		新标准		备注
		表1.45中编号	最高容许含量/(mg/m³)	GB标准号	最高容许含量/(mg/m³)	
	(一)有害物质					
1	磷胺			GB 8778—88	0.02(皮)	
2	乙二胺			GB 11517—89	4	
3	二甲基乙酰胺			GB 8780—88	10(皮)	
4	丙烯酰胺			GB 11525—89	0.3(皮)	
5	丙烯酸甲酯			GB 8773—88	20	
6	甲基丙烯酸甲酯			GB 8776—88	30	
7	甲基丙烯酸环氧丙酯			GB 11520—89	5	
8	三甲苯磷酸酯			GB 11530—89	0.3(皮)	

续表

编号	物质名称	原标准(TJ 36—79)		新 标 准		备 注
		表 1.45 中编号	最高容许含量/(mg/m³)	GB 标准号	最高容许含量/(mg/m³)	
9	氯丙烯			GB 8775—88	2	
10	间苯二酚			GB 11519—89	10	
11	氯乙醇			GB 11524—89	2(皮)	
12	1,2-二氯乙烷	90	25	GB 11723—89	15	原标准的容许含量规定作废
13	环氧乙烷	48	5	GB 11721—89	2	原标准的容许含量规定作废
14	敌百虫	40	1	GB 11720—89	0.5	原标准的容许含量规定作废
15	百菌清			GB 11526—89	0.4	
16	氢化锂			GB 8779—88	0.05	
17	三氯化磷			GB 11516—89	0.5	
18	六氟化硫			GB 8777—88	6000	
19	溶剂汽油	97	350	GB 11719—89	300	原标准的容许含量规定作废
20	抽余油(50～220℃)			GB 11532—89	300	
21	液化石油气			GB 11518—89	1000	
22	锑及其化合物(以锑计算)			GB 8774—88	1.0	
23	钴及其氧化合物(以钴计算)			GB 11529—89	0.1	
24	铜(以铜计算)			GB 11531—89		
	铜尘				1	
	铜烟				0.2	
25	钒及其化合物(换算成钒)			GB 11722—89		
	金属钒、钒铁合金、碳化钒	60	1		1.0	原标准的容许含量规定作废
	钒化合物尘	59	0.5		0.1	原标准的容许含量规定作废
	钒化合物烟	58	0.1		0.02	原标准的容许含量规定作废
	(二)生产性粉尘					
1	含有 80%以上游离二氧化硅粉尘	生产性粉尘编号 1	2	GB 11725—89	1	原标准的容许含量规定作废
2	含有 50%～80%游离二氧化硅粉尘	生产性粉尘编号 1	2	GB 11724—89	1.5	原标准的容许含量规定作废
3	含有 20%以上游离二氧化硅的萤石混合性粉尘			GB 10439—89	2	
4	含有 10%以下游离二氧化硅的蛭石粉尘			GB 11521—89	5	
5	含有 10%以下游离二氧化硅的碳化硅粉尘			GB 11527—89	10	
6	含有 10%以下游离二氧化硅的石墨粉尘			GB 10328—89	6	
7	炭黑粉尘			GB 10330—89	8	
8	活性炭粉尘			GB 10333—89	10	
9	铝			GB 11726—89		
	铝及铝合金粉尘				4	
	氧化铝粉尘				6	原标准的容许含量规定作废
	铝及氧化铝、铝合金粉尘	生产性粉尘编号 6	4			
10	二氧化钛粉尘			GB 11522—89	10	

1.4.5 供电

1.4.5.1 用电的负荷等级

电力负荷根据其重要性和中断供电在政治、经济上所造成的损失或影响的程度，分为一级负荷、二级负荷、三级负荷。化学工业部根据其生产特点分为保安负荷、重要负荷、次要负荷和一般负荷。

(1) 按国家标准电力负荷的分级❶

a. 一级负荷

(a) 中断供电将造成人身伤亡者。

(b) 中断供电将在政治、经济上造成重大损失者，如重大设备损坏、重大产品报废、用重要原料生产的产品大量报废、国民经济中重点企业的连续生产过程被打乱，需要长时间才能恢复等。

(c) 中断供电将影响有重大政治、经济意义的用电单位的正常工作者，如重要铁路枢纽、重要通信枢纽、重要宾馆，经常用于国际活动的人员大量集中的公共场所等用电单位中的重要电力负荷。

b. 二级负荷

(a) 中断供电将在政治、经济上造成较大损失者，如主要设备损坏、大量产品报废、连续生产过程被打乱，需较长时间才能恢复，重点企业大量减产等。

(b) 中断供电将影响重要用电单位的正常工作者，如铁路枢纽、通信枢纽等用电单位中的重要电力负荷，以及中断供电将造成大型影剧院、大型商场等人员大量集中的重要公共场所秩序混乱者。

c. 三级负荷　不属于一级和二级负荷者。

(2) 按化工设计标准电力负荷的分级❷

a. 保安负荷　当企业工作电源突然中断时，为保证安全停产，避免发生爆炸、火灾、中毒等事故，以防止人身伤亡，防止损坏关键设备，或一旦发生这类故障时，能及时处理故障，防止故障扩大，保护关键设备，抢救及撤离人员而必须保证供电的负荷。

b. 重要负荷　当企业工作电源突然中断，将使企业的产品及原材料大量报废；恢复供电后，又需很长时间才能恢复生产，造成重大经济损失的用电负荷。例如，企业的化工原料生产装置及其服务的公用工程的用电负荷，化工加工装置中，停电将使管道或设备堵塞的用电负荷。

c. 次要负荷　当企业工作电源突然中断，企业将出现减产或停产，但恢复供电后，能迅速地恢复正常生产，损失较小，或减产部分容易得到补偿的用电负荷。例如，化工生产的加工装置及为其服务的公用工程负荷，或小型化工企业为保证生产连续运行必须保证供电的负荷。

d. 一般负荷　所有不属于保安负荷、重要负荷、次要负荷的其他用电负荷，均为一般负荷。

1.4.5.2 爆炸火灾危险环境电力装置设计规定

电力设计的防火防爆现有国家标准GB 50058—92《爆炸和火灾危险环境电力装置设计规

---

❶ 摘自GBJ 52—83工业与民用供电系统设计规范。

❷ 摘自化工企业供电设计技术规定（CD90A5—85）。

范》，下面摘要叙述。

(1) 爆炸性气体环境

a. 爆炸性气体环境危险区域的划分　爆炸性气体环境应根据爆炸性气体混合物出现的频繁程度和持续时间，按下列规定进行分区。

(a) 0 区　连续出现或长期出现爆炸性气体混合物的环境。

(b) 1 区　在正常运行时可能出现爆炸性气体混合物的环境。

(c) 2 区　在正常运行时不可能出现爆炸性气体混合物的环境，或即使出现也仅是短时存在的爆炸性气体混合物的环境。

正常运行是指正常的开车、运转、停车、易燃物质产品的装卸、密闭容器盖的开闭、安全阀、排放阀以及所有工厂设备都在其设计参数范围内工作的状态。

b. 爆炸性气体混合物的分级、分组　爆炸性气体混合物的分级、分组的具体规定和举例可参阅国家标准 GB 50058—92 的规定。

c. 爆炸性气体环境电气设备的选型　旋转电机防爆结构的选型应符合表 1.25 的规定；灯具类防爆结构的选型应符合表 1.26 的规定；其他电气设备防爆结构的选型应符合表 1.27 的规定。

(2) 爆炸性粉尘环境

a. 爆炸性粉尘环境的分区　对用于生产、加工、处理、转运或贮存过程中出现或可能出现爆炸性粉尘、可燃性导电粉尘、可燃性非导电粉尘和可燃纤维与空气形成的爆炸性粉尘混合物环境时，应根据爆炸性粉尘混合物出现的频繁程度和持续时间，按下列规定进行分区。

表 1.25　旋转电机防爆结构的选型

电气设备	爆炸危险区域							电气设备	爆炸危险区域						
	1区			2区					1区			2区			
	隔爆型	正压型	增安型	隔爆型	正压型	增安型	无火花型		隔爆型	正压型	增安型	隔爆型	正压型	增安型	无火花型
	d	p	c	d	p	e	n		d	p	c	d	p	e	n
鼠笼型感应电动机	○	○	△	○	○	○	○	直流电动机	△	△		○	○		
绕线型感应电动机	△	△		○	○	○	×	电磁滑差离合器（无电刷）	○	△	×	○	○	○	△
同步电动机	○	○	×	○	○	○									

注：1. 表中符号：○为适用；△为慎用；×为不适用（表 1.10、表 1.11 中符号含义同此）。

2. 绕线型感应电动机及同步电动机采用增安型时，其主体是增安型防爆结构，发生电火花的部分是隔爆或正压型防爆结构。

3. 无火花型电动机在通风不良及户内具有比空气重的易燃物质区域内慎用。

表 1.26　灯具类防爆结构的选型

电气设备	爆炸危险区域				电气设备	爆炸危险区域			
	1区		2区			1区		2区	
	隔爆型	增安型	隔爆型	增安型		隔爆型	增安型	隔爆型	增安型
	d	e	d	e		d	e	d	e
固定式灯	○	×	○	○	指示灯类	○	×	○	○
移动式灯	△		○		镇流器	○	△	○	○
携带式电池灯	○		○						

表 1.27 信号、报警装置等电气设备防爆结构的选型

电气设备	爆炸危险区域									电气设备	爆炸危险区域								
	0区	1区				2区					0区	1区				2区			
	本质安全型	本质安全型	隔爆型	正压型	增安型	本质安全型	隔爆型	正压型	增安型		本质安全型	本质安全型	隔爆型	正压型	增安型	本质安全型	隔爆型	正压型	增安型
	ia	ia、ib	d	p	e	ia、ib	d	p	e		ia	ia、ib	d	p	e	ia、ib	d	p	e
信号、报警装置	○	○	○	○	×	○	○	○	○	接线箱（盒）			○		△		○		○
插接装置			○				○			电气测量表计			○	○	×		○	○	○

(a) 10 区　连续出现或长期出现爆炸性粉尘环境。

(b) 11 区　有时会将积留下的粉尘扬起而偶然出现爆炸性粉尘混合物的环境。

b. 爆炸性粉尘环境中出现的粉尘按引燃温度分组　具体规定及举例可查阅 GB 50058—92 的规定。

c. 爆炸性粉尘环境防爆电气设备的选型　防爆电气设备的选型，除可燃性非导电粉尘和可燃纤维的 11 区环境采用防尘结构（标志为 DP）的粉尘防爆电气设备外，爆炸性粉尘环境 10 区及其他爆炸性粉尘环境 11 区均采用尘密结构（标志为 DT）的粉尘防爆电气设备，并按照粉尘的不同引燃温度选择不同引燃温度组别的电气设备。

(3) 火灾危险环境

a. 火灾危险环境的范围　对于生产、加工、处理、转运或贮存过程中出现或可能出现下列火灾危险物质之一时，应为火灾危险环境。

(a) 闪点高于环境温度的可燃液体；在物料操作温度高于可燃液体闪点的情况下，有可能泄漏但不能形成爆炸性气体混合物的可燃液体。

(b) 不可能形成爆炸性粉尘混合物的悬浮状、堆积状可燃粉尘或可燃纤维以及其他固体状可燃物质。

b. 火灾危险环境的分区　火灾危险环境应根据火灾事故发生的可能性和后果，以及危险程度及物质状态的不同，按下列规定进行分区。

(a) 21 区　具有闪点高于环境温度的可燃液体，在数量和配置上能引起火灾危险的环境。

(b) 22 区　具有悬浮状、堆积状的可燃粉尘或可燃纤维，虽不可能形成爆炸混合物，但在数量和配置上引起火灾危险的环境。

(c) 23 区　具有固体状可燃物质，在数量和配置上能引起火灾危险的环境。

c. 火灾危险环境的电气装置选型　火灾危险环境的电气装置选型应符合表 1.28 的规定。

1.4.5.3 建筑物的防雷规定[1]

(1) 建筑物防雷分类

a. 第一类防雷建筑物　下列情况之一者为第一类防雷建筑物。

(a) 建筑物中，凡制造、使用或贮存炸药、火药，军火品等大量爆炸物质的建筑物，因电

[1] 摘自 GB 50058—92 爆炸和火灾危险环境电力装置设计规范。

火花而引起爆炸，会造成巨大破坏和人身伤亡者。

表 1.28　火灾危险环境电气设备防护结构的选型

<table>
<tr><th colspan="2" rowspan="2">电　气　设　备</th><th colspan="3">火灾危险区域</th><th colspan="2" rowspan="2">电　气　设　备</th><th colspan="3">火灾危险区域</th></tr>
<tr><th>21 区</th><th>22 区</th><th>23 区</th><th>21 区</th><th>22 区</th><th>23 区</th></tr>
<tr><td rowspan="2">电机</td><td>固定安装</td><td>IP44</td><td rowspan="2">IP54</td><td>IP21</td><td rowspan="2">照明灯具</td><td>固定安装</td><td>IP2X</td><td rowspan="4">IP5X</td><td rowspan="4">IP2X</td></tr>
<tr><td>移动式、携带式</td><td>IP54</td><td>IP54</td><td>移动式、携带式</td><td rowspan="3">IP5X</td></tr>
<tr><td rowspan="2">电器和仪表</td><td>固定安装</td><td>充油型、IP54、IP44</td><td rowspan="2">IP54</td><td>IP44</td><td colspan="2">配电装置</td></tr>
<tr><td>移动式、携带式</td><td>IP54</td><td>IP44</td><td colspan="2">接线盒</td></tr>
</table>

注：1. 在火灾危险环境 21 区内固定安装的正常运行时有滑环等火花部件的电机，不宜采用 IP44 结构。

2. 在火灾危险环境 23 区内固定安装的正常运行时有滑环等火花部件的电机，不应采用 IP21 型结构，而应采用 IP44 型。

3. 在火灾危险环境 21 区内固定安装的正常运行时有火花部件的电器和仪表，不宜采用 IP44 型。

4. 移动式和携带式照明灯具的玻璃罩，应有金属网保护。

5. 表中防护等级的标志应符合现行国家标准《外壳防护等级的分类》(GB 4208—84) 的规定。

(b) 具有 0 区或 10 区爆炸危险环境的建筑物。

(c) 具有 1 区爆炸危险环境的建筑物，因电火花而引起爆炸，会造成巨大破坏和人身伤亡者。

b. 第二类防雷建筑物　下列情况之一者应为第二类防雷建筑物。

(a) 国家级重点文物保护的建筑物。

(b) 国家级的会堂、办公建筑物、大型展览和博览建筑物、大型火车站、国宾馆、国家级档案馆、大城市的重要给水水泵房等特别重要用途的建筑物。

(c) 国家级计算中心、国际通讯枢纽等对国民经济有重要意义且装有大量电子设备的建筑物。

(d) 制造、使用或贮存爆炸物质的建筑物，电火花不易引起爆炸或不致造成巨大破坏和人身伤亡者。

(e) 具有 1 区爆炸危险环境的建筑物，电火花不易引起爆炸或不致造成巨大破坏和人身伤亡者。

(f) 具有 2 区或 11 区爆炸危险环境的建筑物。

(g) 工业企业内有爆炸危险的露天钢封闭气罐。

(h) 部、省级办公建筑物、集会、展览、博览、体育、商业、影剧院、医院、学校等建筑物，且年预计雷击次数大于 0.06 的重要或人员密集的公共建筑物。

(i) 住宅、办公楼等一般性民用建筑物且年预计雷击次数大于 0.3 者。

c. 第三类防雷建筑物　下列情况之一者应为第三类防雷建筑物。

(a) 省级重点文物保护的建筑物及省级档案馆。

(b) 部、省级办公建筑物，集会、展览、博览、体育、商业、影剧院、医院、学校等建筑物，且年预计雷击次数大于或等于 0.012，且小于或等于 0.06 的重要或人员密集的公共建筑物。

(c) 住宅、办公楼等一般性民用建筑物且年预计雷击次数大于或等于 0.06，且小于或等于 0.3 者。

(d) 年预计雷击次数大于或等于 0.06 的一般性工业建筑物。

(e) 根据雷击后对工业生产的影响及产生的后果，并结合当地气象、地形、地质及周围环境等因素，确定需要防雷的 21 区、22 区、23 区火灾危险环境。

(f) 在年平均雷暴日超过 15 的地区，高度在 15m 及以上的烟囱、水塔等孤立的高耸建筑物；在年平均雷暴日不超过 15 的地区，其高度在 20m 及以上。

(2) 建筑物的防雷措施，详见相应的设计规范。

1.4.6 土建

1.4.6.1 建筑统一模数制

模数制就是按大多数工业与民用建筑的情况，把工业与民用建筑的平、立面布置的有关尺寸，统一规定成一套相应的基数，而设计各种工业与民用建筑物时，有关尺寸必须是相应的基数的倍数。这样做有利于设计标准化、构件预制化和机械化施工。模数制的主要内容如下。

(1) 基本模数为 100mm；

(2) 门、窗、洞口和墙板的尺寸，在墙的水平和垂直方向均为 300mm 的倍数；

(3) 厂房的柱距应采用 6m 或 6m 的倍数；

(4) 多层厂房的层高为 0.3m 的倍数。

建筑统一模数制是国家标准，代号 GBJ 2—73。

化工厂建筑物的设计，在保证工艺生产正常进行的前提下，应最大限度地考虑建筑模数制的应用。但在某些化工厂房中，由于工艺生产和设备的条件还不能完全按照模数制的要求进行设计。因此，如何在化工建筑中采用模数制，需要按照工艺，设备、建筑、施工及经济合理性等各方面的具体情况共同研究确定。

1.4.6.2 化工建筑的特点

(1) 有易燃易爆危险的生产多，一般的石油化工厂、高聚物工厂都是甲、乙类生产，所以必须在建筑布置和结构处理上考虑防火防爆的要求，采取必要的措施。

(2) 化工厂中经常使用和产生很多腐蚀性的物质如酸、碱和一些有机物，因此，在建筑结构上要考虑腐蚀措施。

(3) 厂房内部因进行生产而散发有害气体，如烧碱车间的氯气，合成氨厂的氨气等，需要在建筑上考虑如何保证工人操作环境的安全、卫生。

(4) 厂房内部的温度、湿度在许多情况下是不良的，例如硫酸厂的焙烧炉产生高温，氯碱厂的电解车间的湿度很大等。

(5) 厂房内常有一些震动较大的设备，如分离结晶的离心机，合成氨厂的氮氢气压缩机、硫酸厂的矿石破碎机等，强烈的震动会影响建筑结构的坚固性，严重时还会妨碍工人的工作。

(6) 其他特点，如：由于化工厂有些设备（如塔器）高大使厂房高低不一形体复杂，结构上较难处理；化工技术发展迅速要求化工建筑有扩建、改建的预见性；化工生产的构筑物多（室外塔群的框架、大型平台、造粒塔、排气筒、水塔等）；楼板、墙面预留孔和预埋件多等等。

1.4.6.3 建筑设计防火、防爆规定

此部分内容摘自《建筑设计防火规范》(GBJ 16—87)

(1) 生产的火灾危险性分类　各种生产的火灾危险程度的分类是综合生产过程中所使用、产生及存储的原料、中间品和成品的物理化学性质、数量及其火灾爆炸危险程度和生产过程的性质等情况来确定的。表 1.29 是《建筑设计防火规范》中生产的火灾危险性分类的规定。表 1.30 是同一规范中关于生产的火灾危险性分类举例。

表 1.29　生产的火灾危险性分类

生产类别	火灾危险性特征
甲	使用或产生下列物质的生产： 1. 闪点<28℃的液体 2. 爆炸下限<10%的气体 3. 常温下能自行分解或在空气中氧化即能导致迅速自燃或爆炸的物质 4. 常温下受到水或空气中水蒸气的作用，能产生可燃气体并引起燃烧或爆炸的物质 5. 遇酸、受热、撞击、摩擦、催化以及遇有机物或硫磺等易燃的无机物，极易引起燃烧或爆炸的强氧化剂 6. 受撞击、摩擦或与氧化剂、有机物接触时能引起燃烧或爆炸的物质 7. 在密闭设备内操作温度等于或超过物质本身自燃点的生产
乙	使用或产生下列物质的生产： 1. 闪点≥28℃至<60℃的液体 2. 爆炸下限≥10%的气体 3. 不属于甲类的氧化剂 4. 不属于甲类的化学易燃危险固体 5. 助燃气体 6. 能与空气形成爆炸性混合物的浮游状态的粉尘、纤维，闪点≥60℃的液体雾滴
丙	使用或产生下列物质的生产： 1. 闪点≥60℃的液体 2. 可燃固体
丁	具有下列情况的生产： 1. 对非燃烧物质进行加工，并在高热或熔化状态下经常产生强辐射热、火花或火焰的生产 2. 利用气体、液体、固体作为燃料或将气体、液体进行燃烧作其他用的各种生产 3. 常温下使用或加工难燃烧物质的生产
戊	常温下使用或加工非燃烧物质的生产

注：1. 在生产过程中，如使用或产生易燃、可燃物质的量较少，不足以构成爆炸或火灾危险时，可以按实际情况确定其火灾危险性的类别。

2. 一座厂房内或防火分区内有不同性质的生产时，其分类应按火灾危险性较大的部分确定，但火灾危险性大的部分占本层或本防火分区面积的比例小于5%（丁、戊类生产厂房的油漆工段小于10%），且发生事故时不足以蔓延到其他部位，或采取防火设施能防止火灾蔓延时，可按火灾危险性较小的部分确定。

表 1.30　生产的火灾危险性分类举例

生产类别	举　例
甲	1. 闪点<28℃的油品和有机溶剂的提炼、回收或洗涤工段及其泵房，橡胶制品的涂胶和胶浆部位，二硫化碳的粗馏、精馏工段及其应用部位，青霉素提炼部位，原料药厂的非纳西汀车间的烃化、回收及电感精馏部位，皂素车间的抽提、结晶及过滤部位，冰片精制部位，农药厂乐果厂房，敌敌畏的合成厂房、磺化法糖精厂房，氯乙醇厂房，环氧乙烷、环氧丙烷工段，苯酚厂房的磺化、蒸馏部位，焦化厂吡啶工段，胶片厂片基厂房，汽油加铅室，甲醇、乙醇、丙酮、丁酮、异丙醇、醋酸乙酯、苯等的合成或精制厂房，集成电路工厂的化学清洗间（使用闪点<28℃的液体），植物油加工厂的浸出厂房 2. 乙炔站，氢气站，石油气体分馏（或分离）厂房，氯乙烯厂房，乙烯聚合厂房，天然气、石油伴生气、矿井气、水煤气或焦炉煤气的净化（如脱硫）厂房、压缩机室及鼓风机室，液化石油气灌瓶间，丁二烯及其聚合厂房，醋酸乙烯厂房，电解水或电解食盐厂房，环己酮厂房，乙基苯和苯乙烯厂房，化肥厂的氢氮气压缩厂房，半导体材料厂使用氢气的拉晶间，硅烷热分解室 3. 硝化棉厂房及其应用部位，赛璐珞厂房，黄磷制备厂房及其应用部位，三乙基铝厂房，染化厂某些能自行分解的重氮化合物生产，甲胺厂房，丙烯腈厂房

续表

生产类别	举　　例
甲	4. 金属钠、钾加工厂房及其应用部位，聚乙烯厂房的一氯二乙基铝部位，三氯化磷厂房，多晶硅车间三氯氢硅部位，五氯化磷厂房 5. 氯酸钠、氯酸钾厂房及其应用部位，过氧化氢厂房，过氧化钠、过氧化钾厂房，次氯酸钙厂房 6. 赤磷制备厂房及其应用部位，五硫化二磷厂房及其应用部位 7. 洗涤剂厂房石蜡裂解部位，冰醋酸裂解厂房
乙	1. 闪点≥28℃至<60℃的油品和有机溶剂的提炼、回收、洗涤部位及其泵房，松节油或松香蒸馏厂房及其应用部位，醋酸酐精馏厂房，己内酰胺厂房，甲酚厂房，氯丙醇厂房，樟脑油提取部位，环氧氯丙烷厂房，松针油精制部位，煤油灌桶间 2. 一氧化碳压缩机室及净化部位，发生炉煤气或鼓风炉煤气净化部位，氨压缩机房 3. 发烟硫酸或发烟硝酸浓缩部位，高锰酸钾厂房，重铬酸钠（红钒钠）厂房 4. 樟脑或松香提炼厂房，硫磺回收厂房，焦化厂精萘厂房 5. 氧气站，空分厂房 6. 铝粉或镁粉厂房，金属制品抛光部位，煤粉厂房，面粉厂的碾磨部位，活性炭制造及再生厂房，谷物筒仓工作塔，亚麻厂的除尘器和过滤器室
丙	1. 闪点≥60℃的油品和有机液体的提炼、回收工段及其抽送泵房，香料厂的松油醇部位和乙酸松油脂部位，苯甲酸厂房，苯乙酮厂房，焦化厂焦油厂房，甘油、桐油的制备厂房，油浸变压器室，机器油或变压油灌桶间，柴油灌桶间，润滑油再生部位，配电室（每台装油量>60kg的设备），沥青加工厂房，植物油加工厂的精炼部位 2. 煤、焦炭、油母页岩的筛分、转运工段和栈桥或储仓，木工厂房，竹、藤加工厂房，橡胶制品的压延、成型和硫化厂房，针织品厂房，纺织、印染、化纤生产的干燥部位，服装加工厂房，棉花加工和打包厂房，造纸厂备料、干燥厂房，印染厂成品厂房，麻纺厂粗加工厂房，谷物加工厂房，卷烟厂的切丝，卷制、包装厂房，印刷厂的印刷厂房，毛涤厂选毛厂房，电视机、收音机装配厂房，显像管厂装配工段烧枪间，磁带装配厂房，集成电路工厂的氧化扩散间，光刻间，泡沫塑料厂的发泡、成型、印片压花部位，饲料加工厂房
丁	1. 金属冶炼、锻造、铆焊、热轧、铸造、热处理厂房 2. 锅炉房，玻璃原料熔化厂房，灯丝烧拉部位，保温瓶胆厂房，陶瓷制品的烘干、烧成厂房，蒸汽机车库，石灰焙烧厂房，电石炉厂房，耐火材料烧成部位，转炉厂房，硫酸车间焙烧部位，电极煅烧工段，配电室（每台装油量≤60kg的设备） 3. 铝塑材料的加工厂房，酚醛泡沫塑料的加工厂房，印染厂的漂炼部位，化纤厂后加工润湿部位
戊	制砖车间，石棉加工车间，卷扬机室，不燃液体的泵房和阀门室，不燃液体的净化处理工段，金属（镁合金除外）冷加工车间，电动车库，钙镁磷肥车间（焙烧炉除外），造纸厂或化学纤维厂的浆粕蒸煮工段，仪表、器械或车辆装配车间，氟里昂厂房，水泥厂的转窑厂房，加气混凝土厂的材料准备、构件制作厂房

(2) 建筑物的耐火等级　建筑物的耐火等级分为四级，各级建筑物构件的燃烧性能和耐火极限均不应低于表1.31的规定（另有规定者除外）。

(3) 各生产类别的厂房的耐火等级、层数和占地面积的规定

各生产类别的厂房的耐火等级、层数和占地面积应符合表1.32的规定。

(4) 厂房的防爆规定

a. 有爆炸危险的甲、乙类厂房宜独立设置，并宜采用敞开式或半敞开式的厂房。

有爆炸危险的甲、乙类厂房宜采用钢筋混凝土柱、钢柱承重的框架或排架结构，钢柱宜采用防火保护层。

表 1.31 建筑物构件的燃烧性能和耐火极限

构件名称		耐火等级			
		一级	二级	三级	四级
墙	防火墙	非燃烧体 4.00	非燃烧体 4.00	非燃烧体 4.00	非燃烧体 4.00
	承重墙、楼梯间、电梯井的墙	非燃烧体 3.00	非燃烧体 2.50	非燃烧体 2.50	难燃烧体 0.50
	非承重外墙、疏散走道两侧的隔墙	非燃烧体 1.00	非燃烧体 1.00	非燃烧体 0.50	难燃烧体 0.25
	房间隔墙	非燃烧体 0.75	非燃烧体 0.50	难燃烧体 0.50	难燃烧体 0.25
柱	支承多层的柱	非燃烧体 3.00	非燃烧体 2.50	非燃烧体 2.50	难燃烧体 0.50
	支承单层的柱	非燃烧体 2.50	非燃烧体 2.00	非燃烧体 2.00	燃烧体
梁		非燃烧体 2.00	非燃烧体 1.50	非燃烧体 1.00	难燃烧体 0.50
楼板		非燃烧体 1.50	非燃烧体 1.00	非燃烧体 0.50	难燃烧体 0.25
屋顶承重构件		非燃烧体 1.50	非燃烧体 0.50	燃烧体	燃烧体
疏散楼梯		非燃烧体 1.50	非燃烧体 1.00	非燃烧体 1.00	燃烧体
吊顶（包括吊顶格栅）		非燃烧体 0.25	难燃烧体 0.25	难燃烧体 0.15	燃烧体

表 1.32 厂房的耐火等级、层数和占地面积

生产类别	耐火等级	厂房最多允许层数	防火分区最大允许占地面积/m^2			
			单层厂房	多层厂房	高层厂房	厂房的地下室和半地下室
甲	一级	除生产必须采用多层者外，宜采用单层	4000	3000	—	—
	二级		3000	2000	—	—
乙	一级	不限	5000	4000	2000	—
	二级	6	4000	3000	1500	—
丙	一级	不限	不限	6000	3000	500
	二级	不限	8000	4000	2000	500
	三级	2	3000	2000	—	—
丁	一、二级	不限	不限	不限	4000	1000
	三级	3	4000	2000	—	—
	四级	1	1000	—	—	—
戊	一、二级	不限	不限	不限	6000	1000
	三级	3	5000	3000	—	—
	四级	1	1500	—	—	—

b. 有爆炸危险的甲、乙类厂房，应设置必要的泄压设施，泄压设施宜采用轻质屋盖作为泄压面积，易于泄压的门、窗、轻质墙体也可作为泄压面积。

c. 泄压面积与厂房体积的比值（m^2/m^3）宜采用 0.05～0.22。爆炸介质威力较强或爆炸压力上升速度较快的厂房，应尽量加大比值，体积超过 $1000m^3$ 的建筑，如采用上述比值有困

难时可适当降低，但不宜小于0.03。

d. 泄压面积的设置应避开人员集中的场所和主要交通道路，并宜靠近容易发生爆炸的部位。

e. 散发较空气轻的可燃气体、可燃蒸气的甲类厂房，宜采用全部或局部轻质屋盖作为泄压设施。厂房上部空间要通风良好。

f. 散发较空气重的可燃气体，可燃蒸气的甲类厂房以及有粉尘、纤维爆炸危险的乙类厂房，应采用不发生火花的地面。

g. 有爆炸危险的甲、乙类生产部位，宜设在单层厂房靠外墙或多层厂房的最上一层靠外墙处。有爆炸危险的设备应尽量避开厂房的梁、柱等承重构件布置。

h. 有爆炸危险的甲、乙类厂房内部不应设置办公室、休息室。如必须贴邻本厂房设置时，应采用一、二级耐火等级建筑，并应采用耐火极限不低于3h的非燃烧体防护墙隔开和设置直通室外或疏散楼梯的安全出口。

i. 有爆炸危险的甲、乙类厂房总控制室应独立设置，其分控制室可毗邻外墙设置，并应用耐火极限不低于3h的非燃烧体墙与其他部分隔开。

j. 使用和生产甲、乙、丙类液体的厂房的管、沟不应和相邻厂房的管、沟相通，该厂房的下水道应设有隔油设施。

1.5 工程伦理学[❶] (engineering ethics)

中国经济改革进入社会主义市场经济阶段后，职业道德日益为人们所重视，兹将美国化学工程师协会对其会员在职业道德方面的要求（code of Ethics aclopted by Ammerican Institute of Chemical Engineers）予以介绍，中国社会主义市场经济刚在起步，这方面的道德规范将日益显示其需要：

美国化学工程师协会会员应以诚实和无私、忠于顾主、客户和大众；努力提高工程专业的胜任能力和声望，运用其知识及技能增加人类福祉来支持和推进工程专业的廉正，荣誉和尊严，为达到这些目标，会员应：

1. 在完成工程专业任务时，首先考虑到公众的安全、健康和福祉。

2. 如发现其工作后果将对其同事或公众现有的或将来的健康、安全构成不利影响时，正式地忠告其顾主或客户（如认为正确可考虑进一步通告）。

3. 对其行动承担责任并承认他人的贡献，要求对其工作的批评性评论及提出对他人工作的客观评论。

4. 客观并真实地发表报告及提供资料。

5. 作为忠诚的代理人或受托人，对每一顾主及客户进行专业服务，并避免利益冲突。

6. 与所有同事及合作人公平共事，承认其特有的贡献及能力。

7. 仅在其能力胜任领域完成专业服务。

8. 通过其服务的功绩建立其专业信誉。

---

❶ 材料取自美国John Wiley & Sons，Inc. 1994年出版，由美国Pennsylvania大学W. D. Seider及其他大学等三位教授编写的“PROCESS DESIGN PRINCIPLES Synthesis、Analysis，and Evaluation一书，1.5 ENGINEERING ETHICS，该节除介绍AIChE的Code及Ethics外，还详细介绍了美国全国职业工程师协会（NSPE）1996年修订版的伦理学规章（Code of ethics）的详细内容，及1995年成立的“全球工程及科学伦理中心”（World Wide Web Ethics Center）提出的有关公众安全及福祉，该中心提出的工程伦理学的十个题目，可供进一步参考。

9. 通过其经历继续开发其专业，并为在其监管下人员发展专业提供机会。

主要参考文献

1 化工部规划院编. 化工建设项目经济评价方法与参数. 北京：化学工业部，1994

2 国家医药管理局上海医药设计院编. 化工工艺设计手册. 第二版. 北京：化学工业出版社，1996

3 张洋主编. 高聚物合成工艺设计基础. 北京：化学工业出版社，1981

2　化工工程项目的可行性研究

2.1　市场经济的基本规律及建立社会主义市场经济的必要性

化工工程项目的可行性研究是随着商品经济的高度发展而产生并发展起来的，它与经济体制密切相关。中国当前的经济改革，已从计划经济走向社会主义市场经济，这是中国经济体制的根本性变革，为做好项目可行性研究，应该对市场经济的基本规律，有一个初步了解。

市场经济规律是市场经济运行的客观基础。在市场经济运行过程中，市场配置资源的功能，归结起来是通过价值规律、供求规律、竞争规律三个相互联系的机制实现的。这三大基本规律支配着市场经济的运行。

（1）价值规律　价值规律是指商品的价值由生产该商品的社会必要劳动时间决定、商品的价格，即商品价值的货币表现由价值决定的规律。价值规律一方面要求按照在现有的社会生产条件下所耗费的平均劳动时间来决定商品的价值；另一方面要求在宏观上对社会劳动总时间在各种不同产品的生产之间进行合理配置，在微观上以最小的劳动消耗取得最大的劳动成果。价值规律是市场经济最基本规律。

（2）供求规律　供求规律是指在价值规律发挥作用的过程中，商品的供给和需求关系变动的必然性。市场上商品的供给与需求是经常变动的，由此形成了供与求从不平衡到平衡，又从平衡到不平衡的运动。这种供求关系的变化正是市场变化的核心，人们必须把握这种变化，依此调节社会资源在不同部门的分配，调节经济运行。

（3）竞争规律　商品生产和商品交换体现了商品生产者、经营者竞相获取经济利益的竞争，这种竞争，必然引起商品价格波动，使社会必要劳动时间决定商品价值成为现实。没有竞争，就没有市场的发育和成熟。竞争规律要求商品生产者和经营者时刻兢兢业业，在竞争中求生存、求发展，不断进取，在竞争中实现优胜劣汰。

上述市场经济的基本规律，促使市场经济具有下述功能。

a. 资源优化配置功能。

b. 促进生产力发展功能。

c. 调整经济结构功能。

d. 优胜劣汰功能。

市场经济的功能也就是市场机制的功能，其优越性不仅表现在理论上，它的高效率和巨大作用，已被几百年来人类历史所证实。当代国际经济发展的现实也表明，市场经济体制是各国经济发展的基本途径。

市场经济在发挥积极作用的同时，也存在一些局限性，单纯的市场机制具有以下缺陷。

a. 容易出现严重的生产过剩。

b. 对国民经济的长期发展缺少安排。

c. 易产生垄断或过度竞争。

d. 对国防、医院、公办学校等也不能完全受市场价格调节。

e. 易导致收入分配中的严重不均和两极分化现象。

由于上述市场经济的局限性，决定了政府对市场经济进行适当干预和宏观调控的必要性。现代的市场经济都是有政府调节的市场经济，政府调节是市场经济发挥其功能与作用的必要条件。因此中国当前实行的社会主义市场经济，即是在国家宏观调控下能更好地发挥计划和市场两种手段长处的市场经济，来促使中国经济快速、健康、持续地发展。

2.2 市场调查

中国经济体制改革已进入社会主义市场经济，产品的市场需求，是可行性研究的主体，而市场调节功能的重要性也已经显示，竞争机制的引入必然要求产品做到供应及时、产销对路、产量适度。市场是生产的出发点和归宿，因此市场调查是一项必不可少的工作。市场调查的结果与拟建项目是否可行、生产规模应该多大的关系十分密切，市场调查的结果甚至可以决定一个工程项目的命运。

市场调查分为市场需求调查和市场竞争情况调查。

2.2.1 市场需求调查

市场需求调查可分为三个主要方面，它们是工业需求调查、消费者需求调查和贸易需求调查。

(1) 工业需求调查　有些企业生产的产品是以生产资料的商品形式进入市场的，这些产品是另一些企业的原料、材料、设备或配件。例如，大型乙烯工厂所生产的乙烯、丙烯、丁烯、丁二烯等产品是生产其他产品的基本有机化工原料。对这类产品的需求叫工业需求。工业需求常有比较稳定的企业间供求协作关系，并与工业生产计划及发展规划有关。所以对工业需求调查的对象是有关的工业公司、企业、行政管理机构和投资者。

(2) 消费者需求调查　有些产品是为满足个人或家庭需要而生产的，这些产品就是消费品。消费品需求的决定性因素是个人消费者的购买力的大小，而购买力的大小又受国家总体经济状况、个人及家庭的收入、人口、人口结构、文化水平、年龄、就业前景和收入预期等诸多因素的影响。消费品需求的市场调查自然应面向广大的个人消费者，调查对象是众多的消费者人群，当被调查的人数很多时，通常是按随机统计原则选择调查对象的。

(3) 贸易需求调查　贸易需求调查的重点是贸易出路。有些产品涉及到出口，或可以"以产顶进"，即原先该产品要进口，这个项目建成后，所生产的产品可以顶替进口，对这种情况的需求调查要作国际市场的估计。

市场需求调查需要专门的知识，调查人员需经过良好的训练，并需要一定的魄力。在国外，一般都有专门的代办机构，在国内常由承担可行性研究任务的设计单位或工程咨询机构与筹建单位一起，通过收集统计部门、信息部门的材料，以及通过进行工业需求调查、消费品需求调查、贸易需求调查工作，对产品的需求量及市场规模作出定量的描述。这些定量的描述包括以下各项。

a. 当前实际需求量及其组成（总的和局部的）。

b. 工程项目在寿命期内关于市场（总的和局部的）需求量的规划。

c. 产品渗入市场的估计。

2.2.2 市场竞争情况调查

市场竞争情况调查实际上就是调查竞争对手的情况。对竞争对手的调查应从下面几个方面进行。

(1) 竞争对手的基本情况　竞争对手的产品的产量、满足需要的程度和这些产品的特点、声誉等。通过调查掌握竞争对手的情况，然后进行对比分析，确定本企业的竞争地位。

(2) 竞争对手的竞争能力　竞争对手所拥有的资金数量，企业规模、技术素质、产品情况等。

(3) 竞争对手开发新产品的情况。

(4) 潜在的竞争对手的情况　与拟建企业有相同产品的企业的产品发展方向，转产企业的产品发展方向及竞争能力，现在还比较弱小的竞争对手迅速壮大的可能性等情况。

2.3　产品需求预测和预测方法

2.3.1　需求预测

所谓需求预测就是根据历史和现状的资料，对拟议中的产品在未来市场上的需求量及变化趋势作出具有较高可靠性水平的概率描述，预测的正确与否关系着拟建企业的兴衰成败，它是可行性研究工作主要的内容之一。对市场需求量的预测一般有以下几个步骤。

(1) 确定目标　预测什么，是短期的、中期的还是长期的，要达到怎样的精确度。

(2) 收集和分析资料　收集与预测对象有关的历史和现状资料，归纳整理，并对资料予以核实。

(3) 制订预测模型　运用一种或几种预测方法建立数学模型，并利用已有的历史和现状资料通过计算确定模型中的有关参数（这些参数称为模型参数），从而得到预测模型。

(4) 利用预测模型进行预测。

(5) 进一步完善预测结果　当使用预测模型预测未来的需求量时，实际上是在假定未来按过去的规律发展，但未来未必都按过去的规律发展，因此，必需注意那些“促使未来不同于过去”的因素，并尽可能将这些因素换成数学概念，进一步完善预测结果，以提高预测的可靠性和准确性。

2.3.2　需求预测方法

需求预测的方法很多，在可行性研究中常用的且比较可行的几种需求预测方法有平均增长率法、回归分析法、专家调查法、指数平滑法、相互影响分析法等。本节仅简单介绍前三种预测方法。

2.3.2.1　平均增长率法

这是一种常用的迅速而粗糙的预测方法，它是根据已有的需求量统计资料计算出年平均增长率，并以此预测未来年份的需求量。

用 t 表示统计终止年份，则第 t 年需求量的计算公式为

$$Y_t=Y_0(1+R)^{t-1} \tag{2.1}$$

式中　Y_t——统计数字中的终年（即第 t 年）需求量；

Y_0——统计数字中的首年需求量；

R——年平均增长率。

因此有：

$$R=(Y_t/Y_0)^{\frac{1}{t-1}}-1 \tag{2.2}$$

例 2.1　某产品 1980 年至 1991 年各年需求量统计如下表，用平均增长率法预测 1997 年的需求量。

年份	1980	1981	1982	1983	1984	1985	1986	1987	1988	1989	1990	1991
需求量/10^4m^3	380	430	470	500	616	690	530	545	650	610	658	692

解：按式（2.2）求出1980年至1991年12年间的平均增长率为

$$R=(692/380)^{\frac{1}{12-1}}-1=5.6\%$$

由（2.1）式按平均增长率5.6%求1997年的需求量的预测值，则有：

$$Y_{1997}=692(1+0.056)^{1997-1991}=960\times10^4\text{m}^3$$

2.3.2.2　回归分析法

此法常包括一元线性回归法和多元线性回归法。在回归分析法中，建立数学模型的基本法则是最小二乘法。

（1）一元线性回归法　在需求预测中，常以时间（x）为横坐标，需求量（y）为纵坐标，把历史上已发生的需求量数据描在直角坐标中，如图2.1所示。

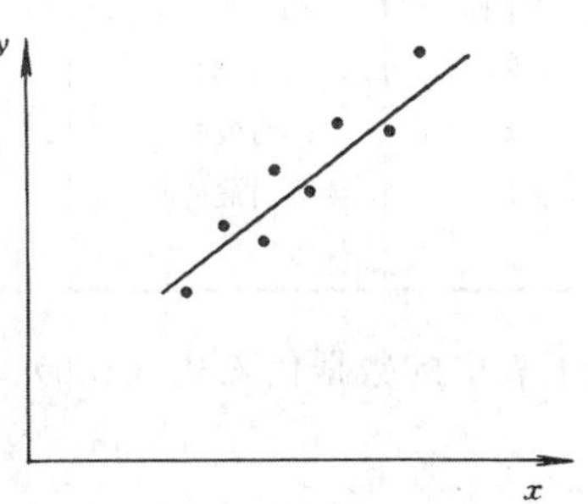

图2.1　需求量与时间的关系

从图2.1可以看出，总的趋势是需求量随着时间的推移上升，因此，应该利用已有的需求量随时间变化的数据，找出一条代表这种发展趋势的直线，然后把这条直线延长，就可以推算出未来时间的需求预测值，这就是一元线性回归法预测的基本思路。在一元线性回归中，这条趋势直线用下面的一元一次方程来表示，它是

$$Y=a+bX \tag{2.3}$$

式中　a——直线的截距；

b——直线的斜率。

在一元线性回归中，a和b是待定系数，把一元线性回归求出的待定系数a和b的值代入式（2.3）中，则得到趋势直线方程，此直线方程即为预测模型。

用y_i表示各个时间需求量的历史数据（即实际值），用Y_i表示直线上相应的估计值（即理论值），（y_i-Y_i）就是某一时间需求量的实际值与理论值的差值，叫做“离差”，按照最小二乘法的原则，这条趋势直线应能符合使各数据点的离差的平方和为最小，即

$$\sum(y_i-Y_i)^2=\text{最小值} \tag{2.4}$$

将式(2.3)代入式(2.4)得

$$\sum(y_i-a-bX_i)^2=\text{最小值}$$

令

$$\Phi=\sum(y_i-a-bX_i)^2 \tag{2.5}$$

则有

$$\Phi=\text{最小值}$$

根据多元函数极值原理，$2\Phi/2a=0$ 和 $2\Phi/2b=0$。

由 $2\Phi/2a=0$ 得 $-2\sum(y_i-a-bX_i)=0$，化简得到

$$\sum y_i-\sum a-\sum bX_i=0 \tag{2.6}$$

由 $2\Phi/2b=0$ 得 $2\sum(y_i-a-bX_i)(-X_i)=0$，化简得到

$$\sum X_iy_i-a\sum X_i-b\sum X_i^2=0 \tag{2.7}$$

联解方程式（2.6）和式（2.7），可求得线性回归的待定系数a和b的值，把a和b的值代入式（2.3）即可得到趋势直线方程，也就是预测模型，然后就可以使用此预测模型进行预测了。

例 2.2 1982 年至 1986 年某产品的需求量如下：

年份	1982	1983	1984	1985	1986
需求量/万台	7.8	8.3	8.6	9.1	9.5

预测 1994 年的需求量。

解：为了计算方便，把 1984 年的 X_i 值定为 0。

数据点	年份	X_i	y_i	X_i^2	X_iy_i
1	1982	−2	7.8	4	−15.6
2	1983	−1	8.3	1	−8.3
3	1984	0	8.6	0	0
4	1985	1	9.1	1	9.1
5	1986	2	9.5	4	19
Σ		0	43.3	10	4.2

把上表中的数据代入式（2.6）和式（2.7）得

$$43.30-5a-0\times 6=0$$
$$4.2-0\times a-10b=0$$

解得 $a=8.66$，$b=0.42$

因此，趋势直线方程（即预测模型）为

$$Y=8.66+0.42X$$

下面利用上述预测模型预测 1994 年的需求量。

按照本题使用的时间 X_i 的序列，1984 年 $X_i=0$，所以 1994 年 $X_i=10$，将 $X_i=10$ 代入趋势直线方程便得到 1994 年的需求量为

$$Y=8.66+0.42\times 10=12.86\text{（万台）}$$

使用最小二乘法对已知数据进行回归时，对已知数据的点数有一定的要求，因为少量数据点回归得到的模型往往不能反映真实情况，导致模型的准确性不高。例 2.2 的已知数据点很少，本不足以得到理想的预测模型，只是作为如何用一元线性回归法作需求量预测的一个说明来使用而已，请读者理解这一点。

（2）多元线性回归法　事物只受一个因素影响的情况不多，更为常见的情况是受多个因素的影响，对这种情况，需要用多元回归分析法，如果需求量与各因素的关系接近线性关系，可用多元线性回归法求出预测模型。多元线性回归和一元线性回归一样，都是使用最小二乘法的原则，所不同的是一元线性回归所得到的线性趋势方程是一个一元线性函数（见（2.3）式），而多元线性回归所得到的线性趋势方程是一个多元线性函数。

（3）可以化为直线求解的曲线回归　在实际工作中许多变量之间的关系不一定是线性关系，遇到这类问题时，可根据经验或由统计数字绘图判断曲线的类型。有些非线性函数比较容易转换为线性函数（这个过程称为线性化），这时，可按转换成的线性函数用线性回归法处理，求出待定系数。比较常见的情况是把指数函数通过两边取对数将其线性化，例如指数函数 $Y=ae^{bX}$，两边取对数可得到

$$\ln Y=\ln a+bX$$

令 $Y'=\ln Y$，$A=\ln a$，则新函数为

$$Y'=A+bX$$

这是一个线性函数。

又如双曲线函数 $1/Y=a+b/X$

令 $Y'=1/Y$，$X'=1/X$，则得到如下新函数：

$$Y'=a+bX'$$

这是一个线性函数。

在需求预测中，当需求量和时间不呈线性关系时，可尝试是否可以转换为线性函数，如果可以的话，用线性回归分析法是方便的，若转换为线性函数误差太大，可直接使用非线性回归分析法求预测模型。

2.3.2.3 专家调查法

专家调查法又称为德尔菲（Delphi）法，是美国兰德（Rand）公司发展出来的一种直观预测方法，在国内外广为使用，它适合于那些缺乏市场统计数据、市场环境变化较大，一般预测方法难以奏效的项目，特别是对新产品、新技术和新市场开拓的预测更为有效。

这种方法的特征是以信件的形式向专家直接征询意见，将其一致的意见汇总并加以有效利用，从而作出对未来的预测。专家调查法的第一个特点是"反馈"，整个征询意见的过程要经过多次反复，第二个特点是"匿名"，专家只与预测组织者联系，彼此不见面，避免受心理因素干扰。

选择的专家应是有关方面具有多年工作经验、精通业务、判断能力强的专家，人数数十人到一、二百人均可，以能够集思广益为目标。

预测成果的定量处理用概率统计原理，此处略。

2.4 项目的拟建规模

2.4.1 生产规模大型化和单机化趋势

化工装置的投资费用和生产能力之间存在着下式所示的函数关系：

$$I_1=I_2\left(\frac{C_1}{C_2}\right)^n$$

式中 C_1、C_2——分别表示其他条件相同而尺寸不同的两台设备或两套装置的生产能力；

I_1、I_2——分别为其对应的投资；

n——能力指数，一般在 0.6 左右。

根据上式，一台日产 100t 产品的设备，其设备投资并非为日产 50t 产品的设备投资的两倍，而是 $(100/50)^{0.6}=1.516$ 倍，所以单台设备或单条生产线的生产能力越大，分摊到单位产品的投资费用就越低，单位产品分摊的固定资产折旧和维修费用也越低，同时，操作人员和管理人员也不必按生产能力扩大的倍数增加。由于大型化具有如此优势，所以现在化工企业的设备大型化、单机化趋势很明显。合成氨厂已由 50 年代年产 5 万吨氨的规模发展到目前年产 30 万吨的规模（国外最近新建工厂，单套能力已达到年产 60 万吨规模）。而且单机化，只设一台年生产能力为 30 万吨氨的氨合成塔。又如，每吨乙烯生产能力的投资，年产 30 万吨乙烯厂比年产 11 万吨级乙烯厂几乎要少一半，因而各国乙烯工厂的规模普遍由 50 年代的 10 万吨级扩大到 70 年代的 30 万吨级，并出现 45 万吨级和 60 万吨级厂。但是，设备的大型化和单机化仍受到设备制造能力和工艺技术水平的限制。此外，大型单机和单系列生产线的可靠性要求高，任何一个环节发生故障都将导致全厂停车，并且要求有高素质的操作人员和设备维修人员以及严格的管理，这也是设备大型化和单机化的限制因素。

2.4.2 确定拟建规模需考虑的因素

拟建规模的确定受很多因素的影响，因此要在可行性研究中进行全面研究，综合分析和慎重比较才能做出正确决策。

需要考虑的因素一般有以下各点。

(1) 国家、地区、部门、行业的经济发展计划　只有考虑到经济发展计划的要求，才能保证国民经济有合理的结构，才能与国家、地区、部门、行业的经济协调发展，取得良好的效益。

(2) 市场需求情况　市场需求是决定生产规模的主要条件，因此，市场调查结果及对市场的分析以及需求预测都是确定生产规模的重要依据。

(3) 产品所处的生命期的阶段　这一点将在2.4.4一节中叙述。

(4) 资源的情况　资源（煤、石油、天然气、矿石、水、电等）丰富、集中而价格低廉，且接近拟建厂址的，可以考虑建规模大的企业，资源储量不大又很分散的，宜建中、小型企业。

(5) 产品的经济技术特点　对于大宗的、通用的化工产品，由于对它们的需求比较稳定，规模越大成本就越低，可以考虑较大的生产规模，炼油厂、乙烯厂、氮肥厂目前都有大型化的趋势；而一些精细化工产品，因产品的生命期短，市场需求变化快，规模宜小。

(6) 设备的制造水平　如前所述，现代化工生产有大型化、单机化的趋势，但生产规模仍取决于设备的制造水平，设备的制造能力决定了化工生产装置规模的上限。如果设备制造水平跟不上，需要通过增加生产线条数来增大规模，那么就会失去规模的经济性。

(7) 其他约制因素　资金的来源是一个制约性因素，因为资金的来源有限，因此生产规模要以能和各种渠道提供的资金数量相适应而又不影响总的经济效益为原则来确定；另外，原料、辅助材料、能源、劳动力投入的可能性、土地条件、交通运输条件、环境保护要求、协作配套条件等等都是生产规模的制约性因素。

2.4.3 合理的经济规模

确定合理的经济规模的方法是用销售收入对固定费用、可变费用作图。图2.2为一个求解合理经济规模的图例。图中所需要的各个参数值应通过技术经济分析获得。

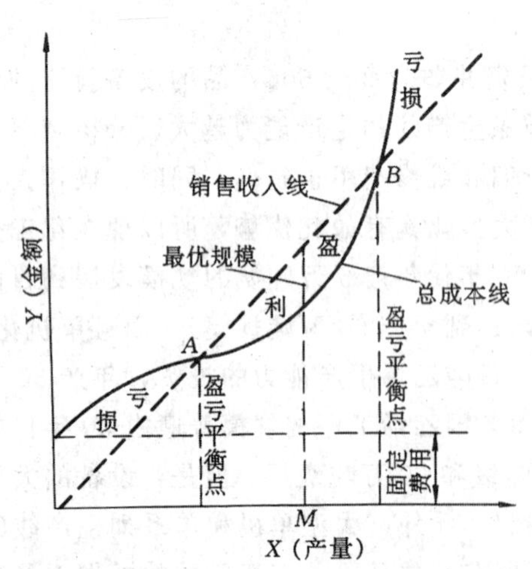

图2.2　求解盈亏临界规模与最优生产规模的图例

图2.2中销售收入线和总成本线的交点A和B称为盈亏平衡点，在A点和B点，总成本等于销售收入，所以对应于A点和B点的生产规模是保本的生产规模，它是盈、亏的临界规模，生产规模小于A或大于B时企业将发生亏损。在A和B区间的生产规模是能盈利的生产规模，叫经济规模，所以，对应于A、B两点的生产规模又叫经济规模界限。A点所代表的规模叫最小经济规模，因小于此值的生产规模位于亏损区，拟建生产规模一般不应小于此值。

图中M点所代表的生产规模盈利最大，所以M点代表的生产规模叫最优规模。

然而，对于经济规模，也要根据具体情况具体对待。有时，某种产品需求量小，而最小经济规模比需求量大得多，若勉强适应经济规模则会增大投资，从而提高产品成本，反而不合算了。对于技术、装备已经定型化、系列化了的企业，如果为适应经济规模范围而需要对设备进行改造，则势必会付出较高的改造费用，或者为了适应经济规模范围而不能使用已有的通用设计和系列化的设备，将会增大设计费和设备制造费的投入，经济上可能反而不合算。

2.4.4 产品的“生命期”

在2.4.2中已经提到过，在确定项目的拟建规模时，要考虑产品所处“生命期”的阶段。其实，研究产品的“生命期”，其意义远不止于此。研究产品的生命期是产品经营活动的一个十分重要的内容，对于基本建设或技术改造项目的可行性研究，它也是一个十分重要的内容。

从新产品研制成功后投放市场到该产品因陈旧而被淘汰的时间称为产品的“生命期”，产品的生命期包括投入期、成长期、成熟期和衰退期等各个阶段，它们与市场需求的关系如图2.3所示。

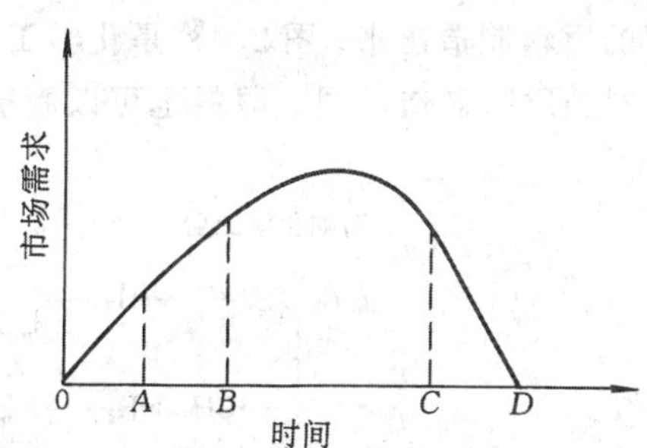

图2.3 产品生命期与市场需求的关系

产品在其生命期的各个阶段的产量、成本、盈利情况如表2.1所示。

表2.1 生命期各阶段的产量、成本和盈利之间的关系

序　号	发展阶段	增长趋势和特征	成　本	利　润
1	投入期 (0*A*阶段)	增长率不稳定，新产品刚投产，开始进入市场		
	前期	亏损随产量增大而上升	成本高昂	<0
	后期	亏损随产量增大而减少	成本上升缓慢	<0或$\geqslant 0$
2	成长期 (*AB*阶段)	增长率$>10\%$，大量进入市场，开始有微利收益	成本开始下降	>0
3	成熟期 (*BC*阶段)	增长率$<10\%$，产量最大，销售量最多，盈利最大	成本最低	>0
4	衰退期 (*CD*阶段)	增长率急剧下降，产品开始陈旧化，处于被淘汰状态，盈利下降，甚至亏本	成本复升	>0或<0

对处于不同阶段的产品应采取不同的对策。对处于投入期的产品，投入资金可能有风险。若该产品是有成功希望的产品，可以投入必要的资金以期将来获利；但应属于产品开发、研究试验的项目。处于投入期的产品，是不适合列入基本建设项目的。对于处在成长期的产品，需求在增长，可以考虑投资建厂或对原生产厂进行技术改造，以求降低生产成本、增加利润和提高产品的竞争能力，如果获利可观还可以扩大生产能力。在成熟期，对产品的需求量比较稳定，处于获利的最好时机。这时重要的是扩大市场、加强销售，提高市场占有率。若市场占有率还很高，利润率也高，该产品仍可作为发展的重要产品，继续扩大生产；若利润率低，在短期内又无法提高市场占有率，则该产品就不宜再发展。对于处于衰退期的产品，市场需求已逐步下降，就不宜再建新厂或扩大生产，甚至可以考虑重新选择投资方向。

产品“生命期”各阶段的特性，在精细化工产品的生产上表现尤为突出。一个精细化工产品从进入市场到被淘汰，一般只有五年左右的时间。当产品处于成熟期时就不宜再建新厂，不然待厂建成投产时，该产品往往进入衰退期，工厂无利可图。因此，对精细化工产品来说，建厂时机选择得当是企业成败的关键因素之一。

显然，拟建规模的大小，甚至是否应该建厂都应当考虑该产品所处的生命期的阶段。

2.5 原料路线的选择

2.5.1 化学工业原料的多元化

所谓原料路线，就是制造产品选用什么做原料的问题，因为，对很多产品来说，可以用不同的原料制造出来。图 2.4[1] 是化学工业中原料多元化的一个例子，它说明，同一产品可以由不同的原料制造，同一原料也可以制造出不同的产品。

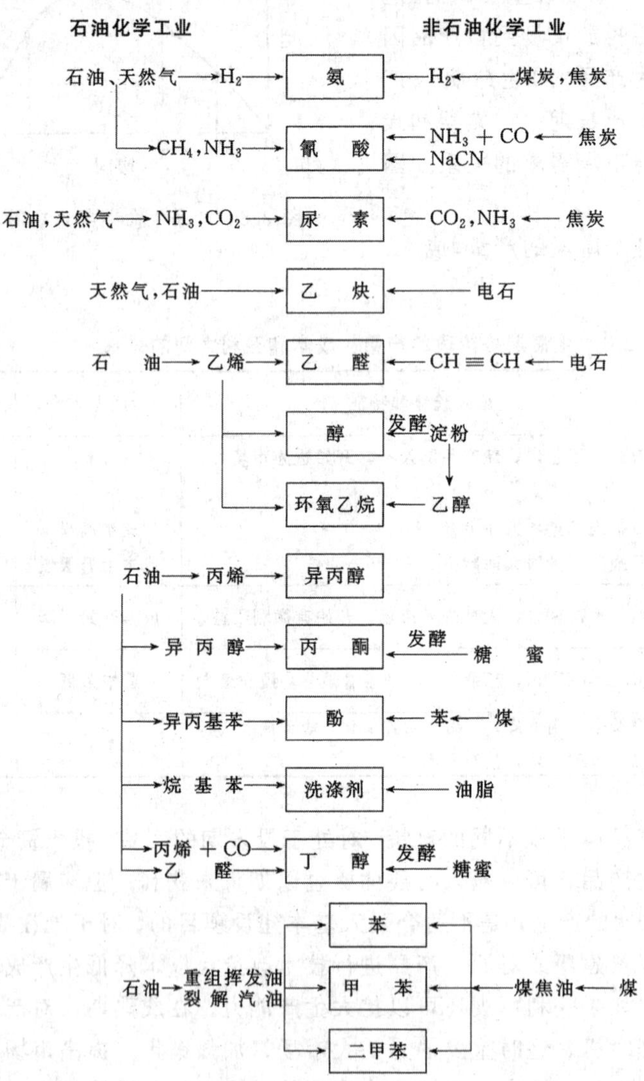

图 2.4 化学工业原料多元化示例图

---

[1] 引自虞和锡等．工程项目的可行性研究．北京：机械工业出版社，1992．32。

2.5.2 原料路线在项目决策中的作用

项目原料路线的选择就是要在诸多不同原料路线的备选方案中，选择一个经济效益与社会效益均佳的方案，当然，这些方案应以既能满足项目的功能要求，又有实施的可能性为前提。

对化工项目来说，不同的原料路线要求不同的工艺流程，不同的化工设备，不同的操作条件，不同的产品精制要求，不同的自控要求和不同的安全要求，不同的“三废”处理要求以及对燃料和动力的不同要求，这就是说，原料路线影响到拟建项目的技术方案，因而必然会对项目的投资、成本、利润等产生决定性的影响。

以乙烯生产为例，裂解原料路线的选择决定了乙烯装置的投资大小和乙烯成本的高低。用轻烃为裂解原料时乙烯收率高、副产物少、工艺流程比较简单，故投资较少，而用重质原料时，乙烯收率降低，炉区设备要相应加大，原料还需要预处理，由于副产物多，分离设备就比较复杂，故投资增加，据文献❶报道，若以用乙烷做裂解原料的乙烯装置界区内投资为100%，则丙烷为裂解原料时的相对投资为123%，轻石脑油为裂解原料时相对投资为134%，常压轻柴油为裂解原料时相对投资为143%，以减压柴油作裂解原料时相对投资为149%，这些数字足以说明不同裂解原料路线对乙烯装置的投资的影响，不同的裂解原料对乙烯装置的操作费用也是有影响的，若以用乙烷做裂解原料时的操作费用为100%，则丙烷做裂解原料时，其相对操作费用为179%，轻石脑油为裂解原料的相对操作费用为210%，可见用重质原料比用轻质原料的操作费用高。

原料路线的不同，有时也影响到厂址的选择，因为厂址的选择原则之一是要靠近原料产地。

原料路线对生态平衡，环境保护也有很大影响，例如以煤为燃料的火力发电站会产生大量的二氧化硫，烟尘和粉煤灰，而水力发电站则无此污染。

综上所述，原料路线的选择对项目的经济效益和社会效益都有重要的影响，是方案建立、项目决策中应该认真考虑的问题。

2.5.3 原料路线的选择原则

(1) 原料来源的可靠性　化工生产过程大部分是连续的生产过程，原料数量及质量的稳定可靠地供应是进行正常生产的基本条件。要保证原料的可靠供应，必须落实具体供应渠道，在项目决策时应对供应部门或原料生产企业的供货能力作可靠的调查和预测，最好能达成供应协议或意向书。对大中型项目，原料供应还应纳入国家或地区的物资供应规划。

(2) 尽可能选择当地或附近的原料　这样既可确保来源，又能减少运输费用和货运量。

(3) 经济性　如前所述，原料路线影响到拟建厂的技术方案、厂址、环境保护等多个方面，从而对项目的投资、成本、利润产生影响。所以这里的“经济性”是指采用不同的原料路线所造成的经济效果，而不能只看原料本身价格的高低。

原料路线的经济性随时间、地点、资源的情况而变化，特别是随着时间的推移、技术的进步，原料的经济性会发生大的变化。例如合成橡胶的原料路线，20～30年代使用淀粉为原料制取乙醇，再从乙醇制取合成橡胶单体丁二烯的原料路线是经济的，随着现代石油化工的发展，今天以乙醇为原料的原料路线已被淘汰，而以石油为原料，通过裂解制造丁二烯的原料路线由于其经济合理性而被广泛采用。

(4) 资源利用的合理性　这种合理性是从国民经济角度来考察的，因为国家的资源有限，

---

❶ 该文引自现代化工．1985，(4)：21。

有限的资源要用来获得好的经济效果。前些年曾有人计算过重油利用的合理性问题。重油是一种化工原料，可以通过加压部分氧化制造合成氨原料气，也可以经气化后制造沥青，还可以代替焦炉气做城市煤气。在这几种用途中，从计算结果看，以重油气化制沥青的方案得到的经济效果最佳❶。

2.6 工艺技术路线的选择

2.6.1 工艺技术路线选择的重要性

所谓工艺技术路线，就是把原料加工成为产品的方法，包括工艺流程、生产方法、工艺设备和技术方案等。工艺技术路线的选择就是要在各种可能的工艺技术路线中，经过比较确定一条效果最好的工艺技术路线为拟建项目采用。

工艺技术路线影响到项目的投资、产品的成本、产品的质量、劳动条件、环境保护等各个方面，因而决定了项目投资后的经济效益和社会效益。项目投资后的效益如何，其实是工艺技术路线选择的必然结果，能否选到好的工艺技术路线，是项目能否成功的关键，所以，工艺技术路线的选择是项目可行性研究工作的核心。

2.6.2 工艺技术路线的选择原则

(1) 可靠性　工业企业的工艺技术路线必须是经过科学试验与大生产的检验证实是可靠的技术，不能把没有通过严格的科学鉴定的试验性工艺技术应用在生产性企业中。过去，中国曾有过根据通过鉴定的小型实验装置放大数百倍设计成工业装置而造成工程报废的失败教训，这是在选择工艺技术路线时没有高度重视所选路线的可靠性的结果。因此，可靠性是工艺技术路线选择的首要原则，无论方案多么先进，凡可靠性不高的方案在大生产中都不能选用。

化工项目的工艺技术路线可靠与否，可从流程是否通畅、生产是否安全，工艺是否稳定，消耗定额、生产能力、产品质量和三废排放能否稳定可靠地达到预定指标等方面来判定。

在可行性研究中对工艺技术路线可靠性的评价，可以通过对已投产的同类项目进行现场考察，并搜集较长时间的实际生产数据来进行判断，不可只凭文献报道的资料、数据或口说无凭的介绍来决定。

(2) 注意工艺过程所处的发展阶段　任何一种技术，包括化工工艺过程，像一个产品一们，都有一个寿命周期，有新生期，成长期，成熟期，衰退期各个阶段。处于新生期的工艺过程，往往刚刚工业化，技术指标比较先进，但还不成熟，有一定的风险；处于成长期的技术，成功的把握大，并在相当长的一段时间内能获得较稳定的经济利益，选择这样的工艺过程是比较理想的；处于成熟期的技术本身虽完善，很可靠，但已不算先进，新出现的技术可能成为它的竞争对手，甚至会被新的技术超过，所以，采用处于成熟期的工艺过程要尽快建成投产，尽快回收投资；至于处于衰退期的工艺过程，当然不宜采用。

(3) 适用性　所谓适用性，指的是所选择的工艺技术路线要能够与具体环境相适应。

资源的适用，指所选用的工艺技术路线所要求的资源条件，在当时、当地能否获得满足，例如某化工企业选择的工艺路线需要大量的冷却水，如果当地无法得到足够的廉价的水源，只好作罢。

技术的适用，是指当时、当地对该项技术的接受能力以及该项技术与相关行业、相关技

❶ 虞和锡等．工程项目的可行性研究．北京：机械工业出版社，1992．34。

术体系的匹配程度。一项有先进技术的工艺过程，要求有较高素质的工人和管理人员来掌握，还要求有较高的维修技术和备品备件的配套能力，否则就不能发挥技术先进的优势，因此在可行性研究中，技术路线选择时一定要考虑当时、当地的具体条件。

(4) 经济性　所选工艺技术路线是否具有经济性，首先应考虑投产后能否取得良好的经济效果，为了了解所选工艺技术路线能否取得好的经济效果，需要进行项目的经济评价，关于经济评价，将在 2.8 和 2.9 两节中详细讨论。

另外，还要考虑自身的经济承受能力，要选择财力能够达到的技术方案。

2.7 项目的财务规划

2.7.1 项目建设总投资估算

项目建设总投资通常由以下三部分构成：基本建设投资、生产经营所需要的流动资金以及建设期贷款利息。

(1) 基本建设投资估算　基本建设投资估算要求的精确度视具体情况而定，有的项目刚刚开始设想，要求的精确度不高，只需要有一个粗略的数据，这时可以采用简捷的方法或用经验公式粗略地估算投资额，但当项目进入到最后决策阶段（例如详细可行性研究阶段），要求投资估算和初步设计概算的出入不得大于 10%（国家计委计资［1984］1684 号文件），这就要求有比较精确的估算数据，这时，需要像作设计概算那样，把各种费用分门别类地逐项进行估计，前些年，中国化学工业部在化工部范围内组织试行的设计概算法就属于这一类。

下面介绍设计概算法估算建设投资。

化工部规划部门于 1988 年专门制订了《化工项目可行性研究投资估算暂行办法》（以下简称《暂行办法》），在此只作扼要介绍，详细情况可参阅化工技术经济，1988，(3)。

《暂行办法》规定：基本建设投资（在《暂行办法》中称项目建设总投资》）是指拟建项目从筹建起到建筑、安装工程完成及试车投产的全部建设费，它是由单项工程综合估算和工程建设其他费用项目估算和预备费三部分组成。

单项工程综合估算，是指按某个工程分解成若干个单项工程进行估算，如把一个车间分解为若干个装置，然后对此若干个装置逐个进行估算。汇总所有的单项工程估算即为单项工程综合估算，它包括主要生产项目、辅助生产项目、公用工程项目、服务性工程项目、生活福利设施和厂外工程项目等。

工程项目其他费用，是指一切未包括在单项工程投资估算内、但与整个建设有关，并且按国家规定可在建设投资中开支的费用。工程建设其他费用，包括土地购置及租赁费、迁移及赔偿费、建设单位管理费、交通工具购置费、临时工程设施费等等。

预备费是指一切不能预见的有关工程费用。

在进行估算时，要把每一项工程，按照设备购置费、安装工程费、建筑工程费和其他基建费等分门别类进行估算。由于要求精确、严格，估算都是以有关政策、规范、各种计算定额标准及现行价格等为依据。在各项费用估算进行完毕后，最后将工程费用、其他费用、预备费各个项目分别汇总列入总估算表。采用这种方法所得出的投资估算结果是比较精确的。

(2) 流动资金的估算　在可行性研究中，把流动资金分为储备资金、生产资金和成品资金三部分，各部分的估算方法如下。

a. 储备资金估算　储备资金，包括必要的原料库存和备品备件两部分所需要的资金。

原料库存资金用下式估算：

$$原材料费(元/t产品)\times 生产能力(t/a)\times \frac{60}{365\times 0.9}$$

备品备件资金一般可取基本建设投资的5%。

b. 生产资金估算　生产资金，包括工艺过程所需催化剂和在制品及半成品的所需资金。触媒所占资金，以整个项目所需的各种催化剂一次充填量的50%计算。

在制品及半成品的资金，在连续性生产时可不考虑半成品，至于间断生产的库存天数，要视生产周期的长短而定。一般估算如下：

$$在制品的车间成本(元/t半成品)\times 生产能力(t/a)\times \frac{库存天数}{365\times 0.9}$$

c. 成品资金估算　成品的库存日期一般取10天，如运输及销售条件差可适当增加，成品资金可按下式估算：

$$产品的工厂成本(元/t产品)\times 生产能力(t/a)\times \frac{库存天数}{365\times 0.9}$$

在缺乏足够数据时，流动资金也可按固定资金的12%～20%估计。

汇总基本建设投资和流动资金及建设期贷款利息之和即为工程项目建设的总投资。

2.7.2 产品成本的估算

(1) 成本的构成　如图2.5所示。

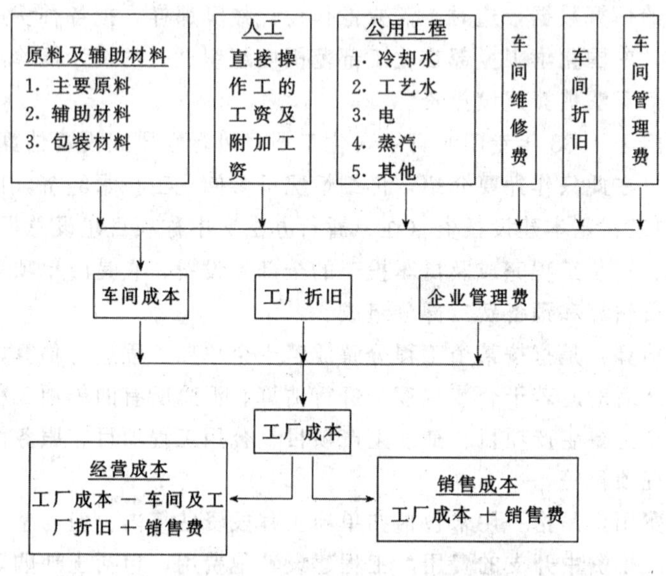

图2.5　国内可行性研究中成本的构成

在化工生产过程中，往往在生产某一产品的同时，还生产一定数量的副产品，这部分副产品应按规定的价格计算其产值，并从上述工厂成本中扣除。

此外，有时还有营业外的损益，即非生产性的费用支出或收入，如停工损失、三废污染超标赔偿、科技服务收入、产品价格补贴等等，都应当计入成本（或从成本中扣除）。

(2) 固定成本和可变成本　在技术经济分析和经济评价中，会遇到可变成本和固定成本。可变成本，指在产品总成本中随产量而变化的那部分费用，例如原料，计件工资制的工人工资等按产量变化成比例变化的费用和随产量不成比例变化的费用如某些动力费、运输费等，总趋势是产量增加、可变成本增大。

固定成本，指在产品总成本中，在一定的生产能力范围内，产量发生变化而相对不变的费用，例如在一定规模的生产能力范围下，无论生产是满负荷还是只有百分之几十的负荷，固定资产折旧费、车间经费及属计时的生产工人工资等总是固定不变的。

2.7.3　折旧的概念

折旧是固定资产折旧的简称。基本建设投资中绝大部分形成固定资产。能形成固定资产的必须同时具备两个条件：使用年限在1年以上和其价值在限额以上。

这部分固定资产在使用过程中，发生两种类型的磨损，即机械磨损和精神磨损，机械磨损又称有形磨损，也称物质磨损。这是由于在生产运行中，受各种生产因素和自然因素而引起的磨损，例如机器设备的被腐蚀、磨蚀等，这种磨损在化工生产过程中是经常发生的。精神磨损又称无形磨损，这是由于技术进步的结果，使生产同类型机器设备所需费用下降，或者由于产生了新的更有效的机器设备而引起原有固定资产的贬值。所以折旧就是将固定资产这两种磨损的价值转移到产品的成本中去，折旧费就是这部分转移价值的货币表现，折旧基金也就是对上述两种磨损的补偿。

折旧费估算方法很多，但是，不管哪一种方法，估算中主要都涉及三个因素，即总固定资产原值、残值（指净残值）和折旧年限。中国规定固定资产折旧计算中采用平均年限法（即直线法），并于1985年4月由国务院发布国营企业固定资产折旧试行条例。限于篇幅，此处不介绍折旧的估算方法，可参阅有关资料。

2.8　财务评价

2.8.1　资金的时间价值

2.8.1.1　资金时间价值的概念与衡量尺度

一定量的资金投入经济活动一段时间后会产生增值，例如参加银行储蓄可以取得利息，投资办企业或从事商业活动可获得收益，某一时间的10万元与10年后的10万元显然不是等值的。这样，客观上必然存在一个资金随时间增值的速率，用来作为不同时间点资金价值的换算率，这种换算率就是计算资金时间价值的尺度，这样的尺度有银行利率和动态投资收益率。

当资金所有者决定把该资金投放于某一工程项目时，就必须放弃利用该资金于其他方面去获利的机会（例如他不再可能放在银行里获取利息），投资者希望该工程项目的动态投资收益率至少要大于银行利率，因为存入银行可稳拿利息，而投入企业则要承担一定的风险。

在资本主义社会中，由于自由竞争和价值规律起着充分的作用，各部门、各行业之间有一个平均的动态投资收益率，而银行利率就在接近该平均动态投资收益率上下浮动，因此，各行业普遍采用银行利率作为计算资金时间价值的尺度。中国现行的银行利率带有一定的政策性，用它为尺度不能充分反映资金的时间价值。在社会主义条件下，各行业要有计划按比例发展，所以在国民经济各部门各行业之间并不存在平均的收益率，而且资金在各部门发挥的经济效益也是不同的，为此，应由各主管部门来规定各自的标准投资收益率作为衡量的尺度。

2.8.1.2　计算资金时间价值的方法

(1) 单利法　在资金运动过程中，只考虑原始投入的资金（本金）生利息，而利息不再生利息的计算方法叫单利法。

单利法的利息计算公式为：

$$I=Pni$$

式中　n——计算周期数；

P——本金；

i——利率。

i 的涵义为每个计息周期本金增值的百分数。

用单利法求 n 计算周期末的本利和的公式是

$$S_n=P(1+ni) \tag{2.8}$$

式中 S_n——n 计算周期末的本利和。

(2) 复利法 资金在运动过程中，不仅本金生利息，此利息在下一个计算周期中转化为本金，也生利息的计算方法叫复利法，显然，复利法比较客观地体现了资金的时间价值。

例 2.3 存款 100 元，年利率 10%，按复利计息，第 3 年末的本利和为多少？

解：参看下表

计息期/年	年初本利和/元	年末利息/元	年末本利和/元
1	100	100×0.1=10	$100(1+0.1)=110$
2	110	110×0.1=11	$100(1+0.1)^2=121$
3	121	121×0.1=12.1	$100(1+0.1)^3=133.1$

一次支付复利终值（即第 n 计算周期末本利和）与本金、利率、计息周期数（一般以年为单位）的关系如下式所示：

$$S_n=P(1+i)^n \tag{2.9}$$

此公式称为复利终值公式。

2.8.1.3 几个术语的含义

(1) 时值与等值 一定量的资金在运动过程中某一时刻的价值称为时值，而等值则是指不同时点的绝对值不等的金额，却具有相等的时间价值，例如，年利率为 10%时，今天的 100 元，一年后就达到 110 元，这 110 元就是今天的 100 元在一年以后的时值，就其价值来看，这两者是相等的。当年利率为 10%时，下列的资金其数额不同却具有等值：

1991 年 8 月 1 日	1992 年 8 月 1 日	1998 年 8 月 1 日
90.91 元	100 元	177.16 元

(2) 贴现与现值 将资金在运动过程中某一时刻发生的金额折算成现在时刻的价值，这种折算过程叫做贴现，或称折现，而经折算得出的现在时刻的金额值就叫做现值。

上面曾提到过复利终值公式 $S_n=P(1+i)^n$，把 S_n 视为资金运动过程中某一时刻的金额，而把 P 视为现在时刻的金额（即现值），则下面的公式可作为折现（贴现）公式使用：

$$P=S_n\times\frac{1}{(1+i)^n} \tag{2.10}$$

上式作为贴现（折现）公式使用时，i 称为贴现率（或折现率）。

例 2.4 第 5 年末的 1000 万元，若贴现率为 10%，其现值为多少？

解：用式 (2.10) 计算现值：

$$P=1000\times\frac{1}{(1+0.1)^5}=620.9\text{ 万元}$$

因此，现值为620.9万元。

2.8.2 工程项目财务评价的目的和任务

（1）考察拟建项目的财务盈利能力。

（2）为企业制定资金规划、合理地筹集和使用资金。通过财务评价要解决的资金规划问题，其内容包括：确定实施项目需要多少资金和用款的计划；提出筹集资金的方案并对其进行可行性研究；估计项目实施后各年的费用和收益。

（3）为协调企业利益和国家利益提供依据。当工程项目的财务评价和国民经济评价发生矛盾时，国家可采用经济手段来加以调节。例如，对国民经济有利的低利甚至无盈利的项目，国家和地方政府可能给予优惠政策；而对那些国家要控制发展过滥的、当前仍获利大的项目、国家要通过征收增值税等办法来控制。通过进行财务评价，国家可考察价格、税率、补贴等参数对盈利的影响，从而寻找国家为了实施调控可以采用的方式和幅度。

（4）为中外合资项目的外方合营者作出决策提供依据，因为，对外方合营者，财务盈利性是其决策的最重要依据。

2.8.3 财务报表

为适应国家财税体制和投资体制改革的新形势，化学工业部以国家计委和建设部1993年颁发的第二版《建设项目经济评价与参数》为依据，结合化工建设项目的特点，于1994年发布了《化工建设项目经济评价方法与参数》，按照此规定，财务评价所用的计算报表有基本报表和辅助报表。基本报表有下面6种。

财务现金流量表（全部投资）（表2.2）

财务现金流量表（自有资金）（表2.3）

损益表（表2.4）

资金来源与运用表（表2.5）

资产负债表（表2.6）

财务外汇平衡表（表2.7）

辅助报表有下面14种。

1 建设投资估算表

2 建设期及宽限期借款利息计算表

3 流动资金估算表

4 投资计划与资金筹措表

5 主要投入物及产出物使用价格依据表

6 单位产品生产成本表

7 外购原材料及燃料动力费用估算表

8 固定资产折旧费估算表

9 无形及递延资产摊销费估算表

10 总成本费用估算表

11 产品销售收入估算表

12 借款还本付息计算表

13 财务评价主要指标表

14 敏感性分析表

下面给出财务评价的基本报表格式，见表2.2至表2.7。

表 2.2 财务现金流量表(全部投资)/万元

序号	项目	合计	建设期			生产期				
			1	2	3	4(%)	5(%)	6(%)	……	n(%)
(一)	现金流入									
1	销售收入									
2	回收固定资产余值									
3	回收流动资金									
	小计									
(二)	现金流出									
1	建设投资									
2	固定资产投资方向调节税									
3	流动资金									
4	经营成本									
5	销售税金及附加									
6	所得税									
	小计									
(三)	净现金流量Ⅰ(四)+6									
	累计净现金流量Ⅰ									
(四)	净现金流量Ⅱ(一)-(二)									
	累计净现金流量Ⅱ									
计算指标	财务内部收益率(%)	所得税前(Ⅰ)　所得税后(Ⅱ)								
	财务净现值(i_c=　　%)									
	投资回收期(年)									

注:1. 根据需要可在现金流入和现金流出栏里增减项目。

2. 年份后的(%)系指生产负荷百分数,以后各表同。

3. 生产期发生的设备更新投资作为现金流出可单独列项或列入建设投资项中。

表 2.3 财务现金流量表(自有资金)/万元

序号	项目	合计	建设期			生产期				
			1	2	3	4(%)	5(%)	6(%)	……	n(%)
(一)	现金流入									
1	销售收入									
2	回收固定资产余值									
3	回收流动资金									
	小计									
(二)	现金流出									
1	建设投资中自有资金									
2	固定资产投资方向调节税									
3	流动资金中自有资金									
4	经营成本									
5	销售税金及附加									
6	借款本金偿还									
7	借款利息支付									
8	所得税									
	小计									
(三)	净现金流量(一)-(二)									
	累计净现金流量									
计算指标	财务内部收益率(%)									
	财务净现值(i_c=　　%)									
	投资回收期(年)									

注:同表 2.2。

表 2.4 损益表/万元

序号	项　目	合计	4(%)	5(%)	6(%)	……	n(%)
(一)	销售收入						
(二)	总成本费用						
(三)	销售税金及附加						
(四)	利润总额(一)-(二)-(三)						
(五)	弥补前年度亏损						
(六)	应纳税所得额(四)-(五)						
(七)	所得税						
(八)	税后利润(四)-(七)						
(九)	盈余公积金						
(十)	公益金						
(十一)	应付利润(八)-(九)-(十)-(十二)						
	其中:××方						
	……						
(十二)	未分配利润						
	其中:偿还借款						
(十三)	累计未分配利润						

表 2.5 资金来源与运用表/万元

序号	项　目	合计	建设期			生产期					上年余值
			1	2	3	4(%)	5(%)	6(%)	……	n(%)	
(一)	资金来源										
1	利润总额										
2	折旧费										
3	摊销费										
4	长期借款										
5	流动资金借款										
6	其他短期借款										
7	自有资金										
8	回收固定资产余值										
9	回收流动资金										
10	其　他										
(二)	资金运用										
1	固定资产投资										
2	建设期利息										
3	流动资金										
4	所得税										
5	应付利润										
6	长期借款本金偿还										
7	流动资金本金偿还										
8	其他短期借款本金偿还										
9	其　他										
(三)	盈余资金(一)-(二)										
(四)	累计盈余资金										

注：1. 本表中固定资产投资含固定投资方向调节税，不含建设期利息，可含生产期设备更新投资。

2. 为便于编制资产负债表，可将第 n 年末回收的固定资产余值，回收流动资金和流动资金借款偿还填写在上年余值栏内。

表 2.6 资产负债表/万元

序号	项目	建设期			生产期				
		1	2	3	4(%)	5(%)	6(%)	……	n(%)
(一)	资　产								
1	流动资产总额								
(1)	应收账款								
(2)	存　货								
(3)	现　金								
(4)	累计盈余资金								
2	在建工程								
3	固定资产净值								
4	无形及递延资产净值								
(二)	负债及所有者权益								
1	流动负债总额								
(1)	应付账款								
(2)	流动资金借款								
(3)	其他短期借款								
2	长期借款								
	负债小计								
3	所有者权益								
(1)	资本金								
(2)	资本公积金								
(3)	累计盈余公积金								
(4)	累计公益金								
(5)	累计未分配利润								
计算指标	资产负债率,%								
	流动比率,%								
	速动比率,%								

表 2.7 财务外汇平衡表/万美元

序号	项目	合计	建设期			生产期				
			1	2	3	4(%)	5(%)	6(%)	……	n(%)
(一)	外汇来源									
1	外销收入									
2	固定资产投资外汇借款									
3	流动资金外汇借款									
4	自有外汇资金									
5	其　他									
	小　计									
(二)	外汇运用									
1	固定资产投资中外汇									
2	流动资金中外汇									
3	进口原材料									
4	进口零部件									
5	技术转让费									
6	偿还外汇借款本息									
7	其　他									
	小　计									
(三)	外汇结余(一)-(二)									
(四)	累计外汇结余									

2.8.4 工程项目的寿命周期

在财务现金流量表等各种财务报表中，各项都要按寿命期内各个年份列出，表中使用的寿命期和技术上的使用年限不完全相同。例如，一套蒸馏或吸收装置，从技术上说，应能使用四五十年，但是由于有形磨损和无形磨损以及技术的进步，使得过久地使用成为不经济，从而存在一个能够给工程项目带来经济利益的寿命周期，即“服务寿命”或“经济寿命”。

在可行性研究中和技术经济分析中使用的是“经济寿命”。

有的国家由政府制订折旧法规，明确规定各类生产装置的服务寿命（即经济寿命）年限，例如美国 1971 年批准的规定中，化学产品的生产装置服务寿命一般为 11 年。中国由国家计委 1987 年制定的《建设项目经济评价方法》中规定：项目计算期包括建设期和生产期，其中生产期一般不宜超过 20 年。

2.8.5 工程项目寿命期内全过程累计现金流量曲线和累计折现现金流量曲线

把工程项目的预计服务寿命期内各年的现金流量累计起来，可画出累计现金流量曲线，典型的累计现金流量曲线如图 2.6 中的曲线 1。

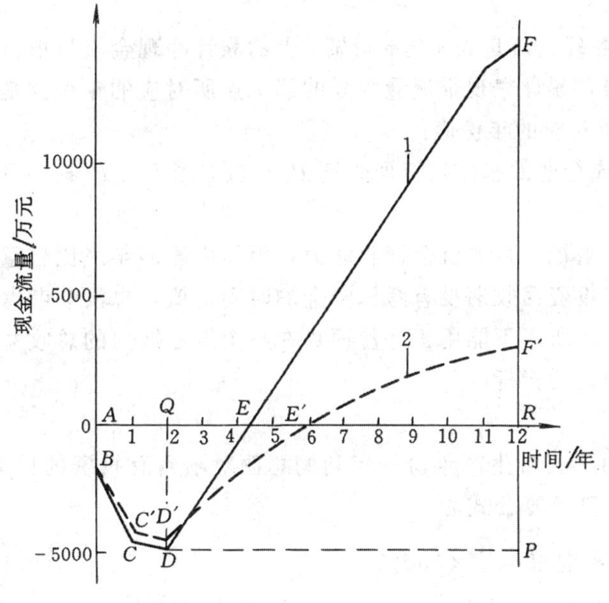

图 2.6 累计现金流量和累计折现现金流量

图中：AR——工程项目经济活动寿命；
AB——前期费用（包括研究、开发、可行性研究、设计……）；
CD——流动资金投入；
DEF——获利性生产；
QD——累计最大投资额或累计最大债务；
E——收支平衡点；
E'——收支平衡点

曲线 1 是累计现金流量曲线，从曲线 1 能看出来总共需要投入多少资金（QD）、需要多少时间才能回收投资（AE），到工程项目服务寿命终了时能够取得多少总收入（FP），可见曲线 1 可以比较直观地表达工程项目的可取程度，但由于它不能体现资金的时间价值，所以从曲线 1 所能得到的评价指标是静态评价指标。

曲线 2 是累计折现现金流量曲线，此曲线与曲线 1 不同之处是所有现金流量都折现成现值，由于它体现了资金的时间价值，因而比曲线 1 更好地反映了实际情况，更有明确的含义，从它计算得到的评价指标是动态评价指标。

2.8.6 财务评价指标和评价判据

根据是否考虑资金的时间价值，可把评价指标分成静态评价指标和动态评价指标两大类。

因项目的财务评价是以进行动态分析为主，辅以必要的静态分析，所以财务评价所用的主要评价指标是财务净现值、财务净现值率、财务内部收益率、动态投资回收期等动态评价指标，必要时才加用某些静态评价指标如静态投资回收期、投资利润率、投资利税率和静态借款偿还期等。下面介绍几种常用的评价指标。

2.8.6.1　静态投资回收期

投资回收期又称还本期（payout time），即还本年限，是指项目通过项目净收益（利润和折旧）回收总投资（包括固定资产投资和流动资金）所需的时间，以年表示。

当各年利润接近可取平均值时，有如下关系：

$$P_t=\frac{I}{R} \tag{2.11}$$

式中　P_t——静态投资回收期；

I——总投资额；

R——年净收益。

当各年的净收益不同时，其计算式为

$$\sum_{t=0}^{P_t} R_t - I = 0 \tag{2.12}$$

式中　R_t——第 t 年的净收益。

静态投资回收期 P_t 的值也可用财务现金流量表（全部投资）上的累计净现金流量值由负值转为正值的相邻年份通过内插法求得，累计净现金流量为零的那个点所对应的年份就是静态投资回收期，在图 2.6 中就是 E 点所对应的年份值。

求得的静态投资回收期 P_t 与部门或行业的基准投资回收期 P_c 比较，当 $P_t \leqslant P_c$ 时，可认为项目在投资回收上是令人满意的。

由于中国的建设资金短缺，所以很重视项目的资金回收能力，因而中国多年来比较重视投资回收期这个指标。但是，由于静态投资回收期没有考虑资金的时间价值，也没有考虑回收投资后在寿命期内的若干年内的效益，所以不能用于评价项目在整个寿命期内的总收益和获利能力。它只能作为评价项目的一个辅助指标。

2.8.6.2　投资利润率

投资利润率是指项目达到生产能力后正常生产年份的年利润总额对项目总投资的比率，它反映单位投资每年获得利润的能力，其计算公式为：

$$投资利润率=\frac{R}{I}\times 100\% \tag{2.13}$$

式中　R——年利润总额；

I——总投资额。

年利润总额 R 的计算公式为

年利润总额＝年产品销售收入－年总成本－年销售税金－年技术转让费

－年资源税－年营业外净支出

总投资额 I 的计算公式为

总投资额＝固定资产总投资(不含生产期更新改造投资)＋建设期利息＋流动资金

评价判据是：当投资利润率＞基准投资利润率时，项目可取。

基准投资利润率是衡量投资项目可取性的定量标准或界限，在西方国家，是由各公司自行规定，称为最低允许收益率（minimun acceptable rate of returm）。1984 年国营工业企业各部门实际达到的投资利润率曾被中国人民银行在工业项目评估中作为基准，见表2.8。表2.9是国外最低允许收益率数据。

表2.8 1984年国营工业企业投资利润率

部门	投资利润率/%	投资利润折旧率/%	投资利税率/%	投资国民收入（净产值率/%）
冶金	10	13	14	19
有色	5	8	8	13
机械	8	10	10	16
其中：一机	10	12	13	21
汽车	13	19	19	23
电力	7	10	11	13
煤炭	—	3	12	10
石油	10	15	14	17
化工	11	13	17	22
石油化工	26	30	38	40
医药	21	23	27	35
建材	9	12	13	20
纺织	10	13	21	30
轻工	12	14	31	39
烟草	15	16	183	189
其他	8	9	15	21

表2.9 国外最低允许收益率

工业	要求收益率/%			工业	要求收益率/%		
	低风险项目	一般风险项目	高风险项目		低风险项目	一般风险项目	高风险项目
工业化学品	11	25	44	金属	8	15	24
石油	16	25	39	涂料	21	30	44
纸	18	28	40	发酵产品	10	30	49
医药品	24	40	56				

2.8.6.3 投资利税率

投资利税率是一个静态的评价指标。

投资利税率的计算公式为

$$投资利税率=\frac{年利税总额(或年平均利税总额)}{总投资}\times 100\% \tag{2.14}$$

年利税总额的计算公式为

年利税总额＝年销售收入－年总成本－年技术转让费－年营业外净支出

2.8.6.4 借款偿还期

借款偿还期是一个静态评价指标。

借款偿还期是一个反映项目清偿能力的指标，是指在项目的具体财务条件和国家财税制度下，用项目投资后可用于还款的资金（利润、固定资产折旧费和其他收益）来付清固定资产投资借款本金和利息所需的时间。其计算公式为

$$I_d=\sum_{t=0}^{P_d}(R_p+D+R_0+R_r) \tag{2.15}$$

式中 I_d——固定资产投资借款本金和利息之和；

P_d——借款偿还期，a；

R_p——年利润总额；

D——年可用作偿还借款的折旧；

R_0——年可用作偿还借款的其他收益；

R_r——还款期间的年企业留成利润。

以上计算所需数值可从财务平衡表得到。

2.8.6.5 财务净现值

净现值NPV (net present value) 是工程项目逐年净现金流量的现值的代数和，就是将拟建项目自开始建设至经济寿命终了的整个经济活动期内，逐年的净现金流量都按标准折现率 i_n^* 折算成开始建设的第一年初的值（即现值），然后求其代数和。财务净现值的计算公式为：

$$\mathrm{FNPV} = \sum_{t=0}^{n}(CI-CO)_t\left[\frac{1}{(1+i_n^*)^t}\right] \tag{2.16}$$

式中 FNPV——财务净现值；

$(CI-CO)_t$——第 t 年的净年现金流量；

i_n^*——标准折现率，又称标准投资收益率，一般可取行业或部门的基准投资收益率；

n——工程项目的服务寿命，a；

t——年份。

在财务现金流量表（见表2.2和表2.3）中，项目服务寿命期内每一年都有累计折现净现金流量的数值，如果折现率用了标准投资收益率（标准折现率）的话，那么，按照财务净现值的定义，寿命期内最后一年的累计折现现金流量就是财务净现值。

显然，财务净现值是一个动态的评价指标。

标准折现率（或称标准投资收益率）i_n^* 是由投资决策部门决定的一个重要决策参数，标准折现率如果定得过高，则可能使许多经济效益好的方案被拒绝，如果定得过低，则可能接受过多的方案，而其中一些方案的经济效益并不好。标准折现率可以按部门或行业来确定。

附录5摘录了一些化工行业历史上（1981～1985年）表示经济效益水平的财务三率（投资利润率、投资利税率及内部收益率）数据，其中的内部收益率数据是确定标准投资收益率 i_n^* 的依据。

附录3所列化工某些行业大中型建设项目财务评价参数摘自1994年化学工业部颁发的《化工建设项目经济评价方法与参数》一书。自发布时起，已在化工行业大中型基本建设和限额以上技术改造项目中试行，小型项目则适当简化参照试行。

不要把标准投资收益率同贷款利率相混淆，通常 i_n^* 应大大高于贷款利率，因为工程项目的投资往往有一定的风险和不确定性，只有具有较高的投资收益的方案才具有吸引力。

例2.5 某项目的经济寿命为四年，每年的现金流量如下表，行业标准折现率 $i_n^*=10\%$，求财务净现值。

年	0	1	2	3	4
净现金流量/万元	－1100	＋700	＋500	＋300	＋100

解：按基准折现率 $i_n^*=10\%$ 把各年的净现金流量折算成开始建设的第一年初的值（即折现现金流量）：

$$\text{第 1 年末折现现金流量}=\frac{+700}{(1+i_n^*)^1}=\frac{+700}{1+0.1}=+636.37$$

$$\text{第 2 年末折现现金流量}=\frac{+500}{(1+i_n^*)^2}=\frac{+500}{(1+0.1)^2}=+413.22$$

$$\text{第 3 年末折现现金流量}=\frac{+300}{(1+i_n^*)^3}=\frac{+300}{(1+0.1)^3}=+225.39$$

$$\text{第 4 年末折现现金流量}=\frac{+100}{(1+i_n^*)^4}=\frac{+100}{(1+0.1)^4}=+68.30$$

∴ $\quad FNPV=-1100+636.37+413.22+225.39+68.30=243.28$

用财务净现值作为评价指标时，决策准则是：

FNPV<0，该方案不可取。

FNPV≥0，该方案可取。

对投资额相同且均属可取的多个方案进行比较时，决策准则是 FNPV 值最大者为优。

2.8.6.6　财务净现值率

如上所述，在投资额相同的诸方案比较时，可以直接用净现值（NPV）作为评价指标，且 NPV 越大的方案越好，但是，对投资额不同的方案作比较时，情况就复杂一些。有的方案 NPV 虽大一些，但其投资额却增大很多，对这种情况，NPV 大的方案就不是最好的，因此，单位投资现值所能得到的净现值即净现值率 NPVR (net present value ratio) 就成为投资额不同时的互斥方案择优的有效判据。

财务净现值率用 FNPVR 表示，它的计算公式为

$$FNPVR=\frac{FNPV}{I_p} \tag{2.17}$$

式中　I_p——投资总额的现值，$I_p=\sum_0^n I_t(1+i_n^*)^{-t}$；

n——服务寿命；

I_t——第 t 年的投资额；

i_n^*——标准折现率。

用财务净现值率作为评价指标时的决策准则为

FNPVR<0 时，方案不可取。

FNPVR≥0 时，方案可取。

进行多方案比较时，按 FNPVR 值的大小排优劣次序。

例 2.6　某工程项目有三个方案，各方案的经济寿命期均为四年，标准折现率 10%，各年的净现金流量如下表：

年	方案 A	方案 B	方案 C	年	方案 A	方案 B	方案 C
	$(CI-CO)_t$，第 t 年净现金流量	$(CI-CO)_t$，第 t 年净现金流量	$(CI-CO)_t$，第 t 年净现金流量		$(CI-CO)_t$，第 t 年净现金流量	$(CI-CO)_t$，第 t 年净现金流量	$(CI-CO)_t$，第 t 年净现金流量
0	−1200	−1200	−900	3	+350	+500	+200
1	+750	+150	+600	4	+150	+700	+100
2	+550	+350	+400				

从财务盈利角度比较这三个方案，问：

(1) 三个方案是否均可取？

(2) 方案 A 和方案 B 相比较，谁更优？

解：

方案 A　$FNPV=-1200+\frac{750}{1+0.1}+\frac{550}{(1+0.1)^2}+\frac{350}{(1+0.1)^3}+\frac{150}{(1+0.1)^4}=301.78$

方案 B　$FNPV=-1200+\frac{150}{1+0.1}+\frac{350}{(1+0.1)^2}+\frac{500}{(1+0.1)^3}+\frac{700}{(1+0.1)^4}=79.39$

方案 C　$FNPV=-900+\frac{600}{1+0.1}+\frac{400}{(1+0.1)^2}+\frac{200}{(1+0.1)^3}+\frac{100}{(1+0.1)^4}=194.60$

从以上计算结果可知：

a. 三个方案的财务净现值均为正值，故三个方案均可取。

b. 方案 A 与方案 B 相比，它们的投资额相同而方案 A 的财务净现值大于方案 B，故方案 A 优于方案 B。

2.8.6.7　财务内部收益率

内部收益率（internal rate of return）是使工程项目净现值等于零的折现率，即指能使项目在计算期内各年净现金流量的现值累计为零的折现率。

财务内部收益率简写为 FIRR。

由内部收益率的定义可知，内部收益率是满足下式的 i_n：

$$\sum_{t=0}^{n}\frac{(CI-CO)_t}{(1+i_n)^t}=0 \tag{2.18}$$

FIRR 可由式（2.18）用试差法或图解法求出。

财务内部收益率表示的是总投资的实际利润率，当全部投资均系借贷资金时，只有当借贷利率等于内部收益率时，该项目才能既不盈也不亏，正好保本，所以又将内部收益率称为保本收益率，显然，它也是项目筹款所能支付的最高利率。由于内部收益率考虑了资金的时间价值和项目整个寿命期的效益，而且也直观，所以被国外的金融机构广泛采用，近年中国也把财务内部收益率用作财务评价的一个主要评价指标。

用内部收益率作为评价指标时，对于相互独立的方案的决策准则是：

i_n（即 IRR）$\geqslant i_n^*$ 时，方案可取。

i_n　　　　　$<i_n^*$ 时，方案不可取。

上式中 i_n^* 是标准内部收益率（标准投资收益率）。

对于投资额相同且均属可取的互斥方案进行比较选优的决策准则是：i_n 值最大者为优。

2.8.6.8　动态投资回收期

动态投资回收期是项目从投资开始起到累计折现现金流量为零时所需的时间(a)，它可以根据全部投资财务现金流量表求出，在折现现金流量值由负值转为正值的相邻年份通过内插便可得到累计折现现金流量值为零的那个点，所对应的年份就是动态投资回收期。

动态投资回收期的求算公式为

$$\sum_{t=0}^{P_t'}(CI-CO)_t\left[\frac{1}{(1+i_n^*)^t}\right]=0 \tag{2.19}$$

式中　$(CI-CO)_t$——第 t 年净现金流量；

i_n^*——标准折现率；

P_t'——动态投资回收期。

在图 2.6 中，E' 点所对应的那个时间就是动态投资回收期。

动态投资回收期由于考虑了资金的时间价值，能较好地反映资金的真实回收时间，所以比较合理。很明显，动态投资回收期由于考虑了资金的时间价值，其值大于静态投资回收期。

由于过去习惯用静态投资回收期作为评价指标，各行业、部门已制定了静态标准投资回收期作为对比标准，目前还没有动态标准投资回收期作为对比标准，限制了动态投资回收期这一评价指标的使用。

在投资回收期不长和（或）折现率较低的情况下，静态和动态的投资回收期差别不大，但若投资回收期较长和（或）折现率较高，则除了使用静态投资回收期作为评价指标外，还应当计算项目的动态投资回收期，以了解真实的资金回收时间。

2.9 国民经济评价

2.9.1 财务评价和国民经济评价的可能情况和决策原则

财务评价是从企业的角度出发的盈利分析，对企业来说，可作为判断应否投资的依据，但是财务评价只看项目对企业的经济效益而未考虑国家（或社会）整体的经济效益和国家（或社会）对该项目所投入的费用，这就使得从企业角度和从国家整体角度评价建设项目时并非都具有一致的结论，因而，在作财务评价的同时还需要进行国民经济评价。

国家计委在《关于建设项目评价工作的暂行规定》中指出：建设项目的经济评价一般应分别进行财务评价和国民经济评价。

表 2.10 列出了项目的财务评价和国民经济评价的结果可能出现的情况和应作出的抉择，表中“+”表示好，“—”表示不好。

表 2.10 财务评价和国民经济评价结果可能出现的情况和抉择

评价种类	评价结果			
项目财务评价	+	+	—	—
项目国民经济评价	+	—	+	—
抉择	可行	不可行	考虑给予补贴、优惠后可行	不可行

对企业来讲的首要条件是项目在财务上可行。当然，有些在国民经济评价结果可行而财务评价不可行的项目，如果国家采取补贴、优惠措施后也可能使项目在财务上成为可行。但是，国家是不可能也没有那么大的财力对所有这些情况给予优惠和补贴；只可能对极少数的有特殊需要的项目或对国民经济意义重大的项目给予特殊的照顾。因此，对一般的项目而言，应该先进行财务评价。当财务评价得出不可行的结论后，也就没有必要进行国民经济评价了。因此，对一般项目，进行可行性研究的合理程序是：先作项目的财务评价，在项目被证实在财务上可行之后，再进行难度较大和工作量较大的国民经济评价。少数确对国家有重大意义的重大项目，则先进行项目的国民经济评价。若国民经济评价可行，再进行财务评价。如果发现国民经济评价可行，而财务评价不可行的情况，可研究如何进行照顾，使它在财务上具有生存能力。

2.9.2 财务评价和国民经济评价的区别

（1）两种评价的角度不同　财务评价是从企业的财务角度来考察货币的收支和盈利情况及借款清偿能力等以确定投资项目的财务可行性，而国民经济评价则是从国家整体的（或社会的）角度来考察该项目需要国家付出的代价和它对国家的贡献来确定项目的宏观可行性。

（2）两种评价所采用的价格不同　在财务评价中，计算投入和产出的价值采用的是现行价格，而在国民经济评价中，采用的则是由国家计委公布的影子价格。

(3) 两种评价对效益与费用的划分不同　项目的财务评价是以企业为界的。一切流入、流出这个界限的实际收支就是财务评价的效益和费用。因而，税金、国内贷款的利息是投入(即费用)，而来自国家的补贴是产出（即效益)。而国民经济评价则着眼于项目对国家的贡献和国家为此所支付的代价，是以国家为界的。因而，税金、国内借贷利息和国家给予的补贴等项均不计入费用和效益。

(4) 两种评价采用的主要参数不同　财务评价采用官方汇率，并以因行业而异的标准投资收益率为折现率，而国民经济评价则采用国家统一测算发布的影子汇率，用国家统一测算发布的社会折现率为折现率。

2.9.3　国民经济评价使用的评价参数和取值

国民经济评价参数有社会折现率、影子汇率、影子工资、各类货物的影子价格。下面对这几种评价参数作简单介绍。

(1) 社会折现率 i_s　是国民经济评价中的基准收益率。社会折现率的确定应体现国家的经济发展目标和宏观调控意图。国家计委和建设部统一发布的社会折现率为12%[1]，供各类建设项目评价时统一使用。

(2) 影子汇率　指项目国民经济评价中，将外汇换算为人民币的系数。之所以要测定影子汇率，是因为在国家实行外汇管制和外贸管制的情况下，官方汇率往往低估了外汇的价值。影子汇率反映了外汇对国家的真实价值。在化学工业部 1994 年发布的《化工建设项目经济评价方法与参数》中，影子汇率换算系数(即影子汇率与国家外汇牌价的比值系数)取为 1.08[1]。

(3) 影子工资　指项目使用劳动力时社会所付出的代价。影子工资换算系数是影子工资与财务评价中的名义工资之比，国家计委和建设部规定：一般建设项目的工资换算系数为 1，即影子工资的值等于财务评价中的名义工资。对于就业压力很大的地区，占用大量的非熟练劳动力的项目，换算系数可小于 1；对占用大量短缺的专业技术人员的项目，换算系数可大于 1。

(4) 影子价格　是相对于市场现行价格的一种计算价格。它反映货物的真实价格和资源最优配置两方面的要求。附录 4 给出了一些货品的影子价格。

应该强调指出，上述国民经济评价的评价参数的取值，系由国家统一组织测定，由国家计委公布、并定期予以调整。鉴于评价参数具有时效性，所以读者不应把上面提到的评价参数取值视为固定的数值，项目评价人员应收集现行的参数值，决不应采用过时的参数值进行经济评价，以免导致错误的结论。

2.9.4　国民经济评价使用的主要评价指标和评价判据

项目的国民经济评价使用的主要评价指标是经济内部收益率、经济净现值和经济净现值率。

2.9.4.1　经济内部收益率

经济内部收益率用 EIRR 表示。

项目的经济内部收益率是一个反映对国民经济贡献水平的相对指标，它的计算公式和财务内部收益率相似：

$$\sum_{t=0}^{n}(CI-CO)_t(1+\mathrm{EIRR})^{-t}=0 \tag{2.20}$$

式中　$(CI-CO)_t$——第 t 年的净现金流量；

---

[1] 摘自化学工业部。化工建设项目经济评价方法与参数 1994. 87

n——项目寿命期。

国民经济评价使用社会折现率 i_s，评价准则是：

当 EIRR$\geqslant i_s$ 时，项目可以考虑接受。

2.9.4.2 经济净现值

经济净现值用 ENPV 表示。

经济净现值是用社会折现率把项目计算期内各年的净效益折算为现值，然后求其代数和，它的表达式为

$$\text{ENPV}=\sum_{t=0}^{n}(CI-CO)_t(1+i_s)^{-t} \tag{2.21}$$

从式（2.21）可以看出，经济净现值的计算公式和财务净现值相似，所不同的是，计算财务净现值时，使用的折现率是行业的标准投资收益率，而在计算经济净现值时，使用的折现率是国家统一公布的社会折现率。

评价判据是：

当 ENPV$\geqslant$0 时，项目可以考虑接受。

2.9.4.3 经济净现值率

经济净现值率用 ENPVR 表示。

进行投资额不同的方案比较时，如果资金紧张，应当用经济净现值率作为评价指标更为贴切。

经济净现值率是一个反映单位投资为国民经济所作净贡献的指标，它是经济净现值 ENPV与投资总额现值之比，其表达式为

$$\text{ENPVR}=\frac{\text{ENPV}}{I_p} \tag{2.22}$$

式中 I_p——总投资现值。

在计算以上各评价指标时的依据是全部投资现金流量表和国内投资现金流量表。在这些用于国民经济评价的报表中，所有流入、流出项目均使用影子价格计算。

2.10 项目风险和不确定性分析

2.10.1 项目风险的客观存在

风险是所有项目规划和选择中必然存在的固有的内部特性。

如前所述，对于工程项目的各个方案作出的投资决策，在一定的程度上要取决于经济评价指标的计算结果。只有当组成经济评价指标的各项要素的预测估算数据以及外界环境条件，在项目的整个寿命期内都确定不变时，计算的结果（指经济指标）才能与实际相符。但是，实际上各种参数，如项目的经济寿命、产品的销售量、产品的销售价格，原材料价格及产品的成本等的预测估计值都存在不确定性，例如，市场竞争可能促使产品销售量及价格下降，原材料价格上涨可能使产品成本上升，技术进步、产品的更新换代会使项目的经济寿命降低。另外，经济政策（税收政策、价格政策等）的变化，额定生产力的失实（项目开车后不能达到设计能力）等也造成不确定性。由于不确定性的存在，用这些参数估算的经济评价指标值与未来的客观实际并不都是吻合的。因此，对决策者来说，不论选择何种方案，风险都是存在的，风险主要来自各项预测数据及环境条件的不确定性，由于它们的变化有相当的随机性，因此使决策者难以预料和控制而使风险客观地存在。

2.10.2 传统的处理风险的决策方法

(1) 对构成效益估算值的参数，选用保守的数值，例如提高标准投资收益率、降低折旧年限等，这种办法在经济评价中增大了方案的效益的可靠性，容易把经济效益把握不大，尤其是近期效益不理想的项目排除在外而减少了投资风险。

(2) 要求项目进行敏感性分析、盈亏平衡分析以估计各种不确定因素对项目方案的经济指标的影响，以预测项目可能承担的风险，并及时采取相应的措施。

2.10.3 不确定性分析

2.10.3.1 盈亏平衡分析法

盈亏平衡分析是在一定的市场、生产能力的条件下，研究拟建项目的成本与收益的平衡关系。盈利与亏损有个转折点，称为盈亏平衡点，简称 BEP。盈亏平衡分析法的核心是确定盈亏平衡点。

在盈亏平衡分析中，根据成本和销售收入与产量（销售量）之间呈线性或者非线性关系，分为线性盈亏平衡分析法和非线性盈亏平衡分析法。

(1) 线性盈亏平衡分析法　企业的产品成本由固定成本和可变成本组成，固定成本是设备的折旧费和其他管理费用之和，可变成本主要包括直接材料费、直接人工费和其他分摊的直接投入物（如动力等）的费用。在某些情况下，企业的产品成本与产量呈线性关系，用下式表示：

$$C_T = C_F + C_V N \tag{2.23}$$

式中 C_T——年总成本；

C_F——年总固定成本；

C_V——单位产品的可变成本；

N——年总产量。

因为 C_F 和 C_V 均为定值，所以式（2.23）表示年总成本与产量呈线性关系。

在某些情况下，企业税后年销售净收入与年产量（销售量）的关系如下：

$$S' = P \cdot N(1 - t') \tag{2.24}$$

式中 S'——企业税后销售净收入；

P——单位产品的销售价格；

t'——产品的税率。

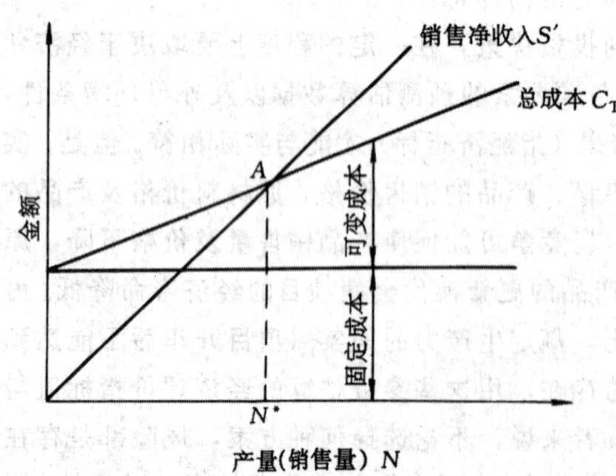

图 2.7　生产成本、销售净收入与产量的关系

上述式子表示年销售净收入与产量（销售量）呈线性关系。

年总成本与产量的关系直线和销售净收入与产量的关系直线相交于 A 点，A 点对应的产量（销售量）用 N^* 表示（见图 2.7），从图 2.7 中可以看出，当产量（销售量）N 低于 N^* 时，生产费用（总成本）高于销售收入，企业亏损，两者之差值即为亏损额；当产量大于 N^* 时，销售收入大于生产费用（总成本），企业盈利，两者之差即为利润；当 $N=N^*$ 时，企业处于不盈不亏状态，N^* 称为盈亏平衡点生产量（销售量)。A 点称为盈亏平衡点。

用 N_0 表示额定生产能力，则 N^*/N_0 称为盈亏平衡点生产能力利用率，若 N^*/N_0 接近 1，表示额定生产能力 N_0 趋近于盈亏平衡点生产能力 N^*，当工艺、设备条件恶化引起实际生产水平降低至额定生产能力以下时，可使 $N<N^*$，落入亏损区，企业由盈转亏，因此，N^*/N_0 的值越趋近于 1，说明项目的风险越大，显然，N^*/N_0 比 1 小得越多，表示该方案抗风险的能力越强。

(2) 非线性盈亏平衡分析　在实际工作中常遇到产品年总成本与产量不呈线性关系的情况，造成这种情况的原因有：当生产能力扩大到某一限度后，用正常价格获得的原料和动力等不能满足供应，必须付出较高的价格购入；正常的生产班次已不能完成生产任务，不得不采用加班办法，增大了劳务费用；设备超负荷运转带来磨损加剧维修费用增大。此外，产量达到经济界限的条件下，单位产品的成本会有所降低，这些因素都会造成年总生产成本与产量呈非线性关系。在产品税率不变的条件下，由于市场供求关系变化及发生批量折扣情况，也会使销售净收入与产量不呈线性关系。

在 2.4.3 中的图 2.2 实际上也是一个非线性盈亏平衡分析图，在 2.4.3 中，着眼于寻找一个合理的生产规模，而在盈亏平衡分析中，重点考察产品成本、销售价格等因素的不确定性和额定生产能力失实可能给项目带来的风险的大小。

盈亏平衡分析法的精确程度不高，它更适用于现有项目的短期分析。由于拟建项目考虑的是一个长期的过程，所以，用盈亏平衡分析法是无法得到一个全面的结论的，但由于它有计算简单的优点和能直接对项目的关键因素（盈利性）作出不确定性分析，所以至今仍被作为项目不确定性分析的方法之一而被广泛采用。

2.10.3.2　敏感性分析法

研究项目的经济效果对一个或多个经济参数变化的敏感程度，叫做敏感性分析。

一些经济参数（简称因素），例如项目的初始投资、项目的寿命期、残值、产品销售量、产品价格、成本、建设周期……等，它们的原始取值只是一个估计值，在项目实践过程中，它们有可能发生变化，这些变化将会对经济效果（常用净现值或内部收益率表示）发生影响。敏感性分析就是有目的的使各项因素发生有限度的变动，然后计算由之产生的净现值或内部收益率的值及其变化程度。可以用每次只变动一个因素而其他因素保持不变的办法来研究经济效果指标（净现值或内部收益率）的变化，叫单参数敏感性分析；也可以做多个因素同时发生变化的分析，后者称为多参数敏感性分析。

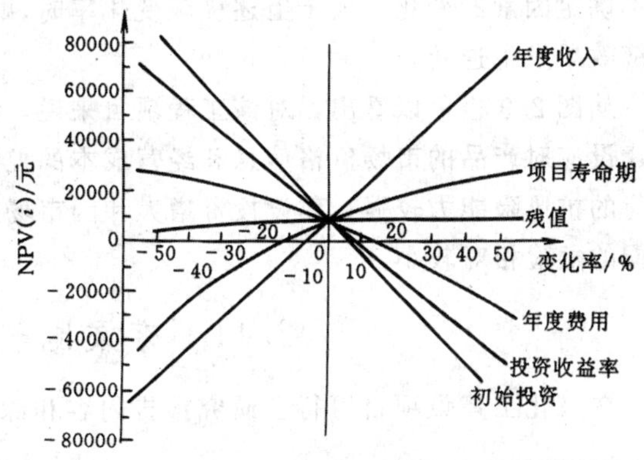

图 2.8　项目净现值对单因素变化的敏感性曲线

各个因素变化对经济效果的影响的程度，亦即经济效果对各因素变化的敏感性是不同的，影响程度大即敏感性大的因素称为敏感因素，敏感因素的不确定性会给项目带来较大的风险，甚至会使原来盈利的项目变为亏损项目，即发生逆转。敏感性分析的目的就是要找出敏感因素，并发现经济效果可能发生逆转的界限。以便采取有效的控制措施，并在方案比较中做出正确的选择。

图 2.8 是某项目的单参数敏感性分析曲线❶

从图 2.8 可以看出，对这一工程项目，净现值对年度费用和残值不敏感，而对年度收入、初始投资、标准投资收益率和项目寿命期却敏感，也就是说，年度收入、初始投资、标准投资收益率、项目寿命期是敏感因素。评价者应对以上敏感因素格外注意，要设法提高其预测值的可靠性，以减小项目的不确定性，从而减小项目的风险。

从各因素曲线与净现值为零的线的交点，可读出各因素相应的极限变化率如下：

不确定性因素	年度收入	初始投资	标准投资收益率	项目寿命期
极限变化率/%	−5%	+7%	+8%	−10%

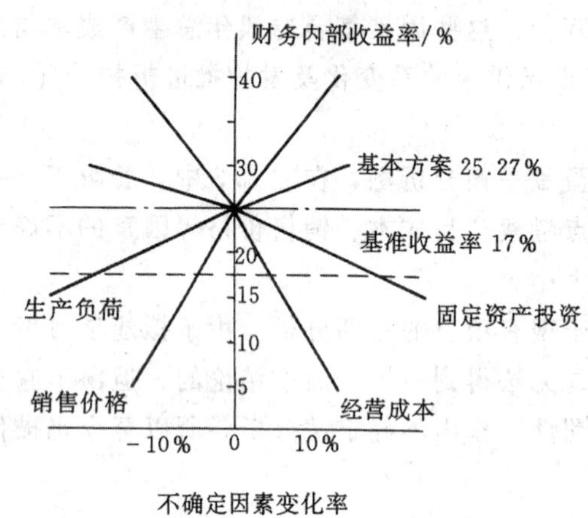

图 2.9　财务内部收益率对单因素变化的敏感性曲线

这表明，如果年度收入减小大于5%，或项目寿命期缩短大于10%，或标准投资收益率增大超过8%，或初始投资增大超过7%，都将使净现值变为负值。因此，上述的极限变化率便是上面提到的使经济效果发生逆转的界限。

也可以用投资内部收益率为纵坐标，以不确定性因素的变化率为横坐标绘制敏感性分析图。图 2.9 是某生产合成洗涤粉的工程项目的敏感性分析图❷。

图 2.9 中，各因素对财务内部收益率的影响曲线与标准投资收益率（因标准投资收益率为定值，它是一条与横轴平行的直线）的交点，就是该因素的极限变化率，从图 2.9 读出该工程项目各因素的极限变化率如下：

不确定性因素	销售价格	经营成本	固定资产投资	生产负荷
极限变化率/%	−4%	+5%	+20%	−20%

当不确定因素的变化率大于上述极限变化率时，财务内部收益率就会小于标准投资收益率，使经济效果发生逆转。

从图 2.9 也可以看出，对该工程项目来说，经营成本和销售价格是敏感因素，因此，项目建设应对产品的市场价格信息和经营成本的控制给予特别的重视。而固定资产投资和生产负荷的抗风险能力较强，建设投资增大和因市场或设备情况的变化造成的生产能力减小造成亏损的危险相对较小。

2.11　方案比较指标和方法

在《化工建设项目可行性研究报告内容和深度的规定》❸ 中列出的静态的方案比较方法

❶ 虞和锡等．工程项目的可行性研究．北京：机械工业出版社，1992．185。

❷ 钟成勋，刘树云主编．项目投资决策通论．呼和浩特：内蒙古大学出版社，1992．407～408。

❸ 化学工业部化计发（1992）995 号文．1992．12。

有：差额投资收益率法和差额投资回收期法，在该“规定”中列出的动态的方案比较方法有净现值法，差额投资内部收益率法，费用现值比较法和年费用比较法。

这里只介绍静态的差额投资收益率法和动态的差额投资内部收益率法。

2.11.1 差额投资利润率（差额投资收益率）法

在资金比较充裕、各方案的投资额不同的情况下，必须把净收益的增长与投资额增长联系起来考虑，这种判断方案优劣的方法叫差额投资利润率（incremental rate of return on investment)法。差额投资利润率简写为Δ(ROI)。

当投资增加一个差额ΔI时，净收益也增加，其增量为ΔR，差额投资利润率的计算公式为

$$\Delta(\mathrm{ROI})=\frac{\Delta R}{\Delta I} \tag{2.25}$$

差额投资利润率法的思路是：在多方案比较中，相邻两个方案作比较时，如果Δ(ROI)大于基准投资利润率，说明投资大的方案比投资小的方案多出的那部分投资能获得理想的收益，所以投资大的方案优于投资小的方案。

例 2.7 某项目有两个方案，其初始投资和年净收益见下表：

方案	A	B	C
初始投资/万元	180	270	330
年净收益/万元	60	85	93

基准投资利润率为16%，问应推荐哪个方案？

解：

各方案的投资利润率为：

方案A $\qquad (\mathrm{ROI})_A=\frac{60}{180}=0.33>0.16$

方案B $\qquad (\mathrm{ROI})_B=\frac{85}{270}=0.315>0.16$

方案C $\qquad (\mathrm{ROI})_C=\frac{93}{330}=0.28>0.16$

三个方案的投资利润率均大于基准投资利润率，因此，三个方案都是可行的，对三个方案进一步选优则需要进行差额投资利润率比较。

方案B与方案A的比较：

$$\Delta(\mathrm{ROI})_{B-A}=\frac{85-60}{270-180}=0.28>0.16$$

因差额投资利润率大于基准投资利润率，所以投资额大的方案B优于投资额小的方案A，即与方案B相比，方案A不可比取。

方案C与方案B比较：

$$\Delta(\mathrm{ROI})_{C-B}=\frac{93-85}{330-270}=0.13<0.16$$

因差额投资利润率小于基准投资利润率，所以投资额小的方案B优于投资额大的方案C，即与方案B相比，方案C不可取。

因此，A、B、C三方案中，应推荐方案B。

从上面的计算亦可以看出：差额投资利润率是不考虑资金时间价值的，所以它是一个静态的方案比较指标。

2.11.2 差额投资内部收益率法

对投资额不同的方案进行动态的比较选优时，应对投资额较大的方案所增加的那部分投资（即差额投资）是否合理加以判断，此时可采用差额投资内部收益率法。下面用例子说明使用差额投资内部收益率法对方案进行评选。

例 2.8 有一个寿命期为一年的项目，提出了投资额不同的两个方案，两方案的初始投资和收益情况如下：

方　案	初始投资支出/万元	年末的净现金流入/万元
A	−12000	14500
B	−15000	18100

行业标准投资收益率为16%，应推荐哪个方案？

解：方案B的投资比方案A大，但方案B的收益也比方案A大，在这种情况下，用差额投资内部收益率法进行动态比较选优是很合适的。

首先计算两个方案的内部收益率，只有当其内部收益率高于标准投资收益率时，方案才可考虑。方案A和方案B的内部收益率分别用 IRR_A 和 IRR_B 表示。下面根据内部收益率的计算公式（2.21）求算 IRR_A 和 IRR_B。

$$-12000+\frac{14500}{(1+IRR_A)^1}=0$$

解得　　$IRR_A=21\%$

$$-15000+\frac{18100}{(1+IRR_B)^1}=0$$

解得　　$IRR_B=21\%$

行业的标准投资收益率为16%，方案A和方案B的内部收益率均大于标准投资收益率，因此两个方案均可考虑。接下来计算差额投资内部收益率，方案B和方案A的差额投资为

$$\Delta I=-15000-(-12000)=-3000\text{ 万元}$$

差额收益为

$$\Delta A=18100-14500=3600\text{ 万元}$$

以 IRR_D 表示差额投资内部收益率，则有

$$-3000+\frac{3600}{(1+IRR_D)^1}=0$$

解得　　$IRR_D=20\%$

$IRR_D=20\%$说明投资额大的方案B比投资额小的方案A多花费的那部分投资，在一年的项目寿命期内，能获得20%的投资收益率，此值大于行业的标准投资收益率16%，增加的投资得到合理利用，所应选择投资额大的方案，即方案B。

从上面的计算过程可以清楚地看出，差额投资收益率是一个动态的方案比较指标，因为它考虑了资金的时间价值。

2.12　环境影响报告书

由于化工生产对周围环境有污染，因此在可行性研究阶段，必须同时编制环境影响报告书。环境影响报告书的主要内容如下。

(1) 建设项目的一般情况　包括地点、规模、产品方案和主要工艺方法；废气、废水、废渣、粉尘、放射性废物的种类和排放方式；废弃物回收利用，综合利用和污染物处理方案等。

(2) 周围地区的环境状况　包括建设项目的地理位置（附位置平面图）及下列资料。

a. 周围地区地形、地貌和地质情况，江河湖海和水文情况，气象情况；

b. 周围地区矿藏、森林、草原、水产和野生动物、野生植物等自然资源情况；

c. 周围地区的自然保护区、风景游览区、名胜古迹、温泉、疗养区以及重要政治文化设施等；

d. 周围地区现有工矿企业分布情况；

e. 周围地区的生活居住区分布情况和人口密度，地方病等情况；

f. 周围地区大气、水的环境质量情况。

(3) 建设项目对周围地区的环境影响。

a. 对周围地区的地质、水文、气象、自然资源和自然保护区可能产生的影响，防范和减少这些影响的措施，最终不可避免的影响；

b. 各种污染物的最终排放量，对周围大气、水、土壤的环境质量的影响范围和程度；

c. 噪音、震动等对周围生活居住区的影响范围和程度；

d. 绿化措施，包括防护地带的防护林和建设区域的绿化。

(4) 建设项目环境保护技术经济论证意见　各类建设项目的“环境影响报告书”的深度不同，具体要求由建设单位及其主管部门与环境保护部门商定。

中国是一个社会主义国家，化工生产对周围环境的影响，理应受到各级政府，设计单位，筹建单位的高度重视。“环境影响报告书”现已成为决策机构项目决策的主要依据之一。

主要参考文献

1　虞和锡主编．工程项目的可行性研究．北京：机械工业出版社，1983

2　苏健民主编．化工技术经济．北京：化学工业出版社，1990

3　杨中文，张铸全，蒋景楠编．化工技术经济分析．上海：华东化工学院出版社，1991

4　杨华峰，贾增然，张勤主编．投资项目经济评价．北京：中国经济出版社，1997

5　国家计划委员会编．建设项目经济评价方法与参数．北京：中国计划出版社，1987

6　刘美珣、宁向东著．比较与抉择——建立中国社会主义市场经济体制．北京：科学出版社，1994

3　工艺流程设计

3.1　工艺流程设计概述

工艺流程设计和车间布置设计是决定整个车间（装置）基本面貌的关键性步骤。从具体的化工设计工作进程来看，它在可行性研究中，生产工艺路线选定后就开始了，在初步设计、扩大初步设计和施工图设计各个阶段，随着工艺专业和其他专业设计工作的进展不断地进行补充和修改，几乎是在最后完成。它贯穿于整个设计过程中，是由浅入深、由定性而定量逐步分阶段地进行的。

工艺流程设计的任务包括两部分。

（1）确定以下各项内容

a. 确定采用多少生产过程（或工序）来构成由原料制得产品的全过程，以及每个生产过程（或工序）之间如何连接；

b. 确定每个生产过程（或工序）的具体任务，即物料通过该生产过程发生什么物理变化、化学变化和能量变化；

c. 确定由什么设备来完成每一个生产过程以及各设备的操作条件；

d. 确定控制方案、选用合适的控制仪表；

e. 确定三废治理和综合利用方案；

f. 确定安全生产措施，例如设置安全阀、阻火器、事故贮槽，危险状态下发出信号或自动开启放空阀、或自动停车联锁等。

（2）在工艺流程设计的不同阶段，绘制不同的工艺流程图，这部分内容将在3.2节中介绍。

3.2　工艺流程图

工艺流程设计的各个阶段的设计成果都是用各种工艺流程图和表格表达出来的，按照设计阶段的不同，先后有方框流程图（block flowsheet）、工艺流程草（简）图（simplified flowsheet）、工艺物料流程图（process flowsheet）、带控制点工艺流程图（process and control flowsheet）和管道仪表流程图（piping and instrn ment diagram）等种类。方框流程图是在工艺路线选定后，工艺流程进行概念性设计时完成的一种流程图、不编入设计文件。工艺流程草（简）图是一个半图解式的工艺流程图，它实际上是方框流程图的一种变体或深入，只带有示意的性质，供化工计算时使用，也不列入设计文件；工艺物料流程图和带控制点工艺流程图列入初步设计阶段的设计文件中；管道仪表流程图列入施工图设计阶段的设计文件中。

本节先介绍流程图的图形符号，标注方法等规定，然后介绍作为设计文件的工艺物料流程图、带控制点工艺流程图和管道仪表流程图。

3.2.1　工艺流程图中阀门、管件的图形符号

工艺流程图中常用的阀门、管件的图形符号见表3.1。

表 3.1 常用的管件和阀件符号

名 称	图 例	名 称	图 例
Y型过滤器	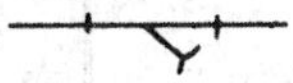	旋塞阀	
T型过滤器		三通旋塞阀	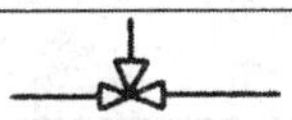
锥型过滤器		四通旋塞阀	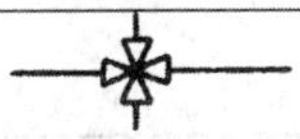
阻火器		弹簧式安全阀	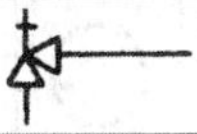
文氏管		杠杆式安全阀	
消音器		止回阀	
喷射器	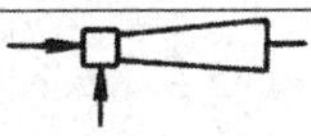	直流截式阀	
截止阀		底 阀	
节流阀		疏水阀	
角 阀	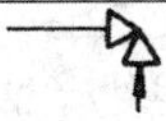	放空管	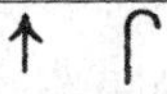
闸 阀		敞口漏斗	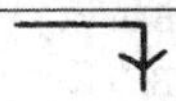
球 阀		异径管	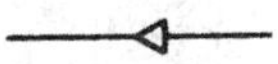
隔膜阀		视 镜	
碟 阀		爆破膜	
减压阀		喷淋管	

3.2.2 仪表参量代号、仪表功能代号和仪表图形符号

仪表参量代号见表 3.2，仪表功能代号见表 3.3，仪表图形符号见表 3.4。

表 3.2 仪表参量代号

参 量	代 号	参 量	代 号	参 量	代 号
温度	T	质量（重量）	m(W)	厚度	δ
温差	ΔT	转速	N	频率	f
压力（或真空）	P	浓度	C	位移	S
压差	ΔP	密度（相对密度）	γ	长度	L
重量（或体积）流量	G	分析	A	热量	Q
液位（或料位）	H	湿度	ϕ	氢离子浓度	pH

表 3.3 仪表功能代号

功能	代号	功能	代号	功能	代号
指示	Z	积算	S	联锁	L
记录	J	信号	X	变送	B
调节	T	手动遥控	K		

表 3.4 仪表图形符号

符号								S	M			
意义	就地安装	集中安装	通用执行机构	无弹簧气动阀	有弹簧气动阀	带定器气动阀	活塞执行机构	电磁执行机构	电动执行机构	变送器	转子流量计	孔板流量计

3.2.3 物料代号

表 3.5 是流程图中物料的代号。

表 3.5 物料代号

物料代号	物料名称	物料代号	物料名称
A	空气	L$\overline{O}$	润滑油
AM	氨	LS	低压蒸汽
BD	排污	MS	中压蒸汽
BF	锅炉给水	NG	天然气
BR	盐水	N	氮
CS	化学污水	$\overline{O}$	氧
CW	循环冷却水上水	PA	工艺空气
DM	脱盐水	PG	工艺气体
DR	排液、排水	PL	工艺液体
DW	饮用水	PW	工艺水
F	火炬排放气	R	冷冻剂
FG	燃料气	R$\overline{O}$	原料油
F$\overline{O}$	燃料油	RW	原水
FS	熔盐	SC	蒸汽冷凝水
G$\overline{O}$	填料油	SL	泥浆
H	氢	S$\overline{O}$	密封油
HM	载热体	SW	软水
HS	高压蒸汽	TS	伴热蒸汽
HW	循环冷却水回水	VE	真空排放气
IA	仪表空气	VT	放空气

注：物料代号中如遇英文字母“O”应写成“$\overline{O}$”；在工程设计中遇到本规定以外的物料时，可予以补充代号，但不得与上列代号相同。

3.2.4 工艺设备位号

工艺设备位号的第一个字母是设备代号，用设备名称的英文单词的第一个字母表示，各类设备的设备代号见表 3.6；在设备代号之后是设备的编号，一般用三位数字组成，第 1 位数字是设备所在的工段（或车间）代号。第 2、3 位数字是设备的顺序编号，例如设备位号 T218 表示第 2 车间（或工段）的第 18 号塔，B108 表示第 1 车间（或工段）的第 8 号泵等，如果有数台相同的设备，则在其后加大写英文字母，例如 $T218_A$、$T218_B$ 等。

表 3.6　工艺设备代号

设备类型	代　号	设备类型	代　号	设备类型	代　号
贮罐	V	工业炉	S	过滤机	M
塔器	T	压缩机、风机	C	称量设备	W
反应器	R	泵	B	火炬	F
换热器	H	起重设备	L		

3.2.5　物料流程图

物料流程图在物料衡算和热量衡算后绘制，它主要反映物料衡算和热量衡算的结果，使设计流程定量化。物料流程图简称物流图，它是初步设计阶段的主要设计成品，提交设计主管部门和投资决策者审查，如无变动，在施工图设计阶段不必重新绘制。

由于物料流程图标注了物料衡算和热量衡算的结果数据，所以它除了为设计审查提供资料外，还可用作日后生产操作和技术改造的参考资料，因而是一项非常有用的设计档案资料。

因绘制物料流程图时尚未进行设备设计，所以物料流程图中设备的外形不必精确，常采用标准规定的设备表示方法简化绘制，有的设备甚至简化为符号形式，例如换热器用符号表示。设备的大小不要求严格按比例绘制，但外形轮廓应尽量做到按相对比例绘出。

物料流程图中最关键的部分是物料表，它是人们读图时最为关心的内容。物料表包括物料名称、质量流量、质量分数、摩尔流量和摩尔分数。有些物料表中还列出物料的某些参数如温度、压力、密度等。物料表的格式见表 3.7。

表 3.7　物料流程图中物料表的格式

名称	kg/h	%（wt）	kmol/h	%（mol）
合计				

通常，热量衡算结果也表示在相应的设备附近，在换热器旁注明其热负荷，例如

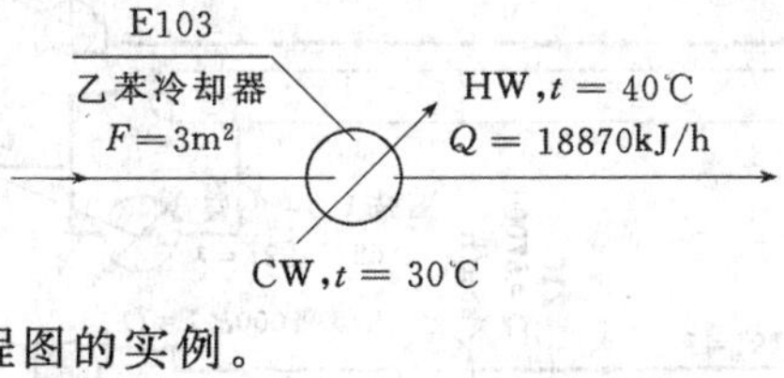

E103
乙苯冷却器
$F=3m^2$
HW, $t=40℃$
$Q=18870kJ/h$
CW, $t=30℃$

图 3.1　是一个物料流程图的实例。

3.2.6　带控制点工艺流程图

在初步设计阶段，除了完成工艺计算、确定工艺流程之外，还应确定主要工艺参数的控制方案，所以初步设计阶段在提交物料流程图的同时，还要提交带控制点工艺流程图。

带控制点工艺流程图一般应画出所有工艺设备、工艺物料管线、辅助管线、阀门、管件以及工艺参数（温度、压力、流量、液位、物料组成、浓度等）的测量点，并表示出自动控制的方案。它是由工艺专业人员和自控专业人员合作完成的。

通过带控制点工艺流程图，可以比较清楚地了解设计的全貌。

图 3.2 是一个带控制点工艺流程图的实例。

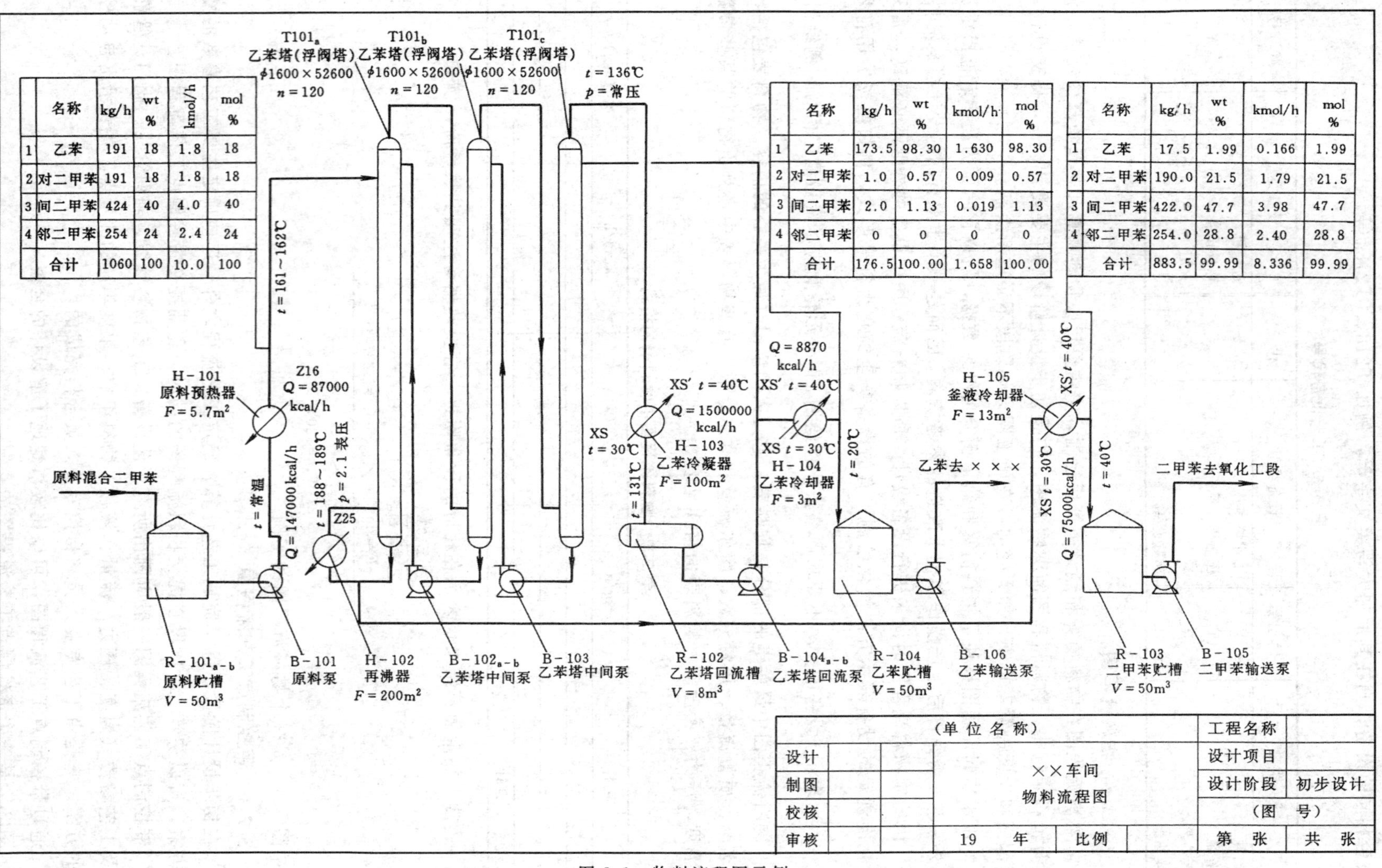

	名称	kg/h	wt %	kmol/h	mol %
1	乙苯	191	18	1.8	18
2	对二甲苯	191	18	1.8	18
3	间二甲苯	424	40	4.0	40
4	邻二甲苯	254	24	2.4	24
	合计	1060	100	10.0	100

	名称	kg/h	wt %	kmol/h	mol %
1	乙苯	173.5	98.30	1.630	98.30
2	对二甲苯	1.0	0.57	0.009	0.57
3	间二甲苯	2.0	1.13	0.019	1.13
4	邻二甲苯	0	0	0	0
	合计	176.5	100.00	1.658	100.00

	名称	kg/h	wt %	kmol/h	mol %
1	乙苯	17.5	1.99	0.166	1.99
2	对二甲苯	190.0	21.5	1.79	21.5
3	间二甲苯	422.0	47.7	3.98	47.7
4	邻二甲苯	254.0	28.8	2.40	28.8
	合计	883.5	99.99	8.336	99.99

(单位名称)				工程名称	
设计			××车间 物料流程图	设计项目	
制图				设计阶段	初步设计
校核				(图号)	
审核		19 年	比例	第 张	共 张

图 3.1 物料流程图示例

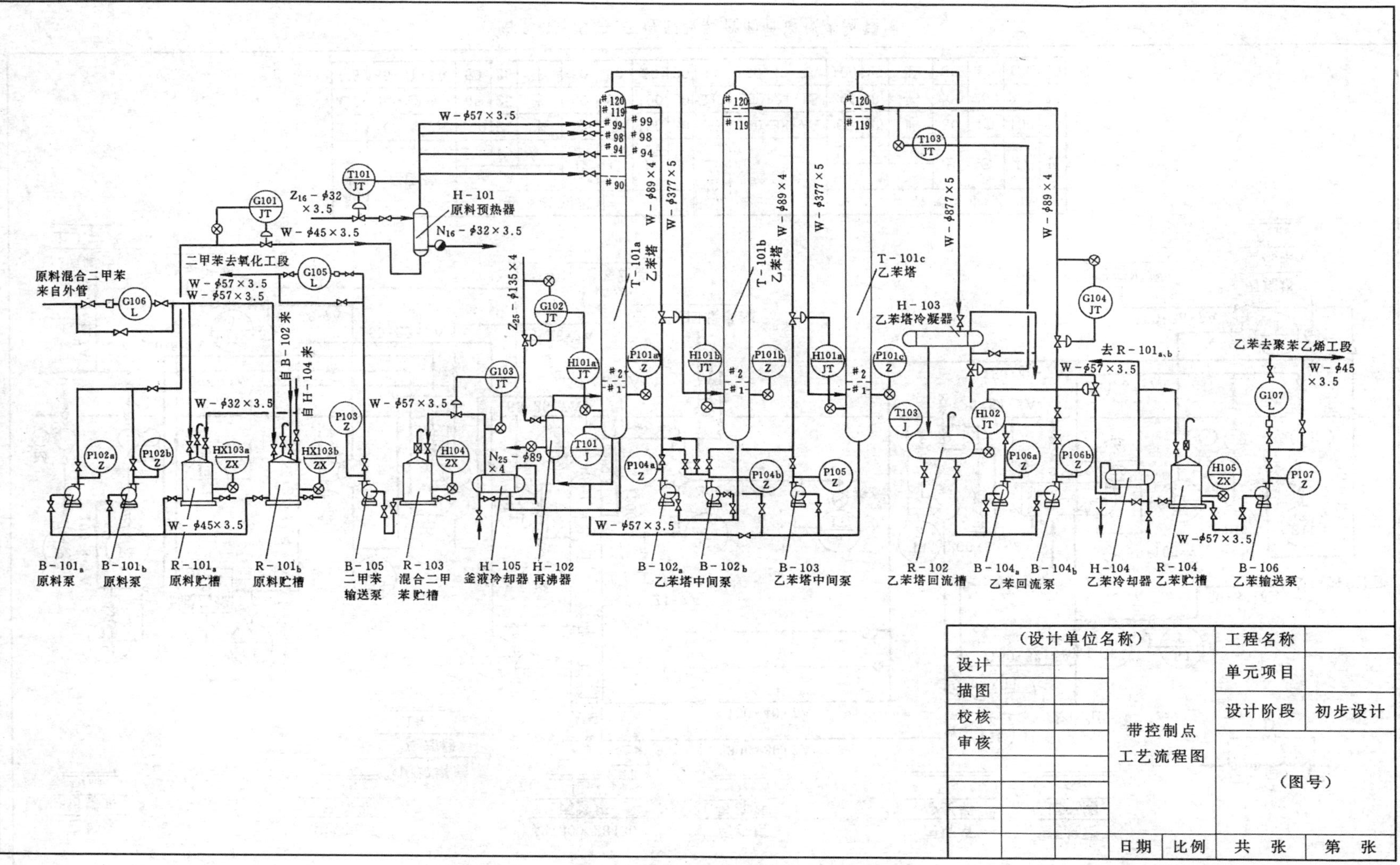

图 3.2 碳八分离工段带控制点工艺流程图

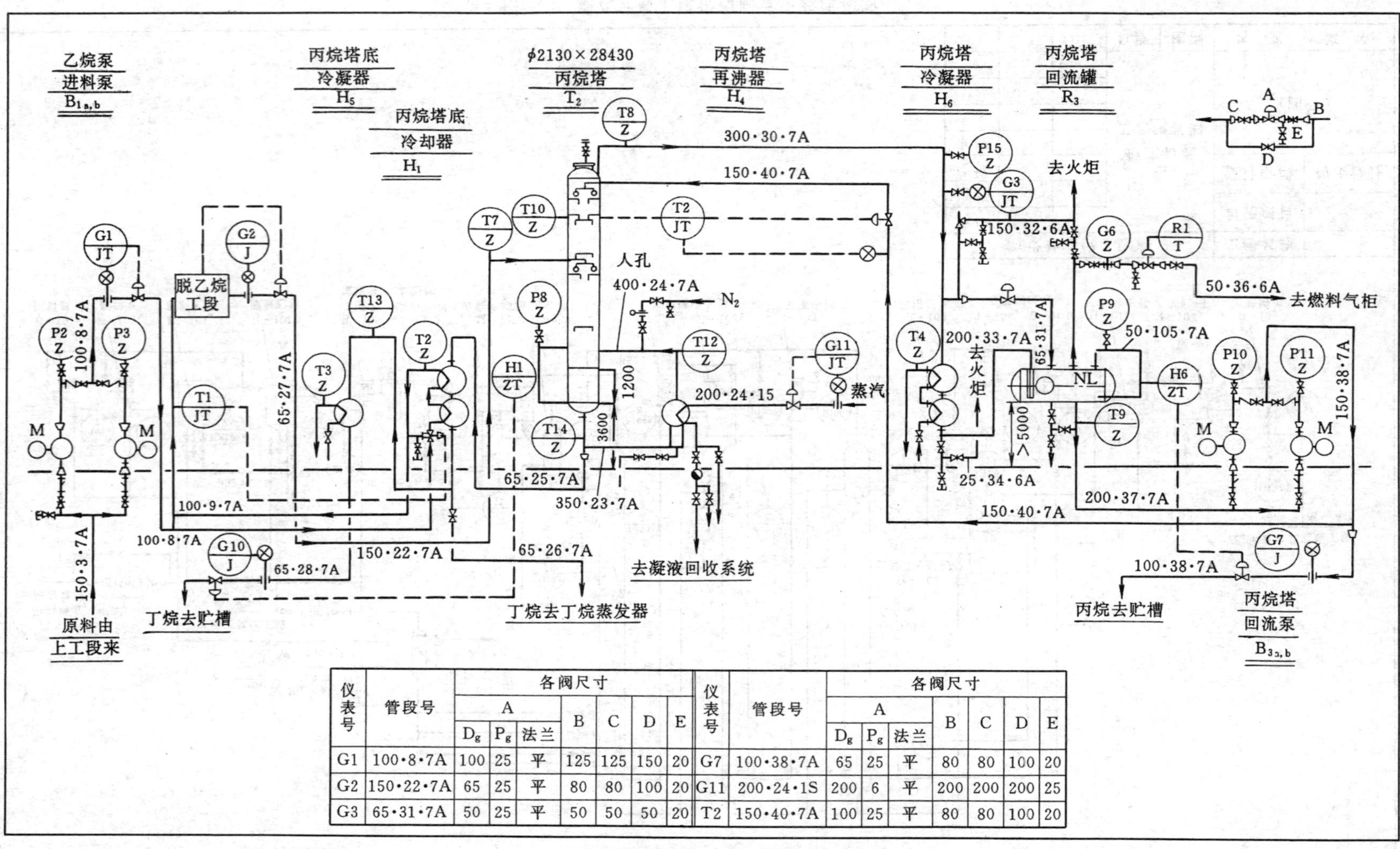

仪表号	管段号	各阀尺寸							仪表号	管段号	各阀尺寸						
		A			B	C	D	E			A			B	C	D	E
		D_g	P_g	法兰							D_g	P_g	法兰				
G1	100·8·7A	100	25	平	125	125	150	20	G7	100·38·7A	65	25	平	80	80	100	20
G2	150·22·7A	65	25	平	80	80	100	20	G11	200·24·1S	200	6	平	200	200	200	25
G3	65·31·7A	50	25	平	50	50	50	20	T2	150·40·7A	100	25	平	80	80	100	20

图 3.3 丙烷、丁烷回收装置的管道仪表流程图

3.2.7 管道仪表流程图

管道仪表流程图又称 PI 图，它是 piping and instrument diagram 的缩写。

管道仪表流程图在施工图设计阶段完成，是该设计阶段的主要设计成品之一，它反映的是工艺流程设计、设备设计、管道布置设计、自控仪表设计的综合成果。

管道仪表流程图要求画出全部设备，全部工艺物料管线和辅助管线，还包括在工艺流程设计时考虑为开车、停车、事故、维修、取样、备用、再生所设置的管线以及全部的阀门、管件。并要详细标注所有的测量、调节和控制器的安装位置和功能代号，因此，它是指导管路安装、维修、运行的主要档案性资料。

图 3.3 是管道仪表流程图的一个实例。

3.3 化工典型设备的自控流程

3.3.1 泵的流量自控

(1) 离心泵　离心泵的流量自控一般是采用出口节流的方法，见图 3.4 (a)，也可以使用旁路调节方法，旁路调节耗费能量，但调节阀的尺寸比直接节流的小是它的优点，旁路调节见图 3.4 (b)。

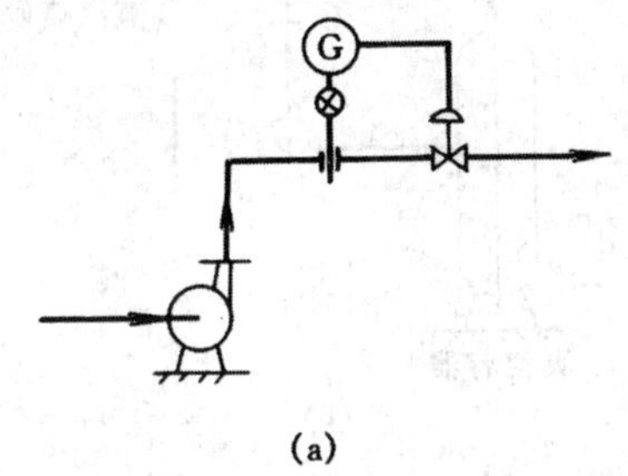

图 3.4 (a)　泵出口直接节流调节流量

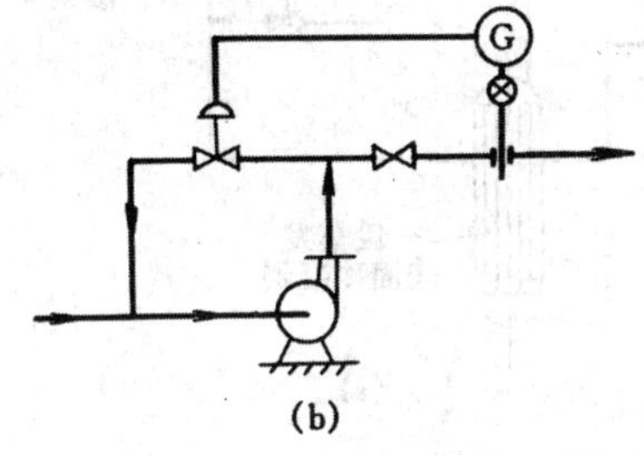

图 3.4 (b)　离心泵的旁路调节

在离心泵设有分支路时，即一台泵要分送几支并联管路时，可采用图 3.5 所示的调节方案。

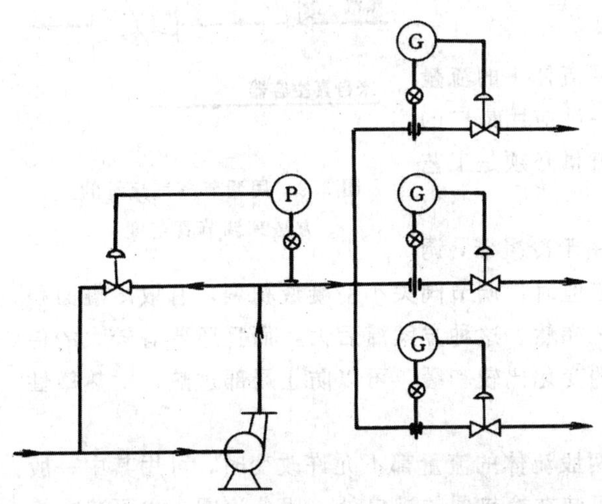

图 3.5　设有分支路的泵的调节方案

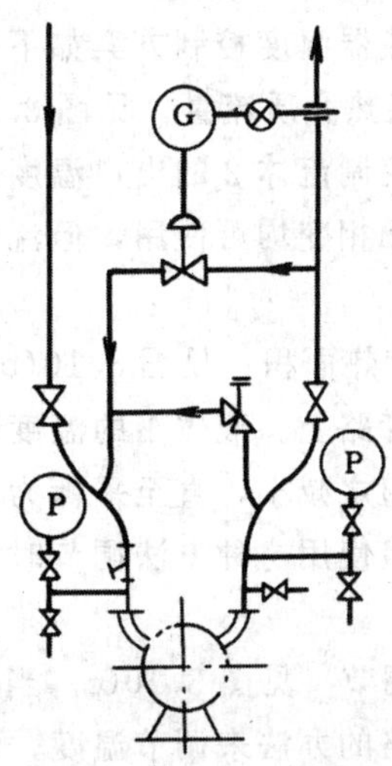

图 3.6　容积式泵的旁路调节

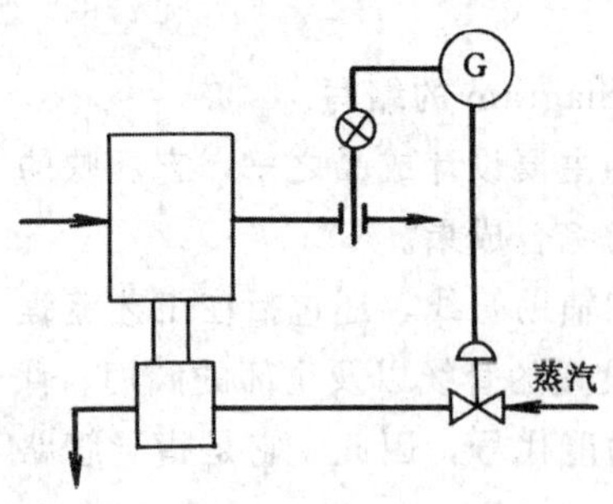

图 3.7 改变蒸汽流量以控制泵的流量

(2) 容积式泵 它包括往复泵、齿轮泵、螺杆泵和旋涡泵等。当流量减小时容积式泵的压力急剧上升，因此不能在容积式泵的出口管道上直接安装节流装置来调节流量，通常采用旁路调节或改变转速、改变冲程大小来调节流程。图 3.6 是旋涡泵的旁路调节流程，此流程亦适用于其他容积式泵。

对以蒸汽机或汽轮机作泵的原动机的场合，可借助于改变蒸汽流量的方法调节泵的转速，从而达到控制流量的目的（见图 3.7）。

(3) 真空泵 使用真空泵时，可采用吸入支路调节和吸入管阻力调节的方案来控制真空系统的真空度，见图 3.8 (a) 和图 3.8 (b)，当用蒸汽喷射泵抽真空时，真空度还可用调节蒸汽量的方法来控制，如图 3.9 所示。

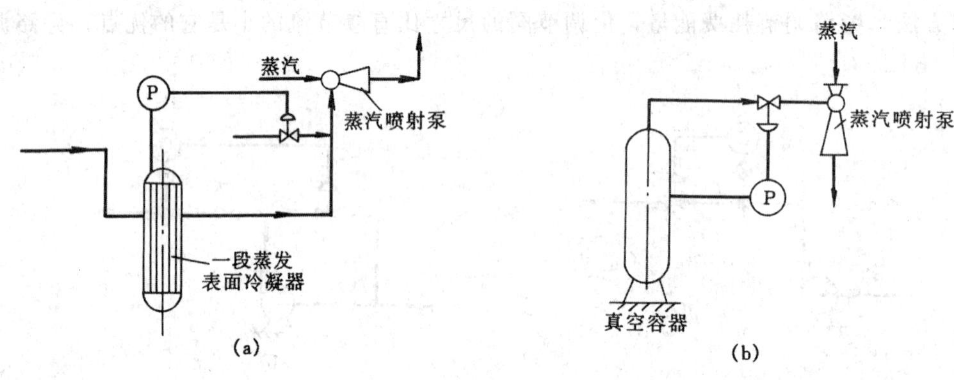

图 3.8 吸入支路调节和吸入管阻力调节
(a) 吸入支路调节；(b) 吸入管阻力调节

3.3.2 换热器的温度自控

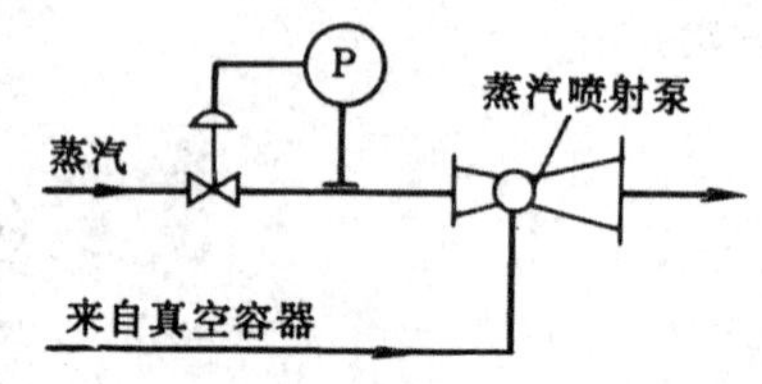

图 3.9 用调节蒸汽流量的方法来调节真空度

常用的换热器温度控制方案如下。

(1) 调节换热介质流量 见图 3.10(a)，用流体 1 的流量作调节参数来控制流体 2 的出口温度。这是一种应用最广的调节方案，有无相变均可使用，但流体 1 的流量必须是工艺上允许改变的。

(2) 调节传热面积 见图 3.10(b)，它适用于冷凝器，调节阀装在凝液管路上。液体 1 的温度高于给定值时，调节阀关小使凝液积聚，有效冷凝面积减小，传热量随之减小，直至平衡为止，反之亦然。这种方案滞后大，而且还要有较大的传热面积余量。但使用这种方法调节时传热量的变化比较和缓，可以防止局部过热，对热敏性介质有好处。

(3) 分流调节 见图 3.10(c)，当换热的两股流体的流量都不允许改变时，可用其中一股流体部分走旁路的办法来调节温度，三通阀可装在换热器的进口处，用分流阀；也可装在换热器的出口处，用合流阀。这个方案很迅速及时，但传热面要有余量。

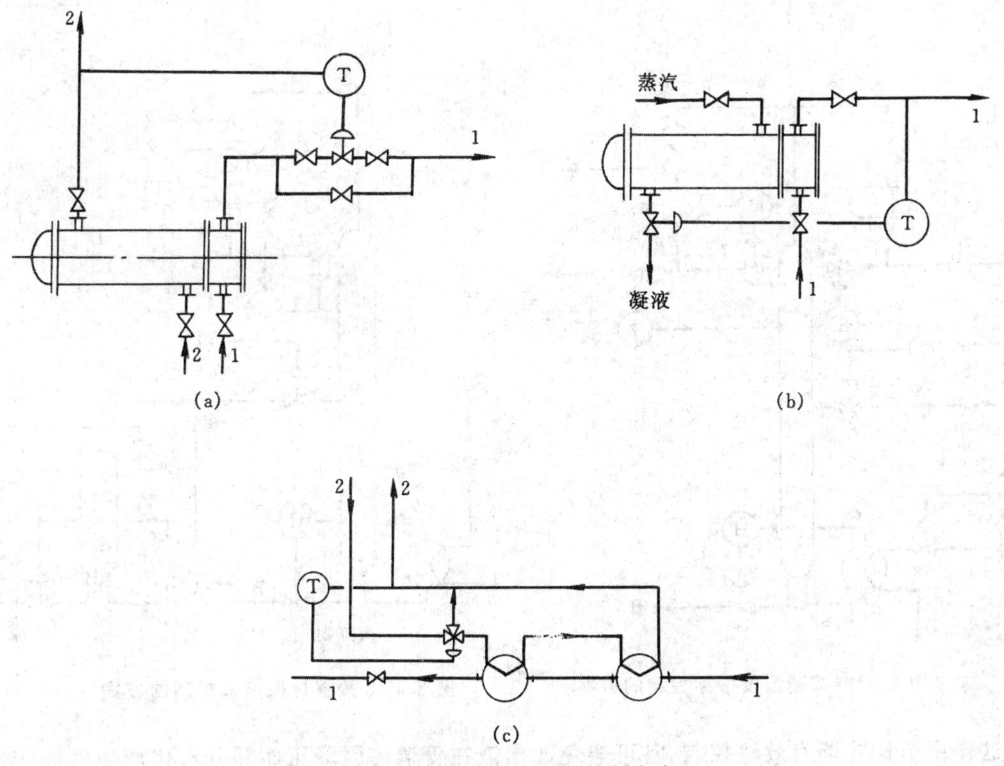

图 3.10 换热器的温度控制方案

(a) 调节换热介质流量；(b) 调节传热面积；(c) 分流调节

3.3.3 蒸馏塔的控制方案

(1) 蒸馏塔的基本控制方案 蒸馏塔的控制方案很多，但基本形式通常只有两种。

a. 按精馏段指标控制 取精馏段某点成分或温度为被调参数，而回流量 L_R、馏出液量 D 或塔内蒸汽量 V_S 作为调节参数。它适合于馏出液的纯度要求较之釜液为高的情况、例如主产品为馏出液时。

采用这类方案时，于回流量 L_R、采出量 D、上升蒸汽量 V_S 及釜液量 B 四者中，选择一个作为控制成分的手段，选择另一个保持流量恒定，其余两个则按回流罐和再沸器的物料平衡，由液位调节器进行调节。

用精馏段塔板温度控制 L_R，并保持 V_S 流量恒定，这是精馏段控制中最常用的方案（图 3.11 的 A 方案）。用精馏段塔板温度控制 D，并保持 V_S 流量恒定（图 3.11 的 B 方案），这在回流比很大时较为适用。

b. 按提馏段指标控制 当对釜液的成分要求较之对馏出液为高时，例如塔底为主要产品时，常用此方案。

目前应用最多的控制方案是用提馏段塔板温度控制加热蒸汽量，从而控制 V_S、并保持 L_R 恒定，D 和 B 都按物料平衡关系，由液位调节器控制（图 3.12 的 A 方案）。还可以有另外的控制方案，即用提馏段塔板温度控制釜液流量 B，并保持 L_R 恒定，D 由回流罐的液位调节，蒸汽量由再沸器的液位调节（图 3.12 的 B 方案）。

(2) 塔顶的流程与调节方案 塔顶方案的基本要求是：把出塔蒸汽的绝大部分冷凝下来，把不凝气体排走；调节 L_R 和 D 的流量和保持塔内压力稳定。

a. 常压塔 图 3.13 (a) 是最常见的常压塔塔顶流程，塔顶通过回流罐上的放气口与大气相通，以保持常压。常压塔的塔顶冷凝器的温度调节系统必须使凝液过冷（用冷却水流量控

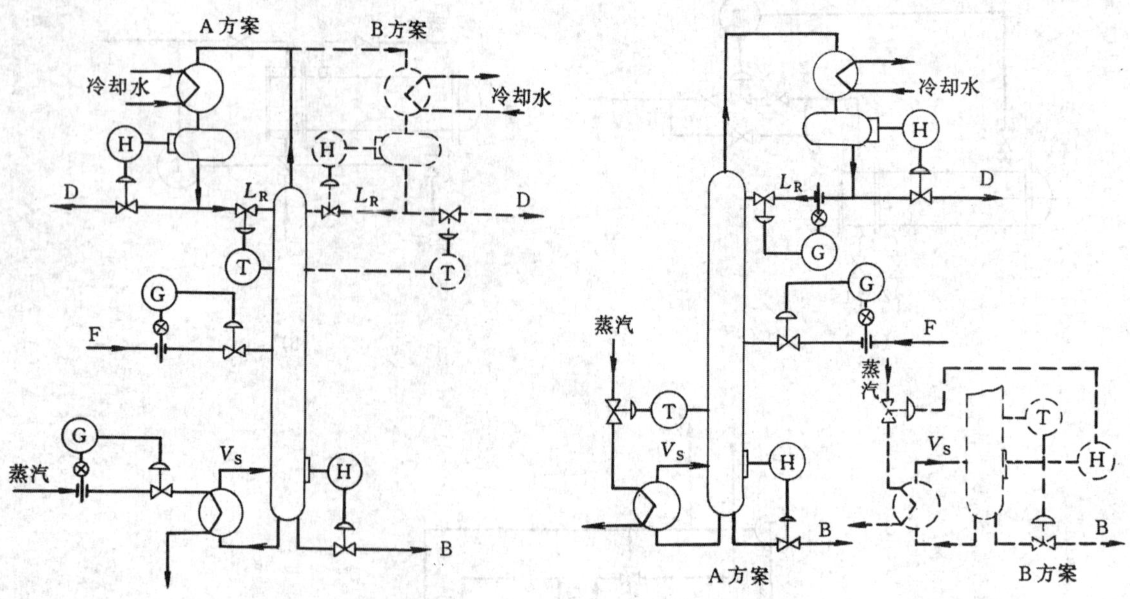

图 3.11　按精馏段指标控制的方案　　图 3.12　按提馏段指标控制的方案

制），这样调节阀才能有效地控制，且可避免馏出液在管道内因降压而部分汽化产生气蚀作用。

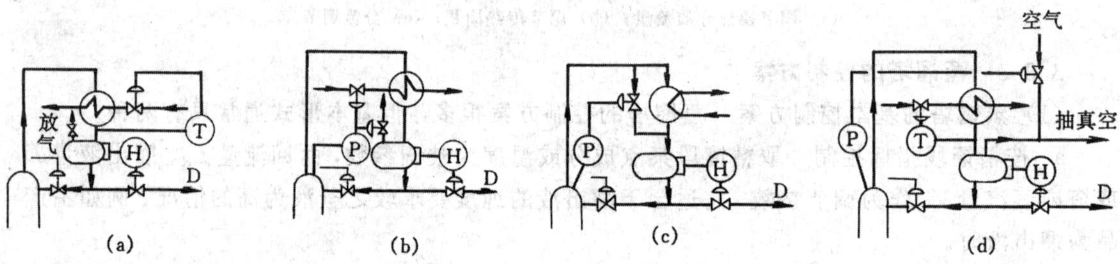

图 3.13　塔顶流程与调节方案

(a) 常压塔；(b) 加压塔；(c) 加压塔；(d) 减压塔

b. 加压塔　在不凝性气体的含量不高时，可用冷凝器的传热量来调节塔顶压力。传热量减少，蒸汽不能全部冷凝，塔压升高；反之塔压降低。而冷凝器传热量的控制可用调节冷却水流量的方法，见图 3.13(b)，也可采用旁路的方法，见图 3.13(c)。

不凝气体含量较高时，除调节传热量外，必须辅以不凝气放空。

c. 减压塔　减压塔与加压塔液相出料的情况相仿，通常对真空度和温度分别进行调节。蒸汽喷射泵入口的蒸汽压力保持恒定，用吸入一部分空气或惰性气体去排空管的方式相当灵便，如图 3.13(d)所示。

3.3.4　釜式反应器的釜温自控

(1) 改变进料温度　如图 3.14 所示，物料经过预热器（或冷却器）进入反应釜的情况下，可通过改变进入预热器（或冷却器）的加热剂（或冷却剂）的量来调节

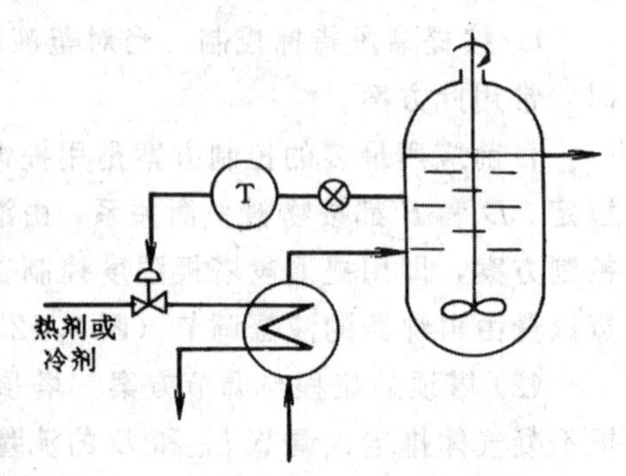

图 3.14　改变进料温度调釜温

进入反应釜的原料温度，从而达到调节釜内温度的目的。

(2) 改变加热剂或冷却剂流量　图 3.15 表示通过改变加热剂或冷却剂流量的方法控制釜内温度，这种方法的优点是结构简单，但温度滞后较严重。

(3) 串级调节　为了克服反应釜温度控制滞后较大的特点，可采用串级调节方案。根据反应釜的不同情况，可以采用釜温与冷却剂（或加热剂）流量串级调节（见图 3.16）、釜温与夹套温度串级调节（见图 3.17）及釜温与釜压串级调节（见图 3.18）等。

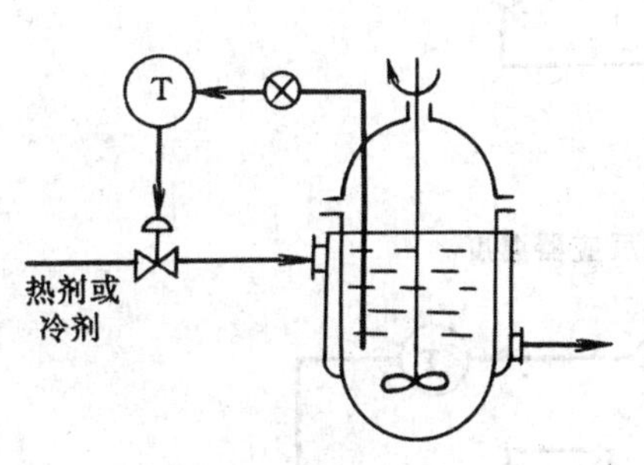

图 3.15　改变加热剂或冷却剂流量调釜温

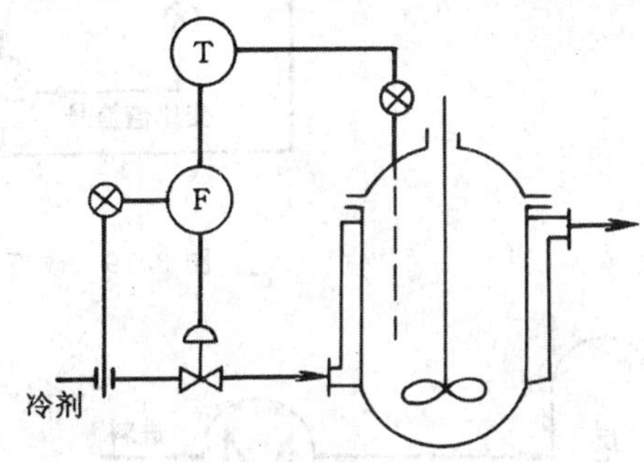

图 3.16　釜温与冷却剂流量串级调节示意图

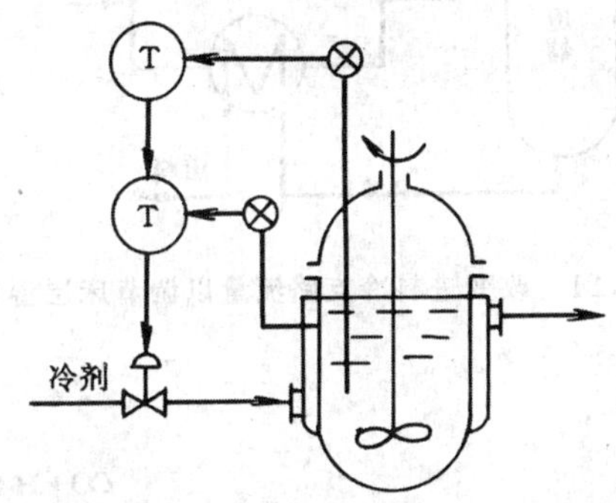

图 3.17　釜温与夹套温度串级调节示意图

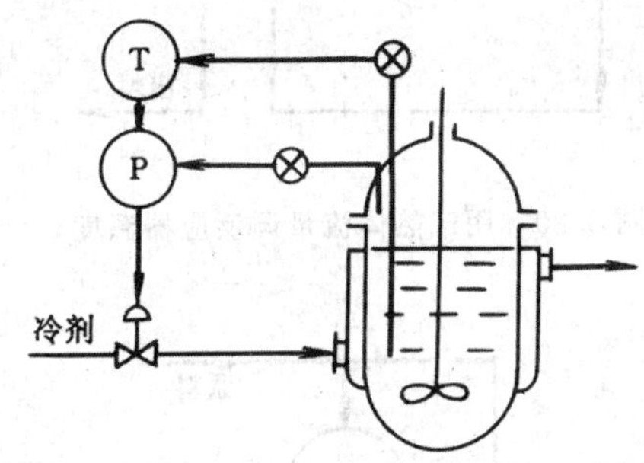

图 3.18　釜温与釜压串级调节示意图

3.3.5　固定床反应器床层温度自控

固定床反应器床层温度的控制方案如下。

(1) 改变进料含量　对放热反应来说，原料含量越高，反应放热量越大，因而床层温度也越高，以硝酸生产中氨氧化反应器为例，当氨含量在 9%～11% 范围内时，氨含量每增加 1% 可使反应温度提高 60～70℃，因此可以通过调节进料浓度来控制床层温度，如图 3.19 所示。此处，改变氨和空气的比值就相当于改变进料含量。

(2) 改变进料温度　若原料进反应器前需预热，可通过改变进预热器的热载体流量来调节进料温度，从而达到控制床层温度的目的，如图 3.20 所示。也可以通过改变进料冷支路流量来调节床层温度（见图 3.21）。

(3) 改变段间冷激气量　对多段绝热冷激式固定床反应器，可以通过改变段间冷激气量的办法来控制床层温度。图 3.22(a) 所示是一个原料气冷激式的固定床催化反应器的床层温度调节方案，冷激气是冷原料气。当以水为冷激剂时（例如一氧化碳转化反应器），可用改变段间冷水量调节床层温度，见图 3.22(b)。

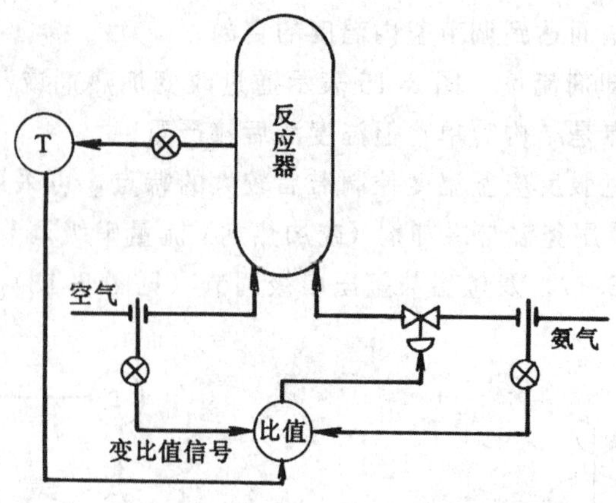

图 3.19 改变进料浓度调反应器温度

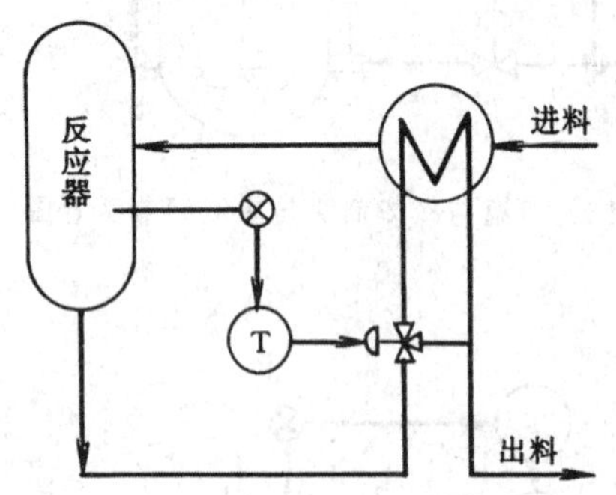

图 3.20 用载热体流量调反应器温度

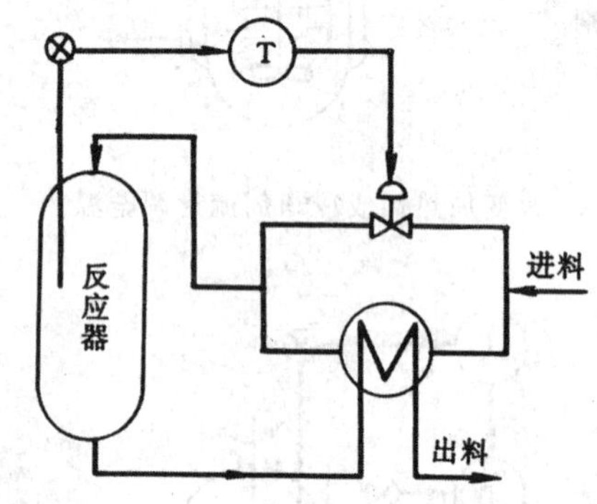

图 3.21 改变进料冷支路流量以调节床层温度

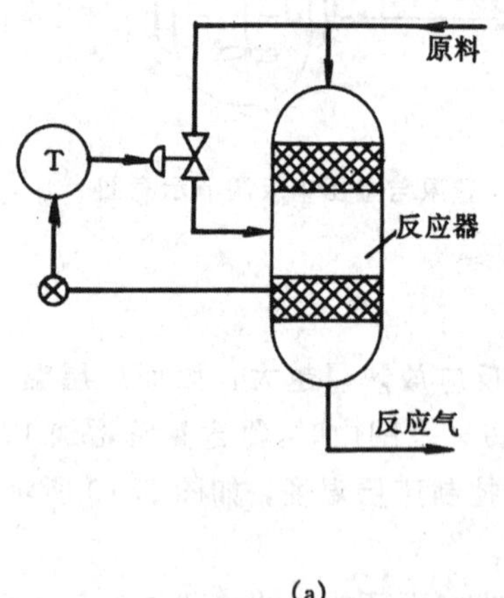

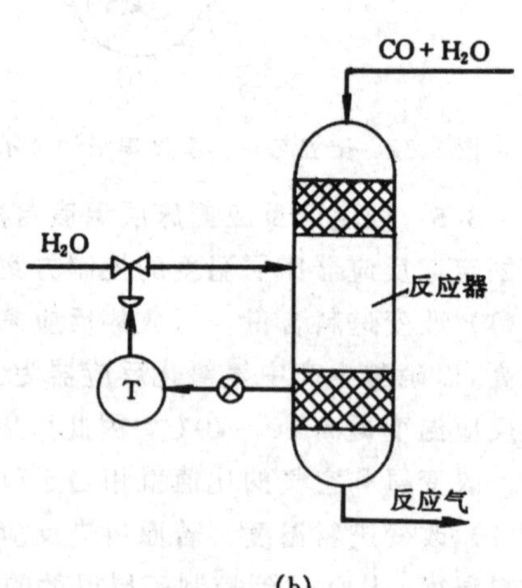

图 3.22 改变段间冷激剂量调节床层温度

(a) 原料气冷激；(b) 水冷激

3.3.6 流化床反应器床层温度自控

流化床床层温度的调节可以通过改变原料气的入口温度（如图 3.23 所示）的办法，也可以通过改变流化床冷却剂的流量（如图 3.24 所示）的办法来达到目的。

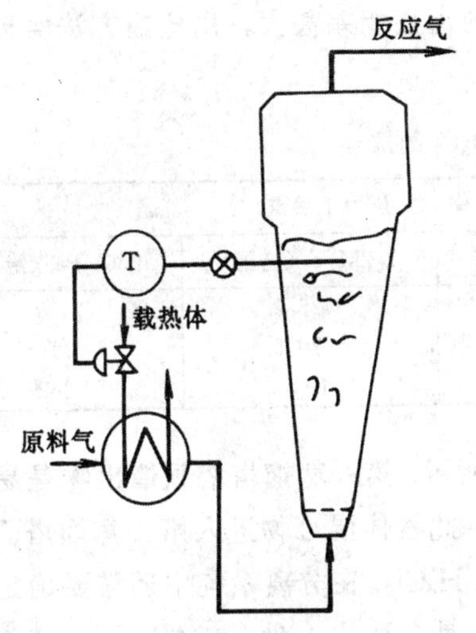

图 3.23 改变原料气入口温度调节床层温度

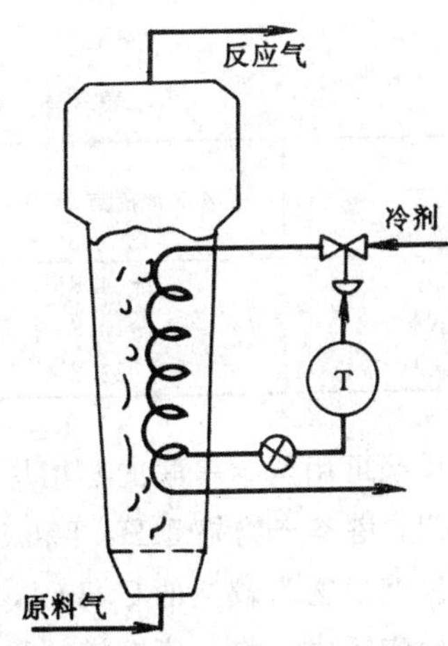

图 3.24 改变冷却剂流量调节床层温度

3.4 流程的组织和分析

3.4.1 总流程是各个单元操作过程的合理组合

原料经过一系列的变化最终得到所需的产品，需经过诸如化学反应、化学物质的分配、温度变化、压力变化、相变化、物理分离等过程。以适当的方式把这些过程组合起来，便形成了一个完整的工艺流程。换句话说，一个完整的工艺流程实际上是各个单元操作过程的合理组合。

下面以氯乙烯制造流程为例来说明。这一工艺过程简单叙述如下：用乙烯和氯气为原料，在90℃、0.15MPa（操作压力为绝压，以下同）和催化剂存在下由乙烯直接氯化生成1,2-二氯乙烷，此过程的转化率接近98%，然后1,2-二氯乙烷在500℃、2.6MPa下热裂解生成氯乙烯和氯化氢，此步反应的转化率为65%，最终产品是氯乙烯，反应方程式如下：

第一步 $$C_2H_4+Cl_2 \longrightarrow C_2H_4Cl_2$$

第二步 $$C_2H_4Cl_2 \longrightarrow C_2H_3Cl+HCl$$

在整个过程中，需要解决如下几个问题。

(1) 化学物质的分配　1,2-二氯乙烷的热裂解过程，其反应的转化率只有65%，因此，裂解产物是一个混合物，既有裂解产物氯乙烯和氯化氢，又有未裂解的裂解原料1,2-二氯乙烷，因此，需要把裂解产物混合物进行分离，得到主产品氯乙烯、副产品氯化氢和中间产物1,2-二氯乙烷，1,2-二氯乙烷应循环回到裂解炉进口以提高裂解反应的总转化率，此过程可用图3.25表示。

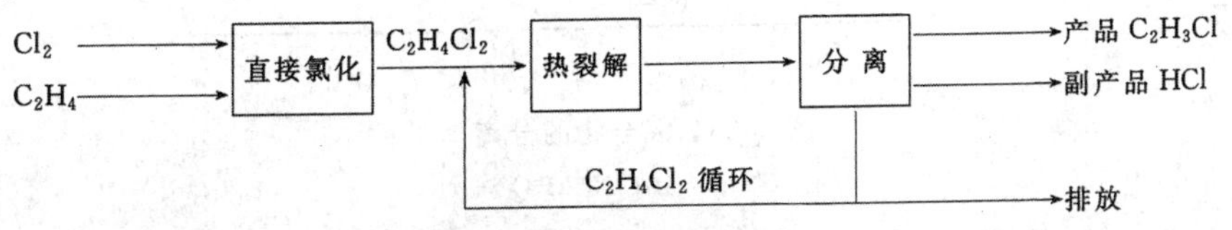

图 3.25 化学物质的分配

(2) 混合物的分离　从图3.25可以看出，裂解产物是HCl，C_2H_3Cl 和 $C_2H_4Cl_2$ 的混合物，需要分离为较纯的组分。用什么方法实现此混合物的分离呢？先考察这些物质的沸点，它们的沸点如表 3.8 所示，从表 3.8 可以看出，这些物质的沸点相差甚大，用蒸馏方法实现分离是经济的。

表 3.8 HCl、$C_2H_4Cl_2$ 和 C_2H_3Cl 的沸点

物质	正常沸点/℃	压力下沸点/℃		
		0.48MPa（绝压）	1.2MPa（绝压）	2.6MPa（绝压）
HCl	−84.8	−51.7	−26.2	0
C_2H_3Cl	−13.8	33.1	70.5	110
$C_2H_4Cl_2$	83.7	146	193	242

分离系统可用两个串联的蒸馏塔组成，如图 3.26 所示。第一蒸馏塔塔顶馏出物是易挥发的组分 HCl，塔釜产物是 C_2H_3Cl 和 $C_2H_4Cl_2$ 的混合物，此液体混合物进入第二蒸馏塔。第二蒸馏塔塔顶馏出物为较纯的 C_2H_3Cl，塔釜产物接近纯 $C_2H_4Cl_2$。在分离系统中还需要确定两个蒸馏塔的操作压力。第一蒸馏塔的操作压力为 1.2MPa 是合适的。在 1.2MPa 下，塔釜温度在 93℃左右（是塔釜混合物的泡点），在此温度下塔釜氯乙烯的聚合反应进行得不多；而塔顶温度在−26.2℃左右（是 1.2MPa 压力下 HCl 的沸点），塔顶冷凝器的冷却剂虽然必须使用冷冻盐水，但冷冻盐水的温度不算太低，一般工厂提供这种温度级别的冷冻盐水并不困难。若采用 0.48MPa 的操作压力，则需要为塔顶冷凝器提供温度低于−51.7℃的冷却剂，这是不经济的。若采用 2.6MPa 的操作压力，则塔釜温度较高，C_2H_3Cl 聚合量加大，导致 C_2H_3Cl 的损失。第二蒸馏塔的馏出物接近纯氯乙烯，塔釜产品接近纯二氯乙烷。为了减少塔釜氯乙烯的聚合损失，采用较低的操作压力 0.48MPa 是有利的。在 0.48MPa 压力下，塔顶冷凝温度为 33.1℃。用深井水作冷却剂就可以了。

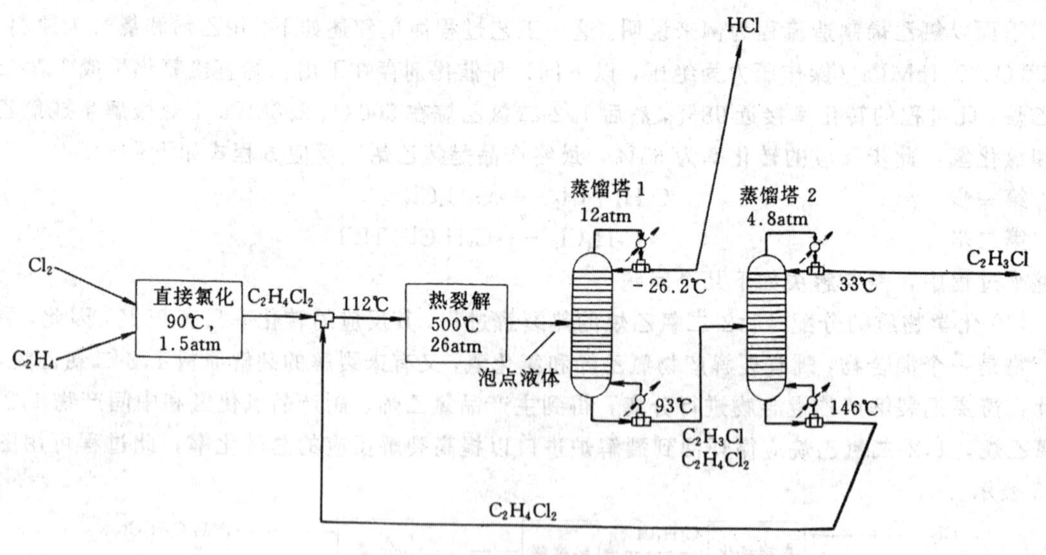

图 3.26 混合物的分离

(1atm=101.325kPa)

(3) 温度、压力和相的变化 循环混合器出口的物料是 0.15MPa、112℃下的液体二氯乙烷，需将其加热和压缩，使达到热裂解所要求的操作温度 500℃和操作压力 2.6MPa，因此，循环混合器出口液态二氯乙烷在进行热裂解反应前要经历如下操作。

a. 将压力提高至 2.6MPa。

b. 将温度升高至二氯乙烷在 2.6MPa 下的沸点 242℃。

c. 液体二氯乙烷在 2.6MPa、242℃下汽化，变为 2.6MPa 下的二氯乙烷饱和蒸气。

d. 在 2.6MPa 下使二氯乙烷饱和蒸气过热，成为 500℃的过热蒸气。另外，从热裂解炉出来的 2.6MPa、500℃的裂解气在进入第一蒸馏塔前需液化，使第一蒸馏塔进料为泡点进料。因此需要进行 e、f 两项操作。

e. 将裂解气的温度从 500℃降至露点温度，裂解气在 2.6MPa 时的露点为 170℃。

f. 使裂解气在 2.6MPa、170℃下冷凝为液体。

包括上面所述温度、压力和相的变化过程的方框流程示于图 3.27 中，但图 3.27 并未表明用何种过程操作来实现各方框所代表的过程。

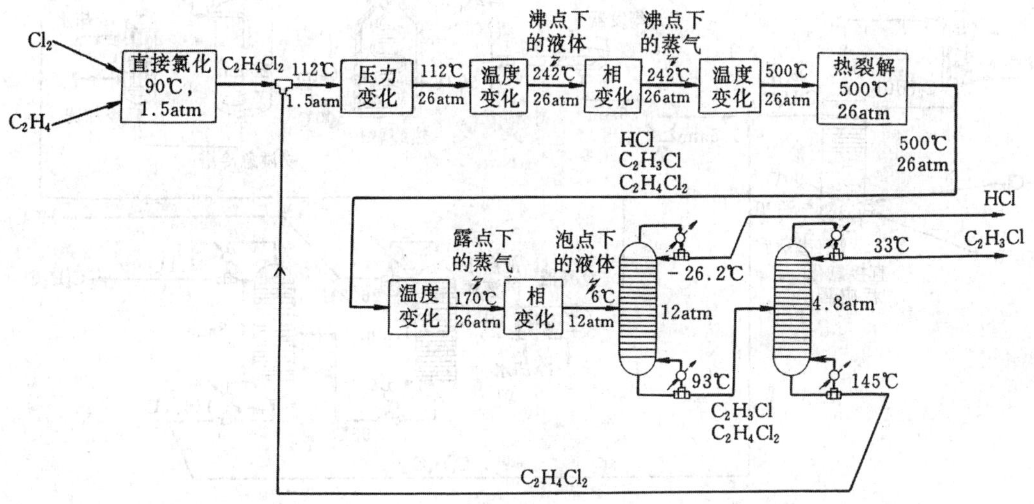

图 3.27 温度、压力和相的变化

(1atm=101.325kPa)

(4) 选择适当的设备来完成图 3.27 中各个过程.(参看图 3.28)

a. 用泵把混合器后的液态二氯乙烷压力从 0.15MPa 提高到 2.6MPa。

b. 在蒸发器内，2.6MPa 的二氯乙烷液体被加热至 242℃并汽化为该压力下的饱和蒸气、蒸发器用加压蒸汽为热源而不用 500℃的裂解产物为热源，这是考虑到裂解产物中含有强腐蚀性的氯化氢，另外也是为了避免裂解气中的碳在蒸发器的加热管内结碳堵塞管道。

c. 在管式炉内，二氯乙烷饱和蒸气在预热段内过热至 500℃，然后在裂解段内裂解。管外用燃气或燃油燃烧供给 1,2-二氯乙烷蒸气升温和裂解反应需要的热（裂解反应为吸热反应）。

d. 在急冷塔内，2.6MPa、500℃的裂解气与由塔顶喷淋而下的冷二氯乙烷液体逆向接触，二氯乙烷液体在塔内被加热后从塔底流出，用泵送入冷却器中被冷却水冷却，成为冷液再回到急冷塔塔顶，形成二氯乙烷液体循环，急冷塔塔顶出口裂解气温度降至 170℃。

e. 在冷凝器内，2.6MPa、170℃的裂解气冷凝为液体，冷凝器用水为冷却剂。

f. 直接氯化反应过程使用一个反应蒸馏塔，叫做直接氯化反应器。塔的上部装有塔板，为蒸馏段，塔顶有冷凝器。塔的下部是鼓泡段，它相当于一个鼓泡式反应器。在鼓泡段内，原料氯气和乙烯蒸气鼓泡通过含有催化剂的二氯乙烷溶液，在其中进行反应，生成二氯乙烷和副产物三氯乙烷。塔顶出口气体进入冷凝器，凝液作为回流液返回塔内。由于塔上部蒸馏段的蒸馏作用，在顶部塔板可取出较纯的轻组分二氯乙烷液体，而重组分三氯乙烷则留在塔底作为杂质排出。

用氯气和乙烯为原料生产氯乙烯的可能的流程之一如图 3.28 所示，图 3.28 是一个示意流程图。从图 3.28 结合前面的分析可以看出，过程的总流程实际上是各个单元过程（化学反应、温度变化、压力变化、相的变化、物质的分离）的合理组合，在组合中，当然包括选用适合于各个过程的设备。

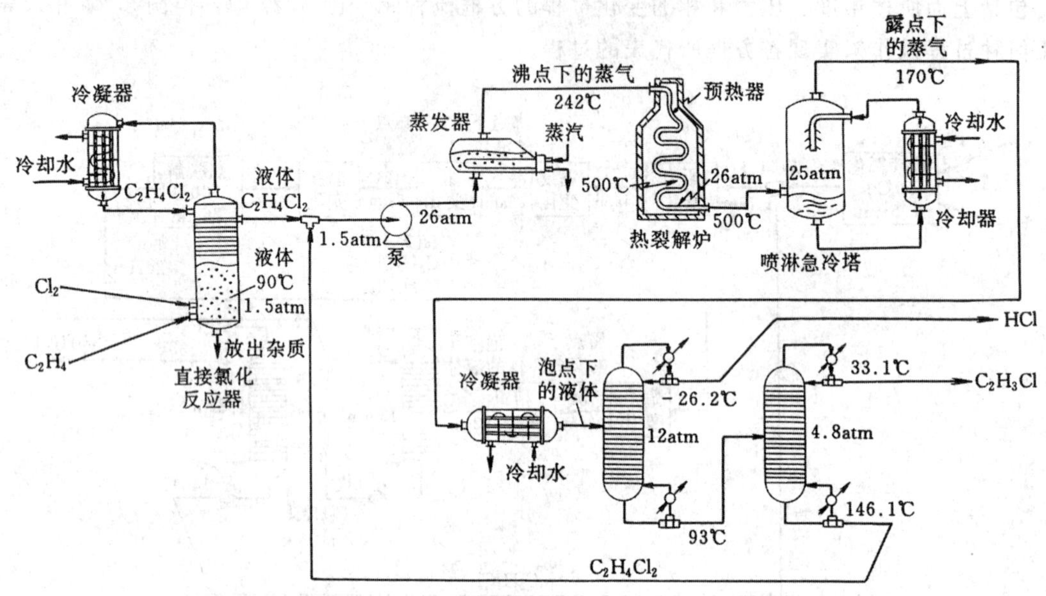

图 3.28 过程的示意流程

(1atm=101.325kPa)

3.4.2 蒸馏过程流程的组织和分析

3.4.2.1 多组分蒸馏的流程方案

用连续蒸馏分离三组分溶液时，可能有 2 种流程方案，见图 3.29。

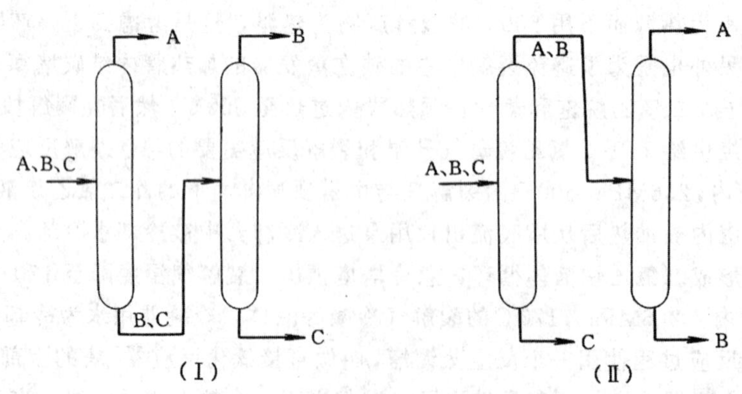

图 3.29 分离三组分溶液的 2 种方案

用连续蒸馏分离四组分溶液可能存在如图 3.30 的 5 种方案。

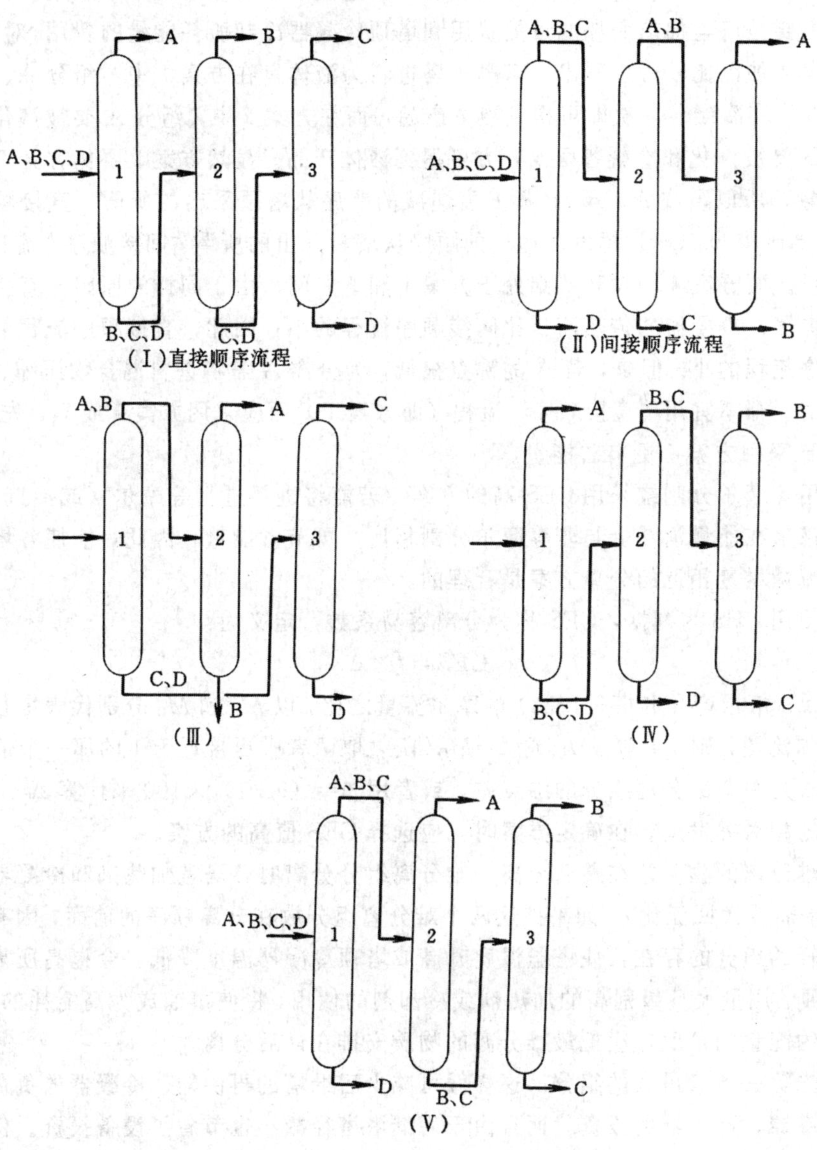

图 3.30 分离四组分溶液的 5 种方案

用连续蒸馏分离 5 组分溶液则存在着 14 种可能的方案，表 3.9 列出了组分数、塔数和方案数的情况。

表 3.9 多组分溶液蒸馏可能的方案数

组分数	2	3	4	5	6	7	8	9	10
塔数	1	2	3	4	5	6	7	8	9
方案数	1	2	5	14	42	132	429	1430	4862

一个满意的设计，最佳分离方案的确定是很关键的。一个较好的分离方案应尽量做到设

备投资少、操作费用低，安全性好，产品质量稳定。

确定多组分溶液蒸馏最佳方案有下面一些原则。

(1) 直接顺序流程和间接顺序流程相比较，以直接顺序流程为佳　一般来说，蒸馏过程的操作费用主要是塔釜加热所耗能量的费用和塔顶冷凝器冷却所耗能量的费用，对图 3.30 的方案Ⅰ和方案Ⅱ加以比较可以看出，若第一塔进料为液体，在方案Ⅰ中，组分 A、B 或 C 都只被加热、汽化和冷凝各一次即可得到液体产品，而在方案Ⅱ中，组分 A 要被汽化和冷凝各三次，组分 B 要被汽化和冷凝各两次，方可得到液体产品。显然方案Ⅱ要比方案Ⅰ消耗更多的热量和冷量，所以，按 A、B、C 挥发度递减的顺序从塔顶采出的所谓“直接顺序”流程（即方案Ⅰ）要比按 D、C、B 挥发度递增的顺序从塔釜采出的所谓“间接顺序”流程（即方案Ⅱ）节省能量。而方案Ⅲ、Ⅳ和Ⅴ则处于方案Ⅰ和Ⅱ之间。由于同样的原因，直接顺序流程的塔径和再沸器、冷凝器的传热面积比间接顺序流程的小，因此，直接顺序流程的设备投资也比间接顺序流程的小。但是，若 A 的沸点很低，为分离 A 需将进料混合物压缩、预冷而消耗较多能量时，则不宜用“直接顺序”流程（即方案Ⅰ）而应采用方案Ⅲ或Ⅴ，先将组分 C、D 或 D 除去比采用方案Ⅰ更节省能量。

(2) 采用等摩尔分割或采用 CES 高的方案　若能将进料进行等摩尔（或接近于等摩尔）分割时，则该塔在能量消耗上与非等摩尔分割相比，可节省能量，因此，能使各塔顶、塔釜馏分的摩尔流量尽量相近的分离方案是合理的。

也可以使用 CES 为判据，CES 称为分离容易系数，定义为：

$$\mathrm{CES}=f\times\Delta$$

式中 f 为产品（塔顶产品和塔釜产品）的摩尔流量之比，以 M_B 和 M_D 分别代表塔顶馏分与塔釜馏分的摩尔流量，则 $f=M_B/M_D$ 或 $f=M_D/M_B$，取两者中更接近于 1 的那一个值作为 f 来计算 CES，Δ 是两个欲分离组分的沸点差，或者用 $\Delta=(\alpha-1)\times100$ 来计算 Δ，α 是这两个欲分离组分的相对挥发度。在确定方案时，应选择 CES 值高的方案。

(3) 最难分离的物质放在最后分离　难分离组分分离时，塔釜加热剂和冷凝器冷却剂的用量大（由于需要大回流比）。如果把这两个难分离组分放在分离顺序的前面，因有比这对组分更重或更轻的组分的存在，使塔釜温度升高或塔顶冷凝器温度降低，会提高所需加热剂或冷却剂的级别。用量大且级别高的加热剂或冷却剂的使用，将使蒸馏成为高能耗的蒸馏操作。因此，从节约能量的角度，应把最难分离的物质安排在最后分离。

(4) 首先除去含量最大的组分　这样做可减少后继塔的再沸器、冷凝器的负荷，从而节省能量和再沸器、冷凝器的投资，而且由于后继塔塔径减小也节省了设备投资。例如，进料中 D 组分的含量占主要时，采用方案Ⅴ先将 D 组分分离出去。采用这个方案通常可比采用方案Ⅰ节省能量和设备投资。

(5) 除去强腐蚀性的组分　若进料中有一个组分具有强腐蚀性时，则应尽早除去，以使后继塔无需采用耐腐蚀材料制造，从而节省设备投资。

(6) 尽早把易分解或易聚合的组分分离出去　许多有机物在加热过程中容易发生分解、聚合，对这些物质的蒸馏，除了在操作压力、温度及设备结构等方面加以考虑外，在蒸馏流程安排上应力求减少其受热次数。例如苯乙烯在减压精馏塔中每受热一次约产生 1% 的聚合物，这些聚合物的产生不仅使产品收率降低，还会堵塞设备和管道。又如苯酚-丙酮生产中，苯酚精制流程若采用直接顺序流程如图 3.31 (a) 所示，从能量消耗和设备投资上看是合理的，但因酚焦油中存在二甲基苄醇，它在塔 2 的塔釜温度下会发生如下的脱水反应：

$H_3C-C(C_6H_5)(CH_3)-OH \longrightarrow C_6H_5-C(CH_3)=CH_2 + H_2O$

二甲基苄醇　　α-甲基苯乙烯

反应生成沸点较低的α-甲基苯乙烯，混在馏出液中影响精苯酚的质量，若改成图3.31（b）所示的间接顺序流程，在塔1中先将重组分酚焦油除掉，然后在塔2中除去α-甲基苯乙烯，尽管从能量和设备投资上考虑并不合理，但它保证了苯酚产品的质量，故被生产采用。

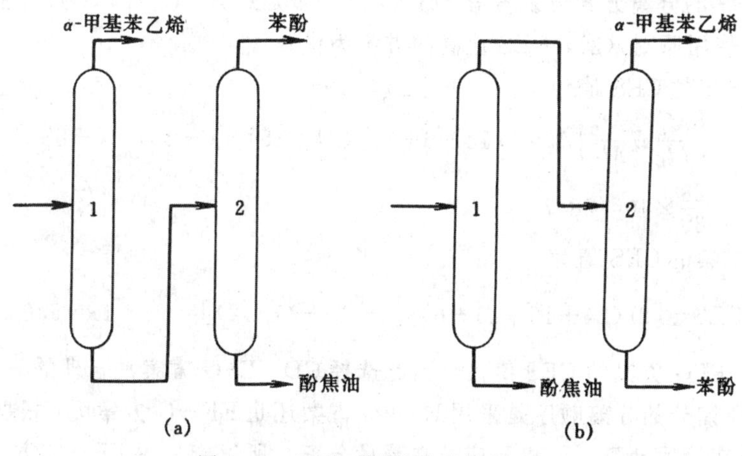

图3.31　两种不同的苯酚精制流程

(a) 直接顺序流程；(b) 间接顺序流程

(7) 尽早除去易燃易爆等影响安全生产的组分。

(8) 尽早除去在操作条件下不易被液化的组分　这样，可避免其覆盖塔顶冷凝器的传热表面而降低传热效果。

(9) 当要求产品的纯度很高时（常为待用于聚合的有机单体或有特殊用途的物质），一般应在蒸馏流程中安排在塔顶得到产品，因为常有固体杂质存在塔釜中，不易从塔釜获得高纯度产品。

总之，多组分连续蒸馏的流程方案选择是一个相当复杂的问题，要做到设计合理，往往要从整个车间甚至全厂的情况来统一考虑。设计时宜作多方案对比，从中选出一种相对合理的方案。还应该指出，在多组分蒸馏中，有时只要求得到其中一、两个较纯的组分，其他只作为杂质弃去或作别的用途，这就无需使用（$n-1$）个塔进行分离而只用少数几个塔就可以了，在这种情况下，多组分蒸馏的流程就会简单得多，设备投资和操作费用也少得多，要求设计者在设计时根据具体情况采用简化的方案。

通过下面的例子说明如何应用上述原则确定多组分蒸馏的流程。

例3.1　烃类热裂解产物的组成如表3.10所示。

表3.10　例3.1附表

组分	摩尔流量/(mol/h)	正常沸点 t/℃	与上一馏分的温度差 Δt	组分	摩尔流量/(mol/h)	正常沸点 t/℃	与上一馏分的温度差 Δt
A氢	18	−253		E丙烯	14	−48	40
B甲烷	5	−161	92	F丙烷	6	−42	6
C乙烯	24	−104	57	G重组分	8	−1	41
D乙烷	15	−88	16				

要求用蒸馏方法将此混合物分离为 6 个产品：氢-甲烷、乙烯、乙烷、丙烯、丙烷和重组分。试确定蒸馏的流程方案。

解：根据原则 (8)，应尽早除去在操作条件下不易被液化的组分，因 H_2 和 CH_4 的沸点很低，很难液化，所以第一步除去 AB（即甲烷和氢）组分，作为 6 个产品之一。余下的 CDEFG 混合物再进行下一步分离。在 CDEFG 混合物中，C 和 D（乙烯与乙烷）、E 与 F（丙烯与丙烷）两对组分的沸点差最小，分别为 16℃和 6℃（见表 3.10）都很难分离，根据原则 (3)，最难分离的组分放在最后分离，因此，C—DEFG 和 CDE—FG 的分离方案被否定，只有 CD—EFG 或 CDEF—G 的分离方案可以考虑。那么，下一步是进行 CD—EFG 分离还是 CDEF—G 分离呢？此时可使用原则 (2)，CES 值高的方案为优。

CD—EFG 方案的 CES 值为

$$CES=\left(\frac{M_D}{M_B}\text{或}\frac{M_B}{M_D}\right)\Delta t=[(14+6+8)/(24+15)][(-48)-(-88)]$$

$$=\frac{28}{39}\times 40=28.7$$

CDEF—G 方案的 CES 值为

$$CES=[8/(24+15+14+6)][(-1)-(-42)]=\frac{8}{59}\times 41=5.6$$

相比之下，CD—EFG 方案的 CES 值大，因此选择 CD—EFG 方案是合理的。

余下的 EFG 馏分的分离顺序是采用 E—FG 方案还是 EF—G 方案呢？根据原则 (3)，最难分离的组分放在最后分离，E 和 F 应放在最后分离，所以应采用 EF—G 方案。

因此可得到如下的分离顺序：

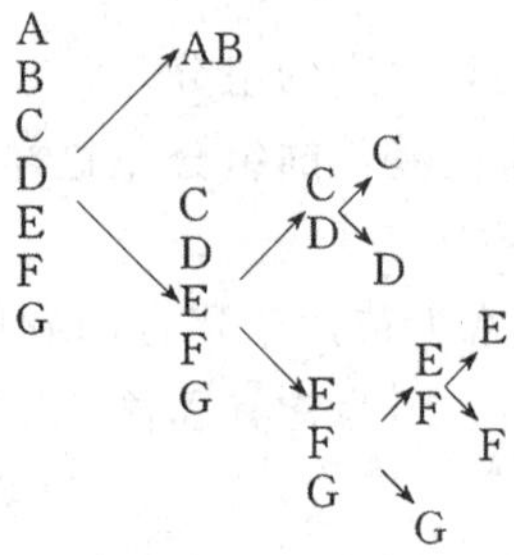

```
ABCDEFG → AB
        → CDEFG → CD → C
                     → D
                → EFG → EF → E
                           → F
                      → G
```

此分离方案与现代工业实践的分离顺序一致。

3.4.2.2 *具有侧线出料的蒸馏流程*

在某些情况下，要求得到的产品并非纯组分，而是几个有一定沸点范围的馏分，则可采用在同一蒸馏塔中用侧线取馏分的办法，从几个出料口取出产品。炼油工业中原油的蒸馏过程就是这种情况，在常压蒸馏塔侧线可取出煤油、轻柴油和重柴油馏分，在减压蒸馏塔使用侧线取出流程得到催化裂化原料和润滑油原料，如图 3.32(a)所示。在异丙苯氧化制苯酚——丙酮生产中，分离苯、异丙苯、二异丙苯和多异丙苯混合物时，由于对二异丙苯的纯度要求不高，故可采用如图 3.32(b) 所示的流程，从侧线采出二异丙苯。

还有些情况是为了除去某一讨厌的组分而采用侧线采出。例如有时从塔顶下面几块板处采出液体产品，使液体产品与一个讨厌的极端易挥发组分分离（此极端易挥发组分则主要从塔顶排出）；有时从塔釜上面几块板处取出塔底产品，以防止塔底产品受到一个讨厌的极难挥发组分的污染（此极难挥发组分从塔釜排出）。有时是因为有一个中间沸点馏分积累起来很麻烦必须从塔中间某一块板排出而采用侧线。

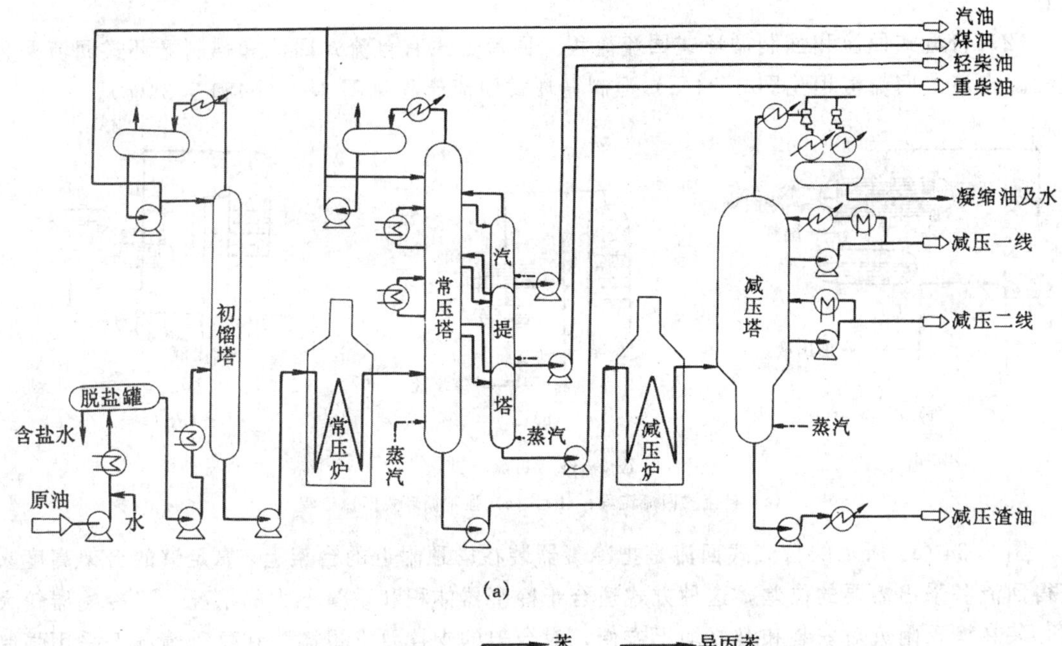

(a)

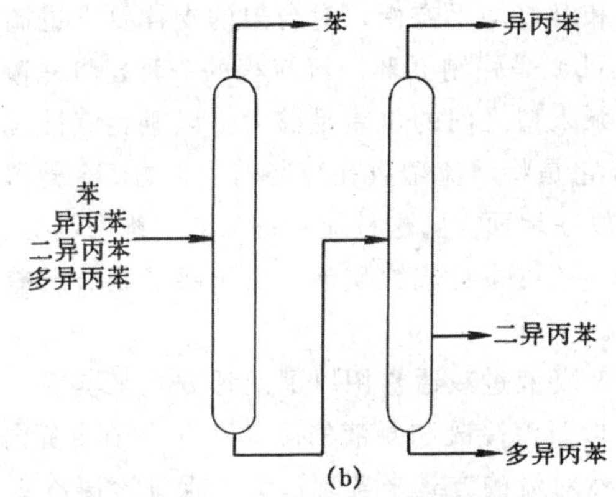

(b)

图 3.32　具有侧线采出的流程

具有侧线的流程可以省去一些塔，节省了设备投资，但从侧线不可能得到纯组分，操作上也不易控制。

3.4.2.3　塔顶流程

(1) 全凝和分凝流程　在选择全凝还是分凝流程时考虑的因素大致如下：

a. 塔顶产品在后继加工中是以气态使用则采用分凝流程，使分凝器的气相出料作为塔顶产品，反之，若后继加工用液态物质，则采用全凝器，塔顶为液相出料。

b. 塔顶蒸汽混合物的冷凝若采用全凝时，全凝器至少要把物料冷到其泡点温度，而分凝器则只需冷到露点和泡点之间的某一温度就可以了，因而对一定的操作压力，全凝器比分凝器要求更低温度级别的冷却剂。

c. 分凝器在理论上相当于一块理论板，采用分凝流程时蒸馏塔塔板可减少一块。图 3.33 是具有分凝器的

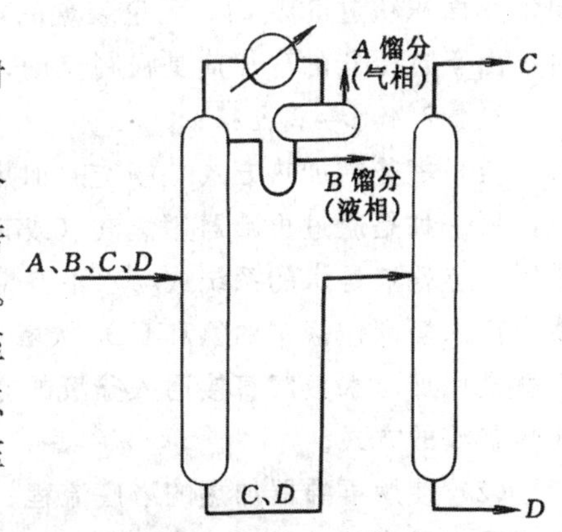

图 3.33　有分凝器的流程

流程。

(2) 自流式回流和强制循环式回流流程　回流方式有自流式回流和强制循环式回流两种流程。自流式回流流程见图 3.34(a)，强制循环式回流流程见图 3.34(b)和 3.34(c)。

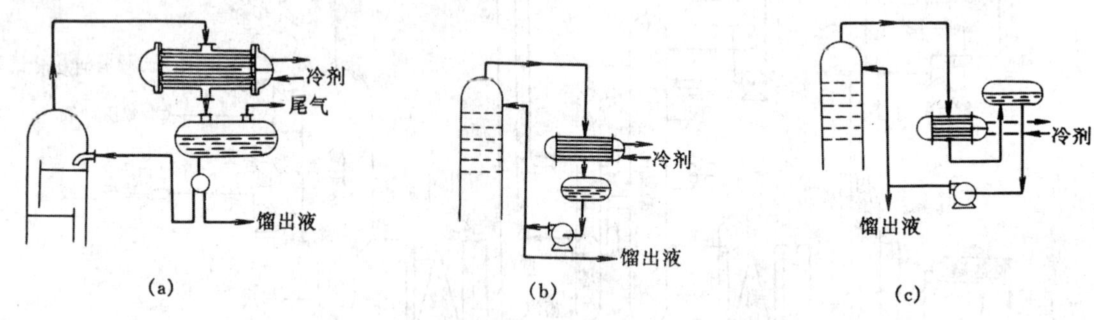

图 3.34　回流方式

(a) 自流式回流流程；(b)，(c) 强制循环式回流流程

图 3.34 (a) 所示的自流式回流是把冷凝器装在塔顶附近的台架上，靠足够的台架高度来获得回流和采出需要的位差，这种方式适合于冷凝器体积和重量不大的情况。当冷凝器较大时，装在塔顶附近对安装和维修均不方便，对台架的支撑要求也高，在这种情况下采用强制循环式比较合理，图 3.34(b) 是强制循环回流流程的一种，将冷凝器放在回流罐上方，这时回流罐的位置必须使它与泵入口之间的位差足够大，以避免汽蚀现象发生。另一种强制循环式回流流程见图 3.34(c)，它是将回流罐放在冷凝器的上方，冷凝器产生的凝液靠压差而非位差压入回流罐中，冷凝器放在地面上，这种流程的安装、维修均方便，而且凝液的过冷较好，可不必单独设成品冷却器，还可避免气蚀现象。由于凝液是靠压差压入回流罐，显然这种回流方案不适用于减压蒸馏。

(3) 凝液过冷的方式　凝液过冷通常用以下两种方式来实现。

a. 采用冷凝冷却器。即蒸汽冷凝和凝液的冷却在同一个设备内完成。凝液的过冷是通过凝液浸泡部分冷却管以自然对流的方式来实现。为了保证冷凝冷却器中凝液的液位，凝液的出口常设计液封管，这种过冷方式常用于中、小型装置，可省去一个设备。但因是自然对流、传热系数小，所需传热面积较大。

b. 将蒸汽冷凝和凝液的冷却分别在两个串联的设备中完成，先冷凝后过冷。当过冷所需的传热面积超过 50%时，无论装置的规模大小，都应采用这种过冷方式。采用这种过冷方式时，由于过冷器的冷却剂是强制流动，传热系数大，可减小传热面积。

3.4.2.4　塔底流程

(1) 塔釜的加热方式　塔釜的加热方式有两种：一种是把蒸汽直接通入塔釜液中加热釜液，另一种是通过再沸器用蒸汽（或其他加热剂）间接加热釜液。前者可省去再沸器，但仅能用于釜残液是水的系统或与水不互溶且易于分离的系统，例如尿素车间的解吸塔，是用蒸馏塔把入塔碳铵液中的氨和 CO_2 从塔顶蒸出，釜残液含 NH_3＜0.07%（质量分数）的水，该塔就是用加压水蒸气直接通入釜液的方式加热的。工业上大部分蒸馏是采用通过再沸器间接加热釜液的方式。

(2) 使用再沸器加热的塔底流程　使用再沸器加热的塔底流程如图 3.35 所示，它们是工业蒸馏中最常用的塔底流程，图 3.35(a) 是卧式蒸发器，釜液在壳方沸腾，可得到 80%的蒸发率，故操作弹性较大，当塔在压力下操作时，塔釜液可靠塔压自行排出，不需设泵，但当塔在减压下操作时必须用泵抽出，这时为满足泵的汽蚀余量的要求，需将再沸器架高，从而塔的标高也随之增大。图 3.35(b) 是在塔釜外加夹套用蒸汽加热釜液，常用于传热面要求较小的场合或间歇蒸馏中。图 3.35(a)、图 3.35(b) 这两种再沸器均相当于一块理论板、物料在加热段停留时间较长，容易结垢，不适用于高粘度和有难溶附着物析出的系统　传热系数也较小。图 3.35(c)、图 3.35(d) 及图 3.35(e) 是热虹吸式再沸器流程，再沸器内的液体部分气化所产生的气、液混合物，其密度小于塔底的热液体，由此密度差而产生静压差，使液体从塔底自动流入再沸器，再沸器内加热产生的气、液混合物则返回塔内。图 3.35(c) 和图 3.35(d) 使用的是立式热虹吸式再沸器，一般用于传热面不太大的场合，其中图 3.35 (d) 为一次通过热虹吸式再沸器，由于液体取自液体不断更新的末层塔板，物料在再沸器中仅通过并加热一次，因此它适用于因加热易产生聚合或分解的物料，但蒸发率大于 3/7 时则不能用这种再沸器。与图 3.35(d) 相反，使用图 3.35(c)的流程可使釜液多次循环，循环的速率取决于所产生的静压差。图 3.35(e)是卧式热虹吸式再沸器流程，因釜液走壳方故不易清理，但它能适用于需要较大传热面的场合，且塔的标高较小，是其优点。图 3.35(f)是强制循环式再沸器的塔底流程，用泵使液体循环，通常使液体在压力下于再沸器内被加热，但不沸腾，然后在塔内闪急气化以获得所需的气化率。这种流程适用于需要减压蒸馏及高粘度液体的情况，对于有固体粒子析出，容易结垢的情况也能得到满意的效果，设备费和操作费高是这种流程的缺点。受经济效益的限制，只有当热虹吸式再沸器使用受到限制的情况下才用这种流程。

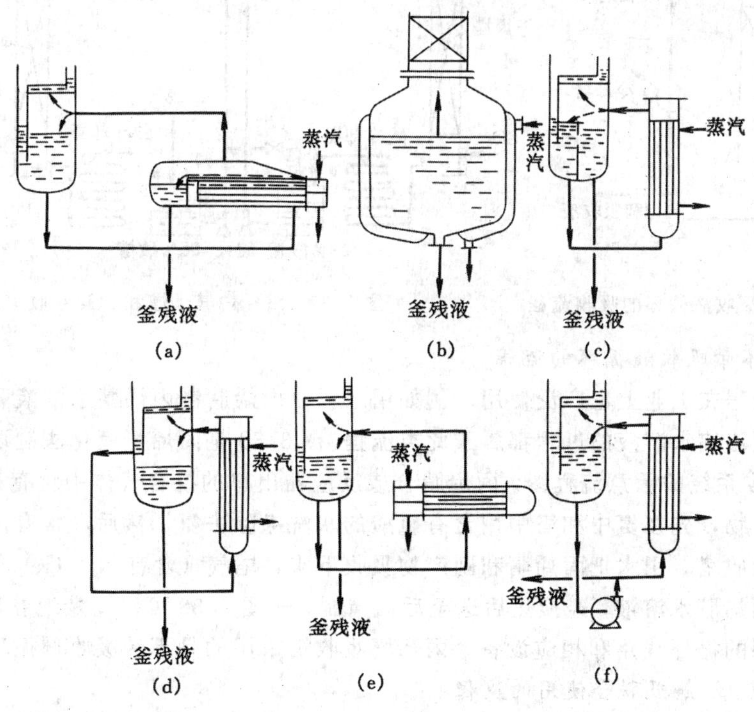

图 3.35　塔底流程

3.4.3　吸收过程流程的组织和分析

3.4.3.1　带有吸收液循环的流程

带有吸收液循环的流程适用于以下两种情况。

(1) 根据工艺计算确定的吸收剂流量太小，不能达到吸收塔要求的喷淋密度时，通过大量吸收剂循环以保证吸收塔需要的喷淋密度，而工艺需要补充的较小量新鲜吸收剂则补充到循环液中。需要排出系统的饱和吸收液可从循环泵出口排出，流程见图 3.36。

(2) 吸收塔内放出的热量很多，为避免塔内吸收液温升过高，必须从塔内抽出一部分吸收液到塔外冷却器进行冷却后再返回塔内，此时亦需设计成带吸收液循环的流程。

工业上带有吸收液循环的流程很常见。在制取 37%（以下均为质量分数）的甲醛水溶液和 98%浓硫酸的生产过程就是采用这类吸收流程。

图 3.37 是 98%浓硫酸制取过程中，SO_2 炉气干燥和 SO_3 吸收串酸流程。98%酸槽中的浓硫酸经循环泵打入 SO_3 吸收塔，从塔顶喷淋而下，经冷却后的含 SO_3 的混合气从塔下部进入，在塔中与塔顶喷淋液逆流相遇，吸收了 SO_3 的浓硫酸自塔底排出，经酸冷却器移除热量后回到 98%酸槽，再由循环泵打至吸收塔塔顶，如此不断循环。SO_3 生成硫酸所消耗的水可从 98%酸槽中直接补入，也可以通过补入较稀的 93%H_2SO_4 来解决，尾气从吸收塔塔顶放空。在 SO_2 干燥塔内，SO_2 炉气中的水分不断进入 93%硫酸中，为了保持干燥剂（93%硫酸）的浓度稳定，由 98%酸泵向 93%酸槽补充浓度较大的 98%浓硫酸，干燥塔塔顶排出干燥的炉气。

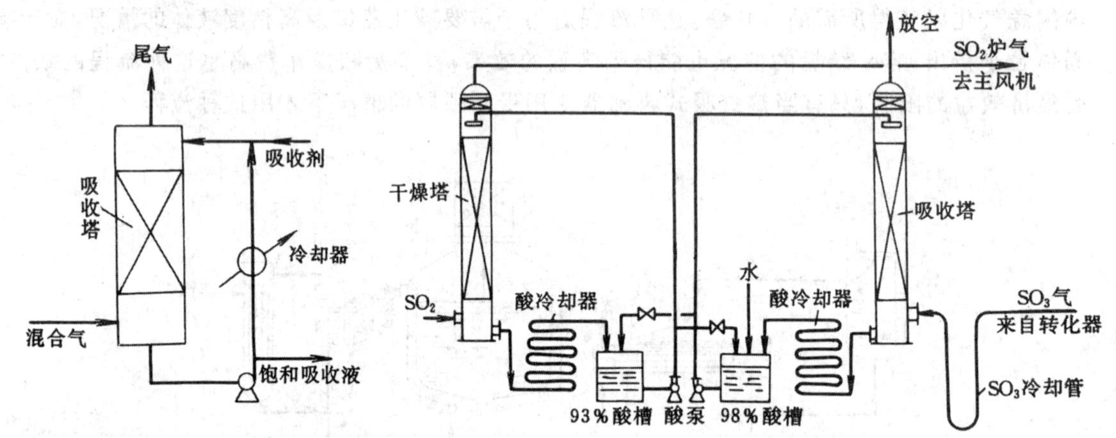

图 3.36 带有吸收液循环的吸收流程

图 3.37 SO_2 炉气干燥和 SO_3 吸收串酸流程

3.4.3.2 不带吸收液循环的流程

这种吸收流程在工业上也广泛使用，例如用水吸收丙烯腈制丙烯腈水溶液和用水吸收环氧乙烷制取环氧乙烷水溶液的过程都属于此类流程。图 3.38 是丙烯氨氧化法制取丙烯腈工厂（或车间）的吸收系统的示意流程图。丙烯腈合成反应器出口的混合气体中含有过量的氨、丙烯腈和其他副产物，先在氨中和塔中用含有硫酸的水洗涤除去氨，然后，含有丙烯腈及副产物的气体进入吸收塔，用水把丙烯腈和副产物吸收下来，尾气（含有 N_2、CO_2 等）放空，吸收塔塔底得到丙烯腈水溶液，经换热后送至后面精制，从图 3.38 可以清楚地看出，丙烯腈吸收塔没有吸收剂的循环线路和相应设备，丙烯腈吸收塔采用的是不带吸收剂循环的流程。

3.4.3.3 吸收-解吸联合使用的流程

这种情况常见于气体净化过程，例如在制氢、合成氨、钢铁生产中，需要从混合气体中脱除 CO_2 和 H_2S，脱除 CO_2 的过程简称脱碳，脱除 H_2S 的过程简称脱硫。脱碳和脱硫的工业实践非常丰富，方法有物理吸收法、化学吸收法、物理化学吸收法等，吸收剂更是多种多样。目前工业上使用的脱硫和脱碳吸收剂大多价格不菲，并对环境有污染，因此，吸收剂吸收溶质后，含有溶质的溶液（常称为富液）必须经过再生过程，使溶质从吸收剂中解吸出来，吸收液成为含溶质很少的贫液再送回吸收塔循环使用。解吸出来的CO_2气或H_2S气根据情况可加以利用，这样就构成了一个吸收-解吸系统。

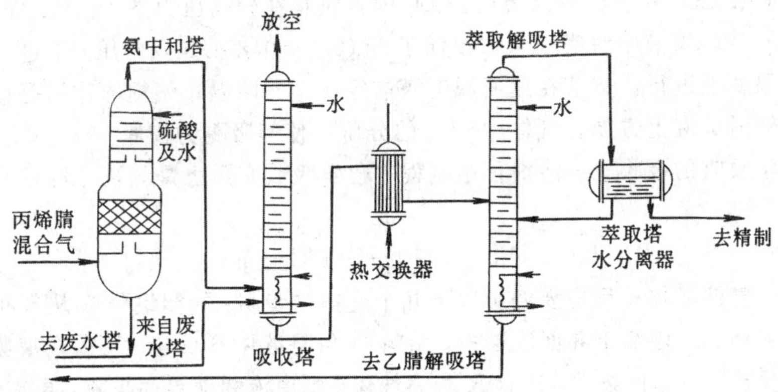

图 3.38 丙烯腈吸收系统示意流程

吸收和解吸联合使用的流程也常用于气体混合物中有用组分的提取，例如合成氨原料气中的CO_2通过吸收与原料气中的其他组分分离，再通过再生系统使CO_2从溶剂中解吸出来，便可得到CO_2气供合成尿素过程作为原料。又如工业上用吸收和解吸联合使用的流程，用洗油从煤气中得到粗苯。

吸收-解吸联合使用的流程及其操作条件视吸收方法不同有不同的考虑原则，下面把物理吸收和化学吸收分开讨论。

(1) 物理吸收——溶剂再生流程　对物理吸收来说，吸收过程应创造高压、低温的条件，而溶剂再生过程则是低压高温有利，在流程的安排上也应如此考虑。丙烯碳酸酯脱除CO_2是物理吸收过程，它的工艺流程如图 3.39 所示。压力为 2.7MPa（有些工厂用 1.7MPa 的操作压力）、约含 30% CO_2的N_2、H_2混合气（称为变换气）进入脱碳塔下部，在填料层中与从塔顶喷淋的丙烯碳酸酯（下面简称丙碳）液逆流接触，脱碳塔出口气体即为脱除CO_2后的净化气。吸收了CO_2后的丙碳液（称为富液）从脱碳塔引出减压至中间压力（0.6～0.8MPa）进入闪蒸槽，闪蒸出N_2、H_2和部分CO_2，闪蒸气送往氮氢压缩机予以回收，闪蒸后的丙碳酸进入常解再生塔进一步解吸出CO_2，解吸气经风机加压后送洗涤塔，洗去气体中的雾沫后送到尿素车间作为合成尿素的原料；常压下解吸后的丙碳液经气提进一步除去其中残留的CO_2，

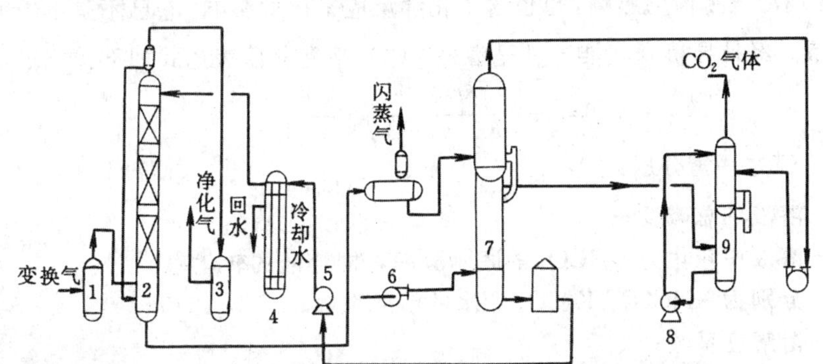

图 3.39 丙烯碳酸酯法脱 CO_2 工艺流程图

1—分离器；2—脱碳塔；3—丙碳分离器；4—冷却器；5—脱碳泵；
6—气提鼓风机；7—常解再生塔；8—回收液泵；9—洗涤塔

成为贫液，送入中间贮槽，再经丙碳循环泵（又称为脱碳泵）加压、溶剂冷却器降温，最后返回脱碳塔循环使用。

从丙碳吸收 CO_2 的流程可以看出，CO_2 的吸收是在较高压力下（2.7MPa 或 1.7MPa）进行的，而 CO_2 从丙碳液中解吸则是在较低压力（0.6～0.8MPa 及常压）下进行；为了 CO_2 的吸收在较低温度下进行，贫液在返回脱碳塔前经冷却器降温；气提的作用是使用大量空气的稀释作用降低丙碳液上方混合气体中 CO_2 的分压，使解吸更为彻底。

（2）化学吸收的吸收——溶剂再生流程　化学吸收实际上是气液非均相反应，以下面的反应为例：

$$A(g)+B(l)\longrightarrow R(l \text{ 或 } g)$$

实现这一气液非均相反应要经历以下几个连串的步骤：气相组分 A 从气相主体通过气膜传递到气液界面；A 溶解于界面液层中；溶解的 A 与液体 B 反应（可能在液膜中，也可能在液相主体中反应）生成产物 R；产物 R 若为气体，则由液相向界面扩散，再扩散至气体主流，若 R 为液体产物，则 R 在液体中向着含量低的方向扩散。这一气液非均相反应过程的表观速度是几步综合的速度，不同的反应，不同的操作条件可能会出现各种不同的情况，这几种情况是：动力学控制（过程总速度等于化学反应过程的速度）、气膜控制（过程总速度等于气体产物 R 或反应物 A 在气膜中的扩散速度）、液膜控制（过程总速度等于 A 或 R 在液膜中扩散的速度）或反应速度和扩散速度对过程总速度均有影响的过渡区域。哪些因素影响化学吸收的速度，要看在操作条件下吸收过程属于何种控制，是动力学控制还是气膜控制、液膜控制？还是属于过渡区？再从吸收平衡的角度分析，化学吸收除与溶解平衡有关外，还与化学反应平衡有关。从上面的分析可以看出，影响化学吸收的因素是比较复杂的。

下面以苯菲尔（Benfield）法脱碳作为例子讨论化学吸收的吸收——溶剂再生流程及其操作条件。苯菲尔法脱碳是一个工业上广泛使用的脱碳方法，此法的吸收液是 22%～30% K_2CO_3 水溶液，内有少量活化剂二乙醇胺（R_2NH），脱碳反应和再生反应是如下式所示的可逆反应过程：

$$R_2NH + CO_2 \rightleftharpoons R_2NCOOH$$

$$R_2NCOOH + K_2CO_3 + H_2O \rightleftharpoons R_2NH + 2KHCO_3$$

这是一个气液反应系统，吸收过程的推动力是（$p_{CO_2}-p^*_{CO_2}$），p_{CO_2} 是气体混合物中 CO_2 的分压，$p^*_{CO_2}$ 是操作条件下的 CO_2 平衡分压，由于吸收过程中存在 CO_2 与 K_2CO_3 的化学反应，因而 $p^*_{CO_2}$ 既包含了物理溶解平衡的影响，也包含了化学反应平衡的影响，它已不是单纯的物理溶解的气液平衡关系。经推导得到（推导过程略去）CO_2 平衡分压表达式如下：

$$p^*_{CO_2}=\frac{4Nx^2}{H\cdot K_w\ (1-x)}\cdot\frac{\alpha^2}{\beta\cdot\gamma}$$

式中　$p^*_{CO_2}$——CO_2 平衡分压；

N——溶液的总碱度；

x——溶液中转化为 $KHCO_3$ 的摩尔分率，即溶液的转化率；

α、β、γ——分别为 $KHCO_3$、K_2CO_3 和水的活度系数；

H——溶解度系数；

K_w——化学反应平衡常数。

因为 K_2CO_3 吸收 CO_2 的化学反应是放热反应，温度升高，化学反应平衡常数 K_w 减小；温度升高，溶解度系数 H 也减小，从上面的 CO_2 平衡分压表达式可以看出，温度升高，CO_2 平

衡分压 $p^*_{CO_2}$ 增大，吸收推动力（$p_{CO_2}-p^*_{CO_2}$）减小。

有人研究过活化剂二乙醇胺存在下，此气液反应的过程总速度，研究结果表明：在某些条件下吸收是化学反应控制，而在另一些条件下，吸收则为扩散控制。对有二乙醇胺存在下 K_2CO_3 吸收 CO_2 的反应的研究提出了该反应的化学反应速度表达式如下：

$$r=k_{Am}\ [R_2NH]\ [CO_2]$$

式中　r ——反应速度；

k_{Am}——反应速度常数；

$[R_2NH]$ ——液相中游离胺含量；

$[CO_2]$ ——溶液中 CO_2 的含量。

当温度升高时，反应速率常数 k_{Am} 增大，化学反应速度加快，因此，当吸收过程处于动力学控制区或过渡区时，温度升高将是有利的。

对于这样一个过程，应当怎样选择操作条件和怎样组织流程呢？先讨论压力的选择问题，操作压力越高，气相中 CO_2 分压越大，吸收推动力也越大，对吸收有利。但吸收压力是由整个工程的工艺路线和技术路线决定的，大型氨厂一般采用 2.6～2.8MPa 的脱碳压力，中型氨厂一般用 1.8MPa，也有用 2.6～2.8MPa 的脱碳压力的；而小型氨厂用 1.4～1.8MPa 的脱碳压力。而对再生过程则恰恰相反，再生压力愈低，解吸气中 CO_2 的分压就愈低，解吸推动力（$p^*_{CO_2}-p_{CO_2}$）就愈大，所以压力低对再生有利，但再生过程的操作压力受到 CO_2 用户的限制，从脱碳工序送出的 CO_2 必须有足够的压力克服管道阻力送到尿素车间的 CO_2 压缩机入口，因此，一般化肥厂控制再生压力为 50～60kPa，若为其他用途，应视具体情况而定。

再讨论温度的选择问题，前面已讨论过，温度升高，CO_2 平衡分压 $p^*_{CO_2}$ 增大，吸收推动力减小，不利于吸收，但提高温度可以加快化学反应的速度，从这一角度看，温度高又是有利的。这一个矛盾在实际生产中通过采用两段吸收和两段再生的流程得到解决。两段吸收和两段再生流程见示意图 3.40，在吸收塔下段控制较高的温度，一般为 95～115℃，尽管由于控制较高的温度导致 CO_2 平衡分压 $p^*_{CO_2}$ 升高，降低了吸收推动力，但因吸收塔下段位于气体中 CO_2 含量较高的区域，CO_2 的分压 p_{CO_2} 本来就高，提高温度对吸收推动力（$p_{CO_2}-p^*_{CO_2}$）降低的影响不大，而较高的温度却加快了化学反应速度，从总的结果看，控制较高的下段吸收温度取得了好的吸收效果。而在吸收塔的上段，由于此处 CO_2 已被吸收去了大部分，CO_2 的分压已经不高，如果再控制高的吸收温度，吸收推动力（$p_{CO_2}-p^*_{CO_2}$）减小的影响会很突出，会导致塔出口气体的净化度不符合要求。因此，吸收塔上段控制比较低的温度，工业上一般为 70～80℃，使净化度合格，至于低的温度使化学反应速度降低的影响，因为上段所剩的 CO_2 已不多了，反应速度已不是主要矛盾，此段的主要目标是保证净化度合格，所以采用较低的操作温度是有利的。

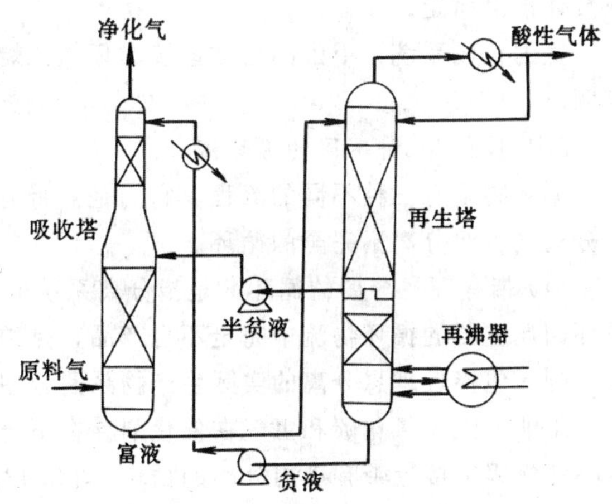

图 3.40　苯菲尔法脱碳两段吸收两段再生流程示意图

3.4.3.4 多个吸收塔组成的吸收流程

根据生产任务，当需要较大的吸收传质面积或处理气量较大时，若在一个吸收塔内完成，将会使吸收塔的直径过大或高度过大，在这种情况下，往往把几个吸收塔互相连接起来，进行并联或串联操作。根据具体的气液流量和吸收要求，设计成气体通路串联，液体通路串联或气体通路串联、液体通路并联或气体通路并联而液体通路串联等流程。图 3.41 表示多塔逆流串联的吸收流程。

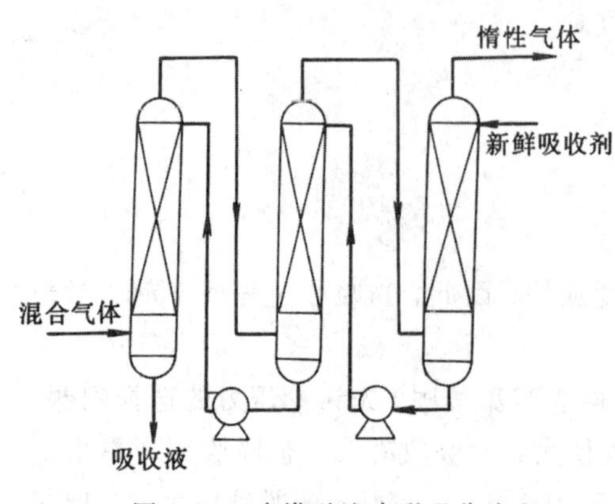

图 3.41 多塔逆流串联吸收流程

多塔流程在工业上很常见。从粗煤气（高温干馏煤得到）中回收氨和粗苯的吸收过程，气体就是连续通过 3 个吸收塔以使充分回收氨和粗苯。在生产轻质碳酸钙或轻质氧化镁的流程中，CO_2 气体通过串联的两个吸收塔，被氢氧化钙或氢氧化镁溶液吸收而生成产品。工业上生产 37% 的甲醛水溶液也采用多塔吸收流程。

3.4.4 带有物料循环的流程的组织和分析

在化工生产中，常常有反应单程转化率不高的情况，在这种情况下，需将未反应的原料和产物分离，使原料返回反应器，成为循环流程。由于原料循环，系统的总转化率（或称全程转化率）和总收率（或称全程收率）可以大大提高，从而降低原料的消耗定额，但循环系统必须配置循环压缩机或循环泵，会增大动力消耗，所以，原料是否循环要从经济角度考虑，视具体情况而定。

氨的合成系统、甲醇的合成系统、环氧乙烷的合成系统都是带有物料循环的流程的工业实例。

3.4.4.1 几种不同的循环流程

循环物系有三种不同的流程，它们是：带有理想分离的循环，没有分离设备的循环以及有分离设备但分离不完全的循环。

(1) 带有理想分离的循环　是指分离系统的设备的分离效果十分理想，产品中不含原料，循环回反应器的循环物流中完全不含产品，是纯原料。这是一种理想状态，实际生产中不可能达到，但接近理想分离的实际生产物系是存在的。带有理想分离的循环如图 3.42 所示。

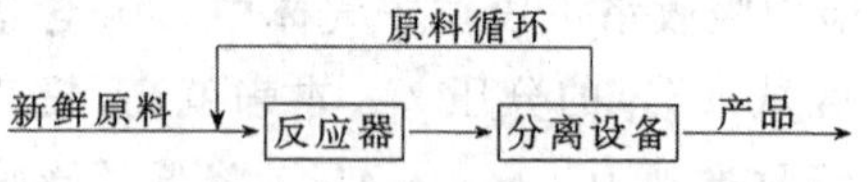

工业上由一氧化碳和氢气在催化剂存在下合成甲醇的流程很接近带有理想分离的循环。图 3.43 是 Lurgi 低压法甲醇合成工艺流程，

原料循环

新鲜原料 → 反应器 → 分离设备 → 产品

图 3.42 带有理想分离的循环

甲醇合成原料气在离心式透平压缩机内加压至 5.2MPa 与循环气以 1∶5 的比例混合，混合气在进甲醇合成塔（甲醇合成塔是外部换热式固定床催化反应器）前先与反应后的气体换热，升温至 220℃左右，然后进入甲醇合成塔，反应热传给壳程的水，产生蒸汽进入汽包，出塔气温度约 250℃，含甲醇 7%左右，经换热冷却至 85℃，然后用水冷却，温度降至 40℃，冷凝的粗甲醇经分离器分离。分离粗甲醇后的气体适当放空，以避免系统中惰性气的积累。大部分气体进入透平循环压缩机加压后返回甲醇合成塔。合成塔副产的蒸汽和外部补充的高压蒸汽经过热器过热至 500℃后送去带动透平压缩机，透平压缩机使用后的低压蒸汽作为甲醇精制工段的热源。

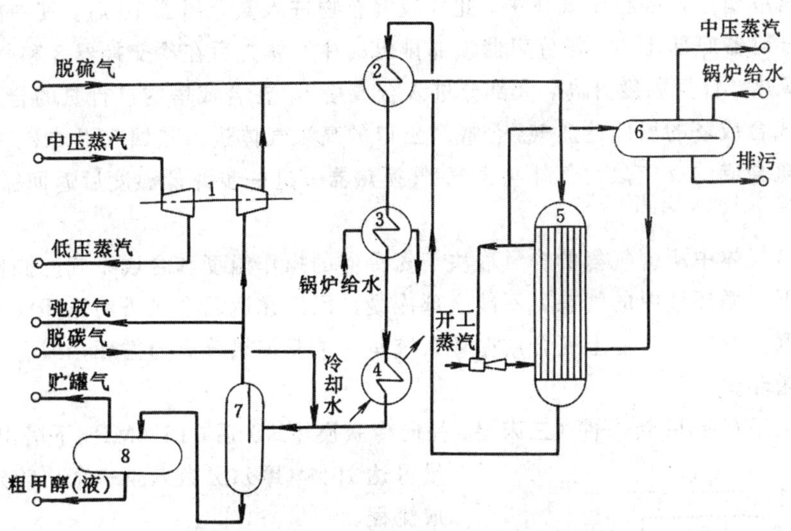

图 3.43 Lurgi 低压法甲醇合成工艺流程

1—透平循环压缩机；2—热交换器；3—锅炉水预热器；4—水冷却器；5—甲醇合成塔；6—汽包；7—甲醇分离器；8—粗甲醇贮槽

在操作压力和温度下，甲醇基本上冷凝下来，在分离器下部排出作为粗甲醇产品，从而使产物与未反应的原料一氧化碳和氢气分离。在循环回合成塔的气体中仅含有 0.5%左右的甲醇，而在采出的粗甲醇中溶入的 H_2、CO 等各种气体很少，在粗甲醇中，溶入的各种气体的摩尔分数约为 1.7%，可见，甲醇合成流程可以视为带有理想分离的循环流程。

(2) 没有分离设备的循环　在这种流程中，没有分离设备，从反应系统出来的含有原料和产品的混合物直接返回反应器，同时部分采出作为产品，这种情况和理想分离是两个极端。在实际生产中，当转化率很低而分离产品和原料又很困难的情况下，常采用这种完全不分离的循环流程（见图 3.44）。

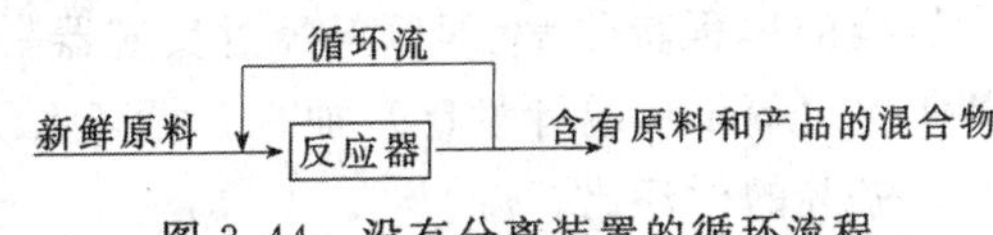

图 3.44 没有分离装置的循环流程

(3) 有分离装置但分离不完全的循环流程　介于理想分离的循环流程和完全不分离的循环流程这两个极端之间的是分离不完全的循环流程。在这种流程中，分离设备是有的，但它们的分离效果很一般，在返回反应器的循环流中除了原料外还带有产物；而在采出的产品中又含有一些原料。这种流程的典型工业实例是氨合成系统的流程。

图 3.45 是 Kellogg 型氨合成流程。由氮氢气压缩机送来的新鲜原料气与循环气汇合进入循环压缩机 4，循环压缩机 4 出口气体在水冷却器 5 中被冷却至常温，而后依次进入氨冷器 6、7、9 管内；氨冷器管外用液氨蒸发以吸收管内循环气的热量，使循环气的温度降低。在此温度、压力条件下，循环气中的气态氨部分冷

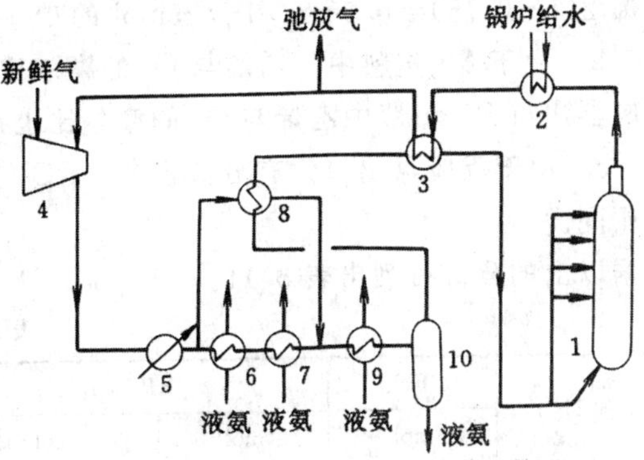

图 3.45 Kellogg 型氨合成流程图

1—合成塔；2—热回收锅炉；3—气-气换热器；4—循环压缩机；5—水冷却器；6,7,9—氨冷器；8—冷交换器；10—氨分离器

凝为液态氨，以液滴形式存在于气体中。此气液混合物进入氨分离器 10 后，其中的液态氨分离下来，在氨分离器底部排出。氨分离器顶部排出的冷气体先后在冷交换器 8 和气-气换热器 3 中与热气体换热，自身温度升高，大部分进入合成塔 1、在合成塔内进行氨的合成反应，小部分作为冷激式合成塔的段间冷激气。合成塔出口的高温气体进入热回收锅炉 2，用以预热锅炉给水以回收氨合成的反应热，气体再经气-气换热器 3 进一步降低温度后返回循环压缩机，如此不断循环。

合成塔入口气体中所含气氨的含量取决于氨冷器的操作温度和合成系统的操作压力。在工业生产条件下，循环气中的气态氨不能全部冷凝，因而在返回合成塔的循环气中，仍有一定含量的气态氨。所以，工业上氨合成循环系统是一个非理想分离的循环，即有分离装置但分离不完全的循环。

当合成塔采用 Casale 新内件（三床层、径向冷激换热式）后，15.0MPa 下塔出口 NH_3 含量可达 16%（摩尔分数），是一个比较先进的氨合成流程。

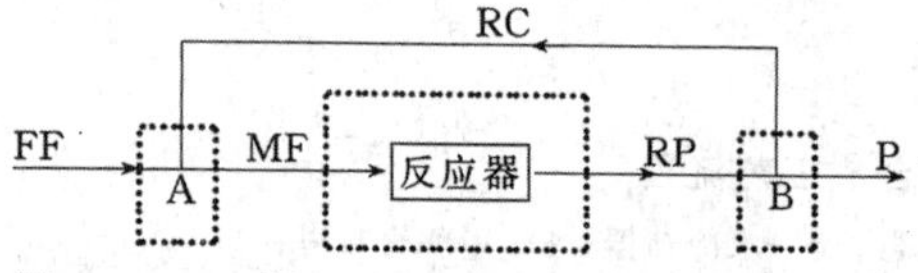

图 3.46　乙烯氧化制环氧乙烷的流程方框图

3.4.4.2　循环比和总转化率的关系

循环比是循环流程的一个重要参数，以乙烯氧化制环氧乙烷的循环系统作为例，讨论循环比与总转化率的关系（见图 3.46）。

乙烯氧化制环氧乙烷的反应方程式为

$$CH_2{=}CH_2 + \frac{1}{2}O_2 \longrightarrow \underset{\diagdown O \diagup}{CH_2{-}CH_2}$$

假设反应的单程转化率（即原料经过反应器一次的转化率）为 50%，反应物乙烯和 O_2 以 2∶1 的摩尔比（等于反应计量比）加入，循环系统不设分离设备。下面分别求算总转化率 75%、80%、90%的循环比。

以 2mol 进料乙烯为计算基准。

(1) 总转化率 75%时的循环比

a. 当总转化率为 75%时，进料 FF 流股的 2mol 乙烯中，有 2×0.75=1.5mol 的乙烯生成了环氧乙烷，此 1.5mol 乙烯作为产品在流股 P 中采出，在采出的流股 P 中，含有未反应的乙烯 2(1−0.75)=0.5mol 和 0.25mol 的 O_2。

b. 由于 FF 进料中，乙烯与 O_2 的摩尔比为 2∶1，反应又以 2∶1 的计量比进行，因此，反应器出口 RP 流股中乙烯与 O_2 的摩尔比也是 2∶1。

c. 由于反应器出口没有分离设备，RC、P、RP 各流股中乙烯、O_2、环氧乙烷的摩尔分数相同。

根据以上的分析可列出表 3.11。

表 3.11

物料	FF	RP		RC		P	
	mol	mol	%（mol）	mol	%（mol）	mol	%（mol）
$CH_2{=}CH_2$	2.0	0.222RP	0.222	0.222RC	0.222	0.5	0.222
O_2	1.0	0.111RP	0.111	0.111RC	0.111	0.25	0.111
C_2H_4O	0	0.667RP	0.667	0.667RC	0.667	1.5	0.667
合计	3.0	RP	1.0	RC	1.0	2.25	1.0

由结点 A 作 $CH_2{=}CH_2$ 和 O_2 平衡得：

MF 中含乙烯的物质的量（mol）＝2.0＋0.222RC

MF 中含 O_2 的物质的量（mol）＝1.0＋0.111RC

MF 中含环氧乙烷的物质的量（mol）＝0＋0.667RC

于是，又可列于表 3.12。

表 3.12

物料	FF	MF	RP		RC		P	
	mol	mol	mol	%（mol）	mol	%（mol）	mol	%（mol）
$CH_2{=}CH_2$	2.0	2.0＋0.222RC	0.222RP	0.222	0.222RC	0.222	0.5	0.222
O_2	1.0	1.0＋0.111RC	0.111RP	0.111	0.111RC	0.111	0.25	0.111
C_2H_4O	0	0.667RC	0.667RP	0.667	0.667RC	0.667	1.5	0.667
合计	3.0	3.0＋RC	RP	1.0	RC	1.0	2.25	1.0

由反应器作乙烯平衡得

$$0.5(2.0+0.222RC)=0.222RP$$

由结点 B 作乙烯平衡得

$$0.222RP=0.222RC+0.50$$

联解上述两方程得

$$RC=4.5mol$$

$$RP=6.75mol$$

循环比为

$$RC/P=4.5/2.25=2.0$$

（2）总转化率为 80%时的循环比　当总转化率为 80%时，在流股 P 中，有环氧乙烷 2×0.8＝1.6mol，乙烯 2(1－0.8)＝0.4mol，O_2 0.2mol，RP、RC 和 P 各流股中，乙烯、O_2、环氧乙烷的摩尔分数相同。

根据以上分析可列出表 3.13。

表 3.13

物料	FF	RP		RC		P	
	mol	mol	%（mol）	mol	%（mol）	mol	%（mol）
$CH_2{=}CH_2$	2.0	0.1818RP	0.1818	0.1818RC	0.1818	0.4	0.1818
O_2	1.0	0.0909RP	0.0909	0.0909RC	0.0909	0.2	0.0909
C_2H_4O	0	0.7273RP	0.7273	0.7273RC	0.7273	1.6	0.7273
合计	3.0	RP	1.0	RC	1.0	2.2	1.0

由结点 A 作乙烯和 O_2 的平衡得

MF 中含乙烯的物质的量（mol）＝2.0＋0.1818RC

MF 中含 O_2 的物质的量（mol）＝1.0＋0.0909RC

MF 中含环氧乙烷的物质的量（mol）＝0.7273RC

于是，又可列出表 3.14。

表 3.14

物料	FF	MF	RP		RC		P	
	mol	mol	mol	%（mol）	mol	%（mol）	mol	%（mol）
$CH_2=CH_2$	2.0	2.0+0.1818RC	0.1818RP	0.1818	0.1818RC	0.1818	0.4	0.1818
O_2	1.0	1.0+0.0909RC	0.0909RP	0.0909	0.0909RC	0.0909	0.2	0.0909
C_2H_4O	0	0.7273RC	0.7273RP	0.7273	0.7273RC	0.7273	1.6	0.7273
合计	3.0	3.0+RC	RP	1.0	RC	1.0	2.2	1.0

作反应器的乙烯平衡得

$$0.5(2.0+0.1818RC)=0.1818RP$$

作结点B的乙烯平衡得

$$0.1818RP=0.1818RC+0.4$$

联解上述两个方程得

$$RP=8.8mol$$
$$RC=6.6mol$$

因此，循环比为

$$\frac{RC}{P}=\frac{6.6}{2.2}=3$$

（3）当总转化率为90%时　按上述方法计算得到P=2.1mol，RP=18.9mol，RC=16.80mol，因此，循环比为

$$\frac{RC}{P}=\frac{16.80}{2.1}=8$$

从上面的计算结果可以清楚地看出，在反应器的单程转化率相等的情况下，循环系统的总转化率随循环比增大而增大。所以，从提高原料利用率的角度看，循环比大是有利的。但是，大的循环比必将导致反应器和分离设备的物料流量加大，循环机械（循环机或循环泵）的流量也加大，从而增加设备投资和操作费用。因此，存在着一个合理的循环比，在此循环比下操作可以获得最佳的经济效果。

3.4.4.3　物料循环流程的特点

从氨合成和甲醇合成的工业流程可以看出，带有物料循环的流程具有以下的特点。

（1）新鲜原料气连续加入。

（2）产品连续采出。

（3）有物料循环管路和循环机械，对气体循环物系，循环机械是循环压缩机，对液体循环物系，循环机械是循环泵。

（4）有排放口排出部分物料，以避免在系统内积聚惰性物质或杂质。在氨合成循环系统和合成甲醇循环系统中，排放口（即放空）常设在氨分离器和甲醇分离器出口气体总管上，在此处放空可使氨和甲醇的损失最小。

3.5　工艺流程设计的参考资料

搞工艺流程设计，需要尽量多的找参考资料，除通常的中外文杂志、期刊、专利和文摘等以外，还有两大类十分有用的参考资料，一类是百科全书，全世界著名的多卷本百科全书有下列五部：

(1) Kirk Othmer. Encyclopedia of Chemical Technology. 4th ed. 1991～1998.

(2) Ullmanns Encyclopedia of Industrial Chemistry. 5th ed. 1985～1995.

(3) Mcketta and Cunningham：Encyclopidia of Chemical Processing and Design. 1977～1999.

(4) Mark，Ecyclopedia of Polymer Science and Technology. Rev. ed. 1985～1989.

(5)《化工百科全书》编辑委员会，化学工业出版社《化工百科全书》编辑部编．化工百科全书．北京：化学工业出版社，1990～1998.

这些百科全书出版时收集的文献资料比较详尽，有一定间隔期进行再版，每个产品或题目，约有5～20页非常中肯的信息介绍，对设计者很有参考价值。

另一类是诸如世界著名研究咨询机构，如美国斯坦福研究所（SRI International）编写的技术经济研究报告，著名的有：

(1) 化学经济手册（Chemical Economic Hand book）报道化工所有专业的原材料及各种产品的技术经济情报，包括现状、展望、生产方法、生产公司、厂址和生产能力、产量和销售量、消耗量、价格和销售单价，国际动态及其他有针对性的统计资料和数据。

(2) 工艺经济大纲（Process Economics Program）。

(3) 工艺评价研究计划（Process Evaluation Research Planning）。

这两种资料是评价化工主要产品的生产工艺、当前有关各类产品的新专利内容，技术经济比较，工业上可行的工艺流程，初步设计数据和操作条件，设备规格、投资及生产费用等。

(4) 专用化学品（Specialty Chemicals），主要研究塑料添加剂，油田用化学品，电子用化学品，粘合剂、催化剂、食品添加剂、采矿用化学品、润滑油添加剂等精细化学品的成功战略等。

(5) 化学工艺经济（Chemical Process Economics）追踪报道了数百个化工产品的工艺经济情报，内容不断更新和补充，包括技术特点、工艺过程、生产流程图及生产费用等，实用价值很高。

斯坦福研究所的这类出版物，采用活页装订，对每个产品或题目经常更新，极具参考价值，可惜是订阅费用较贵，中国有少数化工信息、咨询、工程设计单位订有此出版物。

主要参考文献

1 张洋主编．高聚物合成工艺设计基础．北京：化学工业出版社，1981

2 厉玉鸣主编．化工仪表及自动化．北京：化学工业出版社，1991

3 涂晋林，吴志泉编．化学工业中的吸收操作．上海：华东理工大学出版社，1994

4 天津大学．基本有机化学工程．北京：人民教育出版社，1978

5 王静康主编．化工设计．北京：化学工业出版社，1995

6 N.A. 阿列克桑德洛夫著．石油加工蒸馏和精馏．李成林等译．北京：烃加工出版社，1989

7 房鼎业，姚佩芳，朱炳辰编著．甲醇生产技术及进展．上海：华东化工学院出版社，1990

4 物料衡算

一个完整的物料衡算是进行工艺设计的基础，尤其在开发新的工艺流程中，完整的物料衡算常可帮助查找出丢失物料的去向（如对于有些催化反应的物料衡算，常可藉以查找出有无微量积碳的副反应等），因此，在工艺设计中应尽量做到进出物料的平衡。

4.1 物料衡算的基本方法

4.1.1 物料衡算进行的步骤

（1）画出物料衡算方框图。例如对某反应系统，可画出物料衡算方框图如下：

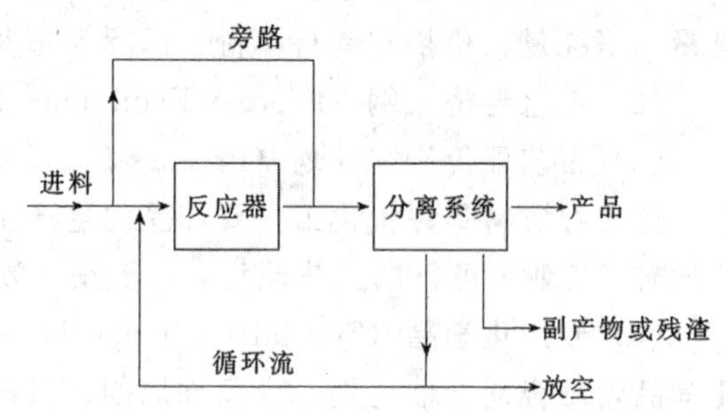

（2）写出化学反应方程式（包括主反应和副反应）。

（3）写明年产量，年工作日或每昼夜生产能力，产率，产品纯度等要求。

（4）选定计算基准。

（5）收集计算需要的数据。

（6）进行物料衡算。

（7）将物料衡算结果列成物料平衡表，画出物料平衡图。

4.1.2 物料衡算式

物料衡算的基础是质量守恒定律。根据质量守恒定律可以写出：进入系统的物料质量＝输出系统的物料质量＋系统内积累的物料质量对连续生产过程，系统内无物料的积累，上式变为：

进入系统的物料质量＝输出系统的物料质量

对包含有化学反应的过程，由于反应过程中分子的物质的量可能会发生变化，进入系统的总分子的物质的量不一定等于系统输出的总分子的物质的量。但以原子的物质的量衡算时，上式仍恒等。对物理过程，用总质量恒等和总分子物质的量恒等来计算都是可以的。

4.1.3 物料衡算的基准

衡算的基准选择很重要，基准选得适当可使计算简化。对一个系统，究竟采用什么作基准要看具体情况，不宜硬性规定，但可作如下建议。

（1）已知进料组成时，若进料组成用质量百分率表示，则用100kg或100g进料为基准，若进料组成用摩尔百分率表示，则用100mol或100kmol进料作基准。

（2）已知出料组成时，若出料组成用质量百分率表示，则用100kg或100g出料为基准，若出料组成用摩尔百分率表示，则用100mol或100kmol出料作基准。

（3）以1t产品为基准。

（4）以1mol某反应物为基准。

例 4.1 丙烷充分燃烧时要使空气过量25%，燃烧反应方程式为：

$$C_3H_8+5O_2 \longrightarrow 3CO_2+4H_2O$$

试计算得到 100 摩尔燃烧产物（又称为烟道气）需要加入的空气的摩尔量。

解：

解法Ⅰ——以 1mol 入口丙烷为计算基准

根据反应方程式，1mol 丙烷需要 5mol 的氧气与之反应，因氧气过量 25%，故需要加入的空气量为

$$\frac{1.25\times5}{0.21}=29.76\text{mol}，其中 \begin{matrix} O_2 & 6.25\text{mol} \\ N_2 & 23.51\text{mol} \end{matrix}$$

烟道气中各组分的量：

C_3H_8　0 mol　　N_2　23.51mol

CO_2　$3\times1=3$ mol　　O_2　$6.25-5=1.25$ mol

H_2O　$4\times1=4$ mol

因此，以 1mol 入口丙烷为基准的物料衡算结果列于例 4.1 表 1。

例 4.1 表 1

入方			出方		
组分	mol	g	组分	mol	g
C_3H_8	1	44	C_3H_8	0	0
O_2	6.25	200	O_2	1.25	40
N_2	23.51	658.3	N_2	23.51	658.3
CO_2	0	0	CO_2	3	132
H_2O	0	0	H_2O	4	72
合计	30.76	902.3	合计	31.76	902.3

从计算结果可以看出，当空气加入量为 29.76mol 时，可产生烟道气 31.76mol，所以，每产生 100mol 烟道气需加入的空气量为

$$\frac{100\times29.76}{31.76}=93.7\text{mol}$$

解法Ⅱ——以 1mol 入口空气为计算基准

因空气过 25%，参加反应的 O_2 的摩尔量应为 $1\times0.21/1.25$，所以，C_3H_8 的摩尔量为

$$\frac{1\times0.21}{1.25}\times\frac{1}{5}=0.0336\text{mol}$$

烟道气中各组分的量：

N_2　$1\times0.79=0.79$ mol　　CO_2　$3\times0.0336=0.101$ mol

O_2　$1\times0.21-0.0336\times5=0.042$ mol　　H_2O　$4\times0.0336=0.1344$mol

以 1mol 入口空气为基准的物料衡算结果列于例 4.1 表 2。

例 4.1 表 2

入方			出方		
组分	mol	g	组分	mol	g
C_3H_8	0.0336	1.478	C_3H_8	0	0
O_2	0.21	6.72	O_2	0.042	1.344
N_2	0.79	22.12	N_2	0.79	22.12
CO_2	0	0	CO_2	0.101	4.444
H_2O	0	0	H_2O	0.1344	2.419
合计	1.0336	30.32	合计	1.0674	30.32

从计算结果知，每产生 1.0674mol 的烟道气需加入 1mol 空气，所以产生 100mol 烟道气

需要加入的空气量是

$$\frac{1}{1.0674}\times100=93.7\text{mol}$$

解法Ⅰ和解法Ⅱ虽然采用了不同的计算基准，但计算得到的产生100mol烟道气所需要加入的空气量都是93.7mol，可见计算结果与采用的计算基准无关，因此，可按便于计算的原则选择计算基准。

在进行设备和管道设计时，需要以h或min、s为基准的物料量，其单位为kg/h，kmol/h，kg/s，kmol/s……等，这时，要把用其他基准表示的物料衡算结果换算为以h或以min、s为基准的值，换算方法见例4.2。

例4.2 某尿素工厂的生产能力为6万t尿素/a，年操作日300d，尿素的氨耗为0.6t氨/t尿素，生产过程的氨损失按5%考虑，已知以1t氨为基准的某股气体的组成和量如例4.2表1所示。

例4.2表1

组分	CO_2	CO	H_2	N_2	CH_4	合计
%（mol）	28.56	1.20	52.61	17.05	0.575	100
kmol	54.30	2.29	100.04	32.43	1.093	190.99

列出该股气体的组成和流量表。

解：小时产氨量为

$$\frac{60000\times0.6\times1.05}{300\times24}=5.25\text{t/h}$$

以1t氨为基准的各组分的kmol量乘以5.25所得结果即为流量（以kmol/h为单位）。

气体的流量和组成如例4.2表2所示。

例4.2表2

组分	CO_2	CO	H_2	N_2	CH_4	合计
%（mol）	28.56	1.20	52.61	17.05	0.575	100
kmol/h	285.1	12.02	525.2	170.2	5.74	998.3

4.2 物料计算中用到的基本量

4.2.1 流体的流量和流速

化工生产大部分是连续操作，工程设计中最常遇到的是流动系统，因而流体的流量和流速是一个基本的设计参数。

（1）体积流量　单位时间内流经管道或设备的流体的体积称为体积流量，其单位为m^3/h，m^3/min或m^3/s等。

（2）流体的线速度　流体每单位时间在流动的方向上所流经的距离称为线速度，单位常用m/s表示。工程上，一般把流体的体积流量除以截面积所得的商表示流体通过该截面的线速度。

$$u=\frac{Q}{A}$$

式中　u——线速度，m/s；

Q——体积流量，m^3/s；

A——横截面积，m^2。

（3）质量流量　单位时间流经管道或设备的流体的质量称为质量流量，其单位为 kg/h、kg/min 或 kg/s 等。

（4）质量流速　单位时间流过管道或设备的单位横截面积的流体的质量称为质量流速，质量流速计算公式为

$$G=\frac{W}{A}$$

式中　G——质量流速；

W——质量流量；

A——横截面积。

质量流速的单位为 $kg/(m^2 \cdot h)$,$kg/(m^2 \cdot min)$或 $kg/(m^2 \cdot s)$等。

（5）摩尔流量　单位时间流经管道或设备的流体的物质的量（mol 或 kmol）称为摩尔流量，用 F 表示，其单位为 kmol/h，kmol/min 或 kmol/s 等。

（6）质量流量、体积流量和线速度之间的关系　质量流量，体积流量和线速度三者之间的关系，可用下式表示：

$$W=Q\rho=uA\rho$$

式中　ρ——流体的密度。

4.2.2　摩尔分数和质量分数

（1）摩尔分数　混合物中某组分的物质的量与混合物的物质的量之比称为该组分的摩尔分数。液体混合物中 i 组分的摩尔分数一般用 x_i 表示，而气体混合物中 i 组分的摩尔分数用 y_i 表示，即

$$y_i=\frac{n_i}{n_t} \quad 或 \quad x_i=\frac{n_i}{n_t}$$

式中　n_i——i 组分的物质的量，mol；

n_t——混合物的物质的量，mol。

对于流动物系，摩尔分数为：

$$y_i=\frac{F_i}{F_t} \quad 或 \quad x_i=\frac{F_i}{F_t}$$

式中　F_i——i 组分的摩尔流量；

F_t——混合物的总摩尔流量。

对于混合气体，i 组分的摩尔分数和体积分数相等。

（2）质量分数　混合物中，某组分的质量与混合物质量之比为该组分的质量分数，用 w_i 表示。

$$w_i=\frac{i\text{ 组分的质量}}{\text{混合物的质量}}$$

对流动物系则有：

$$w_i=\frac{i\text{ 组分的质量流量}}{\text{混合物的质量流量}}=\frac{W_i}{W_t}$$

和

$$w_i=\frac{i\text{ 组分的质量流速}}{\text{混合物的质量流速}}=\frac{G_i}{G_t}$$

(3) 质量分数和摩尔分数的相互换算　质量分数和摩尔分数可以相互换算，前提条件是已知混合物中各组分的相对分子质量。

例 4.3　一混合物中苯和甲苯的质量分数分别为 0.4 和 0.6，求苯和甲苯的摩尔分数（分别用 x_1 和 x_2 表示）。

解：苯和甲苯的相对分子质量分别为：$M_1=78$，$M_2=92$

$$x_1=\frac{\frac{40}{78}}{\frac{40}{78}+\frac{60}{92}}=0.44$$

$$x_2=\frac{\frac{60}{92}}{\frac{40}{78}+\frac{60}{92}}=0.56 \quad 或 \quad x_2=1-x_1=1-0.44=0.56$$

例 4.4　乙醇和水的混合物中，乙醇和水的摩尔分数为 0.5，求乙醇和水的质量分数（分别用 w_1 和 w_2 表示）。

解：乙醇和水的相对分子质量分别为：$M_1=46$，$M_2=18$

$$w_1=\frac{0.5\times46}{0.5\times46+0.5\times18}=0.7188$$

$$w_2=\frac{0.5\times18}{0.5\times46+0.5\times18}=0.2812 \quad 或 \quad w_2=1-w_1=1-0.7188=0.2812$$

4.2.3　混合物的平均分子量

$$\overline{M}=\sum_{i=1}^{n}M_ix_i$$

式中　x_i——i 组分的摩尔分数；

M_i——i 组分的相对分子质量；

$\overline{M}$——混合物的平均分子量。

例 4.5　混合物中乙醇和水的质量分数分别为 0.6 和 0.4，求此混合物的平均分子量。

解：以下标 1 和 2 分别表示乙醇和水

$$M_1=46,\ M_2=18$$

$$x_1=\frac{\frac{60}{46}}{\frac{60}{46}+\frac{40}{18}}=0.3699$$

$$x_2=1-0.3699=0.6301$$

则　$\overline{M}=0.3699\times46+0.6301\times18=28.36$

例 4.6　混合物中乙醇和水的摩尔分数分别为 0.6 和 0.4，求混合物的平均分子量。

解：乙醇的相对分子质量为 46，水的相对分子质量为 18。

$$\overline{M}=0.6\times46+0.4\times18=34.8$$

4.2.4　气体的体积

(1) 一般压力、温度下气体的体积　工程计算中，一般来说，操作压力在 1MPa 以下，可按理想气体对待，服从理想气体状态方程式：

$$pV=nRT \qquad 或 \qquad pV=\frac{m}{M}RT$$

对混合气体则为 $$pV=\frac{m}{\overline{M}}RT$$

式中 m——气体的质量；

M——气体的相对分子质量；

$\overline{M}$——气体的平均分子量；

n——气体的物质的量，mol；

p——气体的压力；

V——气体的体积；

T——气体的温度（热力学温度）；

R——通用气体常数。

通用气体常数 R 的具体数值因单位而异，常用的几个 R 值是：

$$R=8.314\times10^{3}\ \frac{\text{Pa}\cdot\text{m}^3}{\text{kmol}\cdot\text{K}}=8.314\times10^{-3}\frac{\text{MPa}\cdot\text{m}^3}{\text{kmol}\cdot\text{K}}=8.314\times10^{6}\ \frac{\text{Pa}\cdot\text{cm}^3}{\text{mol}\cdot\text{K}}$$
$$=8.314\ \frac{\text{J}}{\text{mol}\cdot\text{K}}$$

对于流动系统，理想气体状态方程式可写成：

$$pQ=FRT \tag{4.1}$$

式中 Q——体积流量；

F——摩尔流量；

p——压力；

T——热力学温度；

R——通用气体常数。

在标准状况（0℃，0.1MPa）下，1kmol 气体的体积为 22.4m³，根据这一关系，一般压力、温度下的气体体积也可用下式计算：

$$V=22.4n\times\frac{273+t}{273}\times\frac{0.1013}{p} \tag{4.2a}$$

$$Q=22.4F\times\frac{273+t}{273}\times\frac{0.1013}{p} \tag{4.2b}$$

式中 t——温度，℃；

p——压力，MPa；

n——气体的物质的量，kmol；

V——气体的体积，m³；

Q——气体的体积流量，m³/s，m³/min 或 m³/h 等；

F——气体的摩尔流量，kmol/s，kmol/min 或 kmol/h 等。

例 4.7 一个由乙烯和苯合成乙苯的装置，需要用 500kg/h 乙烯气体。现拟设计一个乙烯气柜，其贮存量为该装置 1.5h 的用量，气柜中的乙烯温度为 30℃，压力为 0.142MPa，求该气柜的体积。

解：

需贮存的乙烯量为 1.5×500=750kg

乙烯的相对分子质量为 28

气柜的体积为

$$V=\frac{\frac{750}{28}\times 8.314\times 10^{-3}\ (273+30)}{0.142}=475.2\text{m}^3$$

也可以用（4.2a）式计算：

$$V=22.4\times\frac{750}{28}\times\frac{273+30}{273}\times\frac{0.1013}{0.142}=475.2\text{m}^3$$

（2）高压下的气体体积　操作压力在1MPa（10atm）以上时，在工程计算中应按真实气体对待。在各种计算方法中，以压缩因子法为最方便，即用压缩因子作为一个校正系数，来校正理想气体状态方程式，用来计算真实气体的体积，其数学形式为：

$$pV=ZnRT \qquad 和 \qquad pQ=ZFRT$$

式中　Z——压缩因子。

Z 是对比压力 p_r、对比温度 T_r 的函数，Z 的值可由 $T_r \cdot p_r$ 查压缩因子图得到，图 4.1 是普遍化压缩因子图。

对比压力和对比温度的定义式为

$$p_r=\frac{p}{p_c},\ T_r=\frac{T}{T_c}$$

式中　p_r——对比压力；

p_c——临界压力；

T_r——对比温度；

T_c——临界温度。

对氢、氦、氖三种气体，按下面的式子计算 p_r 和 T_r 所求得的 Z 值更符合实际情况：

$$p_r=\frac{p}{p_c+8},\ T_r=\frac{T}{T_c+8}$$

式中　p 和 p_c 用 atm❶ 作单位。

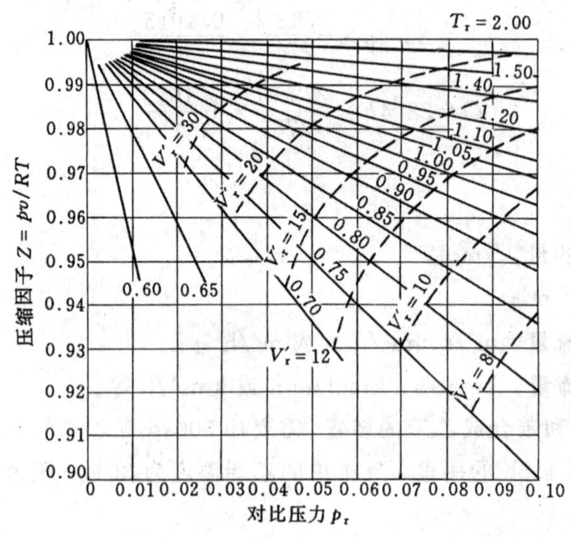

图 4.1a　气体压缩因子图

❶ 1atm=101325Pa。

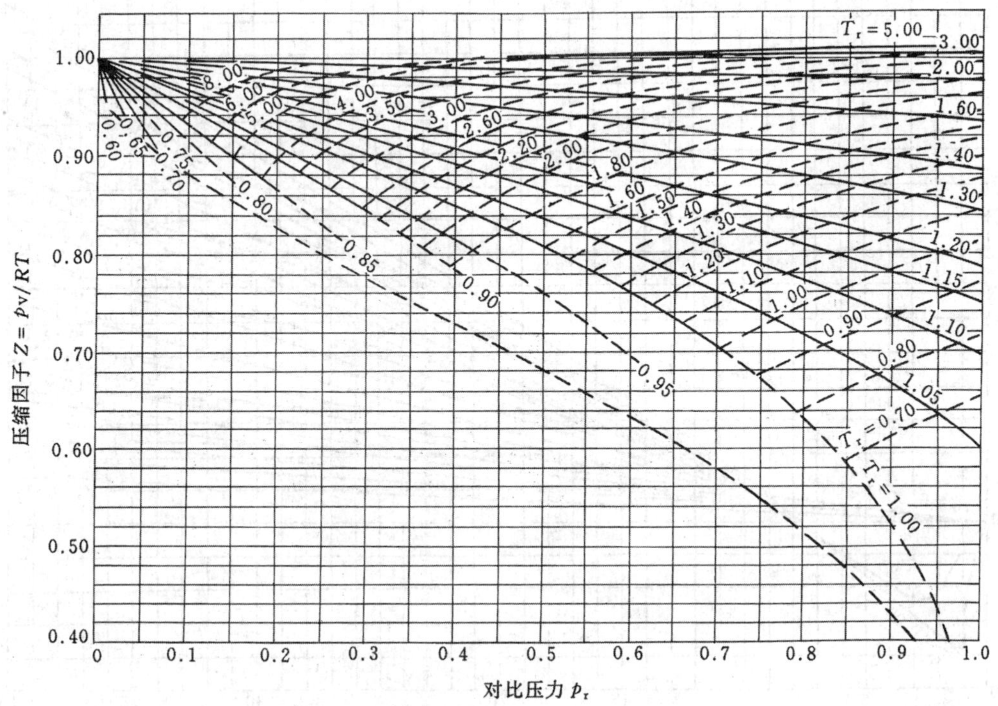

图 4.1b 气体压缩因子图

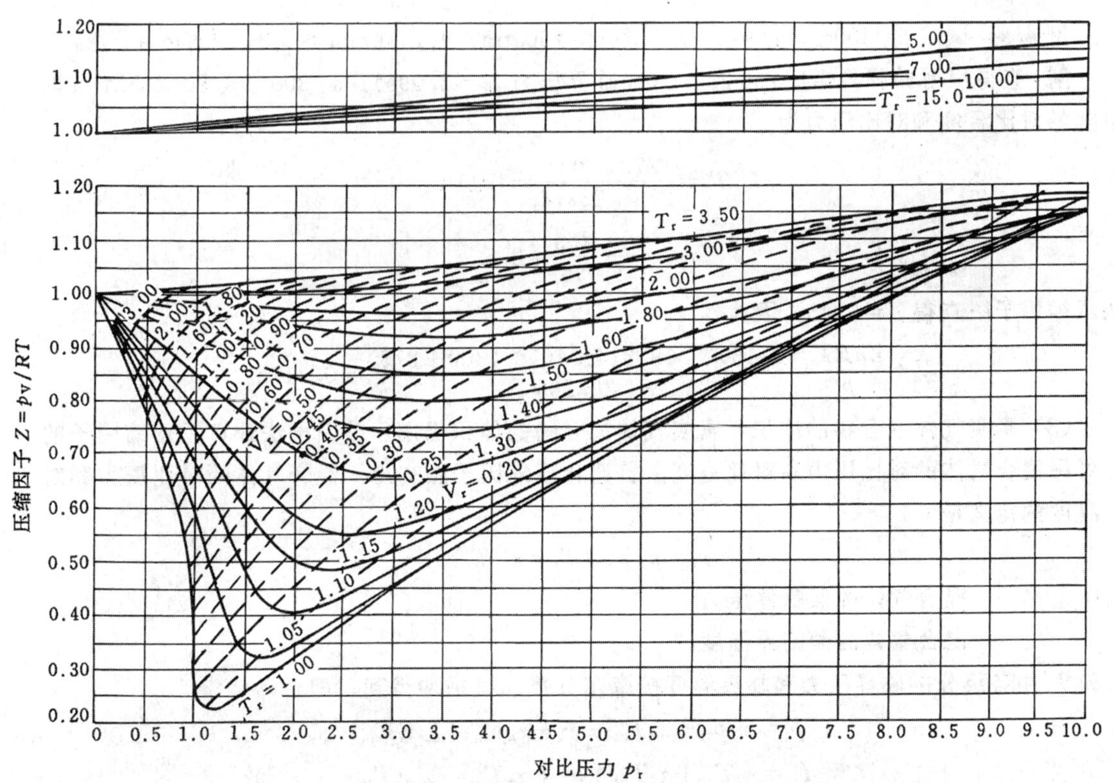

图 4.1c 气体压缩因子图

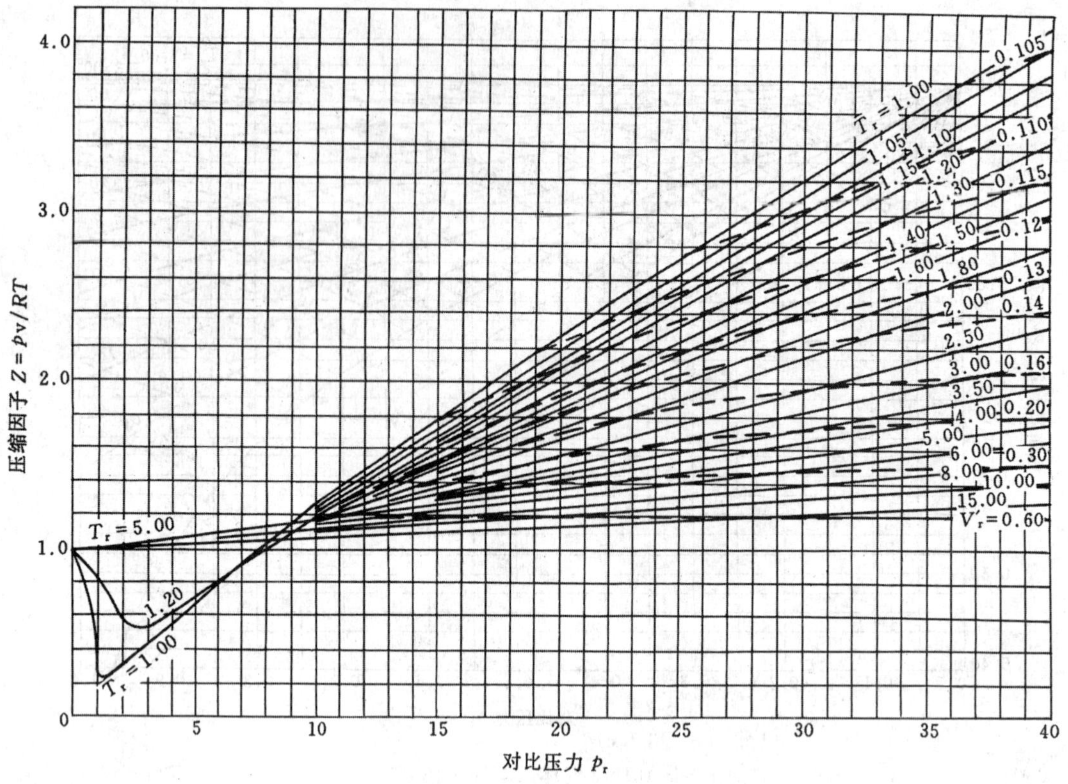

图 4.1d　气体压缩因子图

例 4.8　试求 $t=300℃$ 和 $p=20.265\text{MPa}$ (200atm) 时，3kmol 甲醇气体的体积。

解：查得甲醇的临界温度 $t_c=239.4℃$，临界压力 $p_c=8.096\text{MPa}$，300℃及 20.265MPa 时甲醇的对比温度和对比压力为

$$T_r=\frac{273+300}{273+239.4}=1.118$$

$$p_r=\frac{20.265}{8.096}=2.5$$

从压缩因子图查得 $Z=0.45$，因此

$$V=\frac{ZnRT}{p}=\frac{0.45\times 3\times 8.314\times 10^{-3}\ (300+273)}{20.265}=0.317\text{m}^3$$

(3) 真实气体混合物的体积　真实气体混合物的体积仍用压缩因子法计算，压缩因子的值可用混合气体的对比压力和对比温度由普遍化压缩因子图查出，混合气体的对比压力和对比温度的定义是

$$p_r=p/p_c',\ T_r=T/T_c'$$

式中　p_c'——混合气体的假临界压力；

T_c'——混合气体的假临界温度。

p_c' 和 T_c' 由各组分的临界压力和临界温度按摩尔分数加权平均得到，即

$$p_c'=x_1p_{c1}+x_2p_{c2}+\cdots+x_np_{cn}=\sum x_ip_{ci}$$

$$T_c'=x_1T_{c1}+x_2T_{c2}+\cdots+x_nT_{cn}=\sum x_iT_{ci}$$

式中　x_i——各组分的摩尔分数。

例 4.9 甲烷和氢的混合气体的流量为50kmol/s，混合气体中甲烷的摩尔分数为0.7，氢气的摩尔分数为0.3，在-94℃、3.45MPa条件下，此股流体的体积流量是多少？

解：

混合气体中，甲烷的临界温度为-82.62℃(190.52K)，临界压力为4.596MPa(45.36atm)，氢的临界温度为-239.9℃(33.3K)，临界压力为1.297MPa(12.80atm)。

先计算混合气体的假临界参数，但需注意，对氢来说，因有$p_r=p/(p_c+8)$[p和p_c用atm[1]为单位]和$T_r=T/(T_c+8)$的关系，所以假临界参数计算公式中，氢的临界参数都加8，因此，

$$p'_c=\sum x_i p_{ci}=0.70\times 45.36+0.3(12.8+8)=38.0\ \text{atm}=3.85\text{MPa}$$

$$T'_c=\sum x_i T_{ci}=0.70\times 190.52+0.3(33.3+8)=145.9\text{K}$$

$$p_r=\frac{3.45}{3.85}=0.896$$

$$T_r=\frac{273-94}{145.9}=1.23$$

从压缩因子图查得$Z=0.835$。

已知$F=50$kmol/s，因此混合气体的体积流量为

$$Q=\frac{ZFRT}{p}=\frac{0.835\times 50\times 8.314\times 10^{-3}(273-94)}{3.45}=18\text{m}^3/\text{s}$$

(4) 标准状况下的体积　在标准状况下，1kmol的任何气体的体积都是22.4m^3，这就是说，1kmol的气体与标准状况下的22.4m^{3}的气体是等同的。在工程计算中，常常用标准状况下的体积来表示气体的量，以符号m^3 (STP) 表示，也用m^3(STP)/h或m^3(STP)/s……来表示气体的流量。例如，气体流量22.4m^3(STP)/h即表示气体的摩尔流量为1kmol/h，若气体的分子量为18，则又表示气体的质量流量是18kg/h。这种表示方法为人们带来了许多方便。因为工业生产并不都在标准状况（即0℃、0.1013MPa）下进行，而是在各自不同的温度、压力下进行的，如果用体积或体积流量来表示，还要考虑到温度、压力对气体体积的影响，换句话说就是：已知气体体积流量还需要注明此体积流量是在什么温度和压力下的值才能确定气体的摩尔流量和质量流量，但如果使用标准状况下的体积m^3(STP)表示气体的体积，或者用m^3(STP)/h、m^3(STP)/s表示气体的流量就省去了这些麻烦。

以下标“0”表示标准状态，下标“1”表示工作状态，按理想气体状态方程，有如下关系：

$$\frac{p_0V_0}{T_0}=\frac{p_1V_1}{T_1}\quad \text{或}\quad \frac{p_0Q_0}{T_0}=\frac{p_1Q_1}{T_1}$$

用上述公式可进行m^3(STP)和m^3，或m^3(STP)/h和m^3/h等的互换算，式中V_0的数值即为m^3(STP)，Q_0表示m^3(STP)/h流过的气体的标准状况下的体积。

例 4.10 温度30℃、压力0.2MPa的一股气体，其体积流量为50m^3/h，试求这股气体的摩尔流量，若气体的平均分子量为40，求气体的质量流量。

解：先把体积流量m^3/h换算为m^3(STP)/h。

已知
$$p_0=0.1013\text{MPa},T_0=273\text{K},$$
$$p_1=0.2\text{MPa},T_1=273+30=303\text{K},Q_1=50\text{m}^3/\text{h},$$

$$\therefore\quad Q_0=Q_1\times\frac{T_0}{T_1}\times\frac{p_1}{p_0}=50\times\frac{273}{303}\times\frac{0.2}{0.1013}=89\text{m}^3(\text{STP})/\text{h}$$

---

[1] 1atm=101325Pa。

因此，气体的摩尔流量为

$$F=\frac{89}{22.4}=3.97\text{kmol/h}$$

气体的质量流量为

$$W=3.97\times 40=158.8\text{kg/h}$$

例 4.11 温度 35℃、压力 0.45MPa 的一股气体，其流量为 800kmol/h，求此股气体的体积流量。

解：按（4.2b）式，此股气体在 35℃、0.45MPa 条件下的体积流量为

$$Q_1=22.4\text{F}\times\frac{273+t}{273}\times\frac{0.1013}{p}=22.4\times 800\times\frac{273+35}{273}\times\frac{0.1013}{0.45}=4551\text{m}^3/\text{h}$$

4.2.5 气体的密度

由于气体的体积受压力和温度的影响很大，因而气体密度受压力和温度的影响也很大。

（1）一般压力、温度下气体的密度　在工程计算中，压力在 1MPa（10atm）以下时可按理想气体对待，$n$kmol 气体的质量为（nM）kg，其体积为$\left(22.4n\times\frac{273+t}{273}\times\frac{0.1013}{p}\right)$m^3，将上述气体的质量除以其体积，则得到一般压力、温度下气体的密度计算公式如下：

$$\rho_g=\frac{M}{22.4\times\frac{273+t}{273}\times\frac{0.1013}{p}}\tag{4.3}$$

式中　ρ_g——气体的密度，kg/m^3；

t——温度，℃；

p——压力，MPa；

M——气体的相对分子质量，kg/kmol 或 g/mol。

也可以用下面的方法推导气体的密度计算公式：$n$kmol 气体的质量为（nM）kg，其体积为 nRT/p m^3，根据密度的定义得

$$\rho_g=\frac{Mp}{RT}\tag{4.4}$$

计算一般压力、温度下的混合气体的密度时，只需把（4.3）式和（4.4）式中的分子量 M 用混合气体平均分子量 $\overline{M}$ 代替即可，混合气体密度的计算公式见式（4.5）和式（4.6）。

$$\rho_{g,mix}=\frac{\overline{M}}{22.4\times\frac{273+t}{273}\times\frac{0.1013}{p}}\tag{4.5}$$

$$\rho_{g,mix}=\frac{\overline{M}p}{RT}\tag{4.6}$$

式中　$\rho_{g,mix}$——混合气体密度，kg/m^3；

R——通用气体常数，$\frac{\text{MPa}\cdot\text{m}^3}{\text{kmol}\cdot\text{K}}$；

T——温度，K；

t——温度，℃；

p——压力，MPa；

$\overline{M}$——混合气体平均相对分子质量，kg/kmol。

（2）高压下的气体密度　当操作压力大于 1MPa 时，工程计算中用（4.7）式计算气体的密度：

$$\rho_g=\frac{Mp}{ZRT} \tag{4.7}$$

(3) 高压下混合气体的密度　计算高压下（压力大于1MPa）的混合气体的密度时需把式(4.7)中的分子量 M 用混合气体的平均分子量 $\overline{M}$ 代替，压缩因子 Z 用混合气体压缩因子 Z_{mix} 代替，Z_{mix}的值按高压下混合气体压缩因子的求法计算得到（见4.2.4）。高压下混合气体的密度计算公式为

$$\rho_g=\frac{\overline{M}p}{Z_{混}RT} \tag{4.8}$$

4.2.6　液体的密度

在一般压力下，液体的密度随压力的变化不大，但随温度的变化较显著。在一般手册和有关书籍中，常根据实验结果列出液体的密度与温度变化的数据表，或绘出相应的图线，也可以把密度和温度的实验数据整理成公式，下面就是公式的一种：

$$\rho_l=\rho_0+\alpha t+\beta t^2+\gamma t^3$$

式中　ρ_l——液体的密度；

α、β、γ——常数。

一般来说，最容易得到的液体密度数据是常压、常温下的值，因为常压、常温下的液体密度容易测到或查到，因此，需要有一个方法，从常压、常温下的液体密度推算其他压力、温度下的液体密度，此时，最简便的方法是使用对应状态原理，不过不是使用压缩因子，而是使用对比密度。对比密度的定义是

$$\rho_r=\frac{\rho}{\rho_c}$$

式中　ρ_r——对比密度；

ρ_c——临界密度；

ρ——某压力、温度下的液体密度。

因临界密度 ρ_c 不随温度、压力条件而变，所以对同一物质有：

$$\rho_2/\rho_1=\rho_{r2}/\rho_{r1} \tag{4.9}$$

式中 ρ_1、ρ_{r1}分别为 T_1、p_1 下液体的密度和对比密度；ρ_2、ρ_{r2}分别为 T_2、p_2 条件下液体的密度和对比密度；根据对应状态原理，有下列关系：

$$k=\rho_r Z_c^{0.77}=\rho_r\left(\frac{\rho_c RT_c}{p_c M}\right)^{0.77}$$

从上式可以看出，K 是与 ρ_r成正比的数值，即

$$\rho_{r2}/\rho_{r1}=K_2/K_1$$

结合（4.9）式可得

$$\rho_2/\rho_1=K_2/K_1$$

上式中 K 的数值可以根据对比压力和对比温度从图4.2查出，因此，可以由一个已知的液体密度 ρ_1 推算其他压力、温度下的液体密度 ρ_2。

例 4.12　已知液体乙醇在常压及20℃下的密度为0.7893g/cm³，求乙醇在12.2MPa和120℃下的密度。

解：查得乙醇的临界温度为240.8℃，临界压力为6.148MPa，在常压20℃下的对比压力和对比温度为

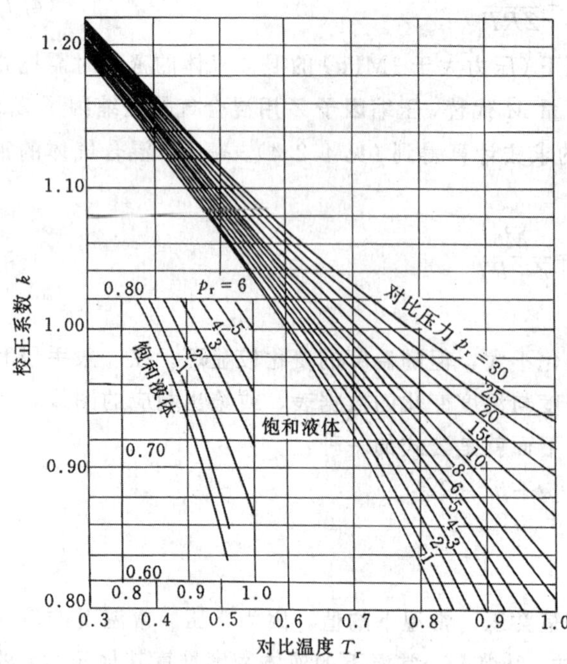

图 4.2　对比温度和对比压力对液体密度的影响

$$p_{r1}=\frac{0.1013}{6.148}=0.0165$$

$$T_{r1}=\frac{273+20}{273+240.8}=0.57$$

从图 4.2 查得　$K_1=1.02$

在 120℃、12.2MPa 下的对比压力和对比温度为

$$p_{r2}=\frac{12.2}{6.148}=1.984$$

$$T_{r2}=\frac{273+120}{273+240.8}=0.765$$

由图 4.2 查得　$K_2=0.90$

$$\therefore \quad \rho_2=\rho_1\frac{K_2}{K_1}=0.7893\times\frac{0.90}{1.02}$$

$$=0.705\text{g/cm}^3$$

工业上经常遇到各种液体混合物，它们的密度除了与温度、压力有关外，还与混合物的组成有关。某些液体混合物如甲醇、乙醇、甲醛、乙酸、硫酸、氨、碳酸铵等的水溶液，它们的组成与密度的关系已通过实验测得，并用图或表的方式表示出来，在有关的手册中不难查到，但更多的液体混合物还缺乏这类实验数据，因此，在工程计算中，当缺乏实验数据时，在一定情况下常根据混合液中各液体组分的纯态密度和混合液的组成进行粗略估算。

两种体积分别为 V_1 和 V_2 的液体混合，混合后的总体积严格地说不等于 (V_1+V_2)，所以用体积加和法计算混合液总体积会有误差，但是，一般情况下，误差并不大，因此，在缺乏实际数据时，常可使用体积加和法进行估算。设液体混合物由 1 和 2 两个组分组成，组分 1 的质量分数为 w_1，组分 2 的质量分数为 w_2，在某温度、压力下混合物的密度用 ρ 表示，同样条件下纯液体 1 和 2 的密度分别用 ρ_1 和 ρ_2 表示。密度是单位体积物质的质量，那么，密度的倒数 $1/\rho$ 就是单位质量的物质所具有的体积了，若取上述混合液体 1kg，其中有 $w_1$kg 纯液体 1，$w_2$kg 纯液体 2，$w_1$kg 纯液体 1 的体积为 w_1/ρ_1，$w_2$kg 纯液体 2 的体积为 w_2/ρ_2，而 1kg 混合液体的体积是 $1/\rho$，按照体积加和近似规则得

$$\frac{1}{\rho}=\frac{w_1}{\rho_1}+\frac{w_2}{\rho_2}$$

对多组分液体混合物，用同样的道理可推导出

$$\frac{1}{\rho}=\sum\frac{w_i}{\rho_i} \tag{4.10}$$

式 (4.10) 就是求算液体混合物密度的公式。

例 4.13　常压、19℃下液体乙醇的密度为 0.795g/cm³，水的密度为 0.9982g/cm³，估算质量分数为 30%的乙醇水溶液在常压、19℃的密度。

解：分别用 1 和 2 作为乙醇和水的下标。已知数据如下：

$$w_1=0.3,\ w_2=0.7,\ \rho_1=0.795\text{g/cm}^3,\ \rho_2=0.9982\text{g/cm}^3$$

代入 (4.10) 式可求出常压、19℃下 30%的乙醇水溶液密度为：

$$\rho=\left(\frac{0.3}{0.795}+\frac{0.7}{0.9982}\right)^{-1}=0.9271\text{g/cm}^3$$

4.2.7 物质的饱和蒸汽压

(1) 饱和蒸汽压　对某一液体，在一定的温度下都有相应的蒸发—凝结的平衡状态和相应的蒸汽压力，这个压力称为该液体在该温度下的饱和蒸汽压。

一般来说，影响纯液体饱和蒸汽压的唯一因素是温度。随着温度的升高，液体的饱和蒸汽压增大。

对不同的物质，在同一温度下其饱和蒸汽压不同，见表 4.1。表中的数据都是通过实验测定的。同一温度下，液体的饱和蒸汽压愈大，表示它的蒸发能力愈强，液体的饱和蒸汽压是表示液体挥发能力大小的一个属性。例如从表 4.1 的数据可以知道，这几种液体的挥发能力次序是氯仿＞乙醇＞水＞氯苯。

表 4.1　一些液体的饱和蒸汽压数据

温度/℃	饱和蒸汽压/kPa				温度/℃	饱和蒸汽压/kPa			
	水	乙醇	氯苯	氯仿		水	乙醇	氯苯	氯仿
0	0.6105	1.627	—	—	60	19.92	47.02	8.738	98.61
20	2.333	5.853	1.168	21.28	80	47.34	108.3	19.30	—
40	7.373	18.04	3.466	48.85	100	101.3	—	39.03	—

纯液体的饱和蒸汽压仅是温度的函数，与液体表面及此表面的运动情况无关，但在容器中液体表面大，或剧烈搅动使表面增大，都可以使蒸发更快地达到饱和（即达到蒸发—凝结的动态平衡）。

上面所讲是密闭容器的情况，对于化工生产中的连续操作，由于有出口物流，蒸气分子可以不断地从出口逃逸，单位时间内有可能使凝结的 mol 量比蒸发的 mol 量少，这样的蒸气与该液体接触时，尚有容纳这种液体物质的蒸气分子的能力，因此是不饱和蒸汽，设计上，用一个饱和度的概念来描述这种情况。在这种情况下，气相中该液体的蒸气分压等于该液体在该温度下的饱和蒸汽压乘以饱和度，饱和度是一个小于 1 的数值。

例 4.14　空气从填料塔底部进入，从塔顶排出，塔顶用 130℃的热水自上而下喷淋，从塔顶排出的温度为 125℃的空气中含有大量水蒸气，若饱和度为 95%，求塔顶排出的湿空气中，水蒸气的分压是多少？

解：从饱和水蒸气的物理参数表中查得，125℃下的饱和水蒸气压为 233.9kPa，由于是流动系统，空气未被水蒸气饱和，所以出塔湿空气中，水蒸气的分压为

$$p_{H_2O}=0.95\times233.9=222.2\text{kPa}$$

(2) 饱和蒸汽压与温度的关系式　液体的饱和蒸汽压与温度的关系式可以表示成下面两种方程式：

$$\lg p^{\circ}=A-B/T \tag{4.11}$$

$$\lg p^{\circ}=A-B/(t+C) \tag{4.12}$$

式中　A、B、C——常数，因物质而异，可查手册得到；

$p°$——饱和蒸汽压，mmHg[1]；

T——温度，K；

t——温度，℃。

(4.11) 式给出的 $\lg p°$ 与 $1/T$ 是直线关系，形式简单但准确度稍差，(4.12) 式准确度尚好，适用于手算和计算机运算，因此 (4.12) 式在工程计算中更为常用。

饱和蒸汽压数据在增湿过程的物料衡算中的使用见 4.3.3 节。例 4.15 中所讲是使用饱和蒸汽压数据确定蒸馏塔塔顶冷凝器的冷凝温度（在规定的操作压力下）。

例 4.15 某塔真空蒸馏苯乙烯，塔顶冷凝器的操作压力为 3.333×10^{-3}MPa，塔顶蒸气几乎全部为苯乙烯，故可按苯乙烯计算。问：

a. 冷凝温度是多少？

b. 塔顶冷凝器选用何种冷却剂？

c. 如果把冷凝器的操作压力降低到原来的一半，即 1.666×10^{-3}MPa，求冷凝温度并选择塔顶冷凝器的冷却剂。

解：

a. 从有关手册查得苯乙烯的饱和蒸汽压公式为

$$\lg p° = A + \frac{B}{t+C}$$

式中各常数的值为

$$A=7.2788,\ B=1649.6,\ C=230.0$$

公式中的 $p°$是饱和蒸汽压，单位是 mmHg[1]，把 A、B、C 的值代入上面的式子得到

$$\lg p° = 7.2788 - \frac{1649.6}{t+230.0}$$

已知冷凝压力为 3.333×10^{-3}MPa，即 25mmHg，将 $p°=25$mmHg 代入苯乙烯的饱和蒸汽压公式得

$$\lg 25 = 7.2788 - \frac{1649.6}{t+230.0}$$

解得　$t=50.5$℃，因此塔顶冷凝器的冷凝温度为 50.5℃。

b. 因冷凝器的冷凝温度为 50.5℃，所以应使用厂区循环水作为塔顶冷凝器的冷却剂。

c. 因 $p°=1.667\times10^{-3}$MPa$=12.5$mmHg，所以

$$\lg 12.5 = 7.2788 - \frac{1649.6}{t+230.0}$$

解得　$t=36.84$℃

在此操作压力下，冷凝温度为 36.84℃。若建厂地区在南方，夏季生产中，用循环水作为冷却剂可能难以保证冷凝所要求的温度。在这种情况下，采用深井水作为塔顶冷凝器的冷却剂更为稳妥可靠。

4.2.8 溶液上方蒸气中各组分的分压

(1) 理想溶液　由化学结构非常相似，相对分子质量又相近的组分所形成的溶液，一般可以视为理想溶液，例如苯-甲苯、甲醇-乙醇、乙烯-乙烷、丙烯-丙烷、正氯丁烷-正溴丁烷、酚-对甲酚、水-乙二醇、正庚烷-正己烷等。

---

[1] 1mmHg=133.322Pa。

对理想溶液，在某温度下溶液上方的蒸气中任一组分的分压等于此纯组分在该温度下的饱和蒸汽压乘以该组分在溶液中的摩尔分数，即

$$p_i = p_i^{\circ} x_i \tag{4.13}$$

（4.13）式就是拉乌尔定律。

在设计中，常常遇到蒸馏系统的物料计算和操作条件确定。如果蒸馏系统属于理想溶液，或可视为理想溶液（即与理想溶液的偏差不大），在计算时可以使用拉乌尔定律的关系，下面举例说明。

例 4.16 苯-甲苯二组分精馏塔的操作压力为 99.5kPa，塔釜温度为 107℃，试计算釜液组成。

解：查得 5.53～190℃温度范围内苯的饱和蒸汽压数据如下：

$\lg p^{\circ} = A + \frac{B}{t+C}$，式中 p° 的单位是 mmHg❶，各常数的值为

$$A = 6.9121,\ B = 1214.645,\ C = 221.205$$

$$\therefore \qquad \lg p^{\circ} = 6.9121 - \frac{1214.645}{t+221.205}$$

甲苯在－30～200℃温度范围内的饱和蒸汽压数据如下：

$\lg p^{\circ} = A - \frac{B}{t+C}$，式中 p° 的单位是 mmHg❶，各常数的值为

$$A = 6.95508,\ B = 1345.087,\ C = 219.516$$

$$\therefore \qquad \lg p^{\circ} = 6.95508 - \frac{1345.087}{t+219.516}$$

分别用下标 A 和 B 代表甲苯和苯。107℃下，苯的饱和蒸汽压：

$$\lg p_B^{\circ} = 6.9121 - \frac{1214.645}{107+221.205}$$

解得

$$p_B^{\circ} = 1626.4\text{mmHg} = 216.8\text{kPa}$$

107℃下甲苯的饱和蒸汽压：

$$\lg p_A^{\circ} = 6.95508 - \frac{1345.087}{107+219.516}$$

解得

$$p_A^{\circ} = 684.8\text{mmHg} = 91.3\text{kPa}$$

苯和甲苯所组成的溶液为理想溶液，服从拉乌尔定律。根据拉乌尔定律有：

$$p_B = p_B^{\circ} x_B$$

$$p_A = p_A^{\circ} x_A = p_A^{\circ}(1 - x_B)$$

p_A 和 p_B 是塔釜上方气相空间中苯和甲苯的蒸气分压，因是二组元溶液，p_A 和 p_B 之和应等于塔的操作压力 p，即，

$$p_A^{\circ}(1 - x_B) + p_B^{\circ} x_B = p$$

已知 $p = 99.5$kPa，代入有关数据得

$$91.3(1 - x_B) + 216.8 x_B = 99.5$$

解得

$$x_B = 0.0653$$

---

❶ 1mmHg＝133.322Pa。

∴ $$x_A=1-x_B=1-0.0653=0.9347$$

（2）非理想溶液　不符合拉乌尔定律的溶液称为非理想溶液，非理想溶液上方各组分的分压 p_i 与其在液相中的摩尔分率 x_i 间的关系表示为：

$$p_i=r_i p_i^{\circ} x_i \tag{4.14}$$

(4.14) 式只是在拉乌尔定律的基础上引入了一个校正系数 r_i，此系数称为活度系数，

$$r_i=\frac{a_i}{x_i} \tag{4.15}$$

式中　a_i——活度；

r_i——活度系数。

对理想溶液，$r_i=1$，因而 $a_i=x_i$。

显然，引入活度系数 r_i 和活度 a_i 后，可以使非理想溶液气液平衡的计算仍沿用理想溶液所使用的简单关系式——拉乌尔定律，而把一切与理想溶液的偏差均归于活度系数之中，这样，在非理想溶液的计算中，主要的问题是如何求出活度系数 r_i。

已有不少关联活度系数与浓度的定量关系式，范拉尔方程则是比较简单而应用较广的关系式，不同的物系，体现在范拉尔方程式中就是常数的值不相同。对于偏离理想溶液较大的系统，应用威尔逊方程式比应用范拉尔方程式的结果要好。威尔逊方程比范拉尔方程式复杂，因此多在用计算机运算时被采用。范拉尔方程式和威尔逊方程式以及有关系数的值，可参阅有关资料。

4.2.9　转化率、收率和选择性

（1）转化率　一个化学反应进行的程度常用转化率来表示，所谓转化率是指某一反应物转化的百分数，其定义为：

$$x=\frac{\text{某一反应物的转化量}}{\text{该反应物的起始量}} \tag{4.16}$$

由转化率的定义式知，转化率是针对反应物而言的。如果反应物不只一种，又不按反应计量系数来配比，在这种情况下，根据不同反应物计算所得的转化率数值可能不同，但它们反映的是同一客观事实。虽然用哪种反应物来计算转化率都可以，然而还存在按哪一个反应物计算更为方便和获得更多有用信息的问题。工业反应过程所用的原料中，各反应物组分之间的比例往往是不符合化学计量关系的，通常选择不过量的反应物计算转化率，因为如果使用过量的那个反应物来计算转化率，转化率绝不可能达到100%，即使不过量的那个反应物已全部转化，以过量的那个反应物计算的转化率也会小于100%。这样在计算上不方便。因此要用不过量的那个反应物来计算转化率。被用来计算转化率的组分称为关键组分。按关键组分（即不过量组分）计算的转化率，其最大值为100%。这里需要指出，如果原料中各反应物间的比例符合化学计量关系，则无论按哪一种反应物来计算转化率，其数值都是相同的。

通常关键组分是反应物中价值最高的组分，其他反应物相对来说价值是较低的，同时也是过量的。因此，关键组分转化率的高低直接影响反应过程的经济效果，对反应过程的评价提供更直观的信息。

计算转化率还有一个起始状态的选择问题，即定义式（4.16）右边的分母起始量的选择。对于连续反应器，一般以反应器进口处原料的状态作为起始状态；而间歇反应器则以反应开始时的状态为起始状态。当数个反应器串联使用时，往往以进入第一个反应器的原料组成作

为计算基准，这样作有利于计算和比较。

例 4.17 合成聚氯乙烯所用的单体氯乙烯，多是由乙炔和氯化氢以氯化汞为催化剂合成得到，反应式如下：

$$C_2H_2+HCl \longrightarrow CH_2=CHCl$$

由于乙炔价格高于氯化氢，通常使用的原料混合气中氯化氢是过量的，设其过量10%。若反应器出口气体中氯乙烯含量为90%（mol），试计算乙炔的转化率。

解：氯化氢与乙炔的化学计量系数比为1，但由于氯化氢过量10%，因此原料气中乙炔与氯化氢的摩尔比为1∶1.1。当进入反应器的乙炔为1mol时，设反应3x mol，则

	反应器进口	反应器出口
C_2H_2	1	$1-x$
HCl	1.1	$1.1-x$
$CH_2=CHCl$	0	x
合计	2.1	$2.1-x$

题给反应器出口气体中氯乙烯含量为90%，故

$$\frac{x}{2.1-x}=0.9$$

解得

$$x=0.9947\text{mol}$$

由于系以1molC_2H_2为计算基准，所以乙炔转化率为

$$x_{C_2H_2}=\frac{0.9947}{1}=0.9947 \text{ 或 } 99.47\%$$

(2) 收率和选择性 对于一个复杂反应系统，由于同时进行多个反应，只用转化率是不能全面描述这个复杂反应的，例如在银催化剂上进行的乙烯环氧化反应，它由两个反应组成，一个是乙烯氧化生成环氧乙烷，另一个是乙烯氧化生成CO_2，反应式如下：

$$C_2H_4+\frac{1}{2}O_2 \longrightarrow H_2C\overset{O}{\text{—}}CH_2$$

$$C_2H_4+3O_2 \longrightarrow 2CO_2+2H_2O$$

乙烯的转化率只说明两个反应总的结果，而不能说明有多少转化成环氧乙烷，又有多少转化成二氧化碳。所以需要再增加一个反应变量，比如说环氧乙烷的收率，才能对该反应系统作完整的描述和进行反应物料组成的计算。

收率的定义如（4.17）式所示，式中Y表示收率。

$$Y=\frac{\text{生成目的产物所消耗的关键组分量}}{\text{关键组分的起始量}} \tag{4.17}$$

对比（4.16）和（4.17）两式不难看出，对于单一反应，转化率和收率数值上相等，但是，反应系统中进行的反应不只一个时，情况就不是这样。例如，在银催化剂上进行乙烯环氧化反应，乙烯既可转化为环氧乙烷，也可转化成二氧化碳，乙烯的转化率自然不会等于环氧乙烷的收率，也不会等于二氧化碳的收率。

在评价复杂反应时，除了采用转化率和收率外，还可应用反应选择性这一概念，其定义如（4.18）式所示，式中S表示选择性。

$$S=\frac{\text{生成目的产物所消耗的关键组分量}}{\text{已转化的关键组分量}} \tag{4.18}$$

由于复杂反应中副反应的存在，转化了的反应物不可能全都变为目的产物，因此由（4.18）式可知选择性恒小于1。反应选择性说明了主副反应进行程度的相对大小。结合（4.16）、（4.17）和（4.18）三式可得到转化率、收率和选择性三者的关系：

$$Y=SX \tag{4.19}$$

例 4.18 苯乙烯烷基化反应制取乙苯的反应如下：

$$C_6H_6 + C_2H_4 \longrightarrow C_6H_5C_2H_5$$

$$C_6H_6 + 2C_2H_4 \longrightarrow C_6H_4(C_2H_5)_2$$

反应器的原料苯和乙烯的摩尔比为1∶0.6，若反应器出口混合液的流量为250kg/s，混合液的组成列于例4.18表1。

假定苯不循环，求

a. 原料乙烯和苯的进料流量；

b. 乙烯的转化率；

c. 乙苯的收率；

d. 反应的选择性。

例 4.18 表 1

单位	苯	乙苯	二乙苯	合计
%(wt)	44	40	16	100

解：以乙烯为关键组分。

乙烯、苯、乙苯、二乙苯的相对分子质量分别为28、78、106和134。

a. 原料苯的进料量和原料乙烯的进料量

反应器出口混合液中含有：

苯　　$250\times0.44=110\text{kg/s}$

乙苯　　$250\times0.40=100\text{kg/s}$

二乙苯　　$250\times0.16=40\text{kg/s}$

转化为乙苯的苯量$=\dfrac{100}{106}\text{kmol/s}$

转化为二乙苯的苯量$=\dfrac{40}{134}\text{kmol/s}$

∴　　苯的进料量$=\dfrac{110}{78}+\dfrac{100}{106}+\dfrac{40}{134}=2.653\ \text{kmol/s}=205\text{kg/s}$

乙烯的进料量$=0.6\times2.652=1.591\text{kmol/s}=44.55\text{kg/s}$

b. 乙烯的转化率

$$\text{乙烯的转化量}=\text{转化为乙苯的乙烯量}+\text{转化为二乙苯的乙烯量}$$

$$=\frac{100}{106}+2\times\frac{40}{134}=1.54\text{kmol/h}$$

∴　乙烯的转化率为

$$X=\frac{\text{转化的乙烯}}{\text{加入反应器的乙烯}}=\frac{1.54}{1.591}=0.968\ \text{或}\ 96.8\%$$

c. 乙苯的收率　乙苯的收率为

$$Y=\frac{\text{转化为乙苯的乙烯}}{\text{加入反应器的乙烯}}=\frac{\frac{100}{106}}{1.591}=0.59\ \text{或}\ 59\%$$

d. 反应的选择性　反应的选择性为

$$S=\frac{Y}{X}=\frac{0.59}{0.968}=0.61\ \text{或}\ 61\%$$

4.2.10 汽液平衡常数

当一个液体与其蒸气达到相平衡时，液相中组分 i 的摩尔分数为 x_i，气相中组分 i 的摩尔分数为 y_i，y_i 与 x_i 之比称为组分 i 的汽液平衡常数 K_i，即

$$K_i=\frac{y_i}{x_i}$$

有四类不同的汽液平衡情况，其汽液平衡常数的求法是不相同的，分述如下。

（1）完全理想系　气相是理想气体混合物，液相是理想溶液，由这样的气液两相所组成的体系称为完全理想系。严格地说，这种体系是没有的。但在低压下的组分分子结构十分相似的溶液，例如低压下的异构物混合物和低压下同系物的混合物就接近于这种体系。工业实际物系如低压下的苯-甲苯、苯-甲苯-邻二甲苯、轻烃混合物、3-氯丙烯-1,2 二氯丙烷-1,3-二氯丙烯、甲醇-乙醇、乙烯-乙烷、丙烯-丙烷、正己烷-正庚烷、1,1-二氯乙烷-1,1,2-三氯乙烷等。都可按完全理想系处理。

因气相为理想气体混合物，依道尔顿分压定律，对组分 i 有

$$p_i=y_ip$$

又因液相为理想溶液，服从拉乌尔定律，对组分 i 有

$$p_i=p_i^\circ x_i$$

汽液两相达平衡时，$y_ip=p_i^\circ x_i$

$$\therefore\qquad y_i=\frac{p_i^\circ}{p}x_i \tag{4.20}$$

而根据气液平衡的定义有

$$y_i=K_ix_i \tag{4.21}$$

对比（4.20）和（4.21）两式得

$$K_i=\frac{p_i^\circ}{p} \tag{4.22}$$

以上各式中

p_i ——混合物中任一组分 i 在气相中的平衡分压；

p ——系统总压；

p_i°——纯组分 i 的饱和蒸汽压；

K_i ——组分 i 的汽液平衡常数。

由式（4.22）可知，完全理想系中任一组分 i 的汽液平衡常数只与总压及该组分的饱和蒸汽压有关，而组分的饱和蒸汽压又直接由温度所决定，故汽液平衡常数只与总压和温度有关。

例 4.19　求常压、100℃下苯和甲苯的液体混合物中，苯和甲苯的汽液平衡常数。

解：低压下，苯-甲苯液体混合物属完全理想系，因此

$$K_i=\frac{p_i^\circ}{p}$$

查得 100℃下苯和甲苯的饱和蒸汽压分别为 179.2kPa 和 76.13kPa，因此，苯和甲苯的汽液平衡常数分别为

$$K_{苯}=\frac{179.2}{101.3}=1.769$$

$$K_{甲苯}=\frac{76.13}{101.3}=0.7515$$

（2）理想系　气相不是理想气体混合物而液相是理想溶液，由这样的气液两相所组成的体系称为理想系，中压（低于1.5～2.0MPa）的理想溶液（轻烃混合物、异构体混合物、同系物混合物）属于此类。

因气相不能视为理想气体，用逸度 f 代替压力，即用 $f_{i,l}^{\circ}$代替拉乌尔定律中的饱和蒸汽压 p_i°，用 $f_{i,g}^{\circ}$代替分压定律中的总压，经推导得到

$$K_i=\frac{f_{i,l}^{\circ}}{f_{i,g}^{\circ}} \tag{4.23}$$

式中　$f_{i,l}^{\circ}$——纯液体在温度 T，总压 P 时的逸度；

$f_{i,g}^{\circ}$——纯气体在温度 T，总压 P 时的逸度。

a. 求 $f_{i,g}^{\circ}$　先根据 $p_r=p/p_c$ 和 $T_r=T/T_c$ 求出对比压力 p_r 和对比温度 T_r，然后从图 4.3（普遍化逸度系数图）读出相应的逸度系数 ν_i，由 $f_{i,g}^{\circ}=\nu_i p$ 便可以求出 $f_{i,g}^{\circ}$ 的值。

b. 求 $f_{i,l}^{\circ}$　先根据系统的温度 T 确定纯组分 i 在该温度下的饱和蒸汽压 p_i°，然后按 $p_r=p_i^{\circ}/p_c$ 和 $T_r=T/T_c$ 求出对比压力 p_r 和对比温度 T_r，由图 4.3 读出相应的逸度系数 ν_i 便可由 $f_{i,l}^{\circ}=\nu_i p_i^{\circ}$求出 $f_{i,l}^{\circ}$的值。

如果操作总压 p 与饱和蒸汽压 p_i°的值相差不大，用上面的方法求得的纯液体的逸度 $f_{i,l}^{\circ}$是可用的，但当 p 和 p_i°相差较大时，用上面的方法求出的 $f_{i,l}^{\circ}$的值应乘以一个校正系数 $l^{V_l(p-p_i^{\circ})/RT}$，$V_l$ 为组分 i 的液相摩尔体积。

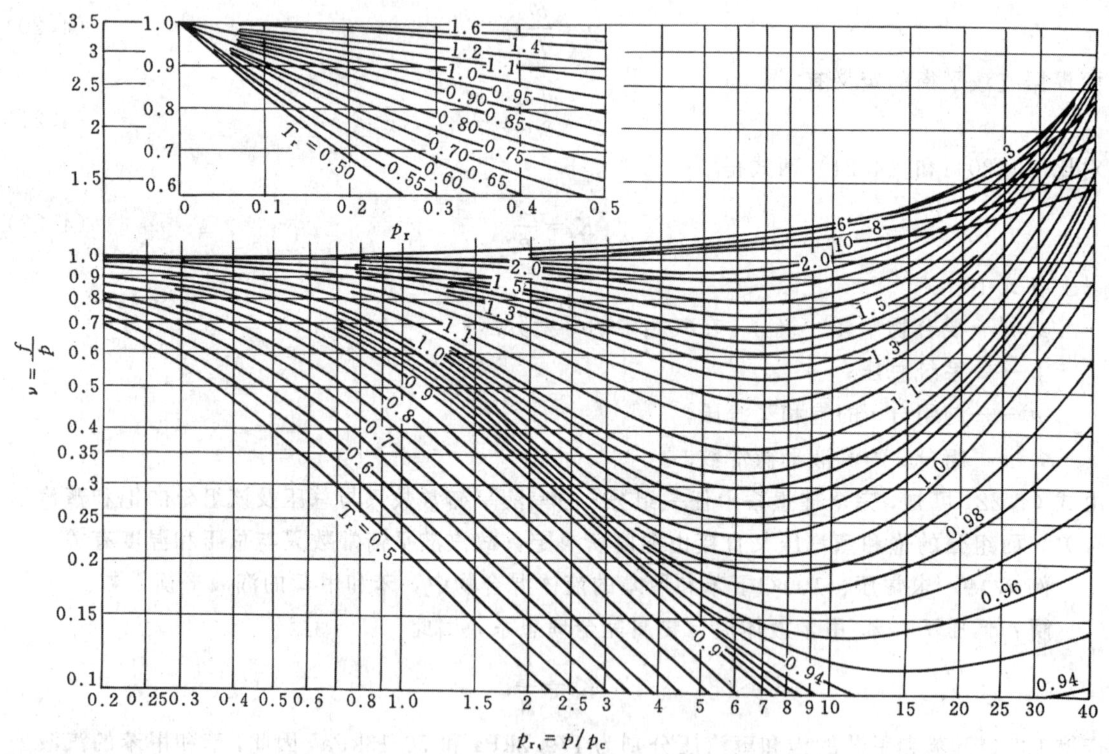

图 4.3　普遍化逸度系数图

c. 求汽液平衡常数 K_i　用式（4.23）便可求出 K_i 的值。

（3）其他情况　一种情况是气相为理想气体混合物而液相为非理想溶液，在低压下的许多非烃类体系如水与醇、醛、酮等所组成的体系属于此类；另一种情况是非理想系，即气液

两相都是非理想溶液，在高压下的轻烃类混合物及其他化学结构不相似的物质所组成的体系均属之，此类体系最普遍，气液平衡关系亦最复杂。以上所说的两种情况的汽液平衡常数的求法，读者可参阅有关书籍，此处从略。但值得一提的是对石油化工行业很有实用价值的轻烃混合物的汽液平衡常数，已提出了多种计算方法，现已有若干烃类的 $p—T—K$ 列线图，可直接从列线图上查出不同温度、不同压力下烯烃和烷烃的汽液平衡常数 K 值。

例 4.20 乙烷-乙烯精馏塔的操作压力为 2.128MPa，塔中某截面的温度为－18℃，求此温度、压力条件下乙烷和乙烯的汽液平衡常数。已知－18℃乙烯的饱和蒸汽压 $p^{\circ}=2.663$MPa，乙烷的饱和蒸汽压 $p^{\circ}=1.489$MPa。

解：乙烷-乙烯的液相混合物为理想溶液，但操作压力并不低，气相不能视为理想气体，属于理想系的情况，用式（4.23）求汽液平衡常数。

用下标 1 和 2 分别代表乙烯和乙烷。

（1）求纯气体逸度 $f_{i,\mathrm{g}}^{\circ}$

查得乙烯的临界常数　$T_{\mathrm{c1}}=282.4$K，$p_{\mathrm{c1}}=5.039$MPa

　　乙烷的临界常数　$T_{\mathrm{c2}}=305.4$K，$p_{\mathrm{c2}}=4.872$MPa

乙烯的对比温度和对比压力为

$$T_{\mathrm{r1}}=\frac{T_1}{T_{\mathrm{c1}}}=\frac{273-18}{282.4}=0.903,\quad p_{\mathrm{r1}}=\frac{p_1}{p_{\mathrm{c1}}}=\frac{2.128}{5.039}=0.42$$

由图 4.3 查得乙烯的逸度系数 $\nu_1=0.8$，因此

$$f_{1,\mathrm{g}}^{\circ}=\nu_1 p=0.8\times2.128=1.702\text{MPa}$$

乙烷的对比温度和对比压力为

$$T_{\mathrm{r2}}=\frac{T_2}{T_{\mathrm{c2}}}=\frac{273-18}{305.4}=0.835,\quad p_{\mathrm{r2}}=\frac{p_2}{p_{\mathrm{c2}}}=\frac{2.128}{4.872}=0.437$$

由图 4.3 查得乙烷的逸度系数 $\nu_2=0.75$，因此

$$f_{2,\mathrm{g}}^{\circ}=\nu_2 p=0.75\times2.128=1.596\text{MPa}$$

（2）求纯液体逸度 $f_{i,\mathrm{l}}^{\circ}$　－18℃下，乙烯和乙烷的饱和蒸汽压与总压相差不大。

－18℃乙烯的饱和蒸汽压 $p_1^{\circ}=2.663$MPa，其对比温度和对比压力为

$$T_{\mathrm{r1}}=\frac{T_1}{T_{\mathrm{c1}}}=\frac{273-18}{282.4}=0.903,\quad p_{\mathrm{r1}}=\frac{p_1^{\circ}}{p_{\mathrm{c1}}}=\frac{2.663}{5.039}=0.528$$

由图 4.3 查得　$\nu_1=0.75$，因此

$$f_{1,\mathrm{l}}^{\circ}=\nu_1 p_1^{\circ}=0.75\times2.663=1.997\text{MPa}$$

－18℃下乙烷的饱和蒸汽压为 $p_2^{\circ}=1.489$MPa，其对比温度和对比压力分别为

$$T_{\mathrm{r2}}=\frac{T_2}{T_{\mathrm{c2}}}=\frac{273-18}{305.4}=0.835,\quad p_{\mathrm{r2}}=\frac{p_2^{\circ}}{p_{\mathrm{c2}}}=\frac{1.489}{4.872}=0.306$$

查得　$\nu_2=0.81$，因此，

$$f_{2,\mathrm{l}}^{\circ}=\nu_2 p_2^{\circ}=0.81\times1.489=1.206\text{MPa}$$

（3）求该温度、压力下乙烯和乙烷的汽液平衡常数

乙烯的汽液平衡常数

$$K_1=\frac{f_{1,\mathrm{l}}^{\circ}}{f_{1,\mathrm{g}}^{\circ}}=\frac{1.997}{1.702}=1.173$$

乙烷的汽液平衡常数

$$K_2=\frac{f_{2,l}^{\circ}}{f_{2,g}^{\circ}}=\frac{1.206}{1.596}=0.756$$

4.3 物理过程的物料衡算

4.3.1 混合

这种情况指若干股物料在同一容器内混合为一股而流出。

例 4.21 将含有质量分数（下同）40%的硫酸与98%的浓硫酸混合成为90%的硫酸，要求 90%的硫酸流量为 1000kg/h。各溶液的另一组分为水，试完成其物料衡算。

解：衡算基准为小时。以 W 表示各股物流的质量流量。

W_1 40%H_2SO_4 → 混合器 → W_3 90%H_2SO_4

W_2 98%H_2SO_4 → 混合器

混合器总质量平衡 $\qquad W_1+W_2=W_3$

混合器水平衡 $\qquad 0.6W_1+0.02W_2=0.1W_3$

用 $W_3=1000$kg/h 代入上面两方程得：

$$W_1+W_2=1000$$

$$0.6W_1+0.02W_2=0.1\times1000$$

解得

$$W_1=138\text{kg/h}$$

$$W_2=862\text{kg/h}$$

可列出物料平衡表如例 4.21 表 1 所示。

例 4.21 表 1

流股	1		2		3	
组分	40%H_2SO_4		98%H_2SO_4		90%H_2SO_4	
	kg/h	%（wt）	kg/h	%（wt）	kg/h	%（wt）
H_2SO_4	55.2	40	844.8	98	900	90
H_2O	82.8	60	17.2	2	100	10
合计	138.0	100	862.0	100	1000	100

4.3.2 连续蒸馏

连续蒸馏塔物料衡算的目的是找出塔顶产品、塔底产品的流量和组成与原料液的流量和组成之间的关系，若塔的分离任务已定，则已知进料组成和流量可求出塔顶和塔底产品的流量和组成。

对图 4.4 的蒸馏塔作全塔总质量衡算得

$$F=D+W$$

作全塔各组分的质量衡算得

$$Fx_{Fi}=Dx_{Di}+Wx_{Wi}$$

以上两个式子是蒸馏塔物料衡算基本关系式。

式中 F ——进塔原料流量，kmol/h；

D ——塔顶产品流量，kmol/h；

W ——塔底产品流量，kmol/h；

x_{Fi}——进料中各组分的摩尔分数；

x_{Di}——塔顶产品中各组分的摩尔分数；

x_{Wi}——塔底产品中各组分的摩尔分数。

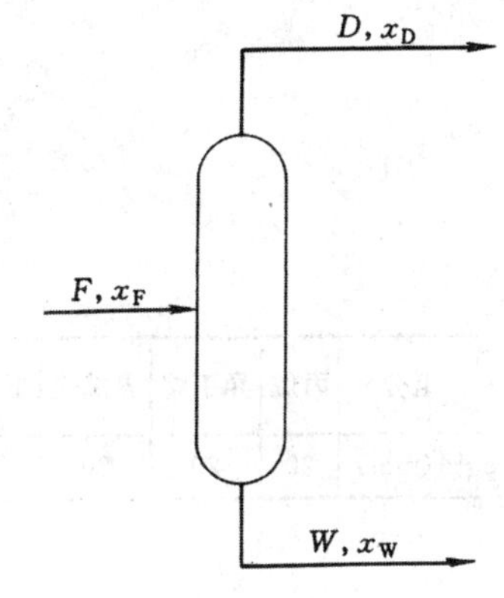

图 4.4　连续蒸馏塔的物料衡算

例 4.22　连续常压蒸馏塔进料为含苯质量分数（下同）38%（wt）和甲苯 62%的混合溶液，要求馏出液中能回收原料中 97%的苯，釜残液中含苯不高于 2%，进料流量为 20000kg/h，求馏出液和釜残液的流量和组成。

解：苯的相对分子质量为 78，甲苯的相对分子质量为 92。以下标 B 代表苯。

进料中苯的摩尔分数　$x_{FB}=\dfrac{\frac{38}{78}}{\frac{38}{78}+\frac{62}{92}}=0.4196$

釜残液中苯的摩尔分数　$x_{WB}=\dfrac{\frac{2}{78}}{\frac{2}{78}+\frac{98}{92}}=0.02351$

进料液平均相对分子质量　$\overline{M}=0.4196\times78+(1-0.4196)\times92=86.13$

进塔原料的摩尔流量　$F=\dfrac{20000}{86.13}=232.2\text{kmol/h}$

依题意，馏出液中能回收原料中 97%的苯，所以

$$Dx_{DB}=97.43\times0.97=94.51\text{kmol/h}$$

作全塔苯的质量衡算得　$Fx_{FB}=Dx_{DB}+Wx_{WB}$

作全塔总质量衡算得　$F=W+D$

将已知数据代入上述质量衡算方程得

$$232.2\times0.4196=94.51+0.02351W \qquad (A)$$

$$232.2=W+D \qquad (B)$$

由（A）式得　$W=124.2\text{kmol/h}$

由（B）式得　$D=108\text{kmol/h}$

∴　$x_{DB}=\dfrac{94.51}{D}=\dfrac{94.51}{108}=0.8752$

蒸馏塔物料平衡列于例 4.22 表 1。

例 4.22 表 1

流股 / 组分	塔进料				塔顶馏出物				釜残液			
	kg/h	%(wt)	kmol/h	%(mol)	kg/h	%(wt)	kmol/h	%(mol)	kg/h	%(wt)	kmol/h	%(mol)
苯	7600	38	97.43	41.96	7372.6	85.60	94.52	87.52	227.8	2.0	2.92	2.35
甲苯	12400	62	134.8	58.04	1240.2	14.40	13.48	12.48	11159.4	98.0	121.3	97.65
合计	20000	100	232.2	100	8612.8	100	108	100	11387.2	100	124.2	100

例 4.23　有一精馏塔，其进料组成和塔顶馏出物组成如例 4.23 附图所示。图中 F_1、F_2、F_3 分别表示进料、塔顶馏出物和塔釜排出液的摩尔流量。塔釜排出液含丙烷 1%（mol），试完成该精馏塔的物料衡算。

解：计算基准取 100kmol/h 进料，即 $F_1=100\text{kmol/h}$。

作丙烷平衡得　$0.5F_2+0.01F_3=0.2\times100$

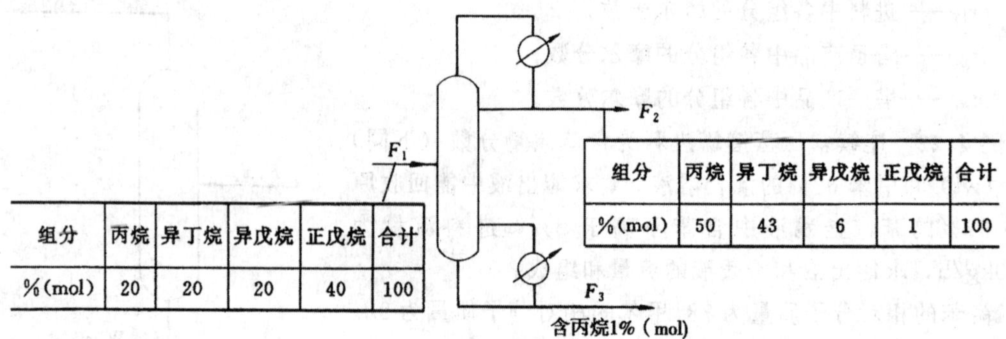

例 4.23 附图

作总质量平衡得 $$F_2+F_3=100$$

解得 $F_2=38.8\text{kmol/h}$，$F_3=61.2\text{kmol/h}$，因此，塔顶馏出物各组分的流量为：

丙烷 $38.8\times0.5=19.40\text{kmol/h}$

异丁烷 $38.8\times0.43=16.684\text{kmol/h}$

异戊烷 $38.8\times0.06=2.33\text{kmol/h}$

正戊烷 $38.8\times0.01=0.388\text{kmol/h}$

塔釜排出液中各组分的流量为：

丙烷 $100\times0.2-19.40=0.6\text{kmol/h}$

异丁烷 $100\times0.2-16.684=3.316\text{kmol/h}$

异戊烷 $100\times0.2-2.33=17.67\text{kmol/h}$

正戊烷 $100\times0.4-0.388=39.61\text{kmol/h}$

因此得到例 4.23 表 1 的物料平衡表（以 100kmol/h 进料为基准）。

例 4.23 表 1

流股	1		2		3	
组分	进　料		塔顶馏出物		塔釜排出液	
	kmol/h	%(mol)	kmol/h	%(mol)	kmol/h	%(mol)
丙烷	20	20	19.40	50	0.6	1
异丁烷	20	20	16.68	43	3.316	5.4
异戊烷	20	20	2.33	6	17.67	28.87
正戊烷	40	40	0.388	1	39.61	64.72
合计	100	100	38.80	100	61.2	100

例 4.24　氯丙烯精馏塔的进料流量和组成如例 4.24 表 1 所示。

例 4.24 表 1

组　分	kg/h	%(wt)	kmol/h	%(mol)
2-氯丙烯	0.42	0.0055	0.0055	0.006
2-氯丙烷	76.83	0.995	0.98	1.025
3-氯丙烯	6408	83.31	83.78	87.65
1,2-二氯丙烷	401	5.21	3.55	3.72
1,3-二氯丙烯	805	10.48	7.25	7.60
合计	7691.2	100	95.56	100

要求塔顶产品中3-氯丙烯质量分数（下同）≥98%，釜液中3-氯丙烯≤1%，试估计塔顶产品的质量流量和塔釜排出液的质量流量。

解：计算基准：小时。

用W_1、W_2、W_3分别表示塔进料、塔顶产品、塔釜排出液的质量流量，单位为kg/h。

作3-氯丙烯的质量平衡得 $0.98W_2+0.01W_3=6408$

作总质量平衡得 $W_2+W_3=7691.2$

解得

$$W_2=6527\text{kg/h}$$

$$W_3=1164.4\text{kg/h}$$

由计算结果知，塔顶产品的质量流量为6527kg/h，塔釜产品的质量流量为1164.4kg/h。

4.3.3 增湿

在化工生产中，有时需要在原料气中配入蒸汽，例如，合成氨厂的一氧化碳变换工段，用蒸汽使原料气中的一氧化碳转化，反应如下：

$$CO+H_2O \rightleftharpoons CO_2+H_2$$

蒸汽是反应物之一，蒸汽过量可使反应的平衡向右移动，从而提高一氧化碳的平衡转化率，工业上一般采用一个经济的H_2O/CO比例。又如，丙烯氨氧化法生产丙烯腈的反应为

$$C_3H_6+NH_3+\frac{3}{2}O_2 \longrightarrow CH_2{=}CHCN+3H_2O$$

合成丙烯腈的工艺生产条件中，要求原料气中$C_3H_6:NH_3:H_2O=1:1.1:3$，可见原料气中含有大量的蒸汽。在这里，蒸汽并非反应物，而是起稀释原料和移去反应热（利用蒸汽热容大的性质）的作用，大量蒸汽的存在使这个强放热反应得以安全地进行。

需要在原料气中配入一定量蒸汽的工业过程，一般都是使原料气先通过一个饱和塔（板式塔或填料塔），气体与热水在塔内逆向接触，进行传质和传热，经过热交换和质交换后，从塔顶排出的原料气几乎被蒸汽所饱和（一般来说，能达到90%到95%的饱和度）。塔出口的原料气中含有的蒸汽量取决于塔出口气体的温度以及塔的操作压力，若塔出口气体中蒸汽含量仍未能达到生产工艺条件的水、气比要求，生产上采取直接向塔出口湿气体中添加蒸汽的办法来补足所缺的那部分蒸汽量。

下面通过一个实例来说明增湿过程的物料衡算。

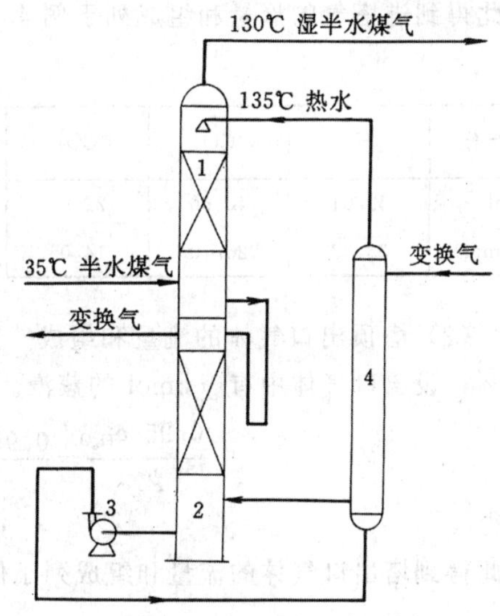

图4.5 CO变换工段中与饱和塔有关的局部流程示意图

1—饱和塔；2—热水塔；3—热水循环泵；4—水加热器

例4.25 图4.5是合成氨厂CO变换工段中与饱和塔有关的局部流程。

35℃的半水煤气从塔底进入饱和塔1，在塔内与自上而下的热水逆流接触，塔顶得到130℃的湿半水煤气送往后面的设备。热水循环流程：135℃的热水从饱和塔塔顶喷淋而下，在塔的填料层内与半水煤气进行热量、质量交换后，热水温度下降，温度降低后的出塔热水通过液封管进入热水塔2顶部向塔内喷淋，热水在塔内与来自水加热器4管间的变换气进行传

质、传热，从塔底排出的热水温度升高，再流经水加热器 4 的管内，被管外的高温变换气加热至 135℃后，送往饱和塔 1 塔顶，如此不断循环。

出口气体被蒸汽饱和的饱和度为 95%，进饱和塔的半水煤气流量（以 1t 氨为基准）和干基组成如例 4.25 表 1 所示。

例 4.25 表 1

组分	H_2	CO	CO_2	O_2	N_2	CH_4	合计
kmol	62.01	40.66	22.69	0.618	32.53	1.865	160.375
%(mol)	38.67	25.35	14.15	0.385	2.028	1.163	100

进入饱和塔的热水为 22t，塔的操作压力为 740.4kPa（7.5kgf/cm²）。试作饱和塔的物料衡算。

解：

（1）入塔气体的流量和组成　题目所给为入塔气的干基组成，即不包括其中所含的蒸汽的组成，此组成不等于入塔气的真正组成，因为入塔气在前面的工段中被蒸汽饱和，所以入塔气含有相应量的蒸汽。查得 35℃下，水的饱和蒸汽压为 $p^{\circ}_{H_2O}=5.622$kPa，已知总压 $p=740.4$kPa，设入塔气中含有 x kmol 蒸汽，根据分压定律则

$$\frac{p^{\circ}_{H_2O}}{p}=\frac{5.622}{740.4}=y_{H_2O}=\frac{x}{160.375+x}$$

解得
$$x=1.227\text{kmol}$$

由此得到进塔气的流量和组成列于例 4.25 表 2。

例 4.25 表 2

组分	H_2	CO	CO_2	O_2	N_2	CH_4	H_2O	合计
kmol	62.01	40.66	22.69	0.618	32.53	1.865	1.227	161.6
%(mol)	38.37	25.10	14.05	0.382	20.13	1.154	0.759	100

（2）塔顶出口气体的流量和组成　查得 130℃水的饱和蒸汽压 $p^{\circ}_{H_2O}=270.1$kPa，饱和度 95%，设出口气体中有 y kmol 的蒸汽。根据分压定律则

$$\frac{0.95\ p^{\circ}_{H_2O}}{p}=\frac{0.95\times 270.1}{740.4}=y_{H_2O}=\frac{y}{160.375+y}$$

解得
$$y=86.83\text{kmol}$$

由此得到塔出口气体的流量和组成列于例 4.25 表 3。

例 4.25 表 3

组分	H_2	CO	CO_2	O_2	N_2	CH_4	H_2O	合计
kmol	62.01	40.66	22.69	0.618	32.53	1.865	86.83	247.3
%(mol)	25.08	16.45	9.178	0.25	13.16	0.6	35.12	100

（3）出塔水流量

在塔内蒸发的水量＝86.83－1.227＝85.6kmol＝1541kg

∴　出塔水流量为 22000－1541＝20459kg

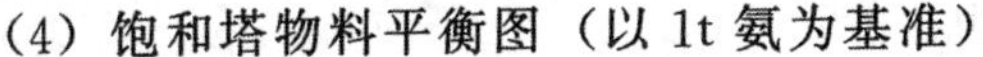

（4）饱和塔物料平衡图（以1t氨为基准）

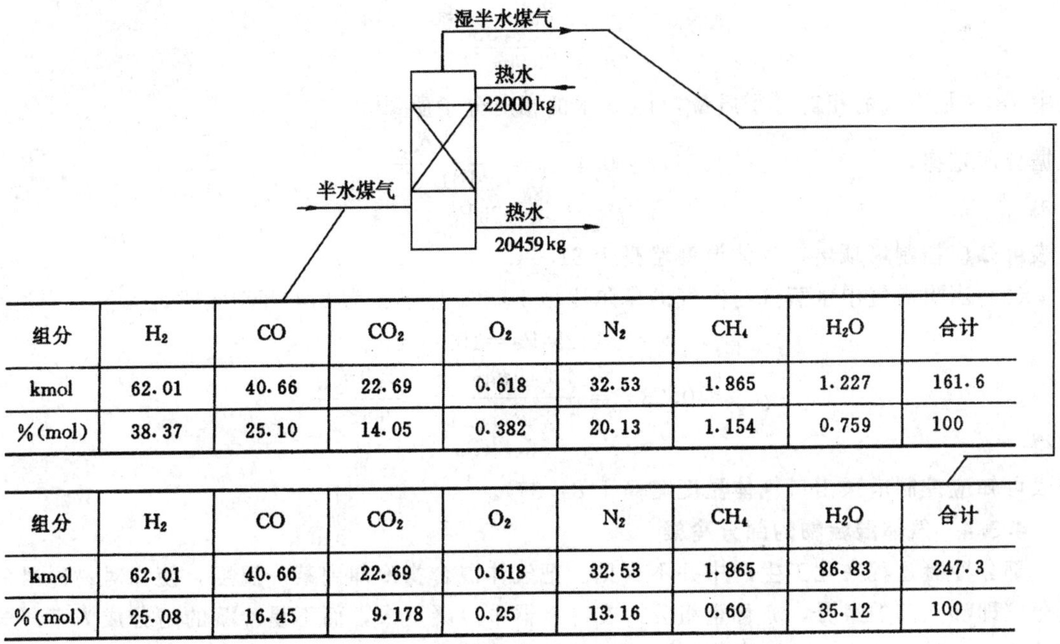

组分	H_2	CO	CO_2	O_2	N_2	CH_4	H_2O	合计
kmol	62.01	40.66	22.69	0.618	32.53	1.865	1.227	161.6
%(mol)	38.37	25.10	14.05	0.382	20.13	1.154	0.759	100

组分	H_2	CO	CO_2	O_2	N_2	CH_4	H_2O	合计
kmol	62.01	40.66	22.69	0.618	32.53	1.865	86.83	247.3
%(mol)	25.08	16.45	9.178	0.25	13.16	0.60	35.12	100

例 4.25 附图　饱和塔物料平衡图

例 4.26　空气通过一充有填料的塔，从塔顶喷淋大量热水，空气与热水逆向接触后自塔顶排出，出塔空气中含有大量水蒸气，其饱和度为90%。

（1）如要求出塔空气中水蒸气与空气的摩尔比为1∶2，塔压为常压，求塔顶出口气体的温度。

（2）同（1），但出塔空气中水蒸气与空气的质量比为1∶2。

（3）同（1），但塔压为0.152MPa（1.5atm）。

解：从饱和水蒸气表中查出不同温度下水的饱和蒸汽压如下：

t/℃	74	75	76	77	78	79	80	81	82	83	84	85
$p^{\circ}_{H_2O}$/kPa	36.95	38.54	40.18	41.88	43.63	45.46	47.34	49.29	51.32	53.41	55.57	57.81

（1）出塔气中水蒸气与空气的摩尔比为1∶2时，水蒸气的摩尔分数为

$$y_{H_2O}=\frac{1}{1+2}=0.3333$$

根据分压定律，$y_{H_2O}=\dfrac{p_{H_2O}}{p}=\dfrac{0.9p^{\circ}_{H_2O}}{p}$

已知

$$p=101.3\text{kPa}$$

∴

$$0.3333=\frac{0.9p^{\circ}_{H_2O}}{101.3}$$

解得

$$p^{\circ}_{H_2O}=37.52\text{kPa}$$

从表上可查出相应的温度为74.4℃，故塔顶出口气体温度应控制略高于74.4℃。

（2）出塔气中水蒸气与空气的重量比为1∶2时，水蒸气在出塔气中的摩尔分数为

$$y_{H_2O}=\frac{\frac{33.33}{18}}{\frac{66.67}{28.8}+\frac{33.33}{18}}=0.4444$$

式中 28.8 是空气的相对分子质量，18 是水的相对分子质量。

根据分压定律，
$$y_{H_2O}=0.4444=\frac{0.9p^{\circ}_{H_2O}}{101.3}$$

解得
$$p^{\circ}_{H_2O}=50.02\text{kPa}$$

查表可知应控制塔顶出口气体温度略高于 81.3℃。

(3) 当出塔气中水蒸气与空气的摩尔比为 1∶2，但塔压为 0.152MPa 时，

$$p=0.152\text{MPa}=152\text{kPa}$$

∴
$$y_{H_2O}=0.3333=\frac{0.9p^{\circ}_{H_2O}}{p}=\frac{0.9p^{\circ}_{H_2O}}{152}$$

解得
$$p^{\circ}_{H_2O}=56.3\text{kPa}$$

查表可知应控制塔顶出口气体温度略高于 84.3℃。

4.3.4 气体混合物的部分冷凝

部分冷凝过程在化工生产中并不少见。把气体混合物冷却到某一温度，使相对易冷凝的组分（即沸点高的组分，亦称重组分）在冷凝器中冷凝下来，而不易冷凝的组分成为不凝气而使混合物得到分离。在此过程中，冷凝是按相平衡规律进行的，因此不凝气中也会带有少量重组分，而凝液中也不可避免地含有少量轻组分，按照生产上对纯度的要求，选择适当的冷凝压力和冷凝温度即可达到分离的目的。

部分冷凝器常常是蒸馏塔的塔顶冷凝器，一个比较典型的工业实例是裂解气（由石油烃类裂解得到）深冷分离流程的脱甲烷塔的塔顶冷凝器。脱甲烷塔是一个精馏塔，此塔的任务是使 CH_4-H_2 与比它重的组分分离，从塔顶得到 CH_4-H_2 馏分，塔底得除 CH_4-H_2 以外的组分。该塔塔压为 3.4MPa，塔顶出口气体在塔顶冷凝器中被冷却到－96℃，塔顶冷凝器是一个部分冷凝器（又称为分凝器），凝液回流返回精馏塔，而不凝气就是塔顶馏分，不凝气主要是甲烷和氢气，故称为 CH_4-H_2 馏分。

在合成氨生产过程中，使反应产物 NH_3 与未反应的原料 N_2、H_2 气分离也是采用部分冷凝的办法，相对于 N_2 和 H_2 来说，NH_3 是容易冷凝的组分。氨合成塔出口气体是 NH_3、N_2、H_2、CH_4 和 Ar 的混合物，其中含 $NH_3$13%～16%(mol)，其余大部分是 N_2 和 H_2 气，压力为 32MPa 的混合气体先经水冷器冷却至常温，部分 NH_3 冷凝为液滴，在其后的氨分离器中分离下来，氨分离器出口气体含 $NH_3$9.5% (mol)，然后再在氨冷器中冷却至－10～－18℃，NH_3 气进一步冷凝，经分离液态氨后，气体混合物中含氨降至 2.5%(mol)～3.5%(mol)，此股以 N_2、H_2 为主的混合气体再循环回合成塔中进行反应。

气体混合物的部分冷凝过程的物料关系如图 4.6 所示。

在部分冷凝器内，如果气体和液体有足够的停留时间，就可以达到相平衡状态，每个组分在气相和液相中的分配由汽液平衡常数 K 确定。汽液平衡常数的求法已在 4.2.10 中叙述，除了一般的求法以外，在下列特殊情况下汽液平衡常数 K 值的计算还可以简化。

(1) 如果进料混合物中某一组分系处于临界温度以上的气体（即不可能冷凝为液体），而且该组分在液相中的溶解度也很小，那么该组分在液相中的摩尔分数为零，即 $x_i=0$，汽液平衡常数 $K_i=\frac{y_i}{x_i}$ 的关系得知，$K_i=\infty$，H_2 气与乙醇、H_2 气与水构成的两相混合物，H_2 的 K 值

就可视为∞。

(2) 如果进料混合物中某组分为一种不挥发性液体，则此组分的气相摩尔分数可视为零，即 $y_i=0$，因而 $K_i=0$。

(3) 如果液相是理想溶液和气相是理想气体，属于完全理想系，则 K_i 按式（4.22）计算：

$$K_i=\frac{p_i^\circ}{p}$$

下面推导部分冷凝过程出口气体、出口液体的流量和组成的计算方法。

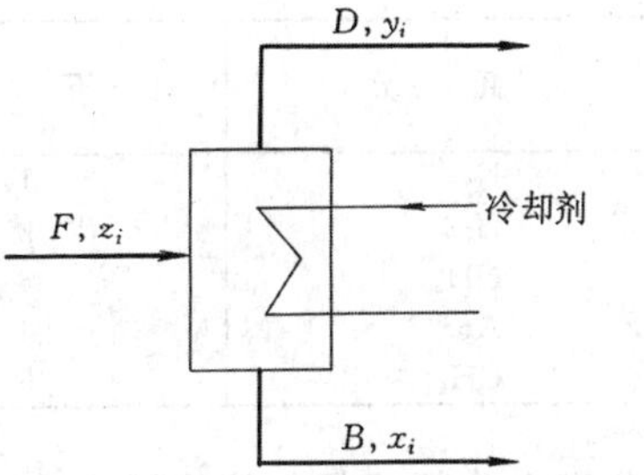

以 l 表示液化率，即冷凝后的液体流量与进口气体混合物总流量之比，则有

$$l=\frac{B}{F}\quad 或\quad B=lF \tag{4.24}$$

作部分冷凝器总质量衡算得　$F=D+B$

$$\therefore\qquad D=F-B=F-lF=(1-l)F \tag{4.25}$$

作 i 组分物料衡算得 $Fz_i=Dy_i+Bx_i$　(4.26)

图 4.6　部分冷凝过程物料衡算

F——进料混合物的流量，kmol/h；

D——不凝气流量，kmol/h；

B——凝液流量，kmol/h；

z_i——进料气体混合物中 i 组分的摩尔分数；

y_i——不凝气中 i 组分的摩尔分数；

x_i——凝液中 i 组分的摩尔分数

式(4.24)、式(4.25)代入式(4.26)得　$z_i=(1-l)y_i+lx_i$　(4.27)

将 $y_i=K_ix_i$ 代入（4.27）式，解出 x_i 得

$$x_i=\frac{z_i}{K_i(1-K_i)l} \tag{4.28}$$

而

$$\sum x_i=1 \tag{4.29}$$

或将 $x_i=\dfrac{y_i}{K_i}$代入（4.27）式，解出 y_i 得

$$y_i=\frac{z_iK_i}{K_i(1-l)+l} \tag{4.30}$$

而

$$\sum y_i=1 \tag{4.31}$$

求解 l 时，用试差法，即假设一液化率 l，由式（4.28）求出各组分的 x_i 值，看$\sum x_i$ 是否等于1，若$\sum x_i\neq 1$，另设 l 值，直至$\sum x_i=1$ 为止，此时，所设 l 值和计算出来的液相中各组分的摩尔分数 x_i 即为所求，再根据 $y_i=K_ix_i$ 的关系又可以求出不凝气中各组分的摩尔分数 y_i。若用式（4.30）和式（4.31）求解，也是用试差法。假设一个 l 值，由式（4.30）求出各组分的 y_i 值，看是否符合$\sum y_i=1$ 的关系，若$\sum y_i\neq 1$，重新假设 l，直至$\sum y_i=1$ 为止，此时的 l 值和由此 l 值计算得到的 y_i 即为所求，x_i 值仍用 $y_i=K_ix_i$ 的关系求出。

当液化率 l 求出后，B 和 D 分别用式（4.24）和式（4.25）求出。

冷凝时从系统取出的热量 Q_c 为

$$Q_c=\Delta H=FH_F-DH_D-BH_B \tag{4.32}$$

式中 H 为焓；ΔH 为过程总焓变。

例 4.27　N_2、H_2、NH_3、Ar、CH_4 的混合气体在－33.3℃和 13.3MPa 压力下进入分凝器中进行部分冷凝，使混合气中较易冷凝的 NH_3 冷凝为液态 NH_3 排出系统而不凝气循环回反应器。

已知进入分凝器的混合气体组成和该条件下的汽液平衡常数列于例 4.27 表 1。

例 4.27 表 1

组　分	下　标	进分凝器的混合气体中各组分的摩尔分数	汽液平衡常数 K_i (−33.3℃、13.3MPa)
N_2	1	0.22	66.67
H_2	2	0.66	50.0
NH_3	3	0.114	0.015
Ar	4	0.002	100.0
CH_4	5	0.004	33.3

若进入分凝器的气体流量为 3500kmol/h，求凝液量和凝液组成以及不凝气的流量和组成。

解：设液化率 $l=0.1027$，用式（4.30）求不凝气中各组分的摩尔分数：

$$y_1=\frac{z_1K_1}{K_1(1-l)+l}=\frac{0.22\times66.67}{66.67(1-0.1027)+0.1027}=0.2448$$

$$y_2=\frac{z_2K_2}{K_2(1-l)+l}=\frac{0.66\times50}{50(1-0.1027)+0.1027}=0.7339$$

$$y_3=\frac{z_3K_3}{K_3(1-l)+l}=\frac{0.114\times0.015}{0.015(1-0.1027)+0.1027}=0.0147$$

$$y_4=\frac{z_4K_4}{K_4(1-l)+l}=\frac{0.002\times100}{100(1-0.1027)+0.1027}=0.002226$$

$$y_5=\frac{z_5K_5}{K_5(1-l)+l}=\frac{0.004\times33.3}{33.3(1-0.1027)+0.1027}=0.004443$$

把 y_i 的值代入（4.31）式得

$$\sum y_i=y_1+y_2+y_3+y_4+y_5$$
$$=0.2448+0.7339+0.0147+0.002226+0.004443\doteq1$$

因此，所设 $l=0.1027$ 正确，上述 y_1、y_2、y_3、y_4、y_5 为所求。

凝液的流量　$B=lF=0.1027\times3500=359.45$kmol/h。

不凝气的流量　$D=F-B=3500-359.45=3140.55$kmol/h。

凝液的组成用汽液平衡关系式　$y_i=K_ix_i$ 求出，计算如下：

$$x_1=\frac{y_1}{K_1}=\frac{0.2448}{66.67}=0.00367$$

$$x_2=\frac{y_2}{K_2}=\frac{0.7339}{50}=0.01468$$

$$x_3=\frac{y_3}{K_3}=\frac{0.0147}{0.015}=0.98$$

$$x_4=\frac{y_4}{K_4}=\frac{0.002226}{100}=2.226\times10^{-5}$$

$$x_5=\frac{y_5}{K_5}=\frac{0.004443}{33.3}=1.334\times10^{-4}$$

例 4.28　尿素车间的解吸塔是一个精馏塔，塔压 441.3kPa（4.5kgf/cm²，绝压），122℃的塔顶出口气体进入塔顶冷凝器，不凝气出口温度 110℃，已知不凝气中含有 $NH_3$55.64kmol/h，$CO_2$7.761kmol/h，求冷凝器入口气体和不凝气的流量和组成。

解：查氨和 CO_2 的温-熵图可知，在 441.3kPa 压力下，110～122℃温度范围内，NH_3 和 CO_2 位于过热蒸气区，即在冷凝器中没有 CO_2 和 NH_3 冷凝，只有水蒸气可以冷凝。在冷凝器的操作条件下，NH_3 和 CO_2 在水中的溶解度也很小，可忽略不计，在计算中把凝液按纯水处

理误差不大，又因操作压力属于低压范围，气相可视为理想气体，因此，物系是一个完全理想系，服从完全理想系的汽液平衡关系，即

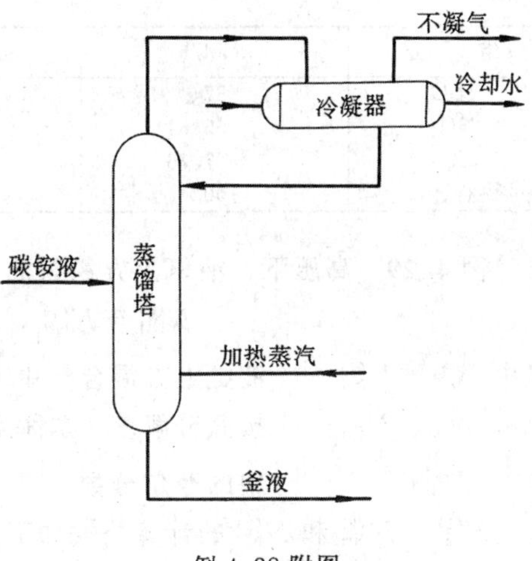

例 4.28 附图

$$y_i=\frac{p_i^{\circ}}{p}x_i$$

按水写出汽液平衡方程即为

$$y_{H_2O}=\frac{p_{H_2O}^{\circ}}{p}x_{H_2O}=\frac{p_{H_2O}^{\circ}}{p}\text{（因 }x_{H_2O}\doteq 1\text{）}$$

它就是分压定律表达式。

(1) 冷凝器入口气体的流量和组成　由于 NH_3 和 CO_2 在冷凝器中不冷凝，又不溶于凝液，因而冷凝器入口气体和出口气体中，NH_3 和 CO_2 的流量相同，均为 55.64kmol/h 和 7.761kmol/h。

设冷凝器入口气体中含有水蒸气 $x$kmol/h，则

$$y_{H_2O}=\frac{x}{55.64+7.761+x}$$

而 $y_{H_2O}=\frac{p_{H_2O}^{\circ}}{p}$，所以

$$\frac{x}{55.64+7.761+x}=\frac{p_{H_2O}^{\circ}}{p}$$

122℃下水的饱和蒸汽压 $p_{H_2O}^{\circ}=212.4$kPa，$p=441.3$kPa，把数据代入上面的式子得

$$\frac{x}{55.64+7.761+x}=\frac{212.4}{441.3}$$

解得

$$x=58.84\text{kmol/h}$$

由此得到冷凝器入口气体流量和组成列于例 4.28 表 1。

例 4.28 表 1

组　分	kmol/h	%（mol）	kg/h	%（wt）
H_2O	58.84	48.14	1059	45.13
NH_3	55.64	45.52	945.9	40.31
CO_2	7.761	6.35	341.5	14.55
合计	122.24	100	2346.4	100

(2) 不凝气流量和组成

110℃时，$p_{H_2O}^{\circ}=143.2$kPa

设不凝气中含水蒸气 $y$kmol/h，则

$$\frac{y}{55.64+7.761+y}=\frac{143.2}{441.5}$$

解得

$$y=37\text{kmol/h}$$

由此得到不凝气流量和组成列于例 4.28 表 2。

在工程计算中，有时可以找到不凝气中某组分的含量与压力、温度关系的经验式，这样可使计算大大简化，如例 4.29 所述。

例 4.28 表 2

组　分	kmol/h	%（mol）	kg/h	%（wt）
H_2O	37	36.85	666	34.09
NH_3	55.64	55.2	945.9	48.42
CO_2	7.76	7.73	341.5	17.48
合计	100.4	100	1953.4	100

例 4.29　高压下，液氨上方氮氢混合气的平衡氨含量可用下面的公式计算

$$N_{NH_3}^{(4)}=N_{NH_3}^{(1)}, N_{aBC}+N_{NH_3}^{(2)}N_{Ar}+N_{NH_3}^{(3)}N_{CH_4}$$

式中　$N_{NH_3}^{(4)}$——液氨上方混合气中 NH_3 的摩尔分数；

N_{aBC}、N_{Ar}、N_{CH_4}——按氨分解基（亦称无氨基）计的（N_2+H_2）、Ar、CH_4 在液氨上方混合气中的摩尔分数。

$N_{NH_3}^{(1)}$、$N_{NH_3}^{(2)}$和 $N_{NH_3}^{(3)}$的计算公式如下：

$$\lg N_{NH_3}^{(1)}=2.35916+\frac{6.56799}{\sqrt{10.2p}}-\frac{1168.1288}{(273+t)}$$

$$\lg N_{NH_3}^{(2)}=2.423025+\frac{5.28048}{\sqrt{10.2p}}-\frac{1127.9013}{(273+t)}$$

$$\lg N_{NH_3}^{(3)}=2.58140+\frac{3.39444}{\sqrt{10.2p}}-\frac{1094.7342}{(273+t)}$$

式中　p——操作压力（绝压），MPa；

t——操作温度，℃。

氨分离器的操作压力为 29.4MPa（绝压），操作温度为 0℃，分离器出口气体中（$Ar+CH_4$）的摩尔分数为 14%，其中 Ar 和 CH_4 的摩尔比为 1∶3.55，求氨分离器出口混合气体中 NH_3 的摩尔分数。

解：用试差法求氨分离器出口混合气体中 NH_3 的摩尔分数，设其为 3.25%，则氨分离器出口混合气体中各组分的无氨基摩尔分数分别为：

$$N_{aBC}=\frac{100-14-3.25}{100-3.25}=0.8553$$

$$N_{Ar}=\frac{14\times1}{4.55(100-3.25)}=0.03180$$

$$N_{CH_4}=\frac{14\times3.55}{4.55(100-3.25)}=0.1129$$

又，

$$\lg N_{NH_3}^{(1)}=2.35916+\frac{6.56799}{\sqrt{10.2\times29.4}}-\frac{1168.1288}{(273+0)}=-1.54042=\bar{2}.45958$$

$$N_{NH_3}^{(1)}=0.02881$$

$$\lg N_{NH_3}^{(2)}=2.423025+\frac{5.28048}{\sqrt{10.2\times29.4}}-\frac{1127.9013}{(273+0)}=-1.4036=\bar{2}.5965$$

$$N_{NH_3}^{(2)}=0.039486$$

$$\lg N_{NH_3}^{(3)}=2.58140+\frac{3.39444}{\sqrt{10.2\times29.4}}-\frac{1094.7342}{(273+0)}=-1.2326=\bar{2}.7674$$

$$N_{NH_3}^{(3)}=0.058533$$

$\therefore\quad N_{NH_3}^{(4)}=0.02881\times0.8553+0.039486\times0.03180+0.058533\times0.1129$

$=0.03251=3.2505\%$

计算得到的 $N_{NH_3}^{(4)}$ 与假设 3.25%基本相符，因此氨分离器出口混合气中 NH_3 的摩尔分数为 3.25%。

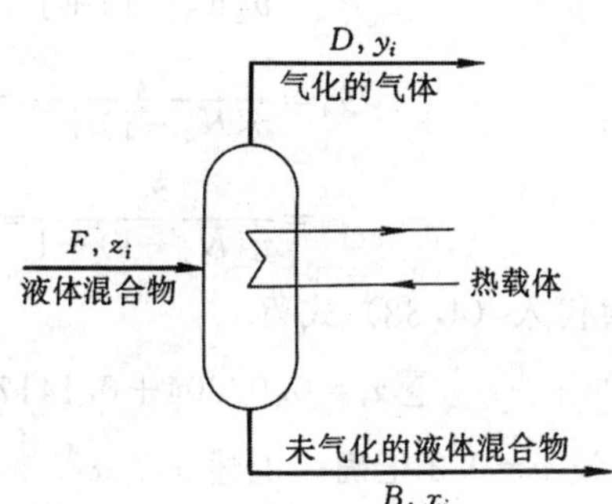

图 4.7 液体混合物部分气化的物料衡算

F——液体混合物的流量，kmol/h；

D——气化的气体混合物流量，kmol/h；

B——未气化的液体混合物流量，kmol/h；

z_i——进料混合物中 i 组分的摩尔分数；

y_i——气化的气体混合物中 i 组分的摩尔分数；

x_i——未气化的液体混合物中 i 组分的摩尔分数

4.3.5 液体混合物的部分气化

液体混合物的部分气化是气体混合物部分冷凝的逆过程，其物料关系如图 4.7 所示。

用 v 表示气化率，则有

$$v=\frac{D}{F}\quad 或\quad D=vF \tag{4.33}$$

总质量平衡 $F=B+D$

$$\therefore\ B=F-D=F-vF=F(1-v) \tag{4.34}$$

i 组分质量平衡 $F_iz_i=Bx_i+Dy_i$ (4.35)

式(4.33)和式(4.34)代入式(4.35)得

$$F_iz_i=F\ (1-v)\ x_i+vFy_i$$

化简之得

$$z_i=(1-v)x_i+vy_i \tag{4.36}$$

再把 $y_i=K_ix_i$ 代入 (4.36) 式，然后解出 x_i，

$$x_i=\frac{z_i}{v(K_i-1)+1} \tag{4.37}$$

而

$$\sum x_i=1 \tag{4.38}$$

用式(4.37)和式(4.38)可试差求出 v 以及气化的气体组成和未气化的液体组成。

用类似的办法亦可推导出式(4.39)和式(4.40)：

$$y_i=\frac{z_iK_i}{v(K_i-1)+1} \tag{4.39}$$

$$\sum y_i=1 \tag{4.40}$$

用式(4.39)和式(4.40)可试差求出 v、气化的气体组成和未气化的液相组成。

例 4.30 有一液体混合物，流量为 1000kmol/h，其组成和各组分在 0.1MPa、60℃的汽液平衡常数 K 值如例 4.30 表 1 所示。

例 4.30 表 1

组 分	正丁烷	正戊烷	正己烷	正庚烷	正辛烷	合计
下标	1	2	3	4	5	
Z_i/%(mol)	5	17	65	10	3	100
K_i	5.6	2.0	0.77	0.29	0.1	

求此条件下气化的气体组成和流量，以及未气化液体的组成和流量。

解：设气化率 $v=0.2$，按 (4.37) 式求未气化液体各组分的摩尔分数如下：

$$x_1=\frac{z_1}{v(K_1-1)+1}=\frac{0.05}{0.2(5.6-1)+1}=0.02604$$

$$x_2=\frac{z_2}{v(K_2-1)+1}=\frac{0.17}{0.2(2-1)+1}=0.1417$$

$$x_3=\frac{z_3}{v(K_3-1)+1}=\frac{0.65}{0.2(0.77-1)+1}=0.6813$$

$$x_4=\frac{z_4}{v(K_4-1)+1}=\frac{0.10}{0.2(0.29-1)+1}=0.1166$$

$$x_5=\frac{z_5}{v(K_5-1)+1}=\frac{0.03}{0.2(0.1-1)+1}=0.0366$$

把 x_i 的值代入（4.38）式得

$$\sum x_i=0.02604+0.1417+0.6813+0.1166+0.0366=1$$

因此，所设 $v=0.2$ 正确，上述 x_1、x_2、x_3、x_4、x_5 为所求。

气化气体的流量为

$$D=vF=0.2\times1000=200\text{kmol/h}$$

未气化液体的流量为

$$1000-200=800\text{kmol/h}$$

气化气体中各组分的摩尔分数为

$$y_1=K_1x_1=5.6\times0.02604=0.1458$$

$$y_2=K_2x_2=2\times0.1417=0.2834$$

$$y_3=K_3x_3=0.77\times0.6813=0.5246$$

$$y_4=K_4x_4=0.29\times0.1166=0.03382$$

$$y_5=K_5x_5=0.1\times0.0366=0.00366$$

4.3.6 闪蒸

化工生产中的闪蒸操作和部分气化、部分冷凝都属于单级分离过程。单级分离是一种较为简单的分离操作，当混合物中各组分的沸点相差很大，或只要求使混合物粗分离的情况下，采用单级分离操作是比较合适的。

闪蒸过程与部分气化、部分冷凝的不同之处是：部分冷凝和部分气化过程与外界有热量交换（即需要取出或供给热量），故过程的总焓变不为零。而闪蒸是液体于绝热情况下瞬间降压（可通过阀门完成此降压过程），压力从 p_1 降至 p_2，此时有一部分液体气化，另一部分残留为液体。由于闪蒸过程与外界无热量交换，所以它是一个等焓过程。气化吸收热量使料液降温，温度由节流前的 T_1 骤然降至节流后的 T_2。闪蒸过程各参数的变化情况如图 4.8 所示。

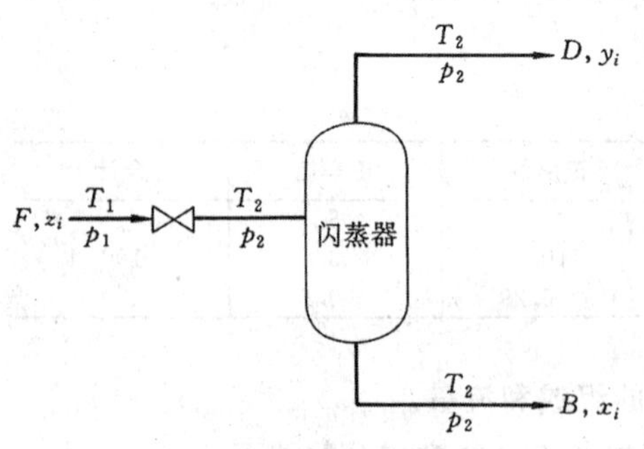

图 4.8 闪蒸过程的物料衡算

闪蒸过程的物料平衡关系与 4.3.5 节所述液体混合物的部分气化是一样的，所以式（4.39）和式（4.40）适用于此体系。即，

$$y_i=\frac{z_iK_i}{v(K_i-1)+1}\quad 和\quad \sum y_i=1$$

闪蒸过程的热量衡算方程见式（4.41）。

$$\Delta H=FH_f-BH_B-DH_D \tag{4.41}$$

由于闪蒸为等焓过程，所以焓变为零，即

$$\Delta H=0 \tag{4.42}$$

计算闪蒸过程所依据的方程式是式（4.39）、式（4.40）、式（4.41）和式（4.42），只有符合上述四个方程式的 T_2 和 p_2，才是闪蒸后的状态。具体计算方法如下：已定下节流后的压力为 p_2，设节流后的温度为 T_2，由（4.39）式和

(4.40) 式可试差求出 y_i、x_i 和 v（从而求出 B 和 D），由 T_2、p_2、x_i、y_i 的值可得到 H_B 和 H_D，把 F、H_f、B、H_B、D、H_D 的值代入 (4.41) 式，并用 (4.42) 式检验，看 ΔH 是否为零，符合 $\Delta H=0$ 的 T_2、p_2 即为所求。T_2、p_2 确定后，与其对应的 y_i、x_i、v、B、D 也就确定了。

从上面的叙述可以看出，闪蒸过程的计算和部分气化过程的计算不同的是，对部分气化过程，只需满足 (4.39) 式和 (4.40) 式就可以了。部分气化过程总焓变 ΔH 可直接根据 (4.41) 式计算出来。(4.41) 式的 ΔH 即为部分气化过程需要吸收的热量；而闪蒸过程却还要求满足式 (4.42) 即过程总焓变为零。为了满足 (4.42) 式，需试差确定 p_2、T_2，增多了一项试差过程，等于双重试差，这更增加了计算的复杂性。

前面已经提到过，闪蒸过程是一个等焓的平衡汽化过程。为了尽量接近或达到相平衡状态，在闪蒸器的设计上要保证物料在闪蒸器内有足够的停留时间、充分的蒸发面积和蒸发空间。闪蒸设备的尺寸和型式主要由上述要求来决定。设计上，立式闪蒸器中设置淋降板使蒸发面积增大是常常采用的方法。

闪蒸过程除用于粗分离外，还常用于气体的物理吸收流程的溶剂再生过程中。由于吸收过程常在加压下进行，吸收塔塔底流出的富含吸收质的溶剂（俗称富液），需要在减压下，使溶于溶剂中的气体解吸出来，而使溶剂得到再生。有些溶剂再生流程就是采用多次降压、闪蒸的办法，例如，工业上用丙烯碳酸酯吸收混合气中的 CO_2，吸收压力为 1.667MPa ($17kgf/cm^2$)，也有 2.648MPa ($27kgf/cm^2$) 的系统，吸收塔塔底富液经中间压力闪蒸、常压闪蒸、负压闪蒸和空气气提后，吸收剂丙烯碳酸酯中残余 CO_2 可降低压 $0.2m^3$ (STP) CO_2/m^3 丙烯碳酸酯，成为贫液再送回吸收塔作为吸收剂。

4.3.7 物理吸收

在设计中，吸收塔的物料衡算常常是为了求出塔底液相中吸收质的含量。一般情况下，需要处理的气体混合物量、气体混合物中吸收质的进塔含量、出塔含量、以及入塔吸收剂中吸收质的含量，均由过程本身的要求所规定。只有吸收剂的用量可以由设计者选择。一旦吸收剂的量确定，就可以通过物料衡算确定塔底液相吸收质的含量。

吸收塔的物料关系如图 4.9 所示。

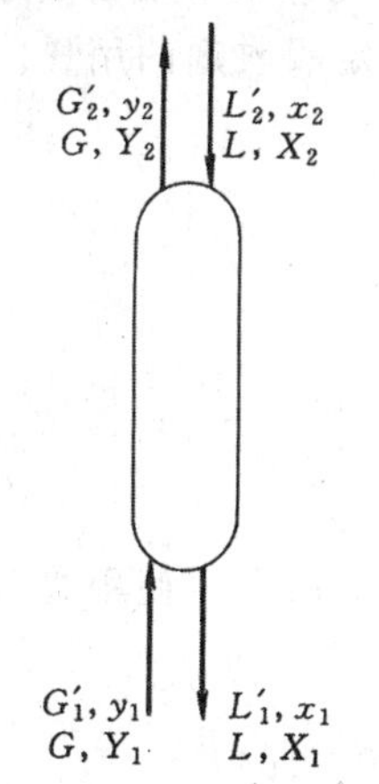

图 4.9 吸收塔物料衡算

G——单位时间通过吸收塔的惰性气体量，kmol/h；

L——单位时间通过吸收塔的吸收剂量，kmol/h；

Y——气相中吸收质与惰性气体的摩尔比，kmol 吸收质/kmol 惰性气；

X——液相中吸收质与吸收剂的摩尔比，kmol 吸收质/kmol 吸收剂；

G'——单位时间通过吸收塔的混合气体量，kmol/h；

L'——单位时间通过吸收塔的溶液量，kmol/h；

y——混合气中溶质的摩尔分数，kmol 溶质/kmol 混合气；

x——溶液中溶质的摩尔分数，kmol 溶质/kmol 溶液

在塔顶和塔底间作吸收质的物料衡算得

$$G(Y_1-Y_2)=L(X_2-X_1) \tag{4.43}$$

或

$$G_1' y_1-G_2' y_2=L_2' x_2-L_1' x_1 \tag{4.44}$$

式(4.43)和式(4.44)中的G(或G_1'、G_2')、Y_1和Y_2(或y_1和y_2)、X_2(或x_2)常为过程本身的要求所确定,当吸收剂用量L(或L_2')确定之后,用式(4.43)或式(4.44)就可以求出塔底排出的吸收液含量X_1(或x_1)。X_1(或x_1)的值取决于吸收剂用量的大小。

在设计中,吸收剂的用量要考虑多方面的因素,L的值影响液相中吸收质的含量,对于溶解热较显著的吸收过程(即非等温吸收)、L的大小还会影响塔内的液体温度。含量和温度又决定了气相中吸收质的平衡含量,因而L的大小影响到吸收推动力也就是塔的投资,显然,吸收剂的流量还影响到液体输送费用和再生操作费用。所以,在吸收塔的设计中,必须在满足工艺要求的情况下,对设备投资和操作费进行权衡,选择一个适当的液气比,以使总费用最少。一般可取

$$\frac{L}{G}=(1.2\sim2)\left(\frac{L}{G}\right)_{\min}$$

对填料塔来说,在确定了L/G以后,还必须校验所用的吸收剂量是否能保证足够的喷淋密度以使填料充分润湿,并确定是否要使吸收液部分循环以提高喷淋密度,或以板式塔代替填料塔。

$(L/G)_{\min}$称为最小液气比,可用下式计算:

$$\left(\frac{L}{G}\right)_{\min}=\frac{L_{\min}}{G}=\frac{Y_1-Y_2}{X_1^*-X_2} \tag{4.45}$$

X_1^*是在与Y_1平衡的液相中,吸收质与吸收剂的摩尔比,kmol 吸收质/kmol 吸收剂,若气、液含量都低,平衡关系又符合亨利定律,也可直接用下式计算最小液气比:

$$\left(\frac{L'}{G'}\right)_{\min}=\frac{L'_{\min}}{G'}=\frac{y_1-y_2}{y_1/K_1-x_2} \tag{4.46}$$

式中K为汽液平衡常数。

例 4.31 有一环氧乙烷吸收塔,采用经预冷到7℃的新鲜水作吸收剂,操作压力1.08MPa(11kgf/cm²),由于吸收时放热很少可视为等温吸收,在1.08MPa和7℃时,汽液平衡常数$K=0.53$,入塔气体总流量为215kmol/h,其中环氧乙烷含量为0.75%(摩尔分数),要求环氧乙烷的回收率为98%,后继解吸操作要求吸收塔得到的环氧乙烷溶液含量略大于2%(质量分数),已知操作条件下汽液平衡关系符合亨利定律,试确定吸收剂的用量。

解:入塔气体中环氧乙烷含量为

$$y_1=0.0075$$

因回收率为98%,故出塔气体中环氧乙烷含量为

$$y_2=0.0075(1-0.98)=0.00015$$

新鲜水为吸收剂,因此

$$x_2=0$$

因气、液相环氧乙烷含量都低,平衡关系又符合亨利定律,所以可使用式(4.46)求最小气液比。

$$\frac{L'_{\min}}{G'}=\frac{y_1-y_2}{\dfrac{y_1}{K_1}-x_2}\quad\frac{0.0075-0.00015}{\dfrac{0.0075}{0.53}-0}=0.5194$$

而 $$G_2'=215-215\times0.0075\times0.98=213.42\text{kmol/h}$$

∴ $$(L_2')_{\min}=0.5194\times213.42=110.9\text{kmol/h}$$

取$L_2'=1.6\ (L_2')_{\min}=1.6\times110.9=177.4\text{kmol/h}=3193\text{kg/h}$

下面检验吸收剂用量是否能使塔底得到的环氧乙烷水溶液含量符合操作条件的要求（环氧乙烷水溶液中，环氧乙烷质量分数略大于2%）。

$$G_1'=215\text{kmol/h}$$

$$y_1=0.0075$$

$$G_2'y_2=215\times0.0075(1-0.98)=0.03225\text{kmol/h}$$

$$L_1'=177.4+215\times0.0075\times0.98=179\text{kmol/h}$$

把有关数据代入式（4.44）得

$$x_1=\frac{G_1'y_1-G_2'y_2-L_2'x_2}{L_1'}=\frac{215\times0.0075-0.03225-0}{179}=0.00883$$

因此，塔出口溶液中环氧乙烷的质量分数为

$$\frac{0.00883\times44}{0.00883\times44+(1-0.00883)\times18}=0.0213=2.13\%>2\%$$

此值符合工艺操作条件的要求。

例 4.32 某矿石焙烧炉送出的气体冷却到20℃后送入填料吸收塔，用水吸收其中的二氧化硫。操作压力为常压，炉气体积流量为1500m^3/h，SO_2 的含量为8.5%（摩尔分数），其余为惰性气体（可近似视为空气），吸收剂为不含 SO_2 的水，流量为2000kmol/h，若要求 SO_2 的回收率为90%，求塔底排出的液体含量。

解：

$$Y_1=\frac{8.5}{100-8.5}=0.0929\quad \text{kmol } SO_2/\text{kmol 惰性气}$$

$$Y_2=\frac{8.5(1-0.90)}{100-8.5}=0.00929\quad \text{kmol } SO_2/\text{kmol 惰性气}$$

$$X_2=0$$

$$G=\frac{1500}{22.4}\times\frac{273}{273+20}(1-0.085)=57.08\text{ kmol/h}$$

$$L=2000\text{kmol/h}$$

∵ $$G(Y_1-Y_2)=L(X_1-X_2)$$

∴ $$57.09(0.0929-0.00929)=2000(X_1-0)$$

解得 $$X_1=0.00239\text{kmol } SO_2/\text{kmol}$$

例 4.33 合成氨厂用铜氨液吸收脱碳气中微量的CO和 CO_2，使出塔气体中CO的含量小于15ml/m^3（即15ppm），脱碳气的组成如下：

组　分	H_2	N_2	CO	CO_2	(CH_4+Ar)	合计
%（mol）	72.6	23.7	2.0	0.2	1.5	100

脱碳气的消耗定额为3070m^3（STP）/t_{NH_3}，某厂公称能力为50000 t_{NH_3}/a，生产过程中氨的损失率为10%，要求20%的设计裕量，年工作日330天，求：

（1）入塔气体流量；

（2）若吸收剂的吸收能力为14.3m^3（STP）CO/m^3 铜氨液，求铜氨液入塔流量。

解：

（1）入塔气体流量为

$$G'=\frac{50000\times1.1\times1.2}{330\times24}\times3070=25580\text{m}^3(\text{STP})/\text{h}$$

(2) 铜氨液流量

$$G=G'(1-0.02)=25580(1-0.02)=25068.4\text{m}^3(\text{STP})\text{惰性气/h}$$

$$Y_1=\frac{2.0}{100-2.0}=0.0204\quad \text{m}^3(\text{STP})\text{CO/m}^3(\text{STP})\text{惰性气}$$

$$Y_2=\frac{1.5\times10^{-3}}{100-1.5\times10^{-3}}=1.5\times10^{-5}\quad \text{m}^3(\text{STP})\text{CO/m}^3(\text{STP})\text{惰性气}$$

需要吸收的 CO 量 $=G(Y_1-Y_2)=25068.4(0.0204-1.5\times10^{-5})$

$=511\text{m}^3(\text{STP})/\text{h}$

铜氨液流量为

$$L=\frac{511}{14.3}=35.73\text{m}^3/\text{h}$$

4.3.8 提浓

在化学工业和医药、食品工业中，有些生产过程，例如硝酸铵，烧碱、硼砂、抗生素、制糖等，常常需要将稀溶液提浓。工业上提浓的办法常用蒸发器，使其中部分溶剂气化为蒸气并不断除去而得到浓溶液。被浓缩的溶液常常是水溶液，因而排出的是蒸汽。

提浓过程的物料衡算式的推导见图 4.10。

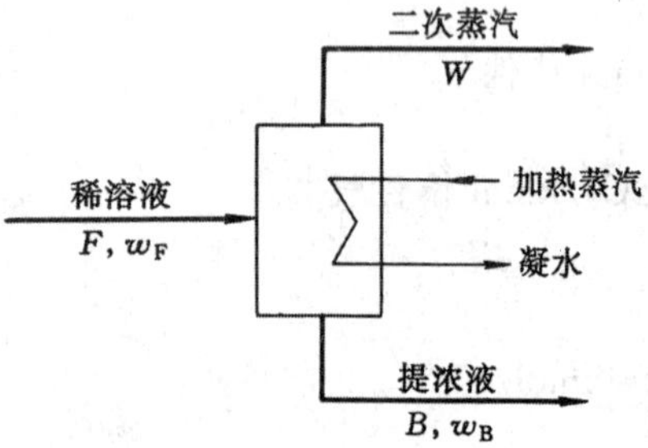

图 4.10 提浓过程的物料衡算

F——稀溶液进料量，kg/h；

w_F——稀溶液中溶质含量，% (wt)；

B——提浓液流量，kg/h；

w_B——提浓液中溶质的含量，% (wt)；

W——蒸发的溶剂量，kg/h

总质量平衡 $F=W+B$

溶质质量平衡 $Fw_F=Bw_B$

$$\therefore\qquad W=F\left(1-\frac{w_F}{w_B}\right)$$

或
$$w_B=\frac{Fw_F}{F-W}\tag{4.47}$$

例 4.34 把 15000kg/h 的含量为 67%(质量分数,下同)的硝酸铵水溶液浓缩至 90%,求蒸发水的蒸汽量。

解：已知数据如下：

$$F=15000\text{kg/h}$$

$$w_F=67\%$$

$$w_B=90\%$$

把已知数据代入式(4.47)得

$$W=15000\left(1-\frac{0.67}{0.90}\right)=3833\text{kg/h}$$

4.3.9 脱水

工业上有时需要把物料中的水分脱除,以便得到含水量小的产品或比较干燥的气体以减小物料对设备的腐蚀,使用的设备是吸附器或干燥器。在脱水过程中,物料在进口和出口的含水量不同,但干物料的质量在设备的进、出口是不会改变的,因此,在物料计算中,采用干物料作为计算基准很方便。例 4.35 的计算过程就充分地说明了使用干基的方便之处。

例 4.35 有一干燥设备,处理湿物料 1500kg/h,经干燥后,物料的湿基含水量由 35%减至 5%(质量分数)。求：

(1) 干燥器中水的蒸发量；

(2) 干燥器出口物料流量；

(3) 干燥器出口物料中的含水量。

解：先将湿基含水量换算成干基含水量。设备进口物料的干基含水量用 x_1 表示则有

$$x_1 = \frac{0.35}{1-0.35} = 0.5385\text{kg 水 /kg 干料}$$

设备出口物料干基含水量用 x_2 表示，则有

$$x_2 = \frac{0.05}{1-0.05} = 0.05263\text{kg 水 /kg 干料}$$

干基流量为

$$1500(1-0.35) = 975\text{kg/h}$$

(1) 在干燥器中蒸发的水量为

$$975(0.5385-0.05263) = 473.8\text{kg/h}$$

(2) 干燥器出口物料流量为

$$1500-473.8 = 1026.2\text{kg/h}$$

(3) 干燥器出口物料中含水量为

$$1026.2\times 0.05 = 51.31\text{kg/h}$$

例 4.36 某车间需要干烃类混合气 2000m^3 (STP) /h，其含水的质量分数要求小于 $5\mu\text{g/g}$，已知进吸附器的气体温度为 30℃，压力为 126kPa（1.2atm），相对湿度 80%，求吸附器的负荷和吸附器进口气体的流量。

解：设进口气体中含水量为 $x\ \text{m}^3$ (STP) /h，则进口气体中水蒸气的摩尔分数为

干烃 2000m^3(STP)/h，水蒸气 $x\text{m}^3$(STP)/h → 吸附器 → 干烃 2000m^3(STP)/h，水蒸气质量分数 $5\mu\text{g/g}$

$$y_{H_2O} = \frac{x}{2000+x} \tag{A}$$

根据分压定律 $y_{H_2O}=\dfrac{p_{H_2O}}{p}=\dfrac{0.8p^{\circ}_{H_2O}}{p}$

30℃时，饱和水蒸气压为 $p^{\circ}_{H_2O}=4.242\text{kPa}$

∴
$$y_{H_2O} = \frac{0.8\times 4.242}{126} \tag{B}$$

联立式（A）和式（B）得

$$\frac{x}{2000+x}=\frac{0.8\times 4.242}{126}$$

解得
$$x=55.36\text{m}^3\ (\text{STP})\ /\text{h}$$

因此，吸附器的负荷为每小时脱除 55.36m^3 (STP) /h 的水蒸气，吸附器进口气体流量为 2055.3m^3 (STP) /h。

4.4 用元素的原子平衡的方法作物料衡算

化学反应前后各元素的原子数是相等的。例如，烷类的裂解过程使碳原子数大的烃类裂解成为碳原子数小的烃（甲烷、乙烷、丙烷、乙烯、丙烯、乙炔……等）的混合物，成分变化很大，但裂解前后的碳原子数是不变的，其依据是物质不灭定律。反应前后各元素的原子数相等这一原理在物料衡算中常常被使用。

例 4.37 丙烷充分燃烧时要使空气过量 25%，燃烧反应方程式为：

$$C_3H_8+5O_2 \longrightarrow 3CO_2+4H_2O$$

求每 100mol 燃烧产物（烟道气）需要加入多少丙烷和空气。

解：在例 4.1 中，曾分别用 1mol 丙烷和 1mol 入口空气为基准对本题做过计算，在这里，使用原子平衡的方法，以 100mol 烟道气作基准进行物料衡算。

用　N 表示烟道气中 N_2 的物质的量，mol；

P 表示烟道气中 CO_2 的物质的量，mol；

Q 表示烟道气中 H_2O 的物质的量，mol；

M 表示烟道气中 O_2 的物质的量，mol；

A 表示入口空气的物质的量，mol；

B 表示入口丙烷的物质的量，mol。

作碳原子平衡得　$B=P/3$　(1)

作氢原子平衡得　$B=Q/4$　(2)

作氧原子平衡得　$0.21A=M+\frac{Q}{2}+P$　(3)

作 N_2 平衡得　$0.79A=N$　(4)

按所设基准得　$N+M+P+Q=100$　(5)

作 O_2 平衡得　$0.21A\times\frac{0.25}{1.25}=M$　(6)

解上述方程组得

$$A=93.76\text{mol}$$

$$B=3.148\text{mol}$$

因此，100mol 烟道气需要加入空气 93.76mol，加入丙烷 3.148mol，此计算结果与例 4.1 相同。

例 4.38　作天然气一段转化炉的物料衡算。天然气的组成如下。

组分	CH_4	C_2H_6	C_3H_8	C_4H_{10}	N_2	合计
%（mol）	97.8	0.5	0.2	0.1	1.4	100

原料混合气中，H_2O/天然气＝2.5，气体转化率为 67%（以 C_1 计），甲烷同系物完全分解，转化气中 CO 和 CO_2 的比例在转化炉出口温度（700℃）下符合式

$$CO+H_2O \rightleftharpoons CO_2+H_2$$

的平衡关系。

解：一段转化炉内所进行的天然气转化反应的主反应是：

$$CH_4+H_2O \rightleftharpoons CO+3H_2$$

还有一些副反应。一段转化炉出口混合气含有 CO_2、CO、H_2、H_2O、CH_4 和 N_2 等组分，在出口混合气中，上述组分的物质的量（mol）分别用 a，b，c，$(250-d)$，e 和 f 表示。

以 100mol 天然气进料为衡算基准。

e 为一段转化炉出口混合气中 CH_4 的物质的量（mol），即未转化的 CH_4 的物质的量（mol），因此，

$$e=(97.8+0.5\times2+0.2\times3+0.1\times4)(1-0.67)=32.9\text{mol}$$

N_2 是惰性的，反应前后的物质的量不变，因此

$$f=1.4\text{mol}$$

因此，一段转化炉进、出口物料情况如下：

$$\text{天然气 100mol, 蒸汽 250mol} \longrightarrow \boxed{\text{一段转化炉}} \longrightarrow \begin{cases} CO_2 & a\ \text{mol} \\ CO & b\ \text{mol} \\ H_2 & c\ \text{mol} \\ H_2O & (250-d)\ \text{mol} \\ CH_4 & 32.9\ \text{mol} \\ N_2 & 1.4\ \text{mol} \end{cases}$$

作碳原子平衡得　　$97.8+0.5\times2+0.2\times3+0.1\times4=a+b+32.9$

作氧原子平衡得　　$250=b+2a+(250-d)$

作氢原子平衡得　　$97.8\times4+0.5\times6+0.2\times8+0.1\times10+250\times2$
$=2c+2(250-d)+32.9\times4$

化简上面各式得

$$a=66.9-b \tag{1}$$

$$a+0.5b-0.5d=0 \tag{2}$$

$$c=d+132.6 \tag{3}$$

又，根据 CO 和 CO_2 的比例符合 $CO+H_2O \rightleftharpoons CO_2+H_2$ 的平衡关系可得

$$K=\frac{p_{CO_2}p_{H_2}}{p_{CO}p_{H_2O}}=\frac{ac}{b(250-d)}=1.54 \tag{4}$$

（式中 1.54 是反应 $CO+H_2O \rightleftharpoons CO_2+H_2$ 在 700℃的平衡常数）

解上述方程组得

$$a=33.1,\ b=33.8,\ c=232.6,\ d=100$$

由计算结果可列出一段转化炉的物料平衡表如例 4.38 表 1 所示。

例 4.38 表 1

入方			出方		
组分	mol	g	组分	mol	g
CH_4	97.8	1564.8	CH_4	32.9	526.4
C_2H_6	0.5	15	H_2	232.6	465.2
C_3H_8	0.2	8.8	CO	33.8	946.4
C_4H_{10}	0.1	5.8	CO_2	33.1	1456.4
N_2	1.4	39.2	N_2	1.4	39.2
H_2O	250	4500	H_2O	150	2700
合计	350	6133.6	合计	483.8	6133.6

多种反应同时发生的复杂反应过程例如煤的气化、烃类的热裂解等过程用原子平衡的方法作物料衡算将是很方便的。

4.5　直接使用反应计量方程式作物料衡算

例 4.39　在鼓泡反应器中进行苯的氯化反应生产氯苯，主反应为

$$C_6H_6+Cl_2 \longrightarrow C_6H_5Cl+HCl$$

同时有副反应发生，生成二氯苯和三氯苯，反应如下：

$$C_6H_6+2Cl_2 \longrightarrow C_6H_4Cl_2+2HCl$$

$$C_6H_6+3Cl_2 \longrightarrow C_6H_3Cl_3+3HCl$$

已知鼓泡反应器的产品中，主、副反应产物和未反应的苯的重量比为：

氯苯：二氯苯：三氯苯：苯＝1：0.08：0.016：2，求

（1）苯的转化率；

（2）氯苯的收率；

（3）反应的选择性；

（4）反应生成的氯化氢总量；

（5）反应消耗的氯气总量。

解：以 100kg 产物氯苯为计算基准。

苯、氯苯、二氯苯、三氯苯的分子量分别为 78，112.5，147 和 181.5。

按照所取的计算基准，出口产品混合物中有苯 200kg，氯苯 100kg，二氯苯 8kg，三氯苯 1.6kg，需要加入反应器的苯（100%）的量计算如下：

生成氯苯消耗苯 $\frac{100}{112.5}\times 78=69.33\text{kg}$

生成二氯苯消耗苯 $\frac{8}{147}\times 78=4.245\text{kg}$

生成三氯苯消耗苯 $\frac{1.6}{181.5}\times 78=0.688\text{kg}$

未反应的苯 200kg，因此需要加入的苯的总量为

$$69.33+4.245+0.688+200=274.3\text{kg}$$

（1）苯的转化率

苯的转化量＝69.33＋4.245＋0.688＝74.3kg

苯的加入量＝274.3kg

∴　苯的转化率 X

$$X=\frac{74.3}{274.3}=0.2709$$

（2）氯苯的收率 Y

$$Y=\frac{\text{转化为氯苯的苯量}}{\text{加入的苯量}}=\frac{69.33}{274.3}=0.2528$$

（3）反应的选择性 S

$$S=\frac{Y}{X}=\frac{0.2528}{0.2709}=0.933$$

（4）反应生成的氯化氢总量

生成氯苯时同时生成的氯化氢 $\frac{100}{112.5}\times 36.5=32.4\text{kg}$

生成二氯苯时同时生成的氯化氢 $\frac{8}{147}\times 36.5\times 2=3.97\text{kg}$

生成三氯苯时同时生成的氯化氢 $\frac{1.6}{181.5}\times 36.5\times 3=0.966\text{kg}$

因此，生成的氯化氢总量为

$$32.4+3.97+0.966=37.35\text{kg}$$

（5）反应消耗的氯气总量

生成氯苯消耗氯气 $\frac{100}{112.5}\times 71=63.11\text{kg}$

生成二氯苯消耗氯气 $\frac{8}{147}\times71\times2=7.728\text{kg}$

生成三氯苯消耗氯气 $\frac{1.6}{181.5}\times71\times3=1.878\text{kg}$

因此，反应消耗的氯气总量为

$$63.11+7.728+1.878=72.72\text{kg}$$

例 4.40 氨厂 CO 变换工段的任务是把半水煤气中的 CO 转化为 H_2，反应方程式如下：

$$CO+H_2O \rightleftharpoons CO_2+H_2$$

半水煤气中 CO 的摩尔分数为 30%，CO 转化反应器中 CO 转化 95%，半水煤气的消耗定额为 3335m^3（STP）/t_{NH_3}，NH_3 的产量为 5t/h，求

（1）转化后的气体（称为变换气）的总流量为多少 m^3(STP)/h？

（2）变换气中，CO 和 CO_2 各为多少 m^3(STP)/h？

解：

（1）变换气总流量 从 CO 变换反应的计量方程可知，CO 变换反应是气相等摩尔反应，反应前后的总摩尔流量不变，变换气总摩尔流量等于半水煤气的总摩尔流量。按题给的生产能力和半水煤气的消耗定额可计算出变换气总流量（等于半水煤气总流量）为

$$5\times3335=16675\text{m}^3\text{(STP)/h}$$

（2）变换气中 CO 的流量和 CO_2 的流量

变换气中 CO 的流量为

$$(5\times3335\times0.3)(1-0.95)=250.1\text{m}^3\text{(STP)/h}$$

从 CO 变换反应计量方程可知，每转化 1mol 的 CO 可生成 1mol 的 CO_2，因此，变换气中 CO_2 的流量为

$$5\times3335\times0.3\times0.95=4752.4\text{m}^3\text{(STP)/h}$$

4.6 利用联系物作物料衡算

生产过程中常有不参加反应的物料，这种物料习惯上称为惰性物料。由于它的数量在反应器的进口、出口物料中没有变化，计算时可以利用它在设备进、出口的数量（质量或摩尔数）不变的关系列物料衡算方程。因此称这种惰性物料为联系物。

采用惰性组分为联系物作物料衡算是常常使用的一种方法，这样做可以使计算简化。有时在同一系统中可能有数个惰性组分，可联合采用以减少误差。但是要注意，当惰性物数量很少，且此组分分析的相对误差又很大时，则不宜选用此惰性组分作为联系物。

例 4.41 某厂用空气氧化邻二甲苯生产苯酐。原料流量为：205kg/h 邻二甲苯，4500m^3（STP）/h 空气。从反应的计量关系可知，生成 1mol 的苯酐需要反应掉 1mol 的邻二甲苯。经化验得到反应器出口气体的组成如下：

组分	苯酐	顺酐	邻二甲苯	O_2	N_2	其他	合计
%（mol）	0.65	0.04	0.03	16.58	78	4.70	100

试计算：

（1）邻二甲苯的转化率，苯酐的收率、反应的选择性；

（2）苯酐的年产量（年工作日 330 天）。

解：因尾气中含有大量的 N_2，且 N_2 为惰性组分（不参加反应），所以选择 N_2 作为物料衡算的联系物。

进入反应器的空气中含有 N_2

$$\frac{4500}{22.4} \times 0.792 = 159.1\text{kmol/h}$$

设反应器出口气体的总流量为 $x$kmol/h，则有

$$0.78x = 159.1$$

解得 $$x=204\text{kmol/h}$$

因此，反应器出口气体中含有邻二甲苯：

$$204\times0.03\%=0.06212\text{kmol/h}=(0.06212\times106)\text{kg/h}=6.5\text{kg/h}$$

邻二甲苯的分子量是 106。

反应器出口气体中含有苯酐

$$204\times0.65\%=1.326\text{kmol/h}$$

所以，

（1）邻二甲苯转化率 $$X=\frac{205-6.5}{205}=0.9680$$

苯酐的收率 $$Y=\frac{1.326}{205/106}=0.686$$

反应的选择性 $$S=\frac{Y}{X}=\frac{0.686}{0.968}=0.71$$

（2）苯酐的年产量

苯酐的分子量为 148

$$\text{苯酐产量}=1.326\times24\times330\times148=1.554\times10^6\text{kg/a}=1554\text{t/a}$$

例 4.42 用甲烷和氢的混合气完全燃烧来加热锅炉，反应方程式如下：

$$CH_4+2O_2 \longrightarrow CO_2+2H_2O \tag{1}$$

$$H_2+\frac{1}{2}O_2 \longrightarrow H_2O \tag{2}$$

烟道气的组成如下：

组分	N_2	CO_2	O_2	H_2O	合计
%（mol）	72.19	8.12	2.44	17.25	100

计算：

（1）燃料中甲烷与氢气的摩尔比；

（2）空气与(CH_4+H_2)的摩尔比。

解：以 100mol 烟道气为计算基准。则烟道气中含有 $N_2$72.19mol，$CO_2$8.12mol，$O_2$2.44mol，H_2O17.25mol，进入燃烧室的空气含 O_2 量可用 N_2 作联系物求出：

$$72.19 \times \frac{21}{79} = 19.19\text{mol}$$

烟道气中所含 8.12mol CO_2 是由 CH_4 燃烧而来，从反应式（1）可知甲烷消耗 8.12mol 和甲烷燃烧的 O_2 量为 8.12×2=16.24mol，因此，H_2 燃烧所消耗的 O_2 量为

$$19.19 - 16.24 - 2.44 = 0.51\text{mol}$$

由反应方程式（2）知，燃料中氢的量为 2×0.51=1.02mol。

把计算结果列表如下（以100mol烟道气为基准）：

组分	入		出	组分	入		出
	燃料/mol	空气/mol	烟道气/mol		燃料/mol	空气/mol	烟道气/mol
H_2	1.02	0	0	CO_2	0	0	8.12
CH_4	8.12	0	0	H_2O	0	0	17.25
O_2	0	19.19	2.44	合计	9.14	91.38	100
N_2	0	72.19	72.19				

因此，燃料中甲烷与H_2的摩尔比为

$$\frac{8.12}{1.02}=7.96$$

空气与（CH_4+H_2）的摩尔比为

$$\frac{91.38}{9.19}=9.94$$

例 4.43 天然气蒸汽转化法制造合成氨原料气的示意流程见图4.11。

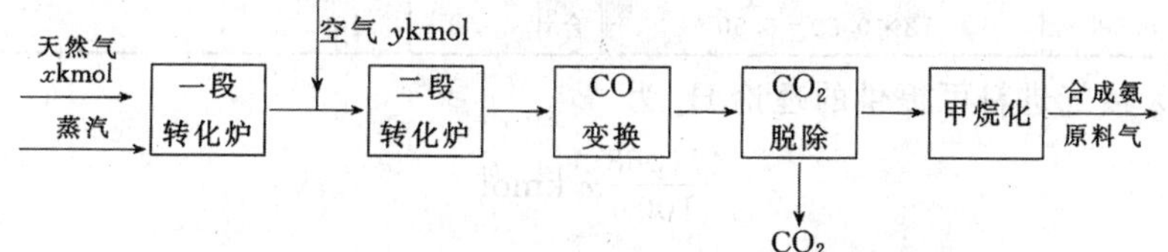

图4.11 例4.43附图

转化炉内进行烃类蒸汽转化反应，以甲烷为例，烃类蒸汽转化的反应方程式为

$$CH_4+H_2O \rightleftharpoons CO+3H_2$$

天然气经一段转化炉转化后继续进入二段转化炉反应，在一段转化炉出口添加空气以配合合成氨原料气中所需的氮气，同时，一段转化气中的一部分氢气遇O_2燃烧供给系统热量。二段转化后再经一氧化碳变换工序使混合气中的CO大部分转化为CO_2和H_2，CO转化为CO_2和H_2的反应方程式为$CO+H_2O \rightleftharpoons CO_2+H_2$，变换后的气体进入脱除$CO_2$工序脱除$CO_2$，再经甲烷化工序除去残存的微量CO和$CO_2$后作为合成氨合格原料气。

已知某厂天然气的组成为：

组分	CH_4	C_2H_6	C_3H_8	C_4H_{10}(正)	C_4H_{10}(异)	C_5H_{12}(正)	C_5H_{12}(异)	N_2	CO_2	合计
%(mol)	83.20	10.00	5.16	0.69	0.50	0.06	0.05	0.33	0.01	100

要求合成氨原料气的组成为：

组分	H_2	N_2	Ar	CH_4	合计
% (mol)	73.97	24.64	0.31	1.08	100

计算天然气的用量和空气的用量。

解：以100kmol合成氨原料气为计算基准。

设天然气用量为$x$kmol，添加空气量为$y$kmol。

（1）作系统N_2平衡

以N_2为联系物作衡算，作系统N_2平衡得

$$0.0033x+0.79y=24.64 \quad \text{(A)}$$

（2）作系统氢平衡

甲烷转化制 H_2 的计量关系推导如下：

甲烷蒸汽转化反应过程　　$CH_4+H_2O \rightleftharpoons CO+3H_2$

CO 变换反应过程　　$CO+H_2O \rightleftharpoons CO_2+H_2$

总过程　　$CH_4+2H_2O \rightleftharpoons CO_2+4H_2$

用同样的方法可推导出烃类蒸汽转化制 H_2 的计量关系通式为

$$C_nH_{2n+2}+2nH_2O = nCO_2+(3n+1)H_2$$

因此，100kmol 天然气可提供的理论 H_2 为

组分	烃量/kmol	可提供的理论氢量/kmol	组分	烃量/kmol	可提供的理论氢量/kmol
CH_4	83.20	4×83.20=372.80	C_5H_{12}(正)	0.06	16×0.06=0.96
C_2H_6	10.00	7×10.00=70	C_5H_{12}(异)	0.05	16×0.05=0.80
C_3H_8	5.16	10×5.16=51.60	N_2	0.33	0
C_4H_{10}(正)	0.69	13×0.69=8.97	CO_2	0.01	0
C_4H_{10}(异)	0.50	13×0.50=6.50	合计	100	471.63

因此，$x$kmol 天然气进料可提供的理论 H_2 为

$$\frac{471.63}{100}x \text{ kmol}$$

燃烧消耗的 H_2 为

$$2\times0.21y \quad \text{kmol}$$

作系统 H_2 平衡得

$$\frac{471.63}{100}x-2\times0.21y=73.97+2\times1.08 \tag{B}$$

式中（2×1.08）是合成氨原料气中的 CH_4 折合为 H_2 的物质的量（mol）。

（A）式和（B）式联解得到

$$x=18.92\text{kmol}$$

$$y=31.11\text{kmol}$$

因此，制造 100kmol 的合成氨原料气需加入天然气 18.92kmol，一段转化炉出口需添加 31.11kmol 的空气。

4.7 复杂反应体系使用产物、副产物各自的收率数据作物料衡算

在有机化工生产中，除进行主反应外，常伴有若干副反应，生成若干副产物，副反应进行的快慢和多少不易测得，对于这种系统，比较方便的办法是到生产现场或在中间试验厂实测主产物和副产物各自的收率。此收率数据是对应于一定的生产条件（温度、压力、配料比、催化剂种类、空速或反应时间等）的，如果所设计的项目，它的生产条件与实测收率的生产条件相近，就可以使用生产现场或中间试验得到的收率来做物料衡算。

若某产物 P 的收率已知，根据收率的定义式，便可求出一定产量下的加料量。例如有一连串反应，其计量关系为 $A\rightarrow P\rightarrow Q$，已知 P 的摩尔收率 $Y_P=0.8$，P 的产量为 100kmol/h，根据收率的定义式有

$$Y_P=\frac{\text{转化为 } P \text{ 的 } A \text{ 的物质的量}}{\text{加料中 } A \text{ 的物质的量}}=\frac{\text{产物 } P \text{ 的物质的量}}{\text{加料中 } A \text{ 的物质的量}}$$

因而，A 的加料量$=\dfrac{P\text{ 的物质的量}}{Y_P}=\dfrac{100}{0.8}=125\text{kmol/h}$

如果 A 生成 P 的反应不是 1mol A 生成 1mol$P$，例如平行反应$\begin{cases}A\rightarrow 2P\\A\rightarrow Q\end{cases}$，已知 P 的摩尔收率 $Y_P=0.8$，P 的产量 100kmol/h，根据收率的定义有

$$Y_P=\frac{\text{转化为 }P\text{ 的 }A\text{ 的物质的量}}{\text{加料中 }A\text{ 的物质的量}}=\frac{\dfrac{1}{2}\times\text{产物 }P\text{ 的物质的量}}{\text{加料中 }A\text{ 的物质的量}}$$

因此，A 的加料量$=\dfrac{\dfrac{1}{2}\times P\text{ 的物质的量}}{Y_P}=\dfrac{\dfrac{1}{2}\times 100}{0.8}=62.5\text{kmol/h}$

如果反应为$\begin{cases}2A\rightarrow P\\A\rightarrow Q\end{cases}$或者 $2A\rightarrow P\rightarrow Q$，$Y_P=0.8$，$P$ 的产量为 100kmol/h，则有

$$Y_P=\frac{2\times\text{产物 }P\text{ 的物质的量}}{\text{加料中 }A\text{ 的物质的量}}$$

因此，A 的加料量$=\dfrac{2\times P\text{ 的物质的量}}{Y_P}=\dfrac{2\times 100}{0.8}=250\text{kmol/h}$

同理，根据收率的定义式，如果已知某产物的收率和加料量，就可以求出某产物的产量来。

下面以丙烯氨氧化法生产丙烯腈的反应器的物料衡算为例，说明这种衡算方法。

例 4.44 丙烯氨氧化法合成丙烯腈的反应是：

$$C_3H_6+NH_3+\frac{3}{2}O_2\longrightarrow CH_2{=}CH{-}CN+3H_2O$$

除上述主反应外，尚有一系列副反应发生，生成乙腈、氢氰酸、丙烯醛等，其中主要副反应为

生成氢氰酸：

$$C_3H_6+3NH_3+3O_2\longrightarrow 3HCN+6H_2O$$

生成乙腈：

$$C_3H_6+\frac{3}{2}NH_3+\frac{3}{2}O_2\longrightarrow\frac{3}{2}CH_3{-}CN+3H_2O$$

生成丙烯醛：

$$C_3H_6+O_2\longrightarrow CH_2{=}CH{-}CHO+H_2O$$

生成二氧化碳：

$$C_3H_6+\frac{9}{2}O_2\longrightarrow 3CO_2+3H_2O$$

试作年产 5000t 丙烯腈（公称能力）反应器的物料衡算。计算依据为：

(1) 年产 5300t 丙烯腈；

(2) 年操作日 300 天；

(3) 操作过程中丙烯腈损耗按 3%计算；

(4) 丙烯原料组成：$C_3H_6$85%（mol）

$C_3H_8$15%（mol）

(5) 进反应器的原料配比（摩尔比）

$$C_3H_6:NH_3:O_2:H_2O=1:1.05:2.3:3$$

(6) 反应后的单程收率（%（mol））为

丙烯腈	60%	丙烯醛	0.7%
氢氰酸	6.5%	CO_2	12%
乙腈	7%		

解：各有关物质的分子量为：丙烯 42，丙烯腈 53，氢氰酸 27，乙腈 41，丙烯醛 56，丙烷 44。

(1) 丙烯腈产量为

$$5300\times1.03=5459\text{t/a}$$

(2) 反应器进料量

a. 丙烯

$$丙烯腈产量=\frac{5459\times1000}{300\times24}=758\text{kg/h}=\frac{758}{53}=14.3\text{kmol/h}$$

因此，丙烯投料量为

$$\frac{14.3}{0.6}=23.83\text{kmol/h}=23.83\times42=1000\text{kg/h}$$

b. 氨

$$23.83\times1.05=25\text{kmol/h}=25\times17=425\text{kg/h}$$

c. 丙烷

$$\frac{23.83}{0.85}\times0.15=4.205\text{kmol/h}=4.205\times44=185\text{kg/h}$$

d. 氧

$$23.83\times2.3=54.81\text{kmol/h}=54.81\times32=1754\text{kg/h}$$

e. 氮

$$\frac{54.81}{0.21}\times0.79=206.2\text{kmol/h}=206.2\times28=5773\text{kg/h}$$

f. 水

$$23.83\times3=71.49\text{kmol/h}=71.49\times18=1287\text{kg/h}$$

(3) 副产物生成量

a. 氢氰酸

$$23.83\times0.065\times3=4.647\text{kmol/h}=4.647\times27=125.5\text{kg/h}$$

b. 乙腈

$$23.83\times0.07\times\frac{3}{2}=2.5\text{kmol/h}=2.5\times41=102.5\text{kg/h}$$

c. 丙烯醛

$$23.83\times0.007=0.1668\text{kmol/h}=0.1668\times56=9.34\text{kg/h}$$

d. 二氧化碳

$$23.83\times0.12\times3=8.58\text{kmol/h}=8.58\times44=377.5\text{kg/h}$$

(4) 反应器出口混合气的量

a. 丙烯

$$23.83-\left(14.3+\frac{1}{3}\times4.647+\frac{2}{3}\times2.5+0.1668+\frac{1}{3}\times8.58\right)=3.288\text{kmol/h}$$

$$=3.288\times42=138\text{kg/h}$$

b. 氨

$$25-(14.3+4.647+2.5)=3.553\text{kmol/h}=3.553\times 17=60.4\text{kg/h}$$

c. 氧

$$54.81-\left(\frac{3}{2}\times 14.3+4.647+2.5+0.1668+\frac{9}{2}\times\frac{1}{3}\times 8.58\right)=13.18\text{kmol/h}$$

$$=13.18\times 32=422\text{kg/h}$$

d. 水

$$71.49+(3\times 14.3+2\times 4.647+2\times 2.5+0.1668+8.58)=137.4\text{kmol/h}$$

$$=137.4\times 18=2473\text{kg/h}$$

e. 氮　　206.2kmol/h=5773kg/h

f. 丙烷　　4.205kmol/h=185kg/h

g. 丙烯腈　　14.3kmol/h=758kg/h

h. 氢氰酸　　4.647kmol/h=125.5kg/h

i. 乙腈　　2.5kmol/h=102.5kg/h

j. 丙烯醛　　0.1668kmol/h=9.34kg/h

k. CO_2　　8.58kmol/h=377.5kg/h

由计算结果得到合成反应器物料平衡表如下：

反应器进口气体混合物

组分	丙烯	氨	丙烷	氧	氮	水	合计
kg/h	1000	425	185	1754	5773	1287	10424
%(wt)	9.59	4.08	1.77	16.83	55.38	12.35	100
kmol/h	23.83	25	4.205	54.81	206.2	71.49	385.3
%(mol)	6.18	6.49	1.09	14.22	53.46	18.55	100

反应器出口气体混合物

组分	丙烯	氨	氧	水	氮	丙烷	丙烯腈	氢氰酸	乙腈	丙烯醛	CO_2	合计
kg/h	138	60.4	422	2473	5773	185	758	125.5	102.5	9.34	377.5	10424
%(wt)	1.32	0.58	4.05	23.73	55.38	1.77	7.27	1.2	0.98	0.09	3.62	100
kmol/h	3.288	3.553	13.18	137.4	206.2	4.205	14.3	4.647	2.5	0.1668	8.58	397.8
%(mol)	0.826	0.89	3.31	34.54	51.78	1.06	3.60	1.17	0.63	0.042	2.16	100

例 4.45 　乙烯氧化制环氧乙烷的反应器中进行如下反应：

$$C_2H_4+\frac{1}{2}O_2\longrightarrow C_2H_4O$$

$$C_2H_4+3O_2\longrightarrow 2CO_2+2H_2O$$

反应器进口混合气体的流量为 45000m^3(STP)/h，组成如下：

组分	C_2H_4	N_2	O_2	合计
% (mol)	3.5	82.0	14.5	100

乙烯的转化率为 32%，反应选择性为 69%，求反应器出口气体的组成和流量。

解：环氧乙烷的收率=0.32×0.69=0.2208

$$CO_2\text{的收率}=0.32(1-0.69)=0.0992$$

因此，反应器出口气体各组分的流量为

乙烯 $\frac{45000}{22.4}\times0.035(1-0.32)=47.81\text{kmol/h}$

环氧乙烷 $\frac{45000}{22.4}\times0.035\times0.2208=15.53\text{kmol/h}$

CO_2 $\frac{45000}{22.4}\times0.035\times0.0992\times2=13.95\text{kmol/h}$

H_2O $\frac{45000}{22.4}\times0.035\times0.0992\times2=13.95\text{kmol/h}$

N_2 $\frac{45000}{22.4}\times0.82=1647.3\text{kmol/h}$

O_2 $\frac{45000}{22.4}\times0.145-\left(\frac{1}{2}\times15.53+\frac{3}{2}\times13.95\right)=262.6\text{kmol/h}$

反应器的物料平衡表如下：

组分	进口气体				出口气体			
	kmol/h	%（mol）	kg/h	%（wt）	kmol/h	%（mol）	kg/h	%（wt）
乙烯	70.31	3.5	1968.7	3.429	47.81	2.458	1338.7	2.332
环氧乙烷	0	0	0	0	15.53	0.7753	683.1	1.19
CO_2	0	0	0	0	13.95	0.6966	613.8	1.07
水	0	0	0	0	13.95	0.6966	251.1	0.437
氮	1647.3	82.0	46124.4	80.336	1647.3	82.26	46124.5	80.34
氧	291.3	14.5	9321.6	16.24	262.6	13.11	8403.2	14.64
合计	2008.9	100	57414.6	100	2001.1	100	57414.6	100

4.8 带有物料循环的流程的物料衡算

带有物料循环的流程可用图 4.12 表示。

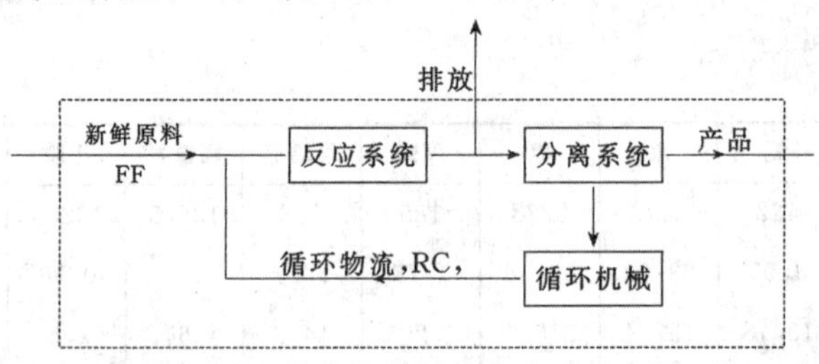

图 4.12 带有物料循环的流程示意图

对循环系统来说，有单程转化率、单程收率和总转化率、总收率之分，单程转化率和单程收率指物料通过反应器一次所达到的转化率和收率，而总转化率和总收率是指新鲜原料从进入系统（图中的虚线方框为系统边界）起到离开系统止所达到的转化率和收率，由于原料循环，新鲜原料在系统内经过反应器若干次，达到的转化率和收率当然比经过反应器一次达到的转化率和收率高，所以有下面的关系：

$$\text{总转化率}>\text{单程转化率}$$

和

$$\text{总收率}>\text{单程收率}$$

按照单程转化率和总转化率的定义，可写出有物料循环的流程的单程转化率和总转化率计算式如下：

$$\text{单程转化率}=\frac{\text{转化的关键组分 }A}{\text{反应器入口的关键组分 }A}=\frac{\text{转化的 }A}{(\text{FF}+\text{RC})\text{ 流股中的 }A} \tag{4.48}$$

$$总转化率=\frac{转化的关键组分A}{新鲜原料中的关键组分A}=\frac{转化的A}{FF流股中的A} \tag{4.49}$$

比较上述两个式子，亦可明显看出总转化率>单程转化率。

连续操作是一个稳态过程，其积累项为零，若以图中虚线方框为界，列循环系统的物料平衡方程，则有如下关系：

新鲜原料流股的总质量=产品流股的总质量+排放流股的总质量

和　　新鲜原料流股的总物质的量−反应中总物质的量减小值

=产品流股的总物质的量+排放流股的总物质的量

对惰性组分（即不参加反应的组分）有如下关系：

新鲜原料流股中惰性组分的质量(或物质的量)

=产品流股中惰性组分的质量(或物质的量)+排放流股中惰性组分的质量(或物质的量)

对参加反应的组分，有如下关系：

新鲜原料流股中i组分的质量(或物质的量)−反应掉的i组分质量(或物质的量)

=产品流股中i组分的质量(或物质的量)+排放流股中i组分的质量(或物质的量)

作为循环系统的物料衡算的工业实例，下面给出氨合成系统的物料衡算。氨合成系统的示意流程见图4.13，流程简述如下：

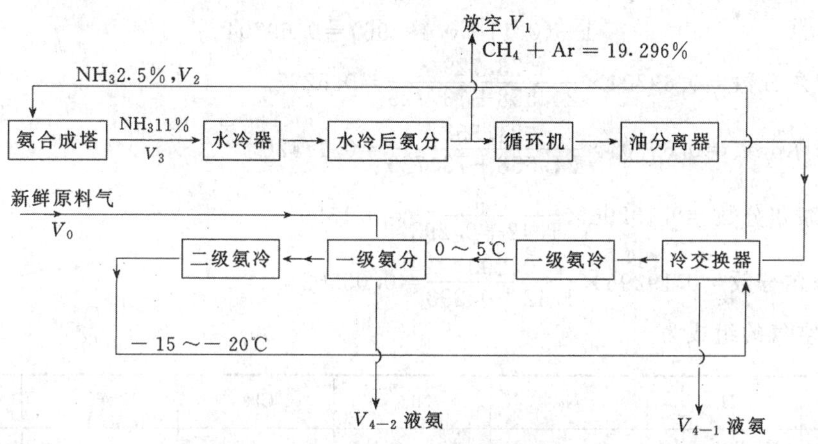

图4.13　氨合成系统流程示意图

合成塔出口的混合气体经水冷器冷却后进入水冷后氨分离器，将油及少量液氨分离下来，然后经循环机、油分离器进入冷交换器和一级氨冷器，将气体冷却至0～−5℃，冷却后的混合气体进入一级氨分离器，分离已冷凝下来的液态氨，在一级氨分离器内，混合气与精制的原料气（氮氢混合气）汇合，一同进入二级氨冷器进一步冷却到−15～−20℃，混合气中又有一部分气氨冷凝。然后，混合气体进入冷交换器，在冷交换器下部空间把冷凝的氨分离出来后，其余气体流经冷交换器上部与从油分离器来的热气体换热，温度升高后返回合成塔，如此不断循环、液氨在第一氨分离器和第二氨分离器底部排出。为了排放惰性气体，在水冷后氨分离器气体出口处设置系统放空阀。

例4.46　作氨的合成系统的物料衡算。已知条件为：

(1) 新鲜原料气的组成如下

组分	H_2	N_2	CH_4	Ar	合计
%(mol)	73.729	24.558	1.420	0.293	100

(2) 氨合成塔入口气体中含氨2.5%（摩尔分数，下同）；

(3) 氨合成塔出口气体中含氨11%；

(4) 放空气体中（CH_4+Ar）的含量为19.296%；

(5) 忽略气体在液氨中的溶解；

(6) 因水冷后氨的冷凝量很小，近似地把塔出口气体中的氨含量与放空气中的氨含量视为相等。

解：取1000m^3（STP）新鲜原料气为衡算基准。

(1) 放空气量V_1及组成　作系统的惰性气平衡得

新鲜气带入的惰性气=放空气带出的惰性气

$$\therefore \quad V_0(0.01420+0.00293)=0.19296V_1$$

已知
$$V_0=1000\text{m}^3(\text{STP})$$

解得
$$V_1=\frac{1000(0.01420+0.00293)}{0.19296}=88.775\text{m}^3(\text{STP})$$

放空气组成的计算：

已知NH_3、（CH_4+Ar）的摩尔分数分别为11%和19.296%，以及N_2与H_2的摩尔比为24.558∶73.729，因而（N_2+H_2）的摩尔分数为

$$1-(0.11+0.19296)=0.69704$$

$$H_2\text{的摩尔分数}=0.69704\times\frac{73.729}{24.558+73.729}=0.5227$$

$$N_2\text{的摩尔分数}=0.69704\times\frac{24.558}{24.558+73.729}=0.17426$$

$$CH_4\text{的摩尔分数}=0.19296\times\frac{1.42}{1.42+0.293}=0.1599$$

$$\text{Ar的摩尔分数}=0.19296\times\frac{0.293}{1.42+0.293}=0.03302$$

由此得到放空气的组成为

组分	H_2	N_2	NH_3	CH_4	Ar	合计
%（mol）	52.278	17.426	11	15.99	3.302	100

(2) 总产氨量V_4　从合成氨反应方程式$N_2+3H_2 \rightleftharpoons 2NH_3$可以看出，每反应生成1体积氨气，系统总体积减少（1+3−2)/2=1体积。

作系统总平衡得

新鲜气体积−由于反应而减小的体积=放空气体积+冷凝为产品排出的气氨体积

因反应生成的气氨等于（$V_4+0.11V_1$）m^3(STP)，故由于反应而减小的体积为（$V_4+0.11V_1$）×1，将其代入系统总平衡式得

$$V_0-(V_4+0.11V_1)\times 1=V_1+V_4$$

而
$$V_0=1000\text{m}^3(\text{STP}),V_1=88.775\text{m}^3(\text{STP})$$

代入数据后解得V_4的值为

$$V_4=V_{4-1}+V_{4-2}=450.73\text{m}^3(\text{STP})$$

(3) 氨合成塔出口气量V_3和入口气量

∵　反应减少的体积=V_2-V_3

$\therefore \quad V_2 - V_3 = (V_4 + 0.11V_1) \times 1$ (A)

又，由系统的氨平衡有

合成反应生成的氨＝系统排出的氨

而系统排出的氨$=V_4+0.11V_1$，合成反应生成的氨$=0.11V_3-0.025V_2$，因此

$$0.11V_3 - 0.025V_2 = V_4 + 0.11V_1 \quad (B)$$

代入 V_1 和 V_4 的值后联解式（A）和式（B）得

$$V_2 = 6013.6\text{m}^3\ (\text{STP})$$

$$V_3 = 5553.024\text{m}^3\ (\text{STP})$$

（4）氨合成塔入口气体组成　作系统 H_2 平衡得：

合成塔进口含 H_2－塔出口含 H_2＝新鲜气带入 H_2－放空气带出 H_2

∴　　塔进口含 H_2 ＝新鲜气带入 H_2－放空气带出 H_2＋塔出口含 H_2

$$=0.73729V_0-0.52278V_1+0.52278V_3$$

$$=0.73729\times1000-0.52278\times88.775+0.52278\times5553.024$$

$$=3593.89\text{m}^3\ (\text{STP})$$

作系统 N_2 平衡得：

塔进口含 N_2 ＝新鲜气带入 N_2－放空气带出 N_2＋塔出口含 N_2

$$=0.24558V_0-0.17426V_1+0.17426V_3$$

$$=0.24558\times1000-0.17426\times88.775+0.17426\times5553.024$$

$$=1197.78\text{m}^3\ (\text{STP})$$

作塔进、出口 CH_4 平衡得：

塔进口含 CH_4＝塔出口含 $CH_4=0.15994V_3=0.15994\times5553.024=888.2\text{m}^3$（STP）

作塔进、出口 Ar 平衡得：

塔进口含 Ar＝塔出口含 Ar$=0.03302V_3=0.03302\times5553.024=183.36\text{m}^3$（STP）

作系统氨平衡得：

塔出口含氨－塔进口含氨＝系统排出的氨－放空气带出的氨

∴　　塔进口含氨＝塔出口含氨－系统排出的氨－放空气带出的氨

$$=0.11V_3-V_4-0.11V_1$$

$$=0.11\times5553.024-450.73-0.11\times88.775$$

$$=150.337\text{m}^3\ (\text{STP})$$

塔进口气体中各组分的量和摩尔分数如下：

组分	H_2	N_2	NH_3	CH_4	Ar	合计
m³（STP）	3593.89	1197.78	150.337	888.2	183.36	6013.6
%（mol）	59.76	19.92	2.5	14.77	3.049	100

4.9　多步串联过程的物料衡算

对多步串联过程，一般是按生产过程的顺序从前向后依次计算，下面通过甲烷蒸汽转化制 H_2 过程的物料衡算说明这种计算方法。甲烷蒸汽转化制 H_2 过程的示意流程见图 4.14。

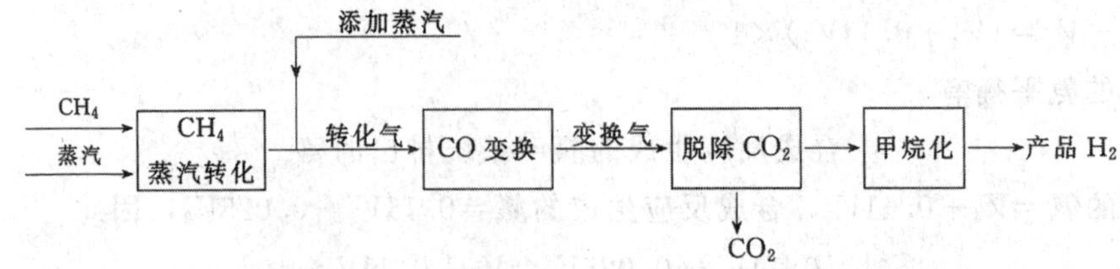

图 4.14　甲烷蒸汽转化制 H_2 过程示意流程

整个流程由 CH_4 蒸汽转化、CO 变换、脱除 CO_2 和甲烷化各工序串联而成，各工序的简单情况介绍如下：

(1) CH_4 蒸汽转化　主反应为

$$CH_4+H_2O \rightleftharpoons CO+3H_2$$

还有其他副反应，转化气是多种反应的平衡混合物，平衡混合物各组分间也互相反应，有两个独立方程式：

$$CO+H_2O \overset{K_{p_1}}{\rightleftharpoons} CO_2+H_2$$

$$CO+3H_2 \overset{K_{p_2}}{\rightleftharpoons} CH_4+H_2O$$

转化气中各组分符合上述平衡关系。甲烷蒸汽转化过程在 500℃、0.507MPa 下进行，500℃下，$K_{p_1}=1.202$，$K_{p_2}=0.0158\text{atm}^{-2}$❶。

(2) CO 变换　CO 变换反应方程为 $CO+H_2O \rightleftharpoons CO_2+H_2$，CO 转化率 95%，操作条件下 CO 变换的平衡常数为 9.03。

(3) 脱除 CO_2　脱除 CO_2 工段用吸收剂脱除变换气中的 CO_2，CO_2 脱除率按 100%考虑。

(4) 甲烷化　甲烷化反应脱除混合气体中微量 CO 的反应方程式为

$$CO+3H_2 \longrightarrow H_2O+CH_4$$

CO 脱除率 100%。

甲烷蒸汽转化的原料配比为 $CH_4:H_2O=1:2.5$，下面作此多步串联过程的物料衡算，求制取 100mol H_2 所需要加入的甲烷量和蒸汽的量。

(1) 求生产 100mol H_2 所需要的甲烷投料量

先求 1mol 甲烷进料所能得到的 H_2 的物质的量 (mol)，然后再换算为制取 100mol H_2 所需的甲烷进料量。

现以 1mol 甲烷进料为基准，按生产过程从前向后依次计算。

a. 甲烷的蒸汽转化

转化气中各组分的物质的量分别用下面的符号表示：

CH_4	H_2O	CO_2	H_2	CO
x	y	a	b	c

作 H_2 平衡得　$$2.5\times1+1\times2=2x+y+b$$

作碳原子平衡得　$$1=x+a+c$$

作 O_2 平衡得　$$2.5\times0.5=y\times0.5+a\times1+c\times0.5$$

整理得到下面的方程组　$$b=4.5-2x-y \tag{A}$$

$$a=x-y+1.5 \tag{B}$$

❶ 1atm=101325Pa。

$$c=y-2x-0.5 \tag{C}$$

转化气总物质的量（mol）$=x+y+a+b+c$，把（A）、（B）、（C）式代入并整理后得到转化气的总物质的量（mol）为（$5.5-2x$）。

由于转化气中各组分符合上面提到的平衡关系，因此有：

$$K_{p_1}=1.202=\frac{p_{CO_2}p_{H_2}}{p_{CO}p_{H_2O}}=\frac{\left(\frac{x-y+1.5}{5.5-2x}\right)p\times\left(\frac{4.5-2x-y}{5.5-2x}\right)p}{\left(\frac{y-2x-0.5}{5.5-2x}\right)p\times\left(\frac{y}{5.5-2x}\right)p}$$

$$=\frac{(x-y+1.5)(4.5-2x-y)}{y(y-2x-0.5)} \tag{D}$$

$$K_{p_2}=0.0158=\frac{p_{CH_4}p_{H_2O}}{p_{CO}p_{H_2}^3}=\frac{\left(\frac{x}{5.5-2x}\right)p\times\left(\frac{y}{5.5-2x}\right)p}{\left(\frac{y-2x-0.5}{5.5-2x}\right)p\times\left(\frac{4.5-2x-y}{5.5-2x}\right)^3p^3}$$

$$=\frac{xy(5.5-2x)^2}{(y-2x-0.5)(4.5-2x-y)^3p^2} \tag{E}$$

已知 $p=0.507\text{MPa}=5\text{atm}$，把 $p=5\text{atm}$ 代入（E）式，并用试差法联解式（D）和式（E）得到 x 和 y 的值为

$$x=0.1435\text{mol} \qquad y=1.347\text{mol}$$

把 x 和 y 的值代入（A）、（B）、（C）式解得

$$a=0.2965\text{mol}$$
$$b=2.866\text{mol}$$
$$c=0.56\text{mol}$$

因此，以 1mol CH_4 进料为基准的转化气量及其组成如下：

组分	H_2	CO_2	CO	H_2O	CH_4	合计
mol	2.866	0.2965	0.56	1.347	0.1435	
%（mol）	55.4	5.85	10.5	25.7	2.74	100

b. CO 变换后　因 CO 变换率为 95%，对每 1mol CH_4 进料，变换后的气体中含 H_2 的物质的量为

$$2.866+0.56\times0.95=3.40\text{mol}$$

c. 甲烷化后　甲烷化反应是消耗 H_2 的，对 1mol CH_4 进料，甲烷化过程所消耗的 H_2 的物质的量为

$$0.56(1-0.95)\times3=0.084\text{mol}$$

因此，1mol CH_4 进料可制得的成品 H_2 的量为

$$3.40-0.084=3.316\text{mol}$$

由此可求得生产 100mol H_2 所需的 CH_4 进料量为

$$\frac{1}{3.316}\times100=30.16\text{mol}$$

（2）计算需添加的蒸汽量　添加蒸汽的目的是增大反应物的含量，使在操作条件下CO的变换率能达到要求。现以平衡转化率为 95% 计算需要添加的蒸汽量。实际上，反应器内所进行的反应是未达平衡的（如反应达到平衡状态则需要无限大的反应体积），所以，如果要求

实际变换率为 95%，则平衡转化率必须大于 95%，因而实际添加的蒸汽量必须大于按平衡转化率为 95%计算出来的添加蒸汽量。

先计算 100mol CO 变换反应器进料需要添加的蒸汽量。

设添加蒸汽量为 $y$mol，若平衡转化率为 95%，则平衡时各组分的物质的量（mol）分别为

H_2	$55.4+10.5\times0.95=65.4$
CO_2	$5.85+10.5\times0.95=15.8$
CO	$10.5\times0.05=0.53$
CH_4	2.74
H_2O	$25.7+y-10.5\times0.95=15.7+y$

$$K_p=\frac{p_{CO_2}p_{H_2}}{p_{CO}p_{H_2O}}=\frac{n_{CO_2}n_{H_2}}{n_{CO}n_{H_2O}}=\frac{15.8\times65.4}{0.53(15.7+y)}=9.03$$

解得

$$y=200\text{mol}$$

因此，100mol 变换反应器进料所需添加的蒸汽量为 200mol，需换算为生产 100mol H_2 需添加的蒸汽量，下面进行换算。

前已算出，变换反应器进料中 CO 的摩尔分率为 10.5%，并且也算出，对每 1mol CH_4 进料，进变换反应器的 CO 是 0.56mol，因此，对每 1mol CH_4 进料，需添加的蒸汽量为

$$\frac{0.56}{0.105}\times\frac{200}{100}=10.67\text{mol}$$

前面已算出，每生产 100mol H_2 的甲烷进料量为 30.16mol，因此，生产 100mol H_2 需添加的蒸汽量为

$$10.67\times30.16=321.7\text{mol}$$

（3）各段物料量（以生产 100mol H_2 为基准）

a. 进料

CH_4	30.16mol
H_2O	$30.16\times2.5=75.39$mol

b. CH_4 蒸汽转化后

H_2	$2.866\times30.16=86.44$mol
CO_2	$0.2965\times30.16=8.942$mol
CO	$0.56\times30.16=16.89$mol
H_2O	$1.347\times30.16=40.63$mol
CH_4	$0.1435\times30.16=4.328$mol

c. CO 变换后　CO 变换的物质的量为

$$0.56\times0.95\times30.16=16.05\text{mol}$$

因此，CO 变换后的气体中，各组分的物质的量为

H_2	$86.44+16.05=102.49$mol
CO_2	$8.942+16.05=24.97$mol
CO	$16.89-16.05=0.84$mol
H_2O	$40.63+321.7-16.05=346.28$mol

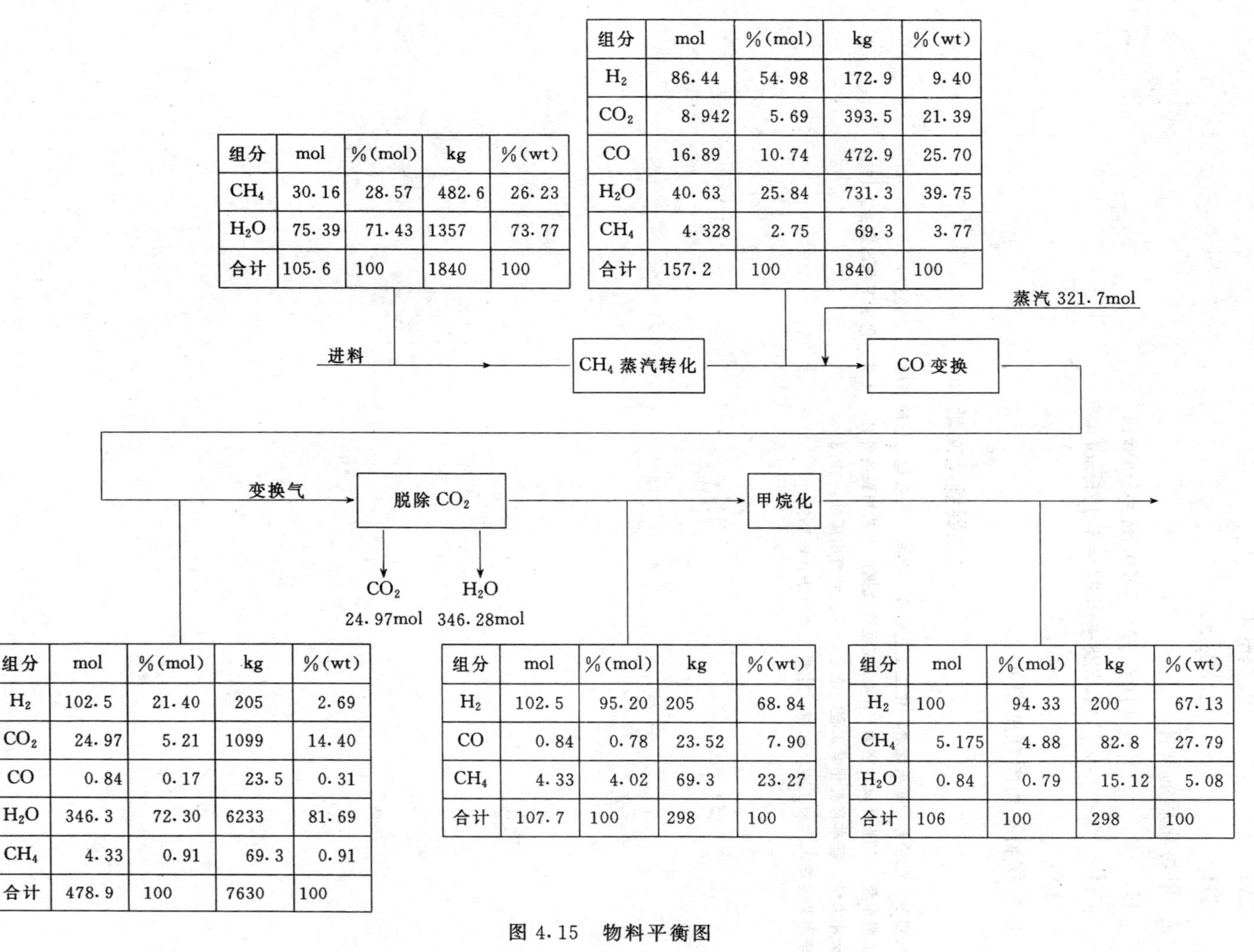

组分	mol	%(mol)	kg	%(wt)
CH_4	30.16	28.57	482.6	26.23
H_2O	75.39	71.43	1357	73.77
合计	105.6	100	1840	100

组分	mol	%(mol)	kg	%(wt)
H_2	86.44	54.98	172.9	9.40
CO_2	8.942	5.69	393.5	21.39
CO	16.89	10.74	472.9	25.70
H_2O	40.63	25.84	731.3	39.75
CH_4	4.328	2.75	69.3	3.77
合计	157.2	100	1840	100

组分	mol	%(mol)	kg	%(wt)
H_2	102.5	21.40	205	2.69
CO_2	24.97	5.21	1099	14.40
CO	0.84	0.17	23.5	0.31
H_2O	346.3	72.30	6233	81.69
CH_4	4.33	0.91	69.3	0.91
合计	478.9	100	7630	100

组分	mol	%(mol)	kg	%(wt)
H_2	102.5	95.20	205	68.84
CO	0.84	0.78	23.52	7.90
CH_4	4.33	4.02	69.3	23.27
合计	107.7	100	298	100

组分	mol	%(mol)	kg	%(wt)
H_2	100	94.33	200	67.13
CH_4	5.175	4.88	82.8	27.79
H_2O	0.84	0.79	15.12	5.08
合计	106	100	298	100

图 4.15　物料平衡图

CH_4　　　　4.328mol

d. 脱除 CO_2 后的气体

H_2　　　　102.49mol

CO　　　　0.84mol

CH_4　　　　4.328mol

e. 甲烷化后的气体

H_2　　　　102.49－3×0.84＝100mol

CH_4　　　　4.328＋0.84＝5.175mol

H_2O　　　　0.84mol

（4）物料平衡图（见图 4.15）

主要参考文献

1　吴志泉，涂晋林，徐汎编著．化工工艺计算．上海：华东化工学院出版社，1992

2　上海市化学工业局设计室编．3000 吨型合成氨厂工艺和设备计算．北京：化学工业出版社，1979

3　天津大学．基本有机化学工程．北京：人民教育出版社，1978

4　李绍芬主编．反应工程．北京：化学工业出版社，1990

5 热量衡算

5.1 热量衡算在化工设计工作中的意义

能量衡算在物料衡算结束后进行。能量衡算的基础是物料衡算，而物料衡算和能量衡算又是设备计算的基础。

全面的能量衡算应该包括热能、动能、电能、化学能和辐射能等等。但在许多化工操作中，经常涉及的能量是热能，所以化工设计中的能量衡算是热量衡算。

在化工设计工作中，通过热量衡算可以得到下面各种情况下的设计参数。

(1) 换热设备的热负荷　这些换热设备包括热交换器，加热器，冷却器，汽化器，冷凝器，蒸馏塔塔顶冷凝器，蒸馏塔再沸器等。

(2) 反应器的换热量　这些反应器包括间歇釜式反应器，连续釜式反应釜，换热式固定床反应器，中间间接换热式多段绝热固定床反应器，流化床反应器，带有冷却或加热套管的管式反应器，内设换热装置的鼓泡式反应器等。

(3) 吸收塔冷却装置的热负荷　对一些热效应比较大的吸收过程（多见于化学吸收），吸收塔内设置冷却装置（制碱工业的碳化塔就是设有很多冷却水箱的吸收塔）。冷却装置的热负荷就是通过作吸收塔热衡算得到的。

(4) 冷激式多段绝热固定床反应器的冷激剂用量。

(2)、(3)、(4) 所述各种类型反应器可参看图 6.12。

(5) 加热蒸汽、冷却水、冷冻盐水的用量　这些量是其他工程如供热、供排水、冷冻站等的设计依据。

(6) 有机高温热载体（如联苯、导热姆等）和熔盐的循环量　工业上使用这些高温热载体时一般都设计成循环系统（例如邻二甲苯氧化工段就有熔盐循环系统），循环流程中有贮罐、换热器或废热锅炉、循环泵等设备，这些设备的重要设计参数是热载体的循环量，而热载体

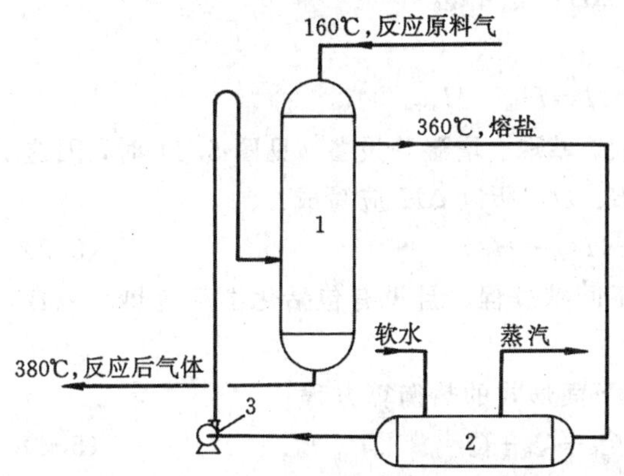

图 5.1　熔盐循环流程示意图

1—反应器；2—熔盐废热锅炉；3—熔盐循环泵

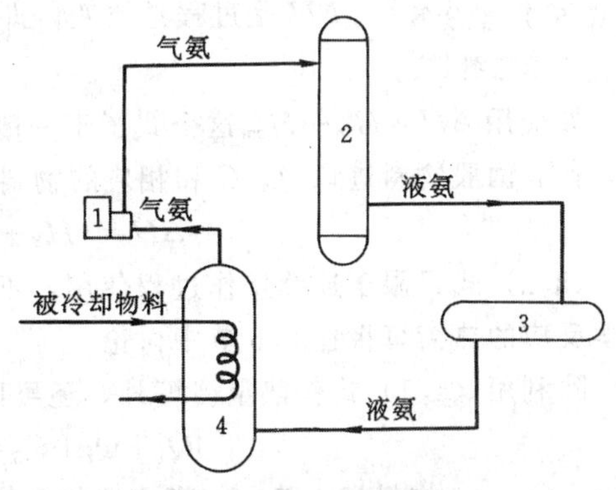

图 5.2　氨合成工段的液氨冷冻系统示意图

1—冷冻机（氨压缩机）；2—气氨冷凝器；3—液氨贮罐；4—氨蒸发器

的循环量则是通过热量衡算确定的。图 5.1 是邻二甲苯氧化工段的熔盐循环系统示意图。

(7) 冷冻系统的制冷量和冷冻剂循环量　化工生产中常用液态氨、液态乙烯、液态丙烯、氟里昂等作为冷冻剂，通过热衡算可确定冷冻系统制冷量和冷冻剂的循环量，作为设计冷冻系统的基本参数，图 5.2 是氨合成工段的液氨冷冻循环示意图。

(8) 换热器冷、热支路的物流比例　在化工生产流程中，常设置不经过换热器的冷支路以调节物料温度，通过热衡算可确定进换热器和进冷支路的物流比例。

(9) 设备进、出口的各股物料中某股物料的温度（已知其他各股物料温度）　最常见的例子是求算吸收塔塔底吸收剂的温度，因为塔底吸收剂的温度是计算塔底处吸收推动力的必备条件。

5.2　热量衡算的基本方法

5.2.1　热量衡算的基本关系式

热量衡算是能量守恒定律的应用。

连续流动系统的总能量衡算式是

$$Q+W=\Delta H+g\Delta Z+\Delta u^2/2$$

式中　W ——单位质量流体所接受的外功或所作的外功，接受外功时 W 为正，向外界作功时 W 为负；

ΔH ——单位质量流体的焓变；

$g\Delta Z$ ——单位质量流体的位能变化；

$\Delta u^2/2$ ——单位质量流体的动能变化；

Q ——单位质量流体所吸收的热或放出的热，吸收热量时为正，放出热量则为负。

在进行设备的热量衡算时，位能变化，动能变化，外功等项相对较小，可忽略不计，因此流动系统总能量衡算式可简化为

$$Q=\Delta H \tag{5.1}$$

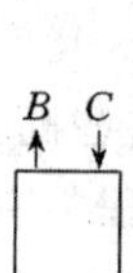

B　C

A　D

图 5.3　热衡算示意图

式 (5.1) 为热量衡算基本关系式，式中 Q 是两部分热量之和：

$$Q=Q_1+Q_2$$

式中　Q_1 是热载体取出的热；Q_2 是热损失；此 Q 值应为负值。

$$\therefore \qquad \Delta H=Q_1+Q_2$$

ΔH 是过程总焓变，即

$$\Delta H=H_{in}-H_{out}$$

如应用 $\Delta H=H_{in}-H_{out}$ 这个式子于一般的吸收、萃取、增湿等设备（见图 5.3）时，因这类设备有两股物料进口 A、C 和相应的物料出口 B、D，所以 ΔH 应写成：

$$\Delta H=(H_B+H_D)-(H_A+H_C) \tag{5.2}$$

(5.2) 式只限于连续操作过程使用，不适用于间歇过程，且没有包括化学反应热。包含化学反应的热衡算将在 5.6 节中讨论。

除利用 (5.1) 式作热量衡算外，还可以使用下面形式的热衡算方程：

$$Q_1+Q_2+Q_3=Q_4+Q_5+Q_6+Q_7 \tag{5.3}$$

式中　Q_1 ——物料带入热，如有多股物料进入，应是各股物料带入热量之和；

Q_2 ——过程放出的热，包括反应放热、冷凝放热、溶解放热、混合放热、凝固放热……等；

Q_3——从加热介质获得的热；

Q_4——物料带出热，如有多股物料带出，应是各股物料带出热量之和；

Q_5——冷却介质带出的热；

Q_6——过程吸收的热，包括反应吸热、气化吸热、溶解吸热、解吸吸热、熔融吸热……等；

Q_7——热损失。

5.2.2 热量的计算方法

(1) 等压条件下，在没有化学反应和聚集状态变化时，物质温度从 T_1 变化到 T_2 时，过程放出或吸收的热按下式计算：

$$Q = n\int_{T_1}^{T_2} C_{p,\mathrm{m}}\mathrm{d}T \quad 或 \quad Q = m\int_{T_1}^{T_2} \bar{c}_p\mathrm{d}T \tag{5.4}$$

式中 Q——热量，kJ/h；

$\bar{c}_p$——比热容，kJ/(kg·K)；

m——物质的质量流量，kg/h；

$C_{p,\mathrm{m}}$——定压摩尔热容，kJ/(kmol·K)；

n——物质的摩尔流量，kmol/h。

Q 也可以用 T_1-T_2 温度范围的平均摩尔热容计算出来，计算式为：

$$Q=n\,\overline{C}_{p,\mathrm{m}}(T_2-T_1) \quad 或 \quad Q=m\,\bar{c}_p(T_2-T_1) \tag{5.5}$$

式中 $\overline{C}_{p,\mathrm{m}}$——温度 T_1 和 T_2 的平均定压摩尔热容，kJ/(kmol·K)；

$\bar{c}_p$——温度 T_1 和 T_2 的平均定压比热容，kJ/(kg·K)。

使用平均热容计算热量虽然省去了积分运算，但准确度不如积分法。

(2) 通过计算过程的焓变求过程放出或吸收的热 根据 $Q=\Delta H$，如果能求出过程的焓变，则 Q 可求得。计算过程的焓变可用状态函数法。因为焓是状态函数，过程焓变只与始态和终态有关，与过程无关，所以在计算时，应假设那些能够方便地计算出焓变的途径来获得焓变的值。

5.2.3 热量衡算的基准

热量衡算也要确定计算基准，计算基准包括两方面，一指数量上的基准，一指相态的基准（亦称为基准态）。

关于数量上的基准，指用哪个量出发来计算热量。可先按 1kmol 或 1kg 物料为基准计算热量，然后再换算为以小时作基准的热量。也可以直接用设备的小时进料量来计算热量。后者更为常用。

在热量衡算中之所以要确定基准态，是因为在热衡算中广泛使用焓这个热力学函数，焓没有绝对值，只有相对于某一基准态的相对值，从焓表和焓图中查到的焓值，其实是与所在焓图或焓表的基准态的焓差，而各种焓图和焓表所采用的基准态不一定是相同的，所以在进行热衡算时需要规定基准态。基准态可以任意规定，不同物料可使用不同的基准，但对同一种物料，其进口和出口的基准态必须相同。

5.3 热量衡算中使用的基本数据

5.3.1 热容

(1) 热容与温度的关系 热容数据是物质的基本物性数据之一，可查阅各种手册得到。热容随温度而变，描述定压热容 C_p 与温度之间的关系一般有三种方法，一种是在图上描绘出 C_p-T 关系曲线，一些常见的烷烃、烯烃、芳烃的 C_p-T 图可从有关手册查到，化肥工业的专业设计手册也有 N_2、H_2、CO、CO_2、CH_4 等气体和 N_2-H_2 混合气在高压、中压和常压下的 C_p-T 关系曲线供设计时查阅。在使用 $\int_{T_1}^{T_2} C_p \mathrm{d}T$ 计算 Q 值时，因图线不能直接告诉人们 $C_p=\mathrm{f}(T)$ 的函数关系式，使积分过程很不方便。第二种方法是把不同温度下的 C_p 列成表，这种表也不便于计算 $\int_{T_1}^{T_2} C_p \mathrm{d}T$ 的值。第三种方法是用函数式表达 C_p-T 关系，温度对液体的 C_p 的影响不大，而且大部分液体热容在1.674～2.092J/(g·K)[即0.4～0.5cal/(g·K)]之间。液体常用的 C_p-T 关系有如下的函数形式：

$$C_p=a+bT \tag{5.6}$$

$$C_p=a+bT+cT^2+dT^3 \tag{5.7}$$

气体热容与温度的函数关系式除（5.6）和（5.7）之外，还有（5.8）和（5.9）。其中（5.7）式比较重要，因为用此式计算较为符合实验的结果，但（5.8）使用时比较简便，准确度也还可以，因而也比较常用。

$$C_p=a+bT+cT^2 \tag{5.8}$$

$$C_p=a+bT+cT^{-2} \tag{5.9}$$

以上各式中的 a、b、c、d 均为各物质的特性常数。

在附录中，列出了许多液体、气体的特性常数值。在使用这些特性常数时要注意温度范围，此温度范围是实验测定时的温度范围。

气体的 C_p-T 函数关系一般是指低压下的 C_p-T 关系，常用 C_p° 来表示，在测定时，只要压力低到能按理想气体关系来处理就可以了，因此 C_p° 也称为理想气体热容。

（2）平均热容　在工程计算中，常使用物质的平均定压摩尔热容 $\overline{C}_{p,\mathrm{m}}$，正如式（5.5）所示，使用 $\overline{C}_{p,\mathrm{m}}$ 数据可以计算出 Q 的值而不必进行积分计算，但准确度比积分差。

假如物质在 T_1 到 T_2 范围内的 C_p-T 关系为一直线，可以证明，此温度范围内的平均定压摩尔热容 $\overline{C}_{p,\mathrm{m}}$ 等于 $(T_1+T_2)/2$ 温度下物质的热容，也等于 T_1 和 T_2 温度下物质热容 C_{p_1} 和 C_{p_2} 的算术平均值 $(C_{p_1}+C_{p_2})/2$，一般说来，物质的 C_p-T 关系不是一条直线，但它的曲率并不大，只要计算时温度范围不大，常可把曲线关系当作直线关系来近似处理，所以上述求平均热容的办法是可行的。

有时从资料中查到的是物质0～t℃的平均热容数据，但因为工业生产中遇到的温度变化范围是千变万化的，并非起始温度是0℃，所以就需要利用找到的0～t℃的平均热容数据，根据焓变不随途径而变的特性计算出各种温度范围的平均热容以满足热量计算的需要，例5.1说明这种方法。

例 5.1　已知常压下气体甲烷0～t℃的平均定压摩尔热容 $\overline{C}_{p,\mathrm{m}}$ 数据如下：

t/℃	100	200	300	400	500	700	800
$\overline{C}_{p,\mathrm{m}}$/[kJ/(kmol·K)]	36.53	39.66	45.52	48.24	50.84	53.31	55.56

试求常压下甲烷在200℃到800℃温度范围的平均定压摩尔热容，并计算15kmol甲烷在常压下从800℃降温到200℃所放出的热量。

解：假设如下热力学途径：

令 $\overline{C}_{p,\mathrm{m}}$ 代表常压下甲烷在200～800℃的平均定压摩尔热容，$\overline{C}'_{p,\mathrm{m}}$ 代表常压下甲烷在0～200℃

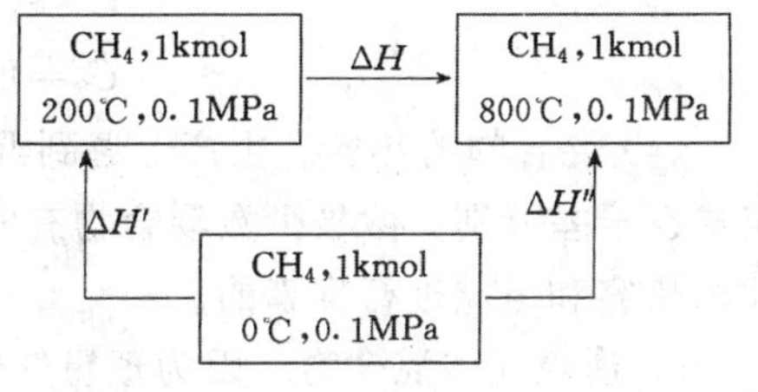

的平均定压摩尔热容，$\overline{C}''_{p,m}$为常压下甲烷在 0～800℃的平均定压摩尔热容。

∵　　$\Delta H' + \Delta H = \Delta H''$

∴　　$\Delta H = \Delta H'' - \Delta H'$　　(A)

而　　$\Delta H = \overline{C}_{p,m}(800-200) = 600\overline{C}_{p,m}$　　(B)

$\Delta H' = \overline{C}'_{p,m}(200-0) = 200\overline{C}'_{p,m}$　　(C)

$$\Delta H'' = \overline{C}''_{p,m}(800-0) = 800\overline{C}''_{p,m} \qquad (D)$$

式 (B)、(C)、(D) 代入式 (A) 得

$$600\overline{C}_{p,m} = 800\overline{C}''_{p,m} - 200\overline{C}'_{p,m} \qquad (E)$$

从题给 $\overline{C}_{p,m}$-t 表中查得 $\overline{C}''_{p,m}$=55.56kJ/(kmol·K)，$\overline{C}'_{p,m}$=39.66kJ/(kmol·K)，代入式 (E) 得

$$600\overline{C}_{p,m} = 800\times55.56 - 200\times39.66 = 36516$$

∴　　$\overline{C}_{p,m} = 60.86$kJ/(kmol·K)

15kmol 甲烷气由 800℃降温到 200℃时放出的热量为

$$Q = n\,\overline{C}_{p,m}(t_2 - t_1) = 15\times60.86(800-200) = 547740\text{kJ}$$

(3) 热容与压力的关系　压力对固体热容的影响一般可不予考虑，对液体来说，也仅在临界点附近才较明显，一般条件下也是可以忽略的。压力对理想气体的热容是没有影响的。压力仅仅对真实气体热容的影响比较明显。各种真实气体在温度 T 和压力 p 时的热容 C_p，与同样温度条件下的理想气体热容C_p°之差$(C_p - C_p^\circ)$，是和对比压力 p_r 和对比温度 T_r 有关的，也就是说 $(C_p - C_p^\circ)$ 的数值符合对应状态原理。这种曲线关系如图 5.4 所示，从图中可见，一般情况下压力对气体 C_p 的影响也不大，但在接近临界点时，C_p 就比 C_p°大得多了。

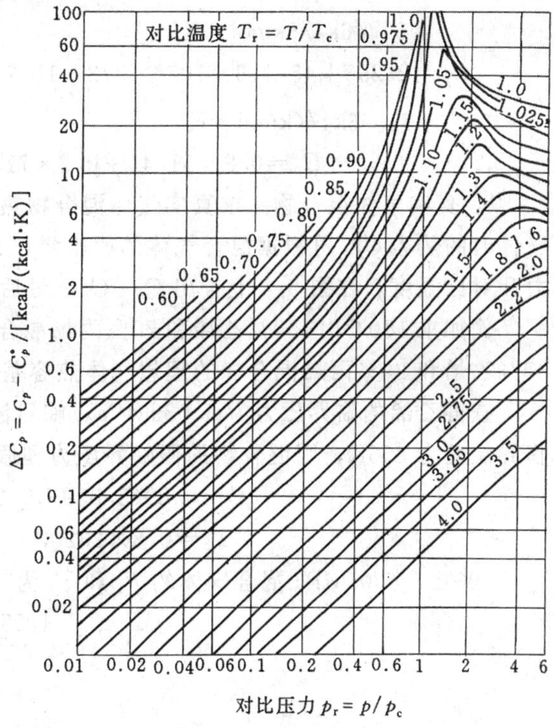

图 5.4　$(C_p - C_p^\circ)$与对比温度、对比压力的关系
(1kcal=4.1840kJ)

例 5.2　100℃时丙烯的理想气体定压摩尔热容 $C_{p,m}^\circ$= 72.38kJ/(kmol·K)，求 100℃，3.04MPa 时丙烯的定压摩尔热容。

解：查得丙烯的 p_c=4.62MPa，T_c=365K。丙烯在 100℃、3.04MPa 时的对比温度 T_r 及对比压力 p_r 为

$$T_r = \frac{273+100}{365} = 1.02$$

$$p_r = \frac{3.04}{4.62} = 0.658$$

由图 5.4 查得该条件下的 $(C_p - C_p^\circ)$ 为 5.5kcal/(kmol·K)=23kJ/(kmol·K)，因此可计算 100℃、3.04MPa 时丙烯的定压摩尔热容。

∵ $$C_p-C_p^\circ=23\text{kJ/(kmol·K)}$$

∴ $$C_p=23+72.38=95.38\text{kJ/(kmol·K)}$$

(4) 混合物的热容　生产上遇到混合物的机会比遇到纯物质的机会多得多，混合物种类、组成也千差万别，除极少数混合物有实验测定的热容数据外，一般都是根据混合物内各种物质的热容和组成进行推算的。

a. 理想气体混合物　因为理想气体分子间没有作用力，所以混合物热容按分子组成加和的规律来计算，用下式表示

$$C_p^\circ=\sum N_i C_{p_i}^\circ \tag{5.10}$$

式中　C_p°——混合气体的理想气体定压摩尔热容；

$C_{p_i}^\circ$——混合气体中 i 组分的理想气体定压摩尔热容；

N_i ——i 组分的摩尔分数。

例 5.3　计算 100℃下 80%（mol）乙烯和 20%（mol）丙烯混合气体的理想气体定压摩尔热容 C_p°。已知乙烯和丙烯的 C_p°-T 函数式为

乙烯　$C_p^\circ=2.830+28.601\times10^{-3}T-8.726\times10^{-6}T^2$，kcal/(kmol·K)

丙烯　$C_p^\circ=2.253+45.116\times10^{-3}T-13.740\times10^{-6}T^2$，kcal/(kmol·K)

解：以 $C_{p_1}^\circ$和 $C_{p_2}^\circ$分别表示 100℃时乙烯和丙烯的理想气体定压摩尔热容，N_1 和 N_2 表示相应的摩尔分数。

$$C_{p_1}^\circ=2.830+28.601\times10^{-3}\times373-8.726\times10^{-6}\times373^2=12.3\text{kcal/(kmol·K)}$$
$$=51.46\text{kJ/(kmol·K)}$$

$$C_{p_2}^\circ=2.253+45.116\times10^{-3}\times373-13.740\times10^{-6}\times373^2=17.2\text{kcal/(kmol·K)}$$
$$=71.96\text{kJ/(kmol·K)}$$

∴ $$C_p^\circ=0.8\times51.46+0.2\times71.96=55.56\text{kJ/(kmol·K)}$$

b. 真实气体混合物　求真实气体混合物热容时，先求该混合气体在同样温度下处于理想气体时的热容 C_p°，再根据混合气体的假临界压力 p_c'和假临界温度 T_c'，求得混合气体的对比压力和对比温度，在图 5.4 上查出 $C_p-C_p^\circ$，最后求得 C_p。

例如求 100℃时，80%乙烯和 20%丙烯混合气在 4.05MPa(40atm)时的热容，可在 100℃，80%乙烯和 20%丙烯混合气的理想气体热容基础上作压力校正得到。

查得乙烯的临界压力为 5.039MPa，临界温度为 282.2K，丙烯的临界压力为 4.62MPa，临界温度为 365K，则混合物的假临界压力和假临界温度为

$$p_c'=0.8\times5.039+0.2\times4.62=4.955\text{MPa}$$
$$T_c'=0.8\times282.2+0.2\times365=298.6\text{K}$$

100℃、4.05MPa 混合气体的 P_r 和 T_r 为

$$P_r=\frac{4.05}{4.955}=0.817$$

$$T_r=\frac{273+100}{298.6}=1.25$$

由图 5.4 查得该条件下$(C_p-C_p^\circ)=2.6$kcal/(kmol·K)=10.88kJ/(kmol·K)，而该混合气体 100℃下的理想气体定压热容 $C_p^\circ=55.56$kJ/(kmol·K)，因此，100℃，4.05MPa 下混合气体的定压热容为

$$C_p=55.56+10.88=66.44\text{kJ/(kmol·K)}$$

c. 液体混合物　混合液体的热容还没有比较理想的计算方法，除极少数混合液体已由实验测得其热容外，一般工程计算常用加和法来估算混合液体的热容。估算用的公式与理想气体混合物热容的加和公式相同，即按组成加和。

这种估算方法对由分子结构相似的物质混合而成的混合液体(例如对二甲苯和间二甲苯、苯和甲苯的混合液体）还比较准确，对其他液体混合物有比较大的误差。

(5) 热容的单位　热容的单位有两类，一类是每 1mol 或每 1kmol 物质温度升高 1℃所需要的热量，称为摩尔热容，单位是 kJ/(mol·K)，kJ/(kmol·K)……等。另一类是每 1kg 或每 1g 物质温度升高 1℃所需要的热量，通常称为比热容，其单位是 kJ/(kg·K)、J/(g·K)……等。

这两种单位是可以互相换算的，例如，50℃液态苯的定压摩尔热容为 137.9J/(mol·K)，若用 kJ/(kg·K)作为比热容的单位，其数值为

$$137.9\times\frac{1000}{78}=1768\text{J/(kg·K)}=1.768\text{kJ/(kg·K)}$$

式中 78 是苯的相对分子质量。又如，25℃的液态苯的比热容为 1.741J/(g·K)，用 J/(mol·K)作为摩尔热容的单位时，其值为 1.741×78=136J/(mol·K)。

5.3.2　焓

从 (5.1) 式可知，计算过程放出或吸收的热量就是计算过程的焓变，所以焓是热衡算中一个很重要的数据。焓没有绝对值，任何物质的焓的绝对值是不知道的，只有相对于某一基准态的相对值，即与基准态的焓差。

(1) 焓的数据的获取

a. 理想气体焓表　不同温度下理想气体焓 H_T°与 25℃理想气体焓 H_{298}°的差值用($H_T^\circ-H_{298}^\circ$)表示，右上角的“°”指理想气体状态（在工程计算中可视为低压气体)。常用物质的 ($H_T^\circ-H_{298}^\circ$) 大都被计算出来了，这些数据在本书附录中可以查到。在使用时把两个不同温度 T_1 和 T_2 下的($H_T^\circ-H_{298}^\circ$)相减，所得差值便是此物质在 T_1 和 T_2 的理想气体状态的焓差，并不需要也不可能知道 H_{298}°的绝对数值。例如，对低压下的气体苯来说，查得 $H_{500}^\circ-H_{298}^\circ=5.36$kcal[❶] /mol 和 $H_{800}^\circ-H_{298}^\circ=17.22$kcal[❶]/mol，则 800K 和 500K 气体的焓差为17.22－5.36＝11.86kcal[❶]/mol，即，1mol 低压下的气态苯温度从 500K 上升到 800K，需要吸收 11.86kcal 即 49.62kJ 的热量。类似上面所说的表，称为理想气体焓表，在热衡算中使用焓表求热量时，可以省去用 $Q=n\int_{T_1}^{T_2}C_p\mathrm{d}T$ 计算 Q 时的积分手续，比较方便。

b. 某些理想气体焓的多项式　附录中给出了一些常用物质的理想气体焓，热容和熵的多项式和多项式的常数。据此可计算不同温度下理想气体焓，使用它时应注意此表使用的是英制单位，要进行必要的单位换算，1cal＝4.1840J。

c. 热力学图表　工程上为了使用方便，常将某些物质在不同条件下的状态函数值表示在图中，制成热力学图表，有焓温图（H-T 图），温熵图（T-S 图），压焓图（P-H 图)、焓浓图、蒸汽焓熵图。在热衡算中，可使用这些热力学图表查出不同温度、不同压力条件下气体或液体的焓值（实际上是与图中所用基准态的焓差)，这部分内容将在 5.4 一节中叙述。

d. 饱和蒸汽物性参数表　从饱和蒸汽物性参数表中，可以查到不同温度（也就是不同压

---

❶ 1kcal＝4.1840kJ。

力，因为相平衡时温度和压力相对应）的饱和蒸汽焓值。饱和蒸汽物性参数表很容易从各类教科书或手册中找到，使用时只需注意焓值的基准态就可以了。一般的饱和蒸汽物性参数表中给出的焓值是以 0℃的液态水为基准的，亦即表中给出的焓值是与 0℃液态水的焓差。在热衡算时，如果所取的基准态并非 0℃的液态水，应该对焓值作修正。例如，从表中查到 120℃

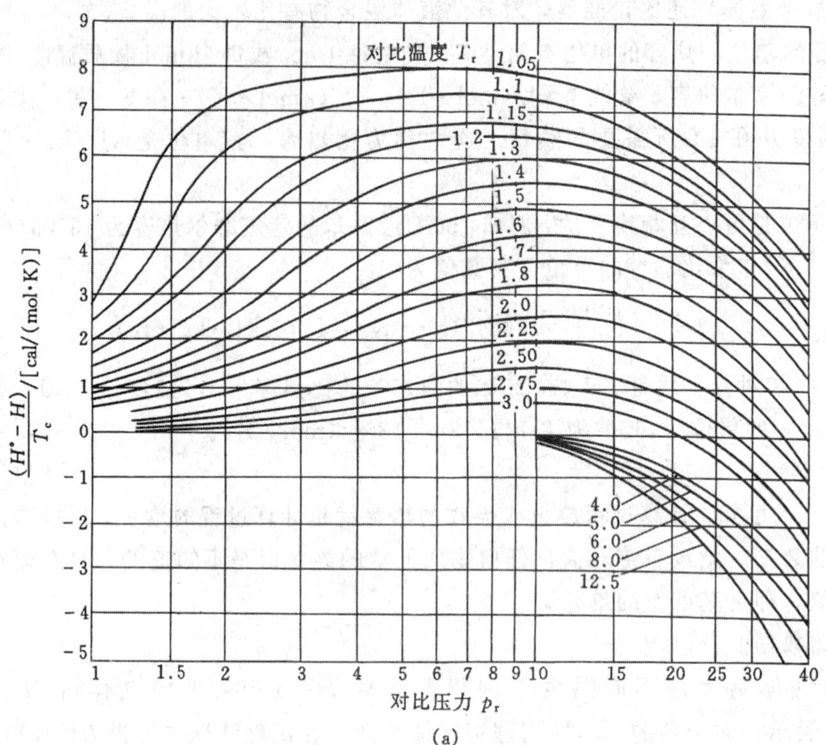

(a)

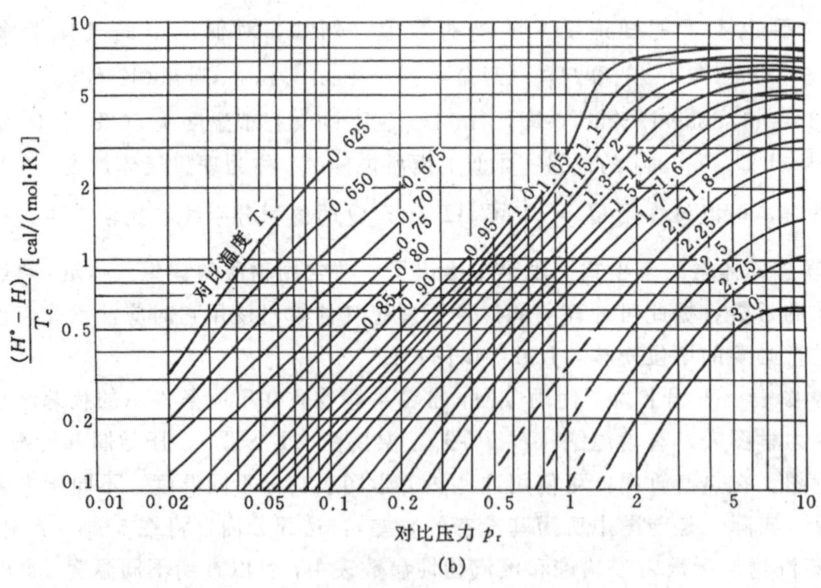

(b)

图 5.5　焓随对比温度和对比压力的变化

(1cal＝4.1840J)

饱和蒸汽的焓值为 2704.5kJ/kg，即 120℃饱和蒸汽与 0℃液态水的焓差是 2704.5kJ/kg，如果热衡算时用 25℃液态水作为衡算基准的话，120℃饱和蒸汽的焓应为它与 25℃液态水的焓差，而 25℃液态水与 0℃液态水的焓差为 104.7kJ/kg，所以，若用 25℃液态水作衡算基准，则 120℃饱和蒸汽的焓值为(2704.5－104.7)kJ kg，即 2600kJ/kg，同理，如果热衡算时 120℃饱和蒸汽为基准态，那么，120℃饱和蒸汽的焓值为零。

在饱和蒸汽物理参数表中所查出的焓值，是饱和蒸汽焓。如果需要使用过热蒸汽焓值时，用蒸汽焓熵图十分方便，见 5.4.3 所述。

(2) 普遍化焓差图　普遍焓差图是根据对应状态原理得到的。图 5.5(a)和图 5.5(b)是普遍化焓差图。这两张图可适用于任何气体。普遍化焓差图的纵坐标是$(H^\circ-H)/T_c$，H°是理想气体焓，H 是真实气体焓，T_c 是气体的临界温度，横坐标是对比压力 p_r，图中有若干条等对比温度 (T_r) 线。只要知道了该物质的临界温度、临界压力，就可以求出各温度、压力下的对比压力 p_r 和对比温度 T_r，从纵坐标可读出$(H^\circ-H)/T_c$的值，然后 $(H^\circ-H)$ 便可计算出来。$(H^\circ-H)$ 是真实气体和理想气体的焓差，当理想气体的焓 H°计算出来后，根据

$$H=H^\circ+(H-H^\circ) \tag{5.11}$$

的关系就可以求出真实气体的焓 H。前面已经提到，由常用物质的理想气体焓的多项式和理想气体焓表或利用理想气体热容数据可以得到理想气体的焓值，再利用普遍化焓差图求出 $(H-H^\circ)$，这样，就可以求出各种温度、压力下气体的焓。

例 5.4　求流量为 250kg/h 的气体苯从 600K，4.053MPa (40atm) 降压冷却到 300K，0.1013MPa (1atm) 的焓变。

解：假设如下热力学途径：第一步是气体苯在 600K 等温下，压力由 4.053MPa 降至 0.1013MPa，焓变为 ΔH_1，第二步是在 0.1013MPa 压力下从 600K 降温至 300K，焓变为 ΔH_2，过程总焓变为 ΔH。

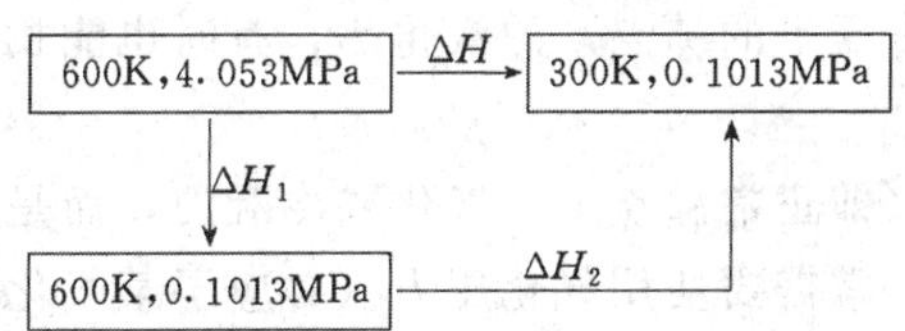

先求 ΔH_2，即理想气体从 600K 降温到 300K 的焓变，从常用物质标准焓差数据表（附录 5）中查到：

$$600\text{K}，H_T^\circ-H_{298}^\circ=8.89\text{kcal/mol}=37.20\text{kJ/mol}$$

$$300\text{K}，H_T^\circ-H_{298}^\circ=0.04\text{kcal/mol}=0.1674\text{kJ/mol}$$

$$\therefore \quad \Delta H_2=\frac{250\times10^3}{78}\times(0.1674-37.20)=-118700\text{kJ/h}$$

或利用苯的理想气体定压热容与温度的函数关系式计算 ΔH_2 如下：

苯的 C_p°-T 关系式是

$$C_p^\circ=-0.409+0.077621T-0.26429\times10^{-4}T^2$$

上式 C_p° 的单位是 cal/(mol·K)

300K 的定压摩尔热容

$$C_p^\circ=-0.409+0.077621\times300-0.26429\times10^{-4}(300)^2=20.5\text{cal/(mol·K)}$$
$$=85.77\text{J/(mol·K)}$$

600K 的定压摩尔热容

$$C_p^\circ=-0.409+0.077621\times600-0.26429\times10^{-4}(600)^2=36.65\text{cal/(mol·K)}$$
$$=153.3\text{J/(mol·K)}$$

300～600K 的平均定压摩尔热容

$$\overline{C}_{p,\mathrm{m}}=\frac{85.77+153.3}{2}=119.5\mathrm{J/(mol\cdot K)}=119.5\mathrm{kJ/(kmol\cdot K)}$$

$$\therefore\qquad \Delta H_2=n\,\overline{C}_{p,\mathrm{m}}(T_2-T_1)=\frac{250}{78}\times119.5(300-600)=-114900\mathrm{kJ/h}$$

用平均热容的方法计算得到的 ΔH_2 值与用理想气体焓差表计算的结果有 1.6%的相对误差。

第二步是计算气体苯在 600K 等温下从 4.053MPa 降压到 0.1013MPa 的焓变 ΔH_1，从附录中查到苯的临界温度为 288.95℃（562.1K），临界压力为 4.898MPa（48.34atm），因而

$$T_r=\frac{600}{562.1}=1.067$$

$$p_r=\frac{4.053}{4.898}=0.8275$$

查图 5.5（b）得 $(H^\circ-H)/T_c=2.1\mathrm{cal/(mol\cdot K)}=8.786\mathrm{J/(mol\cdot K)}$

$$\therefore\qquad H^\circ-H=8.786\times562.1=4939\mathrm{J/mol}=4939\mathrm{kJ/kmol}$$

$$\Delta H_1=\frac{250}{78}\times4939=15830\mathrm{kJ/h}$$

因此

$$\Delta H=\Delta H_1+\Delta H_2=15830-114900=-99070\mathrm{kJ/h}$$

焓差 ΔH 是负值，说明苯从 600K、4.053MPa 冷却降压到 300K、0.1013MPa 这一过程是放热的。

5.3.3 汽化热

液体汽化所吸收的热量称为汽化热，也称为蒸发潜热。汽化热是物质的基本物性数据之一。在一些手册上常能查到各种物质在正常沸点（即常压下的沸点）的汽化热，有时也能找到一些物质在 25℃的汽化热。

工程上遇到的许多情况，物质并不都是在常压下（即正常沸点下）气化或冷凝的，而是在各自的操作压力下气化或冷凝的，在进行热衡算时，常需要使用气化压力（对应了某气化温度）下的汽化热数据。因此，需要根据易于查到的正常沸点的汽化热，或 25℃的气化热求算气化温度下的汽化热。

由已知的某一温度的汽化热求另一温度的汽化热，在工程计算中可用 Waston 公式：

$$\frac{\Delta H_{V_2}}{\Delta H_{V_1}}=\left(\frac{1-T_{r_2}}{1-T_{r_1}}\right)^{0.38}\qquad(5.12)$$

式中 ΔH_V ——汽化热，kJ/kg 或 kJ/mol；

T_r ——对比温度，K。

此公式比较简单而又相当准确，在离临界温度 10℃以外，平均误差仅为 1.8%，因此被广泛采用。

汽化热是焓差，因此也可以根据状态函数增量不随途径而变的特性，假设一些便利的途径，从已知的 T_1、p_1 条件下的汽化热数据求 T_2、p_2 条件下的汽化热。可假设如下热力学途径：

液体，1kmol T_1、p_1 —汽化热 ΔH_1→ 蒸汽，1kmol T_1、p_1

液体，1kmol T_1、p_1 ↓ΔH_3 液体，1kmol T_2、p_2

液体，1kmol T_2、p_2 —汽化热 ΔH_2→ 蒸汽，1kmol T_2、p_2

蒸汽，1kmol T_2、p_2 ↑ΔH_4 蒸汽，1kmol T_1、p_1

$$\Delta H_1=\Delta H_3+\Delta H_2+\Delta H_4$$

ΔH_1 是 T_1、p_1 条件下的汽化热；ΔH_2 是 T_2、p_2 条件下的汽化热；ΔH_3 是温度、压力变化时

液体的焓变化，考虑到压力对液体焓影响很小，故忽略压力对液体焓的影响，ΔH_3 只计算温度对液体焓的影响。

$$\Delta H_3=\int_{T_1}^{T_2}C_{p_l}\mathrm{d}T$$

ΔH_4 为温度、压力变化时气体的焓变化。如果把蒸气当作理想气体处理，即忽略压力对气体焓的影响，ΔH_4 只计算温度对气体焓的影响，则

$$\Delta H_4=\int_{T_2}^{T_1}C_{p_g}\mathrm{d}T$$

代入后，得

$$\Delta H_1=\int_{T_1}^{T_2}C_{p_l}\mathrm{d}T+\Delta H_2+\int_{T_2}^{T_1}C_{p_g}\mathrm{d}T$$

$$\therefore\quad \Delta H_2=\Delta H_1-\int_{T_1}^{T_2}C_{p_l}\mathrm{d}T-\int_{T_2}^{T_1}C_{p_g}\mathrm{d}T$$

$$=\Delta H_1-\int_{T_1}^{T_2}C_{p_l}\mathrm{d}T+\int_{T_1}^{T_2}C_{p_g}\mathrm{d}T$$

即

$$\Delta H_2=\Delta H_1+\int_{T_1}^{T_2}(C_{p_g}-C_{p_l})\mathrm{d}T \tag{5.13}$$

(5.13) 式就是根据系统的状态函数的增量不随途径而变化的特性导出的，使我们可以由已知的 T_1、p_1 条件下的汽化热 ΔH_1 来计算 T_2、p_2 条件下的汽化热 ΔH_2。

对于有焓-温图、温-熵图或压-焓图的物质，可以从图上读到不同温度下的汽化热数值，很是方便，这方面的内容将在 5.4 节中讨论。

当查不到气化热的数据，但已知该物质的蒸气压数据时，工程上可用克-克方程式 (Clausius-Clapeyron 方程) 估算 T_1～T_2 温度范围内的气化热：

$$\Delta H_V=\frac{4.57T_1T_2}{M(T_1-T_2)}\lg\frac{p_1}{p_2} \tag{5.14}$$

式中 ΔH_V——汽化热，kcal[1] /kg；

T_1、T_2——温度，K；

p_1、p_2——物质在 T_1、T_2 时的蒸气压；

M——相对分子质量。

混合物的汽化热用各组分汽化热按组成加权平均得到。若汽化热以 kJ/g，kJ/kg 作单位，混合物的汽化热按质量分数加权平均，若用 kJ/kmol、kJ/mol 为单位则按摩尔分数加权平均。

5.3.4 反应热

有些化学反应，特别是大工业生产的主要反应，由于作过专门的研究，可以从有关资料中直接查到反应热数据。但在很多情况下是查不到反应热数据的，遇到这种情况，可通过物质的标准生成热数据和燃烧热数据来计算反应热，因为标准生成热和燃烧热数据可在一般手册上查到，特别是对有机反应，使用燃烧热求算反应热是一个普遍使用的方法。

用下面的公式从标准生成热求算反应热。

$$\Delta H^{\circ}_{298,\mathrm{reac}}=\sum(n_i\Delta H^{\circ}_{298,\mathrm{f}})_{\mathrm{prod}}-\sum(n_i\Delta H^{\circ}_{298,\mathrm{f}})_{\mathrm{reactant}} \tag{5.15}$$

用下面的公式从燃烧热求算反应热：

$$\Delta H^{\circ}_{298,\mathrm{reac}}=\sum(n_i\Delta H^{\circ}_{298,\mathrm{c}})_{\mathrm{reactant}}-\sum(n_i\Delta H^{\circ}_{298,\mathrm{c}})_{\mathrm{prod}} \tag{5.16}$$

---

[1] 1kcal＝4.1840kJ。

式中　$\Delta H^{\circ}_{298,\mathrm{reac}}$—— 25℃、0.1013MPa 的反应热；

$\Delta H^{\circ}_{298,\mathrm{f}}$——标准生成热；

$\Delta H^{\circ}_{298,\mathrm{c}}$——25℃的燃烧热；

n_i——反应方程式中各物质的计量系数。

例 5.5　乙烯氧化为环氧乙烷的反应方程式如下：

$$C_2H_4(g)+\frac{1}{2}O_2(g)\longrightarrow C_2H_4O(g)$$

试计算 0.1013MPa、25℃下的反应热。

解：

乙烯（g）的标准生成热为　$(\Delta H^{\circ}_{298,\mathrm{f}})_{\text{乙烯}}=52.28\mathrm{kJ/mol}$

环氧乙烷（g）的标准生成热为　$(\Delta H^{\circ}_{298,\mathrm{f}})_{\text{环氧乙烷}}=-51\mathrm{kJ/mol}$

因此，0.1013MPa，25℃的反应热计算如下：

$$\begin{aligned}\Delta H^{\circ}_{298,\mathrm{reac}}&=\sum(n_i\Delta H^{\circ}_{298,\mathrm{f}})_{\mathrm{prod}}-\sum(n_i\Delta H^{\circ}_{298,\mathrm{f}})_{\mathrm{reactant}}\\&=1\times(-51)-1\times52.28+\frac{1}{2}\times0\\&=-103.3\mathrm{kJ/mol}\end{aligned}$$

例 5.6　甲醇脱氢生成甲醛的反应方程式为

$$CH_3OH(l)\longrightarrow HCHO(g)+H_2(g)$$

试用燃烧热数据计算 0.1013MPa、25℃的反应热。

解：

25℃下甲醇（l）的燃烧热　$(\Delta H^{\circ}_{298,\mathrm{c}})_{\text{甲醇}}=-726.6\mathrm{kJ/mol}$

25℃下 HCHO（g）的燃烧热　$(\Delta H^{\circ}_{298,\mathrm{c}})_{\text{甲醛}}=-563.6\mathrm{kJ/mol}$

25℃下 H_2（g）的燃烧热　$(\Delta H^{\circ}_{298,\mathrm{c}})_{H_2}=-285.8\mathrm{kJ/mol}$

0.1013MPa、25℃的反应热

$$\begin{aligned}(\Delta H^{\circ}_{298})_{\mathrm{reac}}&=(\Delta H^{\circ}_{298,\mathrm{c}})_{\text{甲醇},(\mathrm{l})}-(\Delta H^{\circ}_{298,\mathrm{c}})_{\text{甲醛}(\mathrm{g})}-(\Delta H^{\circ}_{298,\mathrm{c}})_{H_2(\mathrm{g})}\\&=-726.6-[(-563.6)+(-285.8)]=122.8\mathrm{kJ/mol}\end{aligned}$$

由于一般手册中的生成热或燃烧热大多是25℃下的，所以按（5.15）式和（5.16）式计算得到的是25℃的反应热，但是，在化工生产中，反应温度常常不是25℃，当需要使用反应温度下的反应热数据时，可以利用焓变只与始态、终态有关而与途径无关的特性，假设便利的热力学途径，从25℃的反应热求算其他温度的反应热，例如，可以假设如下热力学途径：反应物料在t℃下降（或升）温到25℃，在25℃下进行化学反应，反应后的物料再从25℃升（或降）温到t℃，用图表示如下：

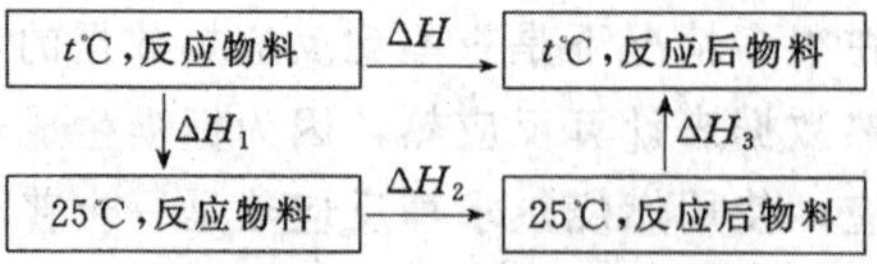

t℃，反应物料	—ΔH→	t℃，反应后物料
↓ΔH_1		↑ΔH_3
25℃，反应物料	—ΔH_2→	25℃，反应后物料

$$\Delta H=\Delta H_1+\Delta H_2+\Delta H_3$$

ΔH_1 和 ΔH_3 是物料温度变化的焓变，只要有热容数据就可以计算出来，ΔH_2 是25℃下的反应焓变，可以从标准生成热或25℃燃烧热数据计算得到，这样，不同温度（t℃）下的反应热 ΔH 就可以根据 $\Delta H=\Delta H_1+\Delta H_2+\Delta H_3$ 计算出来了。

在使用反应热数据时需注意以下几点。

(1) 反应物和生成物的聚集状态不同，反应热数值也不同，所以使用时要注意对应的物质聚集状态，例如反应

$$H_2(g)+\frac{1}{2}O_2(g)\longrightarrow H_2O(l)$$

$$\Delta H^\circ_{298}=-285.8\text{kJ/mol } H_2$$

而反应

$$H_2(g)+\frac{1}{2}O_2(g)\longrightarrow H_2O(g)$$

$$\Delta H^\circ_{298}=-241.8\text{kJ/mol } H_2$$

显然，这两个 ΔH°_{298}之差值就是 25℃水的汽化热。

(2) 反应热与温度和压力有关，在压力不高时，可不考虑压力对反应热的影响，但必须注意反应热随温度改变的特性，例如甲醇脱氢生成甲醛的反应，

$$CH_3OH(g)\longrightarrow HCHO(g)+H_2(g)$$

常压下，25℃的反应热为 $\Delta H^\circ_{298}=85.27$kJ/mol，而 500℃的反应热则为 $\Delta H^\circ_{973}=87.31$kJ/mol。

在高压下，反应热随压力的改变也不能忽略，假如反应

$$2H_2(g)+CO(g)\longrightarrow CH_3OH(g)$$

0.1013MPa 下，25℃下的反应热 $\Delta H^\circ_{298}=-90.64$kJ/mol，而在 30.40MPa (300atm) 下，25℃下的反应热 $\Delta H^\circ_{298}=136.8$kJ/mol，增大了将近 50%，这样的改变是不能忽略的。

5.3.5 溶解热

固体、液体或气体溶质溶解于溶剂中吸收或放出的热量称为溶解热。手册给出的溶解热数据中，有积分溶解热与微分溶解热之分。

(1) 积分溶解热　以硫酸溶解于水形成硫酸水溶液说明积分溶解热的含义。在 25℃下把 1mol 硫酸用水逐渐稀释，在此过程中不断取出所放出的热量，使溶液温度保持在 25℃，这个过程所放出的热量如表 5.1 所示。

表 5.1　硫酸稀释放出的热量

加水累计量/mol	0	1	2	3	4	5	6	8	10	15	20	∞
形成的溶液组成/($mol\ H_2O/mol\ H_2SO_4$)	0	1	2	3	4	5	6	8	10	15	20	∞
放热累计量/kJ	0	29.25	41.84	48.95	53.56	56.90	59.41	62.76	64.43	68.20	71.55	76.15

从表 5.1 所列数据可以看出，加入的水量愈多，累计放出的热量也愈多，显然累计放热量与所形成的溶液组成有关，每 1mol 溶质溶解于一定量溶剂形成组成为 x 的溶液时的总热效应（即累计的热量）称为积分溶解热，其单位为 kJ/mol 溶质。若溶解时吸热则积分溶解热取正值，若溶解时放热，则积分溶解热取负值，上述硫酸溶于水的过程，其积分溶解热为负值。

积分溶解热不仅可以用来计算把溶质溶于溶剂中形成某一含量溶液时的热效应，还可以用来计算把溶液自某一含量冲淡（或浓缩）到另一含量的热效应。例如用表 5.1 中所列的数据可以算出，向含有 1molH_2SO_4 的组成为 $x_1=5$mol H_2O/mol H_2SO_4 的硫酸溶液中加水，使溶液被冲淡到组成为 $x_2=10$mol H_2O/mol H_2SO_4 这个过程所放出的热量便是 64.43－56.90＝7.53kJ，即硫酸溶液组成从 x_1 变到 x_2 的热效应等于 $\Delta H=-7.53$kJ/mol H_2SO_4。

积分溶解热数据有时用图给出，绘成如图 5.6 那样的曲线，图 5.6 中的纵坐标 λ_{MS}为积分

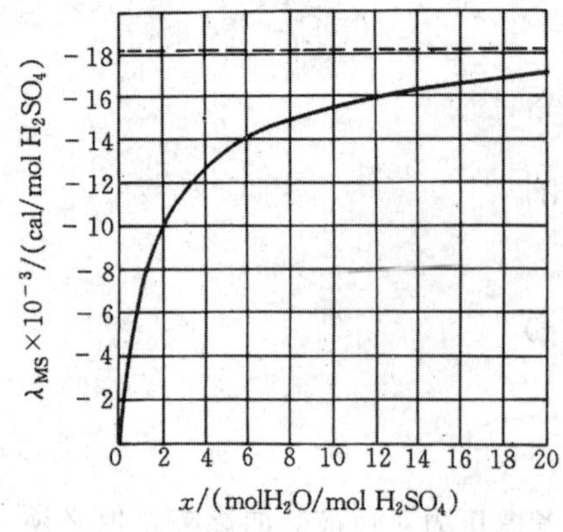

图 5.6 25℃、0.1013MPa 时 H_2SO_4 在水中的积分溶解热 (1cal=4.1840J)

溶解热。也有时列表给出积分溶解热，有些数据还整理成数学式子，例如气体 CO_2 溶于氨水中的积分溶解热便给出了数学式。

显然，积分溶解热是浓度的函数，也是温度的函数。

(2) 微分溶解热 微分溶解热系指 1kmol（有时用 1kg）溶质溶解于含量为 x 的无限多溶液中（即溶解后溶液的含量仍可视为 x）时所放出的热量，以 kJ/mol，kJ/kmol，kJ/kg……等单位表示。显然，微分溶解热是浓度的函数，也是温度的函数。

如果吸收时吸收剂的用量很大，在吸收时溶液含量变化很小，则吸收所放出的热量等于该含量的微分溶解热乘以被吸收的吸收质的数量。实际生产上经常遇到的情况是一定量溶质溶解于一定量含量为 x_1 的溶液中，使溶液含量变为 x_2，这一过程的热效应理应用微分溶解热随 x 变化的数据在 x_1 到 x_2 的范围内积分得到，但若溶液含量变化不大，因而微分溶解热的数值变化也不大，这种情况下，可取两个含量之下的微分溶解热的平均值乘以被吸收的吸收质的量而求得这一过程的热效应的近似值，见例 5.7。

图 5.7 和图 5.8 分别是 NH_3 在其水溶液中和 HCl 在其水溶液中的积分溶解热 S 和微分溶解热 ϕ，使用时要注意横坐标和纵坐标上标示的各个量的单位。气体的溶解热数据可查阅有关手册或资料。

气体的溶解热数据最常用于气体非等温吸收的热量衡算中。见 5.5.5 节的讨论。

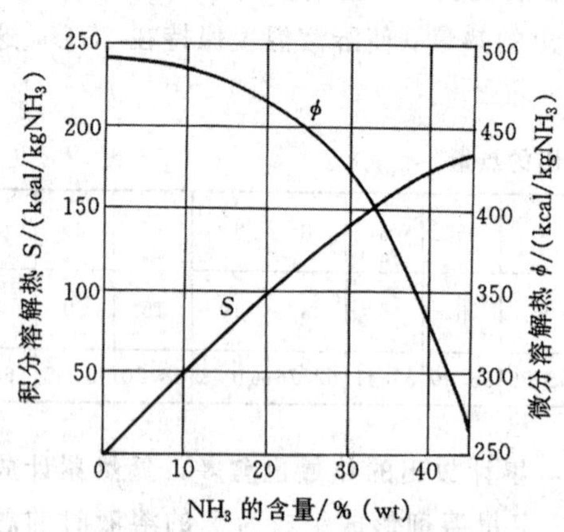

图 5.7 NH_3 在水溶液中的积分及微分溶解热 (1kcal=4.1840kJ)

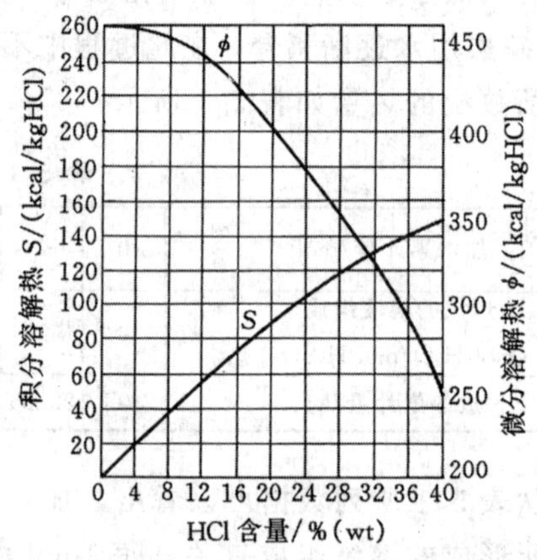

图 5.8 HCl 在水溶液中的积分及微分溶解热 (1kcal=4.1840kJ)

例 5.7 在一填料吸收塔中用水从空气-NH_3 的混合气中吸收 NH_3，NH_3 在混合气中的含量为 5%，NH_3 的回收率为 95%，混合气流量为 10000m³(STP)/h，吸收剂水的流量为 16000kg/h，求吸收放出的热量。

解：NH_3 气在塔内的吸收总量为

$$10000\times0.05\times0.95=475\text{m}^3(\text{STP})/\text{h}=21.21\text{kmol/h}$$

塔底得到的氨水溶液的含量 [%(wt)]为

$$\frac{21.21\times17}{16000+21.21\times17}=0.022=2.2\%$$

入塔吸收剂中，NH_3 的质量分数为零。

查图 5.7 可知，塔顶、塔底处 NH_3 在水溶液中的微分溶解热相差极小，塔底处的微分溶解热为

$$\phi=495\text{kcal/kg }NH_3=2071.08\text{kJ/kg }NH_3$$
$$=2071.08\times17=35208\text{kJ/kmol }NH_3$$

此值可视作塔顶、塔底的微分溶解热的平均值，因此，吸收放出的热量为

$$Q=21.21\times35208=746760\text{kJ/h}$$

(3) 常用物质的溶解热数据

a. 某些物质溶于水的溶解热见表 5.2。

表 5.2 一些物质溶于水的溶解热（18℃）

物质	稀释度/(mol 水/mol 溶质)	ΔH_S/(kcal/mol)[①]	物质	稀释度/(mol 水/mol 溶质)	ΔH_S/(kcal/mol)[①]
NH_4Cl	∞	−3.82	K_2SO_4	∞	−6.32
NH_4NO_3	∞	−6.47	$NaHCO_3$	1800	−4.1
$(NH_4)_2SO_4$	∞	−2.75	Na_2CO_3	∞	+5.57
$CaCl_2$	∞	+4.90	$Na_2CO_3\cdot H_2O$	∞	+2.19
$CaCl_2\cdot 2H_2O$	∞	+12.5	NaCl	∞	−1.164
K_2CO_3	∞	+6.58	NaOH	∞	+10.18
KCl	∞	−4.404	Na_2SO_4	∞	+0.28
KOH	∞	+12.91	$Na_2SO_4\cdot 10H_2O$	∞	−18.74
$KOH\cdot H_2O$	∞	+3.48	尿素	∞	−3.609

① 1kcal/mol=4.1840kJ/mol。

b. 三酸（硝酸、硫酸和盐酸）的溶解热计算公式

(a) 100%H_2SO_4 溶于水时的溶解热

$$\Delta H_S=\frac{272}{n+49}\text{kcal}^{❶}\ /\text{kg }H_2SO_4$$

式中 n——溶解后稀硫酸含水质量分数,%。

(b) 1kmol HNO_3 溶于 n kmol 水时的溶解热

$$\Delta H_S=\frac{8.974n}{n+1.734}\text{kcal}^{❶}/\text{kmol }HNO_3$$

(c) 1kmol HCl 溶于 n kmol 水时的溶解热

$$\Delta H_S=\frac{11.98(n-1)}{n}+5.375\text{kcal}^{❶}/\text{kmol HCl}$$

(d) 形成混酸（$H_2SO_4+HNO_3+H_2O$）时的溶解热，可用图 5.9 求取，图 5.9 亦可用来单独求硫酸（此时 $l=0$，$x=1$）或单独求硝酸（此时，$m=0$，$x=0$）的溶解热。

c. 溶解热数据的预计法

(a) 溶质溶解时不发生离解作用，溶剂与溶质间无化学作用（包括络合物之形成等）的情况下，对于气态溶质，溶解热数值可取其等于冷凝热，对于固态溶质可取其等于熔融热；对

❶ 1kcal=4.1840kJ。

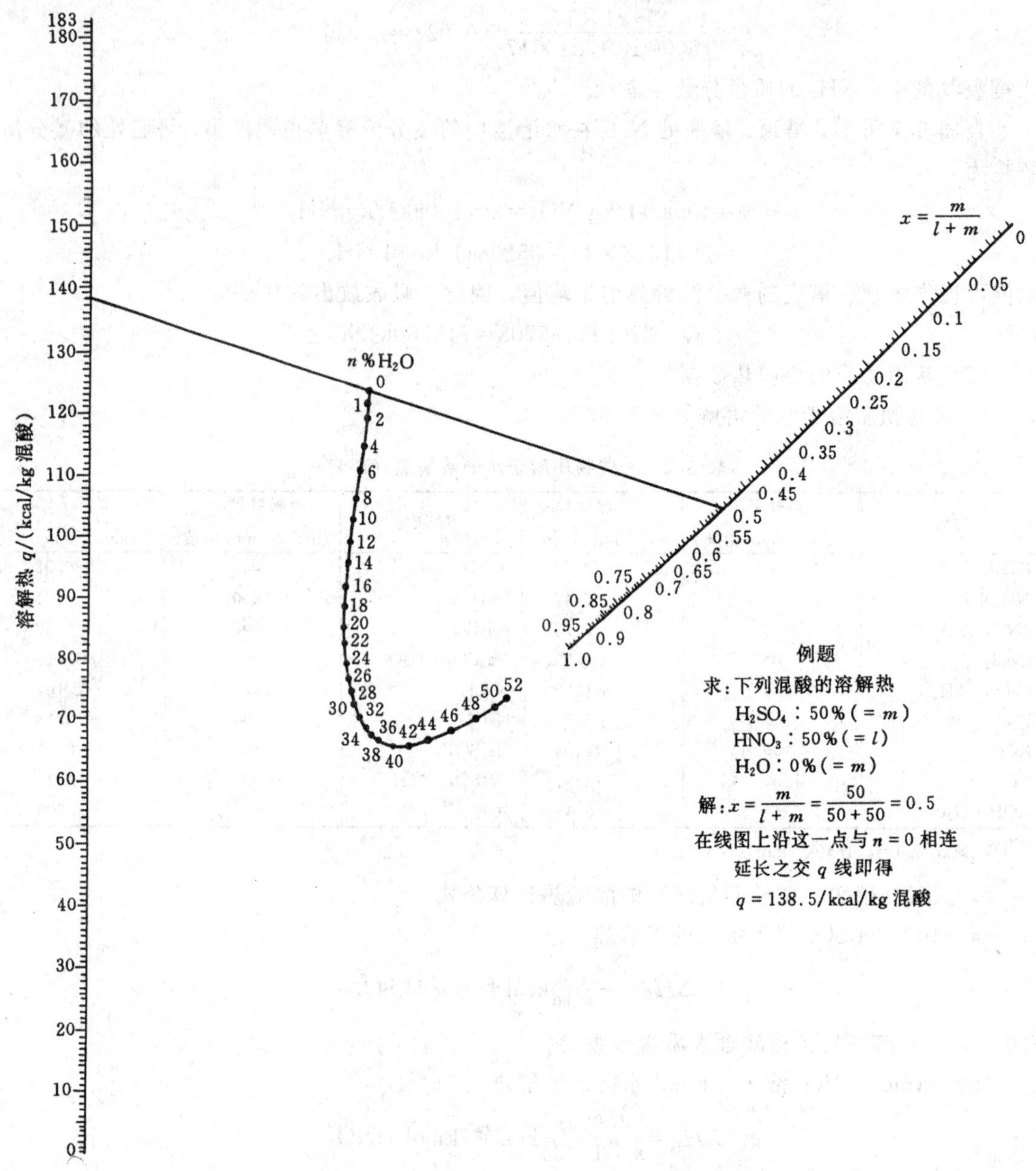

图 5.9　混酸的溶解热

于液态溶质，当形成的溶液为理想溶液时取溶解热为零（即混合热为零），当形成非理想溶液时，可按下式计算溶解热：

$$\Delta H_{\mathrm{S}}=-\frac{4.57T^2}{M}\cdot\frac{\mathrm{dlg}\gamma_i}{\mathrm{d}T}$$

式中　ΔH_{S}——溶解热；

γ_i——在该含量时溶质的活度系数；

M——溶质的相对分子质量。

(b) 含量不太大的溶液，可用克-克方程式计算溶解热

$$\Delta H_S=\frac{4.57}{M}\cdot\frac{T_1T_2}{T_1-T_2}\lg\frac{c_1}{c_2}$$

式中 c_1、c_2——溶质在 T_1(K)和 T_2(K)时的溶解度，如溶质为气体，亦可用溶质的分压 p_1 及 p_2 代之；

M——溶质的相对分子质量。

5.4 一些物质的热力学性质图

在工程计算中，为了简便和迅速，经常使用热力学图表。

对于一些常用的物质，前人做了许多工作，在实验测得数据的基础上整理成热力学图表，这样，人们不必通过繁复的计算，便可以得到需要的数据。不足之处是并非所有的物质都有热力学图，另外，其精度有时还受图的大小限制。

热衡算中常用到的热力学图有以下几种。

(1) 焓温图即 H-T 图或写作 i-T 图

(2) 温熵图即 T-S 图

(3) 蒸汽的焓熵图即 H-S 图，或写作 i-S 图

(4) 溶液的焓浓图

下面分别介绍之。

5.4.1 焓温图（H-T 图）

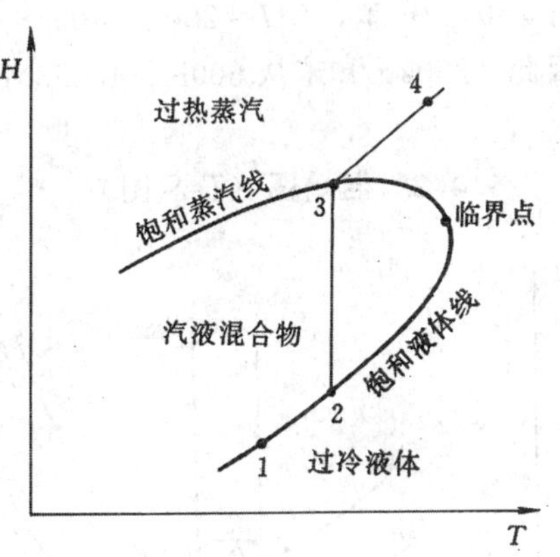

图 5.10 H-T 图的一般形状

焓温图的一般形状如图 5.10 所示，在图的下半部是过冷液体区，也就是液体区，在图的上半部是过热蒸汽区，在图的中部是汽液混合物区，过冷液体与汽液混合物的分界线就是饱和液体线，过热蒸汽与汽液混合物的分界线就是饱和蒸汽线。饱和液体线与饱和蒸汽线相交于临界点。该图上有等压线，其形状如图 5.9 中的等压线 1-2-3-4。曲线 1-2 表示等压下温度对液体焓的影响，由于压力对液体焓的影响很小，故曲线 1-2 在图上看起来与饱和液体线重合；线段 2-3 表示等压下汽化，因此这段线的高度所对应的焓差就是在该压力下的汽化热；曲线 3-4 表示等压下温度对气体焓的影响。

前面已讲过，任何物质的焓的绝对值是不知道的，由于仅用焓差，因此这对实用毫无影响。H-T 图（其他热力学图也是这样）上任意规定一点的焓为零（此点称为基准态），别的点上的焓值都是与这点的焓值的差值。现在常用−129℃饱和液体为零点，也有用 0℃或其他零点的。附录上介绍的几张 H-T 图就有−129℃及 0℃两种零点。如对同一物质从两张图上取了焓值，则必须注意零点即基准态是否一致，如不一致要换算，一般说来，同一物质最好也不要从两张图上取焓值。

焓温图中任一点都代表物系的一个状态，只要有确定物系的两个参数，就可以在图上找出其状态点，确定了状态点后，物系的其他热力学参数便可在图上读出。在热衡算中需要的不同压力下物质的沸点、饱和液体焓、饱和蒸汽焓、过热蒸汽焓等数据都可方便地在 H-T 图上得到，所以，如有 H-T 图，在热量衡算上是很方便的。可惜的是只有 20 几种物质有 H-T 图，它们是甲烷、乙烷、丙烷、正丁烷、异丁烷、乙烯、丙烯、异丁烯、1-丁烯、苯、甲苯、

甲醇、空气、氨……等。另外，在氮肥设计的数据手册中，载有 300kgf/cm²❶ 下氮、氢、氨混合气的 H-T 图以及含 8%惰性气的 N_2、H_2、NH_3 混合气在 300kgf/cm² 下的 H-T 图，合成甲醇混合气在 300atm❷下的 H-T 图，临界点附近石脑油的 H-T 图以及 N_2O_4-NO_2 系统的 H-T 图。

例 5.8 从苯的 H-T 图求 250kg/h 的气体苯从 600K，4.053MPa（40atm）降压冷却至 300K、0.1013MPa 所放出（或吸收）的热量。

解：从苯的 H-T 图读出

600K、4.053MPa　时气体苯的焓值　$H_1=887$kJ/kg

300K、0.1013MPa　时气体苯的焓值　$H_2=481.2$kJ/kg

对 1kg 气体苯，$\Delta H=H_2-H_1=481.2-887=-405.8$kJ/kg

ΔH 为负值，说明过程放出热量。

对 250kg/h 苯，$\Delta H=250(-405.8)=-101450$kJ/h

因此，250kg/h 苯从 600K、4.053MPa 降压。冷却至 300K、0.1013MPa 放出 101450kJ/h 的热量。

5.4.2　温熵图（T-S 图）

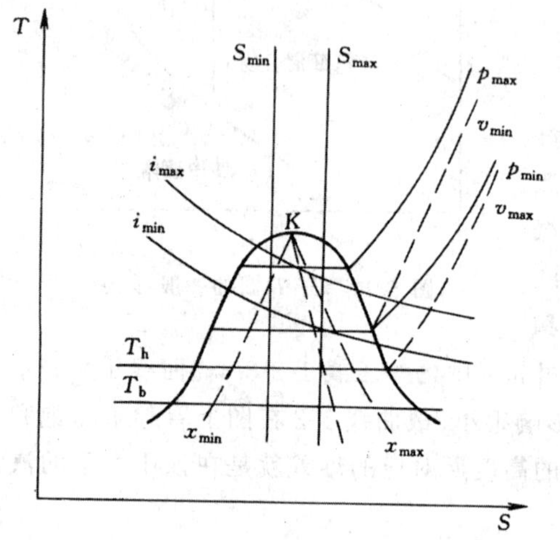

图 5.11　T-S 图的一般形状

T-S 图是以温度为纵坐标，熵为横坐标的热力学函数图，一般形状如图 5.11 所示，图中每一点代表物系的一个状态，每条线代表某一个参数保持恒定的过程，首先看看图中各曲线的意义。

（1）山头形曲线　称为饱和曲线，曲线的最高点，是临界点，该点温度为临界温度，临界点将曲线分为两部分，左边的一条线为饱和液体曲线，右边的一条线为饱和蒸汽曲线，通过临界点和饱和曲线将图分为三个区域：临界温度以下饱和液体曲线以左为液相区；临界温度以上饱和蒸汽曲线以右为气相区；饱和曲线内为气-液两相共存区。

（2）等压线　在图中是由右上方向左下方倾斜的曲线，以 p 表示，线上每一压力都相同。压力高的等压线在左，压力低的在右。在两相共存区内，等压线是水平线，这是因为气液相变过程是等温的。

（3）等焓线　在图中是由左上方向右下方倾斜的曲线，以 i 表示，由于在同一压力下温度越高，焓值越大，所以焓大的等焓线在上，焓小的在下。

（4）等比容线　为从右上方向左下方倾斜的虚线，以 v 表示。

（5）等干度线　干度以 x 表示

$$x=\frac{\text{每单位体积某物质干气质量}}{\text{每单位体积某物质气液总质量}}$$

---

❶　1kgf/cm²=98066.5Pa。

❷　1atm=101325Pa。

等干度线在气-液共存区内，是由临界点向下放射的一些点划线，显然在饱和液体曲线上，$x=0$，在饱和蒸汽曲线上 $x=1$。

T-S 图主要是在冷冻系统的设计中使用，手册上可以查到的，是可能用作冷冻剂的物质的 T-S 图，例如甲烷、乙烷、乙烯、丙烯、氨、二氧化碳、氟里昂等。和 H-T 图一样，只要确定了物系的状态点，不同压力下物质的沸点、饱和蒸汽焓、饱和液体焓、过热蒸汽焓等数据都可在图上读到。所以，如果有 T-S 图，在热衡算上也是方便的。

用 T-S 图求汽化热是很方便的。当已知蒸发压力时，从 T-S 图上找到压力等于蒸发压力的那条等压线，此等压线交饱和液体线于 1 点，交饱和蒸汽线于 2 点，过 1 点的等焓线对应焓值 H_1，过 2 点的等焓线对应焓值 H_2，则（H_2-H_1）便是该蒸发压力下该物质的汽化热。同理，如果已知蒸发温度，可在 T-S 图上作该温度的等温线（平行于横轴），此等温线与饱和蒸汽线交点对应的焓值为 H_2，与饱和液体线交点对应的焓值为 H_1，则（H_2-H_1）就是该蒸发温度下该物质的汽化热。

例 5.9 求−20℃氨的汽化热。

解：在氨的 T-S 图上过−20℃作横轴的平行线，此平行线与饱和蒸汽线交点处的焓值为 $H_2=396$kcal/kg，即 1657kJ/kg，此平行线与饱和液相线交点处的焓值为 $H_1=78$kcal/kg，即 326.4kJ/kg，因此，−20℃氨的汽化热为

$$\Delta H=1657-326.4=1330.6\text{kJ/kg}$$

物质的气化压力和气化温度的关系也可从 T-S 图上读出。因此，设计时，当根据工艺要求已规定气化器的气化温度时，可从 T-S 图上读出气化器的操作压力；同样，如果气化压力已被工艺要求所决定，则气化器的气化温度也可从 T-S 图上读出，见例 5.10 和例 5.11。

例 5.10 某气化器要求液氨在−15℃下气化，气化器的操作压力应控制在多少？

解：在氨的 T-S 图上找出−15℃时氨的饱和蒸汽状态点，此点即饱和蒸汽曲线与−15℃的水平线的交点，过此点的等压线的压力是 2.4kgf/cm^2[❶]（绝对），即 0.235MPa，0.235MPa 即为所求。

例 5.11 在氨蒸发器壳方的液氨蒸发空间，液氨在 118kPa（1.2kgf/cm^2，绝压）的压力下蒸发，求：

（1）蒸发温度；

（2）液氨蒸发量为 250kg/h，求氨蒸发器的热负荷。

解：

（1）查氨的 T-S 图，压力为 1.2kgf/cm^2（绝压）的等压线和饱和蒸汽曲线相交处对应的温度为−30℃，此即为蒸发温度。

（2）从氨的 T-S 图读出：

−30℃下，饱和蒸汽焓　393kcal/kg，即 1644.3kJ/kg

−30℃下，饱和液体焓　67kcal/kg，即 280.3kJ/kg

∴　−30℃氨的汽化热为

$$1644.3-280.3=1364\text{kJ/kg}$$

氨蒸发器的热负荷为

$$Q=1364\times250=341000\text{kJ/h}$$

❶ 1kgf/cm^2=98066.5Pa。

5.4.3 蒸汽的焓熵图（*H*-*S* 图）

蒸汽是化工生产上常用的加热剂，有时它还是原料气中的一个组分，在提浓过程，二次蒸汽就是蒸汽。所以，在热量衡算中，蒸汽的焓值是一个经常用到的数据。从蒸汽焓-熵图可确定不同压力、温度的蒸汽的状态（是过热蒸汽、饱和蒸汽还是湿蒸汽）和对应的焓值，所以在热衡算中，使用蒸汽的焓熵图是方便的。当然，也可以使用饱和蒸汽物理参数表和过热蒸汽焓图。

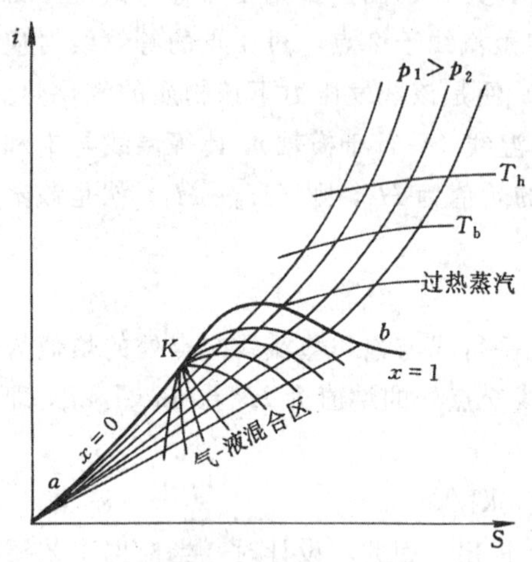

图 5.12 蒸汽焓熵图的示意图

图 5.13 是蒸汽的 *i*-*S* 图，其示意图如图 5.12 所示。图中 *K* 为临界点，*aK* 线为饱和液体线，*Kb* 线为饱和蒸汽线，*aKb* 线以下为气-液共存区（湿蒸气区），*Kb* 线以上为过热蒸汽区，在 *i*-*S* 图上等压线、等温线、等干度线的分布如图所示。

当已知蒸汽的温度和压力时，在图 5.13 上找到该温度、压力的等温线和等压线，这两条线的交点即为状态点，可在纵坐标上读出该状态点的焓值。例如，求压力 0.392MPa（$4kgf/cm^2$，绝压）、温度 200℃ 的蒸汽焓值时，先在图上找到 $4kgf/cm^2$、绝压的等压线和温度为 200℃的等温线，这两条线的交点落在过热蒸汽区，说明 0.392MPa、200℃的蒸汽是过热蒸汽，从图上可以读出该过热蒸汽的焓值是 680kcal/kg，即 2845kJ/kg。从图上也可以读出，0.392MPa 的饱和蒸汽温度为 142.6℃。

需要提起注意的一点是，图 5.13 采用的基准态（零点）是 0℃的液态水。

例 5.12 从蒸汽的 *i*-*S* 图读出下列蒸汽的焓值：

（1）1.01MPa（10atm）的干饱和蒸汽；

（2）1.01MPa，含水 10%的湿蒸汽焓；

（3）1.01MPa，300℃过热蒸汽焓。

解：

（1）图 5.13 中，10atm 的等压线与饱和蒸汽线交点处的焓即为 1.01MPa 的干饱和蒸汽焓，其值为 663kcal/kg，即 2774kJ/kg。

（2）含水 10%的湿蒸汽，其干度为

$$x=1-0.1=0.9$$

图 5.13 中，10atm 的等压线和 $x=0.9$ 的等干度线的交点处的焓为 614kcal/kg，即 2569kJ/kg，此值即为 1.01MPa 等压下，含水 10%的湿蒸汽焓。

(3) 10atm 的等压线与 300℃的等温线的交点位于过热蒸汽区，交点处的焓为 728kcal/kg 即 3046kJ/kg，此值为 1.01MPa，300℃的过热蒸汽焓。

5.4.4 溶液的焓浓图

有些物料，如氢氧化钠、氯化钙等水溶液，在稀释时有明显的放热，因而这类物料在蒸发器内提浓时，除了水分气化吸热外，还需要吸收与稀释时的热效应相当的浓缩热，当提浓液含量较大时，这个影响很显著，对于这类物料，在热衡算时，需要考虑浓缩热这一项。作这一类物料的热衡算时最方便的是使用它们的焓浓图，因为在焓浓图中查到的焓值已经包含有浓缩热这项热量在内，例如，从图 5.14 氢氧化钠水溶液的焓浓图，可以直接查出浓缩过程的焓的变化，而不必单独计算浓缩热。

目前，已有一些工业物料的焓浓图，一般都是在专业手册中查到，例如，在合成尿素的专业资料中，可查到氨水溶液的焓浓图和尿素水溶液的焓浓图。

图 5.14 是以 0℃为基准温度时氢氧化钠水溶液的焓浓图，图中纵坐标为溶液的焓，横坐标为氢氧化钠的浓度。已知溶液的含量和温度，即可由图中查得其焓值。

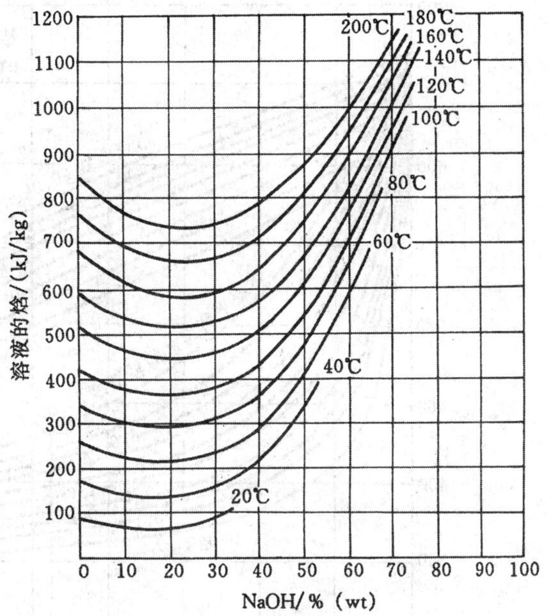

图 5.14　氢氧化钠水溶液的焓浓图

例 5.13　1kg 40℃、含量为 30%（wt）的 NaOH 水溶液进入提浓器提浓，若欲将其浓缩至 45%（wt），45%（wt）溶液的沸点为 104℃，分别求进料液和提浓液的以 0℃为基准的焓值。

解：查图 5.14，40℃、30%（wt）NaOH 水溶液的焓值为 155kJ/kg，104℃、45%（wt）NaOH 溶液的焓值为 500kJ/kg。

图 5.15 是氨水溶液的焓浓图，此图提供的数据比图 5.14 要多得多，从它可以查出不同操作压力下，各种含量的氨水溶液的沸点和焓值，以及它的平衡气相组成。

例 5.14　某蒸馏塔的进料液为含 NH_3 10%（质量分数）的氨水溶液，塔的操作压力为 0.392MPa [4kgf/cm^2（绝压）]，若蒸馏塔为饱和液体进料，求进料液的温度以及焓值。

解：因是饱和液体进料，所以进料液温度便是 10%（wt）氨水溶液的沸点。

在图 5.15 的横坐标上找到质量分数为 10%的点，过此点作横轴的垂线，与 4kgf/cm^2[1] 的等压线相交，交点对应的等沸点曲线是 110℃，所以进料温度为 110℃。

由此点在纵坐标上查出焓值为 108kcal/kg，即 451.9kJ/kg，在热衡算中使用此焓值时要注意，此焓值的基准（即零点）是 0℃的水。

5.5　物理过程的热衡算

在化工生产中，有各种各样的物理过程，本节只讨论一些经常遇到的物理过程的热衡算，它们是：气化、分流、溶液稀释、增湿、物理吸收和蒸馏。

5.5.1　气化

例 5.15　0.182MPa（1.8atm）压力下液氨的饱和温度为 −22℃，在 0.182MPa，−22℃下把 1kg 的液氨气化并使气氨在加热器中进一步过热成为 120℃的过热氨蒸气，求这一过程吸收的热量。

解：因为 $Q=\Delta H$，所以只要求出过程总焓变 ΔH 的值，就等于求得过程吸收的热量 Q。

解法 I ——利用氨的 T-S 图

[1] 1kgf/cm^2=98066.5Pa。

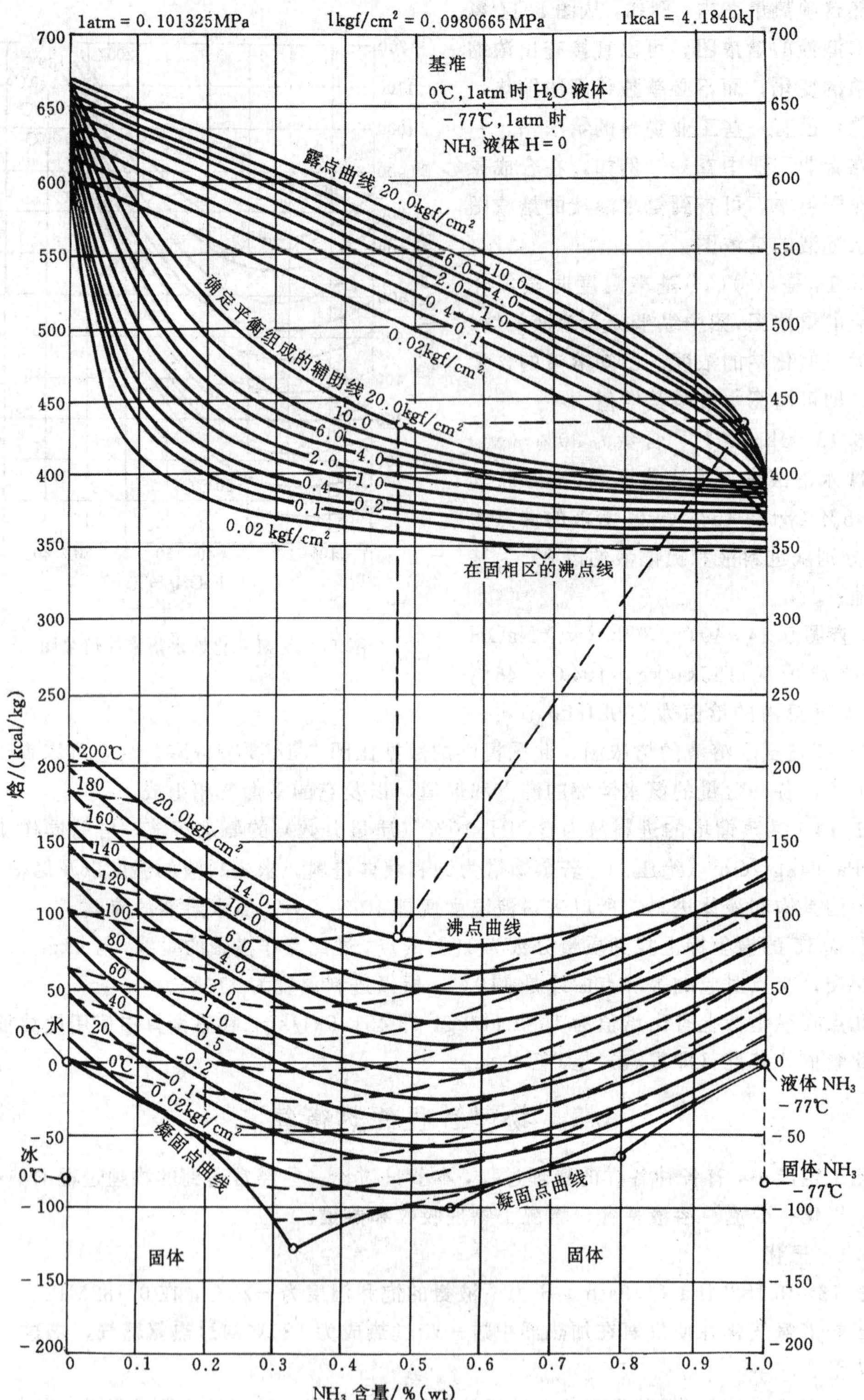

图 5.15　氨水溶液的焓浓图

从氨的 T-S 图查得 0.182MPa 下饱和液态氨的焓值为 76kcal/kg，即 318kJ/kg，在同一张图上查得 0.182MPa 下，120℃过热氨蒸气的焓值为 472kcal/kg，即 1975kJ/kg，因此过程总焓变为

$$\Delta H=1975-318=1657\text{kJ/kg}$$

ΔH 为正数，说明过程吸热。

解法 Ⅱ——利用氨的汽化热数据和气体热容数据

假设如下热力学途径：

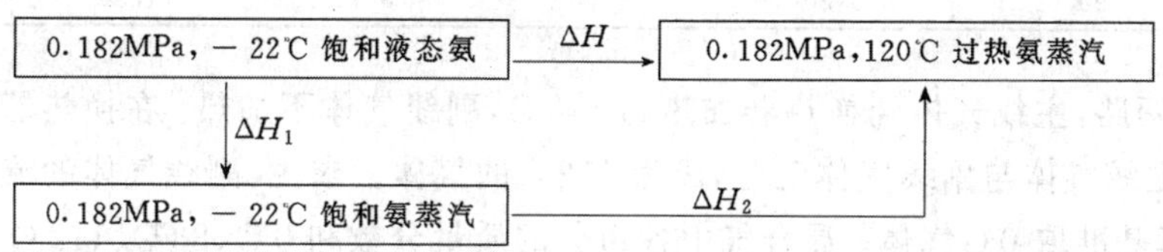

(1) ΔH_1

从手册查得正常沸点（－33.35℃）下氨的汽化热为

$$(\Delta H_v)_1=23.35\text{kJ/mol}$$

NH_3 的临界温度 $T_c=405.3$K，其对比温度为

$$T_{r_1}=\frac{T_1}{T_c}=\frac{273-33.35}{405.3}=0.5913$$

$$T_{r_2}=\frac{T_2}{T_c}=\frac{273-22}{405.3}=0.6191$$

T_{r_1}是－33.35℃的对比温度，T_{r_2}是－22℃的对比温度，由（5.12）式可求出－22℃的汽化热 $(\Delta H_v)_2$。

$$(\Delta H_v)_2=(\Delta H_v)_1\left(\frac{1-T_{r_2}}{1-T_{r_1}}\right)^{0.38}=23.35\left(\frac{1-0.6191}{1-0.5913}\right)^{0.38}$$
$$=22.74\text{kJ/mol}$$

因此，
$$\Delta H_1=\frac{1000}{17}\times 22.74=1338\text{kJ/kg}$$

(2) ΔH_2

从手册查得低压下气体氨的热容与温度关系的多项式如下：

$$C_p^\circ=6.5846+6.1251\times 10^{-3}T+2.3663\times 10^{-6}T^2-1.598\times 10^{-9}T^3$$

式中 C_p° 的单位是 cal[1] /(mol・K)。

平均温度　$T_m=\dfrac{-22+120}{2}=71℃=344\text{K}$

$$C_{p,m}=6.5846+6.1251\times 10^{-3}(344)+2.3663\times 10^{-6}(344)^2-1.598\times 10^{-9}(344)^3$$
$$=8.907\text{cal/(mol}\cdot\text{K)}=37.27\text{J/(mol}\cdot\text{K)}$$

因此

$$\Delta H_2=nC_{p,m}(t_2-t_1)=\frac{1000}{17}\times 37.27[120-(-22)]=315700\text{J/kg}=315.7\text{kJ/kg}$$

(3) 过程总焓变 ΔH

$$\Delta H=\Delta H_1+\Delta H_2=1338+315.7=1653.7\text{kJ/kg}$$

从计算结果看，用两种方法求出的 ΔH 数值相近。但用 T-S 图计算则简便得多。

---

[1] 1 cal＝4.1840 J。

5.5.2 分流

分流情况下热衡算的关键是利用结点(分开点或汇合点)。

例 5.16 83℃的混合气体的流量和组成如下:

组分	乙炔	醋酸乙烯酯	乙醛	N_2	H_2O	合计
kg/h	5364	189.4	94.72	183.5	88.80	5920
%(wt)	90.61	3.20	1.60	3.10	1.50	100

此股气体分成两路,主线气体经换热器加热到140℃,副线气体不加热。在换热器出口处,被加热到140℃的主线气体与副线气体汇合,成为112℃的气体。求主、副线气体的流量。

解:热衡算基准取0℃气体。混合气中各组分的质量分数和0℃、83℃、112℃和140℃的热容数据列于例5.16表1,表中热容的单位是kJ/(kg·K)。

例 5.16 表 1

温度	乙炔		醋酸乙烯		乙醛		N_2		H_2O	
	C_p	%(wt)	C_p	%(wt)	C_p	%(wt)	C_p	%(wt)	C_p	%(wt)
0℃	1.609		0.9828		1.146		1.038		1.841	
83℃	1.835	0.9061	1.195	0.032	1.384	0.016	1.050	0.031	1.883	0.015
112℃	1.899		1.264		1.461		1.050		1.904	
140℃	1.931		1.329		1.533		1.067		1.925	

0℃的混合气定压热容为

$$C_p=0.9061\times1.609+0.032\times0.9828+0.016\times1.146+0.031\times1.038+0.015\times1.841$$
$$=1.568\text{kJ/(kg·K)}$$

83℃的混合气热容为

$$C_p=0.9061\times1.835+0.032\times1.195+0.016\times1.384+0.031\times1.05+0.015\times1.883$$
$$=1.784\text{kJ/(kg·K)}$$

112℃的混合气热容为

$$C_p=0.9061\times1.899+0.032\times1.264+0.016\times1.461+0.031\times1.050+0.015\times1.904$$
$$=1.845\text{kJ/(kg·K)}$$

140℃的混合气热容为

$$C_p=0.9061\times1.931+0.032\times1.329+0.016\times1.533+0.031\times1.067+0.015\times1.925$$
$$=1.863\text{kJ/(kg·K)}$$

设主线气体的质量流量为 w_1 kg/h,汇合处,主线气体的温度为140℃,热量为Q_1,

$$Q_1=w_1\times\frac{1.568+1.863}{2}(140-0)=240.2w_1\quad\text{kJ/h}$$

汇合处副线气体的温度为83℃,热量为Q_2,

$$Q_2=(5920-w_1)\times\frac{1.568+1.784}{2}(83-0)=823520-139.1w_1\quad\text{kJ/h}$$

汇合后气体温度为122℃,热量为Q_3,

$$Q_3=5920\times\frac{1.568+1.845}{2}(112-0)=1131478\quad\text{kJ/h}$$

忽略热损失，则有

$$Q_1+Q_2=Q_3$$

代入数据得

$$240.2w_1+823519-139.1w_1=1131478$$

解得
$$w_1=3046\text{kg/h}$$

因此可知，主线气体流量为 3046kg/h，副线气体流量为（5920－3046）＝2874kg/h。

5.5.3 溶液稀释

例 5.17 把 78%（质量分数，下同）的 H_2SO_4 加到水中配制成 25%的 H_2SO_4，计算每配制 1000kg 25%H_2SO_4 放出多少热量？

解：为了从图 5.6 查到 H_2SO_4 在水中的积分溶解热数据，把硫酸的含量化为横坐标所要求的单位：

硫酸的原始组成 $x_1=\dfrac{22}{18}\Big/\dfrac{78}{98}=1.54\text{mol } H_2O/\text{mol } H_2SO_4$

硫酸稀释后的组成 $x_2=\dfrac{75}{18}\Big/\dfrac{25}{98}=16.4\text{mol } H_2O/\text{mol } H_2SO_4$

从图 5.6 查出：

$x_1=1.54\text{mol } H_2O/\text{mol } H_2SO_4$ 时的积分溶解热为 $\Delta H_1=-9000\text{cal/mol } H_2SO_4$

$x_2=16.4\text{mol } H_2O/\text{mol } H_2SO_4$ 时的积分溶解热为 $\Delta H_2=-16600\text{cal/mol } H_2SO_4$

$$\Delta H_2-\Delta H_1=-16600-(-9000)=-7600\text{cal/mol } H_2SO_4$$
$$=-31798\text{J/mol } H_2SO_4=-31798\text{kJ/kmol } H_2SO_4$$

负值说明稀释过程放热。

因此，对每 1kmol H_2SO_4 溶质来说，稀释过程放出 31798kJ 的热量。1000kg 25%硫酸中含有溶质 H_2SO_4 的物质的量为

$$\frac{1000\times0.25}{98}=2.55\text{kmol}$$

因此，配制 1000kg 25%硫酸放出的热量为

$$Q=2.55\times31798=81085\text{kJ}$$

5.5.4 增湿

例 5.18 25℃的干空气以 2500m^3(STP)/h 的流量通过一充有填料的常压热水塔，从塔顶喷淋 91℃的热水，喷淋量为 33500kg/h，塔顶出口气体温度为 84℃，其中含有大量水蒸气，其饱和度为 90%，热损失为 350000kJ/h，求塔底热水出口温度。

解：84℃水的饱和蒸汽压为 55.57kPa，总压为 101.3kPa，根据分压定律，塔顶出口气体中水蒸气的摩尔分数为

$$\frac{0.9\times55.57}{101.3}=0.4936$$

设塔顶出口气体中水蒸气量为 x m^3(STP)/h，则有

$$\frac{x}{x+2500}=0.4936$$

解得
$$x=2437\text{m}^3\text{(STP)/h}=\frac{2437}{22.4}\times18=1958\text{kg/h}$$

因此，塔底出口热水流量为

$$33500-1958=31542\text{kg/h}$$

热水塔各股物料温度和流量如例 5.18 附图所示。

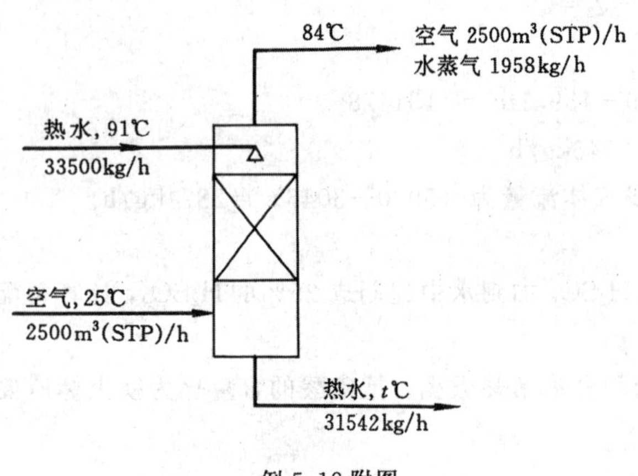

例 5.18 附图

热衡算基准：0℃液态水

0℃气态空气

用 ΔH_1、ΔH_2、ΔH_3、ΔH_4 分别表示进塔干空气、出塔湿空气、进塔热水、出塔热水与基准态的焓差。

(1) ΔH_1

干空气的平均定压热容取 1.004kJ/(kg·K)，平均相对分子质量 28.8，

$$\therefore\quad \Delta H_1=\frac{2500}{22.4}\times 28.8\times 1.004(25-0)=8.068\times 10^4\,\text{kJ/h}$$

(2) ΔH_2

根据焓差只与始态、终态有关而与途径无关的性质，在计算 84℃水蒸气与 0℃液态水的焓差时，假定水从 0℃升温至 84℃，然后在 84℃下气化为水蒸气。查得 84℃水的汽化热为 2297kJ/kg，液态水的比热容为 4.184kJ/(kg·K)。

$$\therefore\quad \Delta H_2=\frac{2500}{22.4}\times 28.8\times 1.004(84-0)+1958\times 4.184(84-0)+1958\times 2297=5.457\times 10^6\,\text{kJ/h}$$

(3) ΔH_3

$$\Delta H_3=33500\times 4.184(91-0)=1.275\times 10^7\,\text{kJ/h}$$

(4) ΔH_4

$$\Delta H_4=31542\times 4.184(t-0)=131972t\quad \text{kJ/h}$$

(5) 把热水塔视为系统，根据式 (5.1) 和式 (5.2) 列出系统的热平衡方程如下：

$$(\Delta H_1+\Delta H_3)-(\Delta H_2+\Delta H_4)=Q$$

式中 Q 为系统与外界交换的热量，此处为热损失。代入数据得，

$$(8.068\times 10^4+1.275\times 10^7)-(5.457\times 10^6+131972t)=350000$$

解得

$$t=53.2℃$$

5.5.5 非等温吸收

非等温吸收塔热量衡算的目的是求算吸收塔塔底液相温度和塔内各截面的液相温度。

先讨论通过热衡算求塔底液体温度。

图 5.16 中标出了吸收塔塔顶、塔底各股物料的流量、组成和温度。

吸收过程所放出的热量，既用于加热液体，也用于加热气体，同时还有塔的散热和少量吸收剂气化吸收的热量。但由于液体的热容比气体大得多，工程计算中，可以采用简化办法。即假定吸收过程中放出的热量全部用于加热液体，而忽略气相温度变化所吸收（或放出）的热。同时，塔的散热量和吸收剂汽化热在整个热平衡中所占比例不大，亦可忽略。因此，吸收过程放出的总热量为

$$Q=L(X_1-X_2)(-\Delta H_S)\text{或}Q=G(Y_1-Y_2)(-\Delta H_S)\tag{5.17}$$

式中 $-\Delta H_S$ ——溶解热；其他符号见图 5.16。

根据前面的假设，吸收过程中放出的热量全部用于加热液体，当塔底液相中溶质的含量

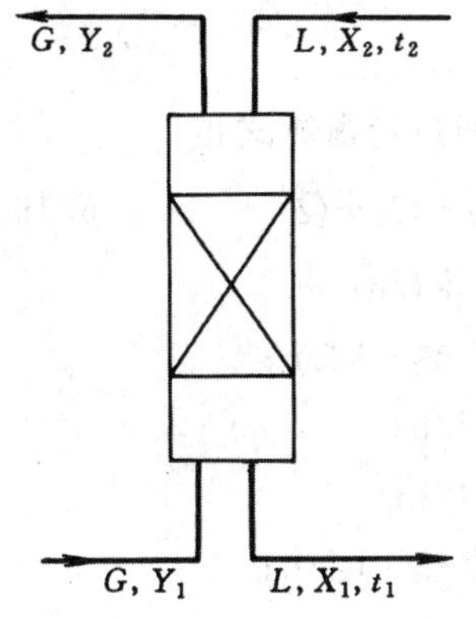

L——吸收剂的摩尔流量，kmol/h；

X_2、X_1——塔顶和塔底处液体中的溶质与吸收剂的摩尔比，kmol 溶质/kmol 吸收剂；

G——惰性气的摩尔流量，kmol/h；

Y_2、Y_1——塔顶处和塔底处气体中溶质和惰性气的摩尔比，kmol 溶质/kmol 惰气；

t_2 、t_1——塔顶处和塔底处液体的温度

图 5.16　吸收塔热量衡算

不大时，可用 L 代替塔底溶液的摩尔流量，于是

$$Q=LC_{pl}(t_1-t_2) \tag{5.18}$$

式中　C_{pl}——液体的定压热容。

当其他条件已知时，联解（5.17）式和（5.18）式，便可求出塔底处液体温度 t_1。

塔中溶液含量为 X 的任意截面上的液相温度 t 也可用同样的办法求出，知道含量为 X 的各截面处的液体温度便可以绘出非等温吸收的实际平衡曲线，此平衡曲线是计算非等温吸收塔的塔高的必要数据之一。

例 5.19　在一常压吸收塔中用水从空气和 NH_3 的混合气体中吸收 NH_3，混合气进塔流量 15000m³（STP）/h，其中 NH_3 的摩尔分数为 5%（mol），在吸收塔内，混合气中，NH_3 的 90%（mol）被水所吸收，水的流量为 25000kg/h，入塔水温度 20℃，求出塔稀氨水的温度。

解：在吸收塔内被水吸收的 NH_3 量：

$$\frac{15000}{22.4}\times 0.05\times 0.9=30.13\text{kmol/h}$$

由于吸收剂用量大，溶质 NH_3 的量相对很小，液相中 NH_3 含量变化很小，所以吸收放出的热量等于塔顶、塔底液相含量下的微分溶解热的均值与被吸收的 NH_3 量的乘积。下面先求微分溶解热。

塔底处液体中 NH_3 的质量分数为

$$x_1=\frac{30.13\times 17}{25000+30.13\times 17}=0.02$$

由图 5.7 查出 $x_1=0.02$ 的微分溶解热为 496kcal/kg NH_3 即 2075kJ/kg NH_3。

$$\therefore \qquad (-\Delta H_S)_1=2075\times 17=35275\text{kJ/kmol NH}_3$$

塔顶处液体中 NH_3 的质量分数为零，从图 5.7 可以看出，$(-\Delta H_S)_2$ 与 $(-\Delta H_S)_1$ 相差极小，所以，$(-\Delta H_S)_1$ 和 $(-\Delta H_S)$ 的均值近似等于 35275kJ/kmol NH_3。因此，塔内由于 NH_3 溶解放出的热量为

$$35275\times 30.13=1.063\times 10^6\text{kJ/h}$$

此热量使水温升高到 t_1，因此，

$$Q=1.063\times 10^6=LC_p(t_1-t_2)=25000\times 4.184(t_1-20)$$

解得

$$t_1=30.2℃$$

5.5.6 连续蒸馏

进行连续蒸馏塔热衡算可求出塔顶冷凝器和再沸器的热负荷。

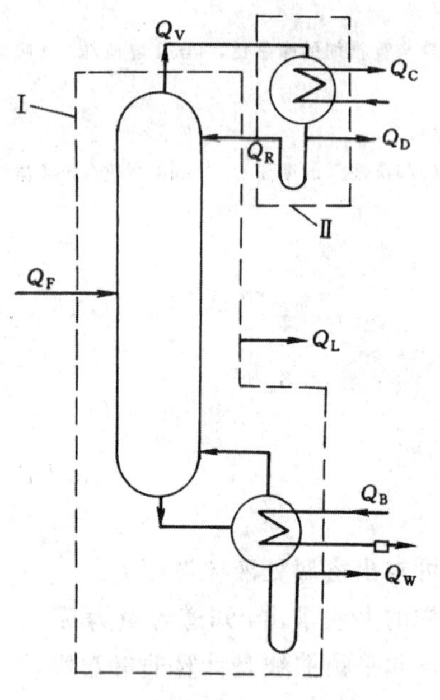

图 5.17 蒸馏塔热量衡算

如图 5.17 所示，对方框Ⅰ列热量衡算式得

$$Q_F + Q_B + Q_R = Q_W + Q_V + Q_L \tag{5.19}$$

式中 Q_F——进塔物料带入热，kJ/h；

Q_B——再沸器加热剂带入热，kJ/h；

Q_R——回流液带入热，kJ/h；

Q_W——塔釜液带出热，kJ/h；

Q_V——塔顶上升蒸汽带出热，kJ/h；

Q_L——热损失，kJ/h。

由式（5.19）可求出再沸器的热负荷 Q_B。

对方框Ⅱ列热量衡算式得

$$Q_V + Q_C = Q_R + Q_D \tag{5.20}$$

式中 Q_C——冷凝器冷却剂取出的热，即冷凝器的热负荷，kJ/h；

Q_D——塔顶馏出物带出的热，kJ/h；

其他符号见（5.19）式。

用（5.20）式可求出冷凝器的热负荷 Q_C。

例 5.20 用连续操作的常压精馏塔分离二硫化碳和四氯化碳的二元混合物（见图 5.18），塔进料为 62℃的饱和液体，含 CS_2 30%（摩尔分数，下同），进料流量 $F=6000$kg/h，塔顶产品含 CS_2 95%，温度 40℃，流量 $D=1095$kg/h，塔底产品含 CS_2 2.5%，温度 75℃，流量 4905kg/h，回流比 $R=3$，塔顶上升蒸汽温度 47℃，冷凝器用水作冷却剂，冷却水进口温度 18℃，出口温度 25℃，再沸器用 0.152MPa（1.5atm）的蒸汽加热，求

（1）再沸器热负荷和加热蒸汽用量；

（2）塔顶冷凝器热负荷和冷却水用量。

解：查得 0～100℃的 CS_2 和 CCl_4 液体平均比热容分别为 0.983kJ/（kg·K）和 0.828kJ/（kg·K）。CS_2 的分子量为 76，CCl_4 的分子量为 154。

进料、塔顶产品、塔釜产品中 CS_2 的质量分数分别为

$$x_F = \frac{0.3 \times 76}{0.3 \times 76 + 0.7 \times 154} = 0.175$$

$$x_D = \frac{0.95 \times 76}{0.95 \times 76 + 0.05 \times 154} = 0.904$$

$$x_W = \frac{0.025 \times 76}{0.025 \times 76 + 0.975 \times 154} = 0.0125$$

（1）再沸器的热负荷和加热蒸汽量

计算基准：0℃液体

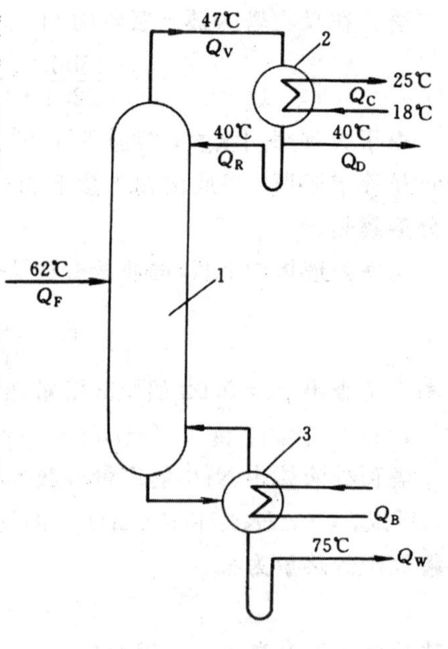

图 5.18 例 5.20 附图

1—蒸馏塔；2—塔顶冷凝器；3—再沸器

a. 塔进料液带入热 Q_F　塔进料为 62℃的饱和液体，0～62℃的 CS_2 和 CCl_4 的平均比热容分别为 0.983kJ/（kg·K）和 0.8284kJ/（kg·K），故进料混合液在 0～62℃的平均比热容为

$$\bar{c}_{p,m}=0.175\times0.983+(1-0.175)\times0.8284=0.8555\text{kJ/(kg}\cdot\text{K)}$$

$$\therefore\qquad Q_F=6000\times0.8555(62-0)=3.180\times10^5\text{kJ/h}$$

b. 塔底产品带出热 Q_W　塔底产品的温度为 75℃，CS_2 和 CCl_4 在 0～75℃的平均比热容近似使用 0～62℃的数据，则塔底产品在 0～75℃的平均比热容为

$$\bar{c}_{p,m}=(0.0125\times0.983)+(1-0.0125)\times0.8284=0.8303\text{kJ/(kg}\cdot\text{K)}$$

$$\therefore\qquad Q_W=4905\times0.8303(75-0)=3.054\times10^5\text{kJ/h}$$

c. 回流液带入热 Q_R　回流液为 40℃液体，CS_2 和 CCl_4 在 0～40℃的平均比热容近似使用 0～62℃的数据，回流液的平均比热容为

$$\bar{c}_{p,m}=0.904\times0.983+(1-0.904)\times0.8284=0.9682\text{kJ/(kg}\cdot\text{K)}$$

回流液量 $=RD=3\times1095=3285$kg/h

$$\therefore\qquad Q_R=3285\times0.9682(40-0)=1.272\times10^5\text{kJ/h}$$

d. 塔顶上升蒸汽带出热 Q_V　按照本题所取的基准，Q_V 等于 47℃的塔顶上升蒸汽与 0℃的同组成液体的焓差 ΔH，为了方便，假设如下的热力学途径计算 ΔH。

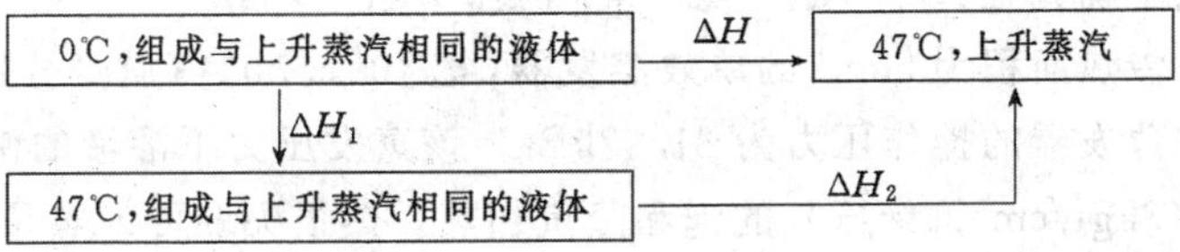

0℃，组成与上升蒸汽相同的液体 —ΔH→ 47℃，上升蒸汽

↓ΔH_1　　　　　　　　　　　　↑

47℃，组成与上升蒸汽相同的液体 —ΔH_2→

塔顶上升蒸汽与馏出液的组成相同，即 CS_2 的质量分数为 0.904，查得 47℃，CS_2 的汽化热为 351.5kJ/kg，CCl_4 的汽化热为 213.4kJ/kg，47℃、组成与上升蒸汽相同的液体的汽化热为

$$\Delta H_V=0.904\times351.5+(1-0.904)\times213.4=338.5\text{kJ/kg}$$

47℃、组成与上升蒸汽相同的液体的平均比热容为

$$\bar{c}_{p,m}=0.904\times0.983+(1-0.904)\times0.8284=0.9665\text{kJ/(kg}\cdot\text{K)}$$

塔顶上升蒸汽量 $=(R+1)D=(3+1)\times1095=4380$kg/h

$$\therefore\quad Q_V=\Delta H=\Delta H_1+\Delta H_2=4380\times0.9665(47-0)+4380\times338.5=1.682\times10^6\text{kJ/h}$$

e. 忽略热损失，$Q_l=0$。

f. 求再沸器的热负荷 Q_B　把各项热量的数值代入式（5.19）得

$$3.180\times10^5+Q_B+1.272\times10^5=3.054\times10^5+1.682\times10^6+0$$

解得
$$Q_B=1.542\times10^6\text{kJ/h}$$

g. 求再沸器加热蒸汽用量　0.152MPa 蒸汽的汽化热为 2226.3kJ/kg

$$\therefore\qquad \text{加热蒸汽量}=\frac{1.542\times10^6}{2226.3}=962.6\text{kg/h}$$

(2) 冷凝器热负荷 Q_C 和冷却水用量计算　塔顶产品的组成和温度与回流液相同，其定压比热容已计算出来，$c_p=0.9682$kJ/（kg·K）。

塔顶产品量为 1095kg/h。

$$\therefore\qquad Q_D=1095\times0.9682(40-0)=4.241\times10^4\text{kJ/h}$$

由式（5.20）得

$Q_C = Q_R + Q_D - Q_V = 1.272\times10^5 + 4.241\times10^4 - 1.682\times10^6 = -1.512\times10^6$kJ/h

冷却水用量：

$$G_{H_2O} = \frac{1.512\times10^6}{4.184(25-18)} = 51625\text{kg/h}$$

因此可知，塔顶冷凝器的热负荷为 1.512×10^6kJ/h，冷却水量 51.625t/h。

5.5.7 提浓

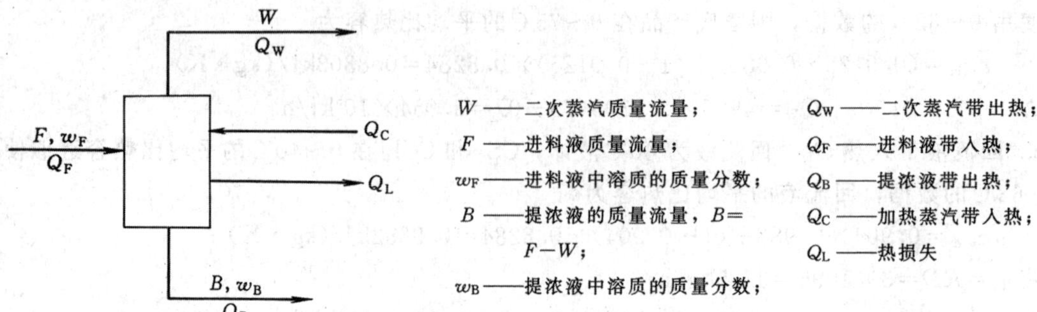

图 5.19　提浓过程热衡算

见图 5.19。热平衡方程：　　$Q_C + Q_F = Q_B + Q_W + Q_L$　　(5.21)

例 5.21　有一传热面积为 50m² 的单效蒸发器，把 40℃、30%（质量分数，下同）的 NaOH 溶液浓缩至 45%，蒸发器的操作压力为 31.97kPa，该蒸发压力下溶液的沸点 $t_1=104$℃，蒸发器用 294.2kPa（3kgf/cm²，绝压）的饱和蒸汽加热，热损失取传入热量的 5%，总传热系数 930W/(m²·K)，计算

(1) 加热蒸汽量；

(2) 传入蒸发器的热量能处理多少进料液？

(3) 二次蒸汽量和提浓液量。

解：

(1) 加热蒸汽量

294.2kPa（3kgf/cm²，绝压）的加热蒸汽的温度 $t_C=142.7$℃，蒸汽焓值为 2735.5kJ/kg，冷凝水焓值为 600.4kJ/kg，设加热蒸汽流量为 m kg/h，则加热蒸汽提供的热量为

$$Q_C = m(2735.5-600.4)\text{kJ/h} = 2135.1m\text{kJ/h}$$

Q_C 的值等于通过传热面传递给料液的热量，其值为 $Q_C = KA(t_C - t_1)$。已知

$K = 930$W/(m²·K)

$A = 50$m²

$t_C = 142.7$℃

$t_1 = 104$℃

代入 $Q_C = KA(t_C - t_1)$ 得

$$Q_C = 930\times50(142.7-104) = 1.799\times10^6\text{J/s} = 6.476\times10^6\text{kJ/h}$$

加热蒸汽量为

$$m = \frac{6.476\times10^6}{2135.1} = 3033\text{kg/h}$$

(2) 进料液流量

设进料液流量为 F kg/h。

进料液为 40℃、30%(wt)的 NaOH 水溶液，从 NaOH 水溶液焓浓图（图 5.14）查得进料液的焓值为 $H_F=230$kJ/kg，因此

$$Q_F=230F \text{ kJ/h}$$

提浓液为 104℃、45%(wt)NaOH 水溶液，从图 5.14 查得提浓液的焓值为 $H_B=500$kJ/kg，因此，

$$Q_B=500(F-W) \text{ kJ/h}$$

在 31.97kPa 的蒸发压力下，二次蒸汽焓为 $H_W=2625$kJ/kg，因此，

$$Q_W=2625W \text{ kJ/h}$$

热损失按 3%计算，则

$$Q_L=0.03\times6.476\times10^6=1.94\times10^5 \text{ kJ/h}$$

热衡算方程 $$Q_C+Q_F=Q_B+Q_W+Q_L$$

把 Q_C、Q_F、Q_W、Q_B、Q_L 的值代入热衡算方程得

$$6.476\times10^6+230F=500(F-W)+2625W+1.94\times10^5$$

物料衡算方程（NaOH 质量平衡方程）为

$$0.3F=0.45(F-W)$$

联解物料衡算方程和热量衡算方程得

$$F=6430 \text{ kg/h}$$

$$W=2143.6 \text{ kg/h}$$

(3) 二次蒸汽量和提浓液量

二次蒸汽量 $W=2143.6$ kg/h

提浓液量 $B=F-W=6430-2143.6=4286.5$ kg/h

5.6 伴有化学反应过程的热衡算

在进行伴有化学反应的过程的热衡算时，反应热是一个很关键的数据，则应该根据能够得到的反应热数据来假设热力学途径。一般来说，有两种情况：已知 25℃的反应热数据和已知反应温度下的反应热数据。

若已知 25℃的反应热数据，假设如下的热力学途径比较方便：

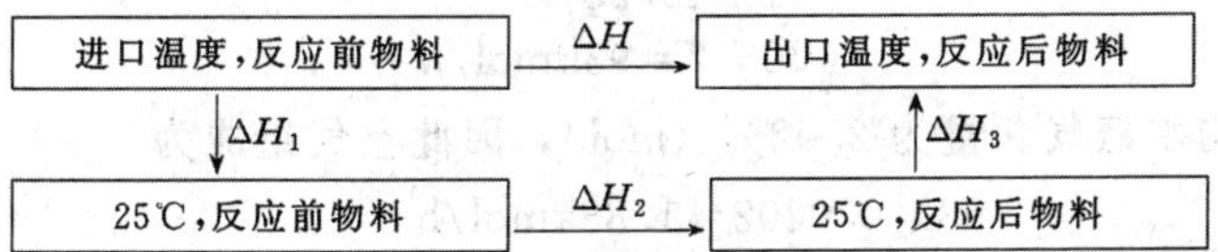

假设的途径由三步构成，第一步是反应物料从进口温度升温（或降温）到 25℃，第二步是在 25℃下进行化学反应生成产物，第三步是反应后物料（包含产物和未反应的物料及惰性物料）从 25℃升温（或降温）到出口温度，ΔH_1、ΔH_2、ΔH_3 分别是各步的焓变，ΔH 是过程总焓变。

$$\Delta H=\Delta H_1+\Delta H_2+\Delta H_3$$

在计算反应焓变 ΔH_2 时应使用 25℃的反应热数据。

若已知反应温度下的反应热数据，则仍可按假设的热力学途径进行计算，只是温度条件

为反应温度，且在计算反应焓变 ΔH_2 时，应使用反应温度下的反应热数据。

例 5.22 甲醇氧化生产甲醛在列管式固定床催化反应器中进行，原料气是甲醇与空气的混合气体，混合气中空气与甲醇的摩尔比为 13.28∶1，原料气预热到 210℃后进入列管式固定床催化反应器的管内，在催化剂作用下发生的反应及相应的反应热为：

主反应 $$CH_3OH(g)+\frac{1}{2}O_2(g) = HCHO(g)+H_2O(g) \quad (1)$$

$$(\Delta H^\circ_{298})_1=-156.6\text{kJ/mol 甲醇}$$

副反应 $$CH_3OH(g)+O_2(g) = CO(g)+2H_2O(g) \quad (2)$$

$$(\Delta H^\circ_{298})_2=-393.1\text{kJ/mol 甲醇}$$

$$CH_3OH(g)+\frac{3}{2}O_2(g) = CO_2(g)+2H_2O(g) \quad (3)$$

$$(\Delta H^\circ_{298})_3=-675.7\text{kJ/mol 甲醇}$$

已知 CH_3OH 的转化率为 100%，甲醛的收率为 88.9%，其余进行副反应 (2) 和 (3)，副反应 (2) 和 (3) 按 3∶1 (mol 比) 消耗甲醇，反应器列管管间用道生作为热载体，道生在管间气化吸收反应放出的热量，使反应温度大致维持在 300℃左右，反应后的混合气体离开反应器的温度为 300℃，反应器的热损失是反应器向外界放出的总热量的 5%。已知各有关气体物质的平均热容数据如下，表中热容的单位是 kJ/(kmol·K)。

温度范围 \ 物质	CH_3OH	O_2	N_2	H_2O	HCHO	CO	CO_2
25～210℃	52.55	30.13	29.20	34.18			
25～300℃		30.59	29.54	34.64	40.92	29.71	42.17

道生的比热容为 3.477kJ/(kg·K)，道生进入反应器的温度为 180℃，于 290℃气化，在 290℃下的汽化热为 269.9kJ/kg，试作反应器的热衡算，求道生循环量。

解：计算基准取 100kmol/h 反应器进口混合气

(1) 物料计算

a. 进入反应器的物料

100kmol/h 原料气中，含有 CH_3OH 和空气的量分别为

CH_3OH $$100\times\frac{1}{1+13.28}=7\text{kmol/h}$$

空气 $$100-7=93\text{kmol/h}$$

取常温下空气中平均水蒸气含量为 2.02% (mol)，因此空气组成为

水蒸气 $$93\times0.0202=1.88\text{kmol/h}$$

O_2 $$(93-1.88)\times0.209=19.25\text{kmol/h}$$

N_2 $$93-19.25-1.88=71.87\text{kmol/h}$$

b. 主、副反应消耗的 O_2 量

进入反应器的 7kmol/h 甲醇在主、副反应的分配如下：

进行主反应 $CH_3OH+\frac{1}{2}O_2 = HCHO+H_2O$ 的甲醇量为

$$7\times0.889=6.223\text{kmol/h}$$

进行副反应 $CH_3OH+O_2 = CO+2H_2O$ 的甲醇量为

$$7(1-0.889)\times\frac{3}{1+3}=0.585\text{kmol/h}$$

进行副反应 $CH_3OH+\frac{3}{2}O_2 = CO_2+2H_2O$ 的甲醇量为

$$7(1-0.889)\times\frac{1}{1+3}=0.195\text{kmol/h}$$

主、副反应所消耗的 O_2 量：

主反应消耗 O_2　　$\frac{6.223}{2}=3.111\text{kmol/h}$

反应（2）消耗 O_2　　0.585kmol/h

反应（3）消耗 O_2　　$0.195\times\frac{3}{2}=0.293\text{kmol/h}$

共消耗 O_2　　$3.111+0.585+0.293=3.988\text{kmol/h}$

∴　反应器出口气体中含有的 O_2 量为

$$19.25-3.988=15.26\text{kmol/h}$$

c. 反应生成的主、副产物的量

生成甲醛　　6.223kmol/h

生成 CO　　0.585kmol/h

生成 CO_2　　0.195kmol/h

生成 H_2O　　$6.223+2\times0.585+2\times0.195=7.78\text{kmol/h}$

d. 反应器出口气体混合物中含有 H_2O 量

反应器出口混合物中的 H_2O 量是进口气体带入 H_2O 与反应生成的 H_2O 量之和，其值为

$$1.88+7.78=9.66\text{kmol/h}$$

e. 物料平衡表（以 100kmol/h 反应器进口混合气为基准）

反应器进口			反应器出口		
组分	kmol/h	%（mol）	组分	kmol/h	%（mol）
CH_3OH	7.0	7.0	HCHO	6.223	5.97
O_2	19.25	19.25	O_2	15.26	14.70
N_2	71.87	71.87	N_2	71.87	69.28
H_2O	1.88	1.88	H_2O	9.66	9.30
			CO	0.585	0.563
			CO_2	0.195	0.188
合计	100	100	合计	103.8	100

（2）热量衡算

因为已知 25℃的反应热数据，所以假设如下热力学途径：

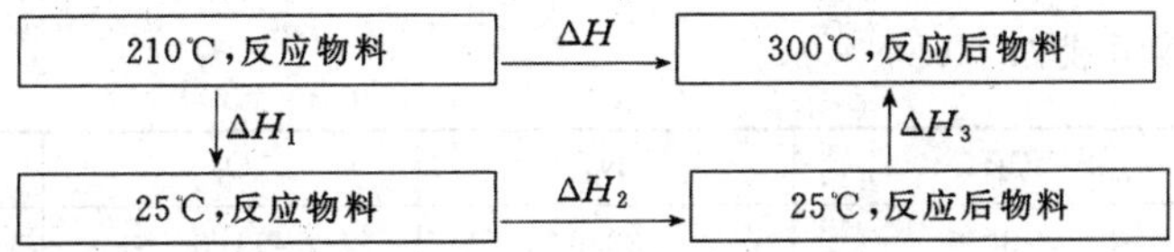

a. ΔH_1

$$\Delta H_1=\sum nc_{p,m}(25-210)$$
$$=[(7\times52.55)+(19.25\times30.13)+(71.87\times29.20)+(1.88\times34.18)](25-210)$$

$=-5.755\times10^5$kJ/h

b. ΔH_2

已知：$(\Delta H^\circ_{298})_1=-156.6$kJ/mol 甲醇

$(\Delta H^\circ_{298})_2=-393.1$kJ/mol 甲醇

$(\Delta H^\circ_{298})_3=-675.7$kJ/mol 甲醇

∴ $\Delta H_2=6.223\times10^3(-156.6)+0.585\times10^3(-393.1)+0.195\times10^3(-675.7)$

$=-1.336\times10^6$kJ/h

c. ΔH_3

$\Delta H_3=\sum nc_{p,m}(300-25)$

$=[(6.22\times40.92)+(15.26\times30.59)+(71.87\times29.54)+(0.585\times29.71)+(0.195\times42.17)+(9.66\times34.64)](300-25)$

$=8.813\times10^5$kJ/h

d. ΔH

$\Delta H=\Delta H_1+\Delta H_2+\Delta H_3=-5.755\times10^5-1.336\times10^6+8.813\times10^5$

$=-1.03\times10^6$kJ/h

e. Q_2（热损失）

依题意，热损失为反应器向外界放出的总热量的5%

∴ $$Q_2=0.05(\Delta H)=0.05(-1.03\times10^6)=-5.15\times10^4\text{kJ/h}$$

f. 由热平衡方程式(5.1)求 Q_1

∵ $$\Delta H=Q=Q_1+Q_2$$

∴ $$Q_1=\Delta H-Q_2=-1.03\times10^6-(-5.15\times10^4)=-9.785\times10^5\text{kJ/h}$$

Q_1 为负值，说明需要由热载体取出热量，其值为 9.785×10^5kJ/h。

g. 热载体（道生）循环量

对100kmol/h反应器进口混合气来说的热载体循环量为

$$\frac{9.785\times10^5}{269.9+3.477(290-180)}=1500\text{kg/h}$$

例 5.23 乙烯氧化制环氧乙烷的反应器中进行如下反应：

主反应 $$C_2H_4(g)+\frac{1}{2}O_2(g)\longrightarrow C_2H_4O(g)$$

副反应 $$C_2H_4(g)+3O_2(g)\longrightarrow 2CO_2(g)+2H_2O(g)$$

反应温度基本上维持在250℃，该温度下主、副反应的反应热分别为

$-\Delta H^\circ_{523}=105395$kJ/kmol 乙烯

$-\Delta H^\circ_{523}=1321726$kJ/kmol 乙烯

乙烯的单程转化率为32%，反应的选择性为69%，反应器进口混合气的温度为210℃，流量45000m³(STP)/h，其组成如下：

组分	C_2H_4	N_2	O_2	合计
%(mol)	3.5	82.0	14.5	100

热损失按反应放出热量的5%考虑，求热载体移出的热量。

解：查得有关气体的热容数据如下：

组分		C_2H_4	O_2	CO_2	水蒸气	C_2H_4O	N_2
C_p/[kJ/(kmol·K)]	210℃	64.43	31.38				30.04
	250℃	66.94	31.67	45.56	35.35	103.8	30.17

假设如下热力学途径：

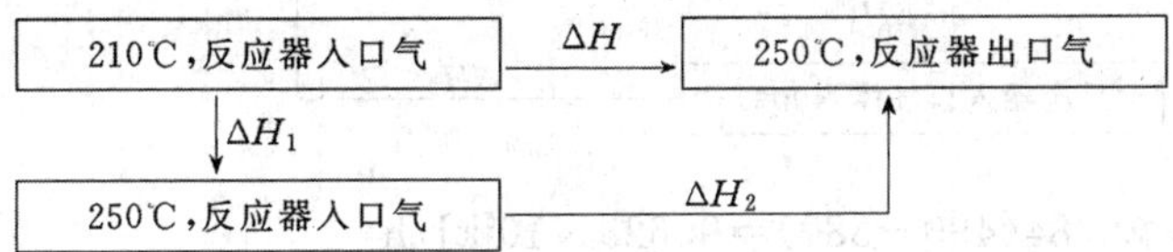

210℃下反应器入口混合气体热容 $C_p=0.035\times64.43+0.82\times30.04+0.145\times31.38=31.44\text{kJ/(kmol·K)}$

250℃下反应器入口混合气体热容 $C_p=0.035\times66.94+0.82\times30.17+0.145\times31.67=31.67\text{kJ/(kmol·K)}$

因此，反应器入口混合气体在210～250℃的平均热容为

$$\overline{C}_{p,\text{m}}=(31.44+31.67)\times\frac{1}{2}=31.56\text{kJ/(kmol·K)}$$

$$\Delta H_1=\frac{45000}{22.4}\times31.56(250-210)=2.536\times10^6\text{kJ/h}$$

$$\Delta H_2=\frac{45000}{22.4}\times0.035\times0.32\times0.69\times(-105395)+\frac{45000}{22.4}\times0.035\times0.32(1-0.69)(-1321726)=1.086\times10^7\text{kJ/h}$$

$$\Delta H=\Delta H_1+\Delta H_2=2.536\times10^6-1.086\times10^7=-8.324\times10^6\text{kJ/h}$$

由式(5.1)

$$\Delta H=Q_1+Q_2$$

热损失按5%考虑，所以

$$Q_2=0.05(\Delta H)=0.05(-8.324\times10^6)=-4.162\times10^5\text{kJ/h}$$

由热载体移出的热量为

$$Q_1=\Delta H-Q_2=-8.324\times10^6-(-4.162\times10^5)=7.908\times10^6\text{kJ/h}$$

例5.24 在固定床绝热反应器中进行一氧化碳水蒸气转化制 H_2 反应，反应器入口气体的组成和流量如下：

组分	H_2	CO	CO_2	O_2	N_2	CH_4	H_2O	合计
kmol/h	47.25	28.5	19.0	0.5	24.79	1.422	122.2	243.6

反应中CO的转化率为72.50%，CO转化反应在490℃下的反应热为 $-\Delta H^\circ_{763}=37258.5\text{kJ/kmol CO}$，原料气中的 O_2 全部与 H_2 化合生成水，O_2 与 H_2 化合生成水的反应在490℃下的反应热为 $-\Delta H^\circ_{763}=4.837\times10^5\text{kJ/kmol }O_2$，反应气体入口温度380℃，出口温度490℃，CO转化反应方程式为 $CO+H_2O\rightleftharpoons CO_2+H_2$，$O_2$ 和 H_2 化合生成水的反应方程式为 $2H_2+O_2\longrightarrow$

$2H_2O$，求固定床绝热反应器器壁向环境散失的热量。

解：反应器入口气体在 380～490℃的平均热容为 35.84kJ/(kmol·K)。

由于已知 490℃(反应器出口气体温度)的反应热，所以假设如下热力学途径计算过程总焓变 ΔH 比较方便：

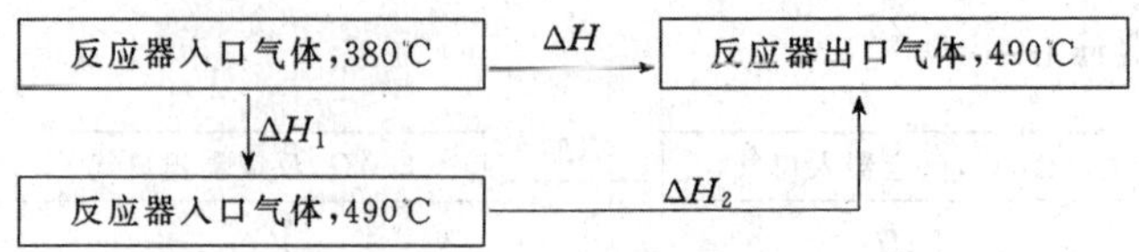

$\Delta H_1 = 243.66 \times 35.84(490-380) = 9.623 \times 10^5 \text{kJ/h}$

$\Delta H_2 = 28.5 \times 0.725(-37258.5) + 0.5(-4.837 \times 10^5) = -1.013 \times 10^6 \text{kJ/h}$

$\therefore \quad \Delta H = \Delta H_1 + \Delta H_2 = 9.623 \times 10^5 - 1.013 \times 10^6 = -5.021 \times 10^4 \text{kJ/h}$

总焓变为负值，说明反应器向外界放出热量。

又
$$\Delta H = Q_1 + Q_2$$

因是绝热反应器，故有 $Q_1 = 0$

$\therefore$
$$Q_2 = \Delta H = -5.021 \times 10^4 \text{kJ/h}$$

所以，当反应器器壁向环境散热量为 5.021×10^4kJ/h 的情况下，反应器出口气体温度为 490℃。

例 5.25 40℃、流量为 1106.58kg/h 的提浓液和 30℃、流量为 277kg/h 的丙酮液连续流入分解釜，在釜内进行过氧化异丙苯的分解反应，生成苯酚和丙酮(主反应)，此外还有一些副反应。分解釜是一个常压下连续操作的搅拌釜，反应放出的热量靠部分丙酮蒸发取出。分解釜蒸发的丙酮进入顶部冷凝器，在冷凝器内全部冷凝并过冷至 45℃返回釜内，顶部冷凝器用水做冷却剂。分解釜操作温度 85℃，出口液(称为分解液)的成分比较复杂，为便于计算，简化为下列组成：

组分	丙酮	苯酚	异丙苯	合计
%(wt)	41	33	26	100

进釜提浓液的组成如下：

组分	过氧化异丙苯	异丙苯	苄醇	合计
%(wt)	72.40	21.65	5.95	100

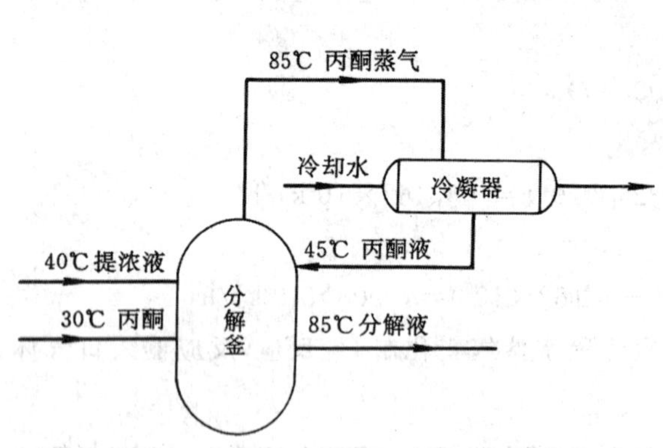

例 5.25 附图

分解釜内进行的反应、反应热数据和反应量如下：

(1)
$$C_6H_5C(CH_3)_2OOH\,(l) = C_6H_5OH\,(l) + CH_3{-}\overset{O}{\overset{\|}{C}}{-}CH_3\,(l)$$

(过氧化异丙苯)　　(苯酚)　　(丙酮)

反应热：$\Delta H^{\circ}_{298} = -250287$kJ/kmol 过氧化异丙苯

分解为苯酚和丙酮的过氧化异丙苯的量为 5.133kmol/h。

(2) C_6H_5—$C(CH_3)_2OH$ (l) ══ C_6H_5—$C(CH_3)$═CH_2 (l)+H_2O(l)

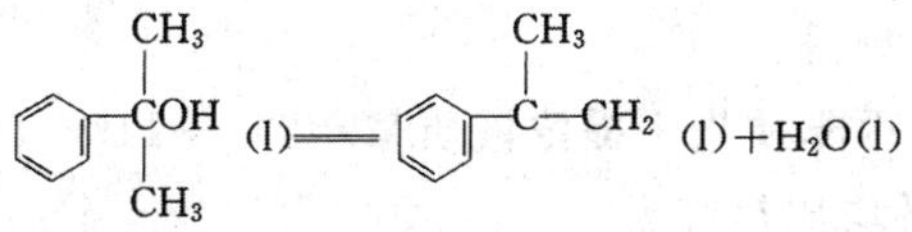

（苄醇）

反应热：$\Delta H^{\circ}_{298}=-167850$kJ/kmol 苄醇

苄醇的分解量为 0.306kmol/h。

(3) C_6H_5—$C(CH_3)_2OOH$ (l) ══ C_6H_5—$C(CH_3)_2OH$ (l)+$\frac{1}{2}O_2$(g)

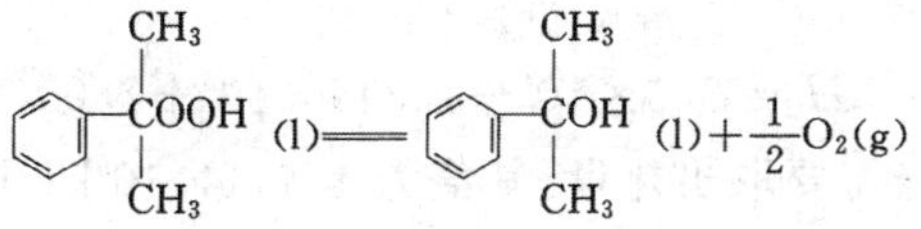

（过氧化异丙苯）　　苄醇

反应热：$\Delta H^{\circ}_{298}=-74894$kJ/kmol 过氧化异丙苯

分解成苄醇和 O_2 的过氧化异丙苯量为 0.127kmol/h。

(4) $2CH_3—\overset{O}{\overset{\|}{C}}—CH_3(l)$ ══ $CH_3—\overset{O}{\overset{\|}{C}}—CH_2—C═C(CH_3)—CH_3+H_2O$

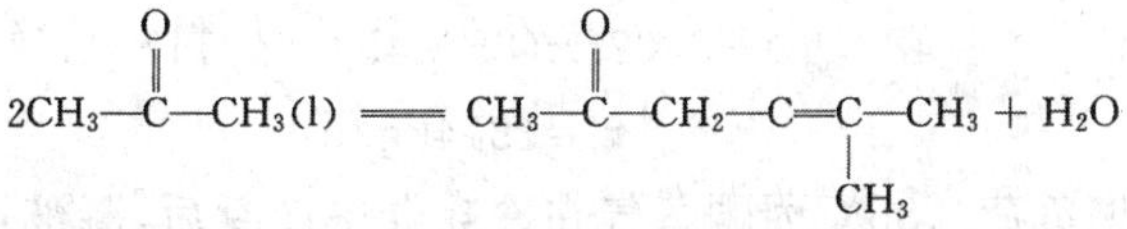

（丙酮）　　（亚丙基丙酮）

反应热：$\Delta H^{\circ}_{298}=-63597$kJ/kmol 丙酮

生成亚丙基丙酮的丙酮量为 0.028kmol/h。

试作分解釜的热衡算，求丙酮气化量和冷凝器的热负荷。

解：有关液体物质的平均比热容数据列于如下。

	温度	异丙苯	过氧化异丙苯	苄醇	丙酮	苯酚
$\bar{c}_p$/[kJ/(kg·K)]	25～40℃	1.965	1.982	1.994		
	25～30℃				2.443	
	25～45℃				2.573	
	25～85℃	2.017			2.845	2.142
	45～85℃				3.075	

由于已知的反应热数据均为 25℃下的值，为了计算方便，假设如下热力学途径：

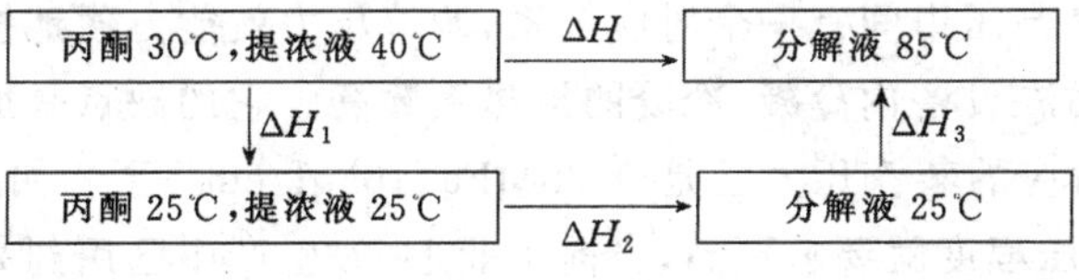

丙酮 30℃，提浓液 40℃ —ΔH→ 分解液 85℃

↓ΔH_1　　　　↑ΔH_3

丙酮 25℃，提浓液 25℃ —ΔH_2→ 分解液 25℃

(1) ΔH_1

提浓液 25～40℃的平均比热容 $\bar{c}_p$ 为

$$\bar{c}_p=1.982\times0.724+1.965\times0.2165+1.994\times0.0595=1.979\text{kJ/(kg·K)}$$

$$\therefore\quad \Delta H_1=1106.58\times1.979(40-25)+277\times2.443(30-25)=3.6\times10^4\text{kJ/h}$$

(2) ΔH_2

$$\Delta H_2=5.133(-250287)+0.306(-167850)+0.127(-74894)+0.028(-63597)$$
$$=-1.347\times10^6\text{kJ/h}$$

(3) ΔH_3

作反应器总质量衡算得：

分解液质量＝补加丙酮质量＋提浓液质量＝277＋1106.58＝1383.58kg/h

分解液在25～85℃的平均比热容为

$$\bar{c}_p=2.845\times0.41+2.142\times0.33+2.017\times0.26=2.410\text{kJ/(kg}\cdot\text{K)}$$

$$\therefore \quad \Delta H_3=1383.58\times2.41(85-25)=2.0\times10^5\text{kJ/h}$$

(4) ΔH

$$\Delta H=\Delta H_1+\Delta H_2+\Delta H_3=3.6\times10^4-1.347\times10^6+2.0\times10^5=-1.111\times10^6\text{kJ/h}$$

ΔH 为负值，说明分解釜需要取出热量，其值为 1.111×10^6kJ/h。

(5) 丙酮气化量　设丙酮气化量为 $x$kg/h。85℃丙酮气化热为489.5kJ/kg。丙酮从分解釜取出的热量由两部分组成，一部分是丙酮气化吸收的热，另一部分是45℃的丙酮在釜内升温至85℃所吸收的热，因此有

$$489.5x+3.075x(85-45)=1.111\times10^6$$

解得

$$x=1814\text{kg/h}$$

(6) 冷凝器的热负荷　85℃丙酮蒸气在冷凝器中冷凝后，凝液过冷至45℃返回分解釜，所以冷凝器的热负荷应为丙酮蒸气冷凝放出的热和冷凝液过冷放出热这两项热量之和，因此

$$Q=489.5\times1814+3.075\times1814(85-45)=1.111\times10^6\text{kJ/h}$$

因为分解釜需要取出的热量是通过丙酮这个中间介质最后由冷凝器的冷却水取出的，所以，冷凝器的热负荷应等于分解釜需要取出的热量。

5.7　化工生产常用热载体

化工生产中，需要使用热载体取出或供给热量的设备很多，它们是连续釜式反应器，间歇釜式反应器，鼓泡式反应器，管式反应器，流化床反应器，换热式固定床催化反应器，中间间接换热式多段绝热固定床反应器等多种反应器，以及蒸馏塔再沸器，蒸馏塔塔顶冷凝器，蒸发器，干燥器，气化器，冷凝器，加热器，冷却器等换热设备。由于化工生产的工艺特点和操作条件多种多样，对热载体的价格、稳定性、适用温度范围、毒性、传热效果、渗漏情况、挥发损失、腐蚀性等多个方面都有不同的要求，所以，设计者要在众多的热载体中选择合适的种类和品牌，以满足生产的需要。本节介绍化工生产中常用的热载体。

(1) 饱和蒸汽　饱和蒸汽是化工生产中广泛使用的热载体，使用的安全性好，用饱和蒸汽加热的特点是它的温度与压力间有一个对应关系，调节压力就能方便地控制加热温度。此外，饱和蒸汽作为加热剂时在设备内冷凝，冷凝的给热系数高。它的缺点是加热温度受限制，通常不超过180℃，180℃对应的蒸汽压力已是0.98MPa(10kgf/cm^2)了。如果要求更高的加热温度，则对加热设备的耐压程度就要求更高，当前工业上，如生产中已用到高压蒸汽，则已有使用12.5MPa(127.5kgf/cm^2)的高压蒸汽作为加热剂，将另一气体加热至290℃的实例，取其简易，无腐蚀等优点。在加热温度要求高于180℃时，可考虑使用其他加热剂。

(2) 常压或加压热水　热水的给热系数不大，应用不多，一般用于利用加热蒸汽冷凝水和废热水的余热的场合以及某些需要缓慢加热的场合。

(3) 矿物油　常压下，进行均匀的高温加热时，可选用矿物油、加热温度可达225℃，但矿物油粘度大，给热系数小是其缺点。

(4) 有机高温热载体　工业上常用的有机高温热载体是联苯、联苯醚、道热姆、联甲苯甲烷等。有机高温热载体一般具有沸点高，化学性质稳定等优点，广泛应用的道热姆(又名道生)

在200℃和350℃的饱和蒸汽压分别为0.025MPa和0.537MPa，约为同温度下蒸汽压力的1/60和1/30，这就是说，使用道生时，设备不需要耐压很高却可以得到高的加热温度，这是它的明显优点。它具有可燃性，但无爆炸危险，其毒性亦很轻微，因其粘度比矿物油小，故传热效果好。缺点是极易渗漏。表5.3是有机高温热载体的物性。

表5.3　高温热载体的物性

名　称	联苯(DP)			联苯醚(DPE)			道热姆(DT)			联甲苯甲烷		
分子式	$(C_6H_5)_2$			$(C_6H_5)_2O$			DP 26.5% DPE 73.5%			$(CH_3C_6H_4)_2CH_2$		
相对分子质量	154			170			165.8			196		
沸点/℃	255.6			258.5			258			296		
熔点/℃	69.6			27			12.3			−33		
临界温度/K	803			805			801			(850)		
下列物性的温度/℃	250	300	350	250	300	350	250	300	350	250	300	350
液相密度 ρ_l/(kg/m³)	846	800	749	884	831	779	871	825	772	796	735	700
饱和蒸汽密度 ρ_v/(kg/m³)	—	9.1	21.0	—	9.9	22.1	3.2	8.7	20	—	3.57	6.77
饱和蒸汽压，$p°$/[atm(绝对)]①	0.926	2.51	5.74	0.848	2.32	5.24	0.86	2.38	5.31	0.55	1.033	2.25
液相比热容，c_p/(kcal/kg)②	—	0.70	0.70	—	0.65	0.68	0.62	0.66	0.69	0.53	0.56	—
蒸发潜热 ΔH_v/(kcal/kg)②	—	67.0	59.5	—	61.0	55.5	69.5	63.0	56.5	—	80	77
粘度(l)，$\mu\times10^6$/(kgf·s/m²)③	—	—	—	58.1	27.5 (320℃)	—	30.3	23.2	18.6	14.2	10	—
导热系数(l)，λ/[kcal/(m·h·℃)]④							0.089	0.083	0.077	0.0817	0.077 (293℃)	—
Pr数(l)							7.4	6.5	5.9	3.32	2.68 (293℃)	—
稳定性/按再生前使用时间计(320℃)	—			数年			数年					
稳定性/按再生前的使用时间计(350℃)	—			275d			1350～1380d					
稳定性/按再生前的使用时间计(370℃)	145d			180d			750～1100d					
稳定性/按再生前的使用时间计(400℃)	65d			85d			90～120d					

① 1atm=98066.5Pa。

② 1kcal/kg=4.1840kJ/kg。

③ 1kgf·s/m²=9.8039Pa·s。

④ 1kcal/(m·h·℃)=1.1628W/(m·K)。

(5) 熔盐　常用的熔盐是硝酸钠、亚硝酸钠、硝酸钾等组成的低熔混合物，在加热温度超过380℃时，可用熔盐，使用熔盐作热载体时需设计一个熔盐循环系统，如图5.1所示。熔盐混合物的性能见表5.4。

表 5.4 熔盐混合物的物性

熔盐组成：$NaNO_2$ 40%，KNO_3 53%，$NaNO_3$ 7%。平均分子量 89.2，熔点 142℃，融熔热 18kcal/kg③

温度/℃	密度 ρ/(kg/m³)	导热系数 λ/[kcal/(m·h·℃)]①	粘度，$\mu\times10^4$/(kgf·s/m²)②	焓 i(kcal/kg)③	Pr 数
150	1976	0.379	18.12	80.7	57.4
160	1967	0.378	14.95	84.1	47.5
170	1959	0.377	12.53	87.5	39.9
180	1951	0.376	10.68	90.9	34.1
190	1943	0.375	9.21	94.3	29.5
200	1934	0.374	8.04	97.7	25.8
210	1926	0.373	7.09	101.1	22.8
220	1919	0.372	6.31	104.5	20.4
230	1911	0.370	5.67	107.9	18.4
240	1903	0.368	5.12	111.3	16.7
250	1895	0.366	4.66	114.7	15.3
260	1887	0.360	4.27	118.1	14.2
270	1879	0.355	3.93	121.5	13.3
280	1871	0.350	3.63	124.9	12.4
290	1864	0.344	3.38	128.3	11.8
300	1856	0.338	3.15	131.7	11.2
320	1841	0.328	2.77	138.5	10.1
340	1826	0.317	2.48	145.3	9.39
360	1812	0.306	2.23	152.1	8.74
380	1797	0.295	2.04	158.9	8.30
400	1783	0.284	1.871	165.7	7.91
420	1769	0.273	1.730	172.5	7.60
440	1755	0.262	1.610	179.3	7.37
460	1741	0.251	1.507	186.1	7.20
480	1728	0.240	1.418	192.9	7.09
500	1715	0.229	1.339	199.7	7.02
520	1701	0.218	1.271	206.5	7.00
540	1688	0.207	1.210	213.2	7.00

① 1kcal/(m·h·℃)=1.1628W/(m·K)。

② 1kgf·s/m²=9.8039Pa·s。

③ 1kcal/kg=4.1840kJ/kg。

（6）烟道气　当加热温度在500℃以上时，用烟道气为热载体。烟道气的加热温度可达1000℃或更高，但给热系数小，且因烟道气常含有过量氧，所以在加热易燃易爆物料时应尽量避免采用。

（7）空气　用空气作冷却剂的好处是避免了水源的困难和水质污染，化工厂用水总量的80%左右为冷却水，在水源不足地区使用空气为冷却剂是可取的，在气温低于35℃的地区建设大型企业时，用空气为冷却剂在经济上常是合理的，北方地区的大型炼油企业就使用了很多空气冷却器。

（8）冷冻盐水　冷冻盐水是一种载冷体，详见5.8节。

（9）水　水是一种最常用的冷却剂，可用湖水、河水、井水等直流水，也可用循环水。河水、湖水、循环水的温度随地区和季节而变化，深井水温度随季节的变化较小。循环水用作冷却剂最为常见，规模稍大的化工企业，一般都设有循环水系统。

5.8 冷冻剂和载冷体

5.8.1 冷冻剂

冷冻剂是冷冻循环的循环介质，它在一般制冷操作中是必不可少的，起着热量传递的中介作用。

冷冻剂的种类比较多，目前，工业上广泛采用的冷冻剂有氨、二氧化碳、氟里昂、甲烷、乙烷、乙烯、丙烯等。

(1) 氨 它的操作压力和汽化热较其他冷冻剂均具有较大的优越性。氨的汽化热大，在一定的冷冻能力下需要的冷冻剂循环量小。在冷冻循环的冷凝器中，当冷却水温度很高时(如夏季)，其操作压力也不超过1.6MPa (16atm)；而当蒸发器的温度低至－34℃时，其压力不低于0.1MPa (约1atm)，这样，空气就不会漏入蒸发器，从而保证了操作安全。由于氨有上述优点，而且易于得到，价格也便宜，故在工业上得到广泛使用，它的缺点是有强烈臭味，对人体有刺激，空气中含有15% (mol) 以上氨时会形成爆炸性混合物。

(2) 氟里昂 有氟里昂11 (CCl_3F)，氟里昂12 (CCl_2F_2)，氟里昂13 ($CClF_3$)，氟里昂113 ($CF_2Cl \cdot CFCl_2$) 等，在常压下，氟里昂产品的沸点为－82.2～＋40℃，这类冷冻剂的优点是无毒、无味、不着火，与空气混合不爆炸，对金属无腐蚀。其缺点是汽化热比氨小，在一定冷冻能力下，需要较大的循环量，另外的缺点是给热系数较低，价格较贵，化工生产中应用不多，主要用于食品工业和家用致冷设备。

石油裂解气中可以分离出大量的乙烯、丙烯，把它们作为裂解气分离中所需要的冷冻剂是方便的，也符合生产过程综合利用的原则。丙烯的冷冻温度使用范围与氨相近，但汽化热比氨小，危险性也较氨大，价格也较高，所以使用不及氨那么广泛。乙烯的正常沸点为－103.7℃，它在正压下蒸发可得到－70～－100℃的低温。乙烯的临界温度为9.2℃，用30℃左右的工业循环水和18℃左右的深井水均不能使其冷凝为液体，因此常与丙烯（或氨）冷冻循环配合进行复迭制冷。

几种冷冻剂的物性列于表5.5和表5.6。

表5.5 几种冷冻剂的冷凝温度与饱和蒸汽压力的关系

冷凝温度/℃		50	40	30	20	10	0	－10	－20	－30	－40	－50	－70	－100
		蒸气压力/atm[①]												
冷冻剂	氨	20.0	15.34	11.50	8.45	6.06	4.24	2.87	1.878	1.078	0.708	0.403	0.1073	
	氟里昂12	12.0	9.46	7.34	5.60	4.18	3.05	2.16	1.490	0.992	0.634	0.386	0.1210	
	丙烯	20.28	16.24	12.81	9.97	7.64	5.75	4.24	3.04	2.105	1.407	0.902	0.320	0.04
	乙烯	*[②]	*	*	*	*	40.3	32.0	24.98	19.12	14.32	10.46	5.11	1.237

① 1atm＝101325Pa。

② * 表示超过临界温度，无气液平衡。

5.8.2 载冷体

化工生产中所用的载冷体通常为冷冻盐水，它是氯化钠、氯化钙、氯化镁等盐类的水溶液。氯化钙溶液的浓度与其冻结温度的对应关系如表5.7所示。

由于冷冻盐水所能达到的低温与盐水的冻结温度有关，因此在选用冷冻盐水及其含量时，应根据生产工艺条件要求的被冷物料温度来考虑，被冷物料的最低温度不能低于所选冷冻盐

表 5.6 几种冷冻剂的物理性质

冷冻剂名称	分子式	分子量	常压下沸点/℃	汽化热/(kcal/kg)①	临界温度/℃	临界压力/(kgf/cm^2)②	凝固点/℃
氨	NH_3	17.03	−33.4	327.1	132.3	112.3	−77.7
氟里昂 12	CCl_2F_2	120.92	−29.8	40.0	111.5	39.6	−155.0
甲烷	CH_4	16.04	−161.5	122.0	−82.6	45.8	−182.4
乙烷	C_2H_6	30.07	−88.6	126.1	32.2	48.2	−183.3
乙烯	C_2H_4	28.05	−103.7	125.2	9.2	50.0	−169.1
丙烯	C_3H_6	42.08	−47.7	105.0	91.8	45.4	−185.3
丙烷	C_3H_8	44.10	−42.1	101.8	96.6	42.0	−187.7

① 1kcal/kg=4.1840kJ/kg。

② $1kgf/cm^2$=98066.5Pa。

表 5.7 冷冻盐水的含量与其冻结温度的关系

载冷体	密度/(kg/m^3)	盐的含量/%	冻结温度/℃	0℃的比热容/[kcal/(kg·℃)]①	载冷体	密度/(kg/m^3)	盐的含量/%	冻结温度/℃	0℃的比热容/[kcal/(kg·℃)]①
氯化钙溶液	1000	0.1	0.0	1.003	氯化钠溶液	1000	0.1	0.0	1.001
	1190	20.9	−19.2	0.727		1100	13.6	−10.4	0.857
	1200	21.9	−21.2	0.717		1110	14.9	−11.8	0.848
	1210	22.8	−23.2	0.708		1120	16.2	−13.3	0.839
	1220	23.8	−25.7	0.700		1130	17.5	−14.6	0.830
	1230	24.7	−28.3	0.692		1140	18.8	−16.2	0.822
	1240	25.7	−31.2	0.685		1150	20.0	−17.8	0.814
	1250	26.6	−34.6	0.678		1160	21.2	−19.4	0.806
	1260	27.5	−38.6	0.671		1170	22.4	−21.2	0.798
	1270	28.4	−43.6	0.664		1180	23.7	−17.3	0.791
	1280	29.4	−50.1	0.658		1190	24.9	−11.1	0.784
	1286	29.9	−55.0	0.654		1200	26.1	−2.7	0.778
	1290	30.3	−50.6	0.651		1203	26.3	0.0	0.776
	1300	31.2	−41.6	0.645					
	1350	35.6	−10.2	0.616					
	1370	37.3	0.0	0.604					

① 1kcal/(kg·℃)=4.184kJ/(kg·K)。

水的最低冻结温度，在实际应用上往往还要高于最低冻结温度若干度，以保证操作顺利进行。例如氯化钙水溶液的最低冻结温度为−55℃（相应的含量为29.9%），而物料被冷却到的温度应不低于−45℃；氯化钠水溶液的最低冻结温度为−21.2℃（相应的含量为22.4%），而物料被冷却到的温度不应低于−12℃。

如果物料被冷却后的温度比0℃高但比25℃低，可用水作载冷体。物料被冷却到的温度大于25℃时就不必使用载冷体，直接用深井水（一般18～19℃）为冷却剂就可以了。

5.9 加热剂、冷却剂用量的计算

（1）加热蒸汽消耗量　间接蒸汽加热时的蒸汽消耗量用下式计算。

$$W=\frac{Q}{H_2-H_1} \tag{5.22}$$

式中 W——蒸汽消耗量，kg/h；

Q——由蒸汽传给物料的热量，kJ/h；

H_2——蒸汽焓值，kJ/kg；

H_1——冷凝水焓值，kJ/kg。

(2) 燃料消耗量　若用炉灶加热物料时，燃料消耗量为

$$m=\frac{Q}{\eta \cdot q} \tag{5.23}$$

式中 η——炉灶的热效率，各种炉灶的 η 值可查阅手册得到；

m——燃料消耗量，kg/h 或 kg；

Q——需由燃料提供给被加热物料的热量，kJ/h 或 kJ；

q——燃料的发热值，kJ/kg。

(3) 电热装置的电能消耗量

$$E=\frac{Q}{3600\mu} \tag{5.24}$$

式中 E——电能消耗量，kW·h；

Q——需要由电热装置提供的热量，kJ；

μ——电热装置的电工效率，一般取 0.85～0.95。

(4) 冷却剂消耗量　冷却剂在换热设备中不发生相变化时：

$$W=\frac{Q}{\bar{c}_p(t_2-t_1)} \tag{5.25}$$

式中 W——冷却剂用量，kg/h；

$\bar{c}_p$——冷却剂在 t_1 和 t_2 温度范围的平均定压比热容，kJ/(kg·K)；

t_2——冷却剂出口温度，℃；

t_1——冷却剂入口温度，℃。

液态冷却剂在换热设备中气化时：

$$W=\frac{Q}{\bar{c}_p(t_2-t_1)+(\Delta H_v)_{t_2}} \tag{5.26}$$

式中 W——冷却剂用量，kg/h；

$\bar{c}_p$——冷却剂在 t_1 和 t_2 间的平均定压比热容，kJ/(kg·K)；

t_2——冷却剂蒸汽出口温度，℃；

t_1——液态冷却剂进口温度，℃；

$(\Delta H_v)_{t_2}$——冷却剂在 t_2 温度下的汽化热，kJ/kg。

例 5.26　用废热锅炉回收高温气体的热量。高温气体走管内，管外送入 30℃、压力 1.274MPa 的软水，产生 1.274MPa 的饱和蒸汽，高温气体在废热锅炉被冷却降温，放出 1.49×10^7kJ/h 的热量，热损失为气体放出热的 3%，求产生的蒸汽量。

解：30℃、1.274MPa 的饱和水焓　$H_1=125.484$kJ/kg

1.274MPa 饱和蒸汽焓　$H_2=2784.7$kJ/kg

需要由软水气化取出的热量为

$$Q=1.49\times10^7\ (1-0.03)\ =1.445\times10^7\text{kJ/h}$$

按 (5.22) 式求算产生的蒸汽量：

$$W=\frac{Q}{H_2-H_1}=\frac{1.445\times10^7}{(2784.7-125.484)}=5434\text{kg/h}$$

例 5.27 某强放热反应在列管式固定床催化反应器内进行，管内进行反应，放出的热量由管外的热载体道生取出，进入反应器管间的是150℃的液态道生，道生在列管外于300℃下汽化以取出反应热，离开反应器管间的道生蒸气为300℃，反应器需要取出1.054×10^6kJ/h 的热量，求道生循环量。

解：查得液态道生在150～300℃的平均定压比热容为2.72kJ/(kg·K)，300℃下道生的汽化热为252.2kJ/kg。

由（5.26）式得道生的循环量为

$$W=\frac{1.054\times10^6}{2.72(300-150)+252.2}=1596\text{kg/h}$$

例 5.28 柴油加热炉的热负荷为2.72×10^6kJ/h，管内走柴油，管外用燃料燃烧以供给柴油加热所需的热量，已知燃料的发热值为5.23×10^4kJ/kg，炉子的热效率为0.6，求燃料用量。

解：由（5.23）式得燃料用量为

$$m=\frac{2.72\times10^6}{5.23\times10^4\times0.6}=86.7\text{kg/h}$$

例 5.29 等压下，把1.255MPa［12.8kgf/cm^2（绝对）］、流量为1t/h 的饱和蒸汽过热至450℃，用600℃的烟道气为加热剂，烟道气出口200℃，求烟道气用量［以m^3（STP）/h 为单位］。

解：查蒸汽焓熵图（参见图5.13），12.8kgf/cm^2（绝对）、450℃的蒸汽是过热蒸汽，其焓值为800kcal/kg（即3347.2kJ/kg），在同一图上查得12.8kgf/cm^2（绝对）的饱和蒸汽焓为665.5kcal/kg，即2784.5kJ/kg。

查得　600℃烟道气比热容　$c_{p_1}=1.213$kJ/(kg·K)

　　　200℃烟道气比热容　$c_{p_2}=1.096$kJ/(kg·K)

常压下，600℃烟道气的密度 $\rho_g=0.405$kg/m^3

烟道气在200～600℃的平均比热容为

$$\bar{c}_p=(1.213+1.096)\times\frac{1}{2}=1.155\text{kJ/(kg·K)}$$

烟道气用量为

$$m=\frac{1000(3347.2-2784.5)}{1.155(600-200)}=1218\text{kg/h}$$

烟道气用量若用m^3(STP)/h 为单位时，其值为

$$\frac{1218}{0.405}\times\frac{273}{273+600}=940.3\text{m}^3\text{(STP)/h}$$

5.10 动力消耗综合表

动力消耗综合表是初步设计说明书中的一部分内容，在热量衡算和设备选型、设备工艺计算完成后，就可以列出动力消耗表。

动力消耗综合表的一般形式见表5.8。

在汇总各个设备所需要的冷却水、加热蒸汽、冷冻盐水、压缩空气、燃料、电等的量时，须考虑一定的裕量，建议采用1.2～1.3的系数。

表 5.8　动力消耗综合表

序号	名称	规格	单位	每吨产品的耗用量	每小时耗用量	每昼夜耗用量	每年耗用量	备注
1	新鲜水							
2	循环水							
3	冷冻盐水							
4	冷冻剂							
5	加热蒸汽							
6	压缩空气							
7	燃料							
8	电							

5.11　系统能量的合理利用

提高能源的利用率，大力节约能源，降低能耗是化工生产和设计的一项重要指导原则。在工业生产中，合理利用能源是具有重大意义的，目前一些先进的工业国家的能源利用率达40%～50%左右，而我国比较低，所以节约能源是具有巨大潜力的。

在工厂设计中，降低能量消耗是一项必须高度重视的基本原则。能量的消耗指标是设计的技术经济指标之一，它影响到工厂的产品成本以及燃料和动力的总供应量；因而在一定程度上反映了所设计的工厂在技术上的先进性和经济上的合理性如何。一个好的设计必须采取各种措施来降低能量的消耗。

综合利用能量是降低能量消耗的重要措施，能综合利用的典型例子是现代大型化工企业的动力工艺装置。动力工艺装置就是把动力系统与工艺系统密切结合起来。现代大型的合成氨厂和乙烯工厂就是这样的。在这些工厂中，利用反应放出的热来生产不同参数的蒸汽，再用蒸汽驱动透平机来提供生产的动力需要，从而节省化工生产中的电能消耗。所以这样的化工企业既是一个大型的化工生产装置，同时又是一个中等规模的动力工厂。又如，一个大型硫酸厂同时又是一个发电厂。目前，对大型化工厂，不仅要求它能做到“热量自给”，甚至还要求做到“能量自给”以及“动力自给”。

作为一个工艺动力装置的实例，下面介绍中国某大型工厂30万吨乙烯装置的能量综合利用的情况，见图5.20。

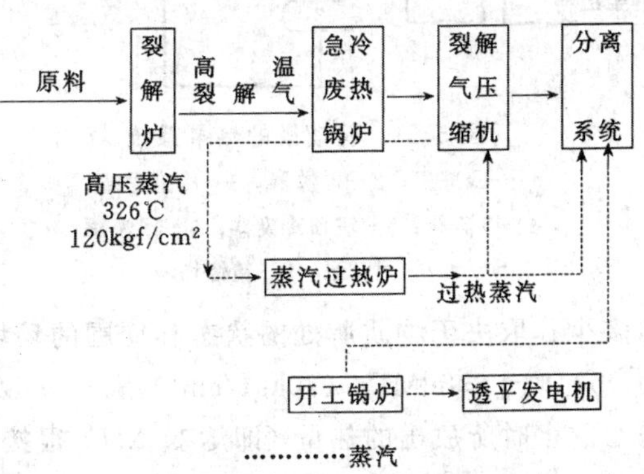

图 5.20　乙烯工厂的工艺—动力装置

($1kgf/cm^2=98066.5Pa$)

正常生产时，裂解炉产生的高温裂解气经急冷废热锅炉急剧降温，在废热锅炉内产生12MPa、326℃的高压蒸汽，此高压蒸汽经蒸汽过热炉过热至520℃后，用以驱动裂解气压缩机以及分离系统的丙烯压缩机。在装置开工时，需要先从外界引入高压蒸汽，为此设置了开工锅炉。随着裂解气在急冷废热锅炉中的冷却，于锅炉水侧产生的高压蒸汽逐渐增加，开工锅炉的供气量便逐渐减少；当装置投入正常生产后，开工锅炉产生的高压蒸汽，仅以少量补充装置，绝大部分用来驱动透平发电机进行发电。由此可见，在整个装置中，工艺过程与废热系统以及开工锅炉、发电系统等关系紧密，且配套性强，做到了能量的综合利用。据统计，轻柴油裂解装置的机泵总功率为50037kW，其中以裂解副产蒸汽带动的机泵就有42380kW，占装置总功率的 84.7%。

降低能量消耗的另一项措施是回收利用废热。据不完全统计，在全世界总的能耗中，大约有一半以上成为工业废热而白白地浪费掉了。仅由温废水一项就带走了颇为可观的热量，平均每个大型石油化工厂每天由温废水带走的热量就多达 18TJ，相当于 615t 优质煤的发热量。所以，当前废热回收和再利用的重点是对低质废热（指 250℃以下的低温废气和 50℃以下的低温冷却下水）的有效利用。目前正在研究利用热泵来廉价回收低温废热，并已开始用于生产。热泵是一种能使热量从低温流体流向高温流体的机械装置，借助于它，有可能广泛利用低品位热源以获得高温热源。构成热泵循环的主要部件是压缩机、冷凝器、膨胀阀和蒸发器。所用的循环工质是低沸点介质如氨、氟里昂等。只要耗费不多的电力使热泵运行起来，就可以将低温冷却水中的热量源源不断地回收使用。下面举一例说明为什么借助热泵循环可以把热量从低温流体流向高温流体。图 5.21 是一个裂解气深冷分离流程中一个精馏塔的热泵系统。在此热泵系统中，循环工质（例如是氨）的蒸气由压缩机 1 吸入，加压后进入再沸器 2，气氨在再沸器内冷凝为液氨，进入贮罐 3，再经节流阀 4 膨胀后进入塔顶冷凝器 5、在塔顶冷凝器内液氨作为冷却剂蒸发为气氨，然后被冷冻压缩机 1 吸入，构成一个热泵循环。循环工质液氨在塔顶冷凝器内蒸发，从低温热源（即塔顶蒸气）吸收热量而最终把此热量送给了高温热源釜液（通过气氨在再沸器内冷凝放热）。

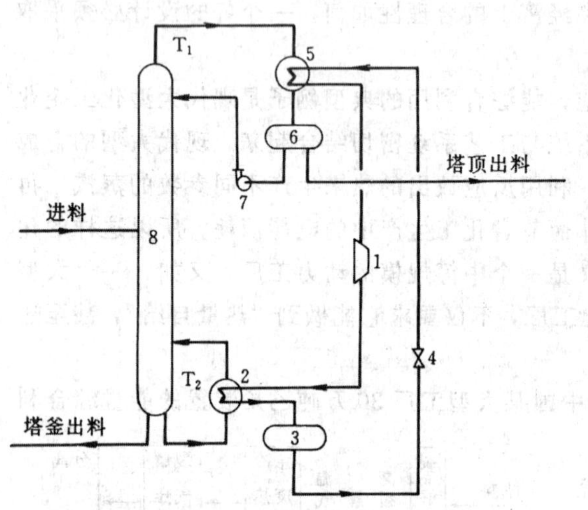

图 5.21 精馏塔的热泵系统

1—冷冻机；2—再沸器；3—冷剂贮罐；4—节流阀；5—塔顶冷凝器；6—回流罐；7—回流泵；8—精馏塔

在评价一个生产过程的能量利用情况时，通常是根据热力学第一定律进行过程的能量衡算以确定其利用率，即确定过程中被利用的能量对投入过程的总能量之比。但仅仅这样做并不能全面地反映能量的利用情况，例如流体的节流膨胀，节流前后的焓值并未发生变化（节流膨胀是等焓过程），但损失了做功能力，所以，还应考察实际过程中能够做功的能量的利用和损失情况。这就不能用一般的能量衡算方法来解决，而要以热力学第二定律作指导进行研究，这就是近年来发展起来的有效能分析法。根据热力学第二定律，物质所具有的能量不仅有数量的多少，还有质量（即品位）的高低，也就是说物质所具有的能量并不能全部转变为功，理论上能够最大限度转变为功的这一部分能量的多少，取决于物质所处的状态和周围的环境。例如，从表 5.9 可以看出，在周围介质温度为 25℃时，6.86MPa（70kgf/cm^2）和 0.98MPa（10kgf/cm^2）这两种不同参数的蒸汽冷凝成 25℃的水时所放出的热量（即焓变 ΔH）很接近，但做功能力却相差不少。这种在一定的周围介质条件下，理论上能够转变为功的能量叫做有效能，它是能量质量高低的量度。一般的能量衡算方法由于没有考虑到能量的质量高低，将不同质量的能量同等看待，只计算它们的数量多少，因而不能反映出能量的质量利用情况。所谓有效能分析，就是先计算各种物流或能流的有效能，然后做有效能衡算，确定过程的有效能效率。据此，评价能量质量的利用程度，揭示出有效能损失的原因，指明减少损失、提高热力学完善程度的方向。近年已出现了一些用有效能分析法分析大型化工装置的报告，这种分析法正在不断完善中。

表 5.9 两种不同参数蒸汽的做功能力

状态	P/ (kgf/cm²)①	t/℃	H/ (kcal/kg)②	冷凝为 25℃水的焓变/(kcal/kg)②	有效能（即做功能力）/(kcal/kg)②
蒸汽	70	284.5	661.61	636.6	247.6
蒸汽	10	179.0	662.91	637.9	194.9
水	1	25	25.01		

① 1kgf/cm²＝98066.5Pa。

② 1kcal/kg＝4.184kJ/kg。

中国 80 年代后期以来，自国外引进的 6 套以天然气为原料的年产 30 万吨大型合成氨厂中，不但利用合成氨生产中的反应热副产高压蒸汽，而且更采用了先进的燃气透平（gas turbine）驱动合成氨生产中的二段炉用的工艺空气压缩机，其排出的高温（490℃）含氧 15%的尾气，送入一段转化炉作助燃空气。这种先进的工艺—动力结合的节能设计，使合成氨生产中的全部动力均能自行解决（通过副产 165～197t/h 12.5MPa 高压蒸汽作为动力），加上工艺设计中的其他节能措施，使每吨液氨的综合能耗，从 70 年代中期的 38.9GJ，(9.3Gcal）降低到 29.3GJ（7Gcal），降低了 25%，体现了当今世界上化工工程设计节约能耗的努力方向。

主要参考文献

1 梅安华主编．小合成氨厂工艺技术与设计手册·上、下册，北京：化学工业出版社，1995

2 天津大学．基本有机化学工程．北京：人民教育出版社，1978

3 吴鹤峰等编．化学工程手册．第一篇．化工基础数据．北京：化学工业出版社，1980

4 北京石油化工总厂编．轻柴油裂解年产三十万吨乙烯技术资料．第四册．北京：化学工业出版社，1979

5 吴指南主编．基本有机化工工艺学·修订版·北京：化学工业出版社，1990

6 上海化工学院等编．化学工程．北京：化学工业出版社，1980

7 石油化学工业部化工设计院主编．氮肥工艺设计手册．理化数据分册．北京：石油化学工业出版社，1977

6　化工设备的工艺设计

6.1　化工设备工艺设计的内容

在化工设备的工艺设计工作中，化工工艺设计人员的工作内容如下。

（1）确定化工单元操作所用设备的类型　这项工作应与工艺流程设计结合起来进行。例如，工艺流程中需要使液固混合物分离，就要考虑是用过滤机，还是用离心机；要实现气固分离，就要考虑是使用旋风分离器，还是用沉降槽；使液体混合物各组分分离，是采用萃取方法，或是采用蒸馏方法；实现气固催化反应，是使用固定床反应器，还是流化床反应器等。

（2）确定设备的材质　根据工艺操作条件（温度、压力、介质的性质）和对设备的工艺要求确定符合要求的设备材质，这项工作应与设备设计专业人员共同完成。

（3）确定设备的设计参数　设备的设计参数是由工艺流程设计、物料衡算、热量衡算、设备的工艺计算多项工作得到的。对不同的设备，它们有不同的设计参数。

a. 换热器　热负荷，换热面积，热载体的种类，冷、热流体的流量，温度和压力。

b. 泵　流量，扬程，轴功率，允许吸上高度。

c. 风机　风量和风压。

d. 吸收塔　气体的流量、组成、压力和温度，吸收剂种类、流量、温度和压力，塔径、筒体的材质、塔板的材质、塔板的类型和板数（对板式塔），填料种类、规格、填料总高度，每段填料的高度和段数（对填料塔）。

e. 蒸馏塔　进料物料、塔顶产品、塔釜产品的流量、组成和温度，塔的操作压力、塔径、筒体的材质、塔板的材质、塔板类型和板数（对塔式塔），填料种类、规格、填料总高度，每段填料高度和段数（对填料塔），加料口位置，塔顶冷凝器的热负荷及冷却介质的种类、流量、温度和压力，再沸器的热负荷及加热介质的种类、流量、温度和压力，灵敏板位置。

f. 反应器　反应器的类型，进、出口物料的流量、组成、温度和压力，催化剂的种类、规格、数量和性能参数，反应器内换热装置的型式、热负荷以及热载体的种类、数量、压力和温度，反应器的主要尺寸、换热式固定床催化反应器的温度、浓度沿床层的轴向（对大直径床还包括径向）分布，冷激式多段绝热固定床反应器的冷激气用量、组成和温度。

（4）确定标准设备（即定型设备）的型号或牌号，并确定台数　标准设备是一些加工厂成批、成系列生产的设备，即那些能直接向生产厂家订货或购买的现成的设备。在标准设备中，一些类型的设备是除化工行业外，其他行业也能或可能广泛采用的设备，例如泵、风机、电动机、压缩机、减速机和起重运输装置等，这种类型的设备有众多的生产厂家，型号很多，可选择的范围很大。另外一些是化工行业常用的标准设备，它们是冷冻机、除尘设备、过滤机、离心机和搅拌器等。

标准设备可从国家机电产品目录或样本中查到，产品目录或样本中列出设备的规格、型号、基本性能参数和生产厂家等多项内容，设计人员可从中选择符合工艺要求的型号。

（5）对已有标准图纸的设备，确定标准图的图号和型号　随着中国化工设备标准化的推进，有些本来属于非标准设备的化工装置，已逐步走向系列化、定型化。它们虽还未全部统一，但已有了一些标准的图纸，有些还有了定点生产厂家。这些设备包括换热器系列、容器系列、搪玻璃设备系列以及圆泡罩、F_1型浮阀和浮阀塔塔盘系列……等。它们已经有了国家标准，如6.3.2节和6.4.1节所述。还有一些虽未列入国家标准，但已有标准施工图和相应的生产厂家，例如国家医药管理局上海医药设计院设计的发酵罐系列和立式薄壁常压容器系列。对已有标准图纸的设备，设计人员只需根据工艺需要确定标准图图号和型号便可以了，不必自己设计。

随着化学工业的发展，设备的标准化程度将越来越高，所以在设计非标准设备时应尽量采用已经标准化的图纸，以节省非标准设备施工图的设计工作量。

(6) 对非标准设备　向化工设备专业设计人员提出设计条件和设备草图，明确设备的型式，材质，基本设计参数，管口、维修、安装要求，支承要求及其他要求（如防爆口、人孔、手孔、卸料口、液面计接口……等）。

(7) 编制工艺设备一览表　在初步设计或扩大初步设计阶段，根据设备工艺设计的结果，编制工艺设备一览表，可按非定型工艺设备和定型工艺设备两类编制。初步设计阶段的工艺设备一览表作为设计说明书的组成部分提供给有关部门进行设计审查。

施工图设计阶段的工艺设备一览表是施工图设计阶段的主要设计成品之一。在施工图设计阶段，由于非标准设备的施工图纸已经完成，工艺设备一览表已可以填写得十分准确和足够地详尽。

(8) 当工艺设备的施工图纸完成后，与化工设备的专业设计人员进行会签。

6.2 泵的选用

关于液体输送和输送设备的工程知识在化工原理等课程已讨论得很详细了，这里着重介绍在设计工作中应该特别了解的那部分内容。

6.2.1 对化工用泵的要求

因为化工用泵所输送的液体性质和一般泵不同，另外化工装置还有要求长期连续运行的特点，所以除操作方便、运行可靠、性能良好和维修方便等一般要求外，在不同的情况下还有不同的特殊要求，简单介绍如下。

(1) 输送易燃、易爆、易挥发、有毒和有腐蚀性及贵重的介质时，要求密封性能可靠，只能微漏甚至完全无泄漏。因此应采用磁力驱动泵或屏蔽泵。

(2) 输送腐蚀性介质时，应选用耐腐蚀泵。金属耐腐蚀泵的过流部件的材质有普通铸铁、高硅铸铁、不锈钢、高合金钢、钛及其合金等，可根据介质特性和温度范围选用不同的材质。非金属耐腐蚀泵过流部件的材质有：聚氯乙烯、玻璃钢、聚丙烯、F46、氟合金、超高分子量聚乙烯、石墨、陶瓷、搪玻璃和玻璃等，也应根据介质的特性和温度范围选用材质。一般来说，非金属泵的耐腐蚀性能优于金属泵，但非金属泵的耐温、耐压性能一般比金属泵差，非金属耐腐蚀泵常用于流量不大且温度和使用压力较低的场合。表6.1列出了非金属泵的常用材料性能。

(3) 输送易气化液体　易气化液体指沸点低的液体，如液态烃、液化天然气、液态氧、液态氢等，这些介质的温度通常为－30～－160℃。易气化液体的特点如下。

a. 泵入口压力高。因为易气化液体在常温常压下通常为气态，只有在一定压力和（或）低温下才是液态，所以泵的入口压力比较高，例如甲烷的液化条件为3MPa，－100℃，乙烯为2MPa、－30℃。

表 6.1　非金属泵常用材料性能

材料名称		氟合金	聚全氟乙丙烯	聚偏氟乙烯	超高分子量聚乙烯	聚丙烯	酚醛玻璃钢	铬刚玉	增强聚丙烯
允许使用温度极限/℃		～150	～150	～120	～80	～90	～100	～100	～100
耐腐蚀性	弱酸	耐	耐	耐	耐	耐	耐	耐	耐
	强酸	耐	耐	除热浓硫酸	除氧化性酸	除氧化性酸	除氧化性酸	耐	除氧化性酸
	弱碱	耐	耐	耐	耐	耐	高耐	耐	耐
	强碱	耐	耐	耐	耐	耐	不耐	不耐	耐
	有机溶剂	耐	耐	耐大多数溶剂	耐大多数溶剂	耐大多数溶剂（<80℃）	耐大多数溶剂	耐	耐大多数溶剂
	典型不耐蚀介质	氢氟酸 氟元素	氢氟酸 氟元素 发烟硝酸	铬酸 发烟硫酸 强碱	浓硝酸 浓硫酸 含氯有机溶剂	浓硝酸 铬酸	浓硝酸 浓碱 浓硫酸 热碱	氢氟酸 热碱	浓硝酸 铬酸
耐磨性能		不好	不好	较好	好	不好	较差	很好	较差
抗汽蚀性能		较好	较好	较好	较好	较好	较差	好	较好

b．气化压力随温度变化非常显著，一般当温度变化±25％时，气化压力可变化±(100～200)％，同时介质的密度、比热容、汽化热等物性也发生相应变化。

c．对泵的轴封要求高。绝大部分此类液体有腐蚀性和危险性，因此不允许泄漏，而且由于其易气化，若有漏液，液体气化吸热极易造成密封部位结冰，因此，此类泵对密封要求很严。

输送易气化液体应选用低温泵。

(4) 输送粘性液体　要根据粘度的大小选泵，表 6.2 是不同类型泵的适用粘度范围。

表 6.2　不同类型泵的适用粘度范围

	类　型	适用的粘度范围/(mm²/s)
叶片式泵	离心泵	<150
	旋涡泵	<37.5
容积式泵	往复泵	<850
	计量泵	<800
	旋转活塞泵	200～10000
	单螺杆泵	10～560000
	双螺杆泵	0.6～100000
	三螺杆泵	21～600
	齿轮泵	<2200

(5) 输送含气液体　泵输送液体中的允许含气量（体积分数）的极限为：离心泵<5％，旋涡泵 5％～20％，容积式泵 5％～20％，选用时不得超越，否则会产生噪音、振动、腐蚀加剧或出现断流、断轴现象。

(6) 输送含固体颗粒的液体　固体颗粒的存在使泵的扬程、效率降低，应按有关规定校核。离心泵输送液体时允许的最大含固率（质量分数）为：水泥 60％～65％，硫胺30％～40％，碳化钙、石灰乳 50％～60％，盐 35％，挥发性灰粉（油渣）55％。输送含固体颗粒的液体可选用 YH、YPL、PLC、SP、SPR 等型号的液下泵或 LC、LC-B 型卧式泵和 AH、AHR 系列的渣浆泵。SP 和 SPR 型含固率可达 40％，AH、AHR 型的含固率可达 60％。

(7) 输送高温介质时可考虑选用热油泵。

(8) 要求高吸入性能时，选用允许汽蚀余量小的泵，如液态烃泵、双吸式离心泵。

(9) 要求低流量、高扬程时，可选用多级泵、筒形泵，例如 TTMC 型立式筒形多级离心泵，其流量 5～800m^3/h，扬程 10～800m，YT 型筒形泵流量 6～30m^3/h，扬程 400～1200m；旋涡泵与普通离心泵相比，旋涡泵适合于流量小、扬程高的场合。

(10) 当打液量精度要求高时，可用计量泵。

6.2.2 泵型式的确定

确定泵的型式首先是要根据是被输送物料的基本性质，物料的基本性质包括相态、温度、粘度、密度、挥发性、毒性、与空气形成爆炸性混合物的可能性和化学腐蚀性等。此外，选择泵的型式时还要考虑生产的工艺过程，动力，环境和安全要求等条件，例如，是否长期连续运转，扬程和流量是否波动，动力（电、蒸）的类型以及是否是防爆车间等情况。

均相液体可选用的泵型范围很广，而悬浮液则宜用泥浆泵或膈膜泵；液体中夹带或溶有气体时应选用容积式泵；粘度大的液体、胶体或膏糊料可用往复泵，最好选用齿轮泵、螺杆泵；输送腐蚀性介质时用各种耐腐蚀材料制造或带衬里的耐腐蚀泵；输送昂贵的液体、剧毒的液体应选用完全不泄漏、无轴封的屏蔽泵和磁力泵；工艺上要求的打液量精度高时宜选用计量泵；要求大流量、高压头时宜选用往复泵；要求流量小而压头高、液体又无悬浮物且粘度不高的情况，选用旋涡泵或多级离心泵。有电源的条件下选用电动泵；无电源或电力紧张而有蒸汽供应时可选用蒸汽往复泵；输送易燃易爆的液体时选用蒸汽往复泵或水喷射泵、蒸汽喷射泵是很安全的；若采用电动泵输送易燃易爆液体，则必须配用防爆电机。

实际上，在选择泵的类型时，往往不可能完全满足各个方面的要求，应以满足工艺和安全要求为主要目标，例如输送盐酸防腐是主要要求，输送氢氰酸时防毒是主要要求，其他方面的要求（如扬程、扬量）都要服从主要的要求。

表 6.3 列出了各类型泵的特点，图 6.1 是各类泵的工作范围，可供选泵时参考。

表 6.3 各类型泵的特点

指标	叶片式			容积式	
	离心式	轴流式	旋涡式	活塞式	回转式
液体排出状态	流率均匀			有脉动	流率均匀
液体品质	均一液体（或含固体的液体）	均一液体	均一液体	均一液体	均一液体
汽蚀余量/m	4～8	—	2.5～7	4～5	4～5
扬程（或排出压力）	范围大，低至10m，高至～600m（多级）	2～20m	较高，单级可达100m以上	范围大，排出压力高，为0.3～60MPa	
体积流量/(m^3/h)	范围大，低至～5，高至～30000	较大，～60000	较小，0.4～20	范围较大，1～600	
流量与扬程关系	流量减小扬程增大，反之，流量增大扬程降低	同离心式	同离心式，但增率和降率较大即曲线较陡	流量增减，排出压力不变。压力增减，流量几乎为定值	
构造特点	转速高，体积小，运转平稳，基础小，设备维修较易		与离心式基本上相同。叶轮较离心泵的叶片简单，制造成本低	转速低、排液量小，设备外形大	同离心式泵
流量与轴功率的关系	流量减小时轴功率减小	流量减小轴功率增加	流量减小轴功率增加	当排出压力一定时，流量减小轴功率减小	同活塞式

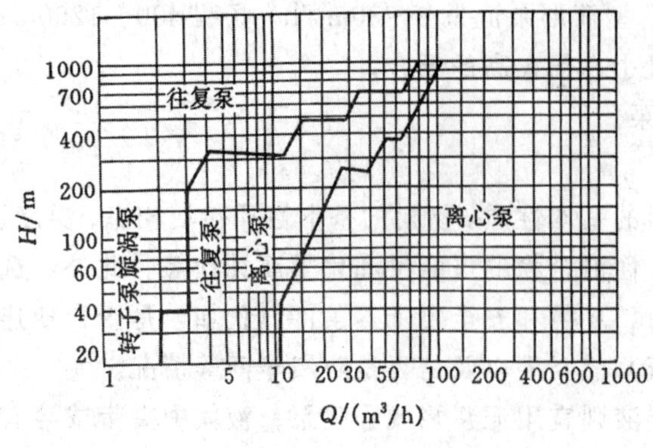

图 6.1 各种泵的工作范围

6.2.3 扬程和流量的安全系数

作为选泵的主要参量之一的流量，以工艺计算确定的流量值为基础值，考虑到操作中有可能出现的流量波动以及开车、停车的需要，应在正常流量值的基础上乘以 1.1～1.2 的安全系数。

由于管道阻力计算常有误差，而且在运行过程中管道的结垢、积碳也使管道阻力大于计算值，所以扬程也应采用计算值的 1.05～1.1 倍。

6.2.4 扬程和流量的校核

泵的型号确定后，须校核所选泵的流量和扬程是否符合工艺要求。

制造厂提供的泵的性能曲线或性能表一般是在常温常压下用清水测得的，若输送的液体的物理性质与水有较大差异（例如输送高粘度液体），则应将泵的性能指标扬量、扬程换算成对被输送液体来说的流量和扬程的值，然后把工艺条件要求的流量和扬程与换算后的泵的流量和扬程比较，确定所选泵的性能是否符合工艺要求。

扬程和流量的校核方法参考化工原理教程的有关章节。

6.2.5 泵的轴功率的校核

离心泵的轴功率计算公式为

$$N=\frac{QH\rho}{102\eta}$$

式中 N——泵的轴功率，kW；

Q——泵的流量，m^3/s；

H——泵的扬程，m；

ρ——液体的密度，kg/m^3；

η——泵的效率。

从泵的轴功率的计算公式可以清楚地看出，轴功率受液体密度的影响。液体粘度因能影响泵的扬程、扬量及泵的效率，所以间接地影响泵的轴功率。泵样本上给定的功率是用水测得的，当输送密度和粘度与水相差较大的液体时，须使用有关公式进行校正，重新算出泵的轴功率，用校正后的轴功率选择配套电机，如果泵的生产厂家已有配套电机，则需根据校正后的轴功率确定是否须向生产厂家提出更换电机的要求。

6.2.6 泵的台数和备用率

泵的台数，考虑一开一备是合理的，但如为大型泵，一开一备的配置并不经济，这种情况下可设两台较小的泵供正常操作使用，另设一台同样大小的泵作备用。

一般来说，一些重要岗位的泵、高温操作或其他苛刻条件下使用的泵，均应设备用泵，备用率一般取 100%，而其他情况下连续操作的泵，可考虑用 50%的备用率。在连续操作的大型装置中使用的泵应考虑较大的备用率。

6.2.7 离心泵安装高度的校核

为避免发生汽蚀或打不上液体的情况，泵的安装高度必须低于泵的允许吸上高度。为了安全起见，安装高度应比计算出来的允许吸上高度低 0.5～1m。因此，在泵的型号选定之后，要计算允许吸上高度的值，并核对泵的安装高度是否合乎要求。

在计算允许吸上高度时，有两种情况，分别予以讨论。

(1) 输送低沸点液体的泵（例如油泵）的性能表里，通常给出允许汽蚀余量Δh_{alw}的值，这种情况下，使用式（6.1）计算允许吸上高度。

$$Z_{s,alw}=\frac{p_a}{\rho g}-\frac{p_v}{\rho g}-\Delta h_{alw}-\sum h_{f,s} \tag{6.1}$$

式中 $Z_{s,alw}$——允许吸上高度，m；

p_a——液体容器液面上方的压力，Pa；

p_v——液体在输送温度下的饱和蒸汽压，Pa；

ρg——液体在输送温度下的密度，kg/m³；

Δh_{alw}——所选泵的允许汽蚀余量，m，其值可从泵的产品样本中查得；

$\sum h_{f,s}$——泵的吸入管路的压头损失，m。

(2) 水泵性能表中，常给出允许吸上真空度$H_{s,alw}$的值，此时，使用（6.2）式计算允许吸上高度。

$$Z_{s,alw}=H_{s,alw}-\sum h_{f,s} \tag{6.2}$$

式中 $H_{s,alw}$——泵的允许吸上真空度，m，其值从泵的产品样本上可查到。

若离心泵输送的是密度与水不同的液体，则先要对$H_{s,alw}$的值按（6.3）式进行校正：

$$H'_{s,alw}=H_{s,alw}\cdot\frac{\rho_w}{\rho} \tag{6.3}$$

式中 $H'_{s,alw}$——校正后的允许吸上真空度，m；

ρ，ρ_w——被输送液体及水的密度，kg/m³。

然后用（6.4）式求算允许吸上高度：

$$Z_{s,alw}=H'_{s,alw}-\sum h_{f,s} \tag{6.4}$$

若当地海拔较高（即p_a值较小），或所输送的液体为易挥发液体，或液体输送温度较高（均导致p_v值大）时，由式（6.1）计算得到的允许吸上高度$Z_{s,alw}$的值较小，此时要特别注意核对离心泵的安装高度是否比$Z_{s,alw}$的值低0.5～1.0m以上，若不符合以上安装要求，则应降低泵的安装高度或加大容器的操作压力，使达到要求，见例6.1。

例 6.1 用泵从密闭容器里送出30℃的正戊烷，容器里正戊烷液面上方的压力为117.7kPa（1.2kgf/cm²），液面降到最低位时，在原入口中心线以下2.0m，正戊烷在30℃的密度为620kg/m³，饱和蒸汽压为82.33kPa，泵吸入管路的压头损失估计为1.8m，所选泵的允许汽蚀余量为3m，问此泵能否正常操作？

解：为核对此泵的安装高度是否合理，应先算出允许吸上高度$Z_{s,alw}$，以便与题中所给数值比较，用式（6.1）计算$Z_{s,alw}$的值。已知条件为：

$$p_a=117.7\text{kPa}=1.177\times10^5\text{Pa}$$

$$p_v=82.33\text{kPa}=8.233\times10^4\text{Pa}$$

$$\rho=620\text{kg/m}^3$$

$$\Delta h_{alw}=3\text{m}$$

$$\sum h_{f.s}=1.8\text{m}$$

把已知数值代入（6.1）式得

$$Z_{s,alw}=\frac{1.177\times10^5}{620\times9.81}-\frac{8.233\times10^4}{620\times9.81}-3-1.8=1.0\text{ m}$$

题中指出，容器内液面降到最低时，安装高度 2.0m，比 $Z_{s,alw}$的值大 1.0m，可知泵安装位置太高，不能保证不出现汽蚀现象，应将泵的安装高度降低至少 1m，为安全计应降低 1.5m 以上。也可将容器的操作压力提高，若容器的操作压力提高至 147kPa（1.5kgf/cm²），此时，$Z_{s,alw}$的值为

$$Z_{s,alw}=\frac{1.47\times10^5}{620\times9.81}-\frac{8.233\times10^4}{620\times9.81}-3-1.8=5.83\ \text{m}$$

因此，当泵的液位降到最低时，安装高度才 2.0m，小于 $Z_{s,alw}$的值，不会发生汽蚀现象。

6.3 换热设备的设计和选用

6.3.1 传热设备的类型和性能比较

传热设备可分为间壁式、混合式及蓄热式三种，其中间壁式是化工生产中应用最为广泛的类型，本节仅讨论间壁式换热器的选用。

表 6.4 列出了主要型式的换热器性能的比较，设计时可作为选择换热器型式的参考。

表 6.4 各种类型热交换器性能的比较❶

换热器类型	允许最大操作压力/MPa	允许最高操作温度/℃	单位体积传热面积/(m²/m³)	每平方米表面积的重量/(kg/m²)	传热系数/kJ/(m²·h·K)	单位传热量的金属耗量/kg	结构是否可靠
固定管板式列管换热器	84	1000～1500	40～164	35～80	3050～6100	1	○
U 形管式列管换热器	100	1000～1500	30～130	—	3050～6100	1	○
浮头式列管换热器	84	1000～1500	35～150	—	3050～6100	1	△
板式换热器	2.8	360	250～1500	小	10500～25000	—	△
螺旋板式换热器	4.0	1000	100	35～50	2500～10450	0.2～0.9	○
板翅式换热器	5.0	269～500	2500～4370	—	125～1250（气-气） 420～6300（油-油）	—	△
套管式换热器	100	800	20	175～200		2.5～4.5	○
沉浸盘管	100	—	15	90～120		1～6	○
喷淋式换热器	10	—	16	45～60		0.5～2	△

换热器类型	传热面是否便于调整	是否具有热补偿能力	清洗管子是否容易	清洗管间是否容易	检修是否方便	能否用脆性材料制造
固定管板式列管换热器	×	×	○	×	×	×
U 形管式列管换热器	×	○	×	×	×	△
浮头式列管换热器	×	○	○	○	○	△
板式换热器	○	○	○	○	○	×
螺旋板式换热器	×	○	×	×	○	△
板翅式换热器	×	○	—	—	×	×
套管式换热器	○	△	不可拆式 × 可拆式 ○	不可拆式 × 可拆式 ○	○	○
沉浸盘管	×	○	×	○	○	○
喷淋式换热器	○	○	×	○	○	○

注：1. 各符号表示的意义是：○—好；△—尚可；×—不好。

2. 单位传热量的金属耗量以列管式换热器等于 1 作比较。

❶ 表中数据主要引自韩冬冰等编著. 化工工程设计. 北京：学苑出版社，1997，107。

6.3.2 换热器的系列化

由于换热设备应用广泛，国家现在已将多种换热器包括管壳式、板式换热器和石墨换热器系列化，采用标准图纸进行系列化生产。各型号标准图纸可到有关设计单位购买，有的化工机械厂已有系列标准的各式换热器供应，这给换热器的选型带来了很多方便。已形成标准系列的换热器有：固定管板式换热器（JB/T4715—92)、立式热虹吸式重沸器（JB/T4716—92)、钢制固定式薄管板列管换热器（HG 21503—92)、浮头式换热器和冷凝器（JB/T4714—92)、U型管式换热器（JB/4717—92)、螺旋板式换热器（JB/T4723—92)、列管式石墨换热器（HG 5—1320—80)、YKA型圆块孔式石墨换热器（HG 5—1321—80)、矩形块孔式石墨换热器（HG 5—1322—80)。

在工程设计中，应尽量选用标准系列的换热器，这样做不仅给设计工作带来方便，对于工程进度和投资也是有利的。

6.3.3 换热器部分设计参数的取值

6.3.3.1 流体的流速

根据经验，流体的流速范围如下。

流体在直管内常用流速：		壳程内常用流速：	
冷却水（淡水）	0.7～3.5m/s	水及水溶液	0.5～1.5m/s
冷却水（海水）	0.7～2.5m/s	低粘度油类	0.4～1.0m/s
低粘度油类	0.8～1.8m/s	高粘度油类	0.3～0.8m/s
高粘度油类	0.5～1.5m/s	油蒸气	3.0～6.0m/s
油类蒸气	5.0～1.5m/s	气液混合物	0.5～3.0m/s
气液混合物	2.0～6.0m/s		

对易燃易爆液体，设计上要考虑安全容许速度，见表6.5。

表6.5 易燃易爆液体的安全容许速度

液体名称	安全容许速度/(m/s)	液体名称	安全容许速度/(m/s)
乙醚、二硫化碳、苯	1	丙　酮	10
甲醇、乙醇、汽油	2～3		

6.3.3.2 流体的路径

在换热器中哪一种流体走管内，哪一种流体走管外，这个问题受多方面因素的限制，一些选择的原则如下。

(1) 不清洁和易结垢的流体宜走管程，以便于清洗。

(2) 流量小的流体和粘度大的液体宜走管程，因管程易做成多程结构，可以得到较大的流速，提高给热系数。

(3) 腐蚀性液体宜走管程，以免管束和壳体同时受腐蚀。

(4) 压力高的流体宜走管程，这样可减小对壳程的机械强度要求。

(5) 饱和蒸汽宜走壳程，因为流速对饱和蒸汽的冷凝给热系数几乎无影响，饱和蒸汽的冷凝表面又不需要清洗，在壳程流动易于及时排除冷凝水。

(6) 被冷却的流体宜走壳程，这样可利用外壳向环境散热，增强冷却效果。

(7) 有毒性的介质走管程，因为管程泄漏的几率小。

6.3.3.3 换热器两端冷热流体温差的取值

换热器两端冷、热流体的温差大，可使换热器的传热面积小，节省设备投资。但要使冷、热流体温差大，冷却剂出口温度就要低，导致冷却剂的用量大，增大了操作费用。所以，当换热器中有一方流体是冷却剂时，换热器两端冷、热流体温差的取值应考虑其经济合理性。即，要选择适宜的换热器两端冷、热流体温差，使投资和操作费用之和最小。一般认为，采用下面所列的数值是比较经济合理的。

(1) 换热器热端冷、热流体温差应在20℃以上。

(2) 用水或其他冷却介质时，冷端温差可以小些，但不要低于5℃。

(3) 冷凝含有惰性气体的流体时，冷却剂出口温度至少比冷凝液的露点低5℃。

(4) 空冷器冷、热流体温差应大于15℃，最好大于20～25℃。

(5) 用水为冷却剂时，冷却水进、出口温度差一般取5～10℃，缺水地区用比较大的温差，而水源丰富地区用比较小的温差。

6.3.3.4 供初估换热面积使用的总传热系数推荐值

下面是各种类型换热器的总传热系数推荐值❶。

(1) 管壳式换热器

a. 用作冷却器时，总传热系数推荐值见表6.6。

表6.6 用作冷却器时管壳式换热器的总传热系数推荐值

高温流体	低温流体	总传热系数范围/[kcal/(m²·h·℃)]④	备 注
水	水	1200～2440	污垢系数0.0006m²·h·℃/kcal⑤
甲醇、氨	水	1200～2440	
有机物粘度0.5cP⑥以下①	水	370～730	
有机物粘度0.5cP以下①	冷冻盐水	190～490	
有机物粘度0.5～1.0cP②	水	240～610	
有机物粘度1.0cP以上③	水	24～370	
气体	水	10～240	
水	冷冻盐水	490～1000	
水	冷冻盐水	200～500	传热面为塑料衬里
硫酸	水	750	传热面为不透性石墨，两侧传热膜系数均为2100kcal/(m²·h·℃)
四氯化碳	氯化钙溶液	65.5	管内流速0.0052～0.011m/s
氯化氢气(冷却除水)	盐水	30～150	传热面为不透性石墨
氯气(冷却除水)	水	30～150	传热面为不透性石墨
焙烧SO_2气体	水	200～400	传热面为不透性石墨
氮	水	57	计算值
水	水	350～1000	传热面为塑料衬里
20%～40%硫酸	水，t=60～30℃	400～900	
20%盐酸	水，t=100～25℃	500～1000	
有机溶剂	盐水	150～440	

① 为苯、甲苯、丙酮、乙醇、丁酮、汽油、轻煤油、石脑油等有机物。

② 为煤油、热柴油、热吸收油、石油馏分等有机物。

③ 为冷柴油、燃料油、油、焦油、沥青等有机物。

④ 1kcal/(m²·h·℃)=1.163W/(m²·K)。

⑤ 1m²·h·℃/kcal=0.86m²·K/W。

⑥ 1cP=mPa·s。

❶ 引自国家医药管理局上海医药设计院编. 化工工艺设计手册·第二版. 北京：化学工业出版社，1996。

b. 用作加热器时，总传热系数的推荐值见表 6.7。

表 6.7 用作加热器时管壳式换热器的总传热系数推荐值

高温流体	低温流体	总传热系数/[kcal/(m²·h·℃)]④	备注
蒸汽	水	1000～3400	污垢系数 0.0002m²·h·℃/kcal⑤
蒸汽	甲醇、氨	1000～3400	污垢系数 0.0002m²·h·℃/kcal
蒸汽	水溶液粘度 2cP⑥以下	1000～3400	
蒸汽	水溶液粘度 2cP 以上	490～2400	污垢系数 0.0002m²·h·℃/kcal
蒸汽	有机物粘度 0.5cP 以下①	490～1000	
蒸汽	有机物粘度 0.5～1.0cP②	240～490	
蒸汽	有机物粘度 1cP 以上③	29～290	
蒸汽	气体	24～240	
蒸汽	水	1950～3900	水流速 1.2～1.5m/s
蒸汽	盐酸或硫酸	300～500	传热面为塑料衬里
蒸汽	饱和盐水	600～1300	传热面为不透性石墨
蒸汽	硫酸铜溶液	800～1300	传热面为不透性石墨
蒸汽	空气	44	空气流速 3m/s
蒸汽(或热水)	不凝性气体	20～25	传热面为不透性石墨,不凝性气体流速 4.5～7.5m/s
蒸汽	不凝性气体	30～40	传热面材料同上,不凝性气体流速 9.0～12.0m/s
水	水	350～1000	
热水	碳氢化合物	200～430	管外为水
温水	稀硫酸溶液	500～1000	传热面材料为石墨
熔盐	油	250～390	
导热油蒸气	重油	40～300	
导热油蒸气	气体	20～200	

①、②、③ 同表 6.6。

④ 1kcal/(m²·h·℃)=1.163W/(m²·K)。

⑤ 1m²·h·℃/kcal=0.86m²·K/W。

⑥ 1cP=mPa·s。

c. 用作换热器时，总传热系数推荐值见表 6.8。

表 6.8 管壳式换热器用作换热器时总传热系数推荐值

高温流体	低温流体	总传热系数/[kcal/(m²·h·℃)]④	备注
水	水	1200～2440	
水溶液	水溶液	1200～2440	
有机物粘度 0.5cP⑤以下①	有机物粘度 0.5cP 以下①	190～370	
有机物粘度 0.5～1.0cP②	有机物粘度 0.5～1.0cP②	100～290	
有机物粘度 1.0cP 以上③	有机物粘度 1.0cP 以上	50～190	
有机物粘度 1.0cP 以下③	有机物粘度 0.5cP 以下①	150～290	
有机物粘度 0.5cP 以下①	有机物粘度 1.0cP 以上②	50～190	
20%盐酸	35%盐酸	500～800	传热面材料为不透性石墨
有机溶剂	有机溶剂	100～300	
有机溶剂	轻油	100～340	
原油	瓦斯油	390～439	管外瓦斯油流速 1.83m/s 管内原油流速 3.05m/s
重油	重油	40～240	
SO_3 气体	SO_2 气体	5～7	

①、②、③ 同表 6.6。

④ 1kcal/(m²·h·℃)=1.163W/(m²·K)。

⑤ 1cP=mPa·s。

d. 用作蒸发器时总传热系数推荐值见表 6.9。

表 6.9 管壳式换热器用作蒸发器时总传热系数的推荐值

高温流体	低温流体	总传热系数/[kcal/(m²·h·℃)]①	备注
蒸汽	液体	1500～4000	强制循环，管内流速 1.5～3.5m/s
蒸汽	液体	1000	水平管式
蒸汽	液体	1000	
蒸汽	液体	1200	垂直式短管
蒸汽	液体	2500	垂直长管式(上升式)粘度 10cP②以下
蒸汽	液体	1000	垂直长管式(下降式)粘度 100cP 以下
蒸汽	液体	4000	强制循环速度 2～6m/s
蒸汽	液体	2500	强制循环速度 0.8～1.2m/s
蒸汽	液体	350～700	立式中央循环管式
蒸汽	浓缩结晶液(食盐、重铬酸钠)	1000～3000	标准式蒸发析晶器
蒸汽	浓缩结晶液(苛性钠中的食盐、芒硝等)	1000～3000	外部加热型蒸发析晶器
蒸汽	浓缩结晶液(硫酸铵、石膏等)	1000～3000	生长型蒸发析晶器
蒸汽	水	1950～4900	垂直管式
蒸汽	水	1700～3660	
蒸汽	水	1000～2500	传热面材料为不透性石墨
蒸汽	液碱	600～650	带有水平伸出加热室(F30～50m²)
蒸汽	20%盐酸	1500～3000	传热面材料为不透性石墨 20%盐酸温度为 110～130℃
蒸汽	21%盐酸	1500～2500	传热面材料为不透性石墨，自然循环
蒸汽	金属氯化物	800～1500	传热面材料同上，金属氯化物温度 90～130℃
蒸汽	硫酸铜溶液	700～1200	传热面材料同上
水	冷冻剂	370～730	
有机溶剂	冷冻剂	150～490	
蒸汽	轻油	390～880	
蒸汽	重油(减压下)	120～370	

① 1kcal/(m²·h·℃)=1.163W/(m²·K)。

② 1cP=mPa·s。

e. 用作冷凝器时总传热系数推荐值见表 6.10。

表 6.10 管壳式换热器用作冷凝器时总传热系数的推荐值

高温流体	低温流体	总传热系数/[kcal/(m²·h·℃)]①	备注
有机质蒸气	水	200～800	传热面为塑料衬里
有机质蒸气	水	250～1000	传热面为不透性石墨
饱和有机质蒸气(大气压下)	盐水	490～980	
饱和有机质蒸气(减压下且含有少量不凝性气体)	盐水	240～490	
低沸点碳氢化合物(大气压下)	水	390～980	
高沸点碳氢化合物(减压下)	水	50～150	
21%盐酸蒸气	水	100～1500	传热面为不透性石墨
氨蒸气	水	750～2000	水流速 1～1.5m/s
有机溶剂蒸气和蒸汽混合物	水	300～1000	传热面为塑料衬里
有机质蒸气(减压下且含有大量不凝性气体)	水	50～240	
有机质蒸气(大气压下且含有大量不凝性气体)	盐水	100～390	
氟利昂液蒸气	水	750～850	水流速 1.2m/s
汽油蒸气	水	450	水流速 1.5m/s

续表

高温流体	低温流体	总传热系数/[kcal/(m²·h·℃)]①	备注
汽油蒸气	原油	100～150	原油流速0.6m/s
煤油蒸气	水	250	水流速1m/s
蒸汽(加压下)	水	1710～3660	
蒸汽(减压下)	水	1460～2930	
氯乙醛(管外)	水	142	直立,传热面为搪玻璃
甲醇(管内)	水	550	直立式
四氯化碳(管内)	水	312	直立式
缩醛(管内)	水	397	直立式
糠醛(管外)(有不凝性气体)	水	190	直立式
糠醛(管外)(有不凝性气体)	水	164	直立式
糠醛(管外)(有不凝性气体)	水	107	直立式
蒸汽(管外)	水	525	卧式

① 1kcal/(m²·h·℃)=1.163W/(m²·K)。

(2) 蛇管式换热器

a. 蛇管式换热器用作冷却器时总传热系数的推荐值见表6.11。

表6.11 蛇管式换热器用作冷却器时总传热系数推荐值

管内流体	管外流体	总传热系数/[kcal/(m²·h·℃)]①	备注
水(管材:合金钢)	水状液体	320～460	自然对流
水(管材:合金钢)	水状液体	510～760	强制对流
水(管材:合金钢)	淬火用的机油	34～49	自然对流
水(管材:合金钢)	淬火用的机油	73～120	强制对流
水(管材:合金钢)	润滑油	24～39	自然对流
水(管材:合金钢)	润滑油	49～98	强制对流
水(管材:合金钢)	蜜糖	20～34	自然对流
水(管材:合金钢)	蜜糖	40～73	强制对流
水(管材:合金钢)	空气或煤气	5～15	自然对流
水(管材:合金钢)	空气或煤气	20～40	强制对流
氟利昂或氨(管材:合金钢)	水状液体	97～170	自然对流
氟利昂或氨(管材:合金钢)	水状液体	190～290	强制对流
冷冻盐水(管材:合金钢)	水状液体	240～370	自然对流
冷冻盐水(管材:合金钢)	水状液体	390～610	强制对流
水(管材:铅)	稀薄有机染料中间体	1460	涡轮式搅拌器95r/min
水(管材:低碳钢)	温水	730～1460	空气搅拌
水(管材:铅)	热溶液	440～1750	桨式搅拌器0.4r/min
冷冻盐水	氨基酸	490	搅拌器30r/min
水(管材:低碳钢)	25%发烟硫酸60℃	100	有搅拌
水(管材:塑料衬里)	水	300～800	
水(管材:铅)	液体	1100～1800	旋桨式搅拌500r/min
油	油	5～15	自然对流
油	油	10～50	强制对流
水(管材:钢)	植物油	140～350	搅拌器转速可变
石脑油	水	39～110	
煤油	水	58～140	
汽油	水	58～140	

续表

管内流体	管外流体	总传热系数/[kcal/(m²·h·℃)][1]	备注
润滑油	水	29～83	
燃料油	水	29～73	
石脑油与水	水	50～150	
苯（管材：钢）	水	84	
甲醇（管材：钢）	水	200	
二乙胺（管材：钢）	水	176	水流速 0.2m/s
CO_2（管材：钢）	水	41	

① 1kcal/（m^2·h·℃）=1.163W/（m^2·K）。

b. 蛇管换热器用作加热器时总传热系数的推荐值见表 6.12。

表 6.12 蛇管换热器用作加热器时总传热系数的推荐值

管内流体	管外流体	总传热系数/[kcal/(m²·h·℃)][1]	备注
蒸汽（管材：合金钢）	水状液体	490～980	自然对流
蒸汽（管材：合金钢）	水状液体	730～1340	强制对流
蒸汽（管材：合金钢）	轻油	190～220	自然对流
蒸汽（管材：合金钢）	轻油	290～540	强制对流
蒸汽（管材：合金钢）	润滑油	170～200	自然对流
蒸汽（管材：合金钢）	润滑油	240～490	强制对流
蒸汽（管材：合金钢）	重油或燃料油	73～150	自然对流
蒸汽（管材：合金钢）	重油或燃料油	290～390	强制对流
蒸汽（管材：合金钢）	焦油或沥青	73～120	自然对流
蒸汽（管材：合金钢）	焦油或沥青	190～290	强制对流
蒸汽（管材：合金钢）	熔融硫磺	98～170	自然对流
蒸汽（管材：合金钢）	熔融硫磺	170～220	强制对流
蒸汽（管材：合金钢）	熔融石蜡	120～170	自然对流
蒸汽（管材：合金钢）	熔融石蜡	190～240	强制对流
蒸汽（管材：合金钢）	空气或煤气	5～15	自然对流
蒸汽（管材：合金钢）	空气或煤气	20～40	强制对流
蒸汽（管材：合金钢）	蜜糖	73～150	自然对流
蒸汽（管材：合金钢）	蜜糖	290～390	强制对流
热水（管材：合金钢）	水状液体	340～490	自然对流
热水（管材：合金钢）	水状液体	530～780	强制对流
热油（管材：合金钢）	焦油或沥青	49～98	自然对流
热油（管材：合金钢）	焦油或沥青	150～240	强制对流
有机载热体（管材：合金钢）	焦油或沥青	58～98	自然对流
有机载热体（管材：合金钢）	焦油或沥青	150～240	强制对流
蒸汽（管材：铅）	水	340	有搅拌
蒸汽（管材：铜）	蔗糖或蜜糖溶液	240～1170	无搅拌
蒸汽（管材：铜）	加热至沸腾的水溶液	2930	
蒸汽（管材：铜）	脂肪酸	470～490	无搅拌
蒸汽（管材：钢）	植物油	110～140	无搅拌
蒸汽（管材：钢）	植物油	190～350	搅拌器转速可变
热水（管材：铅）	水	400～1300	桨式搅拌器
蒸汽	石油	70～100	盘管油罐石油粘度 10°E 以下
蒸汽	石油	50～80	盘管油罐石油粘度 10°E 以上
稀甲醇（管材：钢）	蒸汽	1500	
蒸汽（管材：钢）	重油液体燃料	52	自然对流
过热蒸汽（管材：铜）	苯二甲酸酐	218	

① 1kcal/(m^2·h·℃)=1.163W/(m^2·K)。

c. 蛇管换热器用作热交换器时总传热系数推荐值见表 6.13。

表 6.13 蛇管换热器用作热交换器时总传热系数的推荐值

管内流体	管外流体	总传热系数/[kcal/(m²·h·℃)]①	备注
液体	液体	200～700	
四氯化碳(管材:银)	二甲基磷化氢	464	锚式搅拌:365～500r/min

①1kcal/(m²·h·℃)=1.163W/(m²·K)。

d. 蛇管换热器用作蒸发器时总传热系数推荐值见表 6.14。

表 6.14 蛇管换热器用作蒸发器时总传热系数的推荐值

管内流体	管外流体	总传热系数/[kcal/(m²·h·℃)]①	备注
蒸汽	乙醇	2000	
蒸汽	水	1500～4000	水为自然对流
蒸汽	水溶液	2900	
蒸汽(管材:铜)	水	1500～3000	长蛇形管
蒸汽(管材:铜)	水	3000～6000	短蛇形管

① 1kcal/(m²·h·℃)=1.163W/(m²·K)。

e. 蛇管换热器用作冷凝器时，总传热系数推荐值见表 6.15。

表 6.15 蛇管换热器用作冷凝器时总传热系数的推荐值

管内流体	管外流体	总传热系数/[kcal/(m²·h·℃)]①	备注
瓦斯油蒸气	水	40～100	无搅拌
煤油蒸气	水	50～130	无搅拌
石脑油与蒸气	水	83～170	
石脑油	水	68～120	
汽油	水	50～78	

① 1kcal/(m²·h·℃)=1.163W/(m²·K)。

(3) 夹套式换热器

a. 夹套式换热器用作冷却器时总传热系数推荐值见表 6.16。

表 6.16 夹套式换热器用作冷却器时总传热系数的推荐值

夹套内流体	罐(釜)中流体	罐壁材料	总传热系数/[kcal/(m²·h·℃)]①	备注
低速冷冻盐水	硝化浓稠液		156～290	搅拌器 35～38r/min
水	有机物溶液	钢	100～300	有搅拌
盐水	有机物溶液	搪玻璃	100～200	有搅拌
水	四氯化碳	不锈钢	337	有搅拌

① 1kcal/(m²·h·℃)=1.163W/(m²·K)。

b. 夹套式换热器用作加热器时总传热系数推荐值见表 6.17。

表 6.17 夹套式换热器用作加热器时总传热系数的推荐值

夹套内流体	罐(釜)中流体	罐壁材料	总传热系数/[kcal/(m²·h·℃)]①	备注
蒸汽	溶液		850～1000	双层刮刀式搅拌
蒸汽	水	不锈钢	674	锚式搅拌 100r/min
蒸汽	果汁	铸铁搪瓷	160～440	无搅拌
蒸汽	果汁	铸铁搪瓷	750	有搅拌
蒸汽	牛乳	铸铁搪瓷	1000	无搅拌
蒸汽	牛乳	铸铁搪瓷	1500	有搅拌
蒸汽	浆糊	铸铁	610～680	双层刮刀式搅拌
蒸汽	泥浆	铸铁	780～850	双层刮刀式搅拌
蒸汽	肥皂		40～60	肥皂加热温度 30→90℃搅拌 110r/min
蒸汽	甲醛苯酚缩合		540～40	罐内温度 70→90℃有搅拌
蒸汽	苯乙烯聚合		220～20	刮刀式搅拌
蒸汽	对硝基甲苯、硫酸、水	搪玻璃	214	有搅拌(加热反应)
蒸汽	普鲁卡因粗品	搪玻璃	200～224	有搅拌(加热溶解)
蒸汽	溴化钾液	搪玻璃	308	有搅拌(加热精制)
蒸汽	有机质液	不透性石墨	240～2000	
蒸汽	粉(5%水)	铸铁	200～250	双层刮刀式搅拌

① 1kcal/(m²·h·℃)=1.163W/(m²·K)。

c. 夹套式换热器用作蒸发器时总传热系数推荐值见表 6.18。

表 6.18 夹套式换热器用作蒸发器时总传热系数的推荐值

夹套内流体	罐(釜)中流体	罐壁材料	总传热系数/[kcal/(m²·h·℃)]①	备注
蒸汽	液体		250～1500	罐中无或有搅拌
蒸汽	40%结晶性水溶液		490～980	刮刀式搅拌器 13.5r/min 液体温度 105～120℃
蒸汽	水	钢	910～1200	无搅拌
蒸汽	二氧化硫	钢	290	无搅拌
蒸汽	牛乳	铸铁搪瓷	2400	无搅拌
蒸汽	苯	钢	600	无搅拌
蒸汽	二乙胺	钢	421	有搅拌
蒸汽	氯乙酰	搪玻璃	320	有搅拌

① 1kcal/(m²·h·℃)=1.163W/(m²·K)。

(4) 套管式换热器

a. 套管式换热器用作冷却器时总传热系数的推荐值见表 6.19。

表 6.19 套管式换热器用作冷却器时总传热系数的推荐值

冷却物料	冷却剂	传热面材料	总传热系数/[kcal/(m²·h·℃)]①	备注
水	水		1500～2500	管内、外流速为 0.915～2.44m/s
水	盐水		732～1464	
CO_2	水	铜	458	

① 1kcal/(m²·h·℃)=1.163W/(m²·K)。

b. 套管式换热器用作加热器时总传热系数推荐值见表 6.20。

表 6.20 套管式换热器用作加热器时总传热系数的推荐值

被加热物料	加热介质	传热面材料	总传热系数/[kcal/(m^2·h·℃)]①	备 注
水	热 水	钢	950～3000，此值不计水垢应乘以 0.5～0.85	水流速 0.5～3.0m/s 热水流速 0.5～2.5m/s
水、空气	热 水	钢	120～370	

① 1kcal/(m^2·h·℃)=1.163W/(m^2·K)。

c. 套管式换热器用作热交换器时总传热系数推荐值见表 6.21。

表 6.21 套管式换热器用作热交换器时总传热系数的推荐值

热交换物料	热交换介质	传热面材料	总传热系数/[kcal/(m^2·h·℃)]①	备 注
水	盐水		750～1500	管内、外流速 1.25m/s
水	盐水		250～2000	水流速 0.3～1.5m/s 盐水流速 0.3～1.0m/s
液体	液体		700～1500	
20%盐酸	35%盐酸	石墨	500～900	套管式阶型
丁烷	水		450	丁烷流速 0.6m/s 水流速 1m/s
碳氢化合物	热水		200～430	管内为热水
油类	液体		90～700	
原油	石油		180～240	原油流速 1.3～2.1m/s
润滑油	水		75	润滑油流速 0.05m/s 水流速 0.6m/s
灯油	水		200	灯油流速 0.15m/s 水流速 0.6m/s

① 1kcal/(m^2·h·℃)=1.163W/(m^2·K)。

d. 套管式换热器用作冷凝器时总传热系数推荐值见表 6.22。

表 6.22 套管式换热器用作冷凝器时总传热系数的推荐值

冷凝物料	冷却剂	传热面材料	总传热系数/[kcal/(m^2·h·℃)]①	备 注
氨蒸气	水		1100～1700	水流速 1.2m/s
氨蒸气	水		1400～2000	水流速 1.8m/s
氨蒸气	水		1700～2300	水流速 2.4m/s

① 1kcal/(m^2·h·℃)=1.163W/(m^2·K)。

(5) 空冷器

a. 空冷器用作冷却器时总传热系数推荐值见表 6.23。

表 6.23 空冷器用作冷却器时总传热系数的推荐值

冷却物料	冷却剂	传热面材料	总传热系数/[kcal/(m^2·h·℃)]①	备 注
低碳氢化合物	空气		375～475	横式翅片空冷器
轻油	空气		300～350	横式翅片空冷器
轻石油	空气		350	横式翅片空冷器
燃料油	空气		100～150	横式翅片空冷器
残渣油	空气		50～100	横式翅片空冷器
焦油	空气		25～50	横式翅片空冷器
烟道气	空气		50～150	横式翅片空冷器

续表

冷却物料	冷却剂	传热面材料	总传热系数/[kcal/(m²·h·℃)][①]	备注
氨反应器气体	空气		400～450	横式翅片空冷器
碳氢化合物气体	空气		150～450	横式翅片空冷器
空气或燃料器	空气		50	横式翅片空冷器
机器冷却水	空气		610	横式翅片空冷器

① 1kcal/(m²·h·℃)=1.163W/(m²·K)。

b. 空冷器用作冷凝器时总传热系数推荐值见表6.24。

表6.24 空冷器用作冷凝器时总传热系数推荐值

冷凝物料	冷却剂	传热面材料	总传热系数/[kcal/(m²·h·℃)][①]	备注
低沸点碳氢化合物	空气		390～460	横式翅片空冷器
胺反应器蒸气	空气		440～490	横式翅片空冷器
氨蒸气	空气		490～590	横式翅片空冷器
氟利昂蒸气	空气		290～390	横式翅片空冷器
轻汽油蒸气	空气		390	横式翅片空冷器
轻石脑油蒸气	空气		340～390	横式翅片空冷器
塔顶气体(轻石脑油水蒸气及不凝性气体)	空气		290～340	横式翅片空冷器
重石脑油蒸气	空气		290～340	横式翅片空冷器
低压蒸气	空气		660	横式翅片空冷器
重正油	空气		340	横式翅片空冷器

① 1kcal/(m²·h·℃)=1.163W/(m²·K)。

注：总传热系数计算以光管外表面为基准。

(6) 喷淋式换热器

a. 喷淋式换热器用作冷凝器时总传热系数的推荐值见表6.25。

表6.25 喷淋式换热器用作冷凝器时总传热系数的推荐值

管内流体	管外流体	传热面材料	总传热系数/[kcal/(m²·h·℃)][①]	备注
氨蒸气	水	钢	1200	水喷淋强度600kg/(h·m)
氨蒸气	水	钢	1600	水喷淋强度1200kg/(h·m)
氨蒸气	水	钢	2000	水喷淋强度1800kg/(h·m)
汽油蒸气(深度稳定汽油)	水		200～350	汽油蒸气进口流速6～10m/s 出口流速0.3～0.5m/s
汽油蒸气(裂化汽油)	水		175～200	汽油蒸气进口流速6～10m/s 出口流速0.3～0.5m/s
瓦斯油蒸气	水		200	瓦斯油出口流速2.5m/s(冷凝物和不凝性气体)

① 1kcal/(m²·h·℃)=1.163W/(m²·K)。

b. 喷淋式冷却器用作冷却器时总传热系数推荐值见表6.26。

表6.26 喷淋式冷却器用作冷却器时总传热系数的推荐值

管内流体	管外流体	传热面材料	总传热系数/[kcal/(m²·h·℃)][①]	备注
氯磺酸蒸气	水	钢	20	
醋酸等蒸气	水	钢	58	
水溶液	水		1200～2500	

续表

管内流体	管外流体	传热面材料	总传热系数/[kcal/(m²·h·℃)]①	备　注
50%糖水溶液	水(16℃)	玻璃	245～295	
甲醇	水	钢	422	水喷淋强度 700kg/(m·h)

① 1kcal/(m²·h·℃)=1.163W/(m²·K)。

(7) 螺旋板式换热器　螺旋板式换热器总传热系数的推荐值见表 6.27。

表 6.27　螺旋板式换热器总传热系数推荐值

进行热交换的流体		材　料	流动方式	总传热系数/[kcal/(m²·h·℃)]①
清水	清水		逆流	1500～1900
蒸汽	清水		错流	1300～1500
废液	清水		逆流	1400～1800
有机物蒸气	清水		错流	800～1000
苯蒸气	蒸汽混合物和清水		错流	800～1000
有机物	有机物		逆流	300～500
粗轻油	蒸汽混合物和焦油中油		错流	300～500
焦油中油	焦油中油		逆流	140～170
焦油中油	清水		逆流	230～270
高粘度油	清水		逆流	200～300
油	油		逆流	80～120
气	气		逆流	25～40
液体	盐水			800～1600
废水(流速 0.925m/s)	清水(流速 0.925m/s)			1450
液体	蒸汽			1300～2600
水	水	钢		1200～1800

① 1kcal/(m²·h·℃)=1.163W/(m²·K)。

(8) 其他形式换热器　其他形式换热器总传热系数的推荐值见表 6.28。

表 6.28　一些形式换热器的总传热系数推荐值

型　式	进行热交换的流体		传热面材料	总传热系数/[kcal/(m²·h·℃)]①	备　注
板式换热器	液体	液体		1300～3500	
板式换热器	水	水	钢	1300～1900	EX-2 型
板式换热器	水	水	钢	2000～2400	EX-3 型
刮面式加热器	汁液	蒸汽		1500～2000	密闭刮面式:汁液温度 20→110℃,蒸汽温度 140℃
刮面式加热器	牛乳	蒸汽		1800～2500	密闭刮面式:牛乳温度 10→130℃,蒸汽温度 160℃
刮面式加热器	18%淀粉糊	蒸汽		1200～1500	密闭刮面式:淀粉糊温度 20→110℃,蒸汽温度 130℃
刮面式冷却器	润滑油	水		500～800	密闭刮面式:润滑油温度 150→140℃,水温度 15℃
刮面式冷却器	18%淀粉糊	水、盐水		1000～1300	密闭刮面式:淀粉糊温度 110→15℃,水、盐水温度 15～10℃
刮面式冷却器	粘胶	水		300～600	密闭刮面式:粘胶温度 90→30℃,水温度 15℃
立方体列管冷凝器	醋酸蒸气进口温度118℃	水	不透性石墨	700	不透性石墨块状热交换器

续表

型　式	进行热交换的流体		传热面材料	总传热系数/[kcal/(m²·h·℃)][①]	备　注
立方体列管冷凝器	甲醇蒸气	水	不透性石墨	600～1000	不透性石墨块状热交换器
立方体列管冷凝器	丙酮蒸气进口温度70℃	水	不透性石墨	200	不透性石墨块状热交换器
立方体列管冷凝器	盐酸酸性蒸气进口温度120℃	水	不透性石墨	700	不透性石墨块状热交换器

① 1kcal/(m²·h·℃)=1.163W/(m²·K)。

6.3.3.5　污垢系数经验值❶

污垢系数的经验值见表6.29、表6.30和表6.31。

表6.29　冷却水的污垢系数/[(m²·h·℃)/kcal][①]

热物料温度	115℃以下		115～205℃	
水　温	52℃以下		52℃以上	
流　速	<1m/s	>1m/s	<1m/s	>1m/s
海水	0.0001	0.0001	0.0002	0.0002
苦咸水	0.0004	0.0002	0.0006	0.0004
凉水塔，人工喷池水				
未处理过的补给水	0.0006	0.0006	0.001	0.0008
处理过补给水	0.0002	0.0002	0.0004	0.0004
自来水，井水，软化水	0.0002	0.0002	0.0004	0.0004
河水(平均)	0.0006	0.0004	0.0008	0.0006
(最小)	0.0004	0.0002	0.0006	0.00044
硬水	0.0006	0.0006	0.001	0.001
淤泥水	0.0006	0.0004	0.0008	0.0006
蒸馏水	0.0001	0.0001	0.0001	0.0001
处理的锅炉供水	0.0002	0.0001	0.0002	0.0002

① 1m²·h·℃/kcal=0.86m²·K/W。

表6.30　工艺物料的污垢系数/[(m²·h·℃)/kcal][①]

工艺物料	数　值	工艺物料	数　值
1. 工业液体		溶剂蒸气	0.0002
有机物	0.0002	天然气	0.0002
冷冻剂 }		有机化合物	0.0001
有机热载体 }	0.0002	柴油机排气	0.002
冷冻盐水	0.0002	往复泵废蒸汽	0.0002
传热用融熔盐	0.0001	酸性气体	0.0002
单乙醇胺溶液	0.0004	3. 工业油类	
烧碱溶液	0.0004	燃料油	0.001
盐类	0.0001	净循环油	0.0002
2. 工业气体		机械和变压器油	0.0002
焦炉气，造气	0.002	淬冷油	0.0008
蒸汽	0.0001	汽油	0.0002
空气	0.0004	挥发油	0.0002

❶ 引自国家医药管理局上海医药设计院编．化工工艺设计手册·第二版．北京：化学工业出版社，1996。

续表

工艺物料	数值	工艺物料	数值
煤油	0.0002	底部油浆(最小 4½ft/s)	0.0006
重油	0.001	轻质液态产品	0.0004
植物油	0.0006	催化重整和加氢脱硫物料	
4. 炼油装置		重整炉进料	0.0004
混合溶剂进料	0.0004	重整炉流出物	0.0002
溶剂	0.0002	加氢脱硫进料和出料	0.0004
萃取物	0.0006	塔顶蒸气	0.0002
提余液	0.0002	50°A.P.I.以上的液态产品	0.0002
汽油	0.0002	30°～50°A.P.I的液态产品	0.0004
石脑油和轻馏分	0.0002	轻馏分加工物料	
煤油	0.0002	塔顶蒸气和气体	0.0002
轻质柴油	0.0004	液态产品	0.0002
重质柴油	0.0006	吸收油	0.0004
重质燃料油	0.001	微酸烷基化物料	0.0004
沥青和残渣油	0.002	再沸器物料	0.0006
裂化和焦化装置物料		润滑油加工物料	
塔顶蒸气	0.0004	进料	0.0004
轻质循环油	0.0004	沥青	0.001
重质循环油	0.0006	蜡膏	0.0006
轻质焦化瓦斯油	0.0006	精制润滑油	0.0002
重质焦化瓦斯油	0.0008		

① $1m^2 \cdot h \cdot ℃/kcal = 0.86m^2 \cdot K/W$。

表 6.31 油类的污垢系数/[$(m^2 \cdot h \cdot ℃)/kcal$]①

物料	0～92℃			92～148℃			148～260℃			260℃以上		
	速度/(m/s)			速度/(m/s)			速度/(m/s)			速度/(m/s)		
	<0.6	0.6～1.2	>1.2	<0.6	0.6～1.2	>1.2	<0.6	0.6～1.2	>1.2	<0.6	0.6～1.2	>1.2
无水原油	0.0006	0.0004	0.0004	0.0006	0.0004	0.0004	0.0008	0.0006	0.0004	0.001	0.0008	0.0006
含盐原油	0.0006	0.0004	0.0004	0.001	0.0008	0.0008	0.0012	0.001	0.0008	0.0014	0.0014	0.001

① $1m^2 \cdot h \cdot ℃/kcal = 0.86m^2 \cdot K/W$。

6.4 贮罐的选型和设计

6.4.1 贮罐的系列化和标准化

国家有各类容器的标准系列，这些标准系列有通用设计图，可向有关单位购买标准图，既省时又可充分保证设计质量，这些标准系列包括：

(1) R 容器系列（碳素钢和低合金钢容器通用设计图系列），这一系列是根据化学工业部、石油工业部部颁标准编制、上海医药设计院绘制了施工图，可供有关设计单位选用。

a. 平底、平盖容器 JB 1421—74（常压下使用）；

b. 平底、锥盖容器 JB 1422—74（常压下使用）；

c. 90°无折边锥形底、平盖容器 JB 1423—74（常压下使用）；

d. 立式、无折边球形封头容器 JB 1224—74（压力≤0.07MPa 用）；

e. 90°折边锥形底、椭圆形盖容器 JB 1425—74（压力≤0.6MPa 用）；

f. 立式椭圆形封头容器 JB 1426—74（压力 0.25～4.0MPa 用）；

g. 卧式无折边球形封头容器 JB 1427—74（压力≤0.07MPa 用）；

h. 卧式椭圆形封头容器 JB 1428—74（压力 0.25～4MPa 用）。

(2) 钢制立式圆筒形固定顶贮罐系列(HG—21502.1—92)，设计压力＋2kPa～－0.5kPa，设计温度－19～150℃，公称容积 100～30000m^3。

(3) 钢制立式圆筒形内浮顶贮罐系列（HG—21502.2—92），设计压力 0kPa，设计温度－19～80℃，公称容积 100～30000m^3。

(4) 玻璃钢贮罐标准系列（HG—21504.1—92），工作压力－500～2000Pa，工作温度－10～＋80℃，公称容积 0.5～100m^3。用于化学、石油工业中作贮存、计量和分离等用途。

(5) 拼装式玻璃钢贮罐标准系列（HG 21504.2—92），工作压力－500～2000Pa，工作温度－10～＋80℃，公称容积 100～500m^3。适用于贮存化工、石油等工业中可用玻璃钢防腐的液体。

(6) 钢制低压湿式气柜（HG 20517—92），设计压力 4000Pa 以下，公称容积 50～100000m^3。适于化工、石油化工气体的贮存、缓冲、稳压、混合等气柜用。

(7) 发酵罐是抗生素厂生产中的主要设备。设计压力 0.3MPa，设计温度 142℃，主要材料是 0Cr19Ni9，公称容积有 30，50，70 和 100m^3 四种。上海医药设计院可提供施工图。

(8) 立式薄壁常压容器系列。此系列由上海医药设计院开发，在保证容器的刚度和强度下减薄容器壁厚，较原 JB 标准系列减轻重量 15%～45%，上海医药设计院可提供施工图。

(9) 搪玻璃设备

a. 搪玻璃开式搅拌容器(HG/T 2371—92)。公称压力＜1.0MPa，介质温度－20～200℃，公称容积 50～5000L。

b. 搪玻璃闭式搅拌容器(HG/T 2372—92)。公称压力≤1.0MPa，介质温度－20℃＜t＜200℃，公称容积 2500～20000L。

c. 搪玻璃开式贮存容器（HG/T 2373—92）。公称压力≤0.6MPa，介质温度 0～150℃，公称容积 50～5000L。

d. 搪玻璃闭式贮存容器（HG/T 2374—92）。公称压力≤0.6MPa，介质温度 0～150℃，公称容积 3000～30000L。

e. 搪玻璃卧式贮存容器（HG/T 2375—92）。公称压力≤0.6MPa，介质温度 0～150℃，公称容积 3000～30000L。

6.4.2 贮罐存贮量的确定

贮罐的存贮量是贮罐设计的最基本的参数。

(1) 原料贮罐　全厂性原料库房贮罐。原料存贮量要保证生产能正常进行，主要根据原料市场供应情况和供应周期而定，一般以 1～3 月的生产用量为宜，但若货源充足、运输周期又短时则存贮量可少些。

车间的原料贮罐一般考虑至少半个月的用量，因为车间成本核算常常是逐月进行的，因而贮罐存贮量一般不主张超过 1 月。

(2) 成品贮罐　一般主要按工厂短期停车后仍能保证满足市场需求来确定存贮量，液体产品贮罐常按至少贮存一周的产品产量设计。

(3) 中间贮罐　中间贮罐的设置是考虑生产过程中在前面某一工序临时停车时仍能维持后面工段的正常生产，所以要比原料罐的存贮量少得多。对于连续化生产视情况贮存几小时至几天的用量，而对间歇生产过程，至少应考虑存贮一个班的生产用量。

（4）回流罐　蒸馏塔回流罐一般考虑5min至10min左右的液体保有量作冷凝器液封之用。

以上（1）至（4）类液体贮罐的装料系数（有效容积占贮罐总容积的百分率）一般在0.8左右，有时可高达0.85，存放气体的容器装料系数是1。

（5）计量罐　考虑少者10min、15min，多者2h或4h产量（或原料量）的存贮量。计量罐的装载系数一般取0.6～0.7，因为计量罐的刻度在罐的直筒部分，刻度的使用度常为满量程的80%～85%，所以应取较小的装载系数。

（6）缓冲罐　缓冲罐的目的是使气体有一定数量的积累，使压力稳定，从而保证工艺流程中流量的稳定，常常是下游使用设备（例如压缩机、泵）5min至10min的用量，有时可超过15min的用量，以便有充裕时间处理故障，调节流程或关停机器。

（7）闪蒸罐　闪蒸过程是液体的部分气化过程，是一个单级分离过程，液体在闪蒸罐的停留时间应考虑尽量使液体在闪蒸罐内有充分的时间使接近气液平衡状态，因此应视工艺过程的不同要求选择液体在罐内的停留时间。

6.4.3　贮罐设计的一般程序

（1）汇集工艺设计数据　经过物料衡算和热量衡算，已经知道贮罐中将要贮存物料的温度、压力、最大使用压力、最高使用温度、最低使用温度、介质的腐蚀性、毒性、蒸气压、进出量等，这些数据汇集起来作为设计的基础数据。

（2）选择贮罐的材料　对化工贮罐来说，介质的腐蚀性是考虑贮罐材料的重要因素。腐蚀性物料视工作压力、工作温度的情况可选择搪瓷容器、搪玻璃容器，也可由钢制压力容器衬胶、衬瓷、衬聚四氟乙烯等来提高容器的耐腐蚀性能。

（3）确定贮罐的型式　贮罐型式选择包括卧式还是立式以及封头的型式。设计时根据工艺条件的要求，从国家标准系列容器中，选出与工艺条件各参数（工作压力、工作温度、介质、容积）相符的容器型式。

（4）确定需要贮存的物料总体积　贮存物料总体积的确定见6.4.2。

（5）确定贮罐的台数和初定尺寸　需要贮存的物料总体积除以贮罐的适宜容积所得到的数值经圆整后就是所需的台数。先初定贮罐的适宜容积，贮罐的适宜容积根据贮罐的型式、存贮物料的性质、可提供的场地大小以及设备加工能力等因素综合考虑后决定，初步贮罐的适宜容积后，用需要贮存的物料总体积除以贮罐的适宜容积所得的数值经圆整后就是所需的台数，台数确定后，再回过头来对初定的适宜容积加以调整，才能得到真正的贮罐容积。

当贮罐容积确定后，就可以定直径和长度（或高度），先根据场地大小定一个大体的直径，再根据国家的设备零部件（筒体和封头）的规范调整直径，然后计算贮罐的长度（或高度），再核实长径比，长径比要考虑到外形美观实用，贮罐的大小与其他设备般配，并与工作场所的尺寸相适应。

（6）选择标准型号　根据初步确定的贮罐直径、长度和容积以及工作温度、工作压力、介质的腐蚀性等条件，尽量在国家标准系列内选择与之相符的规格。如果从标准系列中找不到相符的规格，亦应从中选择一个相近的规格，对尺寸、管口作一些调整后用作非标准设备，这样做可大大节省设计的工作量。

（7）核对标准系列贮罐的管口和支座　如果选用标准系列贮罐则其管口和管口的方位都是固定的。选择标准图纸之后，要核对设备的管口及其方位。如果标准图的管口大小和方位、位置、数目不符合工艺要求、而必须加以修改时，仍可以选择标准系列型号，但在订货时加以说明并附修改图。

贮罐的支承方式和支承座的方位在标准图系列上也是一定的，如果位置和形式有变更要求，则订货时加以说明或附草图。

(8) 如果在标准系列中实在没有能够符合工艺要求或与工艺要求相近的图纸，可以提设备设计条件，由设备设计专业人员设计非标准设备。

6.5 塔器的设计

化工生产中使用的塔型有喷洒塔、板式塔和填料塔，其中填料塔和板式塔最为普遍，而蒸馏操作和吸收操作又是使用板式塔和填料塔最多的地方，所以本节讨论蒸馏和吸收操作用的板式塔和蒸馏塔。

6.5.1 塔型的选择

关于塔型的选择，很难提出一个绝对的标准，下面所列仅为确定塔型的一些参考因素。

(1) 塔径大小的因素。板式塔以单位塔板面积计的造价随塔径增大而减少，而填料塔造价则与其体积成正比。小直径填料塔（0.8m 以下）的造价一般比板式塔低，所以，从设备投资的角度来，大塔用板式塔而小塔用填料塔是经济的；另外，板式塔在直径大时效率较高，而填料塔在大塔径时由于液体分布难以均匀影响效率，因此，大塔宜用板式塔而小塔宜用填料塔。

(2) 板式塔可适应比较小的液体流量，若此条件下用填料塔则易导致填料润湿不足。

(3) 处理有腐蚀性的物料时，宜用填料塔。若用板式塔，塔板需要用耐腐蚀的金属材料制造，造价较高，而用填料塔时，可以考虑使用廉价的陶瓷填料，当操作温度不高时，还可以使用塑料填料，造价会低得多。

(4) 热敏性物料的蒸馏宜用填料塔。高温下易发生聚合、分解或相互作用的热敏性物料的蒸馏，常采用减压蒸馏，减压蒸馏要求较小的压力降，而填料塔的压力降一般比较小，近年来又发展了压降很小的规整填料，更有利于降低填料塔的压力降。而且填料塔内液体的滞留量比较少，物料在塔内的停留时间短，也有利于热敏性物料，所以，热敏性物料的蒸馏应首选填料塔。

(5) 填料塔适于处理易发泡的液体，因填料能起到破碎泡沫的作用。

(6) 含有固体颗粒的物系，宜选用液流通过量较大的板式塔，例如孔径较大的筛板塔、泡罩塔、浮阀塔、舌形板塔等，若用填料塔则填料易被固体颗粒堵塞。

(7) 产生大量溶解热或反应热的物系，一般应采用板式塔，因为可以比较方便地在塔板上安装冷却排管，或从塔板上引出液体在塔外冷却后再返回塔内，以利控制塔温。

(8) 液膜控制的过程宜使用板式塔，气膜控制的过程宜用填料塔。在板式塔中，气体在液层内鼓泡上升，这种方式有利于处理液相阻力为主的系统；在填料塔中的气、液流动情况有利于减小气膜的阻力，故适于气膜控制的系统。

(9) 对操作弹性要求较高的系统，宜采用浮阀塔或其他浮动型塔板的板式塔，其次是泡罩塔；填料塔和无溢流塔板的板式塔的操作弹性相对较小。

(10) 如果工艺上要求侧线出料宜选用板式塔。

(11) 如果设备的重量是关键因素，宜选用板式塔，板式塔的重量一般比相同处理量的填料塔为轻。但采用塑料填料时，填料塔的重量也不大。

(12) 要求液体在塔内停留时间短的吸收过程（例如用氨水脱除混合气体中 H_2S 的吸收

过程，停留时间短有利于氨水选择性地吸收H_2S）可选用充填滞液量小的填料的填料塔，反之，要求液体在塔内停留时间长的过程，可采用板式塔或充填滞液大的填料的填料塔。

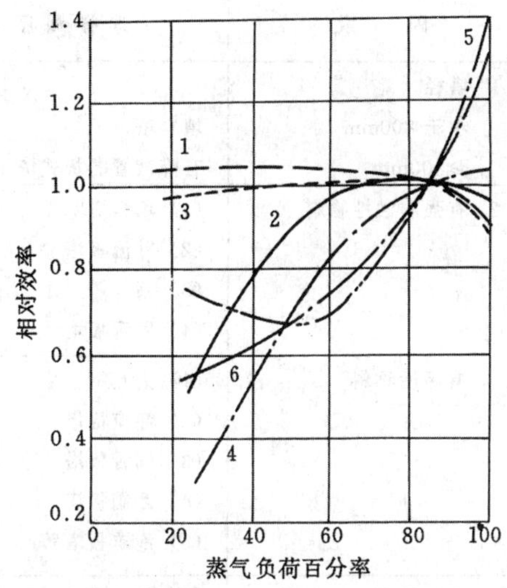

图 6.2 几种塔型的效率❶

1—泡罩塔；2—筛板塔；3—浮阀塔；4—克特尔板塔；5—鲍尔环填料塔；6—折棱网填料塔

关于各种塔的性能比较，虽然已经有许多人进行过研究，但由于各种原因，所得结论往往不一致，舍特维格（Zuiderweg）等作了较细致的工作，比较了 6 种塔型的性能，其结果示于图 6.2。从图 6.2 可以看出，填料塔和无溢流克特尔塔板（Kittel tray）的操作弹性较差，其效率随负荷有较大变化。在有溢流的塔板中，泡罩塔、浮阀塔和筛板塔在正常负荷下的效率大致相仿，泡罩塔和浮阀塔在负荷有较大范围变化时，仍能保持高效，而筛板塔则在低负荷时效率有较大下降，它的操作弹性小。

霍浦（Hoppe）对多种板式塔的性能作了综合比较，其结果列在表 6.32 中，蒸气负荷和价格两栏是对比于泡罩塔而言的。从表中可以看出各种塔板的蒸气负荷都比泡罩塔大，各种有溢流塔板的效率大致相仿，无溢流塔板的压降最低，操作弹性小，效率也较低，但板间距小，造价最低。

表 6.32 板式塔性能的比较❷

塔板型式	板上蒸气的相对负荷		效率		操作弹性		85%最大蒸气负荷时的板压降/mmH_2O②	塔板间距/mm	与泡罩塔相比的相对价格	重量/(kg/m^2)
	低值	中等值	85%最大负荷时	在允许可变负荷之下	负荷变化范围①	最大蒸气负荷对最小蒸气负荷之比				
泡罩塔板			80	60～80	80	4～5	45～80	400～800	1	90～140
单流型泡罩塔板	1.1	1.2	80～90	60～80	50	4～5	45～80	400～800	0.6	40～70
浮阀塔板	1.2	1.5	80	70～90	80	5～8	40～60	300～600	0.7	40～60
筛孔塔板	1.2	1.3	80	70～80	55	2～3	30～50	400～800	0.7	30～40
舌形塔板	1.1	1.35	80	60～80	80	3～4.5	40～70	400～600	0.7	60～80
克特尔塔板	1.1	1.4	80	70～80	40	2～3	20～50	300～400	0.6	30～50
淋降筛板	1.2	1.4	75	60～80	10	2～3	30～40	300～400	0.5	30～50
无溢流栅板	1.5	2.0	70	60～80	10	1.2～2.5	25～40	200～400	0.5	30～50
波纹塔板	1.2	1.6	70	60～75	50	2～3	20～30	300～400	0.5	30～50

① 负荷变化范围是指效率降低 15%时，气体负荷变化的最大百分数。例如泡罩塔的负荷变化范围为 80%，是表示气体在最大负荷和最大负荷的 20%之间变化时，效率可保持 85%的正常效率值。

② $1mmH_2O=9.80665Pa$。

按照工艺的不同要求和各类型塔的不同性能，在选择塔型时可参考表 6.33 的选用顺序。

❶ 引自上海化工学院，天津大学，浙江大学编. 化学工程·第二册. 北京：化学工业出版社，1980，248。

❷ 引自上海化工学院，天津大学，浙江大学编. 化学工程·第二册. 北京：化学工业出版社，1980，249。

表 6.33 各种塔型的选用顺序❶

因　素	选择顺序	因　素	选择顺序
1. 塔径 小于 800mm ≥800mm	 填料塔 有降液管的板式塔	5. 真空塔	(1) 填料塔 (2) 浮阀板塔 (3) 筛板塔 (4) 泡罩板塔 (5) 其他斜喷式板塔（斜孔板塔、钢板网塔等）
2. 有强腐蚀性物料	(1) 填料塔 (2) 穿流板塔 (3) 筛板塔 (4) 固舌板塔		
3. 有污垢物料	(1) 大孔筛板塔 (2) 穿流板塔 (3) 固舌板塔 (4) 浮阀板塔 (5) 泡罩板塔等	6. 大液气比	(1) 导向筛板塔 (2) 多降液管板式塔 (3) 填料塔 (4) 浮阀板塔 (5) 筛板塔 (6) 条形泡罩板塔
4. 高操作弹性	(1) 浮阀板塔 (2) 泡罩板塔 (3) 筛板塔	7. 液相分层	(1) 穿流板塔 (2) 填料塔

6.5.2 板式蒸馏塔的设计

6.5.2.1 板式蒸馏塔的设计程序

(1) 搜集和整理原始物性数据，汇总工艺要求。

(2) 初选板式塔的塔盘结构。

(3) 计算塔的实际板数，见 6.5.2.2。

(4) 如用逐板计算法求理论板数，则可同时得到各塔板上气、液两相组成的变化情况、温度变化情况和气、液两相的流量变化情况，即轴向含量分布、温度分布以及气、液两相的流量分布，从轴向温度分布数据可确定灵敏板的位置。

(5) 确定再沸器、冷凝器的热负荷并选型。

(6) 确定塔径，见 6.5.2.3。

(7) 选定塔盘结构。有些塔盘系列参数已有国家标准可供选用，也可自行设计，已有的标准系列是圆泡罩（JB1212—73）、F_1 型浮阀及浮阀塔盘系列（JB1118—81）。

(8) 确定塔节上人孔和手孔的位置和尺寸。

(9) 确定总塔高。

(10) 作塔内流体力学核算，画出负荷性能图。

(11) 根据工艺设备计算的结果向设备设计专业提出设计条件。

6.5.2.2 板式蒸馏塔实际板数的确定

(1) 确定蒸馏塔实际板数的工作步骤

a. 根据工艺上的分离要求确定塔顶、塔釜产品的组成。对二组元蒸馏，进行物料衡算可以容易地求出塔顶、塔釜产品的组成，物料衡算的方法见 4.3.2 节。若为多组元蒸馏，则应先选择其中两个对产品质量影响较大的组分作为轻、重关键组分，按工艺分离要求决定关键

❶ 引自韩冬冰等编著. 化工工程设计. 北京：学苑出版社，1997. 124。

组分在塔顶和塔釜的分配，再通过物料衡算确定塔顶、塔釜产物的全部组成。如果作清晰分割假设，则计算将会简便得多。

b. 初定塔顶和塔釜的操作压力。

c. 作全塔物料衡算，列出全塔物料衡算表。

d. 根据气液相平衡关系，验算塔的操作压力和塔顶、塔釜温度。

e. 选定进料状态，确定进料温度。

f. 求理论板数。

g. 定板效率。

h. 求实际板数。

(2) 确定蒸馏塔理论板数的方法　二组元蒸馏的理论板数求算方法已在化工原理课程中讨论得很详细了，所以这里只讨论多组元蒸馏理论板数的确定。

求算多组元蒸馏的理论板数的方法有简捷法和逐板计算法。

简捷法求算理论板数的步骤如下：

a. 计算最小回流比　常用的近似计算公式有恩德伍特（Underwood）公式和柯尔本(Colburn)公式，恩德伍特公式是

$$\sum\frac{\alpha_i x_{F,i}}{\alpha_i-\theta}=1-q \tag{6.5a}$$

$$\sum\frac{\alpha_i x_{D,i}}{\alpha_i-\theta}=R_{min}+1 \tag{6.5b}$$

式中　α_i——组分 i 对关键组分的相对挥发度，可用组分 i 对重关键组分的相对挥发度 $\alpha_{i,h}$；

$x_{F,i}$——进料混合物中组分 i 的摩尔分数；

$x_{D,i}$——馏出物中组分 i 的摩尔分数；

q——进料的液体分数，泡点进料时 $q=1$；

R_{min}——最小回流比；

θ——满足式（6.5a）的根，其值应在轻、重关键组分相对挥发度之间；

计算时，先用式（6.5a）求 θ，然后再用式（6.5b）求出最小回流比 R_{min}。

b. 用芬斯克公式求最少理论板数 N_{min}　当用全凝器且再沸器作为一块理论板被扣除的情况下，N_{min}用（6.6a）式计算。

$$N_{min}=\frac{\lg\left(\frac{x_{D,L}}{x_{D,h}}\right)\left(\frac{x_{w,h}}{x_{w,L}}\right)}{\lg\alpha_{L,h,av}}-1 \tag{6.6a}$$

当用分凝器、同时再沸器作为一块理论板被扣除的情况下，N_{min}用（6.6b）式计算。

$$N_{min}=\frac{\lg\left(\frac{x_{D,L}}{x_{D,h}}\right)\left(\frac{x_{w,h}}{x_{w,L}}\right)}{\lg\alpha_{L,h,av}}-2 \tag{6.6b}$$

(6.6b) 式中，分凝器作为一块理论板被扣除。

式中　下标 D、W 分别表示塔顶和塔釜；

x_L——轻关键组分的摩尔分数；

x_h——重关键组分的摩尔分数；

$\alpha_{L,h,av}$——轻重关键组分的相对挥发度，取塔顶、塔釜温度下 $\alpha_{L,h}$的几何平均值，或取塔顶、塔釜进料液温度下 $\alpha_{L,h}$的几何平均值。

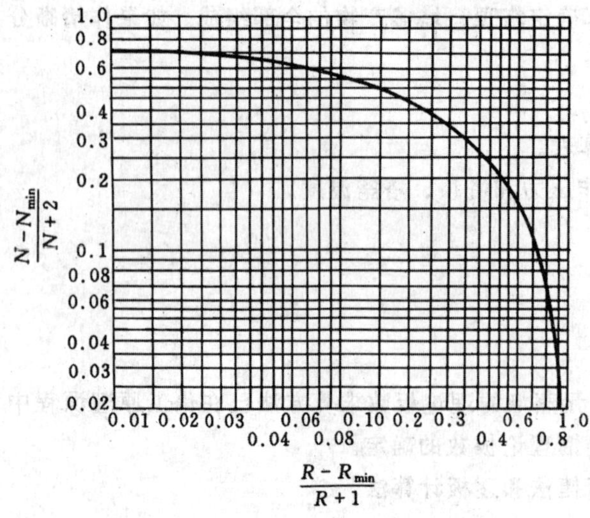

图 6.3 吉利兰图

c. 用吉利兰(Gilliland)图定出不同回流比 R 与相应的理论板数 N 的关系，绘出 N-R 曲线或列出 N-R 表，从中找出适宜的回流比 R 及相应的理论板数 N。

图 6.3 是吉利兰图，纵坐标是 N-$N_{min}/N+2$，其中 N 和 N_{min} 分别为理论板数和最小理论板数（均不包括塔釜）。

多组元蒸馏的逐板计算是在二组元蒸馏的逐板计算法的基础上提出的，这种方法称为刘易斯-买提逊（Lewis-Matheson）法，过去用于手工逐板计算。通常需要已知进料组成和操作回流比，然后交替使用气液平衡方程和操作线方程，依次逐板计算得到理论板数，现在，除了特殊情况以外，多组元手工逐板计算一般已不再使用，但它的一些计算原则在计算机计算中仍被采用。

（3）蒸馏塔的塔板效率　蒸馏塔塔板效率的最大影响因素是被处理物料的物理性质，因此，板效率的经验关联便以物性作为参数，图 6.4 为蒸馏塔总板效率的关联图，横坐标为 $a\mu_{av}$，a 表示两组分的相对挥发度（若为多组分混合物，则取轻、重关键组分），按塔顶与塔底平均温度计算；μ_{av} 表示以加料摩尔组成为准的液体平均摩尔粘度，按下式计算：

$$\mu_{av}=\sum x_i\mu_i$$

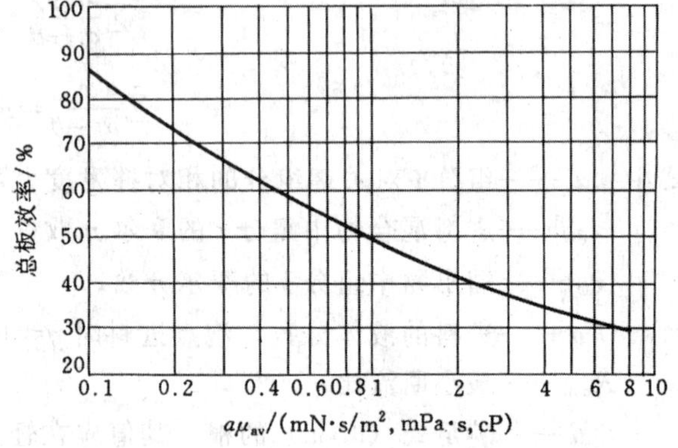

图 6.4 蒸馏塔总板效率关联图

上面的关联图主要是根据泡罩板的数据作出的，对于其他板型，可参考表 6.34 所列的效率相对值加以校正。

表 6.34　总板效率的相对值

塔　　型	总板效率相对值	塔　　型	总板效率相对值
泡罩塔	1.0	浮阀塔	1.1～1.2
筛板塔	1.1	穿流筛孔板塔（无降液管）	0.8

例 6.2　连续精馏塔进料组成为：

组分	甲烷 C_1°	乙烷 C_2°	丙烯 $C_3^=$	丙烷 C_3°	异丁烷 i-C_4	正丁烷 n-C_4	合计
%（mol）	5	35	15	20	10	15	100

要求馏出液中丙烯浓度＜2.5%（mol），残液中乙烷含量＜5%（mol），并假定在残液中不出现甲烷，在馏出液中不出现丙烷和更重的组分。塔压 2.776MPa（27.4atm），进料为饱和液体状态，塔顶用全凝器，泡点液体回流。以乙烷为轻关键组分，丙烯为重关键组分进行前述确定蒸馏塔实际板数的第一至第五步计算后，获得如下结果：

(1) 塔顶温度 6℃，进料温度 26℃，塔釜温度 81℃。

(2) 塔顶各组分的摩尔分数和平衡常数 K 值为：

组分	C_1	C_2°	$C_3^=$	C_3°	i-C_4	n-C_4	合计
$x_{D,i}$	0.130	0.829	0.0247	0.0175	0.000171	0	1.00
K_i	5.25	0.98	0.32	0.274	0.125	0.082	

(3) 塔釜各组分的摩尔分数和平衡常数 K 值为：

组分	C_1	C_2°	$C_3^=$	C_3°	i-C_4	n-C_4	合计
$x_{W,i}$	0	0.0506	0.229	0.315	0.162	0.244	1.00
K_i	8.1	2.65	1.27	1.15	0.61	0.47	

试用简捷法计算理论板数。

解：

(1) 求各点温度下各组分对重关键组分的相对挥发度 $\alpha_{i,h}$ 和平均相对挥发度 α_{av}，其中，

$$\alpha_{i,h}=\frac{K_i}{K_h}$$

$$\alpha_{av}=(\alpha_{i,h,T}\times\alpha_{i,h,F}\times\alpha_{i,h,B})^{1/3}$$

计算结果如下：

组分	塔顶		进料		塔釜		α_{av}
	K_i	$\alpha_{i,h}$	K_i	$\alpha_{i,h}$	K_i	$\alpha_{i,h}$	
C_1	5.25	16.4	6.12	12	8.10	6.37	10.78
C_2°（轻关键）	0.98	3.06	1.37	2.69	2.65	2.08	2.58
$C_3^=$（重关键）	0.32	1	0.51	1	1.27	1	1
C_3°	0.274	0.857	0.45	0.882	1.15	0.905	0.884
i-C_4°	0.125	0.390	0.212	0.415	0.61	0.48	0.426
n-C_4°	0.082	0.256	0.147	0.288	0.47	0.37	0.301

(2) 求最小理论板数 N_{min}

由芬斯克公式（6.6a）得

$$N_{min}=\frac{\lg\left[\left(\frac{x_{D,L}}{x_{D,h}}\right)\left(\frac{x_{W,h}}{x_{W,L}}\right)\right]}{\lg\alpha_{L,h}}-1=\frac{\lg\left[\frac{0.829}{0.0247}\times\frac{0.229}{0.0506}\right]}{\lg 2.58}-1=4.32$$

(3) 求最小回流比　用恩德伍特公式，先由式（6.5a）求 θ。

$$\sum\frac{\alpha_{i,h}x_{F,i}}{\alpha_{i,h}-\theta}=1-q$$

因是泡点进料，$q=1$

$$\therefore\quad\sum\frac{\alpha_{i,h}x_{F,i}}{\alpha_{i,h}-\theta}=1-1=0$$

θ 值范围应在 2.58 和 1 之间，设 $\theta=1.395$，代入上式得

$$\frac{10.78\times0.05}{10.78-1.395}+\frac{2.58\times0.35}{2.58-1.395}+\frac{1\times0.15}{1-1.395}+\frac{0.884\times0.20}{0.884-1.395}+\frac{0.426\times0.10}{0.426-1.395}+\frac{0.301\times0.15}{0.301-1.395}$$

$$=0.0081\approx0$$

$\therefore$　$\theta=1.395$ 为所求，将 θ 值代入（6.5b）式求 R_{min}。

$$R_{min}=\frac{\sum\alpha_{i,h}x_{D,i}}{\alpha_{i,h}-\theta}-1$$

$$=\frac{10.78\times0.130}{10.78-1.395}+\frac{2.58\times0.829}{2.58-1.395}+\frac{1\times0.0247}{1-1.395}+\frac{0.884\times0.0175}{0.884-1.395}+\frac{0.0426\times0.000171}{0.0426-1.395}$$

$$=0.866$$

(4) 求理论板数

a. 用吉利兰图求回流比 R 与总理论板数 N 的关系。为了选取适宜的回流比 R 与理论板数 N，可用吉利兰图算出与一系列 R 相对应的 N，如下所示：

R	$R=1.05$ $R_{min}=0.909$	$R=1.2$ $R_{min}=1.04$	$R=1.35$ $R_{min}=1.169$	$R=1.5$ $R_{min}=1.30$	$R=1.75$ $R_{min}=1.516$	$R=2$ $R_{min}=1.732$	$R=2.5$ $R_{min}=2.165$	$R=3$ $R_{min}=2.598$	$R=3.5$ $R_{min}=3.03$
$\frac{R-R_{min}}{R+1}$	0.023	0.0852	0.14	0.189	0.258	0.318	0.41	0.482	0.537
$\frac{N-N_{min}}{N+2}$	0.7	0.55	0.50	0.42	0.37	0.32	0.25	0.18	0.175
N	∞	12.04	10.64	8.9	8.03	7.28	6.43	5.7	5.66

b. 选择合适的回流比和理论板数　由上表可以看出，当 $R<1.5R_{min}$时，随着 R 的增大，N 迅速减小；当 $R\geqslant1.5R_{min}$时，随着 R 的增大，N 减小的趋势减缓；而 R 增大会使操作费用增加，所以选择 $R=1.5R_{min}=1.3$，$N=8.9$ 是经济的。取理论板等于 9 块。

6.5.2.3　板式蒸馏塔塔径的确定

塔径计算公式为

$$D=\sqrt{\frac{4V}{\pi u}}$$

式中　V——塔内上升蒸气的体积流量，m^3/s；

D——塔径，m；

u——气体空塔速度，m/s。

空塔速度用史密斯 (Smith) 法求取。先按 (6.7) 式计算最大允许空塔速度。

$$u_{max}=C\sqrt{\frac{\rho_L-\rho_V}{\rho_V}} \tag{6.7}$$

式中　u_{max}——最大允许空塔速度，m/s；

C——蒸气负荷因子。

C 值由史密斯图（图 6.5）查出，C 是 $\frac{L}{V}\left(\frac{\rho_L}{\rho_V}\right)^{0.5}$ 和 (H_T-h_L) 的函数，H_T 是板间距，h_L 是板上清液高度。因此，在查 C 值时应先初定板间距 H_T，一般情况下，不同塔径时的板间距可参考表 6.35 的数据。

表 6.35　不同塔径时的板间距

塔径/m	0.3～0.5	0.5～0.8	0.8～1.6	1.6～2.0	2.0～2.4	2.4 以上
板间距/m	0.2～0.3	0.3～0.35	0.35～0.45	0.6～0.6	0.5～0.7	0.6 以上

史密斯图中 C 值是按液体表面张力为 0.02N/m 即 20dyn/cm[1] 的物系绘制的，图中纵坐

[1] $1dyn/cm=1\times10^{-3}N/m$。

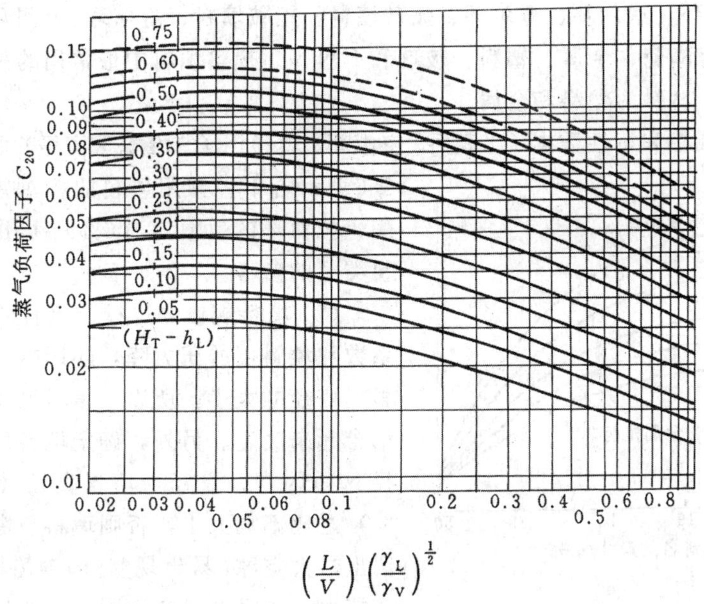

图 6.5 史密斯图

标用符号 C_{20}表示，若所处理的物系表面张力为其他值，查出的 C 值须校正，校正式为：

$$C=C_{20}\left(\frac{\sigma}{0.02}\right)^{0.2}$$

式中 σ——液体的表面张力，N/m；

C——校正后的 C 值。

求出最大允许速度 $u_{\max}$后便可按 $u=(0.6\sim0.8)u_{\max}$的关系确定空塔速度 u 的值，对不起泡物系，常取 $u=0.8u_{\max}$；对易起泡物系或希望有较大的操作上限时取 $u=0.6u_{\max}$；减压操作的塔，为减少压降，常取 $u=0.77u_{\max}$；塔径小于 0.9m 的塔，常取 $u=(0.65\sim0.75)u_{\max}$。

算出塔径后，应按我国化工通用机械标准的规定圆整。

用以上办法计算得到的塔径需在后继的各步设计如版面布置和流体力学计算中进行校验，若不合适，则应重新选定 H_T 再行计算。

6.5.3 填料蒸馏塔的设计

6.5.3.1 填料蒸馏塔的设计程序

(1) 汇总设计参数和物性数据。

(2) 选用填料，见 6.5.3.2。

(3) 确定塔径，见 6.5.3.3。

(4) 确定理论板数和填料的等板高度数值，参见 6.5.3.4。

(5) 计算填料高度，参见 6.5.3.4。

(6) 校核喷淋密度是否足以维持最小喷淋密度，见 6.5.3.5。

(7) 确定填料的段数和每段填料的高度，见 6.5.3.6。

(8) 向设备设计专业提出设计条件。

6.5.3.2 填料的选用

选择填料包括确定填料的类型、填料的规格和填料的材质。

(1) 填料类型的选择　填料的类型很多，分为颗粒填料和规整填料两大类。常用的颗粒填料有拉西环、θ环、鲍尔环、海尔环、弧鞍填料、矩鞍填料、阶梯环、θ网环等；颗粒填料常用的构造材料有陶瓷、金属、塑料、玻璃和石墨等。规整填料中最常用的是孔板波纹填料和丝网波纹填料，材料为塑料和金属。

各种填料的规格和特性数据（比表面、空隙率、填料因子、堆积密度等）列于表6.36。图6.6表示若干种常用填料的相对效率（以25mm陶瓷拉西环的效率为100%），可作设计时选择填料类型的参考。

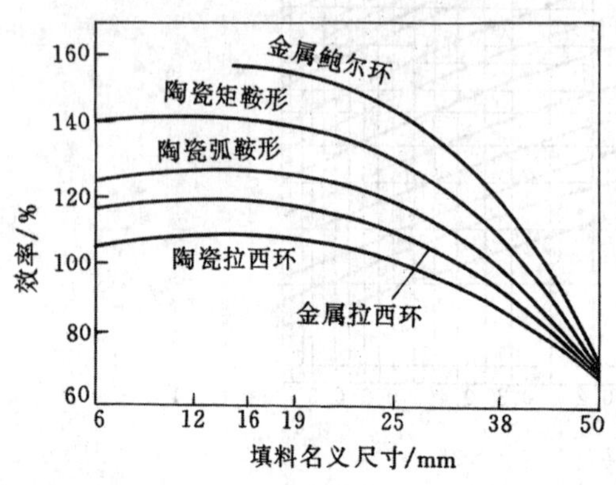

图6.6　几种填料的相对效率

(2) 填料规格的选择　填料的尺寸影响传质系数和填料层的压力降，还影响气体的通量从而影响塔径的大小，所以，填料尺寸要与工艺计算结合起来决定。另外，确定填料尺寸时要考虑塔径这一因素，塔径与填料直径（或主要线性尺寸）之比不能太小，否则填料与塔壁不能靠紧而留出过大空隙，易出现壁流，对塔的传质效率、生产能力、压降都将产生影响，若计算所得的塔径与填料尺寸之比小于表6.37中的最小值，则应改选较小尺寸填料，但是，只要50mm的填料能超过表6.37所列之低限，塔高又不受限制，应尽量采用，因为它在各方面的性能均优于其他尺寸，除非塔径很小，不要选用小于20～25mm的填料，这些小尺寸的填料，比表面虽大，但效率不见增长（见图6.6），而造价却增加，压力降也大。比50mm大的填料一般也较少使用。实践证明，直径10m以上的大塔仍能成功地使用尺寸为50mm的填料，说明塔径与填料尺寸之比并无上限。

表6.36　一些填料的主要规格及其特性数据

填料类别及名义尺寸/mm	实际尺寸/mm	比表面 σ/(1/m)	空隙率 ε/(m^3/m^3)	堆积密度 ρ_p/(kg/m^3)	σ/ε^3/(1/m)	填料因子 ϕ/(1/m)
陶瓷拉西环(乱堆)	高×厚					
16	16×2	305	0.73	730	784	940
25	25×2.5	190	0.78	505	400	450
40	40×4.5	126	0.75	577	305	350
50	50×4.5	93	0.81	457	177	205
陶瓷拉西环(整砌)	高×厚					
50	50×4.5	124	0.72	673	339	
80	80×9.5	102	0.57	962	564	
100	100×13	65	0.72	930	172	
钢拉西环(乱堆)	高×厚					
25	25×0.8	220	0.92	640	290	390
35	35×1	150	0.93	570	190	260
50	50×1	110	0.95	430	130	175
钢鲍尔环	高×厚					
25	25×0.6	209	0.94	480	252	160
38	38×0.8	130	0.95	379	152	92
50	50×0.9	103	0.95	355	120	66
塑料鲍尔环						
25		209	0.90	72.6	287	170
38		130	0.91	67.7	173	105
50		103	0.91	67.7	137	82

续表

填料类别及名义尺寸/mm	实际尺寸/mm	比表面 σ/(1/m)	空隙率 ε/(m^3/m^3)	堆积密度 ρ_p/(kg/m^3)	σ/ε^3/(1/m)	填料因子 ϕ/(1/m)
钢阶梯环	厚度					
No. 1	0.55	230	0.95	433		111
No. 2	0.7	164	0.95	400		72
No. 3	0.9	105	0.96	353		46
塑料阶梯环						
No. 1		197	0.92	64		98
No. 2		118	0.93	56		49
No. 3		79	0.95	43		26
陶瓷矩鞍	厚度					
25	3.3	258	0.755	548		320
38	5	197	0.81	483		170
50	7	120	0.79	532		130
陶瓷弧鞍						
25		252	0.69	725		360
38		146	0.75	612		213
50		106	0.72	645		148
钢环矩鞍						
25#			0.967			135
40#			0.973			89
50#			0.978			59
木栅板(平板)	高×厚 间距					
	100×10 10	100	0.55	210		
	100×10 20	65	0.68	145		
	100×10 30	48	0.77	110		

注：阶梯环 No. 1，2，3 与钢环矩鞍 25#，40#，50#，各大致相当于名义尺寸 25，38（或 40），50mm。

表 6.37 塔径与填料尺寸之比的最小值

填料种类	$(D/d)_{min}$	填料种类	$(D/d)_{min}$
拉西环	20～25	矩鞍填料	8～10
金属鲍尔环	8		

(3) 填料材质的选择　填料的材质主要根据介质的腐蚀性和温度来选择。陶瓷填料耐腐蚀性强，能适应除 HF 和热的浓碱液外的各种条件，但陶瓷制作的填料与金属填料相比易碎，且比表面小。金属填料易于加工和成批生产，重量也轻，应用十分普遍。塑料填料耐腐蚀性能好，且易于加工和成批生产，重量轻也是其优点，但不能耐高温，是其缺点，聚丙烯塑料制造的填料的使用温度一般在 100℃以下。

6.5.3.3　填料塔塔径的确定

填料塔塔径仍使用下面的公式计算：

$$D=\sqrt{\frac{4V}{\pi u}}$$

式中　V——气体的体积流量，m^3/s；

u——操作空塔气速，m/s；

D——塔径，m。

操作空塔气速可按下列两种方法之一决定：(1) 取操作空塔气速等于液泛气速的 0.5～0.8（此值称为泛点率），易发泡的物系泛点率取 0.5 或更小；(2) 根据生产条件，规定出可容许的压力降，由此压力降反算出可采用的气速。两种方法中，方法 (1) 最为常用。

对颗粒填料，填料塔的液泛气速可用埃克特（Eckert）通用关联图（图 6.7）求算。图中位置最高的几条线是泛点线，先算出横坐标值，据此线读出纵坐标值，即可计算 G_V 的值，G_V 即为液泛条件下的气体质量流速，通过 $G_V=u\rho_V$ 的关系，便可求出液泛速度。

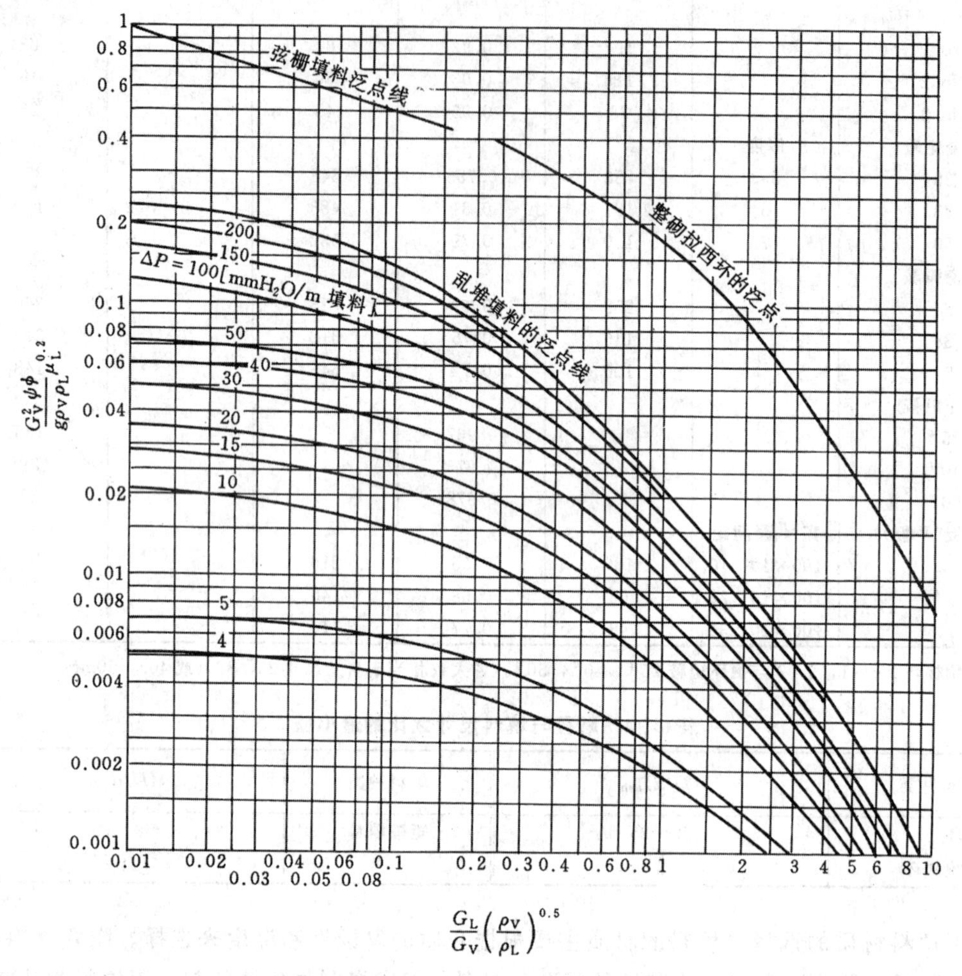

图 6.7　埃克特通用关联图

G_V，G_L——气体和液体的质量速度，kg/(m²·s)；

ρ_V，ρ_L——气体和液体的密度，kg/m³；

ϕ——填料因子，1/m；

ψ——水的密度和液体的密度之比；

g——重力加速度，9.81m/s²；

μ_L——液体的粘度，mPa·s (cP)

($1mmH_2O=9.80665Pa$)

规整填料的泛点气速常用 u_f 关联式求算，有时也用推荐适宜的动能因子的方法求算空塔操作气速。下面分别介绍之。

金属孔板波纹填料［又称麦勒派克（Mellapak）填料］的泛点气速关联式为

$$\lg\left[\frac{W_F^2}{g}\cdot\left(\frac{a}{\varepsilon^3}\right)\cdot\frac{\rho_G}{\rho_L}\cdot\mu_L^{0.2}\right]=0.291-1.75\left(\frac{L}{G}\right)^{1/4}\cdot\left(\frac{\rho_G}{\rho_L}\right)^{1/8}$$

式中 W_F——泛点气速，m/s；

g——重力加速度，9.81m/s²；

a——填料比表面积，m²/m³；

ε——填料空隙率；

ρ_G——气体的密度，kg/m³；

ρ_L——液体的密度，kg/m³；

μ_L——液体的粘度，mPa·s（cP）；

L——液体流量，kg/h；

G——气体流量，kg/h。

塑料（聚丙烯）孔板波纹填料的泛点气速关联式为：

$$\lg\left[\frac{W_F^2}{g}\cdot\left(\frac{a}{\varepsilon^3}\right)\cdot\left(\frac{\rho_G}{\rho_L}\right)\cdot\mu_L^{0.2}\right]=0.291-1.563\left(\frac{L}{G}\right)^{1/4}\left(\frac{\rho_G}{\rho_L}\right)^{1/8}$$

金属压延刺孔板波纹填料的泛点气速关联式为

$$\lg\left[\frac{W_F^2}{g}\cdot\left(\frac{a}{\varepsilon^3}\right)\cdot\left(\frac{\rho_G}{\rho_L}\right)\cdot\mu_L^{0.2}\right]=A-1.75\left(\frac{L}{G}\right)^{1/4}\left(\frac{\rho_G}{\rho_L}\right)^{1/8}$$

对 4.5 型 $A=0.35$；对 6.3 型，$A=0.49$。

金属丝网波纹填料的适宜空塔气速用适宜动能因子求算，动能因子（又称 F 因子）的定义为：

$$F=W_G\sqrt{\rho_G} \tag{6.8}$$

式中 F——动能因子，$\frac{m}{s}\left(\frac{kg}{m^3}\right)^{0.5}$；

W_G——空塔气速，m/s；

ρ_G——气体密度，kg/m³。

对 250 型金属丝网波纹填料，当压力在 0.1～10kPa 时，$F=3.5\sim3\ \frac{m}{s}\left(\frac{kg}{m^3}\right)^{0.5}$，当压力在10～100kPa 时，$F=3\sim2.5\ \frac{m}{s}\left(\frac{kg}{m^3}\right)^{0.5}$；对 500 型金属丝网波纹填料，推荐 $F=2.0\ \frac{m}{s}\left(\frac{kg}{m^3}\right)^{0.5}$；700 型推荐 $F=1.5\sim2\ \frac{m}{s}\left(\frac{kg}{m^3}\right)^{0.5}$。

6.5.3.4 填料蒸馏塔填料高度的计算

在一般的填料蒸馏塔计算中，知道理论板数后，可根据填料的等板高度数据来求出填料层高度，即

$$Z=N_T\ (\mathrm{HETP}) \tag{6.9}$$

式中 Z——填料高度，m；

N_T——理论板数；

HETP——等板高度，m。

影响 HETP 的因素很多，如填料特性、物料性质、操作条件及塔径、填料层高度等。由于影响因素复杂，虽有许多计算方法，但都不够完善。通常设计中需用的 HETP 值，应在标准试验塔中测取，或取工业型设备中的经验数据。也可以采用主要性质（如相对挥发度、粘度、密度、液气比等）相近的系统分离的数据。

在化工单元设计参考资料（四）《气液传质设备设计》❶ 和《工业塔新型规整填料应用手册》❷ 中，可以查到各种填料用于蒸馏时的HETP值或每米填料的理论板数的值，可供设计时参考。

在缺少数据及不具备测试手段的情况下，可以用经验公式估算，但要注意所用经验公式的适用范围。下面介绍幕赫法和汉德法。

(1) 幕赫法

$$\mathrm{HETP}=38A\ (0.205G)^{B}\ (39.4D)^{C}Z_0{}^{1/3}\left(\frac{\alpha\mu_L}{\rho_L}\right)$$

式中 G——气相的质量流速，kg/(m²·h)；

D——塔径，m；

Z_0——相邻两个再分布器之间的填料高度，m；

α——被分离组分之间（对多组元混合物则为关键组分之间）的相对挥发度；

μ_L——液相粘度，mPa·s (cP)；

ρ_L——液相密度，kg/m³；

A、B、C——系数列于表 6.38 中。

表 6.38 A、B、C 系数的值

填料种类	填料尺寸/mm	A	B	C
弧鞍形填料	13	5.62	−0.45	1.11
	25	0.76	−0.14	1.11
拉西环	10	2.10	−0.37	1.24
	15	8.53	−0.24	1.24
	25	0.57	−0.10	1.24
	50	0.42	0	1.24
弧鞍形网	6.4	0.017	+0.5	1.00
	10	0.20	+0.25	1.00
	13	0.33	+0.20	1.00

公式导出时，原始数据的范围为

a. 常压操作，空塔气速为泛点气速的 25%～35%；

b. 塔径为 500～800mm，且填料尺寸≤$D/8$，$Z_0=1\sim3$m；

c. 高回流比或全回流操作；

d. 相对挥发度，$\alpha=3\sim4$，系统的扩散系数相差不大。使用此式时，必须考虑实际情况与上述所限定的数据范围不同对此式准确度的影响。

(2) 汉德法

$$\mathrm{HETP}=70\left(\frac{d_p\mu_L}{L}\right)^{1/2}$$

式中 d_p——填料外径，m；

---

❶ 燃化部第六设计院石油化工设计化学工程建设组编写并出版，1973。

❷ 刘乃鸿主编．工业塔新型规整应用手册．天津：天津大学出版社，1993。

μ_L——液相粘度，mPa·s (cP)；

L——液相质量流速，$kg/(m^2 \cdot h)$。

上式仅考虑了 d_p、μ_L 和 L 对 HETP 的影响，显然是不足的。

在填料蒸馏塔设计中，对用以上公式计算得到的 HETP 值，通常取10%～35%的安全系数。

表 6.39 列出一些从工业设备中总结出来的经验数字，可作参考。

表 6.39 用于工业塔的 HETP 参考值❶

塔　型	填　料	HETP/m
热馏塔	直径 25mm 的填料	0.46
	直径 38mm 的填料	0.66
	直径 50mm 的填料	0.90
小直径塔（<0.6m）		等于塔径
真空蒸馏塔		上述值+0.1m
吸收塔		1.5～1.8

6.5.3.5 液体的最小喷淋密度

填料塔中液体的喷淋密度应大于最小喷淋密度，使填料能被液体充分润湿以保证传质效率。

最小喷淋密度用式（6.10）计算。

$$(L_v)_{min} = (M \cdot W \cdot R)\sigma \tag{6.10}$$

式中　σ——填料的比表面，m^2/m^3；

$(L_v)_{min}$——最小喷淋密度，$m^3/(m^2 \cdot h)$；

$M \cdot W \cdot R$——最小润湿速率，$m^3/(m \cdot h)$。

对于最小润湿速率 M·W·R，有人曾提出过如下规定：直径不超过 76mm 的拉西环，最小润湿速率取 $0.08m^3/(m \cdot h)$；直径大于 76mm 的拉西环，取 $0.12m^3/(m \cdot h)$。当润湿速率低于上述最小润湿速率时，可由图 6.8 估计填料表面效率 η，然后将传质单元高度 H_{OG}（或 H_{OL}）除以 η 作为实际的传质单元高度的值。

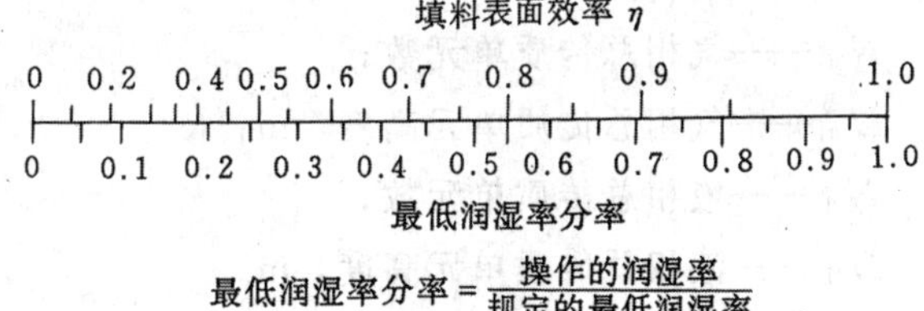

图 6.8 填料表面效率

自分布性能较好的新型填料，可以预期其最小润湿速率远小于 $0.08m^3/(m \cdot h)$。填料的表面性质及液体的润湿性能对最小润湿速率有显著影响，改进液体分布器也会有好处。各种网体填料，因丝网的毛细作用，其最小润湿速率也很低。

新近还有人提出一种按填料材质而规定的喷淋密度指标❷，可供设计时参考。

---

❶ 引自 J. M. Coulson, J. F. Richardson. Chemical Engineering. Vol2. 1977, 514。

❷ 谭天恩，麦本熙，丁惠华编著. 化工原理·下册. 北京：化学工业出版社，1984，176。

填料的材质	$(L_v)_{min}/[m^3/(m^2 \cdot h)]$	填料的材质	$(L_v)_{min}/[m^3/(m^2 \cdot h)]$
未上釉的陶瓷	0.5	未处理过的光亮金属表面	3.0
氧化了的金属	0.7	聚氯乙烯	3.5
经表面处理的金属	1.0	聚丙烯	4.0

6.5.3.6 填料的分段

液体沿填料层下流时，常出现趋向塔壁的倾向，如果填料层的总高度与塔径之比超过一定界限，则需分段，各段之间加装液体收集—再分布器。对颗粒填料，每个填料段的高度 Z_0 与塔径 D 之比 Z_0/D 的上限列于表 6.40 中，直径 400mm 以下的小塔，可取较大的值。对于大直径的塔，每个填料段的高度不宜超过 6m。用孔板波纹填料时，每个填料段的高度不宜超过 7m。

表 6.40 填料段高度的最大值

填料种类	$(Z_0/D)_{max}$	Z_0/m	填料种类	$(Z_0/D)_{max}$	Z_0/m
拉西环	2.5～3	≤6	矩鞍填料	5～8	≤6
金属鲍尔环	5～10	≤6			

6.5.4 填料吸收塔的设计

在 6.5.3 节填料蒸馏塔设计中曾述及的填料的选用、塔径的确定、液体的最小喷淋密度、填料的分段等项内容都适合于填料吸收塔。但在填料高度的计算上，填料蒸馏塔和填料吸收塔有很大的不同。对填料蒸馏塔，传质单元高度的文献报道很少而关于等板高度的报道却很多，因此，使用易于得到的等板高度数据通过（6.9）式计算填料蒸馏塔的填料高度是方便的。由于吸收过程的等板高度数据十分缺乏，所以，多采用传质单元高度法计算填料吸收塔的填料高度。

用传质单元高度法计算填料吸收塔的填料高度的公式是

$$Z=N_{0G}H_{0G}$$

或

$$Z=N_{0L}H_{0L}$$

式中 Z ——填料高度，m；

N_{0G}——气相总传质单元数；

H_{0G}——气相总传质单元高度，m；

N_{0L}——液相总传质单元数；

H_{0L}——液相总传质单元高度，m。

气相和液相总传质单元数可通过（6.11）式、（6.12）式用图解积分或数值积分法求得，（6.11）式和（6.12）式适用于低含量吸收。

$$N_{0G}=\int_{Y_1}^{Y_2}\frac{1}{Y-Y^*}dY \tag{6.11}$$

$$N_{0L}=\int_{X_1}^{X_2}\frac{1}{X^*-X}dX \tag{6.12}$$

式中 Y ——吸收质在气相中的含量，kmol 吸收质/kmol 惰性组分；

X ——吸收质在液相中的含量，kmol 吸收质/kmol 吸收剂；

Y^*——与液相浓度 X 成平衡的气相含量，kmol 吸收质/kmol 惰性组分；

X^*——与气相浓度 Y 成平衡的液相含量，kmol 吸收质/kmol 吸收剂。

气相或液相总传质单元高度可按式（6.13）和式（6.14）计算。

$$H_{0G}=\frac{G'}{k_y a\Omega} \tag{6.13}$$

$$H_{0L}=\frac{L'}{k_x a\Omega} \tag{6.14}$$

式中 k_y——以摩尔比之差为推动力的气相吸收总系数，kmol/(m²·h)；

k_x——以摩尔比之差为推动力的液相吸收总系数，kmol/(m²·h)；

a——单位体积填料所提供的有效传质面积，m²/m³；

Ω——吸收塔横截面积，m²；

G'——单位时间内通过吸收塔的惰性气体量，kmol/h；

L'——单位时间内通过吸收塔的吸收剂量，kmol/h。

式（6.13）、式（6.14）中有效传质面积 a 可用经验关联式计算，常使用（6.15）式计算有效传质面积：

$$a=0.11\left(\frac{L^2}{\rho_L^2 g D_p}\right)^{-1/2}\left(\frac{D_p L^2}{\rho_L \sigma}\right)^{2/3} D_p^{-1} \tag{6.15}$$

式中 a——填料的有效传质面积，m²/m³；

σ——吸收剂的表面张力，kgf/h²[1]；

L——吸收剂的质量流速，kg/(m²·h)；

ρ_L——吸收剂的密度，kg/m³；

D_p——填料的公称规格，m。

（6.15）式适用于鞍形填料和拉西环。

若干填料的有效传质表面与喷淋密度的关系如图6.9所示，此图的液体为水。

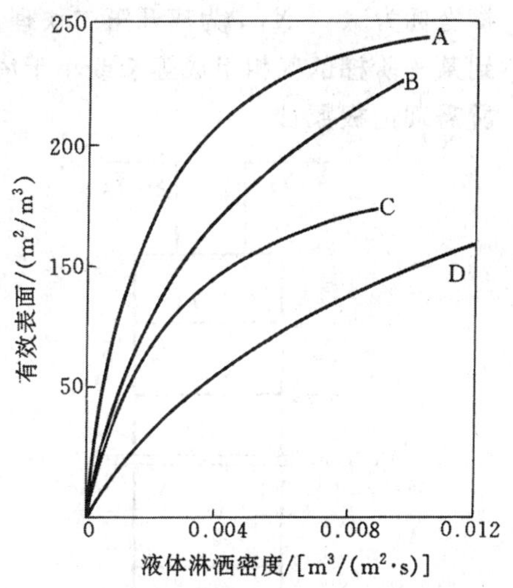

图 6.9 几种填料的有效表面

A—25mm 陶瓷鲍尔环；B—25mm 陶瓷矩鞍；C—25mm 陶瓷拉西环；D—38mm 陶瓷拉西环

规整填料用于吸收时，常常提供气相或液相传质单元高度的值，有时提供每米填料的传质单元数。在《工业塔新型规整填料应用手册》中，列有一些工业吸收塔常用的规整填料的传质性能数据，例如，250Y 型聚丙烯塑料孔板波纹填料在不同喷淋密度下液相传质单元高度 H_{0L} 的值[2]，以及不同喷淋密度不同气体负荷下每米填料的传质单元数[3]；10 型金属压延刺孔板波纹填料不同喷淋密度和不同动能因子的每米传质单元数[4]；格里奇栅格填料（Glitsch Grid）的传质单元高度范围[5]；网孔栅格填料（Perform Grid Packing，简称 PFG）的传质单元高度和每米填料的传质单元数[6]。

对吸收过程所用的填料塔，关于 H_{0G} 的文献和经验公式很多，可查阅有关资料。

---

❶ $1\text{kgf/h}^2=\left(\frac{1}{3600}\right)^2\text{N/m}$。

❷ 刘乃鸿主编．工业塔新型规整填料应用手册．天津：天津大学出版社，1993，61。

❸ 同②，第 59 页。

❹ 同②，第 66 页。

❺ 同②，第 92～94 页。

❻ 同②，第 100 页。

对高含量气体吸收（吸收质在混合气体中的摩尔分率大于10%，例如合成氨厂中变换气的脱除CO_2工序，CO_2在N_2、H_2混合气中占到25%～30%便属此类）过程，填料高度的计算有别于低含量吸收，其计算方法详见化工单元设计参考资料（四）《气液传质设备设计》❶。

6.5.5 板式吸收塔的设计

板式吸收塔往往用于以少量的吸收液来处理大量气体混合物的情况，因为在吸收剂用量小的情况下，若用填料塔，会受到最小喷淋密度的限制。常采用的板式吸收塔有泡罩塔、筛板塔等。与板式蒸馏塔一样，板式吸收塔的实际板数等于理论板数除以板效率。

6.5.5.1 板式吸收塔理论塔板数

板式吸收塔理论塔板数可用图解法和解析法求出，这里只介绍图解法。

图6.10是图解法求算吸收塔理论板数的图示。图中DE为操作线，$0G$为平衡线，DE线表示$Y=f(x)$的关系，$0G$线表示$Y^*=\phi(X)$的关系，求理论板数时，从塔底（E点）开始，画铅垂线交平衡线于点1，点1的纵坐标为Y_1^*，Y_1^*是离开第一块理论板的气相组成，它和离开第一块理论板的液相组成X_1互成平衡。从点1作水平线交操作线于1′，点1′的纵坐标为Y_1^*，横坐标为X_{II}，X_{II}，为离开第二块理论板的液相组成。反复在操作线和平衡线之间作梯级，直到某一阶梯的气相组成等于或小于塔顶气相组成Y_2时，图解即告终止，所作梯级的数目即为所需理论板数目。

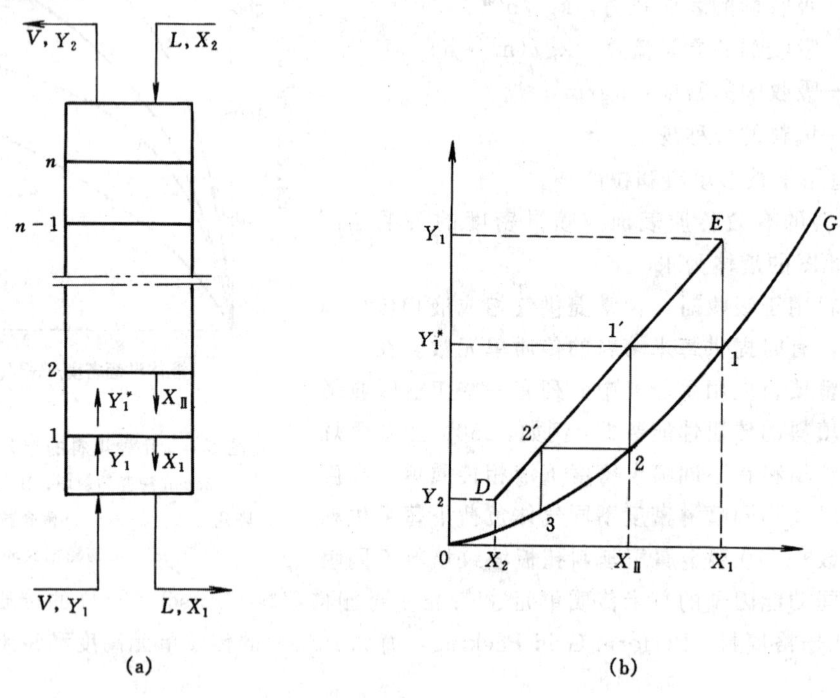

图6.10 用图解法求逆流吸收操作的理论板

6.5.5.2 板式吸收塔的板效率

图6.11是吸收塔总板效率关联图（对泡罩板），图中横坐标为HP/μ，其中μ是溶液粘度，mN·s/m²（即mPa·s或cP），按塔顶与塔底平均温度与平均含量计；P为系统总压，kN/m²；H为溶解度系数，kmol/m³（kN/m²）；P与H的非法定单位分别采用atm与kmol/

❶ 燃化部第六设计院石油化工设计化学工程建设组编写并出版，1973。

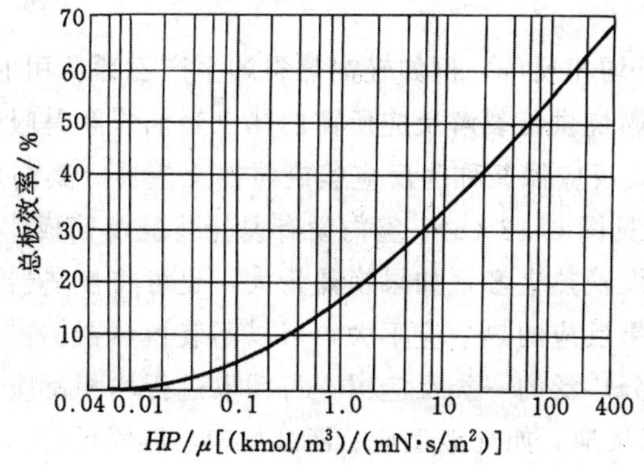

图 6.11 吸收塔总板效率关联图

$(m^3 \cdot atm)$。

对于泡罩板以外的其他板型，也须用表 6.34 的总板效率相对值加以校正。

由于吸收操作温度较低，吸收液的粘度及扩散系数较小，故大多数工业板式吸收塔板效率常低于 0.5，一般多取 0.2～0.3，设计时也可参考某些物系的经验数据。

6.6 反应器的设计

6.6.1 常用工业反应器的类型

图 6.12 为常用的各类反应器示意图。

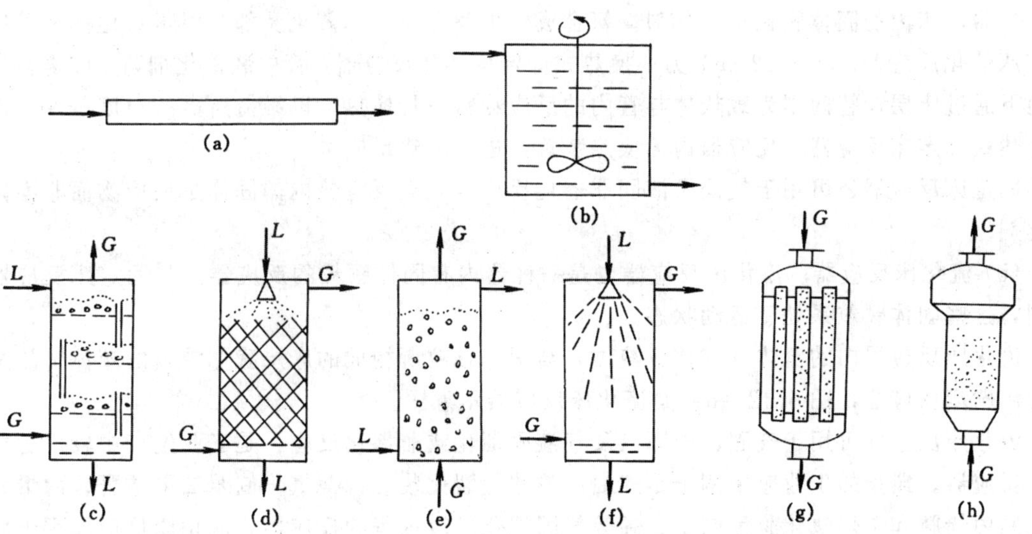

图 6.12 不同类型的反应器示意图

(a) 管式反应器；(b) 釜式反应器；(c) 板式塔；

(d) 填料塔；(e) 鼓泡塔；(f) 喷雾塔；

(g) 固定床反应器；(h) 流化床反应器

(1) 管式反应器　管式反应器的特征是长度远较管径为大，内部中空，不设任何构件，如

图 6.12 (a) 所示。多用于均相反应，例如轻油热裂解生产乙烯所用的管式裂解炉便属此类，轻油走管内，管外用燃油燃烧供给裂解反应所需的热（轻油裂解是吸热反应）。

(2) 釜式反应器　釜式反应器又称为反应釜或搅拌反应器。其高度一般与直径相等或稍高，约为直径的 2～3 倍，见图 6.12 (b)。釜内设有搅拌装置及挡板，并根据不同的情况在釜内安装换热器或在釜外壁设换热夹套，如果换热量大，也可将换热器装在釜外，通过流体的强制循环而进行换热；如果反应的热效应不大，可以不装换热器。

釜式反应器是应用十分广泛的一类反应器，可用以进行均相反应（绝大多数为液相均相反应），也可用于进行多相反应，如气液反应、液液反应、液固反应以及气液固反应。许多酯化反应、硝化反应、磺化反应以及氯化反应等用的都是釜式反应器。

(3) 塔式反应器　这类反应器的高度一般为直径的数倍乃至十余倍，有些塔式反应器内部有为了增加两相接触而设的构件如填料、塔板等，图 6.12 (c) 为板式塔，图 6.12 (d) 为填料塔。塔式反应器主要用于两种流体反应的过程，如气液反应和液液反应。鼓泡塔也是塔式反应器的一种，见图 6.12 (e)，用以进行气液反应，气体以气泡的形式通过液层，如果需要取出反应放出的热或供给反应所需的热可在液层内设置换热装置。喷雾塔也属于塔式反应器，见图 6.12 (f)，用于气液反应，常常是气体自下而上流动，液体由塔上部进入后喷成雾滴状分散于气体中。

无论哪一种型式的塔式反应器，参与反应的两种流体可以成逆流，也可以成并流，视具体情况而定。

(4) 固定床反应器　固定床反应器的特征为反应器内填充有固定不动的固体颗粒，这些固体颗粒可以是固体催化剂，也可以是固体反应物。在化工生产中被广泛采用的是固定床催化反应器，床内的固体颗粒是催化剂。氨合成、甲醇合成、苯氧化及邻二甲苯氧化都是采用固定床催化反应器。图 6.12 (g) 为一换热式固定床催化反应器，管内装催化剂，反应物料自上而下通过床层，管间则为载热体与管内的反应物料进行换热，以维持所需的温度条件。也有绝热式固定床反应器，反应器内无换热装置，进行绝热反应。

固定床反应器还可用于气固及液固非催化反应，此类反应器内的固体是反应物而非固体催化剂。

(5) 流化床反应器　流化床反应器也是一种器内有固体颗粒的反应器。与固定床反应器不同，这些固体颗粒系处于运动状态。

流化床反应器内的流体（气体或液体）与固体颗粒所构成的床层犹如沸腾的液体，故又称为沸腾床反应器，图 6.12 (h) 是流化床反应器示意图。

流化床反应器可用于气固、液固以及气液固催化或非催化反应，是工业生产中较广泛使用的反应器。典型的工业应用例子是炼油厂的催化裂化装置、萘氧化制苯二甲酸酐、丙烯氨氧化制丙烯腈和丁烯氧化脱氢制丁二烯等气固催化反应过程的反应器。流化床反应器用于固体加工的例子是黄铁矿和闪锌矿的焙烧、石灰石的煅烧等。

6.6.2　工业反应器的放大

因为工业反应器中同时进行着化学反应过程、质量传递过程、热量传递过程和动量传递过程（即所谓“三传一反”），影响因素十分复杂，所以工业反应器的放大问题是一个十分困难但又重要的化学工程问题，以相似理论和因次分析法为基础的相似放大法，在处理很多物理过程（例如化工单元操作）的应用是卓有成效的，但这种方法用于反应器的放大则无能为力，长期以来，反应器采用的是逐级经验放大。

所谓逐级经验放大，就是通过小型反应器进行工艺试验，优选出操作条件和反应器型式，确定所能达到的技术经济指标，据此设计和制造规模稍大一些的装置，进行所谓模型试验，根据模型试验结果，再将规模增大进行中间试验，由中间试验的结果放大到工业规模的生产装置。如果放大倍数太大而无把握时，往往要进行多次规模不同的中间试验，然后才能放大到所要求的工业规模。这种放大方法周期长且难以做到高倍数的放大。

60年代发展起来的数学模型法是一种比较理想的反应器放大方法，其实质是通过数学模型来设计反应器，预测不同规模的反应器工况，优化反应器的操作条件。数学模型法一般包括下面的步骤。

(1) 实验室规模试验　这一步骤包括新产品合成、新型催化剂的开发和动力学研究等，属于基础性能研究。

(2) 小型试验　仍属实验室规模，但比上一步实验规模大些，且反应器结构大体上与将来的工业装置相接近，例如采用列管式固定床催化反应器时，可做单管试验。

(3) 大型冷模试验　目的是摸索传递过程（传质、传热、动量传递）的规律。

(4) 中间试验　此阶段试验不但在于规模上的增大，而且在流程及设备型式上都与生产车间十分接近，其目的是对数学模型进行检验和修正，提供设计大厂的信息，另外还可对其他方面进行全面考察。

在上述四个阶段中，都要使用计算机对各步试验结果进行综合和寻优，检验和修正数学模型，建立起可用于工业反应器设计的数学模型。

所以说，数学模型法系建立在广泛的实验基础上的一种反应器放大方法，需要通过多次实验，但也离不开反应工程理论的指导，还要通过计算机进行大量的计算和评比选择优秀的与实践相符的模型。它是理论、实验和计算三者结合的产物。

6.6.3　釜式反应器的设计

6.6.3.1　釜式反应器设计的系列化

国家已有K型和F型两类反应釜系列，K型反应釜的长径比较小，形状上呈“矮胖型”，而F型则长径比较大，较瘦长。材质有碳钢、不锈钢和搪瓷等数种。高压反应釜、真空反应釜、常减压反应釜和低压常压反应釜均已系列化生产、供货充足，选型方便，有些化工机械厂家还可接受修改图纸进行加工，设计者可根据工艺要求提出特殊要求，在反应釜系列的基础上进行修改。

在反应釜系列中，传热面积和搅拌形式基本上都是规定了的，在选型时，如果传热面积和搅拌形式不符合设计项目的要求，可与制造厂家协商进行修改。

如果在反应釜系列中没有设计项目合用的型号，工艺设计人员可向设备设计人员提出设计条件自行设计非标准反应釜。

6.6.3.2　釜式反应器设计的工作内容

(1) 确定反应釜的操作方式　根据工艺流程的特点，确定反应釜是连续操作还是间歇操作（即分批式操作）。

间歇操作是原料一次装入反应釜，然后在釜内进行反应，经过一定时间后，达到要求的反应程度便卸出全部物料，接着是清洗反应釜，继而进行下一批原料的装入、反应和卸料，即一批一批地反应，所以这种反应釜又叫分批式反应釜或间歇反应釜。连续操作是连续地将原料加入反应器，反应后的物料也连续地流出反应器，所使用的反应釜叫连续釜。

间歇式反应釜特别适用于产量小而产品种类多的生产过程例如制药工业和精细化工；对

于反应速率小、需要比较长的反应时间的反应过程，使用间歇反应釜也是合适的。连续釜用于生产规模较大的生产过程。

(2) 汇总设计基础数据　设计基础数据包括物料流量，反应时间，操作压力，操作温度，投料比，转化率，收率，物料的物性数据等。

(3) 计算反应釜的体积　反应釜体积的计算方法见 6.6.3.3 节。

(4) 确定反应釜的台数和连接方式

a. 间歇釜　从釜式反应器的标准系列中选定设计采用的反应釜后，釜的体积就确定了，将反应需要的反应体积除以每台釜的体积所得的数值即为反应釜的台数，此值若不是整数，应向数值大的方向圆整为整数。

b. 连续反应釜　对连续操作的反应釜，当按单釜计算得到的反应体积过大而导致釜的加工制造发生困难时，需要使用若干个体积较小的反应釜，这些小釜是串联还是并联操作呢？这要根据釜内所进行的反应的特点来决定。对有正常动力学的反应（即反应速率随反应物浓度的增大而增大），釜内反应物浓度越高对反应越有利，在这种情况下，采用串联方式比较好，因为串联各釜中，反应物的浓度是从前到后逐釜跳跃式降低的，在前面各釜内能够保持较高的反应物浓度，从而获得较大的反应速率。而对有反常动力学的反应，反应物含量越低反应速率越大，这时应采用各小釜并联的连接方式，因为并联各釜均在对应于出口转化率的反应物含量（即最低反应物含量）下操作，根据反常动力学的特点，可获得高的反应速率。

应该注意，采用串联釜时，串联各釜的体积之和并不等于按单釜计算需要的反应体积，而要按串联釜的体积计算方法另行计算。换句话说，就是串联操作时所需釜的台数并不等于按单釜操作所需反应体积除以小釜体积所得的商，而是要用串联釜的计算方法来确定釜的台数。采用并联釜时情况与串联釜不同，根据理论推导，在按并联各釜空时相等的原则分配各釜物料处理量的条件下，并联各釜的体积总和的值是最小的，此值等于按一个大釜计算出来的反应体积。如果并联各釜的空时不相等，则并联各釜的体积总和大于按一个大釜计算出来的反应器体积，也就是说，如果决定了采取并联操作方式，设计时按并联各釜空时相等（注意，并不是各釜体积相等）的原则分配各釜物料流量是最经济的方案。据此可知，如果用若干个体积相同的小连续釜并联操作代替一个大连续釜时，当各小釜的物料处理量相同时，小釜的台数等于单釜操作所需体积除以小釜体积所得的商。这样的安排由于符合各并联釜空时相等的原则，是一种经济的安排。

(5) 确定反应釜的直径和筒体高度　如按非标准设备设计反应釜，需要确定长径比。长径比一般取 1～3，长径比较小时，形状矮胖，这类反应釜单位体积内消耗的钢材量少，液体表面大；长径比趋于 3 时属瘦长型，瘦长型的反应釜，单位体积内可安排较大的换热面，对反应热效应大的体系很适用，但材料耗量大。

长径比确定后，设备的直径和筒体高度就可以根据釜的体积确定。釜的直径应在国家规定的容器系列尺寸中选取。

(6) 确定反应釜的传热装置的型式和换热面积　反应釜的传热可在釜外加夹套实现。但夹套的传热面积有限，当需要大的传热面积时，可在釜内设置盘管、列管或回形管等。釜内设换热装置的缺点是会使釜内构件增加，影响物料流动。釜内物料易粘壁，结垢或有结晶、沉淀产生的反应釜，通常不主张设置内冷却器（或内加热器）。

传热装置的传热面积的计算方法同一般的换热体系。需要由换热装置取出或供给的热量叫做换热装置的热负荷。热负荷是由反应釜的热衡算求出的。

(7) 选择反应釜的搅拌器　搅拌器有定型产品可供选择，表 6.41 可供选择搅拌器型式时参考。

表 6.41　搅拌器的型式❶

操作类别	适用的搅拌器型式	D_0/D	H/D_0	层数及位置
低粘度均相液体	推进式 涡轮式 要求不高时用桨式	推进式 4～3 涡轮式 6～3 桨式 2～1.25	不限	单层或多层，中央插入，$C/D=1$ 桨式：$C/D=0.5～0.75$
非均相液体	涡轮式	3.5～3	0.5～1	$C/D=1$
固体颗粒与液体	按固体含量、比重及粒度决定用桨式、推进式或涡轮式	推进式用 2.5～3.5 桨式、涡轮式用 2～3.2	0.5～1	根据固含量、密度及粒度决定 C/D
气体吸收	涡轮式	2.5～4	1～4	单层或多层 $C/D=1$
釜内有传热装置	桨式 推进式 涡轮式	桨式 1.25～2 推进式 3～4 涡轮式 3～4	0.5～2	
高粘度液体	涡轮式、锚式、框式、螺杆式、螺带式、桨式	涡轮式 1.5～2.5 桨式 1.25 左右	0.5～1	
结晶	涡轮式、桨式	涡轮式 2～3.2	1～2	单层或多层，单层一般桨在 $H/2$ 处

注：D_0 ——反应釜内径；D ——搅拌器直径；H ——反应釜筒高；C ——搅拌叶与釜壁的距离。

6.6.3.3　釜式反应器体积的计算

(1) 连续釜　连续釜反应体积计算公式为

$$V_r = Q_0 \tau \tag{6.16}$$

式中　V_r ——反应釜有效体积，m^3；

Q_0 ——反应器入口液体物料的体积流量，m^3/s、m^3/min 或 m^3/h；

τ ——空时，即物料在釜内的平均停留时间，s、min 或 h。

τ 与反应物浓度，反应温度，起始和最终转化率有关，若已知反应的动力学方程式，τ 的值可按 (6.17) 式求出：

$$\tau = \frac{C_{A0} x_{Af}}{R_{Af}}$$

或

$$\tau = \frac{C_{A0} - C_{Af}}{R_{Af}} \tag{6.17}$$

式中　C_{A0} ——反应釜入口液体中关键组分 A 的浓度，mol/L；

C_{Af} ——反应釜出口液体中关键组分 A 的浓度，亦即釜内液体中关键组分 A 的浓度，mol/L；

x_{Af} ——反应釜出口液体中关键组分 A 的转化率，即釜内液体中关键组分 A 的转化率；

R_{Af} ——反应温度和反应浓度（等于釜内液体即出口液体的温度和浓度）下的反应速率，mol/(L·s)、mol/(L·min) 或 mol/(L·h) 等，R_{Af} 的值可按反应的动力学方程式计算得到。

❶ 引自韩冬冰等编．化工工程设计．北京：学苑出版社，1995，152。

(2) 间歇釜 间歇釜反应体积计算公式为

$$V_r=Q_o(t+t_o) \tag{6.18}$$

式中 t ——反应时间，s、min 或 h；

t_o——辅助生产时间，是卸料、装料、清洗、升温、降温等时间之和，s、min 或 h；

Q_o——按照生产能力计算出来的单位时间需要处理的原料液体体积，m^3/s、m^3/min 或 m^3/h 等；

反应时间用（6.19）式计算。

$$t=C_{A0}\int_0^{x_{Af}}\frac{1}{R_A}dx_A \tag{6.19}$$

式中 C_{A0}——反应开始时关键组分 A 的浓度，mol/L；

x_{Af}——最终转化率；

R_A——不同浓度（转化率）、不同温度下的反应速率，mol/(L·s)、mol/(L·min)或 mol/(L·h)等。

反应速率 R_A 是温度和浓度的函数，其函数关系用动力学方程式表示。在间歇釜内，随着反应的进行，R_A 是一个变量，因为随着反应的进行，釜内各组分的浓度不断改变，反应物浓度逐渐减小而生成物的浓度逐渐增大。随着反应的进行，间歇釜内物料的温度可能是不变的（等温间歇釜），也可能是变化的（非等温间歇釜）。

（6.19）式的积分值可通过图解积分或数值积分求得。

无论是连续釜还是间歇釜，都应考虑釜的装料系数，一般来说，对于处于沸腾状态或会起泡的液体物料，应取小些的系数如 0.4～0.6，而对于不起泡或不处于沸腾状态的液体，可取 0.7～0.85。

例 6.3 在连续釜中用己二酸和己二醇在 70℃下进行缩聚反应生产醇酸树脂，反应以 H_2SO_4 为催化剂，其动力学方程式如下：

$$R_A=kC_A^2 \qquad (A\text{ 指己二酸})$$

70℃下，$k=1.97\times10^{-3}$L/(mol·min)，己二酸的起始浓度 $C_{A0}=4$mol/L，每天处理己二酸 2400kg，要求己二酸的转化率达到 80%，求反应釜的体积。

解：

(1) 计算连续反应釜的空时

$$R_{Af}=kC_A^2=kC_{A0}^2(1-x_{Af})^2$$

代入（6.17）式得

$$\tau=\frac{x_{Af}}{kC_{A0}(1-x_{Af})^2}=\frac{0.8}{1.97\times10^{-3}\times4(1-0.8)^2}=2538\text{min}=42\text{h}$$

(2) 计算反应釜进口液体的体积流量 己二酸的摩尔流量为

$$F_{A0}=\frac{2400\times1000}{24\times146}=684\text{mol/h}$$

（146 是己二酸的分子量）

∴ 反应釜进口液体的体积流量为

$$Q_0=F_{A0}/C_{A0}=\frac{684}{4}=171\text{L/h}$$

(3) 计算反应釜的体积 反应釜的有效体积为

$$V_r=Q_0\tau=171\times42=7182\text{L}=7.182\text{m}^3$$

取装料系数 0.75，则反应釜实际体积为

$$\frac{7.182}{0.75}=9.58\text{m}^3\text{，圆整为 }10\text{m}^3\text{。}$$

例 6.4 在间歇釜中进行例 6.3 的反应，己二酸的处理量和要求的转化率与例 6.3 相同。每批操作的辅助生产时间 $t_0=1\text{h}$，求间歇釜的体积。

解：

（1）计算制取每批产品需要的反应时间

$$C_A=C_{A0}(1-x_A)$$

$$R_A=kC_{A0}^2(1-x_A)^2$$

代入（6.19）式得

$$t=C_{A0}\int_0^{x_{Af}}\frac{\mathrm{d}x_A}{kC_{A0}^2(1-x_A)^2}=\frac{1}{k}\frac{x_{Af}}{C_{A0}(1-x_{Af})^2}$$

把 C_{A0}、k 和 x_{Af}的值代入上式得

$$t=\frac{0.8}{1.97\times10^{-3}\times4(1-0.8)}=510\text{min}=8.5\text{h}$$

（2）每小时处理的物料量

按例 6.3 的计算结果，每小时处理的物料量为 $Q_0=171\text{L/h}$。

（3）计算反应釜的体积

$$V_r=Q_0(t+t_0)=171(8.5+1)=1630\text{L}=1.63\text{m}^3$$

取装料系数 0.75，则反应器的实际体积为

$$V_r=\frac{1.65}{0.75}=2.17\text{m}^3\text{，圆整为 }2.5\text{m}^3\text{。}$$

与例 6.3 的连续釜相比，间歇釜所需要的体积小得多。

例 6.5 在间歇釜中，用醋酸和丁醇生产醋酸丁酯，反应式为

$$CH_3COOH+C_4H_8OH\xrightarrow{H_2SO_4}CH_3COOC_4H_9+H_2O$$

反应物的配料摩尔比为醋酸：丁醇=1：4.97，反应物料的密度在反应过程中视为不变，均为 0.75kg/L，反应在 100℃下进行，转化率 50%时所需反应时间为 34.5min，辅助生产时间为 30min，生产能力为每天生产 2400kg 的醋酸丁酯，求反应器的有效体积。

解：

（1）每批生产醋酸丁酯的量

按生产能力的要求，每日生产 2400kg 醋酸丁酯，这样，平均每小时生产醋酸丁酯的量为

$$\frac{2400}{24}=100\text{kg/h}$$

每批生产所需时间为反应时间和辅助生产时间之和即（34.5+30）=64.5min=1.07h，因此，每批生产的醋酸丁酯的量为

$$100\times1.07=107\text{kg}$$

（2）每批生产的加料量

$$\begin{array}{ccc}CH_3COOH+C_4H_9OH & \longrightarrow & CH_3COOC_4H_9+H_2O\\ 60 & & 116\\ x & & 107\end{array}$$

设每批反应消耗醋酸 $x$kg，则有

$$60:116=x:107$$

解得

$$x=55.5\text{kg}$$

因醋酸的转化率是50%，所以每批需要加入的醋酸量为

$$\frac{55.5}{0.5}=111\text{kg}=1.85\text{kmol}$$

按照醋酸与丁醇的配料比，丁醇的加入量为

$$1.85\times4.97=9.2\text{kmol}=680\text{kg}$$

因此，每批加料的总重量为

$$111+680=791\text{kg}$$

（3）反应器的有效体积

反应器的有效体积为

$$\frac{791}{0.75}=1055\text{L}$$

（上式中0.75是釜内液体的密度。）

6.6.4 固定床催化反应器的设计

6.6.4.1 固定床催化反应器的类型

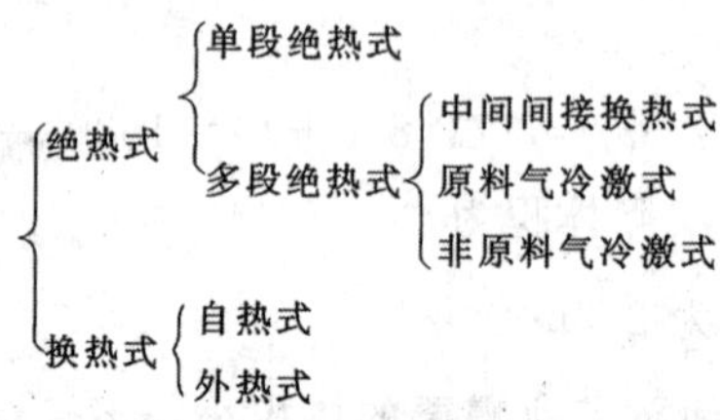

（1）单段绝热式固定床反应器　反应过程中催化剂床与外界没有热交换的固定床催化反应器叫绝热式固定床催化反应器。单段绝热固定床催化反应器是指反应物料在绝热情况下只反应一次，而多段则是多次在绝热条件下进行反应，反应一次之后经过换热以满足所需的温度条件再进行下一次的绝热反应，每反应一次称为一段。图6.13是单段绝热反应的x_A-T图。图中的平衡线和最佳温度曲线是对可逆放热反应而言的。

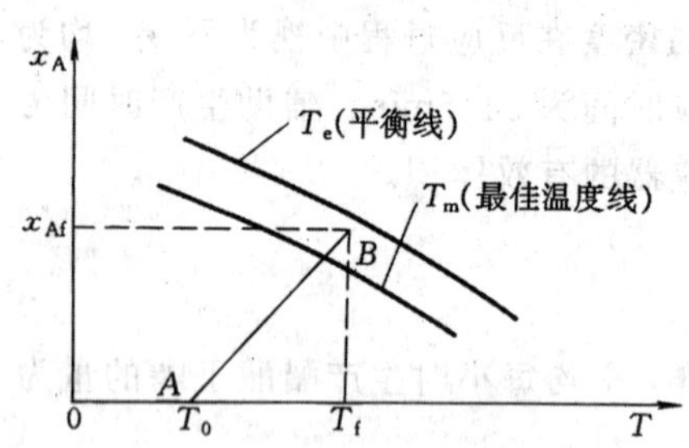

图6.13　单段绝热固定床催化反应器的x_A-T图

x_A—转化率；T—床层温度；

直线AB—单段绝热固定床反应器的操作线；

T_0—气体进床层的温度；

T_f—气体离开床层的温度

单段绝热式固定床催化反应器的优点是结构简单，空间利用率高，造价低。但由于绝热反应器中床层温度是随转化率（也随床层高度）增大而直线上升的（见图6.13中的AB线），对一些热效应大的反应，由于温升过大，反应器出口温度可能会超过催化剂的允许温度；对于可逆放热反应，反应器轴向温度分布会远离最佳温度曲线，从而造成反应器生产效率降低，甚至会由于化学平衡的限制而使反应器出口达不到要求的转化率，因此，单段绝热固定床反应器的使用受到了一些限制。单段绝热式固定床催化反应器适用于下列场合。

a. 反应热效应小的反应。

b. 温度对目的产物收率影响不大的反应。

c. 虽然反应热效应大，但单程转化率较低的反应或有大量惰性物料存在使反应过程中温升不大的反应。

乙烯直接水合制乙醇的工业反应器就是单段绝热式固定床反应器，乙烯直接水合制乙醇的反应的热效应小（25℃时反应热为 44.16kJ/mol），单程转化率亦不高（一般为 4%～5%）。

（2）多段绝热固定床催化反应器　此类反应器多用以进行放热反应。

多段绝热式固定床催化反应器按段间冷却方式的不同，又分为中间间接换热式、原料气冷激式和非原料气冷激式三种，这些类型的反应器的示意图见图 6.14。

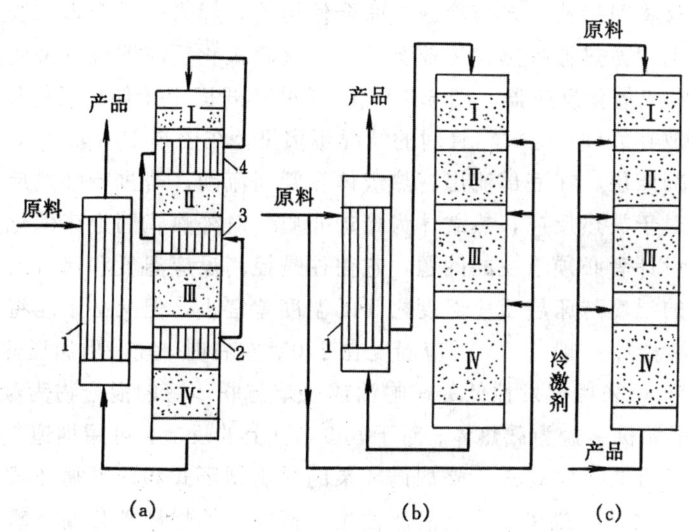

图 6.14　多段绝热式固定床反应器

（a）间接换热式；（b）原料气冷激式；（c）非原料气冷激式

图 6.14（a）为四段间接换热式催化反应器的示意图。原料气经第 1、2、3、4 换热器预热后，进入第Ⅰ段反应。由于反应放热，经第一段反应后，反应物料温度升高，第一段出口物料经第 4 换热器冷却后，再进入第Ⅱ段反应。第Ⅱ段出来的物料，经换热后进入第Ⅲ段。第Ⅲ段出来经过换热的物料，最后进入第Ⅳ段反应。产品经预热器 1 回收热量，送入下一工序。总之，反应一次，换热一次，反应与换热交替进行，这就是多段绝热反应器的特点。这种型式的反应器，在一氧化碳蒸汽转化、二氧化硫氧化制三氧化硫的工业生产上采用得比较普遍。

直接换热式（或称冷激式）反应器与间接换热式不同之处在于换热方式。前者系利用补加冷物料的办法使反应后的物料温度降低；后者则使用换热器。图 6.14（b）为原料气冷激式反应器，共四段，所用的冷激剂为冷原料气，亦即原料气只有一部分经预热器 1 预热至反应温度，其余部分冷的原料气则用作冷激剂。经预热的原料气进入第Ⅰ段反应，反应后的气体与冷原料气相混合而使其温度降低，再进入第Ⅱ段反应，依次类推。第Ⅳ段出来的最终产物经预热器回收热量后送至下一工序。如果来自上一工序的原料气温度本来已很高，这种类型的反应器显然不适用。图 6.14（c）为非原料气冷激式，其道理与原料气冷激式相同，只是采用的冷激剂不同而已。非原料气冷激式所用的冷激剂，通常是原料气中的某一反应组分。例如一氧化碳变换反应中，蒸汽是反应物，采用非原料气冷激式反应器时，段与段之间就可通过喷水或蒸汽来降低上段出来的气体温度。这样做还可使蒸汽分压逐段升高，对反应有利。又如二氧化硫氧化也有采用这种型式的反应器的，以空气为冷激剂，反应气体中氧的分压逐段提高，对反应平衡和速率都是有利的。

冷激式与间接换热式相比较，其优点之一是减少了换热器的数目。此外，各段的温度调节比较简单灵活，只需控制冷气的补加量就可以了，流程相对简单。但是，催化剂用量与间接换热式相比要多，是其缺点。对于非原料气冷激，还受到是否有合适的冷激剂这一限制，而原料气冷激式又受到原料气温度及反应温度范围的限制。间接换热式的限制条件较少，应用灵活，有利于热量回收，与冷激式相比，催化剂用量较少，但流程复杂，操作控制较麻烦，换热器数目多，以致基建投资大，是其缺点。

实际生产中还有将间接换热式与冷激式联合使用的，即第一段与第二段之间采用原料气冷激，其他各段间则用换热器换热，工业上的二氧化硫氧化反应器就有采用此种形式的。

（3）外热式固定床催化反应器　图 6.12（g）是外热式固定床催化反应器的示意图，催化剂可放在管内也可放在管间，但放在管间的情况不多见。在图 6.12（g）中，原料气自反应器顶部向下流入催化剂床层，在底部流出，热载体在管间流动。若进行吸热反应，则热载体为化学反应的热源，对于放热反应，热载体为冷却介质。对外热式固定床催化反应器，载热体的选择很重要，是设计者必须重视的问题，它往往是控制反应温度和保持反应器操作条件稳定的关键。载热体的温度与床层反应温度之间的温度差宜小，但又必须能将反应放出的热带走（或供应足够的热量）。一般来说，反应温度在 200℃左右时，宜采用加压热水为载热体，反应温度在 250～300℃可采用挥发性低的矿物油或联苯与联苯醚的混合物为载热体；反应温度在 300℃以上可采用无机熔盐为载热体；对于 600℃以上的反应，可用烟道气作载热体。载热体在壳方的流动循环方式有沸腾式，外加循环泵的强制循环式和内部循环式等几种形式。

外热式固定床催化反应器在工业上广泛使用，例如，乙烯环氧化制环氧乙烷、由乙炔与氯化氢生产氯乙烯、乙苯脱氢制苯乙烯、烃类蒸汽重整制合成气、邻二甲苯氧化制苯酐等过程的反应器就是采用此类反应器，这类反应器由于反应过程中不断地有冷却剂取出热量（对放热反应），或不断地有加热剂供给热量（对吸热反应），使床层的温度分布趋于合理。对可逆放热反应，有可能通过调整设计参数使温度分布接近最佳温度曲线以提高反应器的生产效率，图 6.15 是可逆放热反应在床层的温度分布示意图。

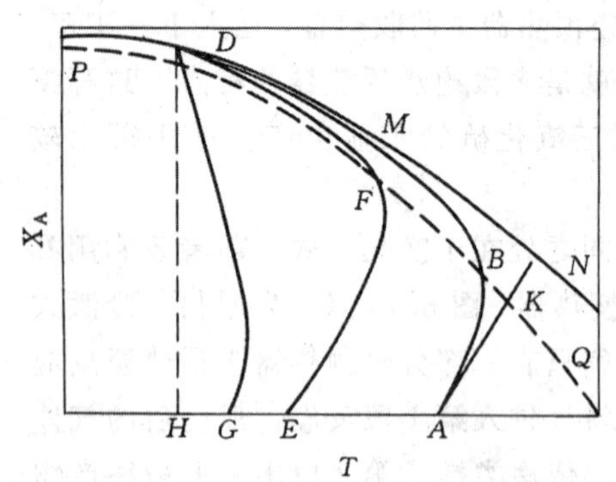

图 6.15　外部换热式固定床催化反应器的 x_A-T 图

从图 6.15 可以看出，曲线 EFD 在反应中、后期接近最佳温度曲线的程度最好，设计应选择此曲线所代表的设计参数，例如，反应器进口气体温度应选择相当于 E 点对应的温度 T_E。

图 6.15 中的直线 AK 表示进口温度为 T_A 时绝热条件下反应的 x_A-T 线，显然，同样是进口温度为 T_A 的条件，换热式固定床反应器的操作线 ABD 处于 AK 的左方，说明在转化率相同时，换热式的床层温度要低于相应的绝热床的温度，这是由于反应过程中有热量移出的关系。

（4）自热式固定床催化反应器　自热式固定床催化反应器是换热式固定床催化反应器的一种特例，它以原料气作为冷却剂来冷却床层，而原料气则被预热至所要求的温度，然后进入床层反应。显然，它只适用于放热反应，而且是原料气必须预热的系统。工业上合成氨反应器中的一种类型就是自热式固定床催化反应器（另一种类型是冷激式多段绝热固定床催化反应器）。

6.6.4.2　固定床催化反应器催化剂用量的确定

固定床催化反应器设计最主要的部分是确定催化量的用量，确定催化剂用量的方法过去常用空速法，随着计算机技术在化工中的应用以及反应工程学科的发展，模型法设计已日渐广泛地被采用。

(1)空速法　空速指单位时间单位堆体积催化剂所处理的原料气体积，用(6.20)式计算。

$$空速=\frac{原料气体的体积流量}{催化剂床层体积} \tag{6.20}$$

空速的单位为 m^3(STP)/(m^3 催化剂·h)或 m^3/(m^3 催化剂·h)，前者原料气体积以标准状态下体积计，后者原料气体积以操作条件下体积计。空速的数据是从中间试验装置或工厂现有生产装置中实测得到。以此实测得到的空速数据作为新设计的反应器的空速数据，按设计要求的原料气处理量和已知的空速数据便可求出新设计的反应器的催化剂堆体积，见例 6.6。

例 6.6　乙烯直接氧化制环氧乙烷所用的反应器是外部换热式固定床催化反应器，从工业装置测得其空速为 5000m^3(STP)/(m^3cat·h)，设计一个上述类型的反应器，要求所设计的反应器进口气体流量为 8900m^3(STP)/h，求反应器的催化剂堆体积(用空速法)。

解：由（6.20）式得

$$催化剂堆体积=\frac{原料气的体积流量}{空速}=\frac{8900}{5000}=1.78\text{m}^3$$

空速法设计的前提是新设计的反应器也能保持与提供空速数据的反应器相同的操作条件，如催化剂的性质，原料气的组成，气体流速，操作温度，操作压力……等。但由于生产规模不同，要做到两者全部条件相同是困难的，尤其是温度条件很难做到两者完全相同（反应器直径不同，其径向温度的分布状况很可能不相同）。所以，空速法虽能在动力学数据缺乏的情况下，简单方便地估算催化剂的体积，但因对整个体系的反应动力学、传热和传质特性缺乏真正的了解，因而是不精确的。

(2) 模型法　数学模型法是 20 世纪 60 年代迅速发展起来的先进方法。它系在对反应器内全部过程的本质和规律有一定认识的基础上，用数学方程式来比较真实地描述实际过程，即建立过程的数学模型，并运用计算机进行比较准确的计算。目前，固定床反应器的数学模型被认为是反应器中比较成熟可靠的模型。它不仅可用于设计，也用于检验已有反应器的操作性能，以探求技术改造的途径和实现最佳控制。

下面介绍几种固定床催化反应器的模型法设计。

a. 绝热式固定床反应器的催化剂用量

求解催化剂堆体积的模型方程见式（6.21）、式（6.22）和式（6.23）。

$$V_r = F_{A0}\int_{x_{A0}}^{x_{Af}}\frac{1}{R_A}\mathrm{d}x_A \tag{6.21}$$

$$R_A=\mathrm{f}\ (x_A,\ T) \tag{6.22}$$

$$T=T_0+\lambda\ (x_A-x_{A0}) \tag{6.23}$$

式中

R_A ——反应速率，kmol/[m^3(堆)·h]或 mol/[L(堆)·h]；

V_r ——催化剂的堆体积，m^3(堆)或 L(堆)；

F_{A0} ——反应器进口气体中关键组分 A 的摩尔流量，kmol/h 或 mol/h；

x_{A0} ——反应器进口气体中关键组分 A 的转化率；

x_{Af} ——反应器出口气体中关键组分 A 的转化率；

T_0 ——反应器进口气体温度，K；

λ ——绝热温升，$\lambda=\dfrac{F_{A0}\ (-\Delta H_r)}{F_t\,\overline{C}_{pt}}\doteq\dfrac{y_{A0}\ (-\Delta H_r)}{\overline{C}_{pt}}$；

F_t ——反应气体总摩尔流量，若忽略反应过程中总物质的量的变化，则等于进口气体总摩尔流量，kmol/h 或 mol/L；

y_{A0} ——进口气体中关键组分 A 的摩尔分数；

$\overline{C}_{pt}$ ——气体的平均摩尔热容，kJ/(kmol・K)或 J/(mol・K)；

$-\Delta H_r$——反应热，kJ/kmol 或 J/mol。

式（6.22）$R_A=f\ (x_A,\ T)$ 是动力学方程式，指反应速率与转化率和温度的函数关系。联立求解式（6.21）、式（6.22）和式（6.23）便可求出催化剂堆体积。

例 6.7 工业含酚废气可用催化法将酚燃烧成二氧化碳和水，使符合排放标准。现拟设计一固定床绝热反应器，在 0.1MPa 下燃烧含酚气体中的苯酚。含酚气体处理为 1200m³(STP)/h，苯酚含量为 0.08%（mol），于 200℃下进入反应器，要求燃烧后气体中苯酚含量降至 0.01%（mol），采用直径 8mm 的以氧化铝为载体的氧化铜球形催化剂，在该催化剂上苯酚的燃烧反应为一级不可逆反应，其基于催化剂堆体积的反应速率常数与温度的关系如下：

$$k=7.03\times10^6\exp\ (-5000/T),\ \mathrm{min}^{-1}$$

反应气体的摩尔热容为 0.03kJ/（mol・K），摩尔反应热等于 2990kJ/mol，催化剂的内扩散有效系数与温度的关系为

$$\eta=1.937\times10^{-5}T^{0.25}\exp\ (2500/T)$$

计算催化剂的用量。

解：固定床绝热反应器内进行的反应是一个变温过程，反应物浓度要作温度校正，因此，

$$C_A=C_{A0}\ (1-x_A)\ \frac{T_0}{T}$$

上式中下标“A”代表苯酚，“0”代表固定床反应器气体进口状态。

由于反应是一级不可逆反应，因此反应速率方程式可写成：

$$r_A=kC_A=kC_{A0}(1-x_A)\frac{T_0}{T}=7.03\times10^6C_{A0}(1-x_A)\frac{T_0}{T}\exp(-5000/T)$$

考虑到内扩散阻力的宏观反应速率为：

$$\begin{aligned}R_A&=\eta r_A=1.937\times10^{-5}T^{0.25}\exp(2500/T)\times7.03\times10^6C_{A0}(1-x_A)\frac{T_0}{T}\exp(-5000/T)\\&=136.2T^{0.25}C_{A0}(1-x_A)\frac{T_0}{T}\exp(-2500/T)\mathrm{kmol/[m^3(堆)\cdot min]}\qquad\text{(A)}\end{aligned}$$

进气中苯酚的摩尔流量为：

$$F_{A0}=Q_0C_{A0}=\frac{1200}{60}\times\frac{T_0}{273}C_{A0}\quad\mathrm{kmol/min}$$

依题意，要求反应器出口气体中苯酚含量为 0.01%（mol），所以出口气体中苯酚的转化率为：

$$x_{Af}=\frac{8\times10^{-4}-1\times10^{-4}}{8\times10^{-4}}=0.875$$

将（A）式代入（6.21）式，并把 F_{A0}和 x_{Af}的值代入，得到催化剂堆体积 V_r 的计算式如下：

$$V_r=\int_0^{0.875}\frac{\frac{1200}{60}\frac{T_0}{273}C_{A0}}{136.2T^{0.25}C_{A0}(1-x_A)\frac{T_0}{T}\exp(-2500/T)}dx_A \tag{B}$$

$$=\int_0^{0.875}\frac{5.379\times10^{-4}T^{0.75}}{(1-x_A)\exp(-2500/T)}dx_A$$

已知

$$\overline{C}_{pt}=0.03\text{kJ/(mol}\cdot\text{K)}$$

$$-\Delta H_r=2990\text{kJ/mol}$$

$$y_{A0}=0.0008$$

因此，绝热温升λ的值为

$$\lambda=\frac{y_{A0}\ (-\Delta H_r)}{\overline{C}_{pt}}=\frac{0.0008\times2990}{0.03}=79.73$$

将λ的值代入（6.23）式得到绝热操作线方程为：

$$T=473+79.73x_A \tag{C}$$

把（C）式代入（B）式得：

$$V_r=\int_0^{0.875}\frac{5.379\times10^{-4}(473+79.73x_A)^{0.75}}{(1-x_A)\exp[-2500/(473+79.73x_A)]}dx_A \tag{D}$$

因此，催化剂的堆体积V_r的值可根据（D）式用图解积分法或数值积分法求得，现用辛普生数值积分法求得催化剂堆体积为：

$$V_r=15.3\text{m}^3\ （堆）$$

b. 外部换热式固定床催化反应器的催化剂用量　此类反应器的数学模型有一维模型和二维模型。只考虑床层轴向的浓度和温度差别而不考虑床层径向的浓度和温度差别的模型是一维模型；既考虑轴向又考虑径向的浓度和温度差别的模型为二维模型。二维模型计算比一维模型复杂，一般只在大直径床的设计中使用。一维模型方程是由物料衡算方程、热量衡算方程和动力学方程组成的一个常系数微分方程组，它是常微分方程初值问题，可用改进尤拉法或龙格—库塔法求解。

一维模型求解后可得到沿床层轴向的温度分布和沿轴向的浓度（或转化率）分布数据，图6.16是用一维模型计算得到的乙苯脱氢固定床催化反应器（外热式）的转化率和温度沿床层轴向的分布图。在纵坐标上找到$X=X_{Af}$的点（X_{Af}为最终转化率，即反应器出口转化率），过此点画横坐标的平行线，此平行线与X_A-T曲线相交于A点，A点对应的Z值为Z_f，Z_f即为所求的床层高度。催化剂的堆体积便可根据床层高度与床的横截面积求出。

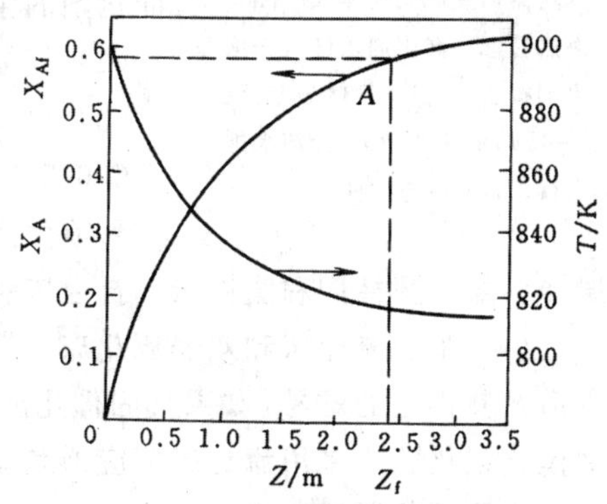

图 6.16　乙苯脱氢反应器的轴向温度及转化率分布

需要说明的是，由于乙苯脱氢反应是吸热反应，所以床层温度先降后升。但对放热反应，床层温度应是先升后降，床层温度有一个最高点，此温度称为“热点”温度，这点温度是生产控制上最为关键的控制点。

6.6.5　流化床反应器的设计

6.6.5.1　流化床反应器的构造

流化床催化反应器一般都包括下列几个组成部分：壳体、气体分布装置、换热装置、气固分离装置、内部构件以及催化剂颗粒的加入和卸出装置等。图 6.17 为一种典型的流化床催化反应器示意图。壳体 1 一般做成圆柱形，也有做成圆锥形的。反应气体从进气管 4 进入反应器，经气体分布板 8 进入床层。气体分布板的作用是为了使气体分布均匀，分布板的设计必须保证不漏料也不堵塞，且安装方便。床层设置内部构件（可以是挡板或挡网）的目的在于打碎气泡，改善气固接触和减小返混，如图 6.17 中所示的挡板 11。流化床反应器的换热装置可以装在床层内，也可以在床层周围装设夹套，视热负荷大小而定。图 6.17 中 9 和 10 分别表示冷却水进出口总管，床层内的换热管与总管相连接。催化剂颗粒从进口 6 加入，由出口 7 排出。

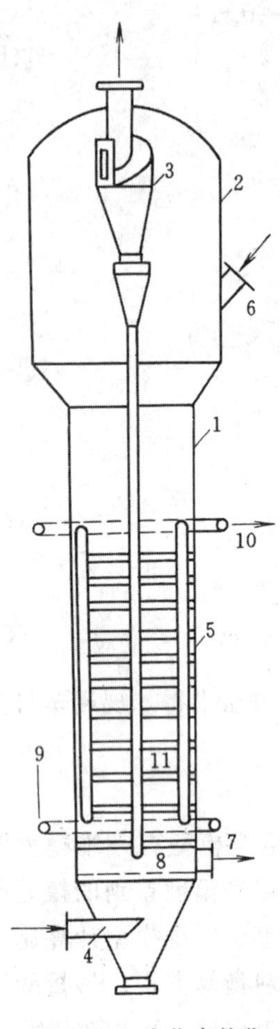

图 6.17　流化床催化反应器示意图

1—壳体；2—扩大管；3—旋风分离器；4—流化气体入口；5—换热管；6—催化剂入口；7—催化剂排出口；8—气体分布板；9—冷却水进口；10—冷却水排出口；11—内部构件

气体离开床层时总是要带走部分细小的颗粒，为此，将反应器上部的直径增大，做成一个扩大段，使气流速度降低，从而使部分较大的颗粒沉降下来，落回床层中去。较细的颗粒则通过反应器上部的旋风分离器 3 分离出来返回床层。反应后的气体由顶部排出。

6.6.5.2　流化床反应器与固定床反应器的比较

流化床反应器的优点如下。

(1) 因固体颗粒直径小，气固两相的接触面（即传质和传热表面积）大。

(2) 因催化剂粒子小，故内扩散阻力小，对内扩散控制的反应和内扩散阻力较大的反应十分有利。

(3) 由于流化床内气固两相的强烈搅动，使相界面不断更新，有利于传热和传质；流化床内温度均匀，便于控制反应温度。

(4) 由于催化剂在流化床中有流动性，对于催化剂易失活需要很快再生的过程，易于实现连续化生产。

流化床反应器的缺点如下。

(1) 由于固体颗粒易磨损，使催化剂的带出损耗大，对使用昂贵催化剂的生产过程将使产品的成本增加。

(2) 气体返混较大，使转化率（或收率）降低。

(3) 放大技术尚不成熟。

6.6.5.3　流化床反应器的各种类型

目前生产上使用的流化床，按结构形式的不同有单器和双器、单层和多层、圆柱床和圆锥床、自由床和限制床之分。

(1) 单器流化床和双器流化床　选择单器流化床还是双器流化床，往往取决于催化剂的寿命及其再生的难易，如果气固催化反应的催化剂寿命短而再生容易，须选用两器流化床，石油催化裂化就是采用流化床反应器和流化床再生器两器联合操作。反之，催化剂寿命长的情况下应采用单器流化床。

(2) 单层流化床和多层流化床　气固催化反应主要是使用单层流化床。但若要求转化率高和副反应少，则用多层流化床，多层流化床结构和操作都比较复杂，在应用上受到一定的限制。

(3) 圆柱形流化床和圆锥形流化床　工业上，圆柱形流化床反应器应用最为广泛，因为它结构简单，制造方便，设备利用率高。圆锥形流化床的结构特点是床的横截面积从分布板向上沿轴向逐渐扩大，与此相应的空塔气速逐渐变小，它适用于低流速条件下操作，在低流速下也能获得较好的流化质量，由于在低流速下操作，催化剂粒子的磨损小。圆锥形流化床还适用于气体体积增大的反应过程，此外，使用圆锥流化床可提高细粉利用率，因为圆锥床气速自下而上逐渐减小，上层的细颗粒（由于磨损造成）在较小的气速下流化，从而减轻了细粉的夹带损失，同时也减轻气固分离装置的负担。圆锥形床的分布板性能一般比较好，因为它下端的直径最小，气速最大，使较大的固体颗粒也能流化，从而减轻和消除分布板上死料、烧结和堵塞等现象。锥形床的缺点是结构复杂、制造困难和设备利用率较低。

(4) 自由床和限制床　床中不专门设置内部构件来限制气体或固体流动的流化床称为自由床，反之，则为限制床。内换热器在某种程度上也起到内部构件的作用，但只有内换热器而无其他限制构件的流化床习惯上仍称为自由床。

设内部构件的目的是增进气固接触和减少气体返混以改善气体的停留时间分布，使高床层和高流速的操作成为可能。对一些反应速度慢、反应级数高和副反应严重的气固催化反应，设置内部构件是很重要的，限制床多以挡网、挡板为内部构件。对反应速度快，反应时间拖长也不致产生过多副反应或对产品纯度要求不高的气固催化反应过程，可以采用自由床。石油的催化裂化就是采用自由床的例子。

设计时，应选择与中间试验和工业装置一致的床型，因为经过试验考核和生产考核的床型是最可靠的。

6.6.5.4　流化床反应器主体尺寸的确定

(1) 流化床直径　流化床的直径用下式计算：

$$D=\sqrt{\frac{4V}{\pi u}}$$

式中　D——流化床直径，m；

V——气体的体积流量，m^3/s；

u——空床气速，即流化床的操作气速，m/s。

流化床的操作气速可根据生产或试验数据选取，表 6.42 是一些工业流化床常用的操作气速。工业流化床常用的操作气速为 0.2～1.0m/s。

表 6.42　一些工业生产上采用的流化床操作气速

产　　品	反应温度/℃	催化剂粒子直径/目	操作空塔速度/(m/s)
丁烯氧化脱氢制丁二烯	480～500	40～80	0.8～1.2
丙烯氨氧化制丙烯腈	475	40～80	0.6～0.8
萘氧化制苯二甲酸酐	370	40	0.3～0.4
乙炔制醋酸乙烯	200	24～28	0.25～0.3

一般认为操作速度应在临界流化速度和带出速度之间，但有些流体床操作时，操作速度高出带出速度而操作状态正常，所以不应把带出速度定为操作速度的上限。

也可以使用流化数（操作气速与临界流化速度的比值，fluidization number）计算操作气速：

$$u=nu_{mf}$$

式中　n ——流化数；

u_{mf}——临界流化速度，m/s。

流化数往往根据物料的特性和工艺要求参照实际生产数据选定。苯酐流化床的流化数一般为$n \geqslant 10 \sim 40$，有些反应甚至$n > 100$或$n > 200 \sim 300$，例如石油催化裂化流化床的流化数$n = 300 \sim 1000$。

确定临界流化速度可用实测法和计算法。实测法是得到临界流化速度的既准确又可靠的方法；当测试不方便时，可用计算法。目前已提出相当多的半经验计算公式，这里推荐一个一般认为比较可靠的公式：

$$u_{mf}=\frac{4.08d_p^{1.82}(\rho_s-\rho_f)^{0.94}}{\mu_f^{0.88}\rho_f^{0.06}} \tag{6.24}$$

式中　u_{mf}——临界流化速度（以空塔计），m/s；

μ_f——气体粘度，mPa·s（cP）；

ρ_s，ρ_f——催化剂颗粒密度和气体密度，kg/m³；

d_p——固体颗粒的平均直径，m。

式（6.24）适用于临界雷诺数Re_{mf}小于5的情况，若$Re_{mf}>5$时须校正。

$$Re_{mf}=\frac{1000d_p u_{mf}\rho_f}{\mu_f}$$

（2）扩大段直径　扩大段的设置是为了使较小的颗粒在此处沉降，以减轻过滤器的负荷。

按设计要求先决定不让带出流化床的颗粒的最小直径，再计算此直径的颗粒的带出速度，然后计算扩大段直径。一般来说，扩大段所能分离下来的固体颗粒的直径大于50μm，所以在计算带出速度时所用的颗粒直径应在此范围内选择。

由于流化床的颗粒细小，沉降一般在层流区进行。在层流区，计算带出速度的公式为：

$$u_t=\frac{d_p^2(\rho_s-\rho_f)}{18\mu_f} \tag{6.25}$$

式中　u_t——带出速度，m/s；

μ_f——气体粘度，kgf·s/m²❶。

有些设计取扩大段气速为操作气速的$\frac{1}{2}$来确定扩大段直径。

（3）浓相段高度　浓相段高度的计算公式为

$$H_1=RH_{mf} \tag{6.26}$$

一般情况下　$H_{mf} \doteq H_0$

式中　H_1——浓相段高度，m；

R——膨胀比，其计算方法和经验值可在有关资料中得到；

H_0——静床高，m；

H_{mf}——临界流化速度下的床层高度，m。

静床高H_0可根据反应器中催化剂的用量计算出来：

$$H_0=\frac{G_{cat}}{\rho_B \cdot \frac{\pi}{4}D^2} \tag{6.27}$$

❶ 1kgf·s/m²=9.81Pa·s。

式中　G_{cat}——催化剂用量，kg；

　　ρ_B——催化剂的堆密度，kg/m^3（堆）；

　　D——流化床浓相段直径，m。

催化剂的重量G_{cat}的值常用催化剂负荷数据（由生产装置实测得到）计算出来，见例6.8。也可以根据接触时间求出，见第十章设计示例。

(4) 稀相段高度（也称分离段高度）H_2　分离段的高度又称TDH (transport disengaging height)，曾有许多学者对此进行过研究，公布了许多TDH的经验关联式，但误差较大，有些手册上将它与流化床直径的比H_2/D与流化床直径D作成关联图（见图6.18），使用此图可以得到H_2的值。

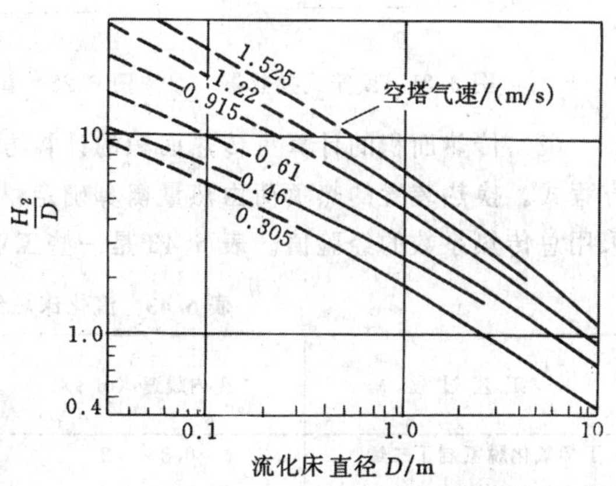

图6.18　稀相段高度

(5) 扩大段高度H_3　扩大段高度主要是根据内过滤管或内旋风分离器的安装、检修的需要确定。

6.6.5.5　流化床反应器的传热装置

(1) 流化床反应器传热装置的型式　流化床反应器传热装置的型式有列管式、鼠笼式、管束式和蛇管式。

a. 列管式换热器　列管式换热器是将换热管竖直放置在床内，无论在浓相还是稀相都可使用。目前，这种换热器常用单管式和套管式两种。单管式如图6.19所示，载热体（一般用水、耐高温油、联苯等）由总环管进入，经连接管分配至各垂直的热交换管，再汇总到总管，经气化的水汽混合物由此引出。套管式如图6.20所示。水从总管分配至各中心管，流经外套管与中心管间的环隙（换热主要在此进行），经气化之水汽混合物升入蒸汽总管而引出。

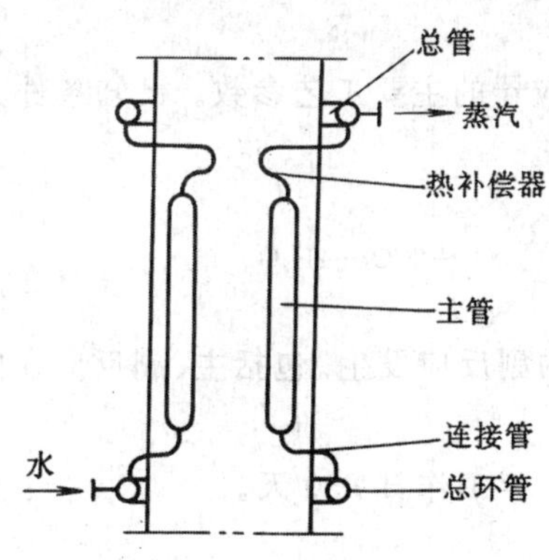

图6.19　单管式列管换热器

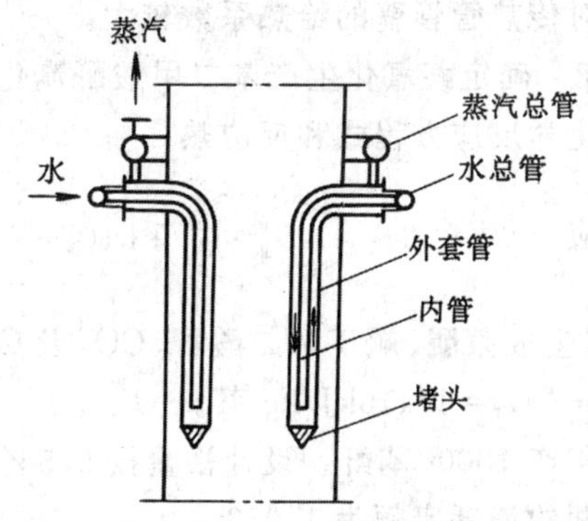

图6.20　套管式列管换热器

b. 鼠笼式换热器　鼠笼式换热器的结构如图6.21所示，此种型式的换热器传热面积较大，但焊缝较多，在温差大的场合易胀裂。

c. 管束式换热器　管束式换热器如图6.22所示。管束可以列置亦可横排。横排用于流化质量要求不高而热交换量很大的场合，如沸腾燃烧锅炉等。

d. 蛇管式换热器　蛇管式换热器如图6.23所示。与一般蛇管换热器类似。根据换热量大小，可在浓相段设置一个或多个。

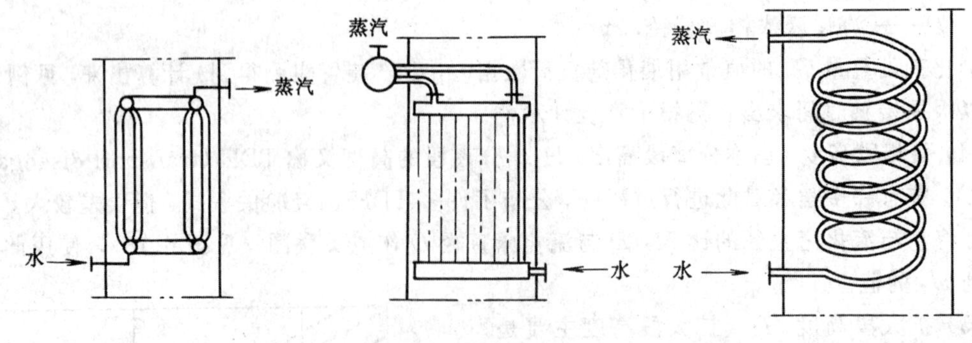

图 6.21　鼠笼式换热器　　图 6.22　管束式换热器　　图 6.23　蛇管式换热器

（2）传热面积的计算　传热面积的计算方法同一般换热器相似，基本公式仍是传热速率方程式。换热装置的热负荷由热量衡算确定，总传热系数可由各给热系数求出，但设计时常采用总传热系数的经验值。表 6.43 是一些工业流化床总传热系数 K 的经验值。

表 6.43　流化床总传热系数 K 的经验值

工艺过程	床内线速/(m/s)	浓相段的传热系数/[W/(m²·K)]	换热方式及介质
丁烯氧化脱氢制丁二烯	0.8～1.2	465～581	套管，水
丙烯氨氧化制丙烯腈	0.6～0.8	233～349	套管，水
萘氧化制苯酐	0.3～0.4	300～316	列管，水，汽水
乙炔制醋酸乙烯	0.25～0.3	233	套管，水，汽水

当用给热系数计算总传热系数 K 值时，牵制到床层对传热管管壁的给热系数。不同的工艺过程，不同的操作条件和不同的设备结构，其给热系数值均不相同。目前已有不少计算流化床给热系数的关联式，可查阅有关资料。由于流化内粒子的强烈搅动和对传热管管壁的冲刷，床层对传热管管壁的给热系数较大。

例 6.8　确定萘氧化生产苯二甲酸酐流化床反应器的主要工艺参数。已知条件为：

（1）化学反应方程式和反应热

主反应　$+4.5O_2 =$　$+2CO_2+2H_2O$

此外，还有生成萘醌、顺丁烯二酸酐、CO_2 及 CO 等的副反应发生。包括主、副反应在内的 25℃ 的反应热 $-\Delta H_r=18410$kJ/kg 萘。

（2）年产 1000t 苯酐，设计裕量按 9.5%考虑，年工作日 330 天。

（3）萘的消耗定额为 1.053$t_{萘}/t_{苯酐}$。

（4）温度

空气进口温度	80℃
萘进口温度	120℃
反应温度	370℃
气体出口温度	260℃

（5）操作压力　196kPa。

（6）空气与萘的重量比 15。

（7）催化剂

催化剂负荷 26.7g 萘/(kg 催化剂·h)

催化剂颗粒平均直径 $d_p=0.188$mm

堆密度 $\rho_B=700\text{kg/m}^3$

颗粒密度 $\rho_S=1270\text{kg/m}^3$

解：

（1）物料衡算

a. 萘的加料量

$$G_1=\frac{1000\times1000\times1.095}{330\times24}\times1.053=146\text{kg/h}$$

b. 空气加入量

$$G_2=146\times15=2190\text{kg/h}$$

c. 催化剂用量

$$G_{cat}=\frac{146\times10^3}{26.7}=5460\text{kg}$$

（2）热量衡算

热容数据：

查得空气在下列温度范围的平均比热容为

25～80℃	1.004kJ/(kg·K)	260～370℃	1.05kJ/(kg·K)
25～260℃	1.01kJ/(kg·K)		

萘的比热容为 1.966kJ/(kg·K)(各温度范围均用此值)。

反应后混合物中，空气占绝大部分，故近似使用空气的比热容来代替。

a. 反应器需要取出的热量

假设下面的热力学途径计算过程的总焓变：

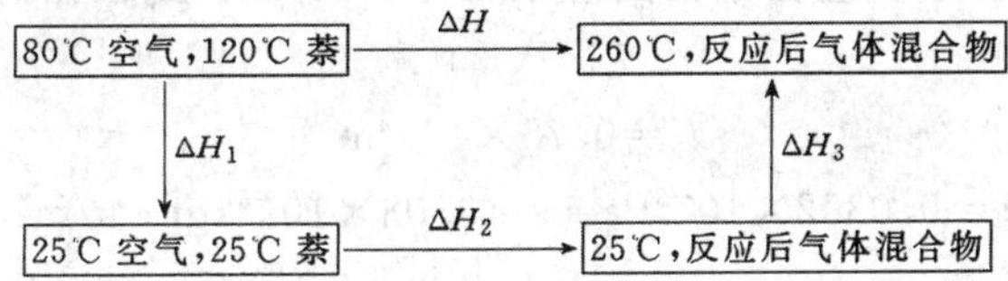

$$\Delta H_1=2190\times1.004\ (25-80)\ +146\times1.966\ (25-120)\ =-1.482\times10^5\text{kJ/h}$$

$$\Delta H_2=146\ (-18400)\ =-2.686\times10^6\text{kJ/h}$$

$$\Delta H_3=\ (2190+146)\ \times1.01\ (260-25)\ =5.544\times10^5\text{kJ/h}$$

$$\therefore\quad \Delta H=\Delta H_1+\Delta H_2+\Delta H_3=-1.482\times10^5-2.686\times10^6+5.544\times10^5$$

$$=-2.28\times10^6\text{kJ/h}$$

ΔH 为负值，可见过程放热，需要取出热量。

散热量按 10%计算，则需要由冷却介质取出的总热量为

$$Q_T=2.28\times10^6(1-0.1)=2.052\times10^6\text{kJ/h}$$

b. 稀相段移出的热量 Q_{dil}

$$Q_{dil}=(2190+146)\times1.05(370-260)=2.698\times10^5\text{kJ/h}$$

c. 浓相段移出热量 Q_{conc}

$$Q_{conc}=Q_T-Q_{dil}=2.052\times10^6-2.698\times10^5=1.782\times10^6\text{kJ/h}$$

(3) 床型和换热装置型式的选择　选圆筒形流化床，换热装置用单管式列管换热器。

(4) 流化床反应器的直径

a. 操作气速

参照实际生产数据，苯酐流化床的流化数 $n\geqslant10\sim40$，本设计取 $n=28$。

计算临界流化速度：

$$d_p=1.88\times10^{-4}\text{m}$$

$$\rho_s=1270\text{kg/m}^3$$

$$\rho_f=\frac{28.8}{22.4\times\frac{273+370}{273}\times\frac{101.3}{196}}=1.056\text{kg/m}^3$$

$$\mu_f=0.0302\text{mPa}\cdot\text{s (cP)}$$

代入（6.24）式得

$$u_{mf}=4.08\times\frac{(1.88\times10^{-4})^{1.82}\times(1270-1.056)^{0.94}}{0.0302^{0.88}\times1.056^{0.06}}=0.012\text{m/s}$$

因 $R_{emf}=\frac{1000(1.88\times10^{-4})\times0.012\times1.056}{0.0302}=0.079<5$，故求出的 u_{mf} 不必校正。

$$\therefore\quad u=nu_{mf}=28\times0.012=0.336\text{m/s}$$

b. 流化床直径　气体的体积流量为

$$V=\left(\frac{146}{128}+\frac{2190}{28.8}\right)\times22.4\times\frac{273+370}{273}\times\frac{101.3}{196}=2105\text{m}^3\text{/h}=0.5846\text{m}^3\text{/s}$$

因此，流化床的直径为

$$D=\sqrt{\frac{4V}{\pi u}}=\sqrt{\frac{4\times0.5846}{3.14\times0.336}}=1.49\text{m}$$

取　$D=1.5\text{m}$。

(5) 扩大段直径　要求反应器带出的尘粒粒径≯75μm，此粒径的粒子的带出速度计算如下：

$$d_p=0.75\times10^{-4}\text{m}$$

$$\mu_f=0.0302\times10^{-3}\text{Pa}\cdot\text{s}=3.08\times10^{-6}\text{kgf}\cdot\text{s/m}^2$$

代入式（6.25）得

$$u_t=\frac{(0.75\times10^{-4})^2\ (1270-1.056)}{18\times3.08\times10^{-6}}=0.129\text{m/s}$$

气体的体积流量为

$$V=\left(\frac{146}{128}+\frac{2190}{28.8}\right)\times22.4\times\frac{273+260}{273}\times\frac{101.3}{196}=1745\text{m}^3\text{/h}=0.4847\text{m}^3\text{/s}$$

因此，扩大段的直径为

$$D'=\sqrt{\frac{4V}{\pi u_t}}=\sqrt{\frac{4\times0.4847}{3.14\times0.129}}=2.19\text{m}$$

若取扩大段气速为操作气速的一半，则 $u_t=\frac{1}{2}\times0.336=0.168\text{m/s}$，

$$D'=\sqrt{\frac{4V}{\pi u_t}}=\sqrt{\frac{4\times0.4847}{3.14\times0.168}}=1.92\text{m}$$

取扩大段直径为 2.5m。

(6) 浓相段高度 H_1

由 (6.27) 式得静床高为

$$H_0=\frac{5460}{700\times0.785\times1.5^2}=4.41\text{m}$$

查阅资料知，对于带有挡板的苯酐流化床，可采用下面的公式计算膨胀比 R：

$$R=\frac{0.517}{1-0.76u^{0.1924}}\qquad \text{适用范围}\qquad 0.07<u\leqslant0.92$$

式中 u 为流化床的操作气速，m/s。

$$\therefore\qquad R=\frac{0.517}{1-0.76(0.336)^{0.1924}}=1.347$$

把 H_0 和 R 的值代入 (6.26) 式得浓相段高度为

$$H=RH_0=1.347\times4.41=5.94\text{m，取 }H=7\text{m。}$$

(7) 稀相段高度 H_2

已知 $D=1.5\text{m}$，

$u=0.336\text{m/s}$

查图 6.18 得

$$H_2/D=1.8$$

所以，稀相段高度为

$$H_2=1.8\times1.5=2.7\text{m，取 }H_2=3\text{m。}$$

(8) 扩大段高度 H_3　根据生产经验取 $H_3=2.1$m。

(9) 换热器的计算

a. 浓相段换热器

浓相段换热器的热负荷

$$Q_{\text{conc}}=1.782\times10^6\text{kJ/h}=4.95\times10^5\text{J/s}$$

已知冷却水进口温度 80℃，出口温度 120℃，床层温度 370℃，因此，传热对数平均温差为

$$\Delta t_{\text{m}}=\frac{(370-80)-(370-120)}{\ln\dfrac{370-80}{370-120}}=269.5℃$$

由表 6.43 知，萘氧化制苯酐的流化床内气体线速为 0.3～0.4m/s 时，其总传热系数为 $K=300\sim316\text{W/(m}^2\cdot\text{K)}$。

取　　$K=300\text{W/(m}^2\cdot\text{K)}$

故浓相段换热器的换热面积为

$$A_{\text{conc}}=\frac{4.95\times10^5}{300\times269.5}=6.12\text{m}^2$$

设计采用 ϕ2″管为换热管，其高度取 5.5m (比浓相段高度稍小)，因此，需要换热管的根数

$$n_{\text{conc}}=\frac{6.12}{3.14\times0.06\times5.5}\doteq6$$

取 10 根换热管。

b. 稀相段换热器　稀相段床层温度从 370℃降至 260℃，冷却水进口温度 80℃，出口温度 120℃，冷却水和床层气流作逆向流动。传热对数平均温差为

$$\Delta t_m=\frac{(370-120)-(260-80)}{\ln\frac{370-120}{260-80}}=213℃$$

稀相段换热器总传热系数 K 取 70W/(m^2·K)。

稀相段换热器的热负荷 $Q_{dil}=2.698\times10^5$kJ/h$=7.5\times10^4$J/s

故稀相段传热面积为

$$A_{dil}=\frac{Q_{dil}}{K\Delta t_m}=\frac{7.5\times10^4}{70\times213}=5\text{m}^2$$

由于稀相段高度为 2.7m，用 $\phi2''$，高 2m 的换热管，需要换热管的管数为

$$n_{dil}=\frac{5}{3.14\times0.06\times2}=13$$

取 15 根冷却管。

6.7 非定型设备的设计程序和设计条件

非定型设备分两类，一类是已有标准系列的换热器和罐，此类设备可以按工艺要求直接选型，在工艺设备一览表中列出所选用的系列图号，并编入非定型设备图纸目录中即可；另一类就是要按工艺要求由设备专业设计人员专门设计的非定型设备了。

6.7.1 非定型设备的设计程序

(1) 基本设计的工作内容是：选择设备的型式，由设备工艺计算确定设备的主要尺寸和主要工艺参数，按流程要求确定设备的工艺连接要求，确定设备的管口及数目，确定人孔、手孔的数目和位置。

(2) 通过流体力学计算确定所有连接管口（包括工艺和公用工程的连接管口、安全阀接口、放空管接口、排液管、排污管接口等）的直径，并定出它们在设备上的安装高度。

(3) 根据工艺控制的要求，按带控制点工艺流程图确定安装在设备本体上的控制仪表或测量元件的种类、数目、安装位置、接头形式和尺寸。

(4) 通过设备布置设计初定管口（包括仪表接口）的大致方位，设备的安装标高，支承结构（腿、耳、裙）的尺寸和大致方位，设备操作平台的结构和尺寸。但因管道布置和设备施工图尚未完成，应留出修改方位的可能性。

(5) 向设备设计人员提交非定型设备设计条件表（见图 6.24），并向土建设计人员提出设备操作平台和楼梯的设计条件。

以上 (1) 至 (5) 步骤主要由工艺设计人员完成。

(6) 由设备设计人员进行非定型设备设计。

(7) 管道布置设计完成后，由工艺设计人员编制管口方位图（见图 6.25），经设备设计人员校核并会签后附在设备施工图纸中。

6.7.2 非定型设备设计条件图（表）

非定型设备设计条件图（表）共包括三部分内容：设备技术特性及要求，管口表和设备简图。图 6.24 是一个搅拌釜的设备设计条件图（表）。

6.7.3 设备管口方位图

设备管口方位图在管道布置设计完成后编制。它应表示出全部管口、罐耳、支腿及地脚螺栓的方位，并标注管口编号（编号应与非定型设备条件表一致）。管径和管口的名称。塔类设备除管口外还应画出塔的地脚螺栓、吊柱、立爬梯和降液管的位置。

设备技术特性及要求

设备技术特性		设备内	夹套内	管内	管间
工作压力		真空度 650mmHg	3kgf/cm^2		
密闭压力		—	—		
工作温度		80℃	10℃		
壁温					
操作物料	名称	料液	冷冻水		
	粘度				
	相对密度				
	特性				
操作情况					
设备材料		碳钢	传动要求		
			搅拌型式	桨式	
设备容积		$V_g=1m^3$	搅拌转速	63r/min	
操作容积		0.8m^3			
传热面积		4.8m^2			
保温要求					
安装要求					
其他要求					

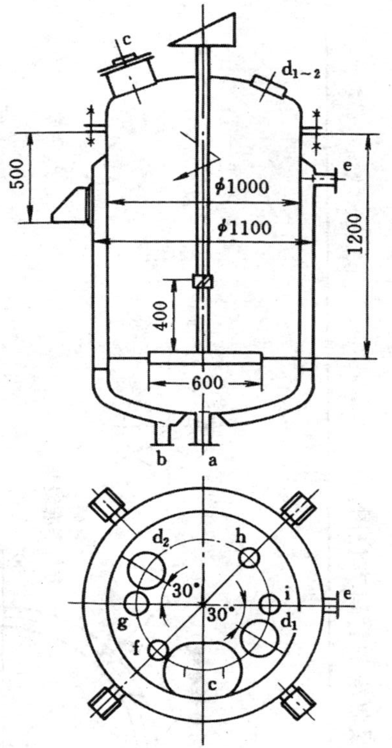

管口表

符号	公称尺寸	连接面形式	公称压力	用途	备注
a	D_g40	平面	P_g6	出料口	
b	D_g25	平面	P_g6	冷冻水进口	
c	400×300	—	P_g6	人孔	
d_{1-2}	D_g125	—	P_g6	视镜	
e	D_g25	平面	P_g6	冷冻水出口	
f	D_g25	平面	P_g6	备用口	
g	D_g40	平面	P_g6	进料口	
h	D_g25	平面	P_g6	备用口	
i	D_g25	平面	P_g6	温度计接口	

工程编号		设计		会签工种			条件修改内容	签名	日期
工程名称		项目负责人							
设备编号		组长							
设备名称	反应罐	提出科室		接收科室			本设备装配图是否需交工艺设计人复核		

图 6.24　非定型设备设计条件图示例

($1kgf/cm^2=98.0665kPa$)

管口方位图只是用于最后肯定原提设计条件图中的各个接管管口和罐耳、支架、支座的方位，不得在数量上增减接管数量或改变管径。即，除补充方向位置外，其他都应与原提条件相一致。

图 6.25 是一个吸收塔的管口方位图。

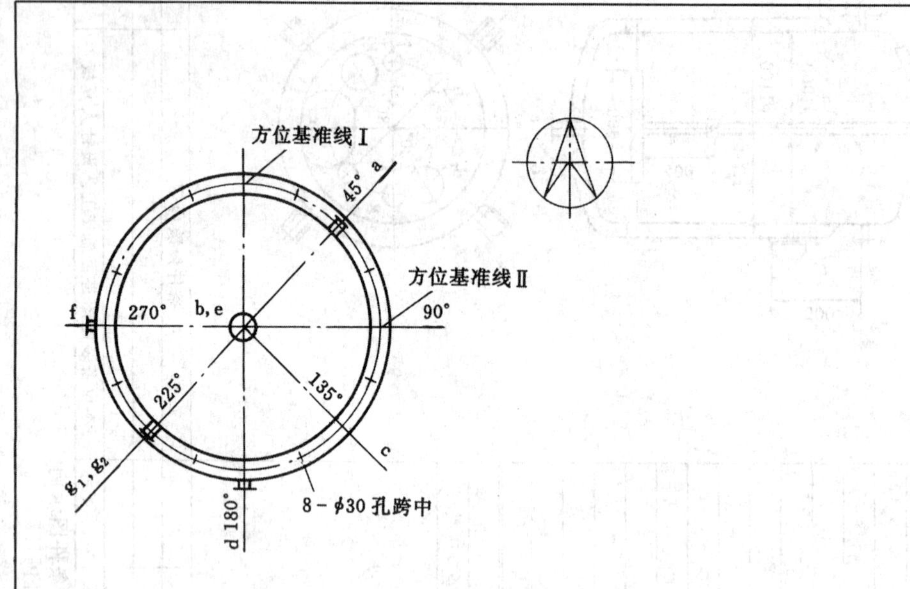

注：每条方位基准线处应在器壁外面的上下部作两个安装找正标记(在同一垂直线上)"⊡"，标记的中心为$\phi 2\times 0.5$冲孔，冲孔周围用涂料划一个方形。由多节组成的设备应通过上下标记用油漆划一条直线。

管口编号	公称直径	管口名称
g	20	液位计接口
f	500	人　孔
e	50	排液口
d	200	气体出口
c	200	气体出口
b	100	入　口
a	100	出　口

(设计单位名称)				设备结构图号		
				工程名称		
				设计项目		
设计			T-109 吸收塔 管口方位图	设计阶段	施工图	
校核				(图号)		
审核						
审定			比例	第　张	共　张	

图 6.25　设备管口方位图示例

6.8　工艺设备一览表

在初步设计阶段和施工图设计阶段，都要编制设备一览表。设备一览表是设计成品之一。工艺设备一览表的格式见表 6.44。

表 6.44　工艺设备一览表

(设计单位)	工程名称		设备一览表	编制			编号	
				校核				
	设计项目			审核			第　页	共　页

序号	位号	设备名称及规格	图号或标准号	单位	数量	材料	重量(kg)		技术特性表编号	备注
							单	总		

修改标记						
姓　名						
日　期						

主要参考文献

1　化学工程手册．第 13 篇．气液传质设备．北京：化学工业出版社，1979

2　韩冬冰主编．化工工程设计．北京：学苑出版社，1997

3　谭天恩，麦本熙，丁惠华编著．化工原理．下册．北京：化学工业出版社，1984

4　刘乃鸿主编．工业塔新型规整填料应用手册．天津：天津大学出版社，1993

5　李绍芬主编．反应工程．北京：化学工业出版社，1990

6　国家医药管理局上海医药设计院编．化工工艺设计手册．第二版．北京：化学工业出版社，1996

7　华东理工大学机械制图教研组编．化工制图．第二版．北京：高等教育出版社，1993

7 车间布置设计

7.1 车间布置设计概述

化工生产车间一般由下列各部分组成。

（1）生产设施，包括生产工段、原料和成品仓库、控制室、露天堆场或贮罐区等。

（2）生产辅助设施，包括除尘、通风室，变电和配电室，机修间、化验室、动力间（压缩空气和真空）。

（3）生活行政福利设施，包括车间办公室、休息室、更衣室、浴室、厕所等。

（4）其他特殊用室如劳动保护室、保健室等。

车间布置设计就是把上述各设施、车间各工段进行组合布置，并对车间内各设备进行布置和排列。

车间布置设计分初步设计和施工图设计两个阶段，这两个阶段进行的内容和深度是不相同的。

在初步设计阶段，由于处于设计的初始阶段，能为车间布置设计提供的资料有限，并且也不准确。在这个阶段，工艺设计人员根据工艺流程图、设备一览表、工厂总平面布置图，配电、控制室、生活行政福利设施的要求以及物料贮存和运输情况等资料画出车间的布置草图，提供给建筑设计专业人员做厂房建筑的初步设计。在工艺设计人员取得建筑设计图后，再对车间布置草图进行修改，然后画出初步设计阶段的车间平面、立面布置图。

初步设计阶段的车间布置设计应包括以下内容。

（1）生产工段、生产辅助设施、生活行政福利设施的平面、立面布置。

（2）车间场地和建筑物、构筑物的位置和尺寸。

（3）设备的平面、立面布置。

（4）通道系统、物料运输设计。

（5）安装、操作、维修的平面和空间设计。

初步设计阶段的车间布置设计的成品是一组平、立面布置图，列入初步设计的设计文件中。

施工图设计阶段的车间布置设计是在初步设计车间布置图的基础上进行的，初步设计批准后，各专业要进一步对车间布置进行研究并进行空间布置的配合，全面考虑土建、仪表、电气、暖通、供排水等专业与机修、安装操作等各方面的需要，最后得到一个能满足各方面要求的车间布置。在这一阶段，由于设备设计、管道设计均已进行，因而设备尺寸、管口方位、管道走向、仪表安装位置等均可由各专业设计人员协商提供，电气、仪表、暖通、供排水、外管等设计工作的进行也为最后落实车间布置提供了十分全面、详尽的资料，经多方协商研究、修改和增删，最后得到施工图设计阶段的车间布置图。

施工图设计阶段布置设计的内容如下。

（1）落实初步设计车间布置的内容。

（2）确定设备管口和仪表接口的方位和标高。

(3) 物料与设备移动、运输设计。

(4) 确定与设备安装有关的建筑物尺寸。

(5) 确定设备安装方案。

(6) 安排管道、仪表、电气管线的走向，确定管廊位置。

施工图阶段的布置设计，必须有所订设备制造厂返回的设备图（列出地脚螺栓，外形尺寸，主要管口方位、重量等）作依据，才能成为最后成品。

施工图设计阶段车间布置的成品是最终的车间布置平面、立面图，列入施工图阶段的设计文件中。

7.2 厂房的整体布置和厂房轮廓设计

7.2.1 厂房的整体布置

根据生产规模、生产特点以及厂区面积、厂区地形、地质条件等考虑厂房的整体布置。首先要确定采用分离式还是集中式，一般来说，凡生产规模大，车间各工段生产特点有显著差异（例如属于不同的防火等级）或位于山区等情况，可适当考虑分离式，反之，生产规模不大，车间各工段联系频繁，生产特点无显著差异，厂区地势平坦者，可适当采用集中式布置。

考虑厂房的整体布置的另一重要问题是室外场地的利用和设计，那些在操作上可以放在露天的设备，原则上应尽可能布置在室外。体形巨大的容器，贮罐，较高大的塔的露天布置可以大大地缩减厂房的建筑面积；有火灾和爆炸危险的设备和能产生大量有毒物质的设备露天布置能降低厂房的防火、防爆等级，简化厂房的防火、防爆措施，降低厂房的通风要求，改善厂房内的卫生及操作条件；设备的露天布置也使厂房的改建和扩建具有更大的灵活性。所以，设备露天布置无论在技术上还是经济上都有很大好处。设备露天布置的缺点是操作条件差，在北方地区的冬季会增加操作人员的巡视困难，并要求较好的自控条件。

7.2.2 厂房的平面布置

(1) 厂房的平面轮廓　厂房的平面轮廓一般有直线形、L 形、T 形、Π 形等数种形式，其中以直线形采用最多，这是由于直线形厂房便于作全厂总平面布置，节约用地，方便设备排列，便于安排交通和出入口，有较多墙面提供给自然采光和通风设计使用。直线形厂房常用于小型车间，T 形、L 形或 Π 形厂房则适合于较复杂的车间。

(2) 厂房柱网布置和厂房宽度　厂房柱网的布置首先要考虑满足工艺操作需要，满足设备安装、转运及维修的需要。在满足上述各种需要的前提下，应优先选择符合建筑模数的柱网。中国统一规定，厂房建筑以 3m 的倍数为优先选用的柱网，例如 3m、6m、9m、12m、15m、18m 等。对多层厂房，更常采用 6m×6m 的柱网，这样的柱网较经济，如因生产及设备需要必须加大时，最好不超过 12m。

常采用的厂房宽度有 6m、9m、12m、15m、18m、24m、30m 等数种，由于受到自然采光和通风的限制，多层厂房总宽度一般不宜超过 24m，单层厂房一般不宜超过 30m。

厂房的长度根据工艺要求来确定，但应注意尽量使长度符合建筑模数制的要求。

7.2.3 厂房的立体布置

厂房的立面形式有单层、多层和单层与多层相结合的形式。多层厂房占地少但造价高，而单层厂房占地多但造价低。采用单层还是多层主要应根据工艺生产的需要。例如制碱车间的碳化塔，根据工艺要求须放在厂房内，塔又比较高，且操作岗位安排在塔的中部以便观察塔内情况，这样就需要设计多层厂房；另一种情况是：设备大部分露天布置，厂房内只需要安置泵或风机，这种情况可设计成单层厂房。

对于为新产品工业化生产而设计的厂房，由于生产过程中对工艺流程和设备需要不断改进和完善，一般都设计一个较高的单层厂房，利用便于移动、拆装、改建的钢制操作台代替钢筋混凝土操作台，以适应工艺流程和设备变化的需要，如图 7.1 所示。

由于工艺流程的复杂性以及设备和管道繁多，化工厂房的剖面形式往往比较复杂。图 7.2 所示的是一个不等高的多层建筑的剖面图。图 7.1 所示的是一个单层厂房，在厂房内设有可拆卸的钢制多层操作台，这种形式的优点是设备与操作楼面的改装不影响厂房的建筑物的本体，适合于新投产的产品使用。

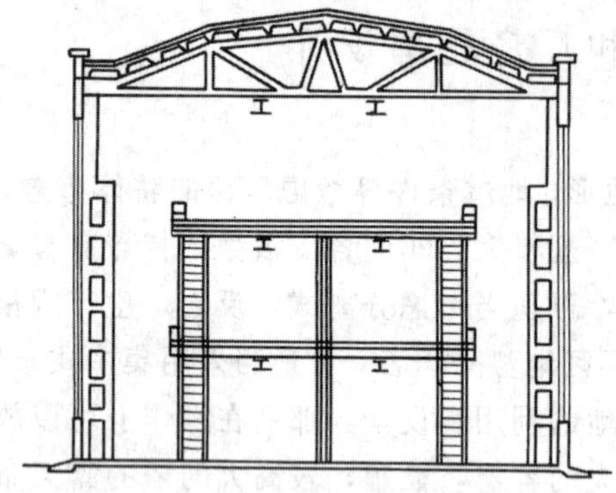
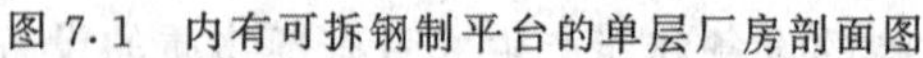

图 7.1　内有可拆钢制平台的单层厂房剖面图

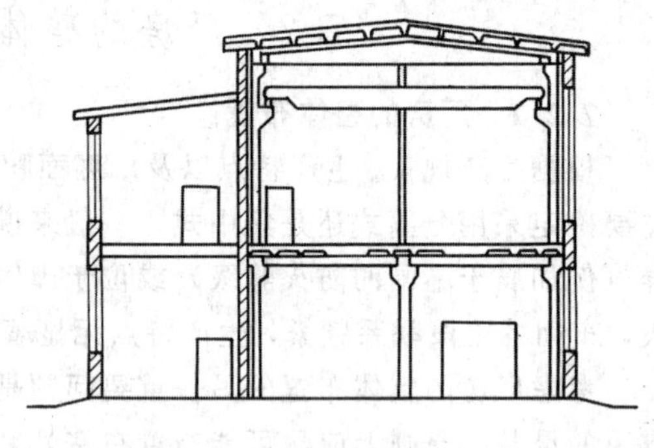

图 7.2　多层厂房剖面图

确定厂房层高时，一般应考虑设备的高度，设备安装、起吊、检修，拆卸时所需高度和管道布置占据的空间等几个方面的因素。此外，还应考虑到通风、采光、高温及是否有有害气体产生等因素。

厂房的层高应尽量符合建筑模数制的要求，取 0.3m 的倍数。一般工厂厂房的层高为 4～6m。采用框架结构或混合结构的多层厂房，层高多采用 5.1m 和 6m，最低不得低于 4.5m。各层高度尽量相同，不宜过多变化。

7.3　车间设备布置设计

车间设备布置设计就是确定各个设备在车间平面与立面上的位置，确定场地（指室外场地）与建筑物、构筑物的尺寸、确定工艺管道，电气仪表管线及采暖通风管道的走向和位置。

车间设备布置大体上应考虑下列问题。

(1) 能够或宜于露天布置的设备尽量布置在室外　生产中不需经常看管的设备，辅助设备和受气候影响较小的设备（如吸附器、吸收塔、不冻液体贮罐、大型贮罐、废热锅炉、气柜等）一般都应考虑在露天放置；需要大气来调节温度、湿度的设备如凉水塔、冷却器等更宜于露天放置；在气候温和、没有酷寒的地区，应考虑更多的设备露天放置。但是，某些反应器和使用冷冻剂的设备，它们受大气温度的影响，而生产工艺上又不允许有显著的温度变化，这类设备就要考虑放在室内，各种传动机械如气体压缩机、冷冻机、往复泵和仪表操作盘也应布置在室内。

(2) 生产工艺方面的要求　设备布置应尽量使工艺流程顺、工艺管线短、工人操作方便和安全，还要考虑使原料和成品有适当的运输通道。

(3) 要有合适的设备间距　合适的设备间距要考虑安全操作，安装、维修的需要，也要考虑节省占地面积和投资，还要考虑设备与设备间、设备与建筑物间的安全距离以及化工生产中防腐蚀要求等。

有关设备与设备、设备与建筑物之间的安全距离可参考表 7.1。

表 7.1 设备与设备、设备与建筑物间的安全距离

序号	项目	安全距离/m
1	往复运动机械、其运动部分离墙的距离	不小于 1.5
2	回转机械与墙之间的距离	不小于 0.8～1.0
3	回转机械相互间的距离	不小于 0.8～1.2
4	泵的间距	不小于 0.7
5	泵列与泵列间的距离(对排泵)	不小于 2.0
6	泵的最突出部分(包括管线)与墙的距离	不小于 1.0
7	贮罐间之距离	0.4～0.6
8	计量槽间之距离	0.4～0.6
9	换热器间之距离	至少 1.0
10	塔与塔的间距	1.0～2.0
11	反应设备顶盖上传动装置与天花板的距离(有搅拌轴时,考虑拆装空间)	不小于 0.8
12	走廊及操作台通行部分净高	不小于 2.0～2.5
13	不常通行的地方净高	不小于 1.9
14	设备边缘或最突出部分与墙的距离	不小于 0.6
15	考虑操作地带或吊放最大设备时,两设备间距离应为最大件宽度	再加 0.5～1.0

(4) 设备的安装、检修方面的要求

a. 要考虑设备安装、检修和拆卸的可能性。例如老式氨合成塔的框架要考虑内筒的吊装，如图 7.3 所示。新式大型氨厂的合成塔，由于催化剂的寿命可达 10～15a，不常更换，已取消框架，检修时用巨型吊车吊装合成塔内件。

b. 要考虑设备如何运入和运出厂房。设备运入或运出厂房次数较多时宜设大门，若设备运入后很少再需要整体搬出，则可设安装孔，即在外墙预留洞口，待设备运入后再行砌封。

c. 设备通过楼层或安装在二楼以上时，可在楼板上设安装孔（见图 7.4)，也可在厂房中央设吊车梁和吊车供设备起吊用（见图 7.5)。一般体积较大又比较固定的设备（例如室内安装的塔器)，可在楼层外墙上设置安装孔，设备可在室外直接起吊，通过楼层外墙的安装孔而进入楼层。

d. 为了便于设备进行经常性的维修，厂房内应保留进行维修的面积和空间，包括设备维修时工人操作所需的位置和设备拆下的部件及材料存放的位置。

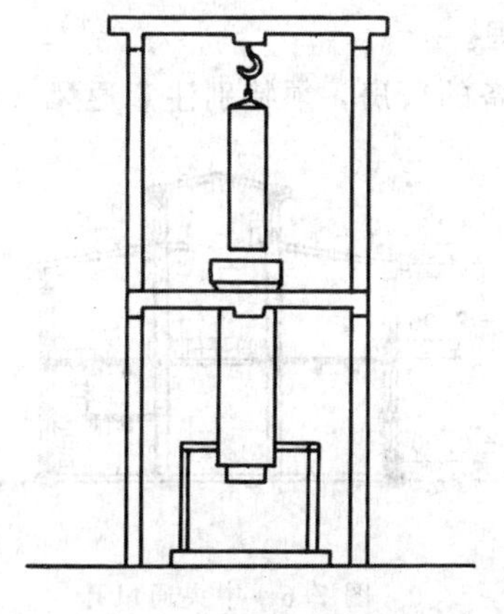

图 7.3 氨合成塔框架

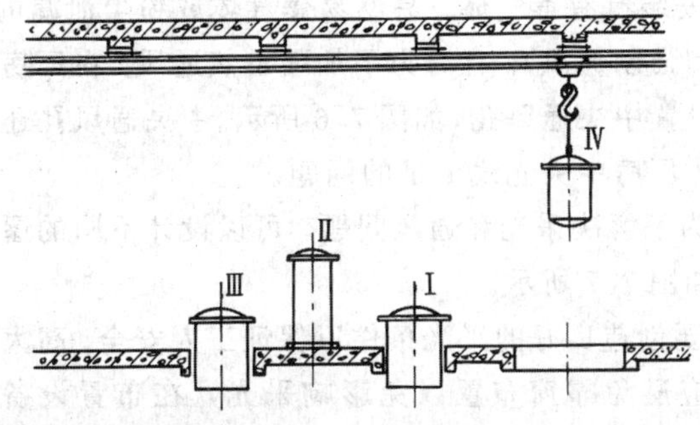

图 7.4 设备安装孔和起吊高度图

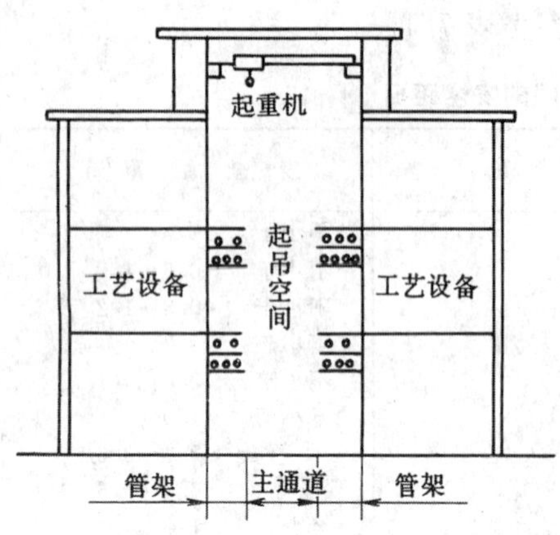

图 7.5 设备从厂房中央吊装

e. 在一组或一列设备中，安装或维修其中某一设备时，应不妨碍其余设备的正常使用和操作，这样，设备的起吊运输高度应大于运输线路上最高设备的高度（见图 7.4）。

(5) 建筑的要求

a. 笨重的或运转时能产生很大震动的设备如压缩机、巨大的通风机、破碎机、离心机等应尽可能布置在底层，以减少厂房的荷载和震动。

b. 大型设备沿墙布置时应注意不使影响门窗的开启，不妨碍厂房的采光和通风条件。

c. 布置设备时要避免设备基础与建筑物基础及地下构筑物（如地沟、地坑等）之间发生碰、挤和重叠等情况。

d. 有剧烈震动的机械，其操作台和基础切勿和建筑物的柱、墙相连。

e. 在多层厂房楼板上布置设备时，常常要在楼板上预留孔洞，要注意不要任意打乱或切断建筑物上主要梁、柱的结构布置。

(6) 设备布置和管线布置要密切配合　工艺管道、通风管道及电气、仪表管道是车间布置设计的主要内容之一，它与设备布置有着极为密切的关系，在设备布置时，要同时安排好管道的走向，留好管道布置的空间并决定主管架的位置和操作盘的位置。

(7) 安全和防腐蚀方面的要求

a. 对于有防火、防爆要求的设置，布置时必须符合防火、防爆的规定。最好把危险等级相同的设备尽量集中在一个区域内，以便于在建筑设计上采取诸如设计防爆建筑物、设置防爆墙等措施，既安全又经济。

b. 将有爆炸危险的设备布置在单层厂房内比较安全，若必须布置在多层厂房内，则布置在顶层或厂房（或场地）的边缘，以利泄压和方便消防。

c. 处理有火灾爆炸危险物质的设备，在布置时要避免产生死角，这样可防止爆炸性气体或可燃粉尘在局部区域积累。

d. 处理酸、碱等腐蚀介质的泵、池、罐宜分别集中布置在底层，这样可在较小的范围内，从土建设计上采取特殊处理，以节省投资并便于集中管理。

e. 安装有有毒气体、易燃易爆气体或粉尘泄漏的设备的厂房，须特别注意通风（包括自然通风和强制通风）。有时为了加强自然通风，在厂房楼板上设置中央通风孔，如图 7.6 所示。中央通风孔还可以解决厂房中央光线不足的问题。

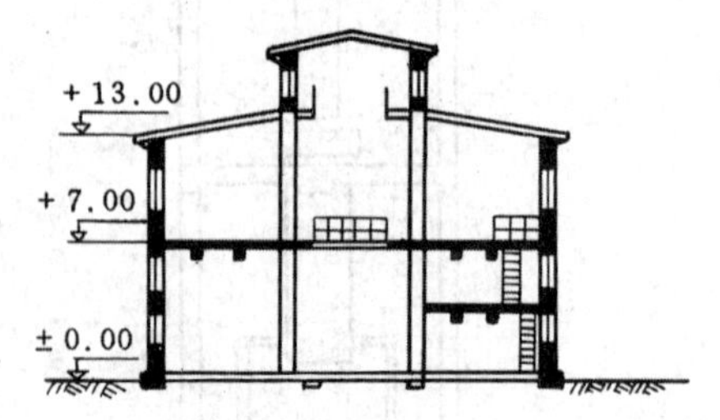

图 7.6 中央通风孔

f. 为了解决采光和通风问题，可以设计不同的屋顶结构如图 7.7 所示。

g. 要创造良好的采光条件以保证工人安全。高大的设备应避免靠窗布置以免影响采光，在布置设备和操作盘时尽可能做到使工人背光操作（见图 7.8）。

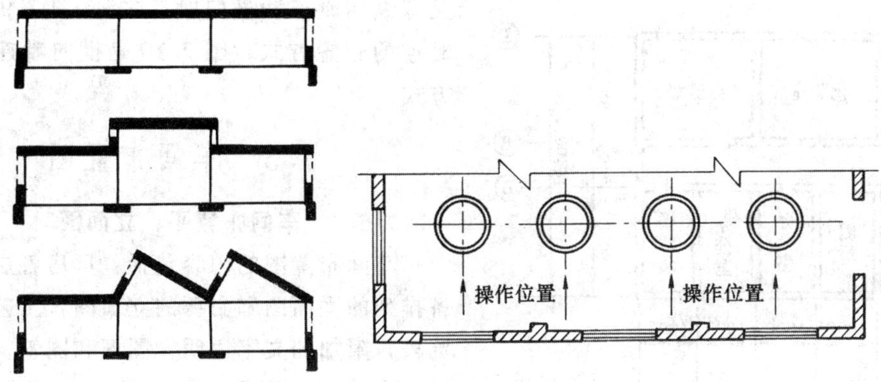

图 7.7　不同屋顶结构的厂房　　　　图 7.8　背光操作示意图

7.4　车间生产辅助用室和行政福利用室的配置

7.4.1　车间生产辅助用室的配置

车间生产辅助用室包括控制室、动力间（提供压缩空气及真空的机械）、高温热源或冷冻机室、变电和配电室、化验室、机修间、通风室、材料仓库等。

一般来说，控制室可设在生产厂房内，但为了保证安全，甲类防爆车间的控制室应单独设置。动力间可设在厂房内或行政福利用房的底层。变电和配电室、机修间、通风室可分设在厂房中单独的房间内，也可设在行政福利用室范围内。图 7.9 和图 7.10 都是车间生产辅助用室的布置实例。

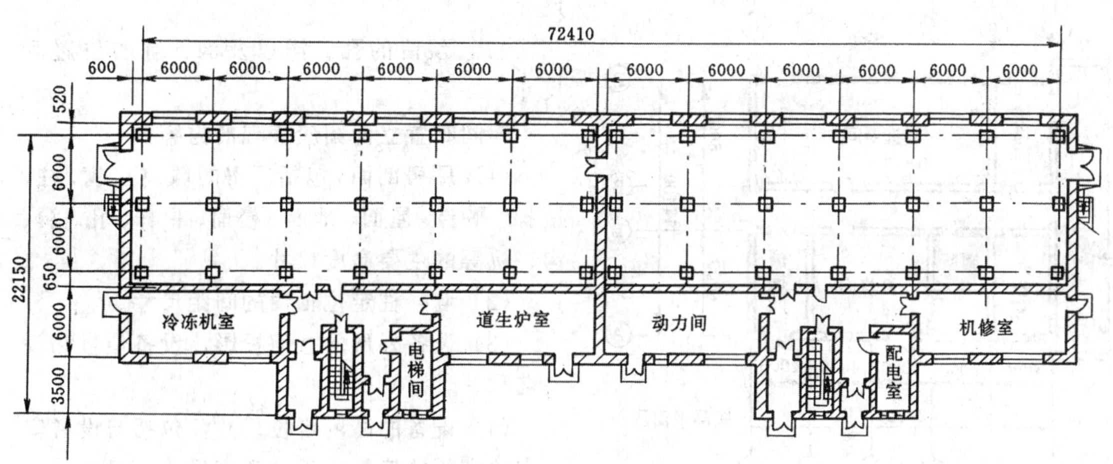

图 7.9　生产辅助用室布置实例

7.4.2　行政福利用室的配置

行政管理-生活福利室包括车间办公室、休息室、更衣室、淋浴室、厕所等。如图 7.10 所示。

通常，行政福利用室有两种布置方式，一种是单独设置，也就是车间和行政福利用室分开设置，单独设置的布置方式造价高不常采用，一般只用于温度、湿度或有害物质影响很大的车间。另一种布置方式是把行政福利用室与生产厂房毗连在一起，这种布置方式叫毗连式，它比单独设置方式的投资省，并且靠近车间，工人出入方便。但应注意，当车间的生产危险等级较高时，应设防火墙将生产厂房和生活福利用室隔开，以保证安全。毗连式的布置方式

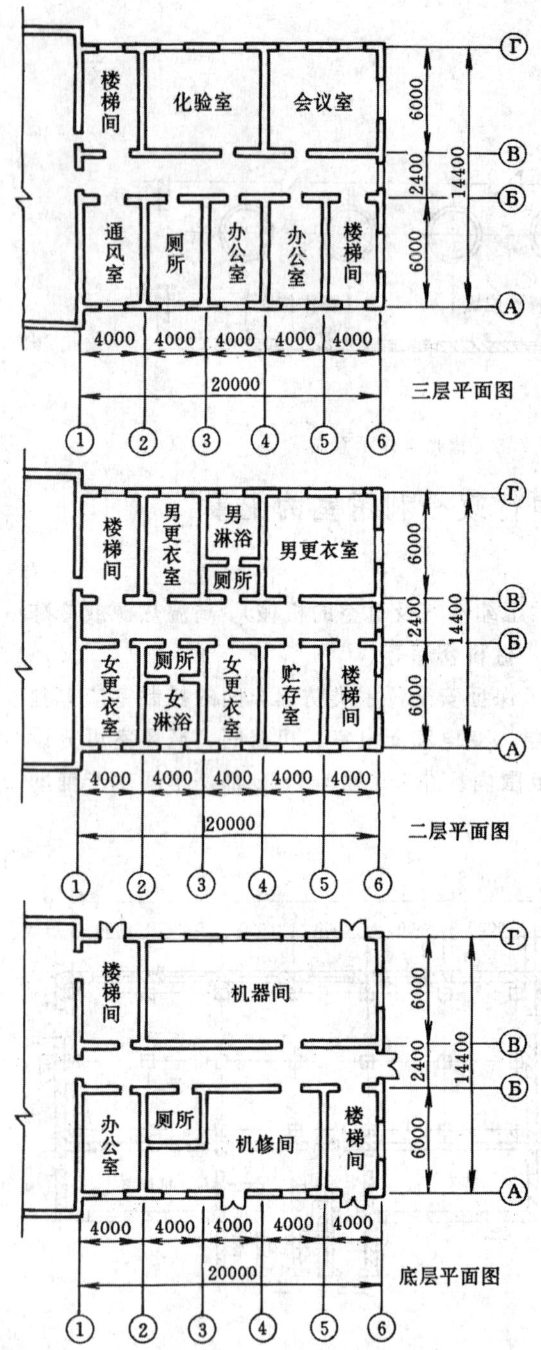

图 7.10　行政-福利用室配置实例

又有纵向毗连和横向毗连之分，图 7.9 是纵向毗连的布置方式，图 7.10 是横向毗连的布置方式。

7.5　车间布置图

7.5.1　车间布置平、立面图

车间布置图的内容包括：厂房各层工艺设备排列的平面图和必要的立面图，工艺设备一览表，附加的文字说明，图框和图签。

在车间布置平面图中应能表现如下各种内容。

（1）厂房平面，包括厂房边墙轮廓线，门、窗、柱、楼梯、通道、地坑、操作台的位置。

（2）厂房建筑物的长宽总尺寸。

（3）柱、墙定位轴线的间距尺寸。

（4）全部设备（包括主要设备、辅助设备、备用设备以及起吊用的吊轨上的行车、电动葫芦等）的外形俯视图，设备位号和设备名称。

（5）设备的定位尺寸。

（6）操作台等辅助设施示意图和主要尺寸。

（7）预留的孔、洞以及沟、坑的位置和尺寸。

车间布置立面图应表现的内容。

（1）厂房剖面，包括厂房的墙、门、窗、柱、楼梯、平台、屋面、地面、楼面、栏杆、孔、洞、沟、坑等的主要高度尺寸。

（2）墙、柱定位轴线的间距尺寸。

（3）设备外形的立面投影、设备位号和设备名称。

（4）设备的高度定位尺寸，包括与设备安装定位有关的建筑构件的高度尺寸。

在车间布置图的标题栏上方常常列出设备一览表，此设备一览表是用来说明本布置图中所有设备的一种表格，表格的项目应与工艺流程图相同。

施工图阶段的车间布置平面图右上角有方位标。

在布置图中，设备用粗实线画出，建筑物的墙、梁、柱、门、窗、操作台等轮廓用细实线画出。

设备布置图的比例一般用 1∶100，1∶200，有时也采用 1∶300 和 1∶400。

图 7.11 是一个施工图阶段的设备布置图示例。

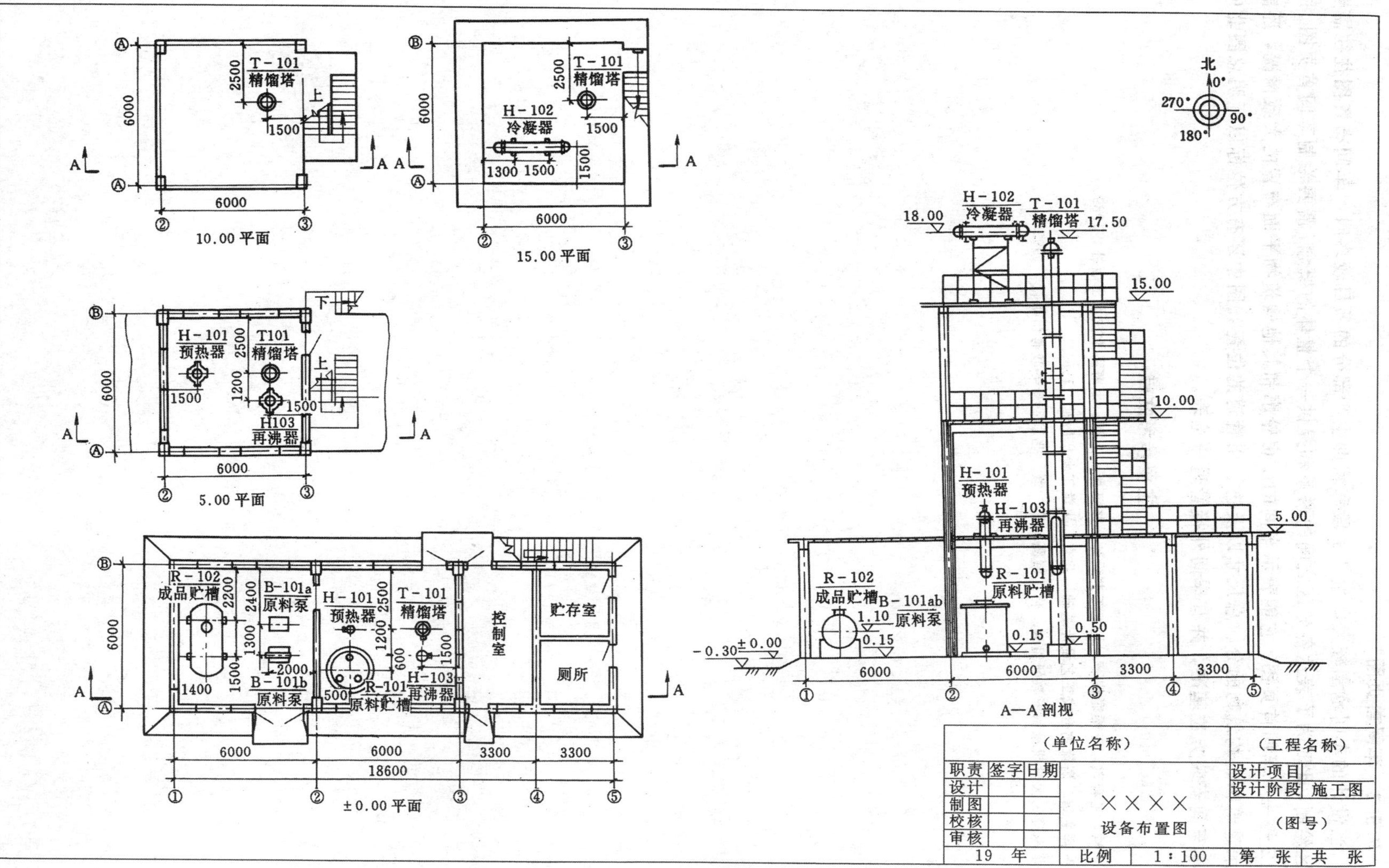

10.00 平面
15.00 平面
5.00 平面
±0.00 平面
A—A 剖视
T-101 精馏塔
H-101 预热器
H-102 冷凝器
H103 再沸器
H-103 再沸器
R-101 原料贮槽
R-102 成品贮槽
B-101a 原料泵
B-101b 原料泵
B-101ab 原料泵
控制室
贮存室
厕所
北
（单位名称）
（工程名称）
职责 签字 日期
设计
制图
校核
审核
19 年
××××
设备布置图
比例 1:100
设计项目
设计阶段 施工图
（图号）
第 张 共 张

图 7.11 设备布置图

7.5.2 车间首页图

当设计的车间范围较大，生产工段和辅助生产部分的项目较多时，车间布置图往往需要分区绘制，此时为了表达各分区之间的联系和提供一个整体的概念，需要绘制车间首页图。图7.12是一个车间首页图，它能表示车间的厂房轮廓和其他构筑物平面布置的大致情况，还能表示建筑物、构筑物的分、总尺寸以及进、出管道的位置，图中还有方位标以标明总图北向及本车间安装方位基准，并有车间外接管道一览表。

主要参考文献

1 丁浩，王育琪，王维聪编著. 化工工艺设计. 修订版. 上海：上海科学技术出版社，1989

2 张洋主编. 高聚物合成工艺设计基础. 北京：化学工业出版社，1981

3 华东理工大学机械制图教研组编. 化工制图. 第二版. 北京：高等教育出版社，1993

8 车间管路设计

8.1 车间管路设计包含的内容

(1) 管子、管件和阀门的选择。

(2) 管路布置设计。

(3) 管路保温设计。

(4) 管道支架的配置。

(5) 管路的热补偿设计。

(6) 编制管道安装材料表。

这些设计内容都在施工图设计文件中表现出来，计有下列图、表：

(1) 管路布置图　有管路布置平面图和剖视图（或向视图)。

(2) 管段图　表示一段管段在空间的位置，也叫空视图或单线图，它是一段管道的立体图样。

(3) 管架和非标准管件图。

(4) 管段表　管段表按管段列出管子的材料、规格尺寸和长度，管件、阀件的名称、型号、规格和数量，以及管道的试压、涂色和保温要求。

(5) 管架表　列出标准和非标准管架的编号、标准号、名称和数量。

(6) 综合材料表　包括管道安装材料和管架材料；设备支架材料、保温防腐材料。

(7) 设备管口方位图。

8.2 化工用管

(1) 铸铁管　铸铁管常用作埋于地下的给水总管及污水管，化工厂用来输送碱液及浓硫酸，但铸铁管不能用于输送蒸汽及在压力下输送爆炸性与有毒的气体。铸铁管的公称直径有50mm，75mm，100mm，125mm，150mm，200mm，250mm，300mm，350mm，400mm，450mm，500mm，600mm，700mm，800mm，900mm 和 1000mm 多种。联接方式有承插式、单端法兰式和双端法兰式三种，联接件和管子一起铸出。

(2) 硅铁管　高硅铁管与抗氯硅铁管适用于输送公称压力 2.5×10^5Pa 以下的腐蚀性介质，高硅铁能耐强酸，含钼的抗氯硅铁更可耐各种含量、温度的盐酸。

(3) 水煤气管　水煤气管常用作给水、煤气、暖气、压缩空气、真空、低压蒸汽和凝液以及无侵蚀性物料的管道。水煤气管的极限工作温度为175℃，且不得用以输送有爆炸性及有毒性的介质。水煤气管分为普通（公称压力 10×10^5Pa）与加强（公称压力 16×10^5Pa）两级，公称直径为 8～150mm。

(4) 无缝钢管　无缝钢管在化工生产中应用很广泛，它的特点是品质均匀且强度大，可用来输送有压力的物料、水蒸气、高压水、过热水以及可输送可燃性和有爆炸危险的及有毒性的物料，极限工作温度为 435℃。若输送强腐蚀性或高温介质（达 900～950℃）则用合金钢或耐热钢制成的无缝钢管，例如镍铬钢能耐硝酸与磷酸的腐蚀，但它不宜用于输送具有还原性的介质。

(5) 有色金属管

a. 铜管与黄铜管　多用作低温管道（冷冻系统）、仪表的测压管线或传送有压力的流体（如油压系统、润滑系统），当温度高于250℃时不宜在压力下使用。

b. 铝管　常用来输送浓硝酸、醋酸、甲酸等物料，但不能抗碱，在温度大于160℃时不宜在压力下操作，极限工作温度为200℃。

c. 铅管　常用作硫酸管道或酸性物料管道，但由于强度低、重量大、抗热性差等缺点，已逐步为耐酸合金管，尤其为塑料管所代替。铅管在温度大于140℃时，不宜在压力下使用，输送硝酸、次氯酸盐及高锰酸盐类等介质时不可采用铅管。

(6) 有衬里的钢管　主要用于输送腐蚀性介质，由于有色金属较稀有且价格高，故可用作衬里以减少有色金属的消耗。衬里的金属材料有铝、铅等，也可用非金属材料如玻璃、搪瓷、橡胶或塑料等做衬里材料。

(7) 非金属管

a. 陶瓷管　化工陶瓷耐腐蚀性能好，能耐除氢氟酸、氟硅酸和强碱外的各种浓度的无机酸、有机酸和有机溶液的腐蚀，来源较广且价格便宜。缺点是性脆、强度低和不能耐温度剧变，常用作排除腐蚀性介质的下水管道和通风管道。

b. 硬聚氯乙烯管　对于任何含量的各种酸类、碱类和盐类都是稳定的，但对强氧化剂、芳香族碳氢化合物、氯化物及碳氧化物是不稳定的，可用来输送60℃以下的介质，也可用于输送0℃以下的液体。常温下轻型管材的工作压力不超过2.5×10^5Pa，重型管材（即管壁较厚）的工作压力不超过6×10^5Pa，它的优点是轻、抗蚀性能好，易加工，但耐热性差。

8.3 化工管路常用阀门和管件

8.3.1 化工管路常用阀门

化工生产中使用的阀门，按其作用有截止阀、调节阀、止逆阀、稳压阀、减压阀和转向阀等；按阀门的形状和构造区分有球心阀、闸阀、旋塞、蝶阀、针形阀等。下面介绍一些化工管路常用阀门。

(1) 球心阀　球心阀又称截止阀，它的优点是易于调节流量，操作可靠，广泛用于各种受压流体管路，在蒸汽和压缩空气管路上也经常使用，但球心阀不能用于输送含有悬浮物和易结晶物料的管路。

(2) 闸阀　闸阀又叫闸板阀，其特点是利用闸板升降进行启闭和调节流量，闸阀的优点是阻力小，容易调节流量，既可用来切断管路又可用来调节流量，故广泛用于各种气体和液体管路上，但不宜用于流体中含有固体物质的管路，也不宜用于输送腐蚀性流体的管路。尺寸较大价格较贵也是其缺点。

(3) 旋塞阀　旋塞阀又叫考克，优点是结构简单、体积小、启闭迅速、阻力小经久耐用。适用于含有悬浮物质和固体杂质的管路，但不能精确地调节流量是其缺点。旋塞只适合用于公称直径15～80mm的小口径管路以及温度不高，公称压力在10×10^5Pa以下的管路。

(4) 蝶阀　蝶阀又叫翻板阀。由于蝶阀不易和管壁严密配合，所以只适用于调节流量，而不能用于切断管路。在输送空气和烟气的管路上经常用于调节流量。

(5) 针形阀　针形阀的结构与球心阀相似，只是阀盘作成锥形，由于阀盘与阀座接触面大，所以它的密封性能好，易于启闭，容易操作，特别适用于高压操作和要求精确调节流量的管路。

(6) 止逆阀　止逆阀又叫单向阀或止回阀，其作用是防止倒流，当工艺管路只允许流体向一个方向流动时要使用止逆阀，例如锅炉进水管，只允许软水进入锅炉，不允许锅炉内的水或蒸汽倒流，故在锅炉进水管路上设止逆阀。往复泵的进口和出口管路上也需要装设止逆阀以防止液体倒流。

(7) 安全阀　它是一种能使设备自动泄压而防止超压爆炸的自动阀门，有杠杆重锤式安全阀和弹簧式安全阀两种，杠杆重锤式安全阀能耐高温，一般用在锅炉上；弹簧式安全阀不适用于高温管道，且需经常校验，但体积小，安装要求比前者低，是其优点。

(8) 减压阀　减压阀的作用是能自动地将高压流体按工艺要求减为低压流体，通常在加压水蒸气和压缩空气管路上。

(9) 疏水器　疏水器又叫阻气排水阀或凝液排除器，其作用是排除冷凝液而不让气体排出，一般用于蒸汽管路上或蒸汽加热器的冷凝水排除管路上。

8.3.2　化工管路常用管件

(1) 法兰　化工管路中最常见的联接方式有法兰联接和焊接，法兰联接装拆方便，密闭可靠，适用的压力、温度和管径范围大，所以是化工管路中最广泛使用的联接方法，因而法兰就是一种最常用的管件了。管道用法兰有化学工业部管法兰部颁标准，可根据公称压力，公称直径和操作温度来选用。

(2) 法兰垫圈　它是法兰联接中必须使用的管路附件，在管路设计工作中主要是要选择合适的垫片材料，垫片材料由管路通过的介质的性质，最高工作温度和最大工作压力决定。可查阅有关手册确定。

(3) 其他管件　管节（或叫内牙管）和外牙管一般用于小口径水煤气管的管路连接；活管接用于需要经常拆卸的水煤气管路；管堵用于堵塞管路端口；大小头用于改变管路的管径；弯头用于改变管路的方向，三通和四通用于管路的分流和合流。

8.4　公称压力和公称直径

公称压力和公称直径是管子、阀门和管件的两个特性参数，采用公称压力和公称直径的目的是使管子、阀门和管件的连接参数统一，利于装管工程的标准化。装管工程标准化可使制造单位能进行阀门、管件的大量生产，降低制造成本；由于标准化后容易购得，使用单位可以减少日常的贮备量，标准化还便于阀门、管件损坏后的更换；标准化的实行使设计单位的设计工作量也大大减少。

8.4.1　公称压力和公称压力系列

公称压力用符号 P_g 或 P_N 表示，通常大于或等于实际工作压力。一般来说，管路工作温度在 0～120℃范围内时，工作压力和公称压力是一致的，但当温度高于 120℃时，工作压力将低于公称压力。在不同温度下，工作压力与公称压力的关系如表 8.1 所示。

表 8.1　不同温度下工作压力与公称压力的关系

级别	工作温度/℃	公称压力	工作压力	级别	工作温度/℃	公称压力	工作压力
Ⅰ	0～120	100	100×100%	Ⅳ	401～425	100	100×51%
Ⅱ	121～300	100	100×80%	Ⅴ	426～450	100	100×43%
Ⅲ	301～400	100	100×64%	Ⅵ	451～475	100	100×34%

公称压力从 0.25MPa（2.5kgf/cm²）至 32MPa（320kgf/cm²）共分为 12 级，它们是（以下用 kgf/cm² 为压力单位）2.5，6，10，16，25，40，64，100，160，200，250，320 等。按照目前的习惯，$P_g2.5 \sim P_g16$ 为低压，$P_g16 \sim P_g64$ 为中压。

8.4.2 公称直径和公称直径系列

公称直径用符号 D_g 或 D_N 表示，它与管子的实际内径相近，但不一定相等。凡是同一公称直径的管子，外径必定相同，但内径则因壁厚不同而异。例如，$\phi57 \times 3.5$mm 和 $\phi57 \times 4.5$mm 的无缝钢管，都称作公称直径为 50mm 的钢管，但它们的内径却分别为 50mm 和 48mm。

常用钢管的公称直径、外径及常用壁厚见表 8.2。

表 8.2 钢管的公称直径、外径及常用壁厚

公称直径 D_g/mm	管子外径/mm	常用钢管壁厚/mm	公称直径 D_g/mm	管子外径/mm	常用钢管壁厚/mm
10	14	3	150	159	4.5
15	18	3	200	219	6
20	25	3	250	273	8 或 7
25	32	3.5	300	325	8
32	38	3.5	350	377	9
40	45	3.5	400	426	9
50	57	3.5	450	480	9
80	89	4	500	530	9
100	108	4	600	630	9
125	133	4			

水煤气钢管的公称直径用英寸表示，有⅛″，¼″，⅜″，½″，¾″，1″，1¼″，1½″，2″，2½″，3″，4″，5″，6″等。

8.5 管径和壁厚的确定

8.5.1 管径的确定

由选定的管内流体流速按下式计算管子内径，并修正到符合公称直径要求：

$$d=\sqrt{\frac{4V}{\pi u}}$$

式中 V——流体在操作条件下的体积流量，m³/s；

u——流体的流速，m/s；

d——管子内径，m。

也可以用管径、流量、流速关系算图（图 8.1）查出管径。

各种条件下，各种介质的常用流速范围可参考表 8.3。

8.5.2 管子壁厚的确定

各种管材不同公称压力和公称直径的壁厚见表 8.4、表 8.5 和表 8.6。[1]

[1] 表 8.4、表 8.5 和表 8.6 的数值摘自国家医药管理局上海医药设计院编。化工工艺设计手册．第二版．北京：化学工业出版社，1996。

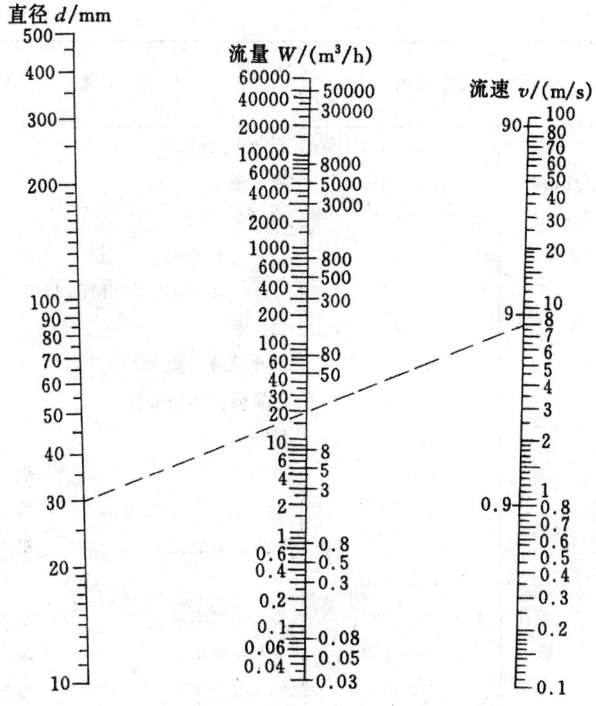

图 8.1 管径、流量、流速算图

表 8.3 管内流速范围

流体名称	流速范围/(m/s)	流体名称	流速范围/(m/s)
饱和蒸汽 主管	30～40	0.6～1.0MPa	10～15
支管	20～30	1.0～2.0MPa	8.0～10
低压蒸汽 ＜1.0MPa (绝压)	15～20	2.0～3.0MPa	3.0～6.0
中压蒸汽 1.0～4.0MPa (绝压)	20～40	3.0～25.0MPa	0.5～3.0
高压蒸汽 4.0～12.0MPa (绝压)	40～60	煤 气	2.5～15
过热蒸汽 主管	40～60		8.0～10(经济流速)
支管	35～40	煤 气 初压 200mmH_2O	0.75～3.0
一般气体(常压)	10～20	煤 气 初压 6000mmH_2O	3.0～12
高压乏气	80～100	(以上主支管长 50～100m)	
蒸汽(加热蛇管) 入口管	30～40	半水煤气 0.01～0.15MPa (绝压)	10～15
氧气 0.05 MPa	5.0～10	烟道气 烟道内	3.0～6.0
0.05 MPa	7.0～8.0	管道内	3.0～4.0
0.6～1.0MPa	4.0～6.0	工业烟囱(自然通风)	2.0～8.0
1.0～2.0MPa	4.0～5.0		实际 3～4
2.0～3.0MPa	3.0～4.0	石灰窑窑气管	10～12
车间换气通风 主管	4.0～15	乙炔气	
支管	2.0～8.0	$p_N<0.1$MPa 为低压乙炔	＜15
风管距风机最远处	1.0～4.0	$p_N=0.01～0.15$MPa 为中压乙炔	＜8
最近处	8.0～12	$p_N>0.15$MPa 为高压乙炔	≤4
压缩空气 0.1～0.2MPa	10～15	氨 气 真空	15～25
压缩气体 (真空)	5.0～10	0.1～0.2MPa (绝压)	8～15
0.1～0.2MPa (绝压)	8.0～12	0.35MPa (绝压)	10～20
0.1～0.6MPa	10～20	0.6kgf/cm² 以下	10～20

续表

流体名称	流速范围/(m/s)	流体名称	流速范围/(m/s)
1.0～2.0MPa 以下	3.0～8.0	石灰乳(粥状)	≤1.0
氮　气 5.0～10.0MPa　(绝压)	2～5	泥　浆	0.5～0.7
变换气 0.1～1.5MPa　(绝压)	10～15	液　氨 真空	0.05～0.3
铜洗前气体 32.0MPa　(绝压)	4～9	0.6MPa　以下	0.3～0.5
蛇管内常压气体	5～12	1.0MPa,2.0MPa 以下	0.5～1.0
真空管	<10	盐　水	1.0～2.0
真空蒸发器汽出口(低真空)	50～60	制冷设备中盐水	0.6～0.8
(高真空)	60～75	泡罩塔液体溢流管	0.05～0.2
末效蒸发器汽出口	40～50	过热水	2
蒸发器　出汽口(常压)	25～30	离心泵　吸入口	1～2
真空度 650～710mmHg 管道	80～130	排出口	1.5～2.5
填料吸收塔空塔气体速度	0.2～0.3 至 1～1.5	往复式真空泵　吸入口	13～16
膜式塔气体板间速	4.0～6.0		最大 25～30
废　气　低压	20～30	油封式真空泵　吸入口	10～13
高压	80～100	空气压缩机　吸入口	<10～15
化工设备排气管	20～25	排出口	15～20
氢　气	≤8.0	通风机　吸入口	10～15
自来水　主管 0.3MPa	1.5～3.5	排出口	15～20
支管 0.3MPa	1.0～1.5	旋风分离器　入气	15～25
工业供水　0.8MPa 以下	1.5～3.5	出气	4.0～15
压力回水	0.5～2.0	结晶母液　泵前速度	2.5～3.5
水和碱液　0.6MPa 以下	1.5～2.5	泵后速度	3～4
自流回水　有粘性	0.2～0.5	齿轮泵　吸入口	<1.0
粘度和水相仿的液体	取与水相同	排出口	1.0～2.0
自流回水和碱液	0.7～1.2	往复泵(水类液体)　吸入口	0.7～1.0
在换热器管内水	0.2～1.5	排出口	1.0～2.0
蛇管内低粘度液体	0.5～1.0	粘度 50cP 液体　(φ25 以下)	0.5～0.9
蛇管冷却水	<1	粘度 50cP 液体　(φ25～50)	0.7～1
石棉水泥输水管　φ50～250 下限	0.28～0.4	粘度 50cP 液体　(φ50～100)	1～1.6
上限	0.9～1.5	粘度 100cP 液体　(φ25 以下)	0.3～0.6
φ600～1000 下限	0.55～0.6	粘度 100cP 液体　(φ25～50)	0.5～0.7
上限	2.2～2.6	粘度 100cP 液体　(φ50～100)	0.7～1
锅炉给水 0.8MPa 以上	>3.0	粘度 1000cP 液体　(φ25 以下)	0.1～0.2
蒸汽冷凝水	0.5～1.5	粘度 1000cP 液体　(φ25～50)	0.16～0.25
凝结水(自流)	0.2～0.5	粘度 1000cP 液体　(φ50～100)	0.25～0.35
气压冷凝器排水	1.0～1.5	粘度 1000cP 液体　(φ100～200)	0.35～0.55
油及粘度大的液体	0.5～2	易燃易爆液体	<1
粘度较大的液体(盐类溶液)	0.5～1		

注：$1mmH_2O=9.80665Pa$。

1cP＝1mPa·s。

1mmHg＝133.322Pa。

$1kgf/cm^2=98066.5Pa$。

表 8.4 无缝碳钢管壁厚/mm

材料	p_N/MPa	D_N																			
		10	15	20	25	32	40	50	65	80	100	125	150	200	250	300	350	400	450	500	600
20 12CrMo 15CrMo 12Cr1MoV	≤1.6	2.5	3	3	3	3	3.5	3.5	4	4	4	4	4.5	5	6	7	7	8	8	8	9
	2.5	2.5	3	3	3	3	3.5	3.5	4	4	4	4	4.5	5	6	7	7	8	8	9	10
	4.0	2.5	3	3	3	3	3.5	3.5	4	4	4.5	5	5.5	7	8	9	10	11	12	13	15
	6.4	3	3	3	3.5	3.5	3.5	4	4.5	5	6	7	8	9	11	12	14	16	17	19	22
	10.0	3	3.5	3.5	4	4.5	4.5	5	6	7	8	9	10	13	15	18	20	22			
	16.0	4	4.5	5	5	6	6	7	8	9	11	13	15	19	24	26	30	34			
	20.0	4	4.5	5	6	6	7	8	9	11	13	15	18	22	28	32	36				
	4.0T	3.5	4	4	4.5	5	5	5.5													
10 Cr5Mo	≤1.6	2.5	3	3	3	3	3.5	3.5	4	4.5	4	4	4.5	5.5	7	7	8	8	8	8	9
	2.5	2.5	3	3	3	3	3.5	3.5	4	4.5	4	5	4.5	5.5	7	7	8	9	9	10	12
	4.0	2.5	3	3	3	3	3.5	3.5	4	4.5	5	5.5	6	8	9	10	11	12	14	15	18
	6.4	3	3	3	3.5	4	4	4.5	5	6	7	8	9	11	13	14	16	18	20	22	26
	10.0	3	3.5	4	4	4.5	5	5.5	7	8	9	10	12	15	18	22	24	26			
	16.0	4	4.5	5	5	6	7	8	9	10	12	15	18	22	28	32	36	40			
	20.0	4	4.5	5	6	7	8	9	11	12	15	18	22	26	34	38					
	4.0T	3.5	4	4	4.5	5	5	5.5													
16Mn 15MnV	≤1.6	2.5	2.5	2.5	3	3	3	3	3.5	3.5	3.5	3.5	4	4.5	5	5.5	6	6	6	6	7
	2.5	2.5	2.5	2.5	3	3	3	3	3.5	3.5	3.5	3.5	4	4.5	5	5.5	6	7	7	8	9
	4.0	2.5	2.5	2.5	3	3	3	3	3.5	3.5	4	4.5	5	6	7	8	8	9	10	11	12
	6.4	2.5	3	3	3	3.5	3.5	3.5	4	4.5	5	6	7	8	9	11	12	13	14	16	18
	10.0	3	3	3.5	3.5	4	4	4.5	5	6	7	8	9	11	13	15	17	19			
	16.0	3.5	3.5	4	4.5	5	5	6	7	8	9	11	12	16	19	22	25	28			
	20.0	3.5	4	4.5	5	5.5	6	7	8	9	11	13	15	19	24	26	30				

表 8.5 无缝不锈钢管壁厚/mm

材料	p_N/MPa	D_N																			
		10	15	20	25	32	40	50	65	80	100	125	150	200	250	300	350	400	450	500	600
1Cr18Ni9Ti 含 Mo 不锈钢	≤1.0	2	2	2	2.5	2.5	2.5	2.5	2.5	2.5	3	3	3.5	3.5	3.5	4	4	4.5			
	1.6	2	2.5	2.5	2.5	2.5	2.5	3	3	3	3	3	3.5	3.5	4	4.5	5	5			
	2.5	2	2.5	2.5	2.5	2.5	2.5	3	3	3	3.5	3.5	4	4.5	5	6	6	7			
	4.0	2	2.5	2.5	2.5	2.5	2.5	3	3	3.5	4	4.5	5	6	7	8	9	10			
	6.4	2.5	2.5	2.5	3	3	3	3.5	4	4.5	5	6	7	8	10	11	13	14			
	4.0T	3	3.5	3.5	4	4	4	4.5													

表 8.6 焊接钢管壁厚/mm

材料	p_N/MPa	D_N															
		200	250	300	350	400	450	500	600	700	800	900	1000	1100	1200	1400	1600
焊接碳钢管 (Q235A20)	0.25	5	5	5	5	5	5	5	6	6	6	6	6	6	7	7	7
	0.6	5	5	6	6	6	6	6	7	7	7	7	8	8	8	9	10
	1.0	5	5	6	6	6	7	7	8	8	9	9	10	11	11	12	
	1.6	6	6	7	7	8	8	9	10	11	12	13	14	15	16		
	2.5	7	8	9	9	10	11	12	13	15	16						

续表

材 料	p_N/MPa	D_N															
		200	250	300	350	400	450	500	600	700	800	900	1000	1100	1200	1400	1600
焊接不锈钢管	0.25	3	3	3	3	3.5	3.5	3.5	4	4	4	4.5	4.5				
	0.6	3	3	3.5	3.5	3.5	4	4	4.5	5	5	6	6				
	1.0	3.5	3.5	4	4.5	4.5	5	5.5	6	7	7	8					
	1.6	4	4.5	5	6	6	7	7	8	9	10						
	2.5	5	6	7	8	9	9	10	12	13	15						

8.6 管路布置设计

管路布置设计是车间管路设计中一项重要的内容，它通常是以带控制点工艺流程图、设备布置图、设备施工图以及土建、自控、电气、采暖通风、供排水、外管等有关专业的图纸和资料作为依据，对管路作出适合于工艺要求的布置设计。

管路的布置设计首先应保证安全、正常生产和便利操作、检修，其次应尽量节约材料及投资，并尽可能做到整齐和美观以创造美好的生产环境。

由于化工厂的产品品种繁多，操作条件不一（如高温、高压、真空及低温等）和输送的介质性质复杂（如易燃、易爆、有毒、有腐蚀性等），因此对化工管路的布置难以作出统一的规定，须根据具体的生产特点结合设备布置、建筑物和构筑物的情况以及非工艺专业的安排进行综合考虑。下面给出管路布置设计的一般原则。

(1) 布置管路时，应对车间所有的管路，包括生产系统管路，辅助生产系统管路，电缆、照明管路，仪表管路，采暖通风管路等作出全盘规划，各安其位。

(2) 应了解建筑物，构筑物、设备的结构和材料，以便进行管路固定的设计（设置管架）。

(3) 为便于安装、检修和管理，管路尽量架空敷设。必要时可沿地面敷设或埋地敷设，也可沿管沟敷设。

(4) 管道不应挡门、挡窗；应避免通过电动机、配电盘、仪表盘的上空；在有吊车的情况下，管道的布置应不妨碍吊车工作。

(5) 管路的布置不应妨碍设备、管件、阀门、仪表的检修。塔和容器的管路不可从人孔正前方通过，以免影响打开人孔。

(6) 管路应成列平行敷设，力求整齐，美观。

(7) 在焊接或螺纹连接的管路上应适当配置一些法兰或活接头，以利安装、拆卸和检修。

(8) 管子与管子间，管子和墙间的距离，以能容纳活接头或法兰以及能进行检修为度，表8.7是管子与墙间的安装距离。

表 8.7 管子与墙间的安装距离/mm

公称直径 D_g		25	40	50	70	80	100	125	150	200	250	300	350
管中心与墙面的距离	不保温管	110	120	130	140	150	160	170	190	220	250	280	310
	保温管	130	140	150	170	170	190	210	230	260	290	320	350

(9) 管廊上敷设管路的管底标高：采用低管架（不通行处）时，不小于0.3m；采用中管架时不小于2m；采用高管架时，若排管下面不布置机、泵最下层管路一般不低于3.2m，若下面布置机、泵，则不低于4m；当管路通过公路，不低于4.5m，通过铁路不低于6m，通过工厂主要交通干线时一般标高取5m。

(10) 当管路需要穿过墙或楼板时，要由工艺专业向土建专业提请预留孔或预埋套管。

(11) 管子应尽量集中敷设，在穿过墙壁或楼板时，尤应注意。

(12) 阀门和仪表的安装高度主要考虑操作的方便和安全，下列的数据可供参考。

阀门（截止阀、闸阀和旋塞等）	1.2m	温度计	1.5m
安全阀	2.2m	压力计	1.6m

(13) 输送有毒或有腐蚀性介质的管路，不得在人行道上空设置阀件、伸缩器、法兰等，以免管路泄漏时发生事故。

(14) 输送易燃、易爆介质的管路，一般应设有防火安全装置和防爆安全装置如安全阀、防爆膜、阻火器、水封等。此类管路不得敷设在生活间，楼梯间和走廊等处。易燃易爆和有毒介质的放空管应引至高出邻近建筑物处。

(15) 某些不能耐较高温度的材料制成的管道（如聚氯乙烯管、橡胶管等），应避开热管路。输送冷流体（如冷冻盐水）的管道与热流体（如蒸汽）的管道应相互避开。

(16) 管道穿过防爆区时，管子和隔板间的孔隙应用水、沥青等封固，如不能固定地封住，可采用填料函式的结构。

(17) 长距离输送蒸汽的管道应在一定距离处安装分离器以排除冷凝水。长距离输送液化气体的管道在一定距离处应装设垂直向上的膨胀器。

(18) 管路排列的基本原则

垂直面排列：

a. 热介质管路在上，冷介质的管路在下；

b. 无腐蚀性介质的管路在上，有腐蚀性介质的管路在下；

c. 小管道应尽量支承在大管路上方或吊在大管路下方；

d. 气体管路在上，液体管路在下；

e. 不经常检修的管路在上，检修频繁的管路在下；

f. 高压介质管路在上，低压介质管路在下；

g. 保温管路在上，不保温管路在下；

h. 金属管路在上；非金属管路在下。

水平面排列（室内沿墙敷设）：

a. 大管道靠墙，小管道在外；

b. 常温管道靠墙，热管道在外；

c. 支架少的靠墙，支架多的在外；

d. 不经常检修的管道靠墙，经常检修的管道在外；

e. 高压管道靠墙，低压管道在外。

(19) 坡度　气体和易流动的物料为0.003～0.005，含固体结晶或粘度较大的物料，坡度取大于或等于0.01。

(20) 管沟底层坡度不应小于0.002，沟底应尽可能高于地下水位。

(21) 弯管的弯曲半径　碳钢管采用冷弯时，D_g15～25的管子，弯曲半径取2.5～3.5D

(D为管子外径)；对 D_g32～100 的管子，弯曲半径取 3.5～4D，采用热弯时，弯曲半径约为 3～4D。焊接弯头的弯曲半径推荐用 1.5D。不锈钢管：D_g15～100 的不锈钢管一般都采用冷弯，弯曲半径为 3.5～4D。

(22) 管路各支点间的距离参考表 8.8。

表 8.8 钢管的允许最大跨度

外径/mm	57	89	108	133	159	219	273	325	377	426
壁厚/mm	2.75	3.25	7.35	4.0	4.5	6.5	7.5	8	8	9
跨度/m	3.0	4.0	4.5	5.0	6.0	7.0	8.0	9.0	9.0	9.0

8.7 管路布置图

管道布置图归入施工图设计阶段的设计文件中，它是管道安装的施工依据。

本节介绍关于管道布置图的基本知识，目的在于使学生能读懂管道布置图，并能绘制简单的管道布置图。

8.7.1 视图的配置

管道布置图应完整地表示出车间内全部管道、阀门、管道上的仪表控制点、管件等的布置安装情况，以及设备的简单形状，建（构）筑物轮廓等。根据表达的需要，管道布置采用一组视图，它们是：平面图、剖视图、向视图和局部放大图。图 8.3 是某工段的管道布置图。

从图 8.3 可以知道，通过±0.00 平面图、A—A 剖视图、B—B 剖视图以及 C 向视图，可把车间管道布置的要求表达清楚。

8.7.2 视图的画法

(1) 管道

a. 管道转折（见图 8.2）。

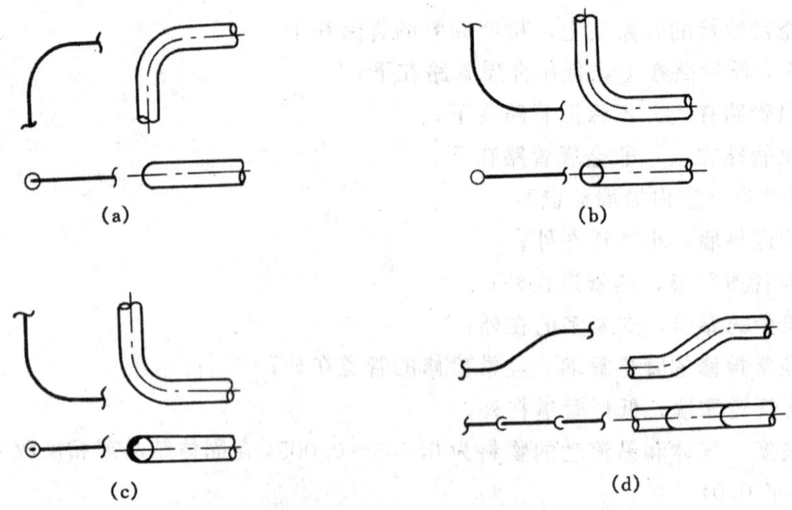

图 8.2 管道转折

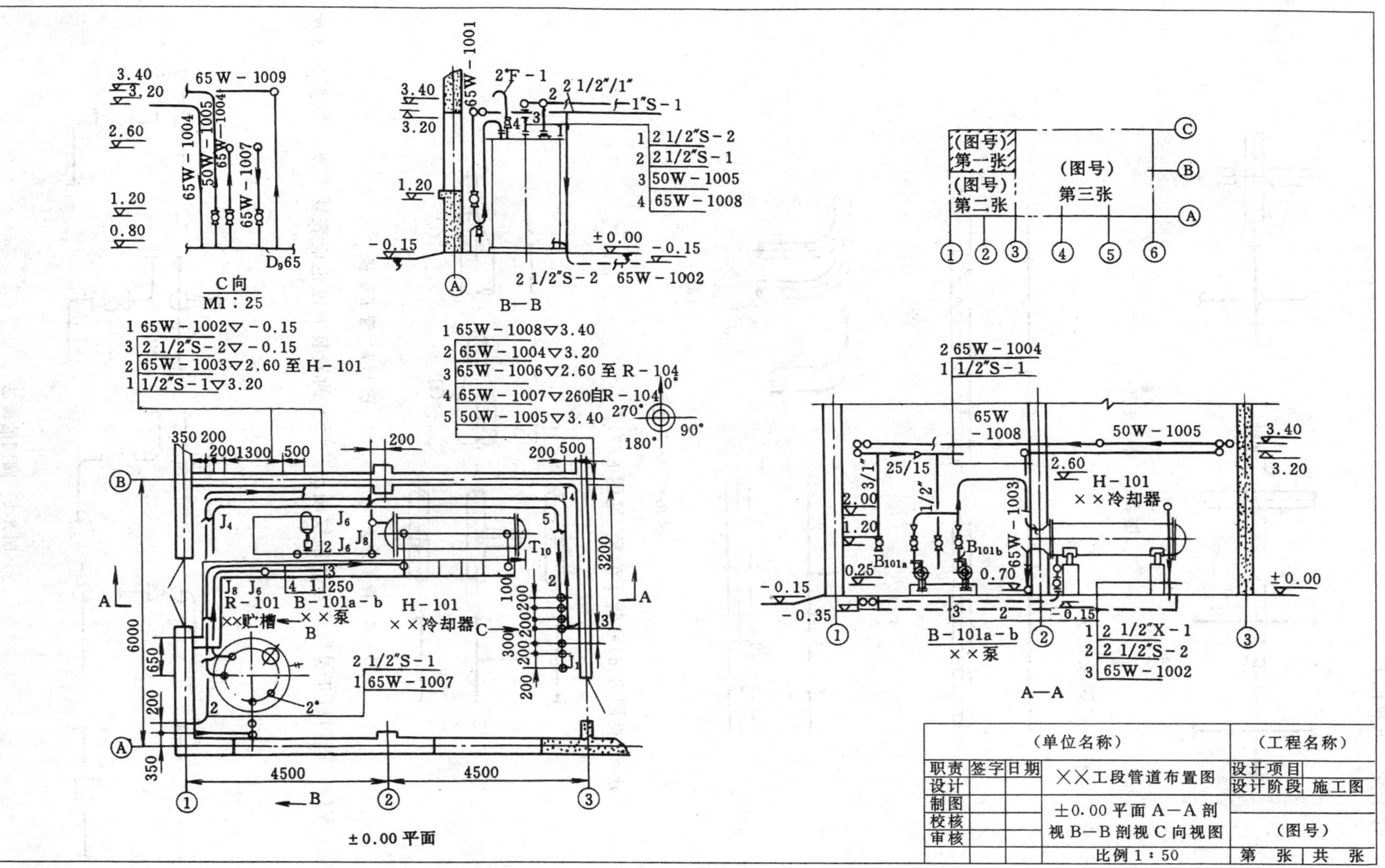
C向
M1：25
B—B
1 65W－1002▽－0.15
3 2 1/2″S－2▽－0.15
2 65W－1003▽2.60 至 H－101
1 1/2″S－1▽3.20
1 65W－1008▽3.40
2 65W－1004▽3.20
3 65W－1006▽2.60 至 R－104
4 65W－1007▽260自R－104
5 50W－1005▽3.40
1 2 1/2″S－2
2 2 1/2″S－1
3 50W－1005
4 65W－1008
(图号)
第一张
(图号)
第二张
(图号)
第三张
R－101
××贮槽
B－101a－b
××泵
H－101
××冷却器
2 1/2″S－1
1 65W－1007
±0.00 平面
2 65W－1004
1 1/2″S－1
50W－1005
B－101a－b
××泵
1 2 1/2″X－1
2 2 1/2″S－2
3 65W－1002
A—A
(单位名称)
(工程名称)
职责 签字 日期
设计
制图
校核
审核
××工段管道布置图
±0.00 平面 A—A 剖视 B—B 剖视 C 向视图
比例 1：50
设计项目
设计阶段 施工图
(图号)
第 张 共 张

图 8.3　管道布置图

b. 管子交叉（见图 8.4）。

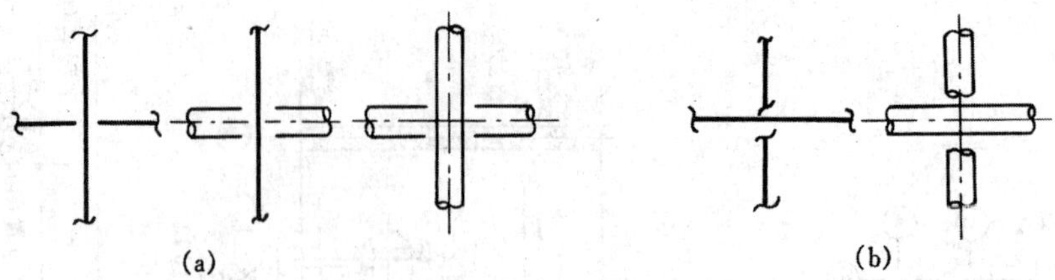

图 8.4　管子交叉

c. 管子重叠（见图 8.5。）

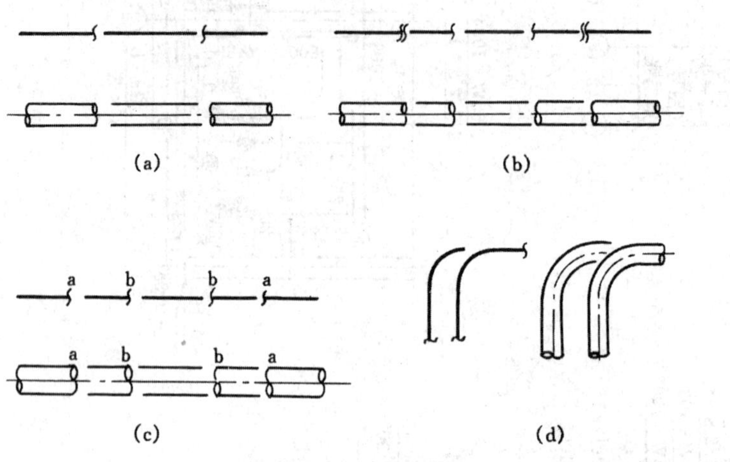

图 8.5　管子重叠

d. 管子分叉(见图 8.6)和管子变径(见图 8.7)。

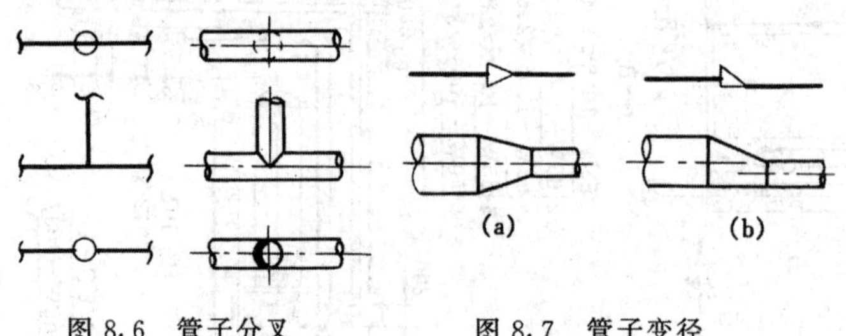

图 8.6　管子分叉　　　　图 8.7　管子变径

(2) 阀门　阀门以正投影原理用细线画出，手轮的安装方位也应表现出来，如图 8.8 所示。

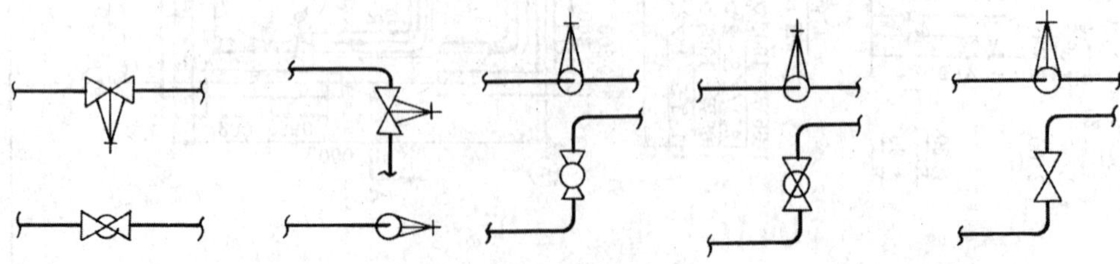

图 8.8　阀门的画法

(3) 建(构)筑物　建(构)筑物的表示要求和画法与设备布置图相同，用细线画出。

(4) 设备　由于设备在管道布置图中不是主要表达的内容，因此在图上用细线绘制，设备的图形不必详细画出，但设备上有接管的管口和备用管口则应全部画出。

(5) 管架　管架位置应在平面图上用符号表示见图 8.9。

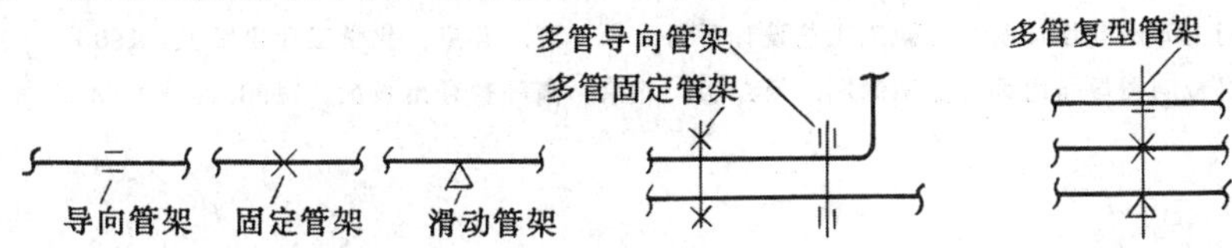

图 8.9　管架的表示方法

为了便于初学者掌握管道布置图的读图方法和画法，下面给出一段管道及有关装置的轴侧投影图和与之对应的正投影图（见图 8.10）。读者可先从轴侧投影图建立起该段管道的立体概念，然后再与正投影图对照，这样就能体会出管道布置图的视图表示方法了。

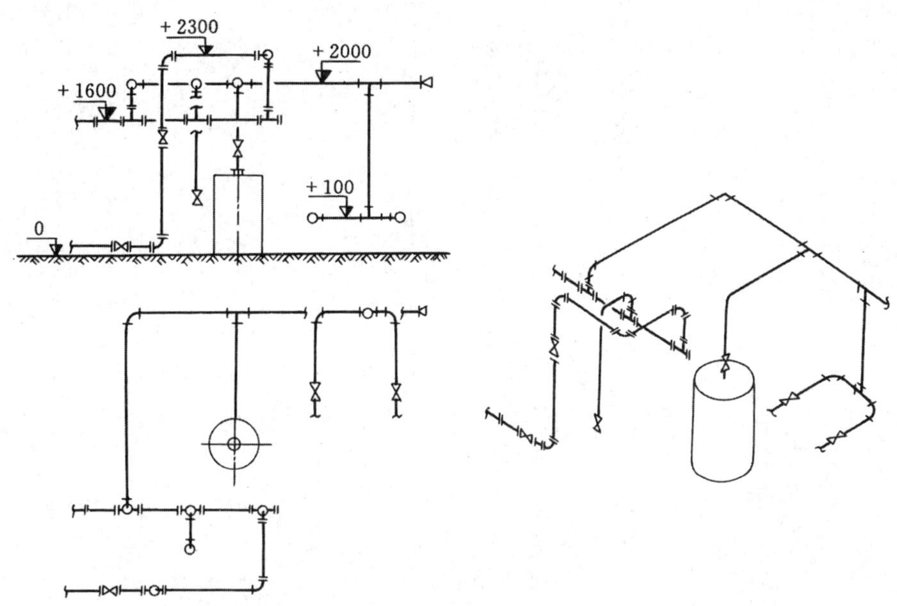

图 8.10　管道的轴侧投影与对应的正投影图

8.7.3　管路布置图的标注

(1) 建（构）筑物　因为在管路布置图中，构成建（构）筑物的结构构件常被用作管道布置的定位基准，因此在各平面图和立面剖视图（或向视图）上都应明确标注建筑定位轴线的编号，以便识别。

(2) 设备　设备在管路布置图上是管路布置的主要定位基准，因此设备在图上要标注位号以便识别，其位号应与该工程项目的带控制点工艺流程图和设备布置图一致。

(3) 管道　应以平面图为主标注出所有管道的定位尺寸和安装标高，如果绘制立面图，则所有安装标高均应在立面剖视图或向视图上表示出来。

图上所有管道都应标注出公称直径，物料代号和管段序号。

(4) 阀门和管件　一般不标注定位尺寸，竖管上的阀门和特殊管件有时在立面剖视图或向视图中标出安装高度。

(5) 管架　图上应在管架符号的旁边注以管架代号如图 8.2 中的 J_A、J_B 和 J_C 等。管架在平面图上画出后，一般不再标注定位尺寸。

主要参考文献

1　图家医药管理局上海医药设计院编. 化工工艺设计手册. 第二版. 北京：化学工业出版社，1996

2　华东理工大学机械制图教研组编. 化工制图. 第二版. 北京：高等教育出版社，1993

9 概　　算

9.1 概　　述

化工工程基本建设的概预算是化工工程设计中一项不可缺少的工作。化工设计在初步设计阶段编制的概算、施工图设计阶段编制的预算、工程竣工后由建设单位进行的决算合称为基本建设的“三算”。

通过概、预算，各项工程的投资可用价值表示出来，可用以判断建设项目的经济合理性，也是投资者或国家对基本建设工作进行财政监督的一项重要措施，同时也是施工单位改善经营、贯彻经济核算、降低工程成本、提高投资效益的依据之一。

批准的概算是投资者或国家控制基本建设项目投资、编制基本建设年度计划的依据，也是建设单位和施工单位签订施工合同的依据，施工单位可以此进行施工准备工作，批准的概算也是银行控制投资、建设单位向银行贷款的依据，还是控制施工预算的标准。

9.2 工程项目设计概算的内容

目前化工工程设计概算的内容如下。

(1) 工程费用

a. 主要生产项目的费用　包括生产车间，原料的贮存，产品的包装和储存以及为生产装置服务的工程如空分、冷冻、集中控制室、工艺外管等项目的费用。

b. 辅助生产项目费用　包括机修、电修、仪修、中心实验室、空压站、设备材料库等项目的费用。

c. 公用工程费用　包括供排水工程（水站、泵房、冷却塔、水塔、水池等）；供电及电讯工程（全厂的变电所、配电所、电话站、广播站、输电和通讯线路等）；供汽工程（全厂的锅炉房、供热站、外管等）；总图运输工程（全厂的大门、道路、公路、铁路、码头、围墙、绿化、运输车辆及船舶等）；厂区外管工程等项目的费用。

d. 服务性工程费用　包括厂部办公室、门卫、食堂、医务室、浴室、汽车库、消防车库、厂内厕所等项目的费用。

e. 生活福利工程费用　包括宿舍、住宅、食堂、幼儿园、托儿所、职工学校及相应的公用设施如供电、供排水、厕所、商店等项目的费用。

f. 厂外工程费用　包括水源工程，远距离输水管道、热电站、公路、铁路、厂外供电线路等工程的费用。

(2) 其他费用　其他费用一般包括以下项目的费用。

a. 施工单位管理费。

b. 建设单位费用，例如建设单位管理费用，生产工人进厂及培训费，试车费、生产工具、器具及家具的购置费，办公及生活用具购置费、土地征用及迁移补偿费、绿化费、不可预见工程费等。

c. 勘察、设计和试验研究费。

9.3 工程项目设计概算的编制依据和编制方法

9.3.1 概算的编制依据

(1) 设计说明书和图纸。

(2) 设备价格资料 定型设备均有产品目录，可根据产品的型号、规格和重量按最新价格计算，也可直接向生产厂家询价。非定型设备可按机械工业部在产品目录中规定的非定型设备价格计算。设备运杂费按化工部规定执行，运杂费为设备总价的5.5%。自控、供电等其他专业均按此编制。

(3) 概算指标（概算定额） 可按化工部规定的概算指标为依据进行编制，不足部分可按有关专业部和建设项目所在省、市、自治区规定的概算指标进行编制。

(4) 概算费用指标 可按化工部化工设计概算编制办法中的概算费用指标计算，或按建设项目所在省、市、自治区的有关规定计算。

(5) 查不到指标时，可以采用下述方法解决。

a. 采用结构或参数相同（或类似）的设备或材料指标。

b. 直接与协作单位商量解决。

c. 参照类似工程的预算和决算进行计算。

9.3.2 概算的编制方法

(1) 单位工程概算 单位工程概算按独立建筑物或生产车间（或工段）进行编制。编制可分为下述几部分。

a. 工艺设备部分 包括定型、非定型设备及其安装。

b. 电气设备部分 包括电动、变配电、通讯设备及其安装。

c. 自控设备部分 包括各种计器仪表、控制设备及其安装。

d. 管道部分 包括厂房内外管路、阀门和保温、防腐和油漆等。

e. 土建工程部分 包括一般土建工程、电气照明和避雷工程、室内供排水、采暖通风工程等各项建筑工程费用的计算。每项工程都要计算设备费、材料费、安装费和施工管理费等。

上述工艺部分、电气设备部分和自控设备部分等可按表9.1的格式进行编制，土建工程部分按表9.2的格式编制。

(2) 综合概算 在上述单位工程概算的基础上，以单项工程为单位编制综合概算。

每个单项工程一般分为：主要生产项目；辅助生产项目；公用工程；服务性工程；生活福利工程；厂外工程等。

综合概算就是把各单位工程按上述项目划分，分别填入综合概算表中第2栏（见表9.3），然后将单位工程概算表中的设备费、安装费、管路费和土建工程的各项费用按照工艺、电气、土建、供排水、照明避雷、采暖通风等各项分类汇总后填入综合概算表中。

(3) 其他工程和费用概算

a. 其他工程和费用的分类 按照基本建设投资构成可分为三类。

第一类 可计入建筑工程费用的，如边远工程增加费，临时设施费，冬雨季施工费，夜间施工增加费，建设场地完工清理费，厂区、场地绿化费。

第二类 可计入设备、工具和器具购置费用的，如工器具和备品备件购置费，办公和生活用具购置费。

第三类 可计入其他基本建设费用的，如建设单位管理费，征用土地和迁移补偿费，勘察费，设计费，监理费，样品样机购置费，科学研究试验费，基本建设试车费，施工企业法定利润，生产工人进厂培训费，不可预见工程费等。

表 9.1　单位工程概算表（1）

工程项目名称

序号	编制依据	设备及安装工程名称	单位	数量	重量/t		概算价值/元					
					单位重量	总重量	单　价			总　价		
							设备	安装工程		设备	安装工程	
								合计	其中工资		总计	其中工资
1	2	3	4	5	6	7	8	9	10	11	12	13

表 9.2　单位工程概算表（2）

工程项目名称

价格依据	名称及规格	单位	数量	单价/元		总价/元	
				合计	其中工资	合计	其中工资
1	2	3	4	5	6	7	8

表 9.3　综合概算表

主项号	工程项目名称	概算价值/元	单位工程概算价值/元													
			工　艺			电　气			自　控			土建构筑物	室内供排水	照明避雷	采暖通风
			设备	安装	管路	设备	安装	线路	设备	安装	线路				
1	2	3	4	5	6	7	8	9	10	11	12	13	14	15	16
	一、主要生产项目 （一）××系统 （二）××系统 ……														
	二、辅助生产项目 ……														
	三、公用工程 （一）供排水 （二）供电和电讯 （三）供汽 （四）总图运输														
	四、服务性工程														
	五、生活福利工程														
	六、厂外工程														
	总　计														

b. 其他工程和费用概算编制方法　其他工程和费用概算要按各个不同项目分别进行编

制。目前我国尚无统一的取费指标，但有一些习惯用的编制方法，限于篇幅，本书不作介绍。

(4) 总概算　总概算的内容如下。

a. 编制说明　简要说明建设工程概况，如生产品种、生产规模、公用工程和厂外工程的主要情况，以及其他有关问题。编制依据应列出资料清单附于总概算表之后。

b. 估算表　编制主要设备、建筑和安装的三大材料用量的估算表。见表 9.4 和表 9.5。

c. 投资分析　分析各项投资比重，与国内外同类工程比较，并分析投资高低的原因。

表 9.4　主要设备用量表

项目	设备总台数	设备总重量/t	定型设备		非定型设备					
			台数	重量/t	台数	重量/t				
						总重	碳钢	不锈钢	铅	其他
1	2	3	4	5	6	7	8	9	10	11

注：本表根据设备一览表填列各车间的生产设备。一般通用设备，填入定型设备栏，非定型设备除填重量外，同时按材质填入重量。

表 9.5　主要建筑和安装的三材用量表

项　目	木材/m^3	水泥/t	钢材/t					
			板材	其中不锈钢	管材	其中不锈钢	型材	其中不锈钢
1	2	3	4	5	6	7	8	9

注：按单位工程概算表中的材料统计数填写。以上两表中"项目"一栏主要填写生产项目，辅助生产项目，公用工程等，其中主要生产项目按系统填写，其他不列细项。

表 9.6　总概算表

序号	工程或费用名称	概算价值/元					占总概算价值%	技术经济指标		
		设备购置费	安装工程费	建筑工程费	其他基建费	合计		单位	数量	指标/元
1	2	3	4	5	6	7	8	9	10	11
	第一部分：工程费用									
	一、主要生产项目									
	(一) ××系统									
	……									
	二、辅助生产项目									
	……									
	三、公用工程									
	(一) 供排水									
	(二) 供电和电讯									
	……									
	小　计									
	四、服务性工程									
	五、生产福利工程									
	六、厂外工程									
	合　计									
	第二部分：其他费用									
	其他工程和费用									
	第一、二部分合计									
	不可预见等工程费用									
	总概算价值									

d. 编制总概算表　总概算表由工程费用和其他工程和费用两部分组成，另外还列出以上两部分费用的5%作为不可预见工程费。

总概算表的格式如表9.6所示。

主要参考文献

1　张洋主编. 高聚物合成工艺设计基础. 北京：化学工业出版社，1981

10 设计示例 5000t/a 丙烯腈合成工段的工艺设计

本章以丙烯腈合成工段的工艺设计作为设计示例，目的是把前面几章所讲的设计基本知识应用于具体的设计项目中。由于并不是真正有着各个专业配合和有确定厂址的实际设计过程，所以，在此示例中，不可能包括工艺设计的全部内容，也不能列举工艺设计的全部设计文件。从设计深度看，也只能写到初步设计的深度。

本设计示例选择下面几部分内容编写。

(1) 工段各设备的物料衡算

(2) 工段各设备的热量衡算

(3) 设备的工艺计算

(4) 工艺设备一览表

(5) 工段原料消耗表

(6) 工段能量消耗表

(7) 工段排出物综合表

(8) 主要管道流速表

(9) 带控制点工艺流程图

10.1 设计任务

(1) 设计项目名称 丙烯腈合成工段。

(2) 生产方法 以丙烯、氨、空气为原料，用丙烯氨氧化法合成丙烯腈。

(3) 生产能力 年产 5000t 丙烯腈。

(4) 原料组成 液态丙烯原料含丙烯 85% (mol)，丙烷 15% (mol)；液态氨原料含氨 100%。

(5) 工段产品为丙烯腈水溶液，含丙烯腈约 1.8% (wt) 由于本例为假定的设计，所以，有关设计任务书中的其他项目如设计依据，厂址选择，主要技术经济指标，原料的供应，燃料的种类，水、电、汽的主要来源，与其他工业企业的关系，建厂期限，设计单位，设计进度及设计阶段的规定等内容均从略。

10.2 生产方法

丙烯腈是石油化学工业的重要产品，是合成聚丙烯腈纤维、丁腈橡胶和合成塑料（例如 ABS 树脂）的重要单体。丙烯氨氧化法制丙烯腈是 1960 年由美国索亥俄 (Sohio) 公司首创并工业化的，现已成为合成丙烯腈的主要方法，丙烯腈的其他生产方法则已相继被淘汰。丙烯氨氧化法的优点如下。

(1) 丙烯是目前大量生产的石油化学工业的产品，氨是合成氨工业的产品，这两种原料均来源丰富且价格低廉。

(2) 工艺流程比较简单，经一步反应便可得到丙烯腈产物。

(3) 反应的副产物较少，副产物主要是氢氰酸和乙腈，都可以回收利用，而且丙烯腈成品纯度较高。

(4) 丙烯氨氧化过程系放热反应，在热平衡上很有利。

(5) 反应在常压或低压下进行，对设备无加压要求。

(6) 与其他生产方法如乙炔与氢氰酸合成法，环氧乙烷与氢氰酸合成法等比较，可以减少原料的配套设备（如乙炔发生装置和氰化氢合成装置）的建设投资。

丙烯氨氧化法制丙烯腈（AN）生产过程的主反应为

$$C_3H_6+NH_3+\frac{3}{2}O_2 \longrightarrow CH_2=CHCN+3H_2O$$

该反应的反应热为　$(-\Delta H_r)_{298}=512.5\text{kJ/mol AN}$

主要的副反应和相应的反应热数据如下：

(1) 生成氢化氰（HCN）

$$C_3H_6+3NH_3+3O_2 \longrightarrow 3HCN+6H_2O$$

$$(-\Delta H_r)_{298}=315.1\text{kJ/mol HCN}$$

(2) 生成丙烯醛（ACL）

$$C_3H_6+O_2 \longrightarrow CH_2=CH-CHO+H_2O$$

$$(-\Delta H_r)_{298}=353.1\text{kJ/mol ACL}$$

(3) 生成乙腈（ACN）

$$C_3H_6+\frac{3}{2}NH_3+\frac{3}{2}O_2 \longrightarrow \frac{3}{2}CH_3CN+3H_2O$$

$$(-\Delta H_r)_{298}=362.3\text{kJ/mol ACN}$$

(4) 生成 CO_2 和 H_2O

$$C_3H_6+\frac{9}{2}O_2 \longrightarrow 3CO_2+3H_2O$$

$$(-\Delta H_r)_{298}=641\text{kJ/mol }CO_2$$

10.3 物料衡算和热量衡算

10.3.1 生产工艺流程示意图

生产工艺流程示意图见图10.1，据此进行物料衡算和热量衡算。

图10.1的流程简述如下：液态丙烯和液态氨分别经丙烯蒸发器和氨蒸发器气化，然后分别在丙烯过热器和氨气过热器过热到需要的温度后进入混合器；经压缩后的空气先通过空气饱和塔增湿，再经空气加热器预热至一定温度进入混合器。混合器出口气体混合物进入反应器，在反应器内进行丙烯的氨氧化反应。反应器出口的高温气体先经废热锅炉回收热量，气体冷却到230℃左右进入氨中和塔，在70～80℃下用硫酸吸收反应器出口气体中未反应的氨，中和塔塔底的含硫酸铵的酸液经循环冷却器除去吸收热后，返回塔顶循环使用，同时补充部分新鲜酸液，并从塔釜排放一部分含硫酸铵的废液。氨中和塔出口气体经换热器冷却后进入水吸收塔，用5～10℃的水吸收丙烯腈和其他副产物，水吸收塔塔底得到含丙烯腈约1.8%的丙烯腈水溶液，经换热器与氨中和塔出口气体换热，温度升高后去精制工段。

10.3.2 小时生产能力

按年工作日300天，丙烯腈损失率3.1%、设计裕量6%计算，丙烯腈小时产量为

$$\frac{5000\times1000\times1.06\times1.031}{300\times24}=758.9\text{kg/h}$$

10.3.3 物料衡算和热量衡算

10.3.3.1 反应器的物料衡算和热量衡算

(1) 计算依据

a. 丙烯腈产量　758.9kg/h，即14.32 kmol/h

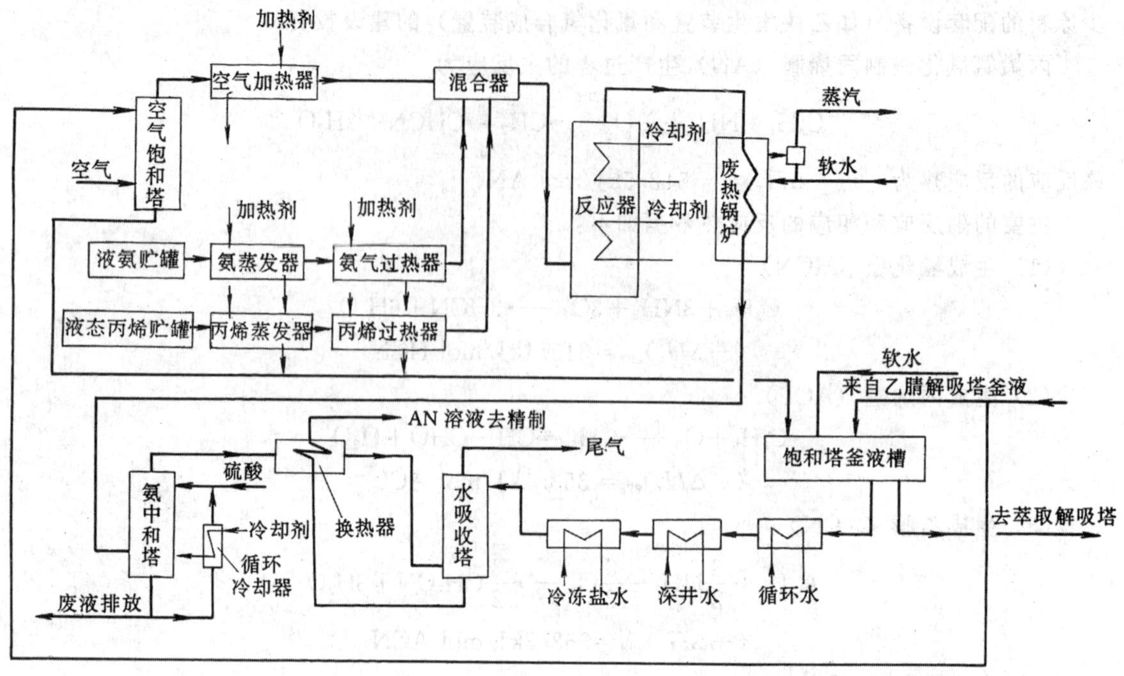

图 10.1 丙烯腈合成工段生产工艺流程示意图

b. 原料组成（摩尔分数） 含 C_3H_6 85%，C_3H_8 15%

c. 进反应器的原料配比（摩尔比）为

$$C_3H_6 : NH_3 : O_2 : H_2O = 1 : 1.05 : 23 : 3$$

d. 反应后各产物的单程收率为

物 质	丙烯腈（AN）	氰化氢（HCN）	乙腈（ACN）	丙烯醛（ACL）	CO_2
摩尔收率	0.6	0.065	0.07	0.007	0.12

e. 操作压力 进口 0.203MPa，出口 0.162MPa

f. 反应器进口气体温度 110℃，反应温度 470℃，出口气体温度 360℃。

(2) 物料衡算

a. 反应器进口原料气中各组分的流量

C_3H_6 $14.32/0.6=23.86\text{kmol/h}=1002\text{kg/h}$

C_3H_8 $\frac{23.86}{0.85}\times0.15=4.21\text{kmol/h}=185.3\text{kg/h}$

NH_3 $23.86\times1.05=25.06\text{kmol/h}=426\text{kg/h}$

O_2 $23.86\times2.3=54.89\text{kmol/h}=1756.4\text{kg/h}$

H_2O $23.86\times3=71.59\text{kmol/h}=1288.7\text{kg/h}$

N_2 $\frac{54.89}{0.21}\times0.79=206.48\text{kmol/h}=5781.5\text{kg/h}$

b. 反应器出口混合气中各组分的流量

丙烯腈 $14.32\text{kmol/h}=758.9\text{kg/h}$

乙腈 $\frac{3}{2}\times23.86\times0.07=2.506\text{kmol/h}=102.7\text{kg/h}$

丙烯醛　$23.86\times0.007=0.167kmol/h=9.35kg/h$

CO_2　$3\times23.86\times0.12=8.591kmol/h=378kg/h$

HCN　$3\times23.86\times0.065=4.654kmol/h=125.7kg/h$

C_3H_8　$4.211kmol/h=185.3kg/h$

N_2　$206.5kmol/h=5781.5kg/h$

O_2　$54.89-\frac{3}{2}\times14.32-4.654-0.167-2.506-\frac{9}{3\times2}\times8.591$

$=13.20kmol/h=422.4kg/h$

C_3H_6　$23.86-\frac{1}{3}\times4.654-0.167-\frac{2}{3}\times2.506-14.32-\frac{1}{3}\times8.591$

$=3.293kmol/h=138.3kg/h$

NH_3　$25.06-14.32-2.506-4.654=3.58kmol/h=60.86kg/h$

H_2O　$71.59+3\times14.32+2\times2.506+2\times4.654+8.591+0.167$

$=137.5kmol/h=2475kg/h$

c. 反应器物料平衡表

流量和组成 / 组分	反应器进口				反应器出口			
	kmol/h	kg/h	%（mol）	%（wt）	kmol/h	kg/h	%（mol）	%（wt）
C_3H_6	23.86	1002.3	6.181	9.60	3.293	138.3	0.827	1.325
C_3H_8	4.211	185.3	1.091	1.775	4.211	185.3	1.06	1.775
NH_3	25.06	425.97	6.490	4.08	3.58	60.86	0.898	0.583
O_2	54.89	1756.4	14.22	16.82	13.20	422.4	3.312	4.046
N_2	206.5	5781.5	53.48	55.38	206.5	5781.5	57.82	55.40
H_2O	71.59	1288.7	18.54	12.34	137.5	2475	34.49	23.71
AN	0	0	0	0	14.32	759	3.594	7.271
ACN	0	0	0	0	2.506	102.7	0.6289	0.9843
HCN	0	0	0	0	4.654	125.8	1.168	1.231
ACL	0	0	0	0	0.167	9.35	0.042	0.0896
CO_2	0	0	0	0	8.591	378	2.156	3.622
合计	386.1	10440	100	100	398.5	10439	100	100

（3）热量衡算

各物质 0～t℃的平均定压比热容如下。

物　质		C_3H_6	C_3H_8	NH_3	O_2	N_2	H_2O	AN	HCN	ACN	ACL	CO_2
$\bar{c}_p$/[kJ/(kg·K)]	0～110℃	1.841	2.05	2.301	0.941	1.046	1.883					
	0～360℃	2.678	3.013	2.636	1.004	1.088	2.008	1.874	1.640	1.933	1.966	1.130
	0～470℃	2.929	3.347	2.939	1.046	1.109	2.092	2.029	1.724	2.10	2.172	1.213

a. 浓相段热衡算求浓相段换热装置的热负荷及产生蒸汽量

假设如下热力学途径：

110℃，反应器入口混合气 —ΔH→ 470℃，浓相段出口混合气

↓ΔH_1　　　　　　　　　　　　↑ΔH_3

25℃，反应器入口混合气 —ΔH_2→ 25℃，浓相段出口混合气

各物质 25～t℃的平均比热容用 0～t℃的平均比热容代替，误差不大，因此，

$\Delta H_1=(1002.3\times1.841+185.3\times2.05+426\times2.301+1756.4\times0.941+5781.5\times 1.046+1288.7\times1.883)(25-110)=-1.133\times10^6\text{kJ/h}$

$\Delta H_2=-(14.32\times10^3\times512.5+2.506\times10^3\times362.3+4.654\times10^3\times315.1 +0.167\times10^3\times353.1+8.591\times10^3\times641)=-1.473\times10^7\text{kJ/h}$

$\Delta H_3=(138.3\times2.929+185.3\times3.347+60.86\times2.929+422.4\times1.046+5781.5\times1.109 +2475\times2.092+759\times2.029+102.7\times2.10+125.8\times1.724+9.35\times2.172+378 \times1.213)(470-25)=6.98\times10^6\text{kJ/h}$

$$\Delta H=\Delta H_1+\Delta H_2+\Delta H_3=-1.133\times10^6-1.473\times10^7+6.98\times10^6 =-8.883\times10^6\text{kJ/h}$$

若热损失取 ΔH 的 5%，则需由浓相段换热装置取出的热量（即换热装置的热负荷）为：

$$Q=(1-0.05)\times8.883\times10^6=8.439\times10^6\text{kJ/h}$$

浓相段换热装置产生 0.405MPa 的饱和蒸汽（饱和温度 143℃），

143℃饱和蒸汽焓 $i_{steam}=2736\text{kJ/kg}$

143℃饱和水焓 $i_{H_2O}=601.2\text{kJ/kg}$

∴ $$\text{产生的蒸汽量}=\frac{8.439\times10^6}{2736-601.2}=3953\text{kg/h}$$

b. 稀相段热衡算求稀相段换热装置的热负荷及产生蒸汽量

以 0℃气体为衡算基准。

进入稀相段的气体带入热为

$Q_1=(138.3\times2.929+185.3\times3.347+60.86\times2.929+422.4\times1.046+5781.5\times1.109 +2475\times2.029+102.7\times2.10+125.8\times1.724+9.35\times2.172+378\times1.213) (470-0)=7.372\times10^6\text{kJ/h}$

离开稀相段的气体带出热为

$Q_2=(138.3\times2.678+185.3\times3.013+60.86\times2.636+422.4\times1.004+5781.5\times1.088 +2475\times2.008+759\times1.874+102.7\times1.933+125.8\times1.64+9.35\times1.966+378 \times1.130)(360-0)=5.417\times10^6\text{kJ/h}$

热损失取 4%，则稀相段换热装置的热负荷为

$$Q=(1-0.04)(Q_1-Q_2) =(1-0.04)(7.372\times10^6-5.417\times10^6)=1.877\times10^6\text{kJ/h}$$

稀相段换热装置产生 0.405MPa 的饱和蒸汽，产生的蒸汽量为

$$G=\frac{1.877\times10^6}{2736-601.2}=879\text{kg/h}$$

10.3.3.2 废热锅炉的热量衡算

(1) 计算依据

a. 入口气和出口气的组成与反应器出口气体相同

b. 入口气体温度 360℃，压力 0.162MPa

c. 出口气体温度 180℃，压力 0.152MPa

d. 锅炉水侧产生 0.405MPa 的饱和蒸汽

(2) 热衡算

以 0℃气体为衡算基准。

各物质在 0～180℃的平均比热容为：

物　质	C_3H_6	C_3H_8	NH_3	O_2	N_2	H_2O	AN	HCN	ACN	ACL	CO_2
$\bar{c}_p$/[kJ/(kg·K)]	2.071	2.343	2.406	0.962	1.054	1.925	1.552	1.485	1.607	1.586	1.004

a. 入口气体带入热（等于反应器稀相段气体带出热）

$Q_1=5.417\times10^6$kJ/h

b. 出口气体带出热

$$Q_2=(138.3\times2.071+185.3\times2.343+60.86\times2.406+422.4\times0.962+5781.5\times1.054+2475\times1.925+759\times1.552+125.8\times1.485+102.7\times1.607+9.35\times1.586+378\times1.004)(180-0)=2.53\times10^6\text{kJ/h}$$

c. 热衡算求需要取出的热量 Q

按热损失 10%计，需取出的热量为

$$Q=0.9(Q_1-Q_2)=0.9(5.417\times10^6-2.53\times10^6)=2.598\times10^6\text{kJ/h}$$

d. 产生蒸汽量

产生 0.405MPa 饱和蒸汽的量为

$$G=\frac{2.598\times10^6}{2736-601.2}=1217\text{kg/h}$$

10.3.3.3　空气饱和塔物料衡算和热量衡算

(1) 计算依据

a. 入塔空气压力 0.263MPa，出塔空气压力 0.243MPa

b. 空压机入口空气温度 30℃，相对湿度 80%，空压机出口气体温度 170℃

c. 饱和塔气、液比为 152.4（体积比），饱和度 0.81

d. 塔顶喷淋液为乙腈解吸塔釜液，温度 105℃，组成如下：

组　分	AN	ACN	氰醇	ACL	H_2O	合计
% (wt)	0.005	0.008	0.0005	0.0002	99.986	100

e. 塔顶出口湿空气的成分和量按反应器入口气体的要求为

O_2　54.89kmol/h 即 1756.4kg/h

N_2　206.5kmol/h 即 5781.5kg/h

H_2O　71.59kmol/h 即 1288.6kg/h

(2) 物料衡算

a. 进塔空气量

进塔干空气量＝(54.89＋206.5)＝261.4kmol/h＝7538kg/h

查得 30℃，相对湿度 80%时空气湿含量为 0.022kg 水气/kg 干空气，因此，进塔空气带入的水蒸气量为

$$0.022\times7538=165.8\text{kg/h}$$

b. 进塔热水量

气、液比为 152.4，故进塔喷淋液量为

$$(54.89+206.5)\times22.4\times\frac{273+170}{273}\times\frac{0.1013}{0.263}\times\frac{1}{152.4}=24.79\text{m}^3/\text{h}$$

塔顶喷淋液（105℃）的密度为958kg/m^3，因此进塔水的质量流量为

$$24.79\times958=23750\text{kg/h}$$

c. 出塔湿空气量

出塔气体中的O_2、N_2、H_2O的量与反应器入口气体相同，因而，

O_2　54.89kmol/h，即1756.4kg/h

N_2　206.5kmol/h，即5781.5kg/h

H_2O　71.59kmol/h，即1288.6kg/h

d. 出塔液量

塔内水蒸发量＝1288.6－165.8＝1122.6kg/h

∴　出塔液流量＝23750－1122.6＝22627.4kg/h

e. 饱和塔物料平衡表

成分	入塔气				出塔气				入塔喷淋液		塔釜排出液	
	kmol/h	kg/h	%(mol)	%(wt)	kmol/h	kg/h	%(mol)	%(wt)	kg/h	%(wt)	kg/h	%(wt)
O_2	54.89	1756.4	20.28	22.80	54.89	1756.4	16.48	19.90	0	0	0	0
N_2	206.5	5781.5	76.31	75.05	206.5	5781.5	62.02	65.50	0	0	0	0
H_2O	9.211	165.8	3.41	2.15	71.59	1288.6	21.50	14.60	23746.7	99.986	22624.1	99.985
AN	0	0	0	0	0	0	0	0	1.188	0.005	1.188	0.00525
ACN	0	0	0	0	0	0	0	0	1.90	0.008	1.90	0.0084
氰醇	0	0	0	0	0	0	0	0	0.119	0.0005	0.119	0.00053
ACL	0	0	0	0	0	0	0	0	0.0475	0.0002	0.0475	0.00021
合计	270.6	7703.7	100	100	332.98	8826.5	100	100	23750	100	22627.4	100

（3）热衡算

a. 空气饱和塔出口气体温度　从物料平衡表得知，空气饱和塔出口气体中，蒸汽的摩尔分数为0.215，根据分压定律，蒸汽的实际分压为

$$p_{H_2O}=y_{H_2O}p=0.215\times0.243=0.05655\text{MPa}$$

因饱和度为0.81，所以饱和蒸汽分压应为：

$$0.05655/0.81=0.0698\text{MPa}=69800\text{Pa}$$

查饱和蒸汽表得到对应的饱和温度为90℃，因此，须控制出塔气体温度为90℃，才能保证工艺要求的蒸汽量。

b. 入塔热水温度　入塔水来自精制工段乙腈解吸塔塔釜，105℃。

c. 由热衡算求出塔热水温度t　热衡算基准：0℃气态空气，0℃液态水。

(a) 170℃进塔空气带入热量Q_1

170℃蒸汽焓值为2773.3kJ/kg，干空气在0～170℃的平均比热容$\bar{c}_p$＝1.004kJ/(kg·K)。

$Q_1=(1756.5+5781.5)\times1.004(170-0)+(165.8\times2773.3)=1.754\times10^6\text{kJ/h}$

(b) 出塔湿空气带出热量Q_2

90℃蒸汽焓2660kJ/kg，空气比热容取1.004kJ/(kg·K)。

$$Q_2=(1756.5+5781.5)\times1.004(90-0)+1288.6\times2660=4.109\times10^6\text{kJ/h}$$

(c) 105℃入塔喷淋液带入热量Q_3

$$Q_3=23750\times4.184(105-0)=1.043\times10^7\text{kJ/h}$$

(d) 求出塔热水温度 t 出塔热水带出热量用 Q_4 表示，则

$$Q_4=22627.4\times4.184t=94673t$$

热损失按 5%计，则 $Q_l=0.05(1.754\times10^6+9.937\times10^6)=5.846\times10^5$kJ/h

热平衡方程 $$Q_1+Q_3=Q_2+Q_4+Q_l$$

代入数据：

$$1.754\times10^6+1.043\times10^7=4.109\times10^6+94673t+5.846\times10^5$$

解得

$$t=79℃$$

因此，出塔热水温度为 79℃。

10.3.3.4 氨中和塔物料衡算和热量衡算

(1) 计算依据

a. 入塔气体流量和组成与反应器出口气体相同。

b. 在中和塔内全部氨被硫酸吸收，生成硫酸铵。

c. 新鲜硫酸吸收剂的含量为 93% (wt)。

d. 塔底出口液体（即循环液）的组成如下：

组分	H_2O	AN	ACN	HCN	H_2SO_4	$(NH_4)_2SO_4$	合计
%(wt)	68.53	0.03	0.02	0.016	0.5	30.90	100

e. 进塔气温度 180℃，出塔气温度 76℃，新鲜硫酸吸收剂温度 30℃。

f. 塔顶压力 0.122MPa，塔底压力 0.142MPa。

(2) 物料衡算 氨中和塔局部流程如图 10.2 所示

a. 排出的废液量及其组成 进塔气中含有 60.86kg/h 的氨，在塔内被硫酸吸收生成硫酸铵，氨和硫酸反应的方程式如下：

$$2NH_3+H_2SO_4 = (NH_4)_2SO_4$$

$(NH_4)_2SO_4$ 的生成量，即需要连续排出的 $(NH_4)_2SO_4$ 流量为：

$$60.86\times\frac{132}{2\times17}=236.3\text{kg/h}$$

上式中，132 是 $(NH_4)_2SO_4$ 的分子量，17 是 NH_3 的分子量。

塔底排出液中，$(NH_4)_2SO_4$ 的含量为 30.9% (wt)，因此，排放的废液量为：

$$236.3/0.309=764.6\text{kg/h}$$

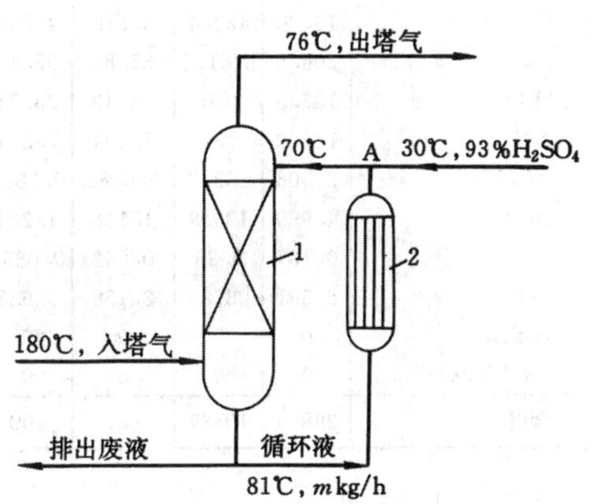

图 10.2 氨中和塔局部流程

1—氨中和塔；2—循环冷却器

排放的废液中，各组分的量：

H_2O	$764.6\times0.6853=524$kg/h
AN	$764.6\times0.0003=0.2294$kg/h
ACN	$764.6\times0.0002=0.1529$kg/h
HCN	$764.6\times0.00016=0.1223$kg/h
H_2SO_4	$764.6\times0.005=3.823$kg/h

$(NH_4)_2SO_4$　　764.6×0.309=236.3kg/h

b. 需补充的新鲜吸收剂（93%H_2SO_4）的量为：

$$\left(764.6\times0.005+60.86\times\frac{98}{17\times2}\right)/0.93=192.7\text{kg/h}$$

c. 出塔气体中各组分的量

C_3H_6　138.3kg/h

C_3H_8　185.3kg/h

O_2　422.4kg/h

N_2　5781.5kg/h

AN　759−0.2294=758.4kg/h

ACN　102.7−0.1529=102.5kg/h

ACL　9.35kg/h

HCN　125.8−0.1223=125.7kg/h

CO_2　378kg/h

H_2O　出塔气中的水=入塔气中带入水+新鲜吸收剂带入水−废液排出的水

=2475+192.7×0.07−524=1964.5kg/h

d. 氨中和塔循环系统物料平衡表

流量和组成＼组分	入塔气				新鲜吸收液		排放废液		出塔气			
	kmol/h	kg/h	%(mol)	%(wt)	kg/h	%(wt)	kg/h	%(wt)	kmol/h	kg/h	%(mol)	%(wt)
C_3H_6	3.293	138.3	0.827	1.325	0	0	0	0	3.293	138.3	0.899	1.402
C_3H_8	4.211	185.3	1.06	1.775	0	0	0	0	4.211	185.3	1.149	1.878
NH_3	3.58	60.86	0.898	0.583	0	0	0	0	0	0	0	0
O_2	13.20	422.4	3.312	4.046	0	0	0	0	13.20	422.4	3.60	4.281
N_2	206.5	5781.5	57.82	55.40	0	0	0	0	206.5	5781.5	56.34	58.60
H_2O	137.5	2475	34.49	23.71	13.49	0.07	524	68.53	109.1	1964.5	29.77	19.91
AN	14.32	759	3.594	7.271	0	0	0.2294	0.03	14.32	758.8	3.906	7.691
ACN	2.506	102.7	0.6289	0.9843	0	0	0.1529	0.153	2.50	102.5	0.68	1.04
HCN	4.659	125.8	1.168	1.231	0	0	0.1223	0.1223	4.656	125.7	1.274	1.272
ACL	0.167	9.35	0.042	0.0896	0	0	0	0	0.167	9.35	0.046	0.0947
CO_2	8.591	378	2.156	3.622	0	0	0	0	8.591	378	2.340	3.832
H_2SO_4	0	0	0	0	179.2	0.93	3.823	0.5	0	0	0	0
$(NH_4)_2SO_4$	0	0	0	0	0	0	236.3	30.9	0	0	0	0
合计	398.5	10439	100	100	192.7	100	764.6	100	366.5	9866	100	100

(3) 热衡算

a. 出塔气体温度　塔顶气体中实际蒸汽分压为

$$p_{H_2O}=y_{H_2O}p=0.2977\times0.122=0.0363\text{MPa}$$

设饱和度为0.98，则与出塔气体温度平衡的饱和蒸汽分压为：

$$p^{\circ}_{H_2O}=0.03632/0.98=0.03706\text{MPa}$$

入塔喷淋液的硫酸铵含量为$100\times\frac{30.9}{68.53}=45\text{g}\ (NH_4)_2SO_4/100\text{g}\ H_2O$，已知硫酸铵溶液上方的饱和蒸汽压如表10.1所示。

根据入塔喷淋液的硫酸铵含量和$p^{\circ}_{H_2O}$的值，内插得到出塔气的温度为76℃。

b. 入塔喷淋液温度　入塔喷淋液温度比气体出口温度低 6℃，故为 70℃。

c. 塔釜排出液温度

表 10.1　硫酸铵溶液上方的饱和蒸汽压/MPa

温度/℃ \ $(NH_4)_2SO_4$ 含量/[g$(NH_4)_2SO_4$/g H_2O]	40	45	50
70	0.02796	0.02756	0.02716
80	0.04252	0.0419	0.04129
90	0.0629	0.06199	0.06109

入塔气蒸汽分压 $p_{H_2O}=y_{H_2O}p=0.3449\times0.142=0.049$MPa，在釜液$(NH_4)_2SO_4$含量[45g $(NH_4)_2SO_4$/100g H_2O]下溶液上方的饱和蒸汽分压等于 0.049MPa 时的釜液温度即为釜液的饱和温度，用内插法从表 10.1 中得到，饱和温度为 83.5℃，设塔釜液温度比饱和温度低 2.5℃即 81℃。

又，查硫酸铵的溶解度数据得知，80℃时，每 100g 水能溶解 95.3g 硫酸铵，而釜液的硫酸铵含量为 45g $(NH_4)_2SO_4$/100g H_2O，所以釜液温度控制 81℃不会有硫酸铵结晶析出。

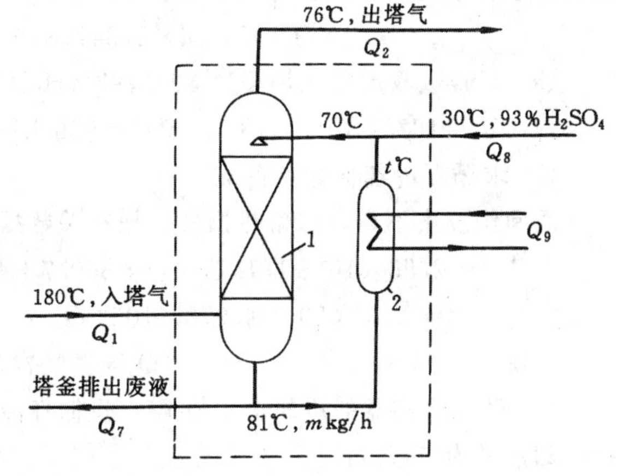

图 10.3　氨中和塔的热量衡算

1—氨中和塔；2—循环冷却器

d. 热衡算求循环冷却器的热负荷和冷却水用量　作图 10.3 的虚线方框列热平衡方程得

$$Q_1+Q_3+Q_4+Q_5+Q_6+Q_8=Q_2+Q_7+Q_9$$

(a) 入塔气体带入热 Q_1　入塔气体带入热量与废热锅炉出口气体带出热量相同，

$$Q_1=2.53\times10^6\text{kJ/h}$$

(b) 出塔气体带出热 Q_2

各组分在 0～76℃的平均比热容的值如下：

组　分	C_3H_6	C_3H_8	O_2	N_2	H_2O	AN	HCN	ACN	ACL	CO_2
$\bar{c}_p$/[kJ/(kg·K)]	1.715	1.966	0.9414	1.046	1.883	1.347	1.393	1.406	1.343	0.921

$$Q_2=(138.3\times1.715+185.3\times1.966+422.4\times0.9414+5781.5\times1.046+1964.5\times1.883+758.8\times1.347+102.5\times1.406+125.7\times1.393+9.35\times1.343+378\times0.921)(76-0)=9.46\times10^5\text{kJ/h}$$

(c) 蒸汽在塔内冷凝放热 Q_3

蒸汽在塔内的冷凝量＝进塔气体带入蒸汽－出口气带出蒸汽

＝2475－1964.5＝510.5kg/h

蒸汽的冷凝热为 2246.6kJ/kg

∴　$Q_3=510.5\times2246.6=1.147\times10^6$kJ/h

(d) 有机物冷凝放热 Q_4

AN 的冷凝量　0.2294kg/h，其冷凝热为 615kJ/kg

ACN 的冷凝量 0.1529kg/h，其冷凝热为 728kJ/kg

HCN 的冷凝量 0.1233kg/h，其冷凝热为 878.6kJ/kg

∴ $$Q_4=0.2294\times615+0.1529\times728+0.1233\times878.6=360.7\text{kJ/h}$$

(e) 氨中和放热 Q_5

每生成 1mol 硫酸铵放热 273.8kJ

∴ $$Q_5=\frac{236.3\times1000}{132}\times273.8=4.901\times10^5\text{kJ/h}$$

(f) 硫酸稀释放热 Q_6

硫酸的稀释热为 749kJ/kg H_2SO_4

∴ $$Q_6=179.2\times749=1.342\times10^5\text{kJ/h}$$

(g) 塔釜排放的废液带出热量 Q_7

塔釜排放的废液中，H_2O 与 $(NH_4)_2SO_4$ 的摩尔比为 $\frac{524}{18}\Big/\frac{236.3}{132}$，查氮肥设计手册得此组成的硫酸铵水溶液比热容为 3.347kJ/(kg·K)。

∴ $$Q_7=764.6\times3.347(81-0)=2.073\times10^5\text{kJ/h}$$

(h) 新鲜吸收剂带入热 Q_8　30℃、93%H_2SO_4 的比热容为 1.603kJ/(kg·K)。

∴ $Q_8=192.7\times1.603\ (30-0)\ =9267\text{kJ/h}$

(i) 求循环冷却器热负荷 Q_9

因操作温度不高，忽略热损失。把有关数据代入热平衡方程：

$$2.53\times10^6+1.147\times10^6+360.7+4.901\times10^5+1.342\times10^5+9267$$
$$=9.46\times10^5+2.073\times10^5+Q_9$$

解得 $$Q_9=3.157\times10^6\text{kJ/h}$$

(j) 循环冷却器的冷却水用量 W　设循环冷却器循环水上水温度 32℃，排水温度 36℃，则冷却水量为

$$W=\frac{3.157\times10^6}{4.184\ (36-32)}=1.887\times10^5\text{kg/h}=188.7\text{t/h}$$

e. 求循环液量 m　循环液流量受入塔喷淋液温度的限制。

70℃循环液的比热容为 3.368kJ/(kg·K)，循环液与新鲜吸收液混合后的喷淋液比热容为 3.364kJ/(kg·K)。

设循环液流量为 m kg/h，循环冷却器出口循环液温度 t℃。

对新鲜吸收剂与循环液汇合处（附图中 A 点）列热平衡方程得：

$$m\times3.368t+9267=(m+192.7)\times3.364\times70 \tag{1}$$

对循环冷却器列热平衡得：

$$m\times3.347\times81-m\times3.368t=Q_9=3.157\times10^6 \tag{2}$$

联解式 (1) 和 (2) 得

$$m=90000\text{kg/h}$$

$$t=70.1℃$$

10.3.3.5　换热器物料衡算和热量衡算

AN 溶液去精制　　AN 溶液来自水吸收塔

气体来自氨中和塔 76℃　→　换热器　→　气液混合物去水吸收塔 40℃

(1) 计算依据 进口气体 76℃，组成和流量与氨中和塔出口气相同。

出口气体温度 40℃，操作压力 115.5kPa。

(2) 物料衡算 出口气体温度 40℃，40℃饱和蒸汽压力为

$$p^{\circ}_{H_2O}=55.32\text{mmHg}=7.375\text{kPa}$$

设出口气体中含有 x kmol/h 的蒸汽，根据分压定律有：

$$\frac{x}{(366.5-109.1)+x}\times 115.5=7.375$$

解得 $$x=18.25\text{kmol/h}=328.5\text{kg/h}$$

∴ 蒸汽的冷凝量为

$$1964.5-328.5=1636\text{kg/h}$$

因此得到换热器气体方（壳方）的物料平衡如下：

流量和组成 / 组分	入口气体				出口气体				冷凝水	
	kmol/h	kg/h	%(mol)	%(wt)	kmol/h	kg/h	%(mol)	%(wt)	kg/h	%(wt)
C_3H_6	3.293	138.3	0.899	1.402	3.293	138.3	1.195	1.68		
C_3H_8	4.211	185.3	1.149	1.878	4.211	185.3	1.528	2.252		
O_2	13.20	422.4	3.60	4.281	13.20	422.4	4.788	5.133		
N_2	206.5	5781.4	56.34	58.60	206.5	5781.4	74.91	70.25		
H_2O	109.1	1964.5	29.77	19.91	18.23	328	6.613	3.986	1636	100
AN	14.317	758.8	3.906	7.691	14.317	758.8	5.194	9.22		
ACN	2.50	102.5	0.68	1.04	2.50	102.5	0.9069	1.245		
HCN	4.656	125.7	1.274	1.272	4.656	125.7	1.689	1.527		
ACL	0.167	9.35	0.046	0.0947	0.167	9.35	0.0606	0.1136		
CO_2	8.591	378	2.340	3.832	8.591	378	3.116	4.593		
合计	366.5	9866	100	100	275.7	8230	100	100	1636	100

(3) 热衡算

a. 换热器入口气体带入热 Q_1（等于氨中和塔出口气体带出热）

$$Q_1=9.46\times 10^5\text{kJ/h}$$

b. 蒸汽冷凝放出热 Q_2

40℃水汽化热为 2401.1kJ/kg

$$Q_2=1636\times 2401.1=3.928\times 10^6\text{kJ/h}$$

c. 冷凝液带出热 Q_3

$$Q_3=1636\times 4.184(40-0)=2.738\times 10^5\text{kJ/h}$$

d. 出口气体带出热 Q_4

出口气体各组分在 0～40℃的平均摩尔热容为

组分	C_3H_6	C_3H_8	O_2	N_2	H_2O	AN	ACN	HCN	ACL	CO_2
$\bar{c}_p$/[kJ/(kmol·K)]	61.92	72.38	29.46	29.29	36.75	63.35	52.09	62.76	65.61	38.66

$$\therefore\quad Q_4=(3.293\times 61.92+4.211\times 72.38+13.20\times 29.46+206.5\times 29.29+18.23\times 36.75+14.317\times 63.35+2.50\times 52.09+4.656\times 62.76+0.167\times 65.61+8.591\times 38.66)(40-0)$$

$$=3.715\times 10^5\text{kJ/h}$$

e. 热衡算求换热器的热负荷

热平衡方程：$Q_1+Q_2=Q_3+Q_4+Q_5$

代入数据：　$9.46\times10^5+3.928\times10^6=2.738\times10^5+3.715\times10^5+Q_5$

解得　$Q_5=4.229\times10^6$kJ/h

10.3.3.6　水吸收塔物料衡算和热量衡算

(1) 计算依据（见右侧图）

a. 入塔气流量和组成与换热器出口气相同。

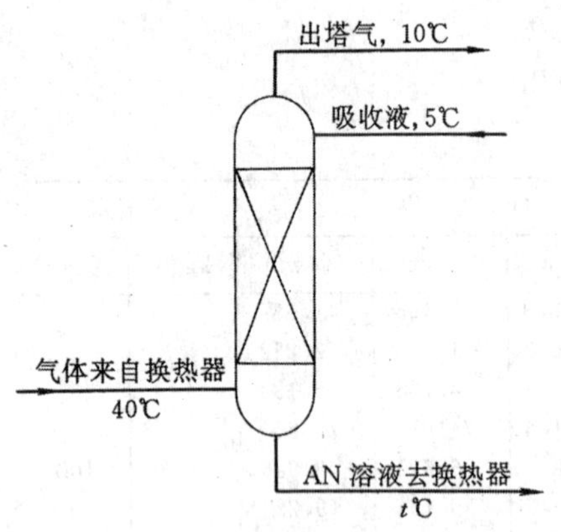

b. 入塔气温度40℃，压力112kPa。出塔气温度10℃，压力101kPa。

c. 入塔吸收液温度5℃。

d. 出塔AN溶液中含AN1.8%（wt）。

(2) 物料衡算

a. 进塔物流（包括气体和凝水）的组成和流量与换热器出口相同。

b. 出塔气的组成和量　设入塔气中的AN、HCN、ACL、ACN等组分全部被水吸收（见后面校验），C_3H_6、C_3H_8、O_2、N_2、CO_2等组分不溶于水，因此，出塔干气含有C_3H_6 3.293kmol/h（138.3kg/h）、C_3H_8 4.211kmol/h(185.3kg/h)、O_2 13.20kmol/h（422.4kg/h）、N_2 206.5kmol/h（5781.4kg/h）、CO_2 8.591kmol/h（378kg/h）。出塔气中含有蒸汽的量按分压定律求得，计算如下：

10℃水的饱和蒸汽压 $p^{\circ}_{H_2O}=1228$Pa，总压为101325Pa，出塔气中干气总量＝3.293＋4.211＋13.20＋206.5＋8.591＝235.8kmol/h。因此，出塔气中含有水蒸气量：

$$\frac{1228}{101325-1228}\times235.8=2.893\text{kmol/h}=52.07\text{kg/h}$$

出塔气总量为：

$$138.3+185.3+422.4+5781.4+378+52.07=6958\text{kg/h}$$

c. 塔顶加入的吸收水量

(a) 出塔AN溶液总量　出塔AN溶液中，AN为1.8%（wt），AN的量为758.8kg/h，因此，出塔AN溶液总量为758.8/0.018＝42155.6kg/h

(b) 塔顶加入的吸收水量　作水吸收塔的总质量衡算得：

入塔吸收液量＝塔底AN溶液量＋出塔气体总量－入塔气量－凝水量

＝42155.6＋6958－8230－1636＝39248kg/h

d. 塔底AN溶液的组成和量　AN、ACN、HCN、ACL全部被水吸收，因为塔底AN溶液中的AN、ACN、HCN、ACL的量与进塔气、液混合物相同，AN溶液中的水量按全塔水平衡求出。

AN溶液中的水＝塔顶加入的水＋进塔气液混合物中带入的水－出塔气中带出的水

＝39248＋328＋1636－52.07＝41160kg/h

e. 水吸收塔物料平衡如下。

流量和组成 / 组分	入塔气				入塔凝液	入塔水	出塔气				塔底出口 AN 溶液			
	kmol/h	kg/h	%(mol)	%(wt)	kg/h	kg/h	kmol/h	kg/h	%(mol)	%(wt)	kg/h	kmol/h	%(mol)	%(wt)
C_3H_6	3.293	138.3	1.195	1.68			3.293	138.3	1.380	1.988	0	0	0	0
C_3H_8	4.211	185.3	1.528	2.252			4.211	185.3	1.764	2.663	0	0	0	0
O_2	13.20	422.4	4.788	5.133			13.20	422.4	5.53	6.071	0	0	0	0
N_2	206.5	5781.4	74.91	70.25			206.5	5781.4	86.52	83.10	0	0	0	0
H_2O	18.23	328	6.613	3.986	1636	392.48	2.893	52.07	1.212	0.748	41160	2286.6	99.06	97.64
AN	14.317	758.8	5.194	9.22			0	0	0	0	758.8	14.317	0.6203	1.8
ACN	2.50	102.5	0.9069	1.245			0	0	0	0	102.5	2.50	0.108	0.243
ACL	0.167	9.35	0.0606	0.1136			0	0	0	0	9.35	0.167	0.00723	0.0222
HCN	4.656	125.7	1.689	1.527			0	0	0	0	125.7	4.656	0.202	0.298
CO_2	8.591	378	3.116	4.593			8.591	378	3.599	5.433	0	0	0	0
合计	275.7	8230	100	100	1636	392.48	238.7	6958	100	100	42156	2308.24	100	100

f. 检验前面关于 AN、ACN、ACL、HCN 全部溶于水的假设的正确性　因系统压力<1MPa，气相可视为理想气体，AN、ACN、ACL、HCN 的量相对于水很小，故溶液为稀溶液，系统服从亨利定律和分压定律。压力和含量的关系为

$$p_i^* = E_i x_i \quad 或 \quad p_i = E_i x_i^*$$

式中　p_i——气相中吸收质的分压；

x_i^*——与气相吸收质成平衡的 i 组分的液相的含量，%(mol)；

E——亨利系数。

塔底排出液的温度为 15℃（见后面的热衡算）

查得 15℃时 ACN、HCN、ACL 和 AN 的亨利系数 E 值为

ACN　E=4atm[1]　=405.3kPa

HCN　E=18atm[1]=1824kPa

ACL　E=3333mmHg[2]　=444.4kPa

AN　E=8atm[1]=810kPa

(a) AN

塔底　$p_{AN}=0.05194\times112=5.817\text{kPa}$

$$x_{AN}^* = \frac{p_{AN}}{E_{AN}} = \frac{5.817}{810} = 0.00718$$

从以上计算可看出，$x_{AN}=0.006203<x_{AN}^*$，可见溶液未达饱和。

(b) 丙烯醛 ACL

$$p_{ACL}=0.000606\times112=0.06787\text{kPa}$$

$$x_{ACL}^* = \frac{p_{ACL}}{E_{ACL}} = \frac{0.06787}{444.4} = 0.0001527$$

塔底 ACL 含量 $x_{ACL}=0.0000723<x_{ACL}^*$，溶液未达饱和。

(c) 乙腈 ACN

---

[1] 1 atm=101.325kPa。

[2] 1 mmHg=133.322Pa。

$$p_{ACN}=0.009069\times112=1.016\text{kPa}$$

$$x_{ACN}^{*}=\frac{p_{ACN}}{E_{ACN}}=\frac{1.016}{405.3}=0.002506$$

塔底 ACN 含量　$x_{ACN}=0.00108<x_{ACN}^{*}$，溶液未达饱和。

(d) 氢氰酸　HCN

$$p_{HCN}=0.01689\times112=1.892\text{kPa}$$

$$x_{HCN}^{*}=\frac{p_{HCN}}{E_{HCN}}=\frac{1.892}{1824}=0.001037$$

塔底 HCN 含量 $x_{HCN}=0.00202>x_{HCN}^{*}$

从计算结果可知，在吸收塔的下部，对 HCN 的吸收推动力为负值，但若吸收塔足够高，仍可使塔顶出口气体中 HCN 的含量达到要求。

(3) 热量衡算

a. 入塔气带入热 Q_1

各组分在 0～40℃的平均摩尔热容如下：

组　分	C_3H_6	C_3H_8	O_2	N_2	H_2O	AN	ACN	ACL	HCN	CO_2
$\bar{c}_p$/[kJ/(kmol·K)]	61.92	72.38	29.46	29.29	36.75	63.35	52.10	65.61	37.62	38.66

$$Q_1=(3.293\times61.92+4.211\times72.38+13.2\times29.46+206.5\times29.29+18.23\times36.75+14.317\times63.35+2.50\times52.1+0.167\times65.61+4.656\times37.62+8.591\times38.66)(40-0)$$

$$=3.669\times10^5\text{kJ/h}$$

b. 入塔凝水带入热 Q_2

$$Q_2=1636\times4.184(40-0)=2.738\times10^5\text{kJ/h}$$

c. 出塔气带出热 Q_3

$$Q_3=(3.293\times61.92+4.211\times72.38+13.2\times29.46+206.5\times29.29+2.893\times36.75+8.591\times38.66)(10-0)=7.384\times10^4\text{kJ/h}$$

d. 吸收水带入热 Q_4

$$Q_4=39248\times4.184(5-0)=8.211\times10^5\text{kJ/h}$$

e. 出塔 AN 溶液带出热 Q_5

AN 溶液中各组分的液体摩尔热容如下：

组　分	H_2O	AN	ACN	HCN	ACL
c_p/[kJ/(kmol·K)]	75.3	121.1	107.3	71.55	123.8

$$Q_5=(2286.6\times75.3+14.317\times121.1+2.50\times107.3+4.656\times71.55+0.167\times123.8)t$$
$$=174536.8t$$

f. 水冷凝放热 Q_6

水冷凝量＝328－52.07＝275.93kg/h

水的冷凝热为　2256kJ/kg

$$\therefore\quad Q_6=275.93\times2256=6.225\times10^5\text{kJ/h}$$

g. AN、ACN、ACL、HCN 等气体的溶解放热 Q_7

溶解热＝冷凝放热＋液－液互溶放热≐冷凝热

AN、ACN、ACL、HCN 的冷凝热数据如下

组　分	AN	ACN	ACL	HCN
冷凝热/(kJ/kg)	610.9	765.7	493.7	937.2

$$Q_7 = 758.8\times610.9+102.5\times765.7+9.35\times493.7+125.7\times937.2 = 6.645\times10^5 \text{kJ/h}$$

h. 热衡算求出塔液温度 t

热平衡方程　$Q_1+Q_2+Q_4+Q_6+Q_7=Q_3+Q_5$

代入数据得：

$$3.669\times10^5+2.738\times10^5+8.211\times10^5+6.225\times10^5+6.645\times10^5 = 7.384\times10^4+174536.8t$$

解得

$$t=15.33℃$$

10.3.3.7　空气水饱和塔釜液槽

(1) 计算依据　进、出口物料关系和各股物料的流量和温度如图 10.4 所示。

图中，空气饱和塔液体进、出口流量和出口液体的温度由空气饱和塔物料和热衡算确定；去水吸收塔的液体流量由水吸收塔物料衡算的确定，见本文相关部分计算；排污量按乙腈解吸塔来的塔釜液量的 15% 考虑；乙腈解吸塔塔釜液量和去萃取解吸塔的液体量由精制系统的物料衡算确定。

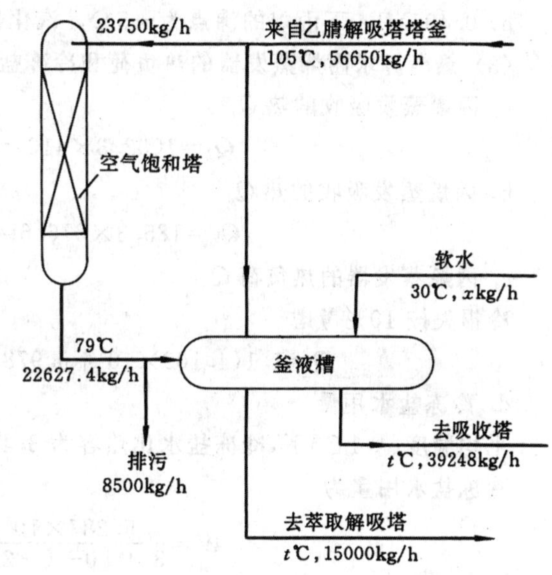

图 10.4　饱和塔釜液槽的物料关系

(2) 物料衡算

进料：

a. 乙腈解吸塔釜液入槽量＝56650－23750＝32900kg/h

b. 空气饱和塔塔底液入槽量＝22627.4－8500＝14127.4kg/h

c. 入槽软水量　x kg/h

出料：

a. 去水吸收塔液体量　39248kg/h

b. 去萃取解吸塔液体量　15000kg/h

作釜液槽的总质量平衡得

$$32900+14127.4+x=39248+15000$$

解得

$$x=7220.6\text{kg/h}$$

(3) 热量衡算

a. 入槽乙腈解吸塔釜液带入热 Q_1

$$Q_1=32900\times4.184(105-0)=1.445\times10^7\text{kJ/h}$$

b. 入槽软水带入热 Q_2

$$Q_2=7220.6\times4.184(30-0)=9.063\times10^5\text{kJ/h}$$

c. 空气饱和塔塔底液带入热 Q_3

$$Q_3=14127.4\times4.184(79-0)=4.670\times10^6\text{kJ/h}$$

d. 去吸收塔液体带出热 Q_4

$$Q_4=39248\times4.184(t-0)=164214t\quad\text{kJ/h}$$

e. 去萃取解吸塔液体带出热 Q_5

$$Q_5=15000\times4.184(t-0)=62760t\quad\text{kJ/h}$$

f. 热衡算求槽出口液体温度 t

热损失按 5%考虑，热平衡方程为

$$0.95(Q_1+Q_2+Q_3)=Q_4+Q_5$$

代入数据： $0.95(1.445\times10^7+9.063\times10^5+4.67\times10^6)=(164214+62760)t$

解得 $t=83.8℃$

10.3.3.8 丙烯蒸发器热量衡算

(1) 计算依据 蒸发压力 0.405MPa；加热剂用 0℃的冷冻盐水，冷冻盐水出口温度 −2℃；丙烯蒸发量 1002.3kg/h。

(2) 有关数据

a. 0.405MPa 下丙烯的沸点为−13℃，汽化热 410kJ/kg

b. 0.405MPa 下丙烷的沸点为−5℃，汽化热 376.6kJ/kg

(3) 热衡算求丙烯蒸发器的热负荷和冷冻盐水用量

a. 丙烯蒸发吸收的热 Q_1

$$Q_1=1002.3\times410=4.109\times10^5\text{kJ/h}$$

b. 丙烷蒸发吸收的热 Q_2

$$Q_2=185.3\times376.6=6.978\times10^4\text{kJ/h}$$

c. 丙烯蒸发器的热负荷 Q

冷损失按 10%考虑

$$Q=1.1(4.109\times10^5+6.978\times10^4)=5.287\times10^5\text{kJ/h}$$

d. 冷冻盐水用量

平均温度(−1℃)下，冷冻盐水比热容为 3.47kJ/(kg·K)

冷冻盐水用量为

$$W=\frac{5.287\times10^5}{3.47[0-(-2)]}=76122\text{kg/h}$$

10.3.3.9 丙烯过热器热量衡算

(1) 计算依据 丙烯进口温度−13℃，出口温度 65℃。用 0.405MPa 蒸汽为加热剂。

(2) 热衡算求丙烯过热器热负荷和加热蒸汽量

丙烯气的比热容为 1.464kJ/(kg·K)，丙烷气比热容 1.715kJ/(kg·K)，冷损失按 10%考虑，需要加热蒸汽提供的热量为

$$Q=1.1(1002\times1.464+185.3\times1.715)[65-(-13)]=1.531\times10^5\text{kJ/h}$$

加热蒸汽量为

$$W=\frac{1.531\times10^5}{2138}=71.6\text{kg/h}$$

上式中 2138kJ/kg 是 0.405MPa 蒸汽的冷凝热。

10.3.3.10 氨蒸发器热量衡算

(1) 计算依据

a. 蒸发压力 0.405MPa。

b. 加热剂用 0.405MPa 饱和蒸汽，冷凝热为 2138kJ/kg。

(2) 有关数据 0.405MPa 下氨的蒸发温度为 -7℃，汽化热为 1276kJ/kg。

(3) 热衡算求氨蒸发器的热负荷和加热蒸汽用量 冷损失按 10%考虑，氨蒸发器的热负荷为

$$Q=426\times1276\times1.1=5.979\times10^5\text{kJ/h}$$

加热蒸汽量为

$$W=\frac{5.979\times10^5}{2138}=280\text{kg/h}$$

10.3.3.11 气氨过热器

(1) 计算依据

a. 气氨进口温度 -7℃，出口温度 65℃。

b. 用 0.405MPa 蒸汽为加热剂。

c. 气氨流量 426kg/h。

(2) 热衡算求气氨过热器的热负荷和加热蒸汽用量 氨气的比热容为 2.218kJ/(kg·K)，冷损失按 10%考虑，气氨过热器的热负荷为

$$Q=426\times2.218[65-(-7)]\times1.1=7.483\times10^4\text{kJ/h}$$

加热蒸汽用量为

$$W=\frac{7.483\times10^4}{2138}=35\text{kg/h}$$

10.3.3.12 混合器

(1) 计算依据 气氨进口温度 65℃，流量 426kg/h。

丙烯气进口温度 65℃，流量 1002.3kg/h，丙烷气进口温度 65℃，流量 185.3kg/h。

出口混合气温度 110℃。湿空气来自空气加热器

(2) 热衡算求进口湿空气的温度 t 以 0℃为热衡算基准。

C_3H_6、C_3H_8、NH_3 在 0～65℃的平均比热容如下表

物 质	C_3H_6	C_3H_8	NH_3
$\bar{c}_p$/[kJ/(kg·K)]	1.569	1.82	2.197

a. 气态丙烯、丙烷带入热 Q_1

$$Q_1=(1002.3\times1.569+185.3\times1.82)(65-0)=1.241\times10^5\text{kJ/h}$$

b. 气态氨带入热 Q_2

$$Q_2=426\times2.197(65-0)=6.084\times10^4\text{kJ/h}$$

c. 湿空气带入热 Q_3 N_2、O_2 和蒸汽 0～136℃的平均比热容分别为 1.046kJ/(kg·K)、1.841kJ/(kg·K)和 1.925kJ/(kg·K)。

$$Q_3=(5781.5\times1.046+1756.4\times1.841+1288.7\times1.925)(t-0)=11762t\ \text{kJ/h}$$

d. 混合器出口气体带出热 Q_4

$Q_4=(1002.3\times1.569+185.3\times1.82+426\times2.197+5781.5\times1.046+1756.4\times1.841+1288.7\times1.925)(110-0)=1.607\times10^6\text{kJ/h}$

e．热衡算求进口湿空气的温度 t　热损失按 10％考虑。

热衡算方程：　$0.9(Q_1+Q_2+Q_3)=Q_4$

代入数据：

$$0.9(1.241\times10^5+6.084\times10^4+11762t)=1.607\times10^6$$

解得　$t=136℃$

10.3.3.13　空气加热器的热量衡算

（1）计算依据

a．入口空气温度 90℃，出口空气温度 136℃。

b．空气的流量和组成如下。

组　分	O_2	N_2	H_2O	合计
kg/h	1756.4	5781.5	1288.6	8826.5

（2）热衡算求空气加热器的热负荷和加热蒸汽量　N_2、O_2 和蒸汽 90～136℃的平均比热容分别为 1.046kJ/(kg・K)、1.84kJ/(kg・K)和 1.925kJ/(kg・K)。

热损失按 10％考虑，空气加热器的热负荷为

$$Q=(5781.5\times1.046+1756.4\times1.841+1288.7\times1.925)(136-90)\times1.1$$
$$=5.951\times10^5\text{kJ/h}$$

用 0.608MPa 的蒸汽为加热剂，其饱和温度为 164.2℃，冷凝热为 2066kJ/kg，加热蒸汽用量为

$$W=\frac{5.951\times10^5}{2066}=288\text{kg/h}$$

10.3.3.14　吸收水第一冷却器

（1）计算依据

a．吸收水来自空气饱和塔釜液槽，流量 39248kg/h，温度为 83.8℃。

b．吸收水出口温度 40℃。

c．冷却剂为循环水，进口 32℃，出口 40℃。

（2）热衡算求冷却器的热负荷和冷却剂用量

热负荷：　$Q=39248\times4.184(83.8-40)=7.193\times10^6\text{kJ/h}$

冷却剂(循环水)用量为

$$W=\frac{7.193\times10^6}{4.184(40-32)}=214880\text{kg/h}$$

10.3.3.15　吸收水第二冷却器

（1）计算依据

a．吸收水进口温度 40℃，出口温度 25℃。

b．冷却剂为深井水，进口温度 18℃，出口温度 21℃。

c．吸收水流量为 39248kg/h。

（2）热衡算求冷却器的热负荷和深井水用量

冷却器热负荷

$$Q=39248\times4.184(40-25)=2.463\times10^6\text{kJ/h}$$

深井水用量

$$W=\frac{2.463\times10^6}{4.184(21-18)}=196224\text{kg/h}$$

10.3.3.16 吸收水第三冷却器

(1) 计算依据

a. 吸收水进口温度 25℃，出口温度 5℃。

b. 冷却剂为冷冻盐水，进口温度－5℃，出口温度 5℃。

c. 吸收水流量为 39248kg/h。

(2) 热衡算求冷却器热负荷和冷冻盐水用量

冷却器热负荷：

$$Q=39248\times4.184(25-5)=3.284\times10^6\text{kJ/h}$$

冷冻盐水的比热容为 3.473kJ/(kg·K)，冷冻盐水用量为

$$W=\frac{3.284\times10^6}{3.473[5-(-5)]}=94566\text{kg/h}$$

10.4 主要设备的工艺计算

10.4.1 空气饱和塔

(1) 计算依据

a. 进塔空气的组成和流量

组　分	O_2	N_2	H_2O	合计
kmol/h	54.89	206.5	9.211	270.6
kg/h	1756.4	5781.5	165.8	7703.7

b. 出塔湿空气的组成和流量

组　分	O_2	N_2	H_2O	合计
kmol/h	54.89	206.5	71.59	332.98
kg/h	1756.4	5781.5	1288.6	8826.5

c. 塔顶喷淋液量 23750kg/h，温度 105℃。

d. 塔底排出液量 22627.4kg/h，温度 79℃。

e. 塔底压力 0.263MPa，塔顶压力 0.243MPa。

f. 入塔气温度 170℃，出塔气温度 90℃。

g. 填料用 $\phi50\times50\times4.5$ 陶瓷拉西环（乱堆）。

(2) 塔径的确定　拉西环的泛点速度计算公式为

$$\lg\left[\frac{w_F^2}{g}\left(\frac{a}{\varepsilon^3}\right)\left(\frac{\rho_G}{\rho_L}\right)\mu_L^{0.2}\right]=0.022-1.75\left(\frac{L}{G}\right)^{1/4}\left(\frac{\rho_G}{\rho_L}\right)^{1/8} \quad (A)$$

式中 w_F——泛点空塔气速，m/s；

g——重力加速度，9.81m/s²；

$\frac{a}{\varepsilon^3}$——干填料因子，m^{-1}；

ρ_G，ρ_L——气相和液相密度，kg/m^3；

L、G——气相和液相流量，kg/h；

μ_L——液体的粘度，mPa·s（cP）。

ϕ50×50 瓷拉西环的干填料因子为 $177m^{-1}$。

a. 塔顶处

$$\rho_G=\frac{8826.5}{332.98\times22.4\times\frac{273+90}{273}\times\frac{0.1013}{0.243}}=2.135kg/m^3$$

$$\rho_L=958kg/m^3$$

$$L=23750kg/h$$

$$G=8826.5kg/h$$

$$\mu_L=0.282mPa\cdot s$$

把数据代入（A）式：

$$\lg\left[\frac{w_F^2}{9.81}\times177\times2.135\times0.282^{0.2}\right]=0.022-1.75\left(\frac{23750}{8826.5}\right)^{1/4}\left(\frac{2.135}{958}\right)^{1/8}$$

解得 $w_F=1.743m/s$

泛点率取 75%，则气体空塔速度为：

$$w=0.75\times1.743=1.307m/s$$

出塔操作条件下的气量：

$$V=332.98\times22.4\times\frac{273+90}{273}\times\frac{0.1013}{0.243}=4134m^3/h=1.148m^3/s$$

塔径应为

$$d=\sqrt{\frac{1.148}{0.785\times1.307}}=1.06m$$

b. 塔底处

$$\rho_G=\frac{7703.7}{270.6\times22.4\times\frac{273+170}{273}\times\frac{0.1013}{0.263}}=2.033kg/m^3$$

$$\rho_L=975kg/m^3$$

$$L=22627.4kg/h$$

$$G=7703.7kg/h$$

$$\mu_L=0.38mPa\cdot s$$

把数据代入（A）式

$$\lg\left[\frac{w_F^2}{9.81}\times177\times\frac{2.033}{975}\times0.38^{0.2}\right]=0.022-1.75\left(\frac{22627.4}{7703.7}\right)^{1/4}\left(\frac{2.033}{975}\right)^{1/8}$$

解得 $w_F=1.721m/s$

气体空塔速度为

$$w=0.75w_F=0.75\times1.721=1.291m/s$$

入塔气在操作条件下的气量：

$$V=270.6\times22.4\times\frac{273+170}{273}\times\frac{0.1013}{0.263}=3789\text{m}^3/\text{h}=1.05\text{m}^3/\text{s}$$

塔径为

$$d=\sqrt{\frac{1.05}{0.785\times1.291}}=1.02\text{m}$$

取塔径为 1.2m

(3) 填料高度　空气水饱和塔的填料高度确定须考虑两方面的要求

a. 使出塔气体中蒸汽含量达到要求。

b. 使塔顶喷淋液中的 ACN 等在塔内脱吸以使出塔釜液中 ACN 等的含量尽量低，以减少污水处理负荷并回收 ACN 等副产物。

按工厂实践经验，取填料高度 11m。

10.4.2　水吸收塔

(1) 计算依据

a. 进塔气体流量和组成

组　分	C_3H_6	C_3H_8	O_2	N_2	H_2O	AN	ACN	ACL	HCN	CO_2	合计
kmol/h	3.293	4.211	13.2	206.5	18.23	14.317	2.5	0.167	4.656	8.591	275.7
kg/h	138.3	185.3	422.4	5781.5	328	758.5	102.5	9.35	125.7	378	8230

b. 出塔气体流量和组成

组　分	C_3H_6	C_3H_8	O_2	N_2	H_2O	CO_2	AN	合计
kmol/h	3.293	4.211	13.2	206.5	2.893	8.591	少量	238.7
kg/h	138.3	185.3	422.4	5781.5	52.07	378	少量	6958

随入塔气进入的凝水 1636kg/h

c. 塔顶喷淋液量 39248kg/h，含 AN0.005%（wt），温度 5℃。

d. 塔底排出液量 42156kg/h，温度 15.3℃。

e. 塔底压力 112kPa，塔顶压力 101kPa。

f. 入塔气温度 40℃，出塔气温度 10℃。

g. 出塔气体中 AN 含量不大于 0.055%（wt）。

h. 填料用 250Y 型塑料孔板波纹填料。

(2) 塔径的确定　塑料孔板波纹填料的泛点气速计算公式（见 6.5.3.3 节）为：

$$\lg\left[\frac{w_F^2}{g}\left(\frac{a}{\varepsilon^3}\right)\left(\frac{\rho_G}{\rho_L}\right)\mu_L^{0.2}\right]=0.291-1.563\left(\frac{L}{G}\right)^{1/4}\left(\frac{\rho_G}{\rho_L}\right)^{1/8}$$

按塔底情况计算 W_F

$$\rho_G=\frac{8230}{275.7\times22.4\times\frac{273+40}{273}\times\frac{101.3}{112}}=1.285\text{kg/m}^3$$

$$\rho_L=997\text{kg/m}^3$$

$$L=39248\text{kg/h}$$

$$G=8230\text{kg/h}$$

$$\mu_L=1.154\text{mPa}\cdot\text{s (cP)}$$

$$a=240\mathrm{m}^2/\mathrm{m}^3$$

$$\varepsilon=0.97$$

代入数据：

$$\lg\left[\frac{w_F^2}{9.81}\times\frac{240}{0.97^3}\times\frac{1.285}{997}\times1.154^{0.2}\right]=0.291-1.563\left(\frac{39248}{8230}\right)^{1/4}\left(\frac{1.285}{997}\right)^{1/8}$$

解得

$$w_F=2.33\mathrm{m/s}$$

空塔气速为（泛点率取 70%）：

$$w_F=0.7\times2.33=1.631\mathrm{m/s}$$

气体在操作条件下的流量为

$$V=275.7\times22.4\times\frac{273+40}{273}\times\frac{101.3}{112}=6405\mathrm{m}^3/\mathrm{h}=1.779\mathrm{m}^3/\mathrm{s}$$

塔径

$$d=\sqrt{\frac{1.779}{0.785\times1.631}}=1.18\mathrm{m}$$

取塔径为 1.3m。

（3）填料高度

液体的喷淋密度 $U=\frac{39248/999.8}{0.785\times1.3^2}=30\mathrm{m}^3/(\mathrm{m}^2\cdot\mathrm{h})$

塑料孔板波纹填料 250Y 的液相传质单元高度 H_{OL}：

当 $U=20\mathrm{m}^3/(\mathrm{m}^2\cdot\mathrm{h})$ 时，25℃下的 H_{OL} 为 0.187m❶

$U=40\mathrm{m}^3/(\mathrm{m}^2\cdot\mathrm{h})$ 时，25℃下的 H_{OL} 为 0.225m❶

内插得到 $U=30\mathrm{m}^3/(\mathrm{m}^2\cdot\mathrm{h})$时，25℃下的 H_{OL} 为 0.206m

又

$$(H_{OL})_{25℃}=(H_{OL})_t\cdot e^{0.0234(t-25)}$$

塔内液体的平均温度为(5+15.3)/2=10.17℃

∴

$$H_{OL}=0.206/e^{0.0234(10.17-25)}=0.292\mathrm{m}$$

液相传质单元数计算式如下

$$N_{OL}=\frac{X_1-X_2}{\dfrac{(X_1^*-X_1)-(X_2^*-X_2)}{\lg\dfrac{X_1^*-X_1}{X_2^*-X_2}}}$$

塔底

$$X_1=\frac{14.317}{2308.24-14.317}=6.24\times10^{-3}$$

$$E_1=810\mathrm{kPa}$$

$$P=112\mathrm{kPa}$$

∴

$$X_1^*=\frac{p_{AN}}{E_1}=\frac{0.05194\times112}{810}=0.00718$$

$$X_1^*=\frac{0.00718}{1-0.00718}=0.00723$$

塔顶

$$X_2=\frac{0.005/53}{(100-0.005)/18}=1.698\times10^{-5}$$

$$E_2=506.6\mathrm{kPa}$$

$$P=101.3\mathrm{kPa}$$

出口气体中含有 AN 不小于 0.055%（wt），因此 $p_{AN}=5.5\times10^{-4}\times101.3=0.055$

---

❶ 刘乃鸿主编．工业塔新型规整填料应用手册．天津：天津大学出版社，1993.61。

∴ $$X_2^* = \frac{p_{AN}}{E_2} = \frac{0.055}{506.6} = 1.095 \times 10^{-4}$$

$$X_2^* \doteq 1.095 \times 10^{-4}$$

代入数据求 N_{OL}：

$$N_{OL} = \frac{X_1 - X_2}{\dfrac{(X_1^* - X_1) - (X_2^* - X_2)}{\ln \dfrac{X_1^* - X_1}{X_2^* - X_2}}} = \frac{6.24 \times 10^{-3} - 1.698 \times 10^{-5}}{\dfrac{(0.00723 - 0.00624) - (1.095 \times 10^{-4} - 1.698 \times 10^{-5})}{\ln \dfrac{0.00723 - 0.00624}{1.095 \times 10^{-4} - 1.698 \times 10^{-5}}}}$$

$$= 16.43$$

∴ 填料高度为

$$Z = N_{OL} \cdot H_{OL} = 16.43 \times 0.292 = 5\text{m}$$

取填料高度为 7m。

10.4.3 合成反应器

(1) 计算依据

a. 出口气体流量 398.5kmol/h；入口气体流量 386.1kmol/h。

b. 气体进口压力 0.203MPa，出口压力 0.162MPa。

c. 反应温度 470℃，气体离开稀相段的温度为 360℃。

d. 流化床内的换热装置以水的冷却剂，产生 0.405MPa(143℃)的饱和蒸汽。

e. 接触时间 10s。

(2)浓相段直径　因反应过程总物质的量增加，故按出口处计算塔径比较安全

出口处气体体积流量为

$$V = 398.5 \times 22.4 \times \frac{273 + 470}{273} \times \frac{0.1013}{0.162} = 12123\text{m}^3/\text{h} = 3.368\text{m}^3/\text{s}$$

取空床线速 0.6m/s(参阅表 6.42)

浓相段直径为

$$d = \sqrt{\frac{3.368}{0.785 \times 0.6}} = 2.67\text{m}$$

取流化床浓相段直径为 2.8m。

(3) 浓相段高度　按接触时间 10s 计算，催化剂的堆体积应为

$$V_r = 3.368 \times 10 = 33.68\text{m}^3$$

静床高　$H_0 = 33.68/0.785 \times 2.8^2 = 5.47\text{m}$

取膨胀比为 2，则浓相段高度为

$$H_1 = RH_0 = 2 \times 5.47 = 11\text{m}$$

取浓相段高 12m。

校核：

催化剂的堆密度为 640kg/m^3

催化剂质量 $W = 33.68 \times 640 = 21555\text{kg} = 21.56\text{t}$

∴ 催化剂负荷为

$$\frac{23.86 \times 1000}{21555} = 1.107\text{mol } C_3H_6/(\text{h} \cdot \text{kg cat})$$

试验装置的催化剂负荷可达到 1.77mol C_3H_6/(h·kg cat)，本设计的值小于试验值，是可

靠的。

(4) 扩大段（此处即稀相段）直径

取扩大段气速为操作气速的一半即　$u=0.3\text{m/s}$

气体流量为　$V=398.5\times22.4\times\dfrac{273+360}{273}\times\dfrac{0.1013}{0.162}=12942\text{m}^3/\text{h}$

$=3.60\text{m}^3/\text{s}$

扩大段直径为

$d=\sqrt{\dfrac{3.60}{0.785\times0.3}}=3.91\text{m}$　取 4m。

(5) 扩大段高度　根据流化床直径 2.8m，空塔气速 0.6m/s，查图 6.18 得 $H_2/D=2$

∴　稀相段高度　$H_2=2D=2\times2.8=5.6\text{m}$　取 $H_2=6\text{m}$

(6) 浓相段冷却装置的换热面积

换热装置用套管式，总传热系数取 $233\text{W}/(\text{m}^2\cdot\text{K})$（参阅表 6.43）

换热装置的热负荷已由热衡算求出，$Q=8.439\times10^6\text{kJ/h}=2.344\times10^6\text{J/s}$

换热面积为　$F=\dfrac{2.344\times10^6}{233\ (470-143)}=30.8\text{m}^2$

取 30%的设计裕量，则换热面积为 40m^2

(7) 稀相段冷却装置的换热面积

用套管式换热装置，水为冷却剂，产生 0.405MPa（143℃）蒸汽。

总传热系数取 $20\text{W}/(\text{m}^2\cdot\text{K})$，换热装置热负荷为

$$Q=1.877\times10^6\text{kJ/h}=5.214\times10^5\text{J/s}$$

又

$$\Delta t_m=\frac{(470-143)-(360-143)}{\ln\dfrac{470-143}{360-143}}=267℃$$

换热面积为

$$F=\frac{5.214\times10^5}{20\times267}=97.64\text{m}^2$$

取 30%设计裕量，则换热面积为 130m^2。

10.4.4　废热锅炉

(1) 计算依据

a. 管内气体流量和组成如下：

组　分	C_3H_6	C_3H_8	NH_3	O_2	N_2	H_2O	AN	ACN	HCN	ACL	CO_2	合计
kmol/h	3.293	4.211	3.58	13.20	206.5	137.5	14.32	2.506	4.654	0.167	8.591	398.5
kg/h	138.3	185.3	60.86	422.4	5781.5	2475	759	102.7	125.8	9.35	378	10439

b. 管内气体进口温度 360℃，出口温度 180℃。

管内气体进口压力 0.162MPa，出口压力 0.152MPa。

c. 用 $\phi42\times3.5$ 无缝钢管 230 根作为换热管，管外热水沸腾，产生 0.405MPa 饱和蒸汽。

d. 热负荷为 $2.598\times10^6\text{kJ/h}$。

(2) 计算换热面积，确定换热管管长

a. 总传热系数

(a) 管内气体的给热系数 α_1

管内气体体积流量(进、出口平均流量)为

$$Q=398.5\times22.4\times\frac{0.1013}{0.157}\times\frac{273+270}{273}=11102\text{m}^3/\text{h}=3.084\text{m}^3/\text{s}$$

$$u=\frac{3.084}{230\times0.785(0.035)^2}=13.94\text{m/s}$$

$$\rho=\frac{10439}{11102}=0.94\text{kg/m}^3$$

其他物性数据按空气考虑误差不大,平均温度 270℃,此温度下空气的物性数据:

$$\mu=3\times10^{-5}\text{kg/(s}\cdot\text{m)}$$

$$\lambda=0.0465\text{W/(m}\cdot\text{K)}$$

$$Pr=0.7$$

$$Re=\frac{du\rho}{\mu}=\frac{0.035\times13.94\times0.94}{3\times10^{-5}}=15288>10000$$

管内气体给热系数为

$$\alpha_1=0.023\frac{\lambda}{d}Re^{0.8}Pr^{0.3}=0.023\times\frac{0.0465}{0.035}(15288)^{0.8}(0.7)^{0.3}$$

$$=61.11\text{W/(m}^2\cdot\text{K)}$$

(b) 管外热水沸腾的给热系数 α_2

取 $\alpha_2=4651\text{W/(m}^2\cdot\text{K)}$

(c) 总传热系数 K 沸腾水方污垢热阻取 $0.26\times10^{-3}\text{m}^2\cdot\text{K/W}$,空气方污垢热阻取 $0.5\times10^{-3}\text{m}^2\cdot\text{K/W}$,钢的导热系数为 45W/(m·K)。

$$\frac{1}{K}=\frac{1}{61.11}+\frac{1}{4651}+\frac{0.0035}{45}+0.26\times10^{-3}+0.5\times10^{-3}$$

∴ $K=57.4\text{W/(m}^2\cdot\text{K)}$

b. 对数平均传热温差

$$\Delta t_\text{m}=\frac{(360-143)-(180-143)}{\ln\dfrac{360-143}{180-143}}=102$$

c. 换热面积

热负荷 $Q=2.598\times10^6\text{kJ/h}=7.217\times10^5\text{J/s}$

换热面积为

$$A=\frac{Q}{K\Delta t_\text{m}}=\frac{7.217\times10^5}{57.4\times102}=123\text{m}^2$$

取安全系数 1.2,则换热面积用 150m^2。

换热管管长为

$$L=\frac{150}{230\times3.14\times0.035}=5.98\text{m}^2\quad 取\ L=6\text{m}$$

10.4.5 丙烯蒸发器

(1) 计算依据

a. 丙烯在管外蒸发,蒸发压力 0.405MPa,蒸发温度 −13℃,管内用 0℃的冷冻盐水(17.5%NaOH 水溶液)与丙烯换热,冷冻盐水出口温度 −2℃。

b. 丙烯蒸发量 1002.3kg/h，冷冻盐水用量 76122kg/h。

c. 丙烯蒸发器热负荷　5.287×10⁵kJ/h。

(2) 丙烯蒸发器换热面积

a. 总传热系数

(a) 管内给热系数 α_1

蒸发器内安装 ϕ38×3.5 的 U 型钢管 80 根。

冷冻盐水平均温度 −1℃，此温度下的有关物性数据如下：

$$\mu=2.485\times10^{-3}\text{kg/(m}\cdot\text{s)}$$

$$\lambda=0.545\text{W/(m}\cdot\text{K)}=0.545\text{J/(m}\cdot\text{K}\cdot\text{s)}$$

$$c_p=3.473\text{kJ/(kg}\cdot\text{K)}=3.473\times10^3\text{J/(kg}\cdot\text{K)}$$

$$\rho=1130.8\text{kg/m}^3$$

冷冻盐水流速为

$$u=\frac{76122}{1130.8\times3600\times80\times0.785(0.038-2\times0.0035)^2}=0.31\text{m/s}$$

$$Re=\frac{(0.038-2\times0.0035)\times0.31\times1130}{2.485\times10^{-3}}=4370<10000\text{，过渡流}$$

$$Pr=\frac{3.473\times10^3\times2.485\times10^{-3}}{0.545}=15.8$$

∴
$$\alpha_1=0.023\frac{\lambda}{d}Re^{0.8}Pr^{0.4}\left(1-\frac{6\times10^5}{Re^{1.8}}\right)$$

$$=0.023\times\frac{0.545}{0.038}(4370)^{0.8}(15.8)^{0.4}\left(1-\frac{6\times10^5}{4370^{1.8}}\right)$$

$$=676.5\text{W/(m}^2\cdot\text{K)}$$

(b) 管外液态丙烯沸腾给热系数取 $\alpha_2=2326\text{W/(m}^2\cdot\text{K)}$。

(c) 总传热系数　冷冻盐水方污垢热阻取 $0.264\times10^{-3}\text{m}^2\cdot\text{K/W}$，丙烯蒸发侧污垢热阻取 $0.176\times10^{-3}\text{m}^2\cdot\text{K/W}$，钢管导热系数 45W/(m·K)。

$$\frac{1}{K}=\frac{1}{676.5}+\frac{1}{2326}+\frac{0.0035}{45}+0.264\times10^{-3}+0.176\times10^{-3}$$

∴
$$K=410\text{W/(m}^2\cdot\text{K)}$$

b.　传热平均温差　热端温差 0−(−13)=13℃，冷端温差 −2−(−13)=11℃，传热平均温差为 $\Delta t_m=(13+11)/2=12$℃。

c.　换热面积

热负荷　　$Q=5.287\times10^5\text{kJ/h}=1.469\times10^5\text{J/s}$

换热面积为

$$A=\frac{1.469\times10^5}{410\times12}=30\text{m}^2$$

取安全系数 1.2，则换热面积为 36m²。

10.4.6　循环冷却器

(1) 计算依据

a. 管内循环液流量 90000kg/h，进口温度 81℃，出口温度 70.1℃。

b. 管外冷却剂为循环水，进口温度 32℃，出口温度 36℃，循环水流量为 188653kg/h。

c. 热负荷为 3.157×10^6kJ/h。

(2) 计算换热面积　初选 GH90-105 Ⅰ 型石墨换热器，换热面积 $105m^2$，设备壳体内径 $D=880mm$，内有外径 32mm、内径 22mm、长 3m 的石墨管 417 根。换热管为正三角形排列，相邻两管的中心距 $t=40mm$。

a. 总传热系数

(a) 管内循环液侧的给热系数 α_1

平均流体温度 $\bar{t}=(81+70.1)/2=75.6℃$，该温度循环液的物性数据如下：

$$\rho=1140kg/m^3$$
$$\mu=0.85\times10^{-3}kg/(m\cdot s)$$
$$c_p=3.305kJ/(kg\cdot K)=3.305\times10^3J/(kg\cdot K)$$
$$\lambda=0.547W/(m\cdot K)=0.547J/(m\cdot K\cdot s)$$

管内流体的流速为

$$u=\frac{90000}{1140\times3600\times417\times0.785(0.022)^2}=0.1384m^2$$

$$Re=\frac{0.022\times0.1384\times1140}{0.85\times10^{-3}}=4085<10000,\text{属过渡流区}$$

$$Pr=\frac{3.305\times10^3\times0.85\times10^{-3}}{0.547}=5.136$$

$$\therefore \quad \alpha_1=0.023\frac{\lambda}{d}Re^{0.8}Pr^{0.4}\left[1-\frac{6\times10^5}{Re^{1.8}}\right]$$
$$=0.023\times\frac{0.547}{0.022}(4085)^{0.8}(5.136)^{0.4}\left[1-\frac{6\times10^5}{(4088)^{1.8}}\right]$$
$$=690.4W/(m^2\cdot K)$$

(b) 壳程（循环水侧）的给热系数 α_2

循环水平均温度 $(32+36)/2=34℃$，34℃水的物性数据为

$$\mu=0.7371\times10^{-3}kg/(m\cdot s)$$
$$\lambda=0.621W/(m\cdot K)$$
$$\rho=994kg/m^3$$
$$Pr=5.18$$

正三角形排列时，当量直径 d_e 的计算公式为

$$d_e=\frac{4\left(\frac{\sqrt{3}}{2}t^2-\frac{\pi}{4}d_0^2\right)}{\pi d_0}$$

式中　d_0——管子外径，mm；

t——管间距，mm。

管外流体的流速根据流体流过的最大截面积 S 来计算，S 的计算公式为

$$S=hD(1-d_0/t)$$

式中　h——两块挡板间的距离，mm；

D——换热器壳体直径，mm；

d_0——换热管外径，mm；

t——管间距，mm。

已知　$t=40mm$，$d_0=32mm$，$h=374mm$，$D=888mm$。

代入数据得

$$d_e=\frac{4\left(\frac{\sqrt{3}}{2}\times 40^2-\frac{\pi}{4}\times 32^2\right)}{32\pi}=23.16\text{mm}=0.02316\text{m}$$

$$S=0.374\times 0.888(1-0.032/0.04)=0.0664\text{m}^2$$

管外流体的流速为

$$u=\frac{188653}{994\times 3600\times 0.0664}=0.794\text{m/s}$$

∴

$$Re=\frac{d_e u\rho}{\mu}=\frac{0.02316\times 0.794\times 994}{0.7371\times 10^{-3}}=24798$$

Re 值在 2000～1000000 范围内可用下式计算给热系数：

$$\alpha_2=0.36\frac{\lambda}{d_e}Re^{0.55}Pr^{0.33}\left(\frac{\mu}{\mu_w}\right)^{0.14}$$

代入数据得

$$\alpha_2=0.36\times\frac{0.621}{0.02316}(24798)^{0.55}(5.18)^{0.33}\times 1=4326\text{W/(m}^2\cdot\text{K)}$$

(c) 总传热系数　石墨的导热系数 $\lambda=38.4$W/(m·K)，石墨管壁厚 5mm，循环冷却水侧污垢热阻 $0.6\times 10^{-3}\text{m}^2\cdot\text{K/W}$，循环液侧污垢热阻 $0.2\times 10^{-3}\text{m}^2\cdot\text{K/W}$。代入数据求 K：

$$\frac{1}{K}=\frac{1}{690.4}+\frac{1}{4326}\times\frac{22}{32}+\frac{0.005}{38.4}\times\frac{22}{27}+0.6\times 10^{-3}+0.2\times 10^{-3}$$

∴

$$K=417\text{W/(m}^2\cdot\text{K)}$$

b. 对数平均温差

$$\Delta t_m=\frac{(81-36)-(70.1-32)}{\ln\frac{81-36}{70.1-32}}=41.45\text{K}$$

c. 换热面积

换负荷　　$Q=3.157\times 10^6\text{kJ/h}=876944\text{J/s}$

换热面积为

$$A=\frac{876944}{417\times 41.45}=50.74\text{m}^2$$

取安全系数 1.2 则换热面积为 61m²。因此，选 GH90-105 Ⅰ型石墨换热器，其换热面积已足够。

10.4.7 吸收水第一冷却器

采用两台螺旋板换热器并联操作，每台换热面积 123.7m²，外径为 1600mm，板宽 1.2m，板厚 4mm，通道 14mm（以上参数取自国家标准 JB/T4723—92）。

(1) 计算依据

a. 吸收水量 39248kg/h，进口温度 83.8℃，出口温度 40℃。

b. 冷却水量 214880kg/h，进口温度 32℃，出口温度 40℃。

c. 热负荷 $7.193\times 10^6\text{kJ/h}=1.988\times 10^6\text{J/s}$。

(2) 计算换热面积

a. 总传热系数

(a) 吸收水侧给热系数 α_1

吸收水平均温度 $\bar{t}=(83.8+40)/2=61.9$℃，此温度下的水的物性数据如下：

$$\mu=0.455\times10^{-3}\mathrm{kg/(m\cdot s)}$$

$$\rho=983\mathrm{kg/m^3}$$

$$Pr=2.894$$

$$c_p=1\mathrm{kcal/(kg\cdot K)}$$❶

吸收水侧通道面积为 $1.2\times0.014=0.0168\mathrm{m^2}$

吸收水流速 $u=\dfrac{39248}{983\times2\times0.0168\times3600}=0.33\mathrm{m/s}$

当量直径 $d_e=\dfrac{4\times\text{流通截面}}{\text{润湿周边}}=\dfrac{4(1.2\times0.014)}{2(1.2+0.014)}=0.0277\mathrm{m}$

螺旋板换热器的给热系数计算公式为：

$$\alpha=0.018Re^{-0.2}c_pGPr^{-0.6}$$

式中 G——液体的重量流量，kg/(m²·h)；

c_p——液体比热容，kcal/(kg·K)❶；

α——给热系数，kcal/(m²·h·℃)。

代入数据

$$G=\frac{39248}{2\times0.0168}=1.168\times10^6\mathrm{kg/(m^2\cdot h)}$$

$$Re=\frac{d_eu\rho}{\mu}=\frac{0.0277\times0.33\times983}{0.455\times10^{-3}}=19749$$

∴ $\alpha_1=0.018(19749)^{-0.2}\times1\times1.168\times10^6(2.894)^{-0.6}$

$=1537\mathrm{kcal/(m^2\cdot h\cdot ℃)}=1787\mathrm{W/(m^2\cdot K)}$

(b) 冷却水侧的给热系数 α_2

冷却水平均温度(40+32)/2=36℃，36℃水的物性数据如下：

$$\mu=0.7085\times10^{-3}\mathrm{kg/(m\cdot s)}$$

$$\rho=993.9\mathrm{kg/m^3}$$

$$Pr=4.86$$

$$c_p=1\mathrm{kcal/(kg\cdot K)}$$❶

冷却水通道面积 $=1.2\times0.014=0.0168\mathrm{m^2}$

冷却水流速 $u=\dfrac{214880}{993.9\times2\times0.0168\times3600}=1.787\mathrm{m/s}$

当量直径 $d_e=\dfrac{4(1.2\times0.014)}{2(1.2+0.014)}=0.0277\mathrm{m}$

∴ $G=\dfrac{214880}{2\times0.0168}=6.395\times10^6\mathrm{kg/(m^2\cdot h)}$

$$Re=\frac{d_eu\rho}{\mu}=\frac{0.0277\times1.787\times993.9}{0.7085\times10^{-3}}=69440$$

$\alpha_2=0.018(69440)^{-0.2}\times1\times6.395\times10^6(4.86)^{-0.6}$

$=4795\mathrm{kcal/(m^2\cdot h\cdot ℃)}=5576\mathrm{W/(m^2\cdot K)}$

(c) 总传热系数 不锈钢的导热系数 $\lambda=45\mathrm{W/(m\cdot K)}$，板厚 4mm，冷却水(循环水)侧污

---

❶ 1kcal/(kg·K)=4.184kJ/(kg·K)。

垢热阻 $0.6\times10^{-3}\text{m}^2\cdot\text{K/W}$，吸收水侧污垢热阻 $0.23\times10^{-3}\text{m}^2\cdot\text{K/W}$。

代入数据求 K：

$$\frac{1}{K}=\frac{1}{1787}+\frac{1}{5576}+\frac{0.004}{45}+0.6\times10^{-3}+0.23\times10^{-3}$$

∴
$$K=603\text{W}/(\text{m}^2\cdot\text{K})$$

b. 传热平均温差

$$\Delta t_m=\frac{(83.8-40)-(40-32)}{\ln\dfrac{83.8-40}{40-32}}=21.06℃$$

c. 换热面积（每台） 每台换热器的热负荷为

$$Q=1.988\times10^6/2\ \text{J/s}=9.94\times10^5\text{J/s}$$

每台换热器的换热面积为

$$A=\frac{9.94\times10^5}{603\times21.06}=78.67\text{m}^2$$

取安全系数 1.2，则每台换热器换热面积应为 94m^2，所选 123.7m^2 的换热器两台已足够。

10.4.8 吸收水第二冷却器

选与吸收水第一冷却器相同的螺旋板换热器。

(1) 计算依据

a. 吸收水量 39248kg/h，进口温度 40℃，出口温度 25℃。

b. 冷却水量 196224kg/h，进口温度 18℃，出口温度 21℃。

c. 热负荷 $2.463\times10^6\text{kJ/h}=6.842\times10^5\text{J/s}$。

(2) 计算换热面积

a. 总传热系数

(a) 吸收水侧给热系数 α_1 吸收水平均温度 32.5℃，此温度下水的物性数据如下：

$$\mu=0.767\times10^{-3}\text{kg/(m}\cdot\text{s)}$$
$$Pr=5.065$$
$$c_p=1\text{kcal/(kg}\cdot\text{K)}$$ ❶
$$\rho=994.6\text{kg/m}^3$$

吸收水侧的通过面积为 $1.2\times0.014=0.0168\text{m}^2$

吸收水流速 $$u=\frac{39248}{994.6\times0.0168\times3600}=0.653\text{m/s}$$

当量直径 $$d_e=\frac{4(1.2\times0.014)}{2(1.2+0.014)}=0.0277\text{m}$$

$$G=\frac{39248}{0.0168}=2.336\times10^6\text{kg/(m}^2\cdot\text{h)}$$

$$Re=\frac{d_e u\rho}{\mu}=\frac{0.0277\times0.653\times994.6}{0.767\times10^{-3}}=23456$$

$$\alpha_1=0.018(23456)^{-0.2}\times1\times2.336\times10^6(5.065)^{-0.6}$$
$$=2123\text{kcal/(m}^2\cdot\text{h}\cdot℃)=2469\text{W/(m}\cdot\text{K)}$$

(b) 冷却水侧给热系数 α_2

---

❶ $1\text{kcal/(kg}\cdot\text{K)}=4.184\text{kJ/(kg}\cdot\text{K)}$。

冷却水平均温度(18＋21)/2＝19.5℃，19.5℃水的物性数据如下：

$$\mu=1.03\times10^{-3}\text{kg/(m}\cdot\text{s)}$$

$$Pr=9.52$$

$$c_p=1\text{kcal/(kg}\cdot\text{K)}$$

$$\rho=998.2\text{kg/m}^3$$

冷却水通过面积＝1.2×0.014＝0.0168m²

冷却水流速 $$u=\frac{196224}{998.2\times0.0168\times3600}=3.25\text{m/s}$$

当量直径 $$d_e=\frac{4(1.2\times0.014)}{2(1.2+0.014)}=0.0277\text{m}$$

∴ $$G=\frac{196224}{0.0168}=1.168\times10^7\text{kg/h}$$

$$Re=\frac{d_e u\rho}{\mu}=\frac{0.0277\times3.25\times998.2}{1.03\times10^{-3}}=87246$$

$$\alpha_2=0.018(87246)^{-0.2}\times1\times1.168\times10^7(9.52)^{-0.6}$$
$$=5590\text{kcal/(m}^2\cdot\text{h}\cdot℃)=6500\text{W/(m}^2\cdot\text{K)}$$

(c) 总传热系数　不锈钢的导热系数　$\lambda=45\text{W/(m}\cdot\text{K)}$，板厚 4mm，冷却水污垢热阻 $0.6\times10^{-3}\text{m}^2\cdot\text{K/W}$，吸收水侧污垢热阻 $0.23\times10^{-3}\text{m}^2\cdot\text{K/W}$。

代入数据求 K：

$$\frac{1}{K}=\frac{1}{2469}+\frac{1}{6500}+\frac{0.004}{45}+0.6\times10^{-3}+0.23\times10^{-3}$$

∴ $$K=676.7\text{W/(m}^2\cdot\text{K)}$$

b. 对数平均温差

$$\Delta t_m=\frac{(40-21)-(25-18)}{\ln\dfrac{40-21}{25-18}}=12℃$$

c. 换热面积　冷却器的热负荷为 6.842×10^5J/s

换热面积为

$$A=\frac{6.842\times10^5}{676.7\times12}=84.3\text{m}^2$$

取安全系数 1.2，则换热面积为 101m²，现选一台 123.7m² 的螺旋板换热器已足够。

10.4.9　吸收水第三冷却器

选用与吸收水第一冷却器相同的螺旋板换热器两台并联使用。

(1) 计算依据

a. 吸收水量 39248kg/h，进口温度 25℃，出口温度 5℃。

b. 冷却剂冷冻盐水用量 94566kg/h，进口温度－5℃，出口温度 5℃。

c. 冷却器的热负荷为　3.284×10^6kJ/h＝9.122×10^5J/s。

(2) 计算换热面积

a. 总传热系数

(a) 吸收水侧给热系数 α_1　吸收水平均温度(25＋5)/2＝15℃，15℃水的物性数据如下：

$$\mu=1.1404\times10^{-3}\text{kg/(m}\cdot\text{s)}$$

$$Pr=8.27$$

$$\rho=999\text{kg/m}^3$$

$$c_p=1\text{kcal/(kg·K)}$$[1]

吸收水通道面积$=1.2\times0.014=0.0168\text{m}^2$

吸收水流速 $$u=\frac{39248}{2\times999\times0.0168\times3600}=0.3248\text{m}^2$$

当量直径 $$d_e=\frac{4(1.2\times0.014)}{2(1.2+0.014)}=0.0277\text{m}$$

$$G=\frac{39248}{2\times0.0168}=1.09\times10^6\text{kg/(m}^2\cdot\text{h)}$$

$$Re=\frac{d_e u\rho}{\mu}=\frac{0.0227\times0.3248\times999}{1.1404\times10^{-3}}=7883.5$$

∴ $$\alpha_1=0.018(7883.5)^{-0.2}\times1\times1.09\times10^6(8.27)^{-0.6}$$

$$=918\text{kcal/(m}^2\cdot\text{h}\cdot{}^\circ\text{C)}=1067.5\text{W/(m}^2\cdot\text{K)}$$

(b) 冷却水侧给热系数α_2　冷冻盐水平均温度为0℃，其物性数据使用17.5%NaCl水溶液的物性数据。

$$\mu=2.485\times10^{-3}\text{kg/(m·s)}$$

$$\lambda=0.545\text{W/(m·K)}=0.545\text{J/(s·m·K)}$$

$$c_p=3.473\text{kJ/(kg·K)}=0.83\text{kcal/(kg·K)}$$

$$\rho=1130.8\text{kg/m}^3$$

冷冻盐水通道面积$=1.2\times0.014=0.0168\text{m}^2$

冷冻盐水的流速 $$u=\frac{94566}{2\times1130.8\times0.0168\times3600}=0.691\text{m/s}$$

当量直径 $$d_e=\frac{4(1.2\times0.014)}{2(1.2+0.014)}=0.0277\text{m}$$

$$G=\frac{94566}{2\times0.0168}=2.815\times10^6\text{kg/(m}^2\cdot\text{h)}$$

$$Re=\frac{d_e u\rho}{\mu}=\frac{0.0277\times0.691\times1130.8}{2.485\times10^{-3}}=8710$$

$$Pr=\frac{c_p\mu}{\lambda}=\frac{3.473\times10^3\times2.485\times10^{-3}}{0.545}=15.84$$

∴ $$\alpha_2=0.018(8710)^{-0.2}\times0.83\times2.815\times10^6(15.84)^{-0.6}$$

$$=914.7\text{kcal/(m}^2\cdot\text{h}\cdot{}^\circ\text{C)}=1306\text{W/(m}^2\cdot\text{K)}$$

(c) 总传热系数　不锈钢导热系数　$\lambda=45\text{W/(m·K)}$，板厚4mm，冷冻盐水侧的污垢热阻$0.6\times10^{-3}\text{m}^2\cdot\text{K/W}$，吸收水侧污垢热阻$0.23\times10^{-3}\text{m}^2\cdot\text{K/W}$。
代入数据求K：

$$\frac{1}{K}=\frac{1}{1067.5}+\frac{1}{1306}+\frac{0.004}{45}+0.6\times10^{-3}+0.23\times10^{-3}$$

∴ $$K=381.5\text{W/(m}^2\cdot\text{K)}$$

b. 对数平均温差

$$\Delta t_m=\frac{(25-5)-[5-(-5)]}{\ln\dfrac{25-5}{5-(-5)}}=14.43^\circ\text{C}$$

[1] $1\text{kcal/(kg·K)}=4.184\text{kJ/(kg·K)}$。

c. 换热面积(每台) 每台冷却器的热负荷为 4.561×10^5J/s。

每台冷却器的换热面积为

$$A=\frac{4.561\times10^5}{381.5\times14.43}=83.02\text{m}^2$$

取安全系数 1.2，则换热面积应为 99.6m²，所选螺旋板换热器的换热面积 123.7m²，已能满足要求。

10.4.10 氨蒸发器

(1) 计算依据

a. 氨蒸发压力 0.405MPa，蒸发温度－7℃。

b. 加热剂为 0.405MPa 蒸汽，温度 143℃。

c. 热负荷 5.979×10^5kJ/h＝1.661×10^5J/s。

(2) 计算换热面积

a. 总传热系数 蒸汽冷凝时的给热系数取 8000W/(m²·K)，液氨沸腾的给热系数取 2000W/(m²·K)，不锈钢导热系数 45W/(m·K)，管壁厚 4mm，两侧污垢热阻取 0.2×10^{-3} m²·K/W。

代入数据求 K：

$$\frac{1}{K}=\frac{1}{8000}+\frac{1}{2000}+\frac{0.004}{45}+0.2\times10^{-3}+0.2\times10^{-3}$$

$$\therefore \quad K=898\text{W/(m}^2\cdot\text{K)}$$

b. 平均温度差

$$\Delta t_m=143-(-7)=150℃$$

c. 换热面积 氨蒸发器热负荷为 1.661×10^5J/s。

换热面积为

$$A=\frac{1.661\times10^5}{898\times150}=1.24\text{m}^2$$

取换热面积为 2.0m²。

10.4.11 氨气过热器

(1) 计算依据

a. 进口气氨温度－7℃，出口气氨温度 65℃。

b. 加热剂为 0.405MPa 蒸汽，温度 143℃。

c. 热负荷为 7.483×10^4kJ/h＝20786J/s。

(2) 计算换热面积

a. 总传热系数 管壳式换热器用作加热器时，一方为蒸汽冷凝、一方为气体情况下，K 值的推荐范围是 28～250W/(m·K)，取 35W/(m·K)。

b. 对数平均温差 冷端温差为 143－(－7)＝150℃，热端温差为 143－65＝78℃。

$$\Delta t_m=\frac{150-78}{\ln\frac{150}{78}}=110℃$$

c. 换热面积 热负荷为 20786J/s。

换热面积为

$$A=\frac{20786}{35\times110}=5.4\text{m}^2$$

取安全系数 1.2，则换热面积为 6.5m²，选浮头式热交换器 BFT325-4.0-10-$\frac{3}{19}$-2 Ⅰ 型，换热面积 10.5m²，符合要求。

10.4.12 丙烯过热器

(1) 计算依据

a. 进口气体温度−13℃，出口气体温度 65℃。

b. 加热剂用 0.405MPa 饱和蒸汽，温度 143℃。

c. 热负荷 1.531×10^5kJ/h=42528J/s。

(2) 计算换热面积

a. 总传热系数 管壳式换热器用作加热器时，一方为蒸汽冷凝、另一方为气体时，总传热系数的推荐值范围是 28～280W/(m·K)，取 35W/(m·K)。

b. 对数平均温差 热端温差为 143−(−13)=156℃，冷端温差 143−65=78℃。

∴
$$\Delta t_m=\frac{156-78}{\ln\dfrac{156}{78}}=112.5℃$$

(3) 换热面积 换热面积为

$$A=\frac{42528}{35\times112.5}=10.8\text{m}^2$$

取安全系数 1.2，则需换热面积 13m²，选 BFT426-4.0-20-$\frac{4.5}{2.5}$-2 Ⅰ 浮头式换热器一台，换热面积 25.6m²，能够满足要求。

10.4.13 空气加热器

(1) 计算依据

a. 空气走管内，加热蒸汽走管间。

b. 进口气体温度 90℃，出口气体温度 136℃，气体进口压力 0.243MPa，气体的流量和组成如下：

组 分	O_2	N_2	H_2O	合 计
kg/h	1756.4	5781.5	1288.6	8826.5
kmol/h	54.89	206.5	71.59	332.98

c. 加热蒸汽为 0.608MPa（对应的饱和温度为 164.2℃），流量为 288kg/h。

d. 热负荷为 5.951×10^5kJ/h，即 1.653×10^5J/s。

(2) 计算换热面积 初选 BFT700-1.6-80-$\frac{3}{25}$-2 Ⅱ 浮头式换热器一台，换热器有 ϕ25×3.5 的管子 268 根。

a. 总传热系数

(a) 管内（空气一侧）的给热系数 α_1 管内气体的平均温度为(90+136)/2=113℃，113℃空气的物性数据为：

$$\lambda=3.29\times10^{-2}\text{W/(m·K)}$$
$$Pr=0.693$$
$$\mu=2.255\times10^{-5}\text{kg/(m·s)}$$

空气的密度
$$\rho=\frac{W}{Q}=\frac{8826.5}{332.98\times22.4\times\dfrac{0.1013}{0.243}\times\dfrac{273+113}{273}}=2.007\text{kg/m}^3$$

$$u=\frac{332.98\times 22.4\times \frac{0.1013}{0.243}\times \frac{273+113}{273}}{3600\times 268\times 0.785(0.02)^2}=14.52\text{m/s}$$

$$Re=\frac{du\rho}{\mu}=\frac{0.02\times 14.52\times 2.007}{2.255\times 10^{-5}}=25846>10000\text{，湍流区。}$$

$$\alpha_1=0.023\frac{\lambda}{d}Re^{0.8}Pr^{0.4}=0.023\times \frac{3.29\times 10^{-2}}{0.02}(25846)^{0.8}(0.693)^{0.4}$$
$$=111\text{W/(m}^2\cdot\text{K)}$$

(b) 管外蒸汽冷凝侧给热系数 α_2　取 $\alpha_2=8000\text{W/(m}^2\cdot\text{K)}$

(c)总传热系数　钢的导热系数为 45W/(m·K)，空气侧污垢热阻 0.4×10^{-3} (m²·K)/W，蒸汽冷凝侧污垢热阻 0.2×10^{-3} (m²·K)/W。

代入数据求总传热系数：

$$\frac{1}{K}=\frac{1}{111}+\frac{1}{8000}+\frac{0.0025}{45}+0.4\times 10^{-3}+0.2\times 10^{-3}$$

$$\therefore \qquad K=102\text{W/(m}^2\cdot\text{K)}$$

b. 对数平均温度差

$$\Delta t_m=\frac{(164.2-90)-(164.2-136)}{\ln\frac{164.2-90}{164.2-136}}=47.55℃$$

c. 换热面积

$$A=\frac{1.653\times 10^5}{102\times 47.55}=34.03\text{m}^2$$

安全系数取 1.2，则换热面积应为 41m²，所选换热面积 80.4m²，符合要求。

10.4.14　循环液泵

循环液质量流量 90000kg/h，循环液密度为 1140kg/m³，因此循环液的体积流量为

$$Q=\frac{90000}{1140}=79\text{m}^3\text{/h}$$

又

$$H=\Delta Z+\frac{\Delta p}{\rho g}+\frac{\Delta u^2}{2g}+\sum h_f\doteq\Delta Z+\sum h_f$$

$$\Delta Z\doteq 15\text{m},\qquad \sum h_f=8\text{m}$$

$$\therefore \qquad H=15+8=23\text{m 液柱}=23\times 1.14=26\text{m } H_2O$$

选用 80FVZ—30 的耐腐蚀泵，三台，正常使用两台，备用一台。80FVZ—30 泵的流量为 50m³/h，扬程 30m。

10.4.15　空气压缩机

在产品样本上，活塞式空气压缩机的排气量指最后一级排出的空气，换算为第一级进气条件时气体的体积流量。现第一级进气条件为常压，温度按 30℃计，排出气体的摩尔流量为 270.6kmol/h，则排气量（换算为第一级进气条件）为

$$Q=270.6\times 22.4\times \frac{273+30}{273}=6728\text{m}^3\text{/h}=112\text{m}^3\text{/min}$$

因工艺要求排出压力为 0.263MPa，故选用排气量为 55m³/min，排气压力为 0.35MPa 的 5L-55/3.5 型空气压缩机三台，正常操作用两台，备用一台。

10.4.16　中和液贮槽

按停车时中和塔塔板上的吸收液流入贮槽所需要的容积确定贮槽的容积，中和塔塔径

1.8m，20 块塔板，板上液层高度 0.082m，这些液体若全部流入贮槽，总体积为

$$V=20\times0.785\times1.8^2\times0.082=4.2m^3$$

考虑到停车检修时，原存于塔底的一定高度的液体，亦需排入中和液贮槽存放，则该贮槽的装料系数取 0.8，故可选贮槽容积应大于 $4.2m^3$。

中和塔的操作压力为 0.263MPa，在国家标准容器系列 JB 1428—74（卧式椭圆封头容器，工作压力 0.25～4MPa）中选用工作压力 0.25MPa，公称容器 $6m^3$ 的型号，此容器的直径为 1600mm，长度为 2600mm。

10.5 工艺设备一览表

表 10.2 是初步设计阶段经过设备的工艺计算初定的工艺设备一览表，其中：标准设备已选定了型号或标准号。对非标准设备，因未进行设备的施工设计，只能给出大致规格，可作为向设备专业提出设计条件的依据。初步设计阶段的工艺设备也可按 1.3.4 节所述表 1.3～表 1.6 的格式填写。

表 10.2 丙烯腈合成工段工艺设备一览表

序号	设备位号	设备名称及规格	设备图号、型号或标准图号	单位	数量	材料	重量/kg		备注
							单重	总重	
1	2	3	4	5	6	7	8	9	10
1	R-1	合成反应器 流化床反应器，浓相段直径 ϕ2800mm，高 12000mm；稀相段直径 ϕ4000mm，高 6000mm。浓相段内有换热面积为 $40m^2$ 的套管式换热装置；稀相段内有换热面积为 $130m^2$ 的套管式换热装置		台	1				
2	T-1	空气饱和塔 填料塔，塔径 ϕ1200mm，内装 ϕ50×50×4.5 的陶瓷拉西环 11m，填料共分两层，两层填料间设液体分布——再分布器		台	1				
3	T-2	水吸收塔 填料塔，塔径 ϕ1300mm，内装 250Y 型塑料孔板波纹填料 7m		台	1				
4	T-3	氨中和塔 穿流板塔，塔径 ϕ1800mm，塔板数：20，板间距 440mm，塔板筛孔直径 8mm，孔数 6220		台	1	不锈钢			
5	E-1	废热锅炉 壳管式，内有 230 根 ϕ42×3.5mm、长 6m 的冷却管，总换热面积 $150m^2$，管外为水的蒸发空间，产生 0.405MPa 的饱和蒸汽		台	1				
6	E-2	丙烯蒸发器 圆筒式，内有 ϕ38×2.5 的 U 型钢管，管内走冷冻盐水，管外是丙烯蒸发空间，换热面积 $36m^2$		台	1				

续表

序号	设备位号	设备名称及规格	设备图号、型号或标准图号	单位	数量	材料	重量/kg		备注
							单重	总重	
1	2	3	4	5	6	7	8	9	10
7	E-3	丙烯过热器 浮头式换热器，壳体直径 426mm，内有 ϕ2.5×2.5mm、长 4.5m 的换热管 74 根，换热面积 25.6m^2，双管程、单壳程	BFT426—4.0—20—$\frac{4.5}{25}$—2 I	台	1				
8	E-4	氨蒸发器 圆筒式，内有换热蛇管，管内走加热蒸汽，管外为液氨蒸发空间，换热面积 2.0m^2		台	1				
9	E-5	氨气过热器 浮头式热交换器，壳体直径 325mm，内有 ϕ19×2mm、长 3m 的换热管 60 根，换热面积 10.5m^2，双管程、单壳程	BFT325—4.0—10—$\frac{3}{19}$—2 I	台	1				
10	E-6	空气加热器 浮头式换热器，壳体直径 700mm，内有 ϕ25×2.5mm、长 3m 的换热管 268 根，换热面积 80.4m^2，双管程、单壳程	BFT700—1.6—80—$\frac{3}{25}$—2 Ⅱ	台	1				
11	E-7	循环冷却器 列管式石墨换热器，壳体直径 900mm，内有内径 22mm、长 3m 的换热管 417 根，换热面积 105m^2	GH90—105 I	台	1	石墨	3070		
12	E-8	换热器 浮头式换热器，壳体直径 1000mm，内有 ϕ25×2.5mm、长 4.5m 的换热管 606 根，换热面积 206.6m^2，双管程、单壳程	AFT1000—1.6—200—$\frac{4.5}{25}$—2 Ⅱ	台	1	不锈钢			
13	E-9	吸收水第一冷却器 螺旋板换热器，外径 1600mm，板宽 1.2m，板厚 4mm，通过间距 14mm，换热面积 123.7m^2，公称压力 1.0MPa	JB/T4723—92	台	2	不锈钢			
14	E-10	吸收水第二冷却器 规格、型号与吸收水第一冷却器相同	JB/T4723—92	台	1	不锈钢			
15	E-11	吸收水第三冷却器 规格、型号与吸收水第一冷却器相同	JB/T4723—92	台	2	不锈钢			
16	B-1	循环液泵 耐腐蚀离心泵，流量 50m^3/h，扬程 30m，电机功率 7.5kW	80FVZ—30	台	3	聚偏二氟乙烯	140		
17	C-1	空气压缩机 活塞式空气压缩机，排气量 55m^3/min，排气压力 0.35MPa，电机功率 250kW	5L—55/3.5	台	4		7800		
18	V-1	中和液贮槽 卧式椭圆封头容器，工作压力 0.25MPa，公称容积 6m^3，直径 1600mm，长 2600m	JB1428—74	台	1				

续表

序号	设备位号	设备名称及规格	设备图号、型号或标准图号	单位	数量	材料	重量/kg		备注
							单重	总重	
1	2	3	4	5	6	7	8	9	10
19	V-2	空气饱和塔釜液槽 卧式椭圆封头容器，工作压力0.25MPa，公称容积6m³，直径1600mm，长2600mm	JB1428—74	台	1				
20	V-3	混合器 立式椭圆封头容器，工作压力0.25MPa，公称容积6m³，直径1600mm，高2600mm	JB1426—74	台	1				管口须按工艺要求修改

10.6 原料消耗综合表

原料消耗综合表如表10.3所示。

表10.3 丙烯腈合成工段原料消耗综合表

序号	物料名称	成 分	单 位	每吨产品的消耗量		每小时的消耗量	每昼夜的消耗量	每年的消耗量	备 注
				100%	工业纯度	工业纯度	工业纯度	工业纯度	
1	2	3	4	5	6	7	8	9	10
1	丙烯	85%	t	1.33	1.565	1.188	28.5	8550	
2	氨	100%	t	0.5613	0.5613	0.426	10.22	3067	
3	硫酸	93%	t	0.2361	0.2539	0.1927	4.625	1387.4	
4	原料水（软水）	100%	t	9.515	9.515	7.221	173.3	51991	

10.7 能量消耗综合表

（1）0.405MPa蒸汽产生量

a. 浓相段换热装置　3953kg/h

b. 稀相段换热装置　879kg/h

c. 废热锅炉　1217kg/h

（2）0.405MPa加热蒸汽消耗量

a. 丙烯过热器　71.6kg/h

b. 氨蒸发器　280kg/h

c. 氨过热器　35kg/h

（3）0.608MPa加热蒸汽消耗量

空气加热器　288kg/h

（4）循环水用量

a. 循环冷却器　188.65t/h

b. 吸收水第一冷却器　214.88t/h

c. 空气压缩机冷却水　9.6t/h

（5）深井水

吸收水第二冷却器　196.2t/h

(6) 冷冻盐水

a. 0℃冷冻盐水　　76.122t/h　（丙烯蒸发器用）

b. −5℃冷冻盐水　　94.566t/h　（吸收水第三冷却器用）

由上面所列数据可以得到加热蒸汽、循环水、深井水和冷冻盐水的用量的计算值，再在深井水、循环水和加热蒸汽量的计算值乘以1.3的安全系数，冷冻盐水用量按计算值乘以1.2的安全系数，就得到能量消耗综合表（见表10.4）。注意表中第7栏是工段产生的蒸汽量而非消耗量。

表10.4　丙烯腈合成工段能量消耗综合表

序号	名　称	单位	规　格	每吨产品的消耗量	每小时的消耗量	每昼夜的消耗量	每年的消耗量	备　注
1	深井水	t		336	255	6120	1836000	
2	循环水	t		692	525	12600	3780000	
3	加热蒸汽	t	0.405MPa	0.659	0.5	12	3600	
4	加热蒸汽	t	0.608MPa	0.501	0.38	9.12	2736	
5	冷冻盐水	t	0℃	118.6	90	2160	648000	
6	冷冻盐水	t	−5℃	151.5	115	2760	828000	
7	产生蒸汽量	t	0.405MPa	7.972	6.05	145.2	43560	

10.8　排出物综合表

工段排出物的量及成分已由物料衡算确定，见表10.5。

表10.5　丙烯腈合成工段排出物综合表

序号	名　称	特性和成分	单位	每吨产品排出量	每小时排出量	每年排出量	备　注
1	中和塔废液	其中含 AN 0.03%（质量分数，下同） ACN 0.153% HCN 0.1223% H_2SO_4 0.5% $(NH_4)_2SO_4$ 30.9% H_2O 68.53% 温度81℃	t	1.008	0.7646	5505	
2	水吸收塔尾气	其中含 C_3H_6 1.38%（摩尔分数，下同） C_3H_8 1.764% O_2 5.53% N_2 86.52% CO_2 1.212% 水蒸气 3.599% 温度10℃	m^3(STP)	7046	5347	3.85×10^7	
3	空气饱和塔塔底排污	其中含 AN 0.00525%（质量分数，下同） ACN 0.0084% 氰醇 0.00053% ACL 0.00021% H_2O 99.985% 温度79℃	t	11.2	8.5	61200	

10.9 主要管道流速表

序号	管道名称	压力/atm①	介质	温度/℃	物料流量	密度/(kg/m³)	操作状态下流量/(m³/h)	管径/mm	流速/(m/s)	备注
1	2	3	4	5	6	7	8	9	10	11
1	丙丙馏份(85% $C_3^=$)进工段管线	3.5	$C_3^=$,C_3^0	−18	1188 kg/h	570	2.08	ϕ38×3.5	0.7	
2	低温盐水进丙烯蒸发器管线	3.5	盐水	0	76t/h	约1130	68	ϕ219×6	0.9	
3	液氨进氨蒸发器管线	3～4	液氨		425kg/h			ϕ38×3.5		
4	硫酸进合成部分管线		硫酸					ϕ45×3.5		
5	循环水进合成总管	4	水	32	41.3t/h	995	415	ϕ426×8	1	
6	新鲜水管(深井水)	4	水	18	196t/h	998	196.3	ϕ219×6	1.6	
7	饱和塔底排污管	2.8	水	80			8～15	ϕ57×3.5	2.1	
8	开工时用的压缩空气	3.5	空气	40	5810m³(STP)/h		1900	ϕ325×7	7	
9	化学软水进合成	4	软水				15	ϕ76×4	1.1	
10	蒸汽冷凝水进合成	3	冷凝水				15	ϕ76×4	1.1	
11	反应器副产蒸汽外供	4	蒸汽	143	4832kg/h	2.12	2280	ϕ219×6	18	
12	中压蒸汽进合成总管	10	蒸汽							
13	反应器浓相段各段冷却水管	6	水							
14	乙腈塔釜液到饱和塔釜液槽旁路	6.5	釜液				36.5	ϕ76×4	26	
15	空气加热器蒸汽进口管	6	蒸汽	164	288kg/h	3.3	87	ϕ45×3.5	20	
16	废热锅炉出口蒸汽管	4	蒸汽	143	1217kg/h	2.12	574	ϕ133×4	12	
17	氨中和塔循环冷却器进水	4	水	32	189t/h	1000	189	ϕ159×4.5	3	
18	吸收水第三冷却器盐水进口管线	3.5	盐水	−5	94.6t/h		90	ϕ159×4.5	1.3	
19	液氨蒸发器蒸汽进口管	4	蒸汽	143	280	2.12	132	ϕ57×3.5	1.8	
20	气态丙烯进混合器管	2.2	$C_3^=$,C_3^0	65	629m³(STP)/h	3.4	354	ϕ133×4	8	

续表

序号	管道名称	压力/atm①	介质	温度/℃	物料流量	密度/(kg/m³)	操作状态下流量/(m³/h)	管径/mm	流速/(m/s)	备注
1	2	3	4	5	6	7	8	9	10	11
21	气氨进混合器管	2.2	氨气	65	$560m^3$(STP)/h	1.37	315	ϕ133×4	7	
22	空压机出口气体总管	3.5	空气	170	$6061m^3$(STP)/h		2810	ϕ325×7	13	
23	水吸收塔进水管	5.2	水	5	39.25t/h	1000	39.25	ϕ108×4	1.4	
24	水吸收塔釜液去萃取塔管线	4	水	15	42.16t/h	999	42.2	ϕ108×4	1.4	
25	空压机进口管线	1	空气		$6061m^3$(STP)/h		6727	ϕ478×8	12	
26	反应器汽包进水管	5	水	90			6	ϕ57×3.5	0.8	
27	废热锅炉汽包进水管	5	水	90			1.4	ϕ25×3	1.2	
28	氨中和塔釜液去硫铵贮槽	5	母液	82	$765kg/m^3$	1145	0.668	ϕ32×3	0.5	
29	反应器稀相段冷却水管	6	水							
30	反应器气体出口管	1.6	反应气	360	$8926m^3$(STP)/h		12935	ϕ630×9	6	
31	升温用预热炉出口惰性气管线	1.4	惰性气	550	$9110m^3$(STP)/h		18420	ϕ630×9	18	
32	废热锅炉出口管线	1.4	气体	180	$8926m^3$(STP)/h		10580	ϕ529×9	14	
33	氨中和塔出口气体管	1.2	气体	76	$8210m^3$(STP)/h		8746	ϕ529×9	13	
34	水吸收塔出口气体管	1.1	气体	10	$5347m^3$(STP)/h		5040	ϕ426×8	11	
35	空气水饱和塔蒸汽加入管线减压前	1.0	蒸汽	179	1285kg/h	5.051	252	ϕ45×3.5	45	
36	空气水饱和塔蒸汽加入管线减压后	3	蒸汽	133	1285kg/h	1.618	795	ϕ133×4	18	

① 1atm＝98066.5Pa(绝压)。

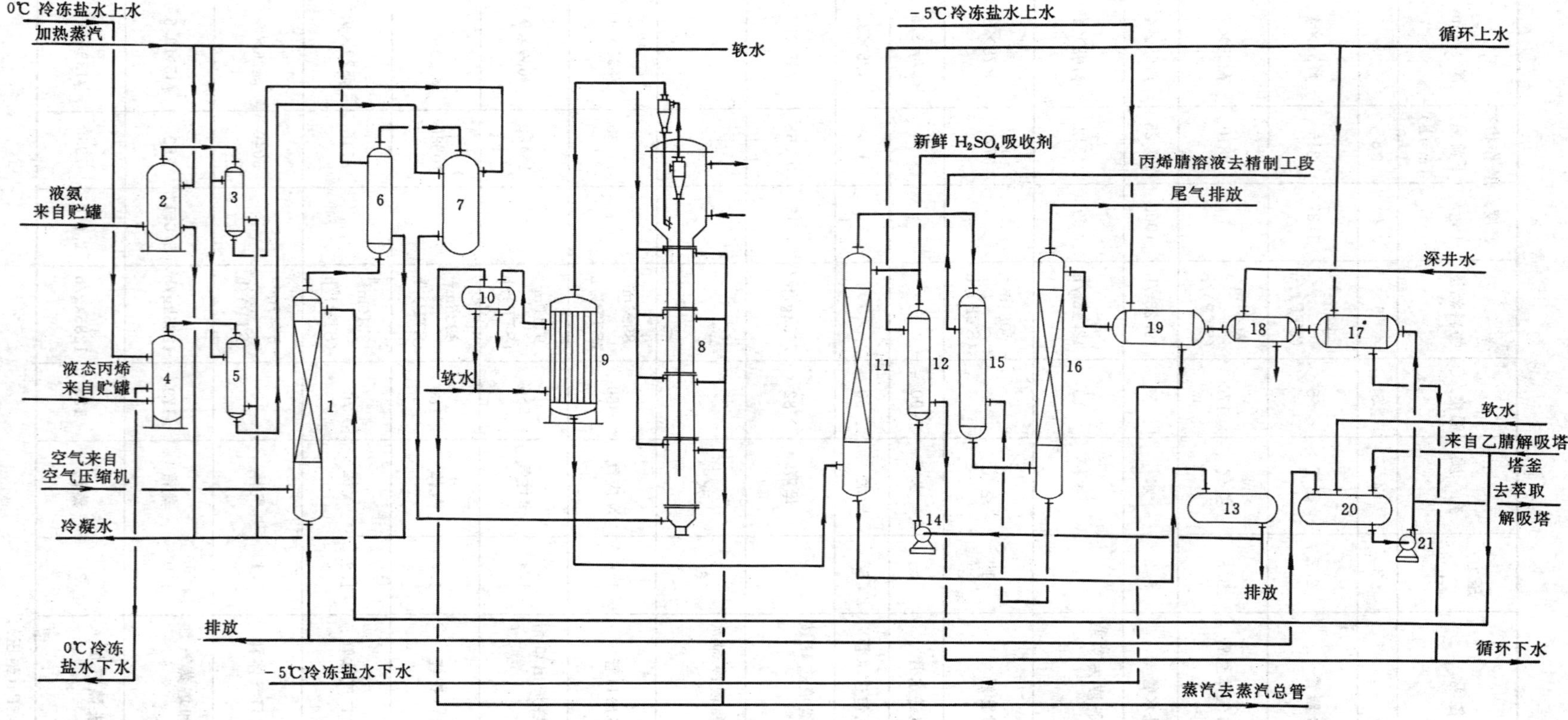

图 10.5　丙烯腈合成工段工艺流程图

10.10 工艺流程图

丙烯腈合成工段工艺流程图见图 10.5。

主要参考文献

大庆合成纤维会战联队编写．大庆年产 5000t 丙烯腈工艺计算．1971

11 计算机辅助化工设计

11.1 简　　介

计算机硬件和软件是工程师的行业工具。借助计算机提供的高速运算、存储和逻辑判断等功能再加上现有的技术和数学软件，工程师能够以前所未有的速度解决较复杂和巨大的问题。因此，工程师的重心就由如何解决问题转移到了如何利用现有信息对问题进行规划、构造、理解和实施。化工设计是受计算机影响的工程领域之一。近年来，计算机在化工设计中的应用几乎贯穿于工程设计的全过程和设计工作的各个方面。

化学工程师关心的是化学品特别是与生产化学品有关的过程。这时化学工程师的重点在过程而不在产品上。在设计中，对化学工程师最有用的是面向过程而不是面向产品的计算机辅助工具。广为人知的CAD/CAM（计算机辅助设计/计算机辅助制造）软件通常是与目的产物相关的，而且是高度图形化和立体化的。但是，化工过程计算机辅助设计图形较少。它更注重操作单元的性能（例如化学工程的经典单元操作）以及如何把这些单元集合成为一个完全的、连贯的、有效的生产化学品的过程。本章简要介绍用于过程和工厂设计的计算机软件以及在设计中充分利用计算机和相关软件的方法。

一个工程师可能在解决某个特定的设计问题时写出一种程序语言编码。在软件爆炸性增长之前，这通常是可行的。当没有可用的合适软件或作为一种学习训练，这种编码还有一席之地。由于程序编写和调试很费时间，所以最好利用现有的软件。只有在确定没有可用的合适的软件后，再编写特殊的设计程序。实际上，许多对化学工程师有用的程序都已经公开了。电子表格程序（spread-sheet），已经成为工程师必不可少的工具。这是因为该软件能够在微型计算机上运行，简单易学，而且能够处理多种问题。本章后面将举例说明电子表格程序在化工过程典型问题中的应用。

目前，已经有成百上千的程序能够用于解决化学工程师经常会遇到的问题，而且许多程序已经公开销售。其中，许多程序用于化工过程设备独立单元的设计。这些设计程序基本上适用于每个单元操作和每种一般过程设备。国际期刊《化学工程》开辟了一个专栏“化学计算机”，每期都报道计算机硬件和软件的进展，定期发表对化学工程师有用的程序清单。国际期刊《化学工程进展》的“软件”部分也报道化学工程师感兴趣的软件。美国化工教育计算机辅助联合会（the Computer Aids for Chemical Education Corporation，CACHE）提供以教学为目的的化工软件，价格适中[1]。CACHE是一个非盈利性组织，它的目的是为了促进计算机在化学工程教育中的辅助作用。中国化工学会计算机应用分委会也在这方面做了大量工作。

从事过程设计的人都明白物性数据对过程设计的重要性。由于物质和可能感兴趣的混合物的数量极大，实际的操作条件（温度、压力和组成）又没有限制，所以物性贮存和预测估算的工作量很大。对于化学工程师来说，计算机辅助最有用的一种就是提供贮存和预测这些物性的软件。有许多提供或预测物性的计算机程序，但仅能提供或预测纯组分的性质。

过程合成与流程模拟软件包（程序）是专门用于过程设计的。过程合成包括绘制生产特定产品或由特定原料提炼产品的过程的流程图。流程图要标明化学反应器、所需的单元操作和它们的次序、过程的原料和能量流、循环流股以及一些设备的特性。这个流程图应是产品生产最经济流程图的合理近似。用于计算机辅助设计中的“流程模拟”就是在特定的流程图上进行必要的计算来模拟过程、设计设备和确定关键操作条件的值。这些计算包括质量和能量衡算、过程设备参数、设备和工厂的费用预算和过程的经济评价。化学工程师早已认识到了计算机在流程模拟和辅助设计方面的潜力。这些程序在 50 年代后期开始发展，现在还在不断完善[1~3]。本章将重点介绍流程模拟方法和部分应用软件。

11.2 电子表格程序[1]

由于电子表格程序 (spread-sheet) 可用于微型计算机，并且价格合理，学习和应用简单，对许多问题能灵活适用，所以得到了广泛应用。相对于编写语言编码程序，例如 FORTRAN 或 C^{++}，电子表格程序能更快地获得工程问题的解。电子表格程序是指软件以行和列的形式输入输出。解决工程问题所需的电子表格程序的关键特征包括：

数学函数（算术，逻辑，对数，指数等）

用户自定义函数（应用程序库外的函数）

公式和数据复制（容易拷贝）

ASCⅡ码数据文件（数据容易输入输出电子表格）

迭代（自动的或在用户控制下重复计算）

虚拟存储器

宏（允许用户编写或应用程序）

函数（例如统计，财政，数据回归，矩阵和数据库函数）

图形输出

实践证明，电子表格程序对质量和能量衡算，设备近似尺寸计算，费用预算和过程设计的经济分析非常有用。但它对更详细的设备设计作用较小，这是因为详细设计所需的复杂算法很难用到电子表格中。下面的例子说明了电子表格计算在化工过程质量衡算中的应用以及应用电子表格的一些技巧。

例 11.1 反应器质量衡算

一氧化碳和氢气进行可逆反应合成甲醇，反应方程式如下：

$$CO + 2H_2 \rightleftharpoons CH_3OH$$

生产流程如图 11.1 所示。反应器后面是压缩机和分离设备，把甲醇和未反应的一氧化碳和氢气分开。假定甲醇和反应物完全分离，未反应的反应物返回反应器以提高利用率。流程中的循环流股使质量衡算变复杂，因为在解决问题时需要循环。质量衡算方程要联立解出或像电子表格那样迭代解出。建议用电子表格时逐步解决，而不是一步解决。作为示例，本例先求解没有循环的情况，然后再考虑有循环的情况。

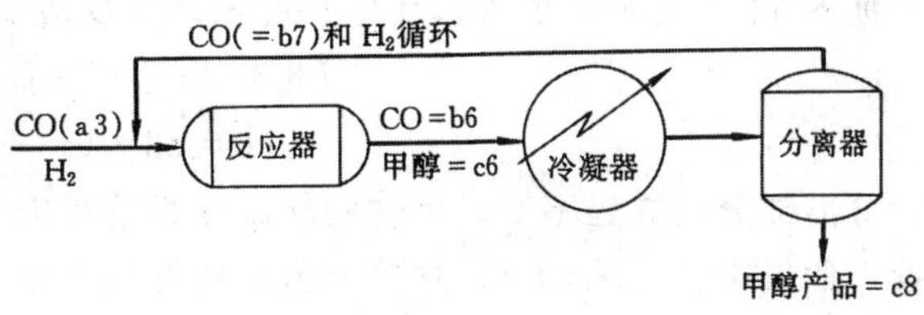

图 11.1 甲醇生产流程

求解过程如下。

进料中 H_2 和 CO 的摩尔比为 2∶1，与反应比相同，所以整个过程 H_2 和 CO 的比例为常数。因此，只需计算一种物质的流率，这里计算的是 CO 的流率。在任一流股中，H_2 的流率都是CO的两倍。另外假定反应物和产物完全分离。

电子表格的列用小写字母表示，行用数字表示。小写字母加上数字确定了在电子表格中的地址并代表该地址中的数值。例如，b3表示第b列第3行的交叉处，用到方程中时表示该处的数值。反应物的摩尔衡算式为（*代表乘法）：

$$b6=(1-b3)*a3 \tag{1}$$

这里a3代表原料中CO的流率（本例为100mol/h），b3是CO通过反应器的单程转化率(0.3)，b6是CO流出反应器的流率。因此，甲醇流出反应器的流率c6为：

$$c6=b3*a3 \tag{2}$$

分离单元的摩尔衡算式为

$$b7=b6 \tag{3}$$

$$c8=c6 \tag{4}$$

其中，b7代表CO流出分离单元的流率，c8为甲醇产品的流率。

将数据和方程按下列方式写到电子表格中：表中的前5行是说明符号和常量；第一列是说明符号和流股号。表中将要填充数字的地址初始值设为零。CO的摩尔进料率100mol/h放入表中的a3位置，转化率0.3放入表中的b3位置。把每个方程式右边的表达式放入到表中代表该变量的位置。例如，方程式（1）右边的表达式应放入到表中b6的位置。完成后的表格如表11.1所示。电子表格的计算结果如表11.2所示（省略标题）。这样就得到了不带循环的甲醇生产过程的质量衡算结果。

表11.1 甲醇生产过程的电子表格计算程序

	a	b	c	d		a	b	c	d
1	质量衡算				5	流股号	CO	CH_3OH	
2	反应	$CO+2H_2$	→	CH_3OH	6	2	(1−b3)*a3	b3*a3	
3	100	0.3			7	3	b6	0.0	
4		流率,mol/h			8	4	0.0	c6	

表11.2 甲醇生产过程的电子表格计算结果

	a	b	c		a	b	c
3	100	0.3		7	3	70	0.0
5	流股号	CO	CH_3OH	8	4	0.0	30
6	2	70	30				

如图11.1所示，加入未反应物的循环。反应器质量衡算方程变成：

$$b6=(1-b3)*(a3+b7) \tag{5}$$

$$c6=b3*(a3+b7) \tag{6}$$

分离部分的方程不变。用这些新的方程替代电子表格中原来的方程。因为b6和b7互相依赖，所以变为循环计算。这些方程需要迭代求解，也就是说，要重复计算直至表中数值不再变化为止（在一定容差范围内）。电子表格程序可以自动进行迭代计算。然而，建议在计算时，至少在开始时，利用软件的人工选择，直到明确计算能够收敛再转换到自动迭代。人工选择的优势是当方程发散时，可以避免软件进行不必要的计算。

如果已经计算了没有循环的情况，那么当流率和转化率相同时，有循环的计算就可以利用前面表格中的值。第一次迭代结果如下表。

	b	c		b	c
6	119	51	8	0.0	51
7	119	0.0			

很明显，数值改变了，但还不收敛。再计算得到的结果为：

	b	c		b	c
6	153.3	65.7	8	0.0	65.7
7	153.3	0.0			

数值又变了，所以还要重复计算，直至用户对不再明显的变化感到满意（变化明显与否取决于用户，迭代的最大变化在 0.01%是合理的标准）。本例的最终结果是（0.01%）：

	b	c		b	c
6	233.31	99.99	8	0.0	99.99
7	333.31	0.0			

这个问题的精确解（代数解法）是 $233\frac{1}{3}$，100 和 $333\frac{1}{3}$。

如果在几次人工迭代后，计算有收敛的迹象，就可以由人工迭代转向自动迭代。要注意经常用简单的手算来检验计算。例如在本例中，用户可以把 CO 的进料和循环流率相加，再乘以转化率与甲醇产品 c8 的表格值相比较。

上面解决了 CO 进料流率为 100mol/h 的情况，现在要计算甲醇产品流率为 880mol/h 时的进料流率。首先可以在一个特定的进料流率下求解，因为在已知进料流率时写出质量衡算方程要比在已知产品流率时容易。

前面的结果可以作为新的产品流率计算的基础。质量衡算方程是线性的，所以如果产品流率增加一倍，则其他流率也增加一倍。在本例中，新的流率可以这样得到：用新旧产品流率比（880/99.99）=8.801 乘以先前的计算值。这个比例可以在暂存存储器（也就是 e3）中计算，把新的 CO 进料率 880.1 写入 a3，重复迭代直至收敛。如果把每个质量衡算都如上所示写入，那么就可以避免迭代，只要乘以系数 e3（暂存存储器地址）就可以了。把 e3 的初值设置为 1，像上面那样进行计算。然后用户把 880/c8 写入 e3，重复计算，不用迭代就可以得到最终流率。

11.3 过程合成[1,2]

工厂设计的第一步是确定工艺流程，也就是把原料转化为目的产物的化学和物理操作步骤。即使是一个简单的过程，其中所包含的单元操作、反应器设计和辅助过程的选择与合成也可能非常庞大。例如，Perry 化学工程师手册列出了 15 种固液分离方法。

传统上，化学工程师根据经验、灵感、发现和对不同路径的评价来合成过程流程图。近来这一过程的研究和计算机化方法已经出现了。Douglas 及其合作者开发了进行过程合成的程序 PIP（process invention program）。该方法的核心是在每一步采用科学准则和经验法则，按照复杂程序逐步增加的顺序构造过程。下面举例说明 PIP 程序在计算机辅助过程合成中应用的例子。

例 11.2 苯乙烯生产过程合成

苯乙烯是聚苯乙烯的单体，在过去的20年中，市场需求增长非常快。开始用乙烯和苯反应生成乙苯，乙苯脱氢生成苯乙烯。在本例中列出了由乙苯生产苯乙烯的步骤。下面的过程与PIP程序是类似的。在本例中将频繁引用经验指导合成。在计算机辅助过程合成程序中，这些经验是由一系列经验法则提供的。根据用户的需求，PIP程序能够显示程序中用于选择过程步骤的经验法则。

过程合成一般分五步进行，主要包括确定过程的输入和输出、循环结构、分离顺序、能量集成及经济评价。具体内容介绍如下。

第一步　确定过程的输入和输出。首先确定产物的价值是否超过反应物的价值。写出化学反应方程式并配平。

$$\underset{\text{乙苯}}{C_6H_5—C_2H_5} \rightleftharpoons \underset{\text{苯乙烯}}{C_6H_5—C_2H_3} + \underset{\text{氢气}}{H_2} \tag{1}$$

苯乙烯的价格为＄0.925/kg，乙苯价格＄0.551/kg，氢气价格＄0.661/kg（氢气的价格以燃烧热为基础）。1mol苯乙烯和氢气需要1mol乙苯，因此以1mol苯乙烯为基准，产物的价值为：

$$104 * 0.925 + 2 * 0.661 = \$97.53$$

乙苯的价值为：

$$106 * 0.551 = \$58.406$$

产物的价值超过了原料的价值，所以过程可能盈利，可以继续进行过程合成。生产过程的其他费用如设备、公用工程、人力和管理费用等没有考虑。另外，反应物的转化率不可能达到100%。因此，需要更多的考虑过程的化学反应。反应式（1）是可逆反应，反应不完全。在固体氧化铁催化剂上进行气相反应，总压为101.325kPa（1atm，低压有利于产物生成），温度为600℃左右。加入蒸汽减小产物分压，有利于生成产物。反应吸热，所需热量可由蒸汽提供。有代表性的蒸汽-乙苯摩尔比为14∶1。在特定温度下会发生其他反应，包括：

$$C_6H_5—C_2H_5 \rightleftharpoons \underset{\text{苯}}{C_6H_6} + \underset{\text{乙烯}}{C_2H_4} \tag{2}$$

$$C_6H_5—C_2H_5 + H_2 \rightleftharpoons \underset{\text{甲苯}}{C_6H_5—CH_3} + \underset{\text{甲烷}}{CH_4} \tag{3}$$

反应式（2）和式（3）消耗乙苯但不生成目的产物苯乙烯，而且产生了需要从产物中分离并且处理或利用的副产物。

苯乙烯生产过程的输入为乙苯和蒸汽，产物是蒸汽冷凝液、苯乙烯、苯、甲苯、氢气、甲烷和乙烯。蒸汽的价格为＄0.022/kg，总费用增加了＄5.507，达到＄63.903，但仍然没有超过产品的价值。

把对过程的认识简要表示在图11.2中。

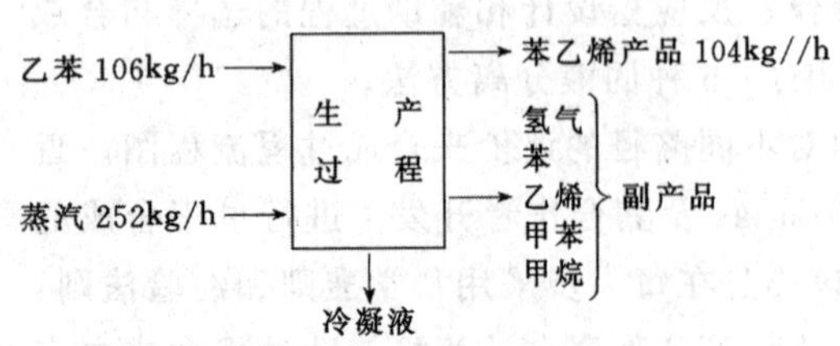

图 11.2　苯乙烯生产过程的输入输出

第二步　确定循环结构。在进行过程合成时，需要知道在反应条件下三个反应进行的程度，即反应度。化学反应器的模型可以把反应度表示为关键反应物的函数或简单地把它看成常数。可以通过详细数据或操作单元模型和对单元操作进行假设来简化模型。Douglas和Kirkwood讨论了简化模型的发展。这里假定每个反应度为常数。用于质量衡算的值为：

分步反应度，反应(1)＝0.47

反应(2)＝0.025

反应(3)＝0.005

分步反应度是关键反应物乙苯在通过反应器时进行反应的分数。在本例中，生产 0.47mol 苯乙烯消耗 0.5mol 乙苯。

总的分反应度小于 1.0（本例中为 0.5）表示原料中的反应物没有完全反应，未反应的反应物出现在反应器的产品流股中。该流股包括乙苯、所有的反应产品、副产品和蒸汽。把产品苯乙烯与其他的混合物进行分离是很重要的。从经济的角度考虑，希望并且有必要回收未反应的反应物并在反应器中循环利用。副产品也必须进行分离，如果可能，最好有效利用。蒸汽冷凝液必须从产物流中分离并除去。该系统中各组分的正常沸点如表 11.3 所示。

表 11.3 苯乙烯生产过程中各组分的正常沸点

组分	沸点/℃	组分	沸点/℃	组分	沸点/℃
氢气	−252.5	苯	80.1	乙苯	136
甲烷	−161.5	水	100	苯乙烯	145
乙烯	−104	甲苯	110.6		

这些数值表明在 101.325kPa (1atm) 及室温下进行冷却，氢气、甲烷和乙苯很难冷凝，而蒸汽、苯、甲苯、乙苯和苯乙烯很容易冷凝。冷凝使后五种组分变成液体，而前三种仍然是气体，这样气和液就可以分开了。气态混合物很难分离，经验表明，最好把它们用做燃料。物性数据表明水和烃类高度不互溶，冷凝后的液体形成两个液相，可以进行分离。因此，反应器流出物冷凝之后分离成如下流股：水（如果可能就再利用，否则就要进行处理），苯和甲苯（如果两者不需单独使用，则不必分离），乙苯（循环回反应器），苯乙烯（目的产物）和气相燃料。

假定所有未反应的乙苯 (EB) 循环并转化为产品，利用上面的反应度，重新进行质量衡算。以 1kmol (104kg) 苯乙烯为基准。计算如下：

EB 流率＝(1kmol 苯乙烯/h)×(0.5mol EB/0.47mol 苯乙烯)

×(106kgEB/kmol)

＝112.8kg/h

因为进料中的乙苯只有一半反应，所以乙苯的进料率必须是该值的两倍。乙苯的循环流率和进料率相同。因此：

反应器 EB 进料率＝225.6kg/h

蒸汽流率＝(225.6kg/h/106kg EB/kmol)×(14mol 蒸汽/mol EB)

×(18kg H_2O/kmol 蒸汽)

＝536kg/h

副产品苯和甲苯以及燃料气可以由反应方程式 (2) 和式 (3) 计算，分别为 5.2kg/h 和 3.6kg/h。可以再次比较产品和原料的价值。苯和甲苯混合物的价格为＄0.22/kg，燃料气的价格为＄0.396/kg（以燃烧值为基准）；冷凝蒸汽没有价值。原料乙苯和蒸汽的价值为＄73.94/104kg 苯乙烯。产品副产品和燃料气的价值为＄98.77/104kg 苯乙烯。输出的价值仍然超过输入，但差距减小了。

图 11.3 表示此时苯乙烯生产流程的循环结构。

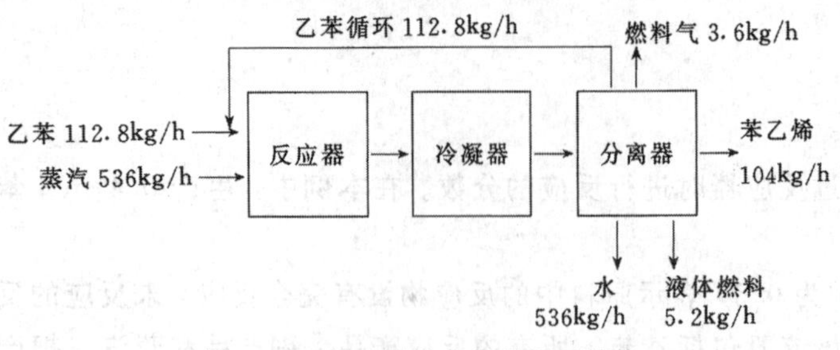

图 11.3 苯乙烯生产流程循环结构

第三步 分离。在冷凝成水相、烃相和气相后，可以在一或两个容器中靠重力进行分离（也可用其他相分离方法，可以在更详细的设计中考虑）。烃相需要分离成三部分：(1) 苯和甲苯，(2) 乙苯，(3) 苯乙烯。经验表明沸点接近环境温度（也就是在0℃和 200℃之间），沸点差足够大（最少 5℃）的组分最经济的分离方法是精馏。普通精馏产生两种产品，在该过程中要生成三种烃类产品需要两次精馏。可以根据经验设计分离步骤：首先除去低沸点组分（苯和甲苯），最后进行最难的分离（沸点接近的乙苯和苯乙烯）。另一条经验是在最后作为精馏（低沸点）产品，分离出目的产物（苯乙烯）。对于上述混合物，这条经验似乎不适用。然而，经验表明有机反应几乎总是产生需要除去的高沸点的"焦油"。因此，建议在最后精馏时，把苯乙烯作为精馏产品，把焦油（不含在物质守恒中）作为末端产品。另一个复杂因素是在加热时苯乙烯聚合。为了避免明显的聚合，可通过在真空下操作降低苯乙烯精馏温度。

实际上，分离过程无法像质量衡算中假定的那样达到完全分离。如果需要更详细的设计分离，必须规定分离产品的组成。利用经验和产品及副产品的要求作出这些详细规定。本例中不包含设备设计，因此不讨论这些详细规定。到目前为止，合成的过程如图 11.4 所示。这里的分离过程与工业苯乙烯生产中的分离过程一样。

第四步 能量集成。在苯乙烯生产过程中既需要加热又需要冷却。由于提供和移走热量花费都很大，所以希望利用过程流股之间的热交换进行加热和冷却。能量集成的目的就是尽可能经济的满足过程加热和冷却的需要。

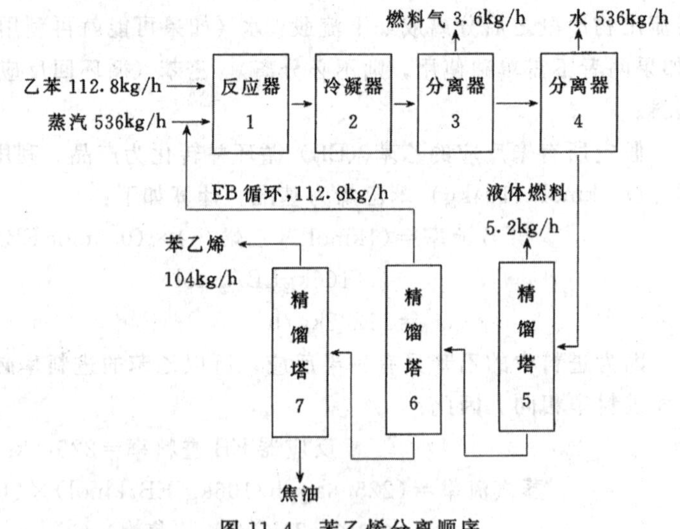

图 11.4 苯乙烯分离顺序

首先规定要求温度。例如反应器出口温度要求为 600℃。加热和冷却负荷的温度和能量需求要尽可能接近。苯乙烯反应器一般是绝热操作（不加入热量），随着吸热反应的进行，温度下降。达到规定出口温度所需的进口温度可由反应器热量衡算得出：

产品的焓＝反应物的焓－反应热

$$[m*c*(600-25)]_p=[m*c*(T-25)]_r-m*\Delta H_R$$

这里 m 是质量流率 (kg/h)，c 为比热容[J/(kg·℃)]，$m*\Delta H_R$ 为反应总热量，下标 p 和 r 分别代表产物和反应物。产物和反应物的焓的参考温度为 25℃，在该温度下的反应热可以从手册查出（反应热为 1131.6kJ/kg）。反应物和产物的质量流率均为 761.6kg/h，乙苯的质量流率都为 106kg/h，产物和反应物的比热容均为 2.219kJ/(kg·℃)，解方程得到进口温度为 671℃。

乙苯需要加热，反应器流出物需要冷却。希望这两股物流之间进行热交换。把逆流换热器的温距（被加热物流与反应器流出物流之间的温差）设为 10℃，被加热物流加热后的温度设为 590℃。通过热流和蒸汽混合物的热量衡算，可以确定所需的蒸汽温度。

$$[m*c*(T-671)]_S+[m*c*(590-671)]_{EB}=0$$

这里下标 S 和 EB 分别表示蒸汽和乙苯。设 $c_S=2.09$kJ/(kg·℃)，$c_{EB}=2.51$kJ/(kg·℃)，$m_S=536$kg/h，$m_{EB}=225.6$kg/h，计算得到过热蒸汽的温度 T 为 712℃。

进料和反应器流出物之间的热交换可用如下能量衡算式表示：

$$[m*c*(600-T)]_{effluent}=[m*c*(590-60)]_{EB}$$

这里下标 effluent 和 EB 分别表示反应器流出物和乙苯。解上式得到换热后反应器流出物的温度为 422℃。冷凝时反应器流出物的温度必须达到 40℃，因此需要利用冷却水或其他过程负荷（例如精馏塔的吸收和冷却）来进一步冷却。

上述分析的结果表示在图 11.5 中。

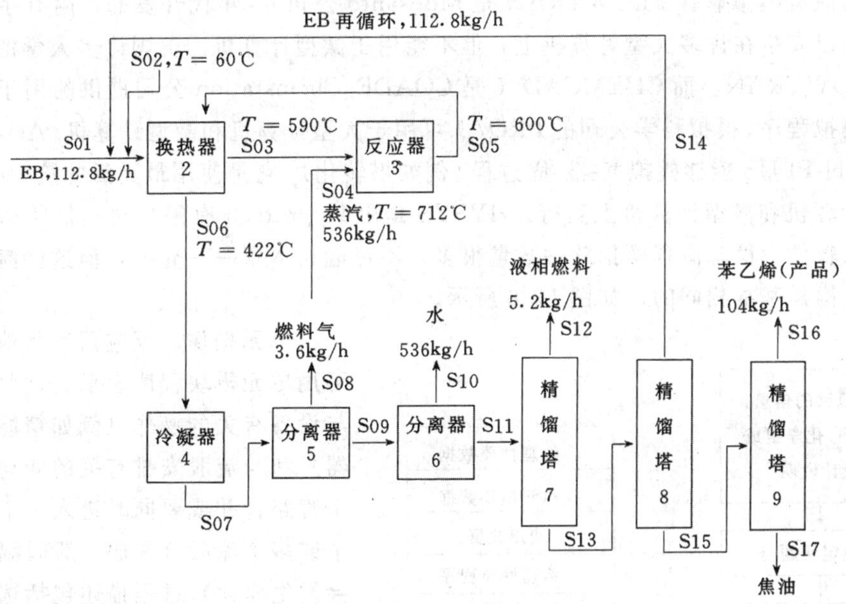

图 11.5　苯乙烯生产流程图

第五步　经济评价。本例中没有经济评价，但在过程合成程序（例如 PIP）中有经济评价功能。确定设备的尺寸和价格，预测工厂总投资。预测公用事业和原材料的需求和费用，其他操作费用以及产品价值。这些数据可用于评价过程的效益，并为进一步的详细设计提供坚实的基础。

11.4　流程模拟[1,3~5]

流程模拟是以计算机为辅助工具，对化工过程进行稳态热量和质量衡算以及设备尺寸和费用计算的过程。对化学工程师而言，将流程模拟软件或流程模拟系统用于化工过程设计或模拟，已经是一件很普通的工作。在设计阶段使用流程模拟软件的好处是通过改进设计来节省投资；通过提高效率来节省工程所需的人力；通过整个设计过程所用数据和技术的一致性，改进和加快在不同部门工作的工程师之间的交流，从而大大缩短工程设计时间。在流程模拟中，一般是规定该过程主要产品的年产量，然后通过模拟确定流程中的反应器、单元操作、公用工程、流程以及流程中设备单元之间的输入和输出流股的特性（包括组成、温度和压力等）。只有规定足够的信息，才能使待求解的流程有唯一解。一般规定进料和产品组成、温度和压力，另外还要规定操作要求和设备的某些操作条件。

流程模拟主要用于稳态过程。在过程设计中，稳态过程中的非稳态（开车、停车、扰动和控制等等）特性需要进行独立分析。因为在稳态模拟过程中不用考虑时间变量和与时间有关的累积（尽管在一些操作模型中还要考虑与空间有关的累积，例如活塞流反应器），所以使设计问题简化很多。流程模拟软件 SPEED-UP 是一个例外，它可以用于非稳态过程的模拟。

在过程设计中，首先通过质量和能量衡算，确定流程中所有流股的特性和状态（例如组成、温度和压力）、公用工程的需求和设备的部分操作条件，然后预测设备、原料和公用工程的费用并进行经济评价。整个过程可能需要多次执行以检查流程图的变动或找到关键变量的最优值。流程模拟软件可以简化这些重复计算。即使不需重复，软件仍然能够简化计算，并提供其他方法无法提供的细节和精确度。

典型的流程模拟软件 FLOWTRAN 是 Monsanto 公司 60 年代开发的，附有手册和模拟示例。它可以安装在许多大型计算机上，但不能用于微型计算机。美国许多大学的化学工程系应用 FLOWTRAN。而 CHEMCAD Ⅱ 是 COADE/Chemstation 公司提供的用于微型计算机的流程模拟程序。模拟科学公司的 PRO/Ⅱ 可用于大型计算机和微型计算机。Aspen 公司开发的 ASPEN-PLUS 能够模拟气-液-固过程（例如煤转化），它是使用最灵活的流程模拟软件，可在大型计算机和微型计算机上运行。HYSYS 是由 Hyprotech 有限公司提供的适用于微机的流程模拟软件。稳态流程模拟软件数量很多，不可能在本章一一介绍，但这些流程模拟软件的整体结构是基本相同的，如图 11.6 所示。

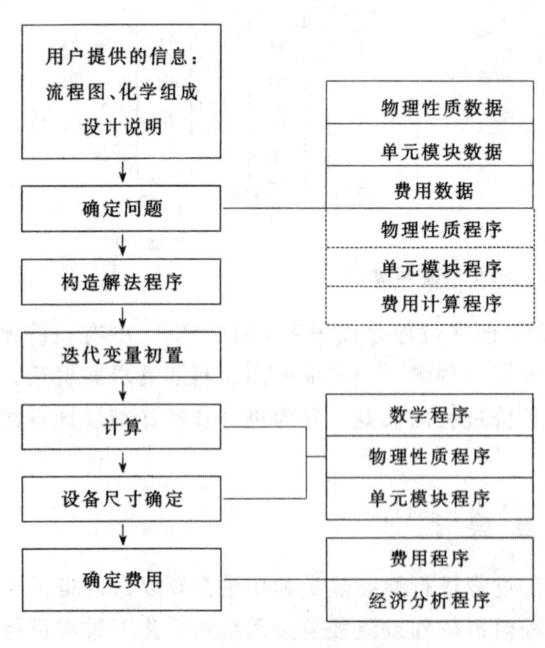

图 11.6 流程模拟软件的结构

单元操作、反应器和其他过程特征可用单元模块程序表示。这些程序包括与设备有关的操作（例如精馏塔和冷凝器）和与流股安排有关的变动（例如由于管路合并或要同时进入一个容器，两个或多个流股合并成一股时温度和组成会发生变化）。过程描述包括选择合适的能够表示过程的模块，并确定流入流出每个模块的流股。利用一系列的模块和流股连接，流程模拟程序可以理解整个工艺流程的安排。每个单元模块程序都由含有过程单元操作数学模型的程序组成。每个模型都由联系输入输出流股条件和设备参数（设备参数决定设备操作特性，例如回流比和精馏塔的塔板数）的方程组成。

（1）自由度　在过程设计中，未知

量和与其相关的方程的数量可能非常庞大。只有未知量的数量与独立方程的数量相等，待求解的问题才能有唯一解。每个流股的独立变量的总数为C′+2，其中C′表示流股中独立化学组分的数量。每个流股的量和条件完全取决于该流股中每个组分的流率（或者，总流率和C′−1个组分的摩尔分率或质量分率）和两个额外变量，一般是温度和压力，当然其他的选择也可以。

如果知道了某个操作所有的输入流股的条件，则需要（C′+2）个方程计算每个输出流股的所有条件。对于S个输出流股，需要S*(C′+2)个方程关联输入和输出流股。描述一个操作的模型必须有这么多方程，但大部分模型有更多的方程，因为操作过程中的变化非常复杂需要更多的方程表示这些变化。例如，计算精馏操作的单元模块包括许多方程以便求解输出流股的条件。模型方程也引入新的未知量。这些新未知量是关联输入和输出所需的操作参数。例如简单的把一个流股分成两股，温度、压力或组成不变，在整个质量衡算方程中，输出流股的分割就是一个变量，必须予以规定，例如可以规定进入某一输出流股的输入分率。

首先确定流股变量总数、方程数和设备参数的数量，然后确定系统的自由度（未知量减掉方程数）。只有当未知量和方程数相等时才有唯一解。因此，必须对与自由度数量相同的变量进行赋值，确保系统具有唯一解。下面通过例题说明系统自由度的计算。

例 11.3 利用流程图 11.5 确定苯乙烯生产流程的自由度。

解：苯乙烯生产流程中有8个组分（C′=8）和17个流股。因此，总流股变量数为：

$$(8+2)*17=170$$

该流程有9个单元（包括换热器前的混合单元），这些单元共有17个流股，其中2个为外部输入流股（乙苯进料和蒸汽），所以，流程中的输出流股数为：

$$17-2=15$$

因此，质量衡算方程总数为：

$$15*10=150$$

则该系统的自由度为：

$$170-150=20$$

因此，为了得到唯一解，需要规定20个变量。原则上可以任意规定这20个流股变量，但一般是规定进料流股。规定8个组分的流率、两个进料流股（乙苯和蒸汽）的温度和压力把变量数减到了150。这样可以得到该系统的唯一解。

(2) 解方程　一个化工过程的全部模型可能由成百上千个方程组成。苯乙烯生产这个简单的过程有150个质量和能量衡算方程，若包含物理性质的计算，需要解200多个方程。化工过程的许多方程都是非线性的，尤其是表示性能和物理性质的方程。因此整个方程组是非线性（尽管有线性部分）的，已经发展成熟的线性代数解法不能适用这类方程组的求解。大的非线性方程组的解法是流程模拟程序的关键。目前，已经开发了三种基本解法：序贯模块法，联立方程法和联立模块法。由于大多数流程模拟程序应用序贯模块法，所以这里简要介绍该方法。序贯模块法是利用系统的输入和必要的设备参数以及过程模型，顺序计算系统的输出。当流程中存在循环流股时，必须先采用有效的方法进行处理，然后再应用序贯模块法求解。

(3) 循环　大多数化工过程带有循环流股，所以使得对系统的分析和计算复杂化。例如，在苯乙烯生产中未反应的乙苯循环回到反应器。序贯模块法的求解策略是需要知道系统所有的输入，然后计算系统的所有输出。当一个模块（或单元）的输入流股是下游模块的输出流股时（即系统存在循环流股），由于上游模块的一个输入流股未知，所以无法进行计算。如图 11.7 所示，由于输入流股 4 是单元 2 的输出，所以单元 1 无法计算。同理，由于输入流股 2 是单元 1 的输出流股，所以单元 2 也无法计算。在本章例 11.1 中也遇到了相同的问题。可以用与电子表格示例中相同的方式来解决这一问题，也就是迭代，直至计算值可接受为止。

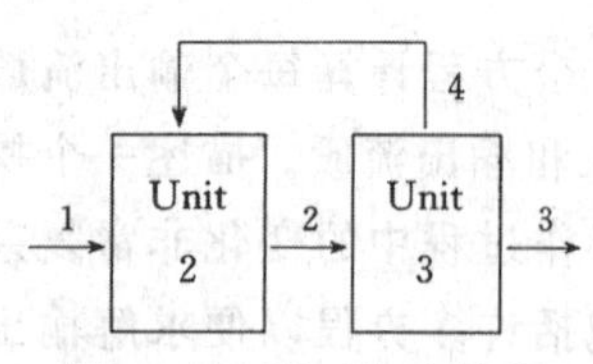

图 11.7　循环回路结构

过程循环的确定称为分割。大多数流程模拟程序都可以作到，但 FLOWTRAN 必须由用户自己确定循环。下面介绍确定系统中循环回路的方法和步骤。通常根据流程图可以相当容易的确定循环回路。如果可以沿着闭合路径由过程单元的输出回到该单元的输入，则这就是一个循环回路。如果该过程（系统）含有很多单元，那么很难由流程图直接确定独立的循环，但可以采用与某些流程模拟软件相同的方式由手工完成。基本方法和步骤如下。

从过程单元的一个外部进料流股开始，追踪该单元的输出流股。记录遇到的每一个单元形成一个过程表，直到（a）遇到已经记录过的单元或（b）余下的单元的输出流股不是任一单元的输入流股。第一种情况（a）已经确定了循环回路，所有含在回路内的单元合成为一个单元群（他们必须一起迭代求解），然后把这个单元群看成一个单元进行处理，再继续追踪该单元的输出流股。第二种情况（b），把确定的单元从过程表中转移到计算表的开始，再继续追踪该单元的输出流股，直至所有过程表中的所有单元都转移到计算表中。该计算表由前到后表明了过程中各单元的计算顺序。

第一步得到的每个单元群都是一个循环回路。该方法将在下面例 11.4 中说明。最终结果是许多可能计算顺序中的一种。有些算法可以提供具有特殊性质（例如循环回路的切断最少）的计算顺序。这样的算法可以找到有效的计算顺序，也就是计算量更小或收敛更快。但是任何一个算法都无法保证是最有效的。由于 FLOWTRAN 不采用这样的算法，所以这里不做介绍。

通过“切断”循环回路来进行循环的迭代求解，也就是把进入回路内的一个流股选为试探或假定流股。计算开始时先假定这一流股各条件的值，然后沿着循环回路继续计算，再回到假定流股。对比新的计算值和假定的值，继续这一过程（也就是迭代），直到相邻两值的差满足预先设定的收敛精度。这一方法称为直接或连续迭代。可以用不同的数学方法选择切断流股的连续假定值来加速收敛，例如 Wegstein 和 Broyden 的方法及其改进方法。下面通过例题进一步说明循环回路及计算顺序的确定方法。

例 11.4　苯乙烯生产流程如图 11.5 所示，利用上述方法寻找该过程的计算顺序。

解：很明显这一流程中含有两个循环流股：未反应的乙苯循环与新鲜进料混合，反应器流出物循环回热交换器。利用上述的计算顺序算法，由苯乙烯进料流股开始，沿着箭头列出遇到的操作。顺序的设备号为：

1　2　3　2

此处设备 2 重复，可知这里存在一个循环回路，它包括设备 2 和 3。把这两个操作单元看成一个单元并记为 10。一个回路内的单元必须同时求解（通常是迭代）。在跟踪流股时，如果一个输出流股不是其他单元的输入，例如单元 5 的流股 S08，则检验这一单元的另一流股（S09）并跟踪它。继续列出遇到的操作单元：

1　10　4　5　6　7　8　1

这里 1 重复，所以找到了另一个循环回路。这一回路包含了所有操作单元。注意，第一个循环回路 10 包含在这个循环回路之中。现在可以把所有列出的操作单元看成一个新的单元，记为 11。在操作单元 8，跟踪流股 S_{14}回到了操作单元 1，若跟踪流股 S_{15}，则操作单元 9 也将被转换到计算表中，这和下面将要得到的最终结果是一样的。选择不同的输出流股除了可能改变计算顺序外，不会对结果产生太大的影响。继续跟踪输出流股（单元 11 只有输出流股 S_{15}），列出遇到的操作单元：

11　9

操作单元 9 的输出不是任何操作的输入，所以把 9 从这一表中除去放到计算表中。现在过程表中只有 11 了，它的输出也不是任何操作的输入（已经除去 9）。因此把操作 11 从过程表中除去放到计算表前面（最左边）。现在计算表为：

11　9

过程表中什么单元也没有了。计算表中的计算顺序从左到右，所以先计算单元 11，再计算单元 9。

在每个循环回路内必须选择一个流股为切断流股，对它进行假定、检验收敛和迭代。没有明确的规则指导如何选择切断流股，一般选择较容易进行合理预测的那一个流股。通常把实际的循环流股选为切断流股。另外，必须决定两个循环回路 10 和 11 是同时收敛还是单独收敛。同时收敛，如图 11.8 (a) 所示，在每次迭代时都要检验和重新预测两个切断流股。独立收敛，如图 11.8 (b) 所示，则在每次外部迭代时，要收敛内部循环回路（单元 10)。从计算时间和收敛性的角度考虑，哪一个更合适不太明显。通常假定同时收敛更有效。这种方法通过下面的计算说明。所有的流率以 kg/h 为单位，流股编号同图 11.5。

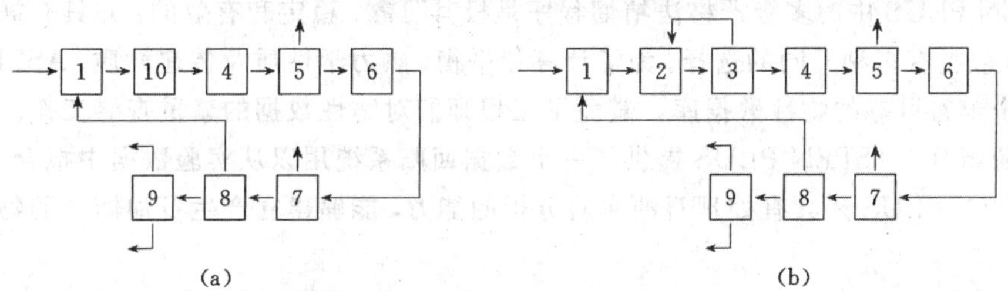

图 11.8　(a) 循环嵌套中的同时收敛结构
(b) 循环嵌套中的独立收敛结构

从进料流股开始：$S_{01}=112.8$

假定循环流股 $S_{03}=0$

流股 S_{02}和 S_{03}均为 112.8

蒸汽进料流股 $S_{04}=112.8\times14\times18/106=268$

反应器流出及循环 $S_{05}=380.8$，其中含有 112.8×0.5=56.4kg EB/h，它的值改变了，但还没有收敛。

流股 S_{06}为 380.8。继续沿流程进行计算，EB 循环流股 $S_{14}=56.4$。

现在利用刚才计算的循环流股 S_{05}、S_{14}的值，以同样的顺序重复计算。

$$S_{02}和 S_{03}=169.2$$

$$S_{04}=402.2$$

$$S_{05}=S_{06}=571.4$$

$$S_{14}=169.2\times0.5=84.6$$

S_{05}和S_{14}改变了。利用新值，重复计算：

$$S_{02}=S_{03}=197.4$$
$$S_{04}=169.3$$
$$S_{05}=S_{06}=666.7$$
$$S_{14}=98.7$$

重复计算，直至S_{05}和S_{14}的值不再明显改变为止。最终结果如例 3 所示：

$$S_{02}=S_{03}=225.6$$
$$S_{04}=536$$
$$S_{05}=761.6$$
$$S_{14}=112.8$$

在本例计算中选取苯乙烯作为起点，也可以选蒸汽作为起点。如果用蒸汽作为起点，循环回路相同，但计算顺序有些不同。建议读者自己练习。

11.5 稳态流程模拟软件——ASPEN PLUS 简介[6,7]

11.5.1 软件概述

ASPEN PLUS 是一个通用过程模拟系统，用于进行稳态过程的质量和能量衡算，设备尺寸计算，并对过程投资进行经济成本分析。较早的过程模拟系统，不能方便地或广泛地模拟流股中存在的固体。ASPEN PLUS 则能够处理含有固体的流股。ASPEN PLUS 大约有 40 个通用单元操作模型。如果需要，用户可以建立自己的模型作为一个子程序。

ASPEN PLUS 中的多级严格法精馏程序是极其可靠、稳定和有效的，并具有规定性能的能力，可以包括有多种不同的选择。为了计算相平衡、热力学性质及传递性质，ASPEN PLUS 提供了一个丰富可靠的物性数据库，避免了工程师们对物性数据的繁重查寻工作。对于不在数据库中的组分，ASPEN PLUS 提供了一个数据回归系统用以从实验数据中拟合有关常数。另外，ASPEN PLUS 还具有处理石油实验分析的能力，能够建立产生石油馏分的物性常数的关联式。

ASPEN PLUS 的输入采用人们较熟悉的关键字，同时采用自由格式记录数据，较易为工程师们使用。输入语言处理器是表格导引式的，可剪裁词汇以适应不同过程的需要。对于大型或小型的工艺流程，ASPEN PLUS 中的自动流程分析功能可以确定循环切断流股及其计算顺序。

11.5.2 ASPEN PLUS 的基本功能

ASPEN PLUS 对初次及临时使用者是易于使用的，它也为高水平的用户提供了进行过程模拟的多种能力。有经验的过程模拟工程师们一般都发现，他们自己的模拟系统在一些方面受到限制。因此他们就被迫要限制他们的工作，或在模拟系统上搞一些技巧。ASPEN PLUS 提供了这种技巧能力，并有下面所描述的高度灵活性。

（1）执行系统　ASPEN PLUS 的执行系统是一个扩充了主模拟程序功能的预处理器。它可翻译用户输入语言，生成一个 FORTRAN 主程序以执行有关运算。这样就准许在 ASPEN PLUS 输入语言中含有 FORTRAN 语句。对于用户，这样也就可以容易地添加自己的单元操作及物性子程序。有关数据和程序结构在 ASPEN PLUS 运行中产生。预处理器允许执行不同数目的模拟程序，并仅装载所需要的子程序。预处理器允许用户规定的主要内容如下：

a．流股中的组分数；

b. 流股数及流股名称；

c. 物性模型的各种组合及单元操作模型的各种组合等等；

d. 从数据库中检索任何组分；

e. 直接读入有关组分的物性常数；

f. 用户规定的任何新组分。

在 ASPEN PLUS 中，计算方法是广为使用的“序贯模块法”。即当系统或流程的输入量已知时，ASPEN PLUS 按顺序计算流程中的每个模块，从而得到流程的输出量。这种方法保持了过程模型的一致性，而且能对模型的方程组使用有效的求解方法。

如果需要，ASPEN PLUS 可以使过程模型的计算排序对用户透明可知。执行系统包括自动进行的流程分析系统。通过规定收敛方法/或规定切断流股，用户能控制此分析系统。流股计算采用的主要收敛方法有：

a. 直接迭代法；

b. Wegstein 加速法（这是系统的预设方法）；

c. Broyden 的拟牛顿法。

采用 ASPEN PLUS 中灵活的流股结构，几乎可以模拟任何一种连续过程。考虑这样一个例子，即在煤的直接液化中遇到的溶剂中的煤浆。计算需要有关溶剂的信息，像溶剂的组分或沸程馏分，“状态”变量和其他一些流动条件。还需要煤的一些属性，诸如它的近似分析、元素分析、矿物痕量分析及其他信息。在 ASPEN PLUS 中称这些为组分的属性。对于所有固体，这些固体也许不仅是煤，可能需要有关颗粒大小分布的信息。流股信息被分成不同的子流股，这个子流股可能是汽液混合物。实际上，流股信息可以包括任何数量的固体组分及他们的属性。颗粒大小分布是对全部组分而言的，称为一个子流股属性。流股信息中的这种树状结构几乎能传送单元操作模型所需要的任何信息。这一特点使 ASPEN PLUS 能用于众多类型的工业过程。

过程模拟系统反映真实世界的能力主要在于它的物性模型。ASPEN PLUS 的物性系统有一个强有力的模型程序库，还能较灵活地规定这些模型。用户可以这样来描述一个特殊的物性，在工厂的某一区域用一种物性方法，而在此工厂的另一部分用另一个物性方法。通过性质途径的概念，上述多种多样的用法可以在 ASPEN PLUS 中完成。性质途径就是详细规定如何计算纯组分或混合物的气、液或固相的十个主要性质之一。在每一个过程模型中，用户可以规定一个完整的性质途径集。

在使用 ASPEN PLUS 规定物性计算方法时，用户可以：

a. 不做任何规定，而得到缺省的物性模型（按理想假设）；

b. 规定一个或多个内装的系统选择，以产生一组完整的物性方法和模型；

c. 用内装的性质途径建立一个物性选择集；

d. 建立自己的性质途径。这一级的范围是从用自己的物性模型代替一个内装选择集，到建立性质途径。

为满足过程模拟工程师们的需要，设计了 ASPEN PLUS 的输入语言。它并不要求用户具有计算程序的知识。可以认为输入语言是由段、句、字组成。段是以一级关键字开始，可含有一个或多个句子。采用自由格式，以空格作为分界符，这样在控制终端上输入是很方便的。

ASPEN PLUS 是一个表格驱动的模拟系统，含有语言的关键字，缺省规则及其他的标准特点，如流股属性及缺省规则等，都是系统定义文件的记录。这样，当这些量变动时，就不必重写程序。因此，系统管理人员就可改变这些系统参数，公司也可送入自己的物性模型作为系统的标准模型。当然，为了维护，ASPEN PLUS 的执行程序要保持一致。系统管理人员必须为用户把这些变化装入文件中。此特点使 ASPEN PLUS 比以前的模拟系统更适用于不同的工业部门和不同的各具特色的过程。

ASPEN PLUS 的另一个特点是具有内插文件的“宏指令”功能。每一批输入语句都可存入内插文件中，语句的长度可以任意。这些语句可用简单的标号调出，一个参数可作为子程序的调用哑元。这点对于产生一个输入语言最常使用的段来讲是格外方便的。例如，二元交互作用系数的一系列物性常数，复杂流股定义，经常使用的流程如吸收-蒸发系统等。

以前的一些模拟系统，例如 FLOWTRAN，允许用户在输入语言中嵌入 FORTRAN 语句。这是一个强有力的特点，ASPEN PLUS 也采用了这一点。过去，要使流程的变量与输入语言一致总是不方便的。ASPEN PLUS 的输入语言简化了这一步，并使之自动文字化。DEFINE 语句能用于在流股或模块中访问任何流程变量。在按段嵌入输入语言中的 FORTRAN 语句中，可以引用已定义的变量。这样的段视执行的需要可被放在任何过程块的前或后。

在 ASPEN PLUS 中，设计规定，像任何一个模块一样，可以自动排序，但是不能作为流程的一部分出现。流程分析人员要标出所需的输入和输出流股并建立所需的计算顺序。ASPEN PLUS 的另一特点是，用户可以使设计规定和含有设计规定的循环流股回路同时解算。当内圈设计规定的容差太松以至于引起外圈不易收敛时，这一点就显示出优越性。

ASPEN PLUS 能访问流股物性及精馏塔板条件，可访问任何一种系统物性和用户自己定义的物性。以下几种情况要用到物性：

(a) 性质的列表报告；
(b) 闪蒸曲线；
(c) 汽-液的 P-T 状态线；
(d) 塔板剖面报告；
(e) 设计规定；
(f) 流股报告。

供用户使用的物性包括：

(a) 热力学性质；
(b) 无因次群；
(c) 临界及对比性质；
(d) 露点和泡点；
(e) 密度；
(f) 标准相对密度和体积；
(g) 用户定义的物性。

(2) 单元操作模型　ASPEN PLUS 的单元操作模型程序库为化工、石油及其他工业部门提供了一个相当完善的计算工具。由于篇幅限制，不能描述全部模型，仅讨论以下几个单元操作模型。

RADFRAC 严格法蒸馏程序对宽、窄沸程及高度非理想组分系统都适用。它方便用户的一个特点是不需要塔板的初始温度及液相流量剖面。收敛一般是快速和稳定的。近来，RADFRAC 在改进中有一些独特的提高。其中一点是将建立一个具有侧线抽出、泵回流、旁路或外部换热器的复杂塔的模型。另一点是将允许在任何一块塔板上、冷凝器及再沸器上可以有第二液相的三相塔严格模型。

ASPEN PLUS 中的反应器模型有很广泛的能力。多重反应的简单模型可以在产率反应器 RYIELD 中找到，也可在利用反应度及转化率的化学计量反应器中找到。对于已知反应动力学的反应器，连续搅拌槽反应器模型 CSTR，柱塞流反应器模型 RPLUG 都可用。这些模型都接受用户的专门动力学模型的 FORTRAN 程序。平衡模型 REQUIL 及 RGIBBS，对于处于或接近平衡状态的多重反应体系是非常方便的。反应器模型不需要规定反应热，从 ASPEN PLUS 组分的元素焓中，这些模型可以自动计算出需要的或释放的热负荷。

ASPEN PLUS 中所有过程模型都可处理进料物流中的固体，不要用户特别注意。固体参加相平衡计算，参加能量平衡计算。

为了表现新的或专有的能力，用户可以选择建立自己的过程模型。执行中，用户的模型以 FORTRAN 源程序码形式，或按预先编译好的目标码形式被访问。用户模型可以调物性系统计算物性，还可调闪蒸这样的系统程序。当用户的模型被证明很可靠、准确且具有很多使用者时，这些模型就可成为 ASPEN PLUS 系统中的一部分。这一步在 ASPEN PLUS 系统管理手册中有所描述。

(3) 外部系统　支持着 ASPEN PLUS 的一些外部系统简述如下。

a. 数据文件管理系统 (DFMS)　这个程序是为产生和更新物性数据库而发展起来的。它可用来产生、编辑、打印数据文件内容。执行中，为了自动回归数据能够产生不同的数据库。存入的数据可以是纯组分的物性常数，也可以是二元交互作用的物性参数。

b. 数据回归系统 (DRS)　对于任何物性模型，可用 DRS 来拟合此模型的物性常数和从文献或实验室得到的数据。所用的方法是 Britt Luecke 归纳出的用最小二乘法得到的最大似然估计法。由用户来决定是否允许这些有测量误差的观测数据的假设成立。DRS 的优点是，几种类型的数据可以一起表示，包括不同的状态变量（如 T—P—X，T—P—X—Y，T—P—X—X）和不同的物性（如焓、密度）。

c. 表生成系统 (TGS)　TGS 为用户提供一个已计算完的物性表。它是关于 ASPEN PLUS 任何表示物性的有价值的信息。对于纯组分，用户定义的混合物，模拟系统运行中的流股，它们的物性是温度、压力、气化率及组成的函数。这个函数可以用表显示。表的类型有三种：(a) 单相物性；(b) 沿闪蒸曲线上各点的物性；(c) *P-T* 状态线的沿恒气化率线上各点的物性。用这些表可以表示任何一种物性系统或用户定义的物性。在对流程的初步研究中，此系统在调试、数据库生成及其他方面是非常有用的。

(4) 成本估算体系　在 ASPEN PLUS 中，这部分内容与质量和能量衡算集成在一起称为成本估算及经济评价系统。设备成本在单个过程设备模型中估算。ASPEN PLUS 有 17 个不同的过程估算模型，每一模型可以有多种选择。这些估算单元中有根据以往数据的成本关联式。通过成本指数，用户可把成本乘上系数换算成现在或将来的成本。这些系统是内装的，在计算压力设备成本和材料安装费用时可以被略过。仪表、电器、混凝土、管道安装和其他所需的劳力及材料安装系数可以分为单个设备或过程段来规定。没有成本参数输入时，使用已很好选定的缺省值。设备成本输出报告中列出全部使用的数值。

成本估算及经济评价系统是很灵活的，主要包括：

(a) 根据热量和物料平衡自动计算成本；

(b) 根据已规定的设备尺寸进行成本计算；

(c) 采用用户提供的成本关联式；

(d) 直接输入设备成本。

在 (a) 的情况下，过程的条件自动地被送到成本估算模型中。设备尺寸参数是在过程模型中计算并被自动地送入成本估算中。如果用户想要确定过程决策对成本的影响，那么这一特点对于用户来讲是很方便的。也可以使用 (b) 或 (d) 的形式。通常，总是能找到与过程模型相对应的成本模型。如闪蒸罐按垂直容器作价。若没有找到与过程模型相应的成本模型，则用户就要按（c）中那样，代入自己的成本关联式。如果过程设备价格已知，可将这些价格输入。

经济评价子系统是ASPEN PLUS的一个组成部分，用户可用此系统来检查企业金融方面的问题。这个子系统将设备成本和其他的工厂操作数据结合起来，用以计算：(a)资本投资；(b）操作成本；(c）衡量效益。

评价一个工厂的经济情况需要很多数据。经济评价系统输入语言中有很多可输入的关键字。输入语言中所有的关键字段可用来规定下面当中的任何一项：

(a）成本指数，用以使计算结果表示成用户规定的建设年度成本。

(b）部分装置及材料系统，以略去单个设备的系数。

(c）根据公用工程的用量估计的公用工程投资。

(d）包括很多工厂细目，而不是过程设备的投资。

(e）原材料、产品和副产品。

(f）操作成本，包括劳动力、工厂生产能力和其他数据。

(g）依赖于工厂寿命、折旧率、税收和其他数据的利润率。

11.6　计算机绘图工具AutoCAD[8]

计算机辅助设计（CAD）是利用计算机绘制和生成工程图纸的一种现代高新技术。目前，AutoCAD已经广泛应用于建筑、电子、机械等领域，而且随着计算机性能/价格比的进一步提高，以及CAD/CAM技术的飞跃发展，各种商品化AutoCAD软件都由原来的二维绘图转变成三维造型，实现了二维与三维混合，线框、曲面和实体混合等新的造型技术。在20世纪80年代，世界上的一些大型工程公司已经较普遍地使用CAD系统。进入90年代，中国的一些设计单位也开始使用CAD系统进行工程项目的设计，并在设计工具和项目管理上进行了一系列改革，从而将工程设计推进到一个新的发展时期。

工程制图一直被人们称为类似英语的一种工作语言，全世界所有的制造企业中仍然必须依靠这种“语言”，在分工不同的技术人员之间表达和交流产品设计思想。因为计算机的出现，过程制图逐步从纸上转移到屏幕上。虽然这种变化巨大，而且体现了技术进步，但由于某些实际应用中必须利用绘图机输出图形，以及早期CAD软件的不成熟，还无法完全解决实际中的所有问题，结果造成工程人员对这项新技术的怀疑。然而，只要能够消除手工绘图的辛苦和乏味，CAD终端必将在现代设计室中广泛推广，并最终代替绘图板。使用手工绘图，如果图形布局不合理，那么设计师必须先擦除原有的线，然后重新在新位置上绘图。使用AutoCAD系统，尽管图形基准设置等基本操作仍需人工完成，但大多数操作都已简化或由系统自动完成。比如，当图形偏心时，用户只需使用一条基本AutoCAD命令就可以将其移至正确位置；改变图形尺寸后，如果图形再次偏心，则只需再执行一遍命令，即可获得满意的结果。这个小例子只是AutoCAD系统的最基本的功能。AutoCAD软件不仅能够使二维图形的绘制简便易行，而且还可以通过建立三维实体模型，实现设计与制造的一体化。

由一系列基本视图构成的工程图，完全是一种抽象而枯燥的语言，它不仅没有真实感，而且还难于理解。现在，多数AutoCAD系统都具有了绘制三维图形的功能，这样用户不仅可以生成易于理解的三维图形，而且还可以通过建立称为实体模型的原型，来对物体进行物理特性分析，以便设计更加完善的设备或物体。例如，在化工过程设计中进行设备布局设计和管道设计等等。

由于篇幅所限，此处不能详细介绍 AutoCAD 软件的使用，建议读者参阅有关文献和教材。

11.7 发展趋势[3,7]

人类社会已经进入 21 世纪，计算机科学、信息科学、网络技术、优化技术、专家系统和人工智能技术等在高速发展，计算机、工程工作站和各种计算机辅助设计软件在化工过程和设备设计中也逐渐得到更加普遍的应用。根据目前的应用情况，可以预料计算机辅助化工过程设计将在下列几方面得到发展。

(a) 应用功能强大的工作站和网络技术；

(b) 发展工程数据库系统；

(c) 应用专家系统和人工智能技术；

(d) 形成计算机辅助化工设计集成系统。

在化工过程和设备的设计中，往往还需要设计人员利用其丰富的知识、经验和智慧对设计中的某些问题做出正确合理的判断和决策。在这方面，人工智能和专家系统技术将大有用武之地。机电行业的计算机应用已由 CAD、CAE、CAM 发展到 CIM（计算机集成制造），即从设计、工程分析到制造都由计算机辅助进行。近来，CIM 的概念也已传播到化工行业中来。早在 1989 年，英国化学工程师学会就召开了"计算机集成过程工程(computer integrated process engineering，CIPE)"学术会议。1991 年，美国化学工程师学会会议也有文章阐述过程装置的 CIM 系统。

计算机辅助化工设计集成系统，将适应项目执行的各个阶段、各有关专业设计人员准备数据、研究方案、进行设计、绘制图纸、编辑文档等项工作的需要。重要的是应用计算机辅助化工设计集成系统能够正确、有效地在各专业之间传送设计数据、图形和文本信息，使有关专业的设计模型协调合理地配置而不发生碰撞干扰；设备材料的规格、数据表、统计表要与设备定货、材料采购相一致。此外，该系统还要满足工程项目的进度控制、费用控制和质量控制的要求。这样的系统可在适当规模的客户机/服务器网络系统上建立，具有标准的开放式操作系统、分布式管理系统、分布式计算/处理环境、面向对象的分布式数据管理系统、各种应用软件包和相应的接口。

另外，工程项目的三维模型还可供施工安装时参考使用，可根据施工变更修改模型，根据改正的模型，可得竣工图。此模型和竣工图还可移交建设单位，供将来技术改造或扩建时参考。而项目的设备（包括备件）数据库，也可供工厂进行设备管理和组织检修工作使用。设计工艺过程和设备所用的数学模型，一般可用于生产中对过程操作进行核算分析和离线调优，如再与现场实时数据信息系统相联，经过必要的整编，还可形成在线优化操作，乃至管理与控制相结合的计算机集成化过程管理系统。

主要参考文献

1 Peters，M S And Timmerhaus K. D. Plant Design and Economics for Chemical Engineers. 4th ed. New York：McGraw-Hill，Inc.，1991

2 Smith R. Chemical Processes Design. New York：Mc Graw-Hill，Inc.，1995

3 许锡恩，张建侯，化工过程分析与计算机模拟. 北京：化学工业出版社，1991

4 许锡恩，张福芝，王保国，吴诗华. 化工过程计算. 北京：化学工业出版社，1991

5 化工名词审定委员会. 化学工程名词. 北京：科学出版社，1995

6 王静康，化工设计．北京：化学工业出版社，1995

7 化工百科全书编委会，化学工业出版社《化工百科全书》编辑部编．化工百科全书．第 7 卷．北京：化学工业出版社，1995．953～971

8 马庆龙，刘代军，AutoCAD 12&13 机械工程绘图教程．北京：电子工业出版社，1996

附　录

1. 化工建设项目可行性研究报告内容和深度的规定[1]

一、总　则

（一）根据国家关于编报可行性研究报告和可行性研究报告的内容以及必须达到规定的深度要求，结合化工建设项目的具体情况，为进一步搞好建设前期工作，努力实现固定资产项目决策的科学化，提高投资经济效益，特将（87）化规字第1034号文发布的《化工建设项目可行性研究报告内容和深度的规定》修订补充为本规定。

（二）可行性研究是建设前期工作的重要内容，是建设程序中的组成部分。项目立项后必须进行可行性研究，编制和报批可行性研究报告。

（三）可行性研究报告由项目主办单位委托有资格的设计单位或工程咨询单位编制。可行性研究报告应根据国家或主管部门对项目建议书的审批文件进行编制。应按国发经济和社会发展长远规划，行业、地区发展规划，及国家的产业政策、技术政策的要求，对化工建设项目的技术、工程和经济，在项目建议书的基础上进一步论证。

（四）可行性研究报告必须实事求是，对项目的要素进行认真的、全面的调查和详细的测算分析，做多方案的比较论证；具体论述项目设立在经济上的必要性、合理性、现实性；技术和设备的先进性、适用性、可靠性；财务上的盈利性、合法性；建设上的可行性。为上级领导机关决策，提供可靠的依据。

（五）编制的可行性研究报告，内容要完整，文字要简练，文件要齐全。应有编制单位的行政、技术、经济负责人签字。负责编制可行性研究的单位，提供的数据资料应准确可靠，符合国家有关规定；各项计算应该科学合理；对项目的建设、生产和经营要进行风险分析，留有余地；对于不落实的问题要如实反映，并提出有效地解决措施。

（六）项目主办单位要为编制可行性研究报告单位科学地、客观地、公正地进行工作创造条件，应向编制单位提供必要的、准确的有关基础资料；与有关单位研究落实建设条件，并签订意向性协议或取得有关单位对拟建项目的意见书。

（七）化工建设项目经济评价，一般应按财务评价和国民经济评价两个互相衔接、互相验证的步骤进行。特别是涉及国民经济的重大项目（包括重大技术改造项目），有关稀缺资源开发和利用项目，涉及产品、原燃料进出口的项目，以及产品和原料价格明显不合理的项目，除进行财务评价外，必须进行国民经济评价。

（八）根据国家计委有关文件的要求，可行性研究报告是项目决策的依据，应按规定的深度做到一定的准确性，投资估算和初步设计概算的出入不得大于10%，否则应重新审批可行性研究报告。

（九）本规定适用于大、中型化工建设项目的可行性研究。对于老厂改建、扩建和技术改

[1] 化工部规划院．化工建设项目经济评价方法与参数．化学工业部，1994．92～105。

造项目，可根据本规定的要求，结合项目的原有基础条件和可利用设施情况，拟建设项目与企业总体改造规划的关系，如何平衡、衔接等情况，进行编制。

小型项目可行性研究可参照本规定有关内容要求，在满足投资决策需要的前提下可适当简化。

本规定的内容和深度随工程项目不同而有所差别，根据工程项目条件的不同而各有所侧重。可根据拟建项目具体情况确定。

橡胶行业可根据本规定的要求，结合行业特点制定实施细则。

二、可行性研究报告内容和深度

第一章 总 论

第一节 概述

（一）项目名称、主办单位及负责人。

（二）可行性研究编制的依据和原则

（三）项目提出的背景（改建、扩建和技术改造项目要说明企业现有概况）、投资必要性和经济意义。

（四）研究范围。

（五）研究的主要过程。

第二节 研究结论

（一）研究的简要综合结论。

（二）存在的主要问题和建议。

附：主要技术经济指标表。

第二章 市 场 预 测

第一节 国内、外市场情况预测

（一）产品现有品种、型号、规格质量标准情况和用途。

（二）产品国内、外市场供需情况的现状和主要消费去向。

（三）国内、外相同或可替代产品近几年已有的和在建的生产能力、产量情况及变化趋势预测。

（四）近几年产品进出口情况。

（五）产品国内、外近期、远期需要量的预测和消费覆盖面的发展趋势。

（六）产品的销售预测、竞争能力和进入国际市场的前景。

第二节 产品价格的分析

（一）国内、外产品价格的现状。

（二）产品价格的稳定性及变化趋势预测。

（三）产品内销、外销或替代进口价格确定原则和意见。

主要技术经济指标表

序号	项目名称	单 位	数量	备注	序号	项目名称	单 位	数量	备注
一	生产规模	万 t/a			1	×××			
		或万套/年			2	×××	万 t/a		
二	产品方案	万 t/a			三	年操作日	天		
		或万套/年			四	主要原材料、燃料用量			

续表

序号	项目名称	单　位	数量	备注
1	×××	实物量/年		
2	×××	实物量/年		
五	公用动力消耗量			
1	供水			
	最大用水量	m^3/h		
	平均用水量	m^3/h		
2	供电			
	设备容量	kW		
	用电负荷	kW		
	年耗电量	万 kW·h		
3	供汽			
	最大用汽量	t/h		
	平均用汽量	t/h		
4	冷冻			
	最大用冷负荷	kJ/h		
	平均用冷负荷	kJ/h		
六	三废排放量			
1	××	m^3/h		
2	×××	m^3(STP)/h		
3	××	t/h		
七	运输量	t/a		
1	运入量	t/a		
2	运出量	t/a		
八	全厂定员	人		
1	其中:生产工人	人		
2	技术人员	人		
九	总占地面积	hm^2		
1	厂区占地面积	hm^2		
2	渣场占地面积	hm^2		
3	生活区占地面积	hm^2		
4	其他占地面积	hm^2		
十	全厂建筑面积	m^2		
十一	全厂综合能耗总量	t 标煤/a		包括二次能源

序号	项目名称	单　位	数量	备注
十二	单位产品综合能耗	t 标煤/单位产品		
十三	工程总投资额	万元		
1	固定资产投资	万元		其中外汇：万美元
(1)	建设投资	万元		其中外汇：万美元
(2)	固定资产投资	万元		
(3)	建设期利息	万元		其中外汇：万美元
2	流动资金	万元		
十四	年销售收入	万元		
十五	年净产值	万元		
十六	工厂成本			
1	年总成本	万元		
2	单位产品成本	万/t		
(1)	×××	万/t		
(2)	××	或元/套		
(3)	×××	元/t		
十七	年利润总额	万元		
十八	年销售税金	万元		
十九	财务评价指标			
1	投资利润率	%		
2	投资利税率	%		
3	投资净产值率	%		
4	投资回收期	年		
5	全员劳动生产率	万元/人		按净产值计算
6	财务内部收益率	%		
7	财务净现值	万元		需注明 i 值
二十	清偿能力指标			
1	人民币借款偿还期	年		
2	外汇借款偿还期	年		
二十一	国民经济评价指标			
1	经济内部收益率	%		
2	经济净现值	万元		需注明 is 值

第三章　产品方案及生产规模

（一）产品方案的选择与比较。

（二）进一步论述产品方案是否符合国家产业政策，行业发展规划、技术政策和产品结构的要求。

（三）生产规模和各装置的规模（以日和年产量计）确定的原则和理由。

（四）产品、中间产品和副产品的品种、数量、规格及质量指标。

老厂改、扩建和技术改造项目要结合企业现有内部和外部条件，对产品方案和生产规模要作方案比较，进行优选。

第四章　工艺技术方案

第一节　工艺技术方案的选择

（一）原料路线确定的原则和依据。

（二）国内、外工艺技术概况。

（三）工艺技术方案的比较和选择理由。

（四）引进技术和进口设备，要说明引进方式、引进和进口的范围、内容及理由。说明可能引进技术和进口设备的国家与公司（写明外文全称）。

（五）引进技术和进口设备消化、吸收创新的建议。

第二节　工艺流程和消耗定额

（一）全厂总工艺流程和车间（装置）的工艺流程说明。附全厂工艺总流程图和车间（装置）工艺流程图。

（二）全厂物料平衡方案。

（三）全厂热平衡方案。

（四）车间（装置）原材料、辅助材料和燃料、动力消耗定额及国内外先进水平比较。

第三节　自控技术方案

（一）自控水平和主要控制方案。

（二）仪表类型的确定。

（三）主要关键仪表选择。

第四节　主要设备的选择

（一）根据工艺技术方案的情况，主要关键设备方案比较和选用的理由。

（二）提出大型超限设备名称、重量、尺寸。

（三）进口设备，应提出国内、外设备拟分交方案或与外国厂商合作制造方案。附进口设备表。

（四）车间（装置）主要设备表（名称、规格、参数、数量、材质）。

老厂改建、扩建和技术改造项目要说明可利用原有的设备情况。

第五节　标准化

（一）工艺设备、管道、分析、仪表、电气等拟采用标准化的情况。

（二）对技术引进和进口设备拟采用标准化的说明。

第五章　原料、辅助材料及燃料的供应

第一节　原料供应

（一）主要原料的品种、规格，年需用量、来源及运输条件。

（二）原料资源的储量、品位、开采及生产规模等情况。

（三）阐明原料的可靠性。

第二节　辅助材料供应

（一）主要辅助原材料的品种、规格、年需用量和开车需用量及来源。

（二）主要辅助原料如需进口，应说明进口的品种、规格、进口量和拟进口的理由。

第三节　燃料供应

（一）使用燃料的品种、规格、年需用量情况。

（二）来源及运输条件。

第六章　建厂条件和厂址方案

第一节　建厂条件

（一）厂址的地理位置、地形、地貌概况。

（二）工程地质、地震烈度、水文地质情况和有关的海、河水文资料。
（三）当地气象条件。
（四）地区和城镇社会经济的现况及发展规划。
（五）厂区交通运输（铁路、公路、水运、码头等）条件和运输量的现况及发展规划。
（六）水源、水质、供排水工程、防洪等情况。
（七）电源、供电、电讯等情况和发展规划。
（八）供热工程情况。
（九）当地施工和协作条件。
（十）与城镇、地区规划的关系和生活福利设施的条件。
（十一）目前厂内土地使用现状、厂区拟占地面积、需征土地情况等。

第二节　厂址方案

（一）扼要归纳各厂址方案的优缺点、并进行技术经济比较。
（二）提出推荐厂址的意见和说明理由。附厂址区域位置和厂址方案示意图。
对老厂改建、扩建和技术改造项目，应说明承办企业基本情况和厂址方案的比较。

第七章　公用工程和辅助设施方案

第一节　总图运输

（一）总平面布置。
1. 总平面布置的原则和功能划分。
2. 竖向布置原则及工程的土石方工程量。
3. 总图布置方案的比较和推荐意见，并列出总图主要指标。附总平面布置图。
（二）工厂运输。
1. 全厂货物运输量和运输方式的确定。
2. 货物运输方案的比较和选择。
（三）工厂防护设施设置的原则和要求。
（四）排渣场。
1. 工厂排出废渣的数量（t/a）、性质、综合利用途径和堆存时间。
2. 排渣场方案比较、占地概况，估计贮存量和使用年限。
3. 废渣输送方式、运距和运输工具。
（五）运输车辆和设备的选择。
列出主要运输车辆和设备表。

第二节　给排水

（一）工厂给水。
1. 给水水源、取水和输水及水处理方案的比较与选择。
2. 厂区给水系统方案的比较和选择。
（二）工厂排水。
1. 全厂排水系统的划分和技术方案的选择。
2. 污水处理方案的比较和选择。
附全厂给水、排水水量、水质表和水平衡图。
（三）设备的选择。
列出给排水主要设备表。

第三节　供电及电讯

（一）全厂供电。

1. 全厂用电负荷及负荷等级，按装置分项列表。

2. 供电电源选择和可靠性阐述。

3. 全厂供电方案比较与选择及原则确定。附全厂供电系统图。

4. 非线性负荷谐波情况预测及防治设想。

（二）电讯。

1. 全厂电讯设施的组成及包括范围。

2. 全厂电讯设施方案的选择。

（三）设备选择。

列出供电、电讯主要设备表。

第四节　供热或热电车间

（一）供热或热电车间。

1. 全厂各种蒸汽参数的用汽量情况，按车间（装置）和单项列出。

2. 供热或热电车间规模的比较和确定。

3. 供热或热电车间技术方案的比较和选择。对热电车间要说明供汽和发电之间的关系，列出汽、电平衡表。附全厂热力系统图。

4. 燃料的消耗量、灰渣排出量，并说明灰渣存放和综合利用情况。

（二）脱盐水或软化水。

1. 全厂脱盐水或软化水用量情况和规模确定。

2. 脱盐水或软化水方案的选择。

（三）设备的选择。

列出供热或热电车间、脱盐水或软化水的主要设备表。

第五节　贮运设施及机械化运输

（一）全厂性贮运设施的内容及管理体制。

（二）各种物料贮存天数、贮存量的确定。

（三）物料的装卸、贮运、处理等方案的确定。

（四）集中罐区及其辅助设施方案的选择。

（五）全厂性仓库面积及贮存量的确定。

（六）物料的运输工艺走向机械化和自动化水平的确定。

（七）列出主要设备表。

第六节　厂区外管网

（一）说明车间（装置）外部工艺及供热管道，所包括的范围和输送的介质情况。

（二）管道敷设的原则及敷设方式。

（三）管道穿越特殊地区，技术方案的确定。

第七节　采暖通风及空气调节

（一）采暖、通风、除尘及空气调节设置原则的确定。

（二）采暖、通风、除尘及空气调节方案的选择。

（三）列出主要设备表。

第八节　空压站、氮氧站、冷冻站

（一）全厂压缩空气、净化压缩空气、氮气和氧气需要量和质量要求。

（二）全厂各车间（装置）用冷量、用冷方式、用冷温度等级要求。

（三）空压站、氮氧站、冷冻站的规模和技术方案的确定。

（四）列出主要设备表。

第九节　维修（机修、仪修、电修、建修）

（一）说明全厂维修体制及设置原则。

（二）维修能力的确定。

（三）主要设备选型，列出主要设备表。

第十节　制袋、制桶

（一）说明设置制袋、制桶车间（装置）的必要性和原则确定。

（二）制袋、制桶规模的确定。

（三）列出主要设备表。

第十一节　中央化验室

（一）中化室设置目的和任务。

（二）中化室的规模、组成和面积确定。

第十二节　土建（建筑物、构筑物）

（一）土建工程方案的选择和原则确定。

（二）土建工程量及三大材料用量估算。附主要建筑物和构筑物一览表。

（三）对地区特殊性问题（如抗震、特殊土地基处理），采取处理措施的说明。

（四）全厂人防设施方案的确定。

第十三节　生活福利设施

（一）全厂生活福利设施规划方案。

（二）建筑标准、建筑面积及单位造价确定。

老厂改建、扩建和技术改造项目的公用工程和辅助设施方案中，应说明哪些可利用原有的设备和设施；哪些需相应地改造和改建、扩建；并要说明总图布置有项目和无项目时占地面积、建筑面积及建筑利用系数的对比分析；要说明拟建项目用水与老厂关系，厂区内已有电网供电情况，厂区内已有锅炉供热情况等。

第八章　节　　能

第一节　能耗指标及分析

（一）项目能耗指标。

1. 分品种实物能耗总量、综合能耗总量。

2. 单位产品（产值）综合能耗、可比能耗情况。

（二）能耗分析。

1. 单位产品能耗、主要工艺能耗指标和国内、国际对比分析。

2. 主要指标应以国内先进水平和国际先进能耗水平作为比较依据。

第二节　节能措施综述

（一）主要工艺流程采取节能新技术、新工艺情况。

（二）一律不得选用已公布淘汰的机电产品以及国家产业政策限制内的产业序列和规模容量。

（三）余热、余压、放散可燃气体回收利用措施。

（四）炉窑、热力管网系统采用的保温措施。

（五）工业锅炉采用热电联产措施。

第三节　单项节能工程

（一）凡不能纳于主导工艺流程（如热电联产、集中供热）和拟分期建设的节能项目，应在报告中单列节能工程。

（二）单列节能工程应单列节能计算、单位节能造价、投资估算以及投资回收期等。

第九章　环境保护与劳动安全

第一节　环境保护

（一）厂址与环境影响。

1．厂址的地理位置与环境保护情况。

2．拟建厂地区环境现状与分析。

（二）主要污染源与污染物。

1．主要污染源及其控制措施。

2．主要污染物分类，所含主要有害有毒物质成分、排放量和排放浓度。

3．排放方式和去向。

（三）综合利用与治理方案。

1．综合利用或回收方案的比较和选择。

2．治理的原则和方案。

3．预计达到的效果。

（四）环境保护措施费用。

环境保护设施投资（万元），占工程建设总投资％。

第二节　劳动保护与安全卫生

（一）建设项目生产过程中职业危害因素的分析。

（二）职业安全卫生防护的措施。

（三）劳动保护设施费用。

劳动保护投资（万元），占建设总投资％。

第三节　消防

（一）工程的消防环境现状。

（二）工程的火灾危险性类别；民用建筑类别。

（三）消防设施和措施。

（四）消防设施费用。

消防投资（万元），占建设总投资％。

老厂改建、扩建和技术改造项目应与原有生产系统结合，论述环境影响状况与劳动安全的情况。说明新增环境保护、劳动保护、消防等方面的投资额占新增建设投资的比例。

第十章　工厂组织和劳动定员

第一节　工厂体制及组织机构

（一）工厂体制及管理机构的设置和确定原则。

（二）生产和辅助生产车间（装置）的组织机构。

第二节　生产班制和定员

（一）全厂的生产车间、辅助生产车间及行政管理部门的班制划分。

（二）全厂总定员和各类人员的比例。附定员表。

第三节 人员的来源和培训

（一）概述工人、技术人员和管理人员的来源。

（二）人员培训规划（如需出国培训要单独列出）。

老厂改、扩建和技术改造项目，应说明从老厂可能调剂的工人、技术人员、管理人员的职工人数。

第十一章 项目实施规划

第一节 建设周期的规划

（一）建设周期内，拟分几个阶段进行。

（二）建设周期总时间。

第二节 实施进度规划

（一）各阶段实施进度规划。

（二）编制项目实施规划进度表或实施规划网络图。

老厂改建、扩建和技术改造项目实施进度的安排与新建项目比要复杂得多。其复杂程度将视与原有车间（装置）、设施结合的密切程度而定。安排项目实施进度规划的原则应是把车间（装置）、设施停产或减产损失减少到最低限度。一般是结合大修理时间进行安排。重大改、扩建和技术改造项目要作切实可行的实施方案比较，确定最优方案。

第十二章 投资估算和资金筹措

第一节 总投资估算

（一）建设投资估算。

1．投资估算编制的依据和说明。

2．单项工程的投资估算。

3．建设投资估算。

建设投资估算是由工程费用项目、工程建设其他费用项目及预备费用三部分组成。估算包括静态和动态两部分。静态部分是指建设项目的设备购置费、建筑工程费、安装工程费及工程建设其他费用；动态部分是指建设项目由于物价等变化所需的费用。附建设投资估算表。

股份制和国有企业集团建设投资估算包括固定资产、无形资产、开办费及预备费。

4．建设投资所需外汇资金用汇额估算（均折算为美元，使用非美元外汇的要注明折算率）。

5．投资估算分析。

（二）固定资产投资方向调节税估算。

1．基本建设序列。

2．技术改造序列。

（三）建设期贷款利息计算。

1．人民币贷款利息计算。

2．外汇贷款利息计算。

（四）固定资产投资估算。

固定资产投资包括：建设投资、投资方向调节税、建设期利息。

（五）流动资金估算。

1．扩大指标估算法。

2．分项详细估算法。

股份制和国有企业集团流动资金估算按应收账款、存货（包括原材料、燃料、半成品、产品、备件）；库存现金及应付账款要求编制。

（六）项目总投资。

建设项目总投资额由固定资产投资和流动资金两部分组成。

老厂改、扩建和技术改造项目，要说明利用原有固定资产原值、净值情况或重估值情况及可利用原有流动资金情况。

第二节　资金筹措

（一）资金来源。

1．固定资产投资资金来源。

（1）人民币资金来源渠道和贷款条件。

（2）外汇资金来源渠道和贷款条件。

2．流动资金来源。

（1）30％铺底资金来源渠道。

（2）流动资金总额的70％，由银行贷款。

（二）资金运筹计划。

逐年（或半年）资金筹措数额和安排使用规划。

（三）投资规模。

要说明固定资产投资金额是否已列入部门或地方的投资规模内。

第十三章　财务、经济评价及社会效益评价

第一节　产品成本估算

（一）产品成本估算依据和说明。

（二）成本的估算。

1．化工产品成本项目由原材料；燃料及动力；生产工人工资及福利基金；车间经费；扣除副产；企业管理费；销售及其他费用组成。

股份制和国有企业集团成本估算按《股份制试点企业会计制度》及《国有企业集团会计制度》的要求执行。

2．单位产品成本的估算。附成本估算表。

3．年总成本和经营成本的估算。

（三）产品成本分析。

第二节　财务评价

（一）财务评价的依据和说明。

（二）主要计算报表分析。

1．财务现金流量表。

（1）全部投资现金流量表，是以全部投资均为自有资金作为计算基础。

（2）国内投资现金流量表，该表适用于涉及利用外资项目，以国内资金（包括国家预算内投资、国内贷款及自有资金等）作为计算基础。

（3）自有资金现金流量表，该表适用于利用自有资金项目，以自有资金作为计算基础。

2．利润表。

3．财务平衡表。

4. 财务外汇流量表。该表一般可不编制，利用外资项目有特殊要求时应编制。

5. 借款偿还平衡表。

6. 资产负债表。该表一般可不编制，利用外资项目有特殊要求时应编制。

（三）财务盈利能力分析。

评价主要指标：

1. 静态指标。

（1）投资利润率。

（2）投资利税率。

（3）投资收益率。

（4）投资净产值率。

（5）投资回收期（一般从建设开始年算起，如从投产年算起应予注明）。

（6）成本利润率。

（7）全员劳动生产率（按净产值计算）。

除上述指标外，还可以计算其他补充指标，如净产值能耗（t/万元）或产值能耗（t/万元）、销售利润率、销售利税率等指标。在财务评价中可根据拟建项目的具体情况选用需要指标。

2. 动态指标。

（1）财务内部收益率（FIRR）。

（2）财务净现值（FNPV）。

（四）项目清偿能力分析。

1. 人民币贷款偿还期。

2. 外汇贷款偿还期。

3. 清偿能力分析说明。

（五）不确定性分析。

1. 盈亏平衡分析。

2. 敏感性分析。

3. 概率分析（一般可不作）。

（六）方案比较指标。

1. 静态指标。

（1）差额投资收益率法。

（2）差额投资回收期法。

2. 动态指标。

（1）净现值。

（2）差额投资内部收益率。

（3）费用现值比较（简称现值比较）。

（4）年费用比较。

（七）改建、扩建和技术改造项目评价。

1. 改、扩建和技术改造项目原则上应采用有无对比法。即分别计算有项目时和无项目时的费用和效益，从而计算增量费用和增量效益，进一步求得净增量效益。

2. 改、扩建和技术改造项目财务评价原则上应在增量效益和增量费用对应一致的基础上进行，其增量投资不应包括“沉没费用”。所谓沉没费用是指企业过去建设中预留发展的设施（如工厂留有发展余地、厂房留有新设备安装位置等），项目利用旧有设施的潜在能力等。

3．必要时应计算改造方案总量效益。

第三节　国民经济评价

（一）说明国民经济评价采用的主要参数。

1．社会折现率。

2．影子汇率。

3．工资换算系数。

（二）基础数据调整及原则依据的说明。

1．固定资产投资的调整。

2．流动资金的调整。

3．经营成本的调整。

4．销售收入的调整。

（三）基本计算报表分析。

1．全部投资经济效益费用流量表，以全部投资作为计算的基础。

2．国内投资经济效益费用流量表，以国内投资作为计算的基础。

（四）评价主要指标。

1．经济内部收益率（EIRR）。

2．经济净现值（ENPV）。

3．经济外汇净现值（ENPVF）。

4．经济换汇成本或经济节汇成本（元/美元）。

（五）不确定性分析。

1．敏感性分析。

2．概率分析（一般可不作）。

第四节　社会效益的评价

可以根据项目特点及具体情况确定评价的内容，有的可以用数字表示，有的则是非数量化的。一般包括以下几方面内容：

（一）对节能的影响；

（二）对环境保护和生态平衡的影响；

（三）对提高国家、地区和部门科技进步的影响；

（四）对发展地区或部门经济的影响；

（五）对减少进口节约外汇和增加出口创汇的影响；

（六）提高产品质量对用户的影响；

（七）对节约劳动力或提供就业机会的影响；

（八）对节约及合理利用国家资源（如土地、矿产等）的影响；

（九）对远景发展的影响；

（十）对提高人民物质文化生活及社会福利的影响；

（十一）对国防和工业配置的影响等。

第十四章　结　　论

第一节　综合评价

（一）综述项目研究过程中主要方案的选择和推荐意见。

（二）综述项目实施方案的财务、国民经济和社会效益评价的情况，以及不确定性因素对经济效益的影响，指出项目承担风险的程度，提出可减少风险的措施。

第二节　研究报告的结论

（一）综合上述分析，对工程项目建设方案，从技术和经济，从宏观经济效益与微观经济效益，作出结论。

（二）存在的问题。

（三）建议及实施条件。

应有附件：

（一）编制可行性研究报告依据的有关文件。

（二）主要原材料、燃料、动力供应及运输等有关协作单位或有关主管部门签订的意向性协议书或签署的意见。

（三）储委会正式批准的资源开采储量、品位、成分的审批意见（包括拟用的地下水开采储量）。

（四）厂址选择、选线报告（新建项目）。

（五）资金筹措意向协议书或意见书。

（六）自筹资金应附同级财政部门对资金来源渠道的审查意见。

（七）环保部门对环境影响预评价报告的审批意见。

（八）有关主管部门对建厂地址和征用土地的审批或签署的意见。

（九）其他。

三、附　　则

（一）本规定如与国家现行法规和政策相抵触时，应照国家有关规定执行。

（二）本规定由化学工业部负责解释。

（三）本规定自发布之日起施行。

2. 化工建设项目建议书内容和深度的规定[1]

一、总　　则

（一）根据国家关于编报项目建议书和项目建议书主要内容要求，结合化工建设项目的特点，为进一步搞好建设前期工作，特将（87）化规字第1034号文发布的《化工建设项目建议书内容和深度的规定》修订补充为本规定。

（二）凡列入建设前期工作计划的项目，均应有批准的项目建议书。项目建议书获批准即为立项。

（三）项目建议书，由企事业单位、部门等根据国民经济和社会发展长远规划，国家的产业政策，行业、地区发展规划，以及国家的有关投资建设方针、政策编报。其中大中型和限额以上新建及大型扩建项目，在上报项目建议书时一般须附初步可行性研究报告。初步可行性研究报告内容，可参照可行性研究报告的内容，而对其深度与精确度的要求有所不同。初

[1] 化工部规划院. 化工建设项目经济评价方法与参数. 化学工业部，1994. 106～110。

步可行性研究报告由项目建议书编报单位委托有资格的规划、设计单位或工程咨询单位编制。

（四）编报项目建议书内容要完整，文字要简练。要坚持实事求是的原则，对拟建项目的各要素进行认真的调查研究，并据实进行测算分析。

（五）项目建议书的经济和社会效益初步评价，一般应按财务评价和国民经济评价初步分析两个互相衔接、互相验证的步骤进行。特别是涉及国民经济重大项目（包括重大技术改造项目）有关稀缺资源开发和利用的项目，涉及产品、原料、燃料进出口或代替进口的项目，除要进行财务评价的初步分析，还要进行国民经济评价的初步分析，以便于上级领导机关对拟建项目是否深入进行可行性研究做出宏观决策。

（六）项目建议书中建设投资估算误差的控制指标，在国家现有规定尚未明确前，暂定为±20%。

（七）本规定适用于大、中型化工建设项目建议书的编报。对于老厂改建、扩建和技术改造项目可根据本规定的要求，结合项目的原有基础条件和可利用的设施等情况进行编报。

小型项目的项目建议书可参照本规定有关内容要求，在满足上级审批需要的前提下适当简化，可不报初步可行性研究报告。

本规定的内容和深度随工程项目不同而有所差别，根据工程项目条件的不同而各有所侧重，可根据拟建项目具体情况确定。

橡胶行业可根据本规定的要求，结合行业特点制定实施细则。

（八）凡报送的项目建议书内容和深度不符合本规定要求的，审批机关不予审批，由报送单位另行补报或重报。

二、项目建议书内容和深度

（一）项目建设目的和意义

项目提出的背景（改建、扩建和技术改造项目要简要说明企业现有概况）和依据，投资的必要性及经济意义。

（二）市场初步预测

1. 产品国内、外市场供需情况的现状和近期、远期需要量及主要消费去向的初步预测。

2. 国内、外相同或可替代产品近几年已有和在建的生产能力、产量情况及变化趋势的初步预测。

3. 近几年产品进出口情况。

4. 产品的销售初步预测，竞争能力和进入国际市场的前景初步估计。

5. 国内、外产品价格的现状及销售价格初步预测。

（三）产品方案和生产规模

1. 产品和副产品的品种、规格、质量指标及拟建规模（以日和年生产能力计）。

2. 论述产品方案是否符合国家产业政策、行业发展规划、技术政策和产品结构的要求。

3. 对生产规模的初步分析。

老厂改、扩建和技术改造项目产品方案和生产规模要结合企业现有内部和外部条件，拟定初步比较方案，进行优选。

（四）工艺技术初步方案

1. 简要概述原料路线和生产方法。

2. 工艺技术（软件）来源的选择与初步比较。

3. 需要引进技术和进口设备的项目，要说明引进和进口的范围、内容及理由。提出引进和进口的国别、厂商的设想。

（五）原材料、燃料和动力的供应

1. 主要原材料、辅助材料、燃料的种类、规格、年需用量及供应来源。

2. 资源储量、品位、成分等情况，阐述资源供给的可能性和可靠性。

3. 水、电、汽和其他动力小时用量及年需用量，并说明供应方式和供应条件。

（六）建厂条件和厂址初步方案

1. 建设地点的自然条件和社会经济条件。

2. 建设地点是否符合地区布局的要求。

3. 厂址方案选择的初步意见。附厂址区域位置和厂址初步方案示意图。

对老厂改、扩建和技术改造项目，应简要说明承办企业基本情况，建设的有利条件和厂址方案初步意见。

（七）公用工程和辅助设施初步方案

1. 公用工程初步方案和原则确定。

2. 辅助设施初步方案和原则确定。

3. 土建（建筑与结构）初步方案和原则确定。

老厂改、扩建和技术改造项目的公用工程和辅助设施初步方案中，应简要说明哪些可利用原有的设施，哪些需相应地改造和改建、扩建。

（八）环境保护

1. 拟建厂地区环境现状初步分析。

2. 初步预测拟建项目对环境的影响。

3. 提出环境保护治理“三废”的原则和综合利用初步意见。

老厂改、扩建和技术改造项目的环境保护应简要说明现有工厂或车间（装置）的环境现状。

（九）工厂组织和劳动定员估算

1. 简要说明工厂体制及管理机构设置的原则。

2. 工厂班制和劳动定员的估算。

对老厂改、扩建和技术改造项目，应说明从老厂可能调剂的职工数。

（十）项目实施初步规划

1. 简要说明建设工期初步规划。

2. 项目实施初步进度表。

老厂改、扩建和技术改造项目，项目实施初步规划应与原有装置（车间）、设施结合的密切程度而定。安排项目实施初步规划的原则应是把车间、设施停产或减产损失减少到最低限度。

（十一）投资估算和资金筹措方案

1. 投资估算。

(1) 建设投资估算。

① 主体工程和协作配套工程所需的建设投资估算。

② 外汇需要量估算（均折算为美元计算，使用非美元外汇的要注明折算率）。

(2) 固定资产投资方向调节税估算。

(3) 初步计算建设期利息。

(4) 固定资产投资包括：建设投资、固定资产投资方向调节税、建设期利息。

(5) 流动资金估算。

(6) 建设项目总投资额由固定资产投资和流动资金两部分组成。

老厂改、扩建和技术改造项目，要简要说明利用原有固定资产原值、净值情况或重估值情况及可利用原有流动资金情况。

2. 资金筹措方案。

(1) 固定资产投资资金来源。

① 人民币资金来源渠道和贷款条件。

② 外汇资金来源渠道和贷款条件。

(2) 流动资金来源。

(3) 逐年资金筹措数额和安排使用方案。

(十二) 经济效益和社会效益的初步评价

1. 产品成本估算。

2. 财务评价的初步分析。

(1) 静态指标。

① 投资利润率。

② 投资利税率。

③ 投资净产值率。

④ 投资回收期（自建设开始年算起，如从投产时算起应予注明)。

⑤ 成本利润率。

⑥ 全员劳动生产率（按净产值计算)。

(2) 动态指标。

① 财务内部收益率（FIRR)。

② 财务净现值（FNPV)。

(3) 借款偿还初步测算。

(4) 外汇偿还能力初步分析。

(5) 不确定性分析。

老厂改、扩建和技术改造项目财务评价初步分析，原则上宜采用“有无对比法”，计算改、扩建后与不改、扩建相对应的增量效益和增量费用，从而计算增量部分的分析指标。根据项目的具体情况有时也可以算改、扩建后的分析指标。必要时应计算改造方案总量效益。根据项目的具体情况有时也可计算改、扩建后的分析指标。

3. 国民经济评价的初步分析。

国民经济评价它是从国家整体角度考察项目的效益和费用，计算分析项目给国民经济带来的净效益。

(1) 经济内部收益率（EIRR)。

(2) 经济净现值（ENPV)。

4. 社会效益初步分析。

社会效益初步分析的内容可根据项目具体情况确定，一般包括：

(1) 对节能的影响；

(2) 对环境保护和生态平衡的影响；

(3) 提高产品质量对用户的影响；

(4) 对提高国家、地区和部门科技进步的影响；

(5) 对节约劳动力或提供就业机会的影响；

(6) 对减少进口节约外汇和增加出口创汇的影响；

(7) 对发展地区或部门经济的影响等。

(十三) 结论与建议

1. 结论。

综述对项目各方面的初步研究，作出结论。

2. 存在问题。

3. 建议。

项目建议书应有的主要附件：

1. 项目初步可行性研究报告；

2. 厂址选择初步方案报告（新建项目）；

3. 主要原材料、燃料、动力供应及运输等初步意向性文件或意见；

4. 资金筹措方案初步意向性文件；

5. 有关部门对建厂地址或征用土地的初步意见；

6. 建设项目可行性研究工作计划；

7. 邀请外国厂商来华进行初步交流计划。

三、附　　则

(一) 本规定如与国家现行法规和政策相抵触时，应按国家有关规定执行。

(二) 本规定由化学工业部负责解释。

(三) 本规定自发布之日起施行。

3. 化工某些行业大中型建设项目财务评价参数[❶]

行业名称	财务基准收益率/%	财务基准投资回收期/年	计算期/年		备注
			建设期	生产期	
氮肥	9	11	3～4	15	
磷肥	10	11	3～4	12～14	
硫酸	10	10	2～3	8	
纯碱	10	11	3～4	12	
氯碱	12	10	2～4	12～14	
轮胎	13	10	2～4	16	
农药	14	9	1～3	8～12	
有机化工原料	12	10	2～4	13～15	
石油化工	12	10	3～4	13～15	
全化工行业	12	10			

❶ 化工部规划院．化工建设项目经济评价方法与参数．化学工业部，1994．89。

4. 部分货物影子价格❶

名　称	影子价格/(元/t)	备　注	名　称	影子价格/(元/t)	备　注
1. 液氨	1400	不包括运费和贸易费用(下同)	7. 液氯	1300	不包括运费和贸易费用(下同)
2. 尿素(袋装)	1200		8. 盐酸(31%)	450	
3. 磷精矿(30%)	250		9. 硫酸(98%)	420	
4. 硫精矿(35%)	220		10. 天然气	0.40 元/m^3	
5. 轻质纯碱	1600		11. 原盐(海盐)	160	
6. 烧碱(金属阳极)42%	1700				

5. 全国独立核算工业企业财务三率（化学工业部分）❷

1981 年至 1984 年

序号	部 门 及 行 业	投资利润率/%	投资利税率/%	内部收益率/%
1	石油工业	18	25	19
2	化学工业	12	19	12
3	基本化学原料工业	9	15	9
4	化学肥料工业	5	7	6
5	化学农药工业	9	12	8
6	有机化学工业	16	28	17
7	其中：染料、油漆、颜料	21	44	21
8	化学药品工业	22	30	23
9	日用化学工业	20	34	19
10	橡胶加工工业	20	36	20
11	其中：生活用橡胶制品	18	35	18
12	塑料加工工业	15	21	16
13	其中：生活用塑料制品	13	19	14

1985 年

序号	部 门 及 行 业	投资利润率/%	投资利税率/%	内部收益率/%
1	石油加工业	24	51	23
2	炼焦、煤气及煤制品业	8	11	9
3	其中：煤气生产和供应业	2	3	1
4	其中：煤气生产业	3	5	1
5	煤制品业	9	11	10
6	化学工业	8	14	7
7	基本化学原料制造业	8	14	8
8	化学肥料制造业	3	5	2
9	化学农药制造业	3	5	1
10	有机化学产品制造业	13	27	14
11	其中：涂料及颜料制造业	16	43	17
12	染料制造业	12	30	12
13	合成材料制造业	10	16	11
14	林产化学产品制造业	7	15	6

❶ 化工部规划院．化工建设项目经济评价方法与参数．化学工业部，1994．90。
❷ 国家计划委员会．建设项目经济评价方法与参数．北京：中国计划出版社，1987。

续表

序号	部 门 及 行 业	投资利润率/%	投资利税率/%	内部收益率/%
15	炸药及火工产品制造业	3	5	1
16	日用化学产品制造业	17	30	17
17	其中：肥皂及皂粉制造业	15	27	15
18	合成洗涤剂及合成脂肪酸制造业	17	27	17
19	火柴制造业	14	17	13
20	医药工业	15	23	14
21	其中：化学药品制剂制造业	14	23	13
22	中药材及中成药加工业	18	25	17
23	生物制品业	15	18	13
24	化学纤维工业	12	17	12
25	其中：合成纤维制造业	13	18	12
26	橡胶制品业	18	38	18
27	其中：力车胎制造业	24	51	24
28	橡胶靴鞋制造业	16	31	16
29	日用橡胶制造业	16	34	17
30	塑料制品业	12	18	12
31	其中：生活用塑料制品业	11	17	11
32	建筑材料及其他非金属矿物制品业	8	13	10
33	水泥制造业	8	11	9
34	水泥制品及石棉水泥制品业	7	10	8
35	砖瓦、石灰和轻质建筑材料制造业	7	12	9
36	玻璃及玻璃制品业	12	22	13
37	其中：日用玻璃制品业	10	22	11
38	陶瓷制品业	6	10	6
39	其中：日用陶瓷制造业	4	7	3
40	其他陶瓷制造业	5	11	5
41	耐火材料制品业	11	18	12
42	石墨及碳素制品业	12	15	13

6. 常用物质重要物性数据表

序号	物质名称	化学式	分子量 M	沸点 t_b/℃	熔点 t_m/℃	临界值 临界温度 t_c/℃	临界值 临界压力 p_c/atm	临界值 临界密度 ρ_c/(g/ml)	20℃下液体密度 ρ/(g/ml)	液体比热容 c_{pl}/[cal/(g·℃)]	正常沸点下汽化潜热 ΔH/(kcal/mol)
	一、饱和烃										
1	甲烷	CH_4	16.043	−161.52	−182.47	−82.62	45.36	0.163	0.466 (t_b)	1.151 (−100℃)	1.955
2	乙烷	C_2H_6	30.069	−88.60	−183.33	32.18	48.08	0.204	0.5612 (−100℃)	0.561 (−92.3℃)	3.517
3	丙烷	C_3H_8	44.096	−42.05	−187.69	96.59	41.98	0.214	0.6021 (−60℃)	0.543 (−41.7℃)	4.487
4	正丁烷	C_4H_{10}	58.123	−0.50	−138.36	151.90	37.43	0.225	0.6115 (−10℃)	0.548 (−17.8℃)	5.352
5	异丁烷	C_4H_{10}	58.123	−11.72	−159.61	134.98	36.00	0.221	0.6033 (−20℃)	0.537 (−10℃)	5.090

续表

序号	物质名称	化学式	分子量 M	沸点 t_b/℃	熔点 t_m/℃	临界值：临界温度 t_c/℃	临界值：临界压力 p_c/atm	临界值：临界密度 ρ_c/(g/ml)	20℃下液体密度 ρ/(g/ml)	液体比热容 c_{pl}/[cal/(g·℃)]	正常沸点下汽化潜热 ΔH/(kcal/mol)
	一、饱和烃										
6	正戊烷	C_5H_{12}	72.150	36.06	−129.73	196.46	33.32	0.232	0.6262	0.554 (25℃)	6.160
7	2-甲基丁烷	C_5H_{12}	72.150	27.84	−159.91	187.24	33.37	0.236	0.6197	0.546 (25℃)	5.901
8	2,2-二甲基丙烷	C_5H_{12}	72.150	9.50	−16.57	160.6	31.55	0.232	0.613 (0℃)	0.500 (−14.2℃)	5.438
9	正己烷	C_6H_{14}	86.177	68.73	−95.32	234.53	29.95	0.233	0.6594	0.542 (25℃)	6.896
10	正庚烷	C_7H_{16}	100.203	98.42	−90.58	267.71	27.2	0.234	0.6837	0.537 (25℃)	7.576
11	正辛烷	C_8H_{18}	114.230	125.68	−56.76	295.61	24.54	0.232	0.7025	0.532 (25℃)	8.225
	二、烯烃										
12	乙烯	C_2H_4	28.054	−103.68	−169.14	9.19	49.73	0.215	0.5772 (−110℃)	0.573 (−104.4℃)	3.237
13	丙烯	C_3H_6	42.080	−47.72	−185.25	91.8	45.6	0.233	0.6238 (−60℃)	0.520 (−50℃)	4.402
14	1-丁烯	C_4H_8	56.107	−6.25	−185.35	146.4	39.7	0.234	0.6297 (−10℃)	0.508 (−19.8℃)	5.238
15	2-顺丁烯	C_4H_8	56.107	3.72	−138.92	162.40	41.5	0.240	0.6449 (0℃)	0.506 (−6.6℃)	5.580
16	2-反丁烯	C_4H_8	56.107	0.88	−105.53	155.46	40.5	0.236	0.6269 (0℃)	0.520 (−12.6℃)	5.439
17	异丁烯	C_4H_8	56.107	−6.9	−140.34	144.75	39.48	0.235	0.6294 (−10℃)	0.517 (−20.1℃)	5.286
18	1-戊烯	C_5H_{10}	70.134	29.96	−165.22	190.62	35.05	0.230	0.6405	0.529 (25℃)	6.022
19	2-顺戊烯	C_5H_{10}	70.134	36.93	−151.40	201.8	36.4	0.23	0.6556	0.517 (25℃)	6.24
20	2-反戊烯	C_5H_{10}	70.134	36.34	−140.26	202	36	0.23	0.6482	0.535 (25℃)	6.23
21	2-甲基-1-丁烯	C_5H_{10}	70.134	31.15	−137.57	192	34	0.23	0.6504	0.536 (25℃)	6.094
22	3-甲基-1-丁烯	C_5H_{10}	70.134	20.05	−168.49	177	35	0.23	0.6272	0.532 (25℃)	5.75
23	2-甲基-2-丁烯	C_5H_{10}	70.134	38.56	−133.76	197	34	0.22	0.6623	0.511 (25℃)	6.287
24	1-己烯	C_6H_{12}	84.161	63.48	−139.83	230.83	30.8	0.23	0.6732	0.521 (25℃)	6.76
	三、炔烃和二烯烃										
25	乙炔	C_2H_2	26.038	−84 (升华)	−80.8	35.18	60.59	0.231	0.6208 (−83℃)		4.13

续表

序号	物质名称	化学式	分子量 M	沸点 t_b/℃	熔点 t_m/℃	临界值 临界温度 t_c/℃	临界压力 p_c/atm	临界密度 ρ_c/(g/ml)	20℃下液体密度 ρ/(g/ml)	液体比热容 c_{pl}/[cal/(g·℃)]	正常沸点下汽化潜热 ΔH/(kcal/mol)
	三、炔烃和二烯烃										
26	丙炔	C_3H_4	40.065	−23.21	−102.7	129.23	55.54	0.245	0.690 (−40℃)		5.27
27	1-丁炔	C_4H_6	54.091	8.07	−125.72	190.5	(44.7)	(0.244)	0.7119 (−31.3℃)		5.864
28	2-丁炔	C_4H_6	54.091	26.98	−32.24	215.5	(44.7)	(0.244)	0.6910	0.553 (25℃)	6.34
29	1-戊炔	C_5H_8	68.118	40.17	−105.7	220.3	(38.7)	(0.246)	0.6901		6.50
30	1-己炔	C_6H_{10}	82.145	71.32	−131.9	(258)	(34.0)	(0.247)	0.7155		7.00
31	乙烯基乙炔	C_4H_4	52.076	5.1	—	(182)	(48.0)	(0.258)	0.7090 (0℃)		5.87
32	1,3-丁二烯	C_4H_6	54.091	−4.41	−108.90	152	42.7	0.245	0.6568 (−10℃)	0.520 (25℃)	5.842
33	异戊二烯	C_5H_8	68.118	34.06	−145.96	(210)	(36.9)	(0.256)	0.6809	0.530 (25℃)	6.14
	四、芳烃										
34	苯	C_6H_6	78.113	80.09	5.53	288.95	48.34	0.306	0.8789	0.416 (25℃)	7.352
35	甲苯	C_7H_8	92.140	110.63	−94.97	318.57	40.55	0.290	0.8670	0.408 (25℃)	7.931
36	乙苯	C_8H_{10}	106.167	136.20	−94.95	343.94	35.62	0.284	0.8670	0.419 (25℃)	8.50
37	邻二甲苯	C_8H_{10}	106.167	144.43	−25.17	357.1	36.84	0.283	0.8802	0.423 (25℃)	8.80
38	间二甲苯	C_8H_{10}	106.167	139.12	−47.84	343.82	34.95	0.282	0.8642	0.412 (26℃)	8.69
39	对二甲苯	C_8H_{10}	106.167	138.36	13.26	343.0	34.65	0.280	0.8610	0.414 (25℃)	8.60
40	正丙苯	C_9H_{12}	120.194	159.24	−99.48	365.15	31.58	0.273	0.8620	0.427 (25℃)	9.14
41	异丙苯	C_9H_{12}	120.194	159.24	−96.01	357.9	31.67	0.281	0.8618	0.395 (28.9℃)	8.97
42	1,2,3-三甲苯	C_9H_{12}	120.194	176.12	−25.36	391.30	34.09	0.290	0.8944	0.430 (25℃)	9.57
43	1,2,4-三甲苯	C_9H_{12}	120.194	169.38	−43.77	375.90	31.90	0.280	0.8758	0.427 (25℃)	9.38
44	1,3,5-三甲苯	C_9H_{12}	120.194	164.74	−44.69	364.13	30.86	0.278	0.8652	0.399 (25℃)	9.33
45	1-甲基-2-乙基苯	C_9H_{12}	120.194	165.18	−80.80	378	30	0.26	0.8807		9.29
46	1-甲基-3-乙基苯	C_9H_{12}	120.194	161.33	−95.54	364	28	0.25	0.8645		9.21

续表

序号	物质名称	化学式	分子量 M	沸点 t_b/℃	熔点 t_m/℃	临界值			20℃下液体密度 ρ/(g/ml)	液体比热容 c_{pl}/[cal/(g·℃)]	正常沸点下汽化潜热 ΔH/(kcal/mol)
						临界温度 t_c/℃	临界压力 p_c/atm	临界密度 ρ_c/(g/ml)			
	四、芳烃										
47	1-甲基-4-乙基苯	C_9H_{12}	120.194	162.01	−62.32	367	29	0.26	0.8612		9.18
48	苯乙烯	C_8H_8	104.151	145.16	−30.61	374.4	39.47	0.282	0.9060	0.420 (25℃)	8.850
49	α-甲基苯乙烯	C_9H_{10}	118.178	165.5	−23.2	399	39.47	0.290	0.9090		9.20
50	联苯	$C_{12}H_{10}$	154.211	255.0	69.2	516	38	0.307	0.9919 (73℃)	0.425 (100℃)	11.412
51	萘	$C_{10}H_8$	128.173	218	80.27	475.20	39.98	0.31	0.9625 (100℃)	0.402 (87.5℃)	9.613
	五、环烷烃和环烯烃										
52	环戊烷	C_5H_{10}	70.134	49.25	−93.84	238.5	44.49	0.27	0.7454	0.422 (25℃)	6.524
53	甲基环戊烷	C_6H_{12}	84.161	71.80	−142.47	259.58	37.35	0.264	0.7486	0.441 (25℃)	6.950
54	环己烷	C_6H_{12}	84.161	80.72	6.54	280.3	40.2	0.273	0.7785	0.433 (25℃)	7.16
55	甲基环己烷	C_7H_{14}	98.188	100.93	−126.60	298.97	34.26	0.267	0.7694	0.440 (25℃)	7.44
56	环戊烯	C_5H_8	68.118	44.23	−135.08	232.9	47.2	(0.275)	0.7720	0.429 (25℃)	6.580
57	环己烯	C_6H_{10}	82.145	82.97	−103.49	287.26	43	(0.281)	0.8109	0.434 (25℃)	7.278
58	环戊二烯	C_5H_6	66.102	40.0	−97	(231)	(50.9)	(0.284)	0.805	0.428 (20℃)	7.271
	六、有机卤化物										
59	氯甲烷	CH_3Cl	50.488	−24.2	−97.73	143.10	65.92	0.363	1.005 (−20℃)	0.380 (20℃)	5.147
60	二氯甲烷	CH_2Cl_2	84.933	40	−95.1	237	60	(0.440)	1.3255	0.276 (20℃)	6.69
61	三氯甲烷	$CHCl_3$	119.378	61.7	−63.5	262.9	52.59	0.491	1.490	0.237 (20℃)	7.02
62	四氯化碳	CCl_4	153.823	76.54	−22.99	283.15	44.98	0.557	1.594	0.203 (20℃)	7.17
63	氯乙烷	C_2H_5Cl	64.515	12.27	−136.4	187.2	52	0.33	0.917 (6℃)	0.367 (0℃)	5.892
64	1,1-二氯乙烷	$C_2H_4Cl_2$	98.960	57.28	−96.98	250	50	0.42	1.1755		7.409 (20℃)
65	1,2-二氯乙烷	$C_2H_4Cl_2$	98.960	83.47	−35.36	288	53	0.44	1.253	0.301 (20℃)	7.65
66	氯乙烯	C_2H_3Cl	62.499	−13.37	−153.8	156.5	55.0	0.370	0.9834 (−20℃)	0.38 (20℃)	4.98

续表

序号	物质名称	化学式	分子量 M	沸点 t_b/℃	熔点 t_m/℃	临界值			20℃下液体密度 ρ/(g/ml)	液体比热容 c_{pl}/[cal/(g·℃)]	正常沸点下汽化潜热 ΔH/(kcal/mol)
						临界温度 t_c/℃	临界压力 p_c/atm	临界密度 ρ_c/(g/ml)			
	六、有机卤化物										
67	1-氯丙烷	C_3H_7Cl	78.541	46.60	−122.8	230	45.2	0.37	0.8918		6.62
68	3-氯-1-丙烯	C_3H_5Cl	76.526	45	−134.5	241	46.5	(0.327)	0.9376		6.94
69	2-氯-1,3-丁二烯	C_4H_5Cl	88.537	59.4	−130	261.7	(42.0)	(0.341)	0.9585	0.314 (20℃)	6.40
70	三氟甲烷 (F-23)	CHF_3	70.014	−82.2	−160	26.3	49.7	0.527	1.52 (−100℃)		3.994
71	四氟甲烷 (F-14)	CF_4	88.005	约−129	−150	−45.6	36.9	0.630	1.317 (−80℃)	0.294 (−80℃)	
72	全氟乙烷 (F-116)	C_2F_6	138.012	−79	−94	19.7	29.9	0.617	1.587 (−73℃)	0.232 (−73℃)	3.860
73	四氟乙烯	C_2F_4	100.016	−76.3	−142.5	33.3	38.9	0.58	1.519 (−76.3℃)		4.020
74	一氟三氯甲烷(F-11)	$CFCl_3$	137.368	23.66	−110.48	198.0	43.5	0.554	1.488	0.211 (20℃)	6.02
75	二氟三氯甲烷(F-12)	CF_2Cl_2	120.914	−29.8	−158	111.80	40.71	0.558	1.5095 (−37.8℃)	0.231 (20℃)	4.80
76	三氟一氯甲烷(F-13)	CF_3Cl	104.459	−81.1	−181	28.9	38.7	0.579	1.726 (−130℃)	0.247 (−30℃)	3.74
77	二氟一氯甲烷(F-22)	CHF_2Cl	86.469	−40.66	−157.43	96.0	49.12	0.525			4.85
	七、醇及酚										
78	甲醇	CH_4O	32.042	64.96	−93.9	239.43	79.9	0.272	0.7912	0.596 (20℃)	8.43
79	乙醇	C_2H_6O	46.069	78.30	−117.3	240.77	60.68	0.276	0.7893	0.572 (20℃)	9.220
80	正丙醇	C_3H_8O	60.096	97.4	−126.5	263.56	51.02	0.275	0.8034	0.560 (20℃)	9.852
81	异丙醇	C_3H_8O	60.096	82.4	−89.5	235.15	47.02	0.273	0.7849	0.596 (20℃)	9.512
82	正丁醇	$C_4H_{10}O$	74.122	117.25	−89.53	289.78	43.55	0.270	0.8096	0.560 (29℃)	10.31
83	异丁醇	$C_4H_{10}O$	74.122	108.0	−108	274.63	42.39	0.272	0.8019	0.552 (20℃)	10.05
84	2-丁醇	$C_4H_{19}O$	74.122	99.5	−114.7	262.80	41.39	0.276	0.8063	0.648 (40℃)	9.82
85	叔丁醇	$C_4H_{10}O$	74.122	82.8	25.5	233.0	39.20	0.270	0.7656 (40℃)	0.521 (60℃)	7.86
86	正戊醇	$C_5H_{12}O$	88.149	138.00	−79	315.00	38.58	0.270	0.8148	0.553 (20℃)	10.20
87	正已醇	$C_6H_{14}O$	102.176	158	−46.7	337	(32.9)	0.268	0.8091		14.28 (25℃)

续表

序号	物质名称	化学式	分子量 M	沸点 t_b/℃	熔点 t_m/℃	临界值 临界温度 t_c/℃	临界压力 p_c/atm	临界密度 ρ_c/(g/ml)	20℃下液体密度 ρ/(g/ml)	液体比热容 c_{pl}/[cal/(g·℃)]	正常沸点下汽化潜热 ΔH/(kcal/mol)
	七、醇及酚										
88	正辛醇	$C_8H_{18}O$	130.230	194.45	−16.7	379.3	28.2	0.266	0.8255	0.521 (12.8℃)	16.28 (25℃)
89	丙烯醇	C_3H_6O	58.080	97	−129	272	55.5	(0.286)	0.8703 (0℃)	0.665 (60℃)	9.550
90	环已醇	$C_6H_{12}O$	100.160	161.5	25.15	352	37	(0.307)	0.9415 (30℃)	0.416 (16℃)	10.875
91	氯乙醇	C_2H_5OCl	80.514	128	−67.5	(311)	(58.4)	(0.371)	1.2003		9.90
92	乙二醇	$C_2H_6O_2$	62.068	198	−11.5	(373)	(74.3)	(0.334)	1.1131	0.563 (20℃)	13.6
93	甘油	$C_3H_8O_3$	92.094	290 (有分解)	20	(458)	(65.7)	(0.361)	1.2613	0.565 (20℃)	14.28
94	季戊四醇	$C_5H_{12}O_4$	136.047	升华	269	(627)	(47.2)	(0.365)			
95	苯酚	C_6H_6O	94.113	181.8	40.84	421.1	60.5	(0.356)	1.050 (50℃)		9.73
	八、醛和酮										
96	甲醛	CH_2O	30.026	−21	−92	(138)	(66.9)	(0.266)	0.815 (−20℃)		5.85
97	乙醛	C_2H_4O	44.053	20.8	−121	188	54.7	(0.262)	0.7780	0.522 (0℃)	6.145
98	丙醛	C_3H_6O	58.080	48.8	−81	(225)	(46.0)	(0.260)	0.7970		
99	正丁醛	C_4H_8O	72.107	75.7	−99	(253)	(39.5)	(0.259)	0.8040		
100	丙烯醛	C_3H_4O	56.064	52.8	−86.95	(233)	(49.3)	(0.276)	0.8410	0.511 (20℃)	6.90
101	丙酮	C_3H_6O	58.080	56.2	−95.35	234.95	46.39	0.269	0.7906	0.515 (20℃)	6.952
102	甲乙酮 (丁酮-2)	C_4H_8O	72.107	79.6	−86.35	263.62	41.0	0.270	0.8049	0.534 (23.8℃)	7.475
103	环已酮	$C_6H_{10}O$	98.144	155.65	−16.4	356	38	(0.314)	0.9478	0.433 (16℃)	10.70
104	烯酮	C_2H_2O	42.037	−56	−151						
	九、酸及酸酐										
105	甲酸	CH_2O_2	46.026	100.7	8.4	(303)	(84.1)	(0.384)	1.2201	0.518 (20℃)	5.235
106	乙酸	$C_2H_4O_2$	60.052	117.9	16.60	321.30	57.1	0.351	1.0493	0.477 (20℃)	5.663
107	丙酸	$C_3H_6O_2$	74.079	140.99	−20.8	329.0	53	0.334	0.9934	0.517 (20℃)	7.41
108	正丁酸	$C_4H_8O_2$	88.106	163.53	−4.26	355	52	0.304	0.9582	0.480 (20℃)	10.4
109	丙烯酸	$C_3H_4O_2$	72.063	141.6	13	(343)	(55.8)	(0.343)	1.0511		11.21

续表

序号	物质名称	化学式	分子量 M	沸点 t_b/℃	熔点 t_m/℃	临界值			20℃下液体密度 ρ/(g/ml)	液体比热容 c_{pl}/[cal/(g·℃)]	正常沸点下汽化潜热 ΔH/(kcal/mol)
						临界温度 t_c/℃	临界压力 p_c/atm	临界密度 ρ_c/(g/ml)			
	九、酸及酸酐										
110	甲基丙烯酸	$C_4H_6O_2$	86.090	约 162	16	(372)	(46.3)	(0.325)	1.0153		
111	苯甲酸	$C_7H_6O_2$	122.123	249	122.4	(479)	(44.1)	(0.358)	1.0749 (130℃)		12.10
112	己二酸	$C_6H_{10}O_4$	146.143	330.5 (有分解)	153	(528)	(34.8)	(0.348)			
113	对苯二甲酸	$C_8H_6O_4$	166.133	402℃ 升华	427 (密封管)	(650)	(39.0)	(0.396)			
114	乙酐	$C_4H_6O_3$	102.090	139.55	−73.1	296	46.2	(0.395)	1.0820		9.85
115	顺丁烯二酸酐	$C_4H_2O_3$	98.058	202	60				1.314 (60℃)		
116	邻苯二甲酸酐	$C_8H_4O_3$	148.118	295.1	131.61						
	十、酯、醚及环氧化合物										
117	乙酸乙酯	$C_4H_8O_2$	88.106	77.06	−83.58	250.1	37.8	0.308	0.901	0.459 (20℃)	7.720
118	乙酸乙烯酯	$C_4H_6O_2$	86.090	72.2～ 72.3	−93.2	(251)	(41.9)	(0.325)	0.9317		8.211
119	丙烯酸甲酯	$C_4H_6O_2$	86.090	80.5	<-75	(264)	(41.9)	(0.325)	0.9535	0.48 (20～30℃)	8.25
120	甲基丙烯酸甲酯	$C_5H_8O_2$	100.170	100.3	−48	(292)	(36.3)	(0.322)	0.9440		约 7.7
121	对苯二甲酸二甲酯	$C_{10}H_{10}O_4$	194.187	281	140.63	(489)	(27.5)	(0.366)			
122	二甲醚	C_2H_6O	46.069	−23	−138.5	126.9	53	0.242	0.666	0.530 (−25℃)	5.141
123	二乙醚	$C_4H_{10}O$	74.122	34.51	−116.2	193.55	35.90	0.265	0.7283	0.558 (20℃)	6.38
124	二苯醚	$C_{12}H_{10}O$	170.210	257.93	26.84	493.6	30.4	(0.339)			
125	二乙二醇醚	$C_4H_{10}O_3$	106.121	245	−10.5	(407)	(45.5)	(0.336)	1.1184	0.500 (20℃)	8.85
126	三乙二醇醚	$C_6H_{14}O_4$	150.174	278.3	−5	(428)	(32.7)	(0.337)	1.1254	0.5254 (20℃)	14.9
127	环氧乙烷	C_2H_4O	44.053	10.7	−111	196	71.0	0.314	0.8824 (10℃)	0.44 (20℃)	6.101
128	环氧丙烷	C_3H_6O	58.080	34.3	−112	215.0	53.7	0.299	0.859 (0℃)	0.51 (20℃)	5.16
129	环氧氯丙烷	C_3H_5OCl	92.525	116.5	−48	(339)	(48.4)	(0.382)	1.1801		
	十一、含氮或含硫有机物										
130	氰化氢	HCN	27.026	25.7	−13.24	183.5	53.2	0.195	0.6876	0.627 (20℃)	6.027

续表

序号	物质名称	化学式	分子量 M	沸点 t_b/℃	熔点 t_m/℃	临界值			20℃下液体密度 ρ/(g/ml)	液体比热容 c_{pl}/[cal/(g·℃)]	正常沸点下汽化潜热 ΔH/(kcal/mol)
						临界温度 t_c/℃	临界压力 p_c/atm	临界密度 ρ_c/(g/ml)			
	十一、含氮或含硫有机物										
131	乙腈	C_2H_3N	41.025	81.6	−45.72	274.7	47.7	0.237	0.7823	0.519 (20℃)	7.3
132	丙烯腈	C_3H_3N	53.063	77.3	−83.6	(263)	(44.2)	(0.253)	0.8060		7.8
133	己二腈	$C_6H_8N_2$	108.143	295	1	(508)	(27.9)	(0.257)	0.9676		
134	甲胺	CH_5N	31.057	−6.3	−93.5	156.9	73.6	0.216	0.660	0.764 (20℃)	6.169
135	乙胺	C_2H_7N	45.084	16.6	−81	183	55.5	0.244	0.682	0.690 (20℃)	6.7
136	己二胺	$C_6H_{16}N_2$	116.206	204～205	41～42	(394)	(32.5)	(0.273)			
137	乙醇胺	C_2H_7ON	61.083	170	10.3	(363)	(67.8)	(0.312)	1.0180		
138	二乙醇胺	$C_4H_{11}O_2N$	105.136	271	28	(437)	(46.5)	(0.316)	1.0966		
139	三乙醇胺	$C_6H_{15}O_3N$	149.189	360.0	21.7	(529)	(35.4)	(0.320)	1.1258		
140	二甲基甲酰胺	C_3H_7ON	73.094	149～156	−60.48				0.9487	0.5 (20℃)	10.0
141	己内酰胺	$C_6H_{11}ON$	113.159		69～71	(460)	(47.1)	(0.333)			
142	*N*-甲基吡咯烷酮	C_5H_9ON	99.132	202	−16	(451)	(47.3)	(0.319)	1.037	0.40 (20℃)	17.8
143	二甲亚砜	C_2H_6SO	78.13	189	18.45	434	57.7	0.283	1.1014	0.49 (20℃)	12.6
144	环丁砜	$C_4H_8SO_2$	120.17	287	27.9				1.261 (30℃)		15.0 (100℃)
145	噻吩	C_4H_4S	84.14	84.16	−38.25	306.2	56.2	0.385	1.0649	0.354 (20℃)	7.522
	十二、重要无机物										
146	氢	H_2	2.016	−252.5	−259.14	−239.9	12.80	0.0310	0.0708 (−252.8℃)		0.216
147	氧	O_2	31.999	−183.0	−218.4	−118.57	49.77	0.436	0.560 (−120℃)	0.406 (−180℃)	1.630
148	氮	N_2	28.013	−195.8	−209.86	−147.0	33.5	0.313	0.596 (−160℃)	0.615 (−160℃)	1.333
149	氟	F_2	37.997	−188.14	−219.62	−128.84	51.47	0.574	1.140 (−200℃)		1.562
150	氯	Cl_2	70.906	−34.6	−100.98	144	76	0.573	1.411	0.225 (20℃)	4.878
151	溴	Br_2	159.808	58.78	−7.2	311	102	1.26	3.119		7.39
152	碘	I_2	253.809	184.35	113.5	546	(116)	1.64			10.39
153	硫	S	32.06	444.6	α115.11, β120.14, γ108.60, δ106.0	1040	179.7	0.563			40.4

续表

序号	物质名称	化学式	分子量 M	沸点 t_b/℃	熔点 t_m/℃	临界值			20℃下液体密度 ρ/(g/ml)	液体比热容 c_{pl}/[cal/(g·℃)]	正常沸点下汽化潜热 ΔH/(kcal/mol)
						临界温度 t_c/℃	临界压力 p_c/atm	临界密度 ρ_c/(g/ml)			
	十二、重要无机物										
154	汞	Hg	200.59	356.58	−38.3	1490	1490	4.2	3.594	0.0332 (25℃)	13.89
155	氟化氢	HF	20.006	19.54	−83.1	188	64	0.29	0.987	0.920 (20℃)	1.8
156	氯化氢	HCl	36.461	−84.9	−114.8	51.5	82.0	0.45	1.076 (−50℃)	0.394 (−50℃)	3.86
157	溴化氢	HBr	80.912	−67.0	−88.5	90.0	84.4		1.992 (−50℃)	0.179 (−50℃)	4.210
158	碘化氢	HI	127.912		−50.8	150.7	82				4.724
159	一氧化碳	CO	28.011	−191.47	−205.06	−140.23	34.53	0.301	0.638 (−160℃)	0.515 (−200℃)	1.444
160	二氧化碳	CO_2	44.011	−78.5 升华	−56.6 (5.2atm)	30.98	72.79	0.468			6.100
161	水	H_2O	18.015	100.00	0.00	373.91	217.6	0.32	0.998	0.999 (20℃)	9.717
162	氨	NH_3	17.030	−33.35	−77.7	132.33	111.65	0.236	0.609	1.133 (20℃)	5.581
163	硫化氢	H_2S	34.08	−60.7	−85.5	100.0	88.2	0.346	0.984 (−50℃)	0.238 (25℃)	4.463
164	二硫化碳	CS_2	76.13	46.23	−111.9	279	75.2	0.368	1.262	0.240 (20℃)	6.295
165	二氧化硫	SO_2	64.06	−10	−72.7	157.5	77.81	0.525			5.955
166	氧硫化碳	COS	60.07	−50	−138	102	58	0.44	1.27 (−87℃)		4.423

本表说明：

(1) 本表列出 166 种常用物质的沸点、熔点、临界性质、液体密度、液体比热容和汽化潜热。后三个性质是要随温度而变化的，使用时要注意条件。如未另外注明温度，则密度是指 20℃的，汽化潜热是指沸点下的。

(2) 有些物质的某些性质的实验数据可以有很大差异，如文献上环己酮的熔点相差很大，最低为−45℃，最高为−16.4℃。因此取过多的有效数字位数并无实际意义。

(3) 凡括号所列数据均为用近似法求得的，准确性差。

1atm＝101.325kPa。

1cal＝4.184J。

7. 常用物质气体热容和饱和蒸汽压数据表

序号	物质名称	气体热容 $C_p^\circ=a+bT+cT^2+dT^3$ cal/(mol·K)					饱和蒸汽压 $\lg p^\circ=A-\frac{B}{t+C}$ mmHg			
		a	$b\times10^3$	$c\times10^6$	$d\times10^9$	温度范围/K	A	B	C	温度范围/℃
1	甲烷	3.381	18.044	−4.300		298～1500	6.81554	437.085	272.664	−161.58～−118.1
							7.31603	600.175	298.422	−118.1～−82.1
2	乙烷	2.247	38.201	−11.049		298～1500	6.83452	663.70	256.470	−142.70～−75.05
							6.97630	722.955	265.155	−88.63～−30.0
							7.55362	1030.628	312.233	−30.0～32.27

续表

序号	物质名称	气体热容 $C_p^\circ=a+bT+cT^2+dT^3$ cal/(mol·K)					饱和蒸汽压 $\lg p^\circ=A-\dfrac{B}{t+C}$ mmHg			
		a	$b\times10^3$	$c\times10^6$	$d\times10^9$	温度范围/K	A	B	C	温度范围/℃
3	丙烷	2.410	57.195	−17.533		298～1500	6.80398	803.81	246.99	−108.50～−25.43
							7.3120	1048.9	278.76	−42.06～28.77
							7.9541	1578.21	360.648	28.77～96.88
4	正丁烷	4.453	72.270	−22.214		298～1500	6.80896	935.86	238.73	−77.62～18.88
							6.99329	1030.34	251.041	−0.5～75.0
							7.64983	1513.20	321.493	75.0～150
5	异丁烷	3.332	75.214	−23.734		298～1500	6.91048	946.35	246.68	−86.57～6.74
							7.18694	1120.165	271.853	−11.72～134.4
6	正戊烷	5.910	88.449	−27.388		298～1500	6.87632	1075.78	233.305	−50.14～57.53
							6.87372	1075.816	233.359	−30～120
							7.47480	1520.659	297.091	120～197.2
7	2-甲基丁烷	−2.27506	120.972	−65.1891	13.6681	298～1500	6.83315	1040.73	235.445	−57.03～49.14
							6.78967	1020.012	233.097	−30～100
							7.51725	1547.320	308.242	100～187.8
8	2,2-二甲基丙烷	−3.96263	132.601	−78.9737	18.2268	298～1500	6.60427	883.42	227.782	−13.73～29.91
9	正己烷	7.477	104.422	−32.471		298～1500	6.87776	1171.530	224.366	−60～150
							7.83869	1981.398	334.401	150～234.7
10	正庚烷	9.055	120.352	−37.528		298～1500	6.90027	1266.871	216.757	−60～160
							7.85241	2121.840	331.788	160～267.01
11	正辛烷	10.626	136.298	−42.592		298～1500	6.92377	1355.126	209.517	−40～220
							8.09900	2506.746	358.893	220～296.2
12	乙烯	2.830	28.601	−8.726		298～1500	6.76503	590.388	255.684	−169.19～103.70
							6.87477	624.240	260.007	−103.70～−70.0
							7.2058	768.26	282.43	−70.0～9.5
13	丙烯	2.253	45.116	−13.740		298～1500	6.85658	798.456	248.581	−182.25～−47.75
							6.64808	712.188	236.796	−47.75～0.00
							7.57958	1220.33	309.800	0.00～91.4
14	1-丁烯	5.132	61.760	−19.322		298～1500	6.92510	961.437	243.977	−120～45
							7.64713	1480.036	320.536	45～147.2
15	2-顺丁烯	1.625	64.836	−20.047		298～1500	6.86272	957.372	236.712	−120～60
16	2-反丁烯	4.967	59.961	−18.147		298～1500	6.90660	977.994	242.052	−105.8～60
17	异丁烯	1.64634	77.0788	−39.9504	8.10168	298～1500	6.9257	965.34	245.67	−120～7.01
18	1-戊烯	−0.0464625	103.633	−56.1815	11.8623	298～1500	6.78568	1014.294	229.783	−60～100
19	2-顺戊烯	−3.414	109.897	−60.6826	13.0346	298～1500	6.87540	1069.466	230.786	−60～110
20	2-反戊烯	0.464699	99.8919	−52.0124	10.5178	298～1500	6.90575	1083.987	223.965	−60～110
21	2-甲基-1-丁烯	0.232723	105.168	−58.8913	12.9673	298～1500	6.87314	1053.780	232.788	−60～120
22	3-甲基-1-丁烯	2.85034	101.629	−57.5356	12.9295	198～1500	6.82618	1013.474	236.816	−60～100
23	2-甲基-2-丁烯	−0.503989	100.159	−51.1421	10.0697	298～1500	6.91562	1095.088	232.842	−60～120
24	1-己烯	−0.325627	126.473	−69.3176	14.7855	298～1500	6.86573	1152.971	225.849	−60～140
25	乙炔	7.331	12.622	−3.889		298～1500	7.5716	925.59	283.05	−81.8～35.3
26	丙炔	6.334	30.990	−9.457		298～1500	6.78485	803.73	229.08	−90.1～−6
							7.4583	994.78	250.37	−23.3～60
27	1-丁炔	2.9974	65.5283	−36.9011	8.24059	298～1500	6.98198	988.75	233.01	−67.72～26.8

续表

序号	物质名称	气体热容 $C_p^\circ = a+bT+cT^2+dT^3$cal/(mol·K)					饱和蒸汽压 $\lg p^\circ = A-\frac{B}{t+C}$mmHg			
		a	$b\times10^3$	$c\times10^6$	$d\times10^9$	温度范围/K	A	B	C	温度范围/℃
28	2-丁炔	5.700	48.207	−14.479		298～1500	7.07338	1101.71	235.81	−30.8～47
29	1-戊炔	4.3152	83.859	−45.6998	9.7894	298～1500	6.96734	1092.52	227.18	−44.1～61
30	1-己炔	3.30083	108.53	−60.3553	13.1423	298～1500				
31	乙烯基乙炔						6.08797	620.161	187.960	−50～30
32	1,3-丁二烯	−1.39375	84.3542	−57.3046	14.9358	298～1500	6.84999	930.546	238.854	−58.20～14.43
							6.96128	973.6	243.2	−100～70
33	异戊二烯	−0.554906	105.16	−69.3414	17.7125	298～1500	6.90335	1080.996	234.668	−50～100
34	苯	−0.409	77.621	−26.429		298～1500	6.91210	1214.645	221.205	5.53～190
							8.12331	2409.439	388.206	190～289.5
35	甲苯	0.576	93.493	−31.227		298～1500	6.95508	1345.087	219.516	−30～200
							6.30898	743.633	90.456	200～320.6
36	乙苯	−8.77144	160.295	−100.798	24.1586	298～1500	6.95904	1425.464	213.345	−20～220
37	邻二甲苯	−3.61137	141.598	−81.5476	17.9934	298～1500	6.99891	1474.679	213.686	−20～220
38	间二甲苯	−6.64779	148.843	−87.5272	19.6529	298～1500	7.00849	1461.925	215.073	−20～220
39	对二甲苯	−6.14622	145.476	−83.4712	18.2531	298～1500	6.99184	1454.328	215.411	13.26～220
40	正丙苯	−7.47341	178.765	−109.85	25.8164	298～1500	6.95094	1490.963	207.100	−40～240
41	异丙苯	−9.77416	187.29	−118.774	28.7328	298～1500	6.93958	1462.717	202.993	−50～230
42	1,2,3-三甲苯	−1.65756	151.271	−79.445	15.7872	298～1500	7.04082	1593.958	207.078	−23.58～240
43	1,2,4-三甲苯	−1.11476	148.97	−77.9276	15.2341	298～1500	7.04383	1573.267	208.564	−43.80～240
44	1,3,5-三甲苯	−4.67859	160.637	−88.1868	18.3915	298～1500	7.07437	1569.622	209.578	−44.78～240
45	1-甲基-2-乙基苯	−3.92793	167.083	−98.4072	22.2757	298～1500	7.00314	1535.374	207.300	−40～230
46	1-甲基-3-乙基苯	−6.92603	174.163	−104.193	23.8767	298～1500	7.01582	1529.184	208.509	−40～230
47	1-甲基-4-乙基苯	−6.52287	171.362	−100.932	22.7924	298～1500	6.99801	1527.113	208.921	−40～230
48	苯乙烯	−6.7462	147.119	−96.0684	23.7274	298～1500	7.2788	1649.6	230.000	0～140
49	α-甲基苯乙烯	−4.51833	158.283	−96.2442	22.3566	298～1500	6.92366	1486.88	202.4	70～220
50	联苯						7.2825	2037.01	207.23	160～325
51	萘						7.1268	1828.04	212.53	80.27～327.5
							7.5394	2368.49	296.16	327.5～478.5
52	环戊烷	−5.763	97.377	−31.328			6.87798	1119.208	230.738	−60～130
							7.4333	1529.36	288.10	130～238.6
53	甲基环戊烷	−11.9679	152.36	−86.9904	19.1405	298～1500	6.86283	1186.059	226.042	−60～150
							7.68390	1890.720	325.636	150～259.61
54	环己烷	−7.701	125.675	−41.584		298～1500	6.84498	1203.526	222.863	6.55～200
							8.19282	2584.477	416.259	200～281
55	甲基环己烷	−4.624	140.877	−46.698		298～1500	6.82689	1272.864	221.630	−40～160
							7.56476	1929.244	313.643	160～299.13
56	环戊烯						6.92066	1121.818	233.446	−50～120
57	环己烯						6.88617	1229.973	224.104	−60～150

续表

序号	物质名称	气体热容 $C_p^\circ=a+bT+cT^2+dT^3$ cal/(mol·K)					饱和蒸汽压 $\lg p^\circ=A-\frac{B}{t+C}$ mmHg			
		a	$b\times10^3$	$c\times10^6$	$d\times10^9$	温度范围/K	A	B	C	温度范围/℃
59	氯甲烷	3.563	22.998	7.571		273～773	6.99445	902.45	243.60	−80～40
							7.81148	1433.6	317.5	40～t_c
60	二氯甲烷	4.309	31.67	−16.35		250～600	7.07138	1134.6	231	−28～121
61	三氯甲烷	7.052	35.598	−21.686		273～773	6.90328	1163.0	227	−15～135
62	四氯化碳	9.288	50.99	−57.29	22.57	273～1000	6.93390	1242.43	230.0	−15～138
63	氯乙烷	1.56197	53.7269	−30.7165	6.86537	273～1500	6.94914	1012.77	236.67	−50～70
64	1,1-二氯乙烷	4.6176	55.9105	−36.0063	8.87366	273～1500	6.9853	1171.42	228.12	−15～92
65	1,2-二氯乙烷	4.89342	55.183	−34.3509	8.09392	273～1500	7.18431	1358.5	232	6～161
66	氯乙烯	2.4001	42.70	−27.51	6.797	273～1500	6.49712	783.4	230.0	−100～50
67	1-氯丙烷						6.93111	1121.123	230.20	−25～80
70	三氟甲烷 (F-23)	2.55116	41.492	−28.0109	7.09279	273～1500				
71	四氟甲烷 (F-14)	3.33913	48.3785	−38.8212	10.7788	273～1500				
72	全氟乙烷 (F-116)	6.40528	82.5922	−68.5263	19.4269	273～1500				
74	一氟三氯甲烷 (F-11)	9.789	38.9359	−33.8291	9.90344	273～1500				
75	二氟二氯甲烷 (F-12)	5.085	56.85	−59.30	22.15	273～1000				
76	三氟-氯甲烷 (F-13)	5.44894	45.646	−37.6513	10.6514	273～1500				
77	二氟-氯甲烷 (F-22)	4.13168	38.6486	−27.94	7.30473	273～1500				
78	甲醇	4.398	24.274	−6.855		273～1000	8.02746	1574.99	238.86	−16.2～83
79	乙醇	6.990	39.741	−11.926		298～1500	8.21337	1652.05	231.48	−2.45～96.48
80	正丙醇	3.9948	64.656	−20.8853	−1.41786	273～1000	7.61924	1375.14	193.00	14.7～116.5
81	异丙醇	−0.391259	86.9907	−51.6641	11.8272	273～1000	8.39424	1730.00	231.45	2.52～100.09
82	正丁醇	3.50714	86.0837	−31.7807	0.352967	273～1000	7.51697	1392.66	182.66	31.8～138
83	异丁醇						7.62231	1417.90	191.15	22.96～128
84	2-丁醇	−2.14782	120.405	−86.6109	27.0665	273～1000	7.69369	1414.27	194.35	16.93～119
85	叔丁醇	−0.988745	114.401	−73.641	19.3645	298～1000	7.33328	1159.87	177.93	27.93～101.1
86	正戊醇	3.5038	107.632	−42.9582	2.2992	273～1000	7.34716	1391.00	173.44	45.7～160
87	正己醇	3.5104	129.082	−53.8614	4.05994	273～1000	7.20249	1388.73	164.26	59.6～181
88	正辛醇	3.49968	172.184	−76.1711	7.90832	273～1000	6.9359	1383.2	145.9	87.1～222
89	丙烯醇	0.5203	71.22	−42.59	9.948	273～1000	8.70902	2052.50	255.73	
90	环己醇						7.0358	1318.5	156.60	45.5～91.1
92	乙二醇						9.51736	3161.21	279.02	
93	甘油						6.63314	1362.66	79.91	
95	苯酚						7.57893	1817.0	205	93～240
96	甲醛	4.498	13.953	−3.730		291～1500	7.56801	1118.03	258.109	
97	乙醛	7.422	29.029	−8.742		298～1500	7.21755	1104.15	234.395	
100	丙烯醛						7.04297	1193.06	234.134	

续表

序号	物质名称	气体热容 $C_p^\circ=a+bT+cT^2+dT^3$ cal/(mol·K)					饱和蒸汽压 $\lg p^\circ=A-\frac{B}{t+C}$ mmHg			
		a	$b\times10^3$	$c\times10^6$	$d\times10^9$	温度范围/K	A	B	C	温度范围/℃
101	丙酮	5.371	49.227	−15.182		298~1500	7.23967	1279.87	237.50	−32.38~77.46
102	甲乙酮						6.38469	916.01	181.84	−11.7~104
103	环己酮						7.4280	1777.7	236.12	25.7~92.0
							5.978401	1495.511	209.551	89.6~165.8
104	烯酮	4.11	29.66	−17.93	4.22	273~1000				
105	甲酸	7.33	21.32	−8.255		300~700	7.37790	1563.28	247.06	10.19~125.0
106	乙酸	2.0412	56.0642	−34.0880	8.0202	300~1500	7.52110	2071.3	397.7	170~t_c
							7.29663	1479.02	216.81	17.97~141.9
107	丙酸						7.54760	1617.06	205.67	41.3~164
108	正丁酸						7.78434	1794.04	202.60	61.8~187
111	苯甲酸						7.88316	2130.59	177.086	
112	己二酸						8.94794	2610.99	289.420	
114	乙酐						7.12165	1427.77	198.037	2.5~138.6
116	邻苯二甲酸酐						7.97346	2862.02	276.799	
122	二甲醚						7.13143	963.888	250.508	
123	二乙醚	−24.83	338.7	−59.3		300~400	6.97022	1084.31	230.652	
124	二苯醚						7.09894	1871.92	185.84	145~325
							7.3381	2168.3	230	250~400
127	环氧乙烷	−1.12	4.925	−23.89	3.149	273~973	7.26100	1115.10	244.135	−90.6~10.4
128	环氧丙烷						6.96997	1065.27	226.283	−73.5~34.2
130	氰化氢	6.34	8.375	−2.611		273~1500				
131	乙腈	5.09	27.634	−9.111		273~1200	7.5537	1569.99	255.1	0.38~50.5
132	丙烯腈	6.75	33.27	−10.91		350~1273				
134	甲胺	2.9956	36.101	−16.446	2.9505	273~1000	7.4969	1079.15	240.23	−61~38
135	乙胺						7.3862	1137.30	235.85	−43~47
137	乙醇胺						7.73800	1732.11	186.215	37~171
138	二乙醇胺						8.14025	2329.08	174.45	
139	三乙醇胺						8.55521	2962.81	186.75	
146	氢	1.3503	−118.025	610.62	−972.273	50~298				
		6.424	1.039	−0.07804		273~3800				
147	氧	6.732	1.505	−0.1791		273~3800				
148	氮	6.529	1.488	−0.2271		273~3800				
149	氟	5.8397	7.0987	−5.6786	1.5908	273~1500				
150	氯	7.5755	2.4244	−0.9650		300~1500				
151	溴	8.4228	0.9739	−0.3555		300~1500				
152	碘	8.5306	1.2357	−1.0069	0.3036	273~1500				
153	硫	6.499	5.298	−3.888	0.9520	273~1800				
155	氟化氢	7.201	−1.178	1.576	−0.3760	273~2000				
156	氯化氢	6.732	0.4325	0.3697		300~1500				
157	溴化氢	5.5776	0.9549	0.1581		300~1500				
158	碘化氢	6.702	0.4546	1.216	−0.4813	273~1873				
159	一氧化碳	6.3424	1.8363	−0.2801		300~1500				

续表

序号	物质名称	气体热容 $C_p^\circ=a+bT+cT^2+dT^3$cal/(mol·K)					饱和蒸汽压 $\lg p^\circ=A-\frac{B}{t+C}$mmHg			
		a	$b\times10^3$	$c\times10^6$	$d\times10^9$	温度范围/K	A	B	C	温度范围/℃
160	二氧化碳	6.393	10.100	−3.405		300～1500				
161	水	6.970	3.464	−0.4833		273～3800				
162	氨	6.5846	6.1251	2.3663	−1.5981	273～1500				
163	硫化氢	6.385	5.704	−1.210		298～1500				
164	二硫化碳	7.390	14.89	−10.96	2.760	273～1800				
165	二氧化碳	6.157	13.84	−9.103	2.057	273～1800				
166	氧硫化碳	6.222	15.36	−10.58	2.560	273～1800				

本表说明：

(1) 本表有气体热容公式 $C_p^\circ=a+bT+cT^2+dT^3$ 的温度系数，也有液体蒸汽压公式 $\lg p^\circ=A-\frac{B}{t+c}$中的常数。

(2) 本表的物质序号同附录 6。

(3) 一般说来，气体热容公式列入 a、b、c、d 四个常数的（即包括 T^3 项的），更准确些。但用这个四项式求 ΔH 时，积分式计算太麻烦了。因此我们一般选用 a、b、c 三个常数的三项式，这样准确度虽略差一些，但仍适用于一般工程计算的需要。如果没有三项式的，就仍选用四项式的。

(4) 蒸汽压公式中 t 用摄氏温度（℃），所得 p°为 mmHg，如要用 atm 单位，则将 A 值减去 2.88081 即可。

(5) 这里所介绍的安托尼蒸汽压公式很简单，也相当准确。但如能将这个公式在不同温度范围使用不同的常数，更可提高其准确度。

1cal＝4.1840J。

1mmHg＝133.322Pa。

1atm＝101.325kPa。

8. 常用物质标准焓差数据表

序号	物质名称	$H_T^\circ-H_{298}^\circ$/(kcal/mol)								
		298K	300K	400K	500K	600K	700K	800K	900K	1000K
1	甲烷	0.00	0.02	0.93	1.97	3.16	4.48	5.94	7.51	9.20
2	乙烷	0.00	0.03	1.44	3.16	5.17	7.42	9.90	12.58	15.43
3	丙烷	0.00	0.04	2.05	4.53	7.43	10.69	14.26	18.10	22.17
4	丁烷	0.00	0.05	2.70	5.96	9.74	13.99	18.63	23.62	28.91
5	异丁烷	0.00	0.05	2.70	5.98	9.80	14.08	18.75	23.76	29.07
6	正戊烷	0.00	0.06	3.33	7.25	12.02	17.24	22.96	29.08	35.58
7	2-甲基丁烷	0.00	0.06	3.32	7.33	12.02	17.28	23.03	29.20	35.75
8	2,2-二甲基丙烷	0.00	0.06	3.40	7.54	12.36	17.75	23.61	29.88	36.51
9	正己烷	0.00	0.07	3.97	8.74	14.29	20.50	27.28	34.55	42.25
10	正庚烷	0.00	0.08	4.60	10.14	16.57	23.76	31.61	40.02	48.92
11	正辛烷	0.00	0.09	5.23	11.53	18.84	27.02	35.93	45.49	55.59
12	乙烯	0.00	0.02	1.19	2.60	4.21	6.01	7.96	10.04	12.25
13	丙烯	0.00	0.03	1.76	3.85	6.27	8.97	11.93	15.10	18.46
14	1-丁烯	0.00	0.04	2.38	5.23	8.54	12.24	16.27	20.58	25.15
15	2-顺丁烯	0.00	0.04	2.21	4.90	8.06	11.64	15.56	19.80	24.29
16	2-反丁烯	0.00	0.04	2.40	5.24	8.52	12.18	16.18	20.47	25.01
17	异丁烯	0.00	0.04	2.45	5.34	8.67	12.38	16.42	20.74	25.31
18	1-戊烯	0.00	0.05	3.03	6.65	10.85	15.54	20.64	26.11	31.89
19	2-顺戊烯	0.00	0.05	2.86	6.35	10.44	15.03	20.07	25.47	31.20

续表

序号	物质名称	$H_T^\circ - H_{298}^\circ$/(kcal/mol)								
		298K	300K	400K	500K	600K	700K	800K	900K	1000K
20	2-反戊烯	0.00	0.05	2.90	6.57	10.72	15.35	20.40	25.82	31.56
21	2-甲基-1-丁烯	0.00	0.05	3.04	6.68	10.89	15.59	20.72	26.21	32.01
22	3-甲基-1-丁烯	0.00	0.06	3.25	7.07	11.42	16.23	21.43	26.98	32.82
23	2-甲基-2-丁烯	0.00	0.05	2.91	6.42	10.50	15.08	20.09	25.47	31.18
25	乙炔	0.00	0.02	1.15	2.40	3.74	5.14	6.61	8.13	9.70
26	丙炔	0.00	0.03	1.63	3.49	5.56	7.84	10.27	12.86	15.57
27	1-丁炔	0.00	0.04	2.22	4.80	7.72	10.95	14.42	18.12	22.02
28	2-丁炔	0.00	0.04	2.11	4.56	7.36	10.48	13.87	17.50	21.33
29	1-戊炔	0.00	0.05	2.89	6.26	10.09	14.31	18.87	23.72	28.82
31	乙烯基乙炔	0.00	0.04	1.98	4.27	6.81	9.58	12.54	15.56	18.91
32	1,3-丁二烯	0.00	0.04	2.22	4.87	7.89	11.21	14.78	18.57	22.54
33	异戊二烯	0.00	0.05	2.91	6.37	10.30	14.62	19.27	24.21	29.38
34	苯	0.00	0.04	2.37	5.36	8.89	12.87	17.22	21.86	26.77
35	甲苯	0.00	0.05	2.98	6.71	11.13	16.12	21.57	27.41	33.60
36	乙苯	0.00	0.06	3.65	8.17	13.47	19.42	25.89	32.82	40.13
37	邻二甲苯	0.00	0.06	3.72	8.24	13.50	19.40	25.83	32.70	39.97
38	间二甲苯	0.00	0.06	3.60	8.04	13.24	19.10	25.50	32.36	39.60
39	对二甲苯	0.00	0.06	3.58	7.98	13.15	18.97	25.34	32.17	39.40
40	正丙苯	0.00	0.07	4.31	9.59	15.78	22.71	30.27	38.34	46.86
41	异丙苯	0.00	0.07	4.31	9.62	15.84	22.80	30.38	38.48	47.02
42	1,2,3-三甲苯	0.00	0.07	4.28	9.44	15.45	22.20	29.59	37.51	45.89
43	1,2,4-三甲苯	0.00	0.07	4.28	9.45	15.49	22.26	29.67	37.62	46.02
44	1,3,5-三甲苯	0.00	0.07	4.20	9.33	15.34	22.10	29.50	37.44	45.84
48	苯乙烯	0.00	0.06	3.45	7.68	12.59	18.07	24.00	30.32	36.97
49	α-甲基苯乙烯	0.00	0.07	4.06	8.99	14.71	21.10	28.03	35.43	43.23
50	联苯	0.00	0.08	4.69	10.57	17.43	25.22	33.62	42.56	51.96
51	萘	0.00	0.06	3.81	8.58	14.18	20.46	27.29	34.58	42.25
52	环戊烷	0.00	0.04	2.47	5.70	9.64	14.18	19.21	24.67	30.49
53	甲基环戊烷	0.00	0.05	3.19	7.25	12.13	17.69	23.84	30.47	37.52
54	环己烷	0.00	0.05	3.13	7.20	12.18	17.92	24.31	31.24	38.62
55	甲基环己烷	0.00	0.06	3.92	8.91	14.90	21.75	29.31	37.46	46.12
59	氯甲烷	0.00	0.02	1.09	2.33	3.72	5.25	6.90	8.65	10.50
60	二氯甲烷	0.00	0.03	1.39	2.91	4.58	6.37	8.26	10.24	12.29
61	三氯甲烷	0.00	0.03	1.72	3.58	5.57	7.66	9.82	12.04	14.30
62	四氯化碳	0.00	0.04	2.15	4.42	6.79	9.23	11.71	14.23	16.77
63	氯乙烷	0.00	0.03	1.72	3.73	6.04	8.58	11.33	14.26	17.33
64	1,1-二氯乙烷	0.00	0.04	2.05	4.39	7.00	9.82	12.83	15.98	19.27
65	1,2-二氯乙烷	0.00	0.04	2.09	4.43	7.01	9.80	12.76	15.87	19.12
66	氯乙烯	0.00	0.03	1.45	3.13	5.00	7.04	9.21	11.50	13.89
67	1-氯丙烷	0.00	0.04	2.33	5.09	8.26	11.75	15.55	19.60	23.86
68	3-氯-1-丙烯	0.00	0.04	2.05	4.44	7.15	10.11	13.30	16.69	20.24
70	三氟甲烷(F-23)	0.00	0.03	1.39	2.96	4.70	6.58	8.56	10.63	12.77
71	四氟甲烷(F-14)	0.00	0.03	1.64	3.49	5.51	7.66	9.90	12.22	14.58
72	全氟乙烷(F-116)	0.00	0.05	2.84	6.01	9.45	13.09	16.87	20.75	24.69
73	四氟乙烯	0.00	0.04	2.11	4.41	6.89	9.50	12.22	15.02	17.88
78	甲醇	0.00	0.02	1.16	2.49	4.00	5.69	7.52	9.49	11.57
79	乙醇	0.00	0.03	1.79	3.90	6.33	9.02	11.95	15.08	18.38

续表

序号	物质名称	$H_T^\circ - H_{298}^\circ$/(kcal/mol)								
		298K	300K	400K	500K	600K	700K	800K	900K	1000K
80	正丙醇	0.00	0.04	2.38	5.21	8.47	12.10	16.06	20.29	24.78
81	异丙醇	0.00	0.04	2.45	5.40	8.78	12.53	16.61	20.95	25.52
82	正丁醇	0.00	0.05	3.02	6.60	10.74	15.36	20.38	25.76	31.45
84	2-丁醇	0.00	0.06	3.10	6.78	11.01	15.70	20.79	26.22	31.95
85	叔丁醇	0.00	0.06	3.13	6.86	11.15	15.91	21.06	26.55	32.33
89	丙烯醇	0.00	0.04	2.10	4.58	7.43	10.59	14.00	17.63	21.46
90	环己醇	0.00	0.06	3.65	8.27	13.79	20.08	27.01	34.48	42.40
92	乙二醇	0.00	0.05	2.57	5.43	8.58	11.97	15.57	19.31	23.19
95	苯酚	0.00	0.05	2.93	6.50	10.61	15.17	20.07	25.27	30.71
96	甲醛	0.00	0.02	0.91	1.90	3.00	4.20	5.50	6.88	8.33
97	乙醛	0.00	0.03	1.47	3.17	5.12	7.27	9.61	12.10	14.74
101	丙酮	0.00	0.04	2.04	4.44	7.20	10.29	13.65	17.26	21.08
102	甲乙酮	0.00	0.05	2.78	6.01	9.71	13.81	18.26	23.01	28.02
103	环己酮	0.00	0.05	3.18	7.24	12.14	17.77	24.01	30.74	37.87
104	烯酮	0.00	0.03	1.36	2.86	4.49	6.23	8.07	9.99	11.98
105	甲酸	0.00	0.03	1.21	2.59	4.12	5.79	7.58	9.45	11.41
106	乙酸	0.00	0.03	1.81	3.92	6.31	8.94	11.77	14.75	17.88
109	丙烯酸	0.00	0.04	2.13	4.61	7.41	10.49	13.79	17.27	20.91
114	乙酐	0.00	0.05	2.80	6.19	10.11	14.49	19.23	24.25	29.54
117	乙酸乙酯	0.00	0.06	3.06	6.64	10.77	15.34	20.28	25.52	31.01
123	二乙醚	0.00	0.05	3.06	6.65	10.79	15.41	20.45	25.85	31.56
127	环氧乙烷	0.00	0.03	1.36	3.01	4.95	7.12	9.49	12.03	14.71
128	环氧丙烷	0.00	0.04	2.02	4.45	7.29	10.45	13.89	17.57	21.46
130	氰化氢	0.00	0.02	0.92	1.90	2.93	4.01	5.13	6.30	7.50
131	乙腈	0.00	0.03	1.39	2.95	4.70	6.61	8.67	10.86	13.16
132	丙烯腈	0.00	0.03	1.72	3.69	5.90	8.30	10.87	13.58	16.41
146	氢	0.00	0.013	0.707	1.406	2.106	2.808	3.514	4.224	4.942
147	氧	0.00	0.013	0.723	1.454	2.209	2.988	3.786	4.600	5.427
148	氮	0.00	0.013	0.710	1.413	2.126	2.853	3.596	4.356	5.130
149	氟	0.00	0.014	0.784	1.591	2.423	3.274	4.140	5.016	5.901
150	氯	0.00	0.015	0.845	1.698	2.567	3.445	4.331	5.221	6.115
155	氟化氢	0.00	0.02	0.71	1.41	2.11	2.81	3.51	4.22	4.94
156	氯化氢	0.00	0.02	0.71	1.41	2.12	2.83	3.55	4.29	5.03
157	溴化氢	0.00	0.02	0.71	1.41	2.12	2.84	3.57	4.32	5.08
158	碘化氢	0.00	0.02	0.72	1.42	2.14	2.87	3.62	4.39	5.18
159	二氧化碳	0.00	0.02	0.96	1.99	3.09	4.25	5.45	6.70	7.98
160	一氧化碳	0.00	0.02	0.72	1.42	2.14	2.88	3.63	4.40	5.19
161	水	0.00	0.02	0.83	1.66	2.52	3.40	4.31	5.25	6.22
162	氨	0.00	0.02	0.91	1.87	2.92	4.03	5.22	6.48	7.80
163	硫化氢	0.00	0.02	0.85	1.72	2.64	3.59	4.59	5.62	6.70
164	二硫化碳	0.00	0.03	1.16	2.38	3.65	4.97	6.32	7.70	9.09
165	二氧化硫	0.00	0.02	1.02	2.10	3.24	4.44	5.67	6.94	8.23

本表说明：

(1) 本表物质的序号仍同附录 6。

(2) 本表提供了不同温度(T)下理想气体焓 H_T° 与 298K 的焓 H_{298}°的差值($H_T^\circ - H_{298}^\circ$)。在计算某些物理过程的热量时，用这个表很方便，但由于温度间隔较大，在使用时必须内插。

1kcal＝4.184kJ。

9. 乙烯的焓温图

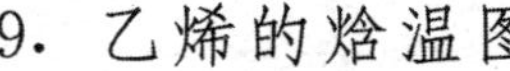

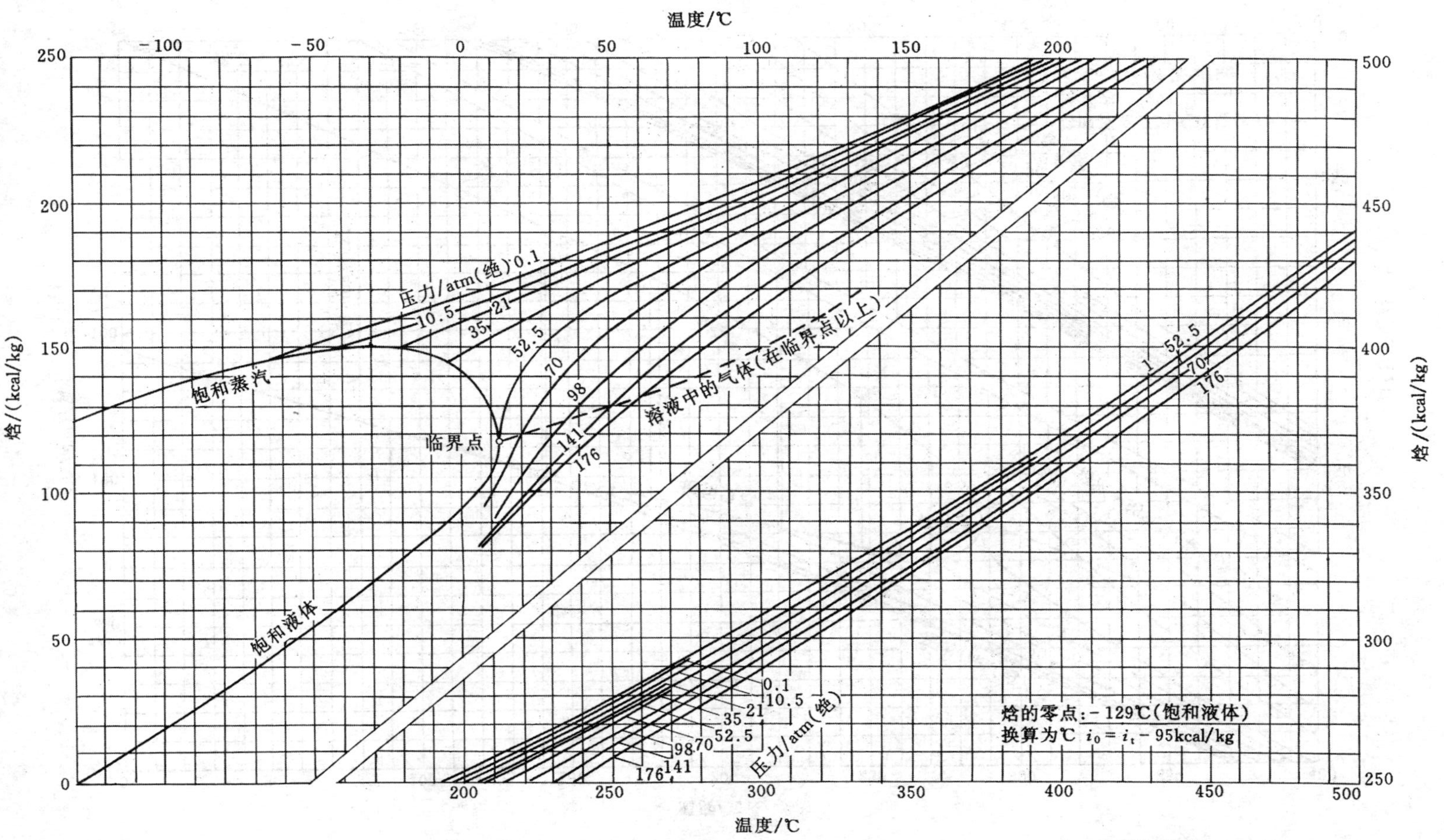

1atm = 101·325kPa

1kcal = 4.1840kJ

10. 丙烯的焓温图

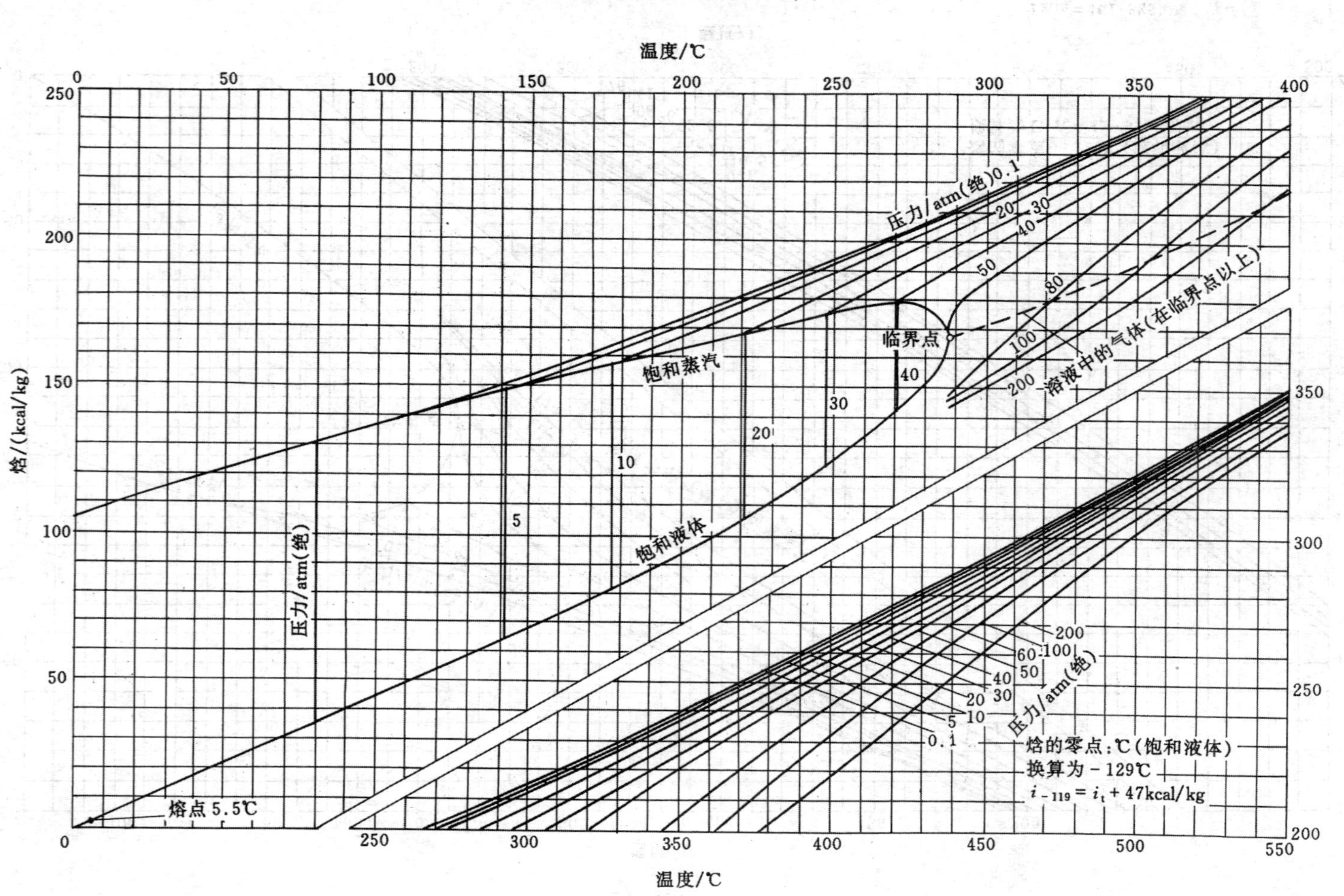

1atm = 101.325kPa

1kcal = 4.1840kJ

11. 苯的焓温图

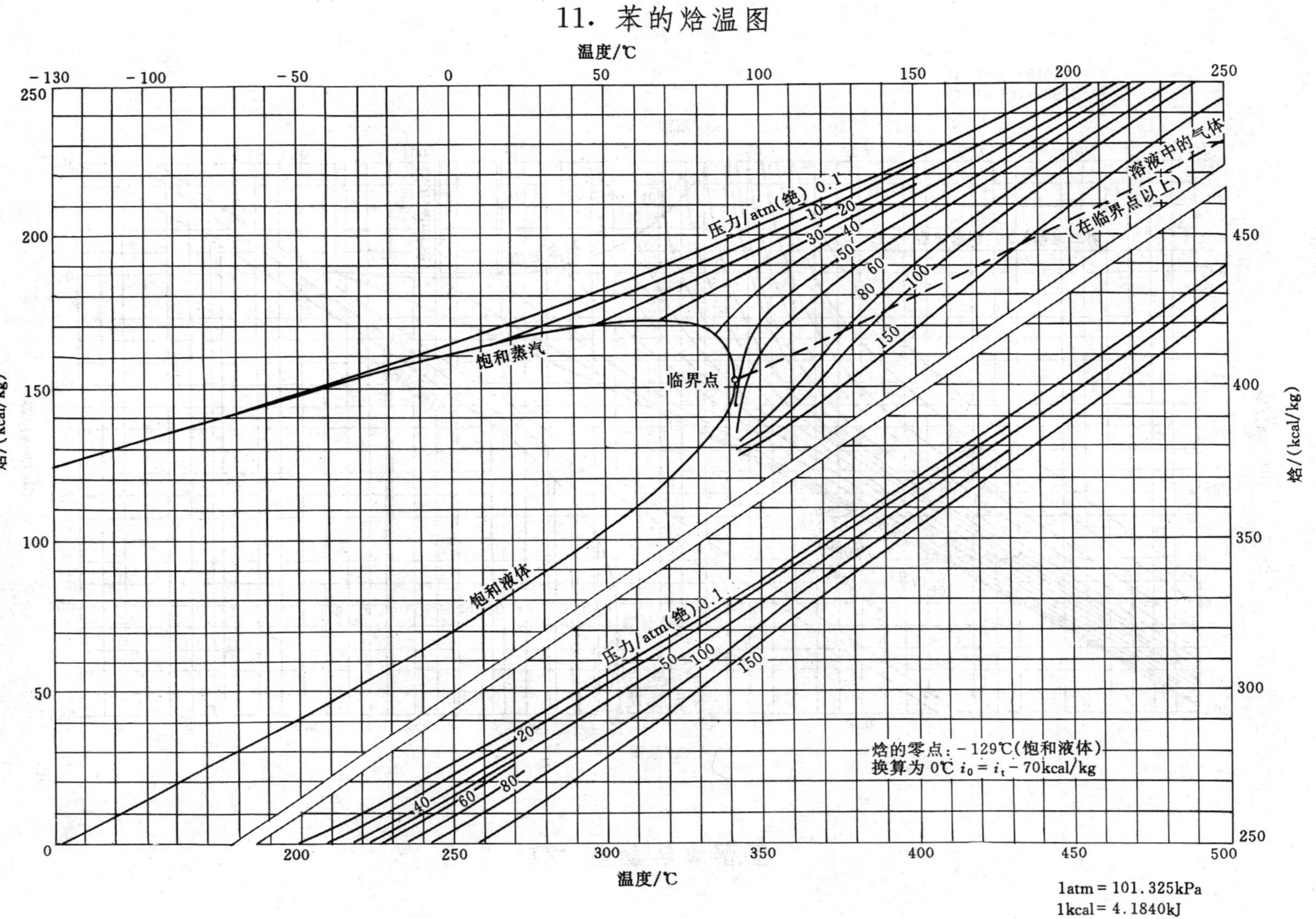

1atm = 101.325kPa
1kcal = 4.1840kJ

12. 甲醇的焓温图

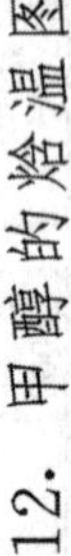

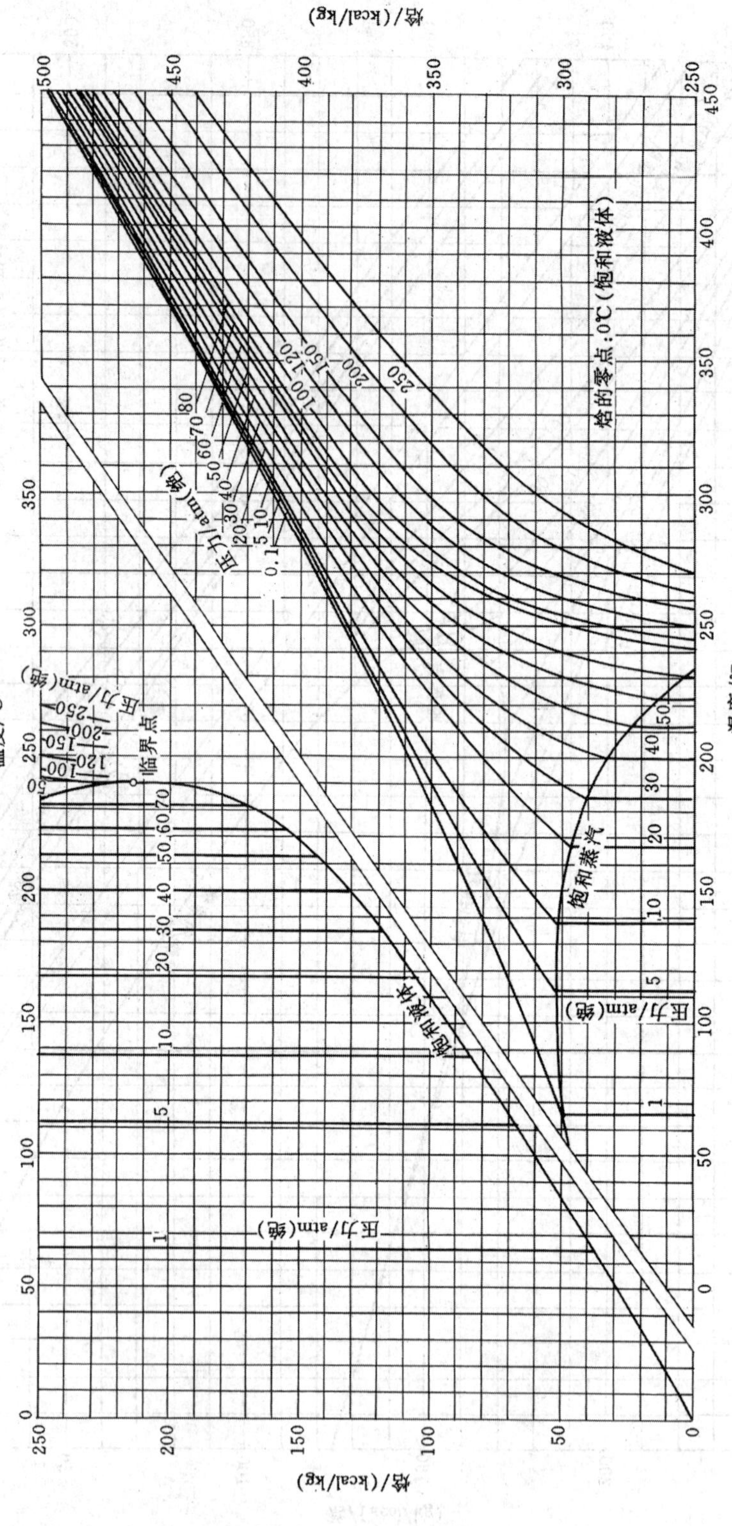

1atm=101·325kPa
1kcal=4.1840kJ

13. 氨的温熵图

当 $t=0$, $H'=100.0\text{kcal}\cdot\text{kg}^{-1}$, $S=1.0\text{kcal}\cdot\text{kg}^{-1}\cdot\text{K}^{-1}$

1kcal = 4.1840kJ

p 为 atm = 101.3kPa

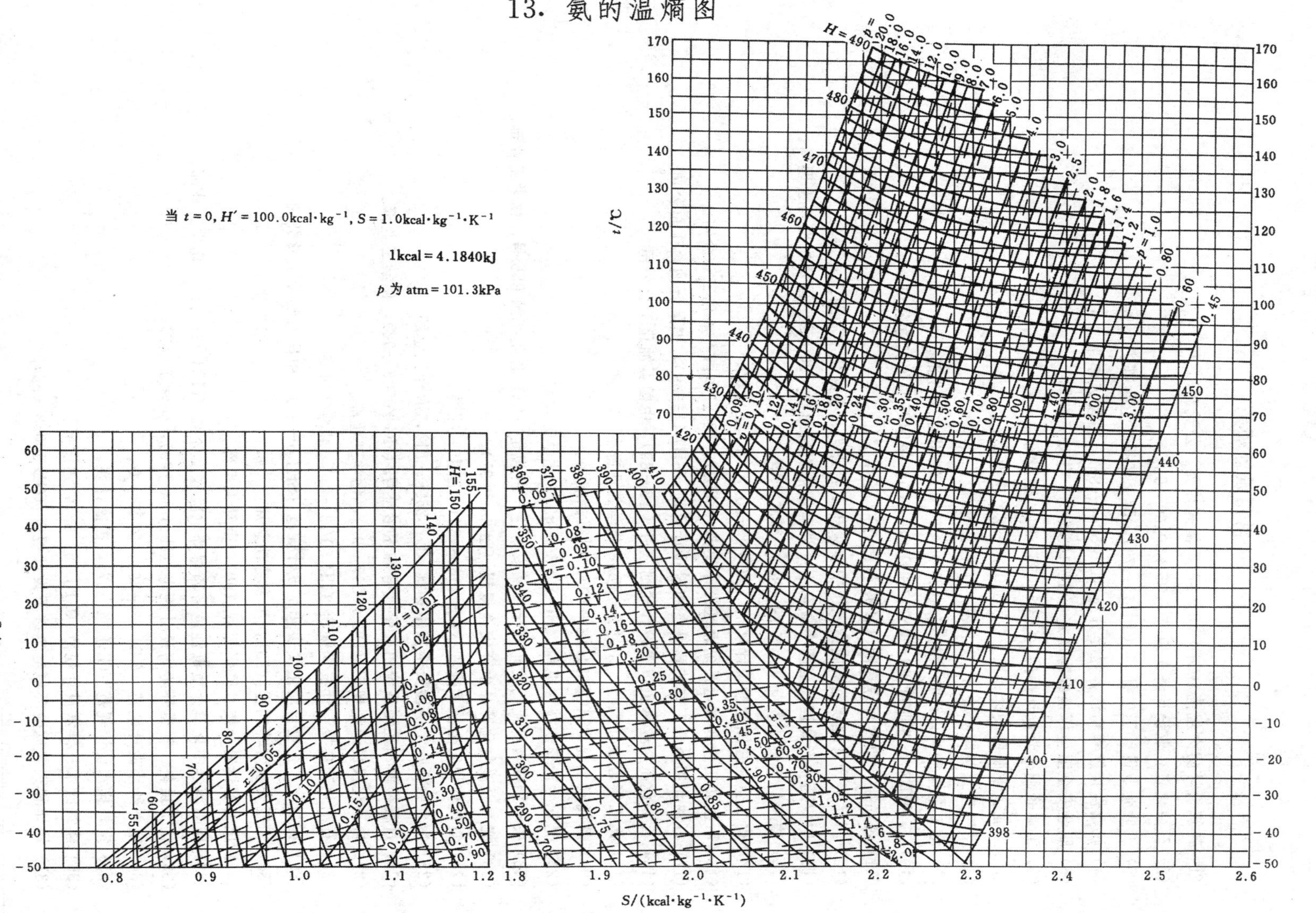

14. 常用设计规范（规定、标准）[1]

常用设计规范

(1) 建筑设计防火规范（GBJ 16—87），国家计委、公安部。
(2) 石油化工企业设计防火规范，(GB 50160—92)。
(3) 工业企业设计卫生标准（TJ 36—79），国家建委、卫生部。
(4) 职业性接触毒物危害程度分级（GB 5044—85），劳动人事部。
(5) 职业安全卫生标准编写规定（GB 108—89）劳动人事部。
(6) 工业企业采光设计标准（GB 50033—91）建设部。
(7) 工业企业照明设计标准（GB 50032—92）建设部。
(8) 民用建筑照明标准（GB 133—90），建设部。
(9) 化工企业照明设计技术规定（CD 90A7—85），化学工业部。
(10) 石油化工企业照度设计规定（SHJ 27—90），中国石油化工总公司。
(11) 药品生产质量管理规范（1992 年修订），卫生部。
(12) 药品生产管理规范实施指南　中国医药工业公司、中国化学制药工业协会，1992。
(13) 中成药生产管理规范暨中成药生产管理规范实施细则（90 版），国家中医药管理局。
(14) 洁净厂房设计规范（GBJ 73—84），国家计委。
(15) 化工企业总图运输设计规范（HGJ 1—85），化学工业部。
(16) 石油化工企业储运系统罐区设计规范（SHJ 7—88），中国石油化工总公司。
(17) 石油化工企业工艺装置设备布置设计通则（SHJ 11—89），中国石油化工总公司。
(18) 石油化工企业管道布置设计通则（SHJ 12—89），中国石油化工总公司。
(19) 化工管道设计规范（HGJ 8—87），化学工业部。
(20) 氯气安全规程（GB 11984—89），国家标准局。
(21) 光气生产安全技术规程（HGAO 35—83），化学工业部。
(22) 关于加强当前光气及光气化产品安全生产的规定（88）化生字第 885 号，化学工业部。
(23) 光气及光气化产品生产安全规程（LD 31—92）。
(24) 氢气使用安全技术规程（GB 4962—85），国家标准局。
(25) 冶金分析化学实验安全技术标准（GB 2595—81），冶金工业部。
(26) 过程检测和控制系统用文字代号和图形符号（HG 20505—92），化学工业部。
(27) 自动化仪表选型规定（HG 20507—92），化学工业部。
(28) 石油化工自控设计技术规定（CD 50A3—81），化学工业部。
(29) 石油化工企业自动化仪表选型设计规范（SHJ 5—88），中国石油化工总公司。
(30) 气瓶安全监察规程（89），国家劳动总局。
(31) 压力容器安全技术监察规程（90），劳动人事部。
(32) 压力容器中化学介质毒性危害和爆炸危险程度分类（HGJ 43—91），化学工业部。
(33) 化工设备、管道外防腐设计规定（HGJ 34—90），化学工业部。
(34) 室外给水设计规范（GBJ 13—86），国家计委。
(35) 室外排水设计规范（GBJ 14—87），国家计委。
(36) 建筑给水、排水设计规范（GBJ 15—88），建设部。
(37) 爆炸和火灾危险环境电力装置设计规范（GB 50058—92）。

---

[1] 摘自国家医药管理局上海医药设计院编．化工工艺设计手册．第二版．北京：化学工业出版社，1996。

(38) 工业与民用供电系统设计规范（GBJ 52—83）（试），国家计委。
(39) 化工企业供电设计技术规定（CD 90A5—85），化学工业部。
(40) 建筑防雷设计规范（GBJ 57—83），机械工业部。
(41) 化工企业腐蚀环境电力设计技术规定（CD 90A6—85），化学工业部。
(42) 防止静电事故通用导则（GB 12158—90）。
(43) 化工企业静电接地设计规定（HGJ 28—90），化学工业部。
(44) 化工企业生产装置电信设计技术规定（CD 91A2—89），化学工业部。
(45) 石油化工企业生产装置电信设计规范（SHJ 28—90），中国石油化工总公司。
(46) 火灾自动报警系统设计规范（GBJ 116—88），国家计委。
(47) 化工企业化学水处理设计技术规定（HGJ 11—88），化学工业部。
(48) 采暖通风和空气调节设计规范（GBJ 19—87），国家计委。
(49) 化工企业采暖通风设计规定（CD 70A2—86），化学工业部。
(50) 地面水质量环境标准（GB 3838—88），国家环境保护局。
(51) 生活饮用水卫生标准（GB 5749—85），卫生部。
(52) 农田灌溉水质标准（GB 5084—85），农业部。
(53) 渔业水质标准（GB 11607—89），国家环境保护局。
(54) 海水水质标准（GB 3097—82），建设部。
(55) 大气环境质量标准（GB 3095—82），建设部。
(56) 工业“三废”排放试行标准（GBJ 4—73），国家建委、卫生部。
(57) 上海市工业“废水”“废气”排放试行标准（75），上海市卫生局。
(58) 污水综合排放标准（GB 8978—88），国家建委，卫生部。
(59) 农用污泥中污染物控制标准（GB 4284—84），建设部。
(60) 工业炉窑烟尘排放标准（GB 9078—88），国家环境保护局。
(61) 锅炉大气污染物排放标准（GB 13271—91），国家环境保护局。
(62) 城市区域环境噪声标准（GB 3096—82），建设部。
(63) 工业企业噪声卫生标准（试行）（79），卫生部、国家劳动总局。
(64) 工业企业噪声控制设计规范（GB J87—88），国家计委。
(65) 工业企业厂界噪声标准（GB 12348—90），国家环境保护局。
(66) 城镇燃气设计规范（GB 50028—93），国家建委。
(67) 工业企业煤气安全规程（GB 6222—86），国家标准局。
(68) 压缩空气站设计规范（GB 28—90），建设部。
(69) 氧气站设计规范（GB 50030—91），建设部。
(70) 氢氧站设计规范（GB 50177—93），建设部。
(71) 乙炔站设计规范（GB 50031—91），建设部。
(72) 石油库设计规范（GBJ 74—84），国家计委。
(73) 小型石油库及汽车加油站设计规范（GB 50156—92）
(74) 汽车库设计防火规范（GBJ 67—74），国家计委。
(75) 仓库防火安全管理规则（1980，8. 15 试行）。
(76) 上海市仓库防火管理规定　沪公（消）252 号，上海市公安局。
(77) 设备及管道保温设计导则（GB 8175—87），国家标准局。
(78) 设备及管道保温技术通则（GB 4272—92），国家标准局。
(79) 设备及管道保冷技术通则（GB 11790—89），国家技术监督局。
(80) 建筑灭火器配置设计规范（GBJ 140—90），建设部。

安装、施工验收规范

(1) 化工工程建设起重施工规范（HGJ 201—83），化学工业部。

(2) 炼油化工施工安全规程（HGJ 233—90），化学工业部。

(3) 高压化工设备施工及验收规范（HGJ 208—83），化学工业部。

(4) 中、低压化工设备施工及验收规范（HGJ 209—83），化学工业部。

(5) 圆筒形钢制焊接贮罐施工及验收规范（HGJ 210—83），化学工业部。

(6) 立式圆筒形钢制焊接油罐施工及验收规范（GBJ 128—90），建设部。

(7) 化工塔类设备施工及验收规范（HGJ 211—85），化学工业部。

(8) 工业设备、管道防腐蚀工程施工及验收规范（HGJ 229—91）化学工业部。

(9) 化工机器安装工程施工及验收规范（通用规定）（HGJ 203—83），化学工业部。

(10) 化工机器安装工程施工及验收规范（化工用泵）（HGJ 207—83），化学工业部。

(11) 钢结构工程施工及验收规范（GBJ 205—83），国家计委。

(12) 工业管道工程施工及验收规范（金属管道篇）（GBJ 235—82），国家建委。

(13) 现场设备，工业管道焊接施工及验收规范（GBJ 236—82），国家建委。

(14) 石油化工剧毒、易燃、可燃介质管道施工及验收规范（SHJ 501—85），中国石油化工总公司。

(15) 脱脂工程施工及验收规范（HGJ 202—83），化学工业部。

(16) 绝热工程施工及验收规范（HGJ 215—80），化学工业部。

(17) 工业设备及管道绝热工程施工及验收规范（GBJ 126—89），建设部。

(18) 采暖与卫生工程施工及验收规范（GBJ 242—82），国家建委。

(19) 洁净室施工及验收规范（JGJ 71—90），建设部。

试车、竣工验收规范（规定）

(1) 溶解乙炔工程竣工投产验收办法。

(2) 化学工业大、中型装置试车工作规范（HGJ 231—91），化学工业部。